Dog Behaviour, Evolution, and Cognition

イヌの動物行動学
行動、進化、認知

アダム・ミクロシ／Ádám Miklósi
藪田慎司監訳
森 貴久・川島美生・中田みどり・藪田慎司訳

東海大学出版部

© Oxford University Press 2007
Dog Behaviour, Evolution, and Cognition, First Edition was originally published in English in 2007.
This translation is published by arrangement with Oxford University Press.

『イヌの動物行動学』の英語版原書は2007年に刊行された．
本訳書はオックスフォード大学出版局との契約により刊行されたものである．

装丁―中野達彦　カバーイラスト―北村公司

序文：比較が必要

　1994 年，私たちは多少の議論の末，それまで行っていたパラダイスフィッシュの学習行動 (Csányi, 1993) についての研究をやめ，長年使用していた実験室の水槽を片づけることにしました．正直にいえば，当時そうすることにした正確な理由をよくはわかっていなかったのですが，私としては，その研究テーマをそれほど惜しいとは思いませんでした．というのも，この東アジア原産の小魚ラビリンスフィッシュ（アナバスの仲間）の対捕食者行動に関わる学習プロセスについて研究しているところなんて，世界中で私たちの研究室だけだったからです．

　とはいえ，イヌと人の社会的相互行為を動物行動学的観点から取りあげるというアイディアも，たいして見込みがあるようには思われませんでした．そういう先行研究の文献などなかったからです．ですから，当時学科長だった Vilmos Csányi 教授が，人の社会的文脈の中でイヌの行動を研究することは，人とイヌの進化の平行関係のため，認知進化の理解に非常に重要かもしれないと熱心に主張し始めたとき，同僚で友人の József Topál と私は，やや先が見えない気分でした．私たちは，人とイヌの相互関係について，いくつもの雑多な観察を聞かされました（多くの人はこういう観察を逸話的だと呼びます）．どうやるべきことは，これらにきちんとした観察や実験の裏付けを提供することのようにみえました．人の社会という世界でうまくやるためには，イヌは人の社会というものについて何らかの理解をする必要があり，進化の過程においてイヌが実際そうするようになったことは十分にありそうだと Csányi は指摘しました．したがって，イヌの社会的能力は，初期人類の社会的能力と平行関係があるものとして捉えられることになります．こういったことについて Jozsef が実際にどのように考えたのかはわかりませんが，少なくとも彼はイヌを 1 頭飼っていました．

　何をやればいいのか，どうやればいいのかについてしばらく考えた末，ドイツの有名な児童心理学者である Karin Grossman から，人の子どもにおける愛着のパターンを説明するのに使われる Ainsworth のストレンジ・シチュエーション・テストを紹介されたときに，私たちはトンネルの向こうに光が見えたように感じました．観察部屋にいる子どもが，知らない人が入ってきたとき，あるいは母親が出て行ったときにどう振る舞うかをビデオで見た私たちはそれぞれに，イヌもまさに同じように行動するに違いない！　と気づいたのです．

　ストレンジ・シチュエーション・テストにもとづいてイヌと人の関係の行動分析を行った最初の研究を Journal of Comparative Psychology 誌に発表するまでにさらに 2 年かかりましたが，そのときから私たちは，イヌと人の行動的類似点を探すことに焦点を定める，という自分たちの研究計画を明確につかみました．

　実際のところ，人とイヌの行動が似ているという考え方は，少しも新しいものではありませんでした．Scott and Fuller (1965) は，彼らの著作のかなりの部分を人とイヌの類似を述べることにあてています．この著作の最終章の冒頭にはこう書かれています．「これらの結果からはひとつの仮説が示唆される．つまり，文明化された生活がもたらす遺伝的な結果はイヌにおいて強く現れているに違いなく，したがって，イヌを知れば，我々人間の遺伝的未来についていくらか知ることができるはずである……」．今にして思えば，この研究グループの業績が常に最高レベルの評価を受けてきたにもかかわらず，この結論については，議論を呼ぶこともなければ賞賛されることもなく，また，もっと重要なことには，追随して研究されることもなかったのは興味深いことです．しかしながら，ひとつ重要な点をいうと，Scott と Fuller はその行動学的

研究において，イヌが人の集団内で占める特殊な社会的立場に気づいていたにもかかわらず，彼らが強調したのは仔イヌと人の子どもの間にみられる類似性だった，という点です．これに対して私たちは，2つの種の行動の収斂という仮説のための進化的枠組みを提供することを目指し，進化的選択圧によって，イヌの行動が人の行動に適合するように形づくられた可能性を論じました．

それから12年が過ぎ，その間に多くの研究グループがイヌの行動を調査し始めました．私たちは自分たちの研究計画に従って調査を続けてきましたが，この分野には是非とも統一が必要だということに気づきました．近年，さまざまな分野で仕事をする研究者によって，またさまざまな背景をもつ専門家によって，イヌに関する多くの本が出版されてきました．これらの著作の大部分は，著者固有の観点からイヌの行動を説き明かすことを目指していましたが，しばしば科学的事実を逸話や物語やまた聞きの情報と同じレベルで扱うような雑多な議論の羅列にもとづいている場合が多かったのです．本書では，イヌの行動について私たちにわかっていることだけを提示し，将来の研究にとって可能な方向を示唆することによって，このような型を打ち破りたいと思っています．私たちが主に目指したのは，考古動物学，人と動物の関係学，遺伝学，動物行動学，心理学，動物学といったさまざまな分野から参入する研究者に，科学的思考のための共通の足場を提供するということです．

研究がどんどん増えている現在では，年代の古い文献を広く参照することが困難になっていますが，そういう古い文献の多くについては別の教科書で触れることができます．同じ理由から，査読を経ずに発表された研究やイヌについての民間伝承のような多くの逸話的なものについても本書では扱いません．また，公表された証拠がない場合，「誰もが知っている事実」をもって，知識の間隙を埋めるつもりもありません．読者の中には，こういうやり方は話題を偏らせる重大な欠点があると思う方がいるかもしれませんが，私としては，この機会に，研究が進むべき方向を示したいと考えています．

本書は，おそらくイヌの動物行動学の最初の本ではありませんが，このイヌという種を（もう一度）動物行動学の最前線に位置づけたいとの意図をもって書かれました．動物行動学とは，動物（と人）の行動を自然のままの状態で研究する科学です．私たちは，研究開始当初から，大小いずれにしろ人間集団と一緒に生活しているという自然な環境のイヌを調べなければ，研究計画全体が意味をなさないと考えていました．けれどもまもなく私たちは，そのような試みを意味のあるものにするには，比較という観点が必要であると感じるようになりました．そこで私たちは，何頭かのオオカミ（と何頭かの仔イヌ）を社会化して比較用のデータを手に入れることを思いつきました．この研究は，「野生の」イヌ科動物の非常に違った世界に私たちの目を開いてくれただけでなく，イヌとオオカミの行動の違いについて早急な結論を出すのは十分に気をつけた方がいいことを教えてくれました．もちろん，これら2つの種を観察していると多くの違いがあるのが感じられました．しかし，本当に重要なことは，科学的な実験条件のもとで，それらの違いが明らかになるような方法を見つけたことでした．この比較研究は，のちに，ネコやウマまで含むようになりましたが，最初は人の子どもでした．イヌの行動は，進化的要因と生態的要因を考慮に入れ，確かな方法的基盤にもとづく比較の枠組みを用いて研究することによって初めて理解できるのだと私たちは確信しています．

今日，動物行動学や行動生態学の立場からの研究には，行動を機能的観点からみるという特徴があります．研究者たちの関心は，種の生き残りに役立つような行動の側面に集中しています．本書では，イヌという種に焦点を絞り，異なる学問分野間の共同作業がどうやってイヌの進化や現在の状態についてのより完全な理解を導き出せるかに主眼を置いています．科学者たちは長い間イヌを疑いの目でみて，彼らに「真の」動物としての地位を認めませんでした．そ

のため本書が主に目指したのは，他の動物（人も含めた）とまったく同じようにイヌを研究することができるということ，それどころか近い将来には，イヌは最も研究の進んだ種のひとつになる見込みがあるということを証明することです．その際イヌの動物行動学は，行動の遺伝的側面や生理的側面を研究する分野に対して，また，イヌのトレーニングや問題行動，イヌと人との相互作用，あるいは治療的場面でのイヌの利用などの応用的側面に関心がある人たちに対しても，原材料を提供するという形で役立つことができるのではないでしょうか．

私は，常に助力を惜しまない仲間のいるすばらしい研究チームの一員であることをとても幸運に思います．Vilmos Csányi がこの研究計画に着手する機会を与えてくれたことをありがたく思っています．József Topál は長年にわたって，人が共同作業をするときに欲しいと願うような最良の仲間，最良の友になってくれました．彼がいなければ，私がこの計画をスタートさせる機会は訪れなかったでしょう．「イヌの世界」を理解するにあたって長年優しく手助けしてくれた Márta Gácsi にはとてもお世話になりました．Crufts（訳註：イギリスで開催される世界最大のドッグショー）を最初に（そして一度だけ）訪れたときのことは決して忘れないでしょう．なくてはならない仲間である Antal Dóka がいなければ，研究グループはこんなに円滑に動かなかったでしょう．幸運なことに，Enikö Kubinyi, Zsófia Virányi, Péter Pongrácz が何年もの間私たちのグループに参加してくれ，イヌの社会行動と認知の個々の分野で全員が重要な貢献をしてくれました．

Eötvös Lóránd 大学，ハンガリー科学研究基金（OTKA），ハンガリー科学アカデミー，EU，保健省，Dogs for Humans 振興財団は長年にわたって私たちの研究を支えてくれました．

私たちの研究は，多くの時間を割いて協力してくれた熱意ある飼い主の皆さんと彼らの飼い犬に多くを負っています．さらに，Zoltán Horkai と優秀な学生たち（Bea Belényi, Enikö Kubinyi, Anita Kurys, Dorottya Ujfalussy, Dorottya Újvári, Zsófia Virányi）が Family Wolf Project に参加して，困難な条件のもと粘り強く研究を続けてくれたことをありがたく思っています．

Antal Dóka には，本書のために繰り返したくさんの図やグラフを描いてくれたことをとても感謝しています．写真の才能がない私に代わって写真を用意してくれた Marta Gacsi にも感謝します（特に示されていなければ，写真は彼女が撮影しました）．彼女と Enikö Kubinyi は校正の際にも非常に助けになってくれました．

各章を，または原稿全体を読んで意見をくれた Richard Andrew, Colin Allen, László Bartosiewitcz, Vimos Csányi, Dorit Feddersen-Petersen, Simon Gabois, Márta Gácsi, Borbála Györi, Enikö Kubinyi, Daniel Mills, Eugenia Natali, Justine Philips, Peter Slater, József Topál, Judit Vas, Deborah Wells にも感謝したいと思います．この仲間たちが私の至らない点をできる限り指摘してくれたにもかかわらず，まだ何か間違いが残っていれば，それはすべて私の責任です．

オクスフォード大学出版会と，特に Ian Sherman にも，たいして躊躇せずにこのプロジェクトを引き受けたうえ，私の未熟なハンガリー人英語の推敲を助けてくれたことに感謝したいと思います．

最後に，批判力をそなえた読者の皆さんに一言．本書に不十分な点があれば遠慮なく指摘していただきたいと思います．次の版をより良いものにするためだけでなく，科学的知識を思いこみや逸話から切り離せるよううまく考案された実験という形で，他の人たちが事実を提供してくれるのを促すためです．もし，イヌに関心のある研究者やその他の多くの人たちがその気になって，より良い研究を行ってくれれば，本書および私の目的は達せられたことになります．

2007 年 2 月 2 日　ブダペストにて
Ádám Miklósi

監訳者まえがき

　この本はイヌのエソロジー（Ethology）の教科書です．エソロジーは動物行動学と訳されます．ですからこの本には，動物行動学，動物行動学者，動物行動学的記載，動物行動学的認知アプローチ，等々，動物行動学という言葉がたくさん出てきます．

　動物行動学とはどんな科学なのでしょう．ここでは，いくつかのキーワードを挙げて，少しご説明したいと思います．これらのキーワードは，読者の皆さんがこの本をよりよく理解する助けにもなるだろうと思います．それから，なぜ私たちがこの本を訳したのか，そして，この本がどのように役立つのかをお話したいと思います．

　第1章に，この本の全体の基礎として「Tinbergenの4つの問い」というのが出てきます．Tinbergenとは，Nikolaas Tinbergen（ニコラース・ティンバーゲン）のことで，動物行動学のパイオニアの一人です．この分野を開いた功績により，Konrad Lorentz（コンラート・ローレンツ），Karl von Frisch（カール・フォン・フリッシュ）とともに，1973年のノーベル生理学・医学賞を受賞しています．この3人は，確かに優れた学者達でした．しかし，ティンバーゲンはジガバチやトゲウオやカモメの研究で，ローレンツは鳥のガンカモ類の研究で，フリッシュは魚類の色覚やミツバチの研究で有名であったのであり，3人のうち誰も医学や人間についての専門研究はしていませんでした．

　当時すでに医学生理学賞が，事実上「生物学賞」になっていたとはいえ，さすがにこの授賞には多くの人がびっくりしたようです．本人たちも予想もしていなかったようで，ローレンツは，自宅に授賞を知らせがあったとき，父親が受賞したのだと思ったそうです．父親が高名な医者だったからです．ティンバーゲンは，受賞のあいさつの冒頭で「多くの人が，〈ただの動物観察者〉と思われていた3人への授賞という，委員会の型破りな決定に驚いています」と述べています．

　なぜ，〈ただの動物観察者〉が，動物学の分野を超える高い評価を受けたのでしょう．その理由はいくつか考えられます．ひとつは，行動という捉えどころがないように思えた現象を，科学的に研究する道を切り開いたことでしょう．行動というのは，人を含む動物にとって本質的な特徴です．動物とは行動する存在と言ってもいいでしょう．動物行動学の登場によって初めて，行動が自然科学（生物学）の対象になったのです．

　行動を科学的に扱うため，動物行動学が生みだした方法は極めてシンプルでした．すなわち「動物の自然な行動を，よく見て，ありのままに記載し，比較する」です．

　高価な機材も，難しい数学も（とりあえず）必要ありません．ちょうどかつての博物学者が，自然界の動物・植物・鉱物等をよく見て詳細なスケッチを描いたように，あるいは天文学者が夜ごと無数の天体の位置を正確に記録し続けたように，動物行動学者は動物の行動を記載（description）しようとしたのです．

　しかし，記載しただけではそれはただのコレクションに過ぎません．それらを相互に比較することが必要です．比較することで，バラバラだった記載が関連づけられ，整理され，だんだん理解が深まってきます．また，比較することで研究方法も洗練されていきます．質的な比較だけでなく量的な比較を行おうとすれば「測定」が必要になります．また，特定の比較対象の記載を得るため，観察者が動物のおかれた環境や状況を操作し始めれば，それは実験になります．測定や実験という言葉は，たいへん「科学的」に響きます．しかし，それを行うには，そ

の対象とする行動がきちんと記載されていることが前提であることを忘れてはなりません．きちんとした記載なしの測定や実験は砂上の楼閣のようなものです．土台がしっかりしていないときちんとした建物は建ちませんし，どんな立派な手続きでも「ゴミを入れればゴミしか出てこない」のです．その意味で，記載の重要性はどんなに強調しても強調しすぎることはありません．動物行動学がうまくいったのは，この記載の重要性を認識していたからです．

そんなわけで，本書でも記載と比較が重要なキーワードになっています．読者の皆さんは，この本のいたるところで，その重要性が繰り返し強調されるのに出合うでしょう．

動物行動学が評価された別の理由に，人の理解にも役立つ広い視野を提供したということがあります．20世紀には2つの世界大戦を含む多くの戦争がありました．そのため，私たちは人間とはどういう存在なのかという反省を迫られました．そんな中で，動物行動学は，人の行動を動物の行動として生物学的にみる広い視野を提供したのです．

私たちは，人を特別視しがちです．「人は動物と違い」という言い方がその一例です．しかし，そのことが人の行動を理解する限界にもなっていました．私たちは自らを見るとき，私たちが考える（あるいは期待する）「人」という枠内でしか考えられなくなっていたのです．動物行動学は，人の行動をその「人」という箱から解放して，広く自然界の中に位置づけ直したと言うこともできるでしょう．

じつは，本書を訳そうと思ったのも似た理由からです．ただし，それは人の理解のためというよりもイヌの理解のためです．

イヌの行動を解釈するとき，人はしばしば，こうあってほしいと思うような自分の希望を投影します．そのような人たちにとって，「イヌ」とはまったく理想的で純粋な存在であるかもしれません．一方，その反対に，「イヌ」を単純な機械のように解釈する人たちもいるでしょう．そのような人たちは自分たちの解釈を「科学的」だと主張しますが，それはすでにある単純な理論に従って「イヌ」の行動を解釈し，それ以外は非科学的と称して切り捨ててしまうような解釈です．どちらにせよ，イヌの真の姿（そこには，まだ発見されていない豊かさや多くの謎が含まれます）を理解する障害になるでしょう．

人々はイヌを，いわば自分勝手に「理解」します（あるいは理解したと信じ込みます）．動物行動学は，そういう自分勝手な「理解」から私たちを解き放つ助けになってくれるでしょう．そうすれば，私たちのイヌの理解は，今よりずっと自由で広々としたものになるでしょう．

動物行動学の，そして本書の別のキーワードに進化があります．ティンバーゲンは動物行動学を「行動の生物学」と定義しましたが，生物学において最も重要な基礎理論は進化理論です．動物行動学は，動物（人を含む）を進化の観点からみることで，その理解のレベルを飛躍的に高めました．本書でも当然のように，進化的な視点がとられています．

進化を進める力はselectionと呼ばれます．その訳語には，淘汰と選択がありますが，本書では選択を用いました．ですから，読者の皆さんは，選択という言葉が出て来たらそれは進化的な意味なのだと思ってください．レストランで料理を選んだり，将来の職業を選んだりといった意思決定の意味ではありません．

進化的な意味での選択とはどういうことなのでしょう．簡単に言えば，それは次のようなことを意味します．ある集団の中で，特定の（遺伝的）特徴をもつ個体がそうでない個体に比べて多くの子孫を残すとします．すると，その個体の遺伝的性質も後の世代に多く伝えられます．結果として，同じ特徴をもつ個体が集団内に増えていくでしょう．これが選択と呼ばれるプロセスです．このような場合に，生物学者は，そのような特徴（や個体）が選択されてきた，と表現します．

この選択プロセスが繰り返されることで進化的な変化が起こります．多くの子孫を残すこと

ができるということは，つまり，その個体は暮らしている環境の中で，他の個体よりも上手くやっている（より生き残りやすいとか，より多くの配偶機会に恵まれるとか）ということですから，結局，選択によってその動物の形態や生理や行動は，その暮らしている環境でより上手くやれるように（進化的に）変わっていきます．これを適応と呼びます．選択によって，動物は環境により適応するようになるのです．

　進化を起こしてきた原動力である選択は自然界で起こってきたことなので，自然選択と呼ばれます．この自然選択と同様のプロセスを，人間は家畜に対して行うことができます．できるだけ赤い金魚を選んで繁殖させることを繰り返し，より赤い金魚をつくるような操作のことです．この場合の選択は人為選択と呼ばれます．このように普通は，自然選択と人為選択という言葉を使い分けます．しかし，本書ではこれらが区別されていません．特別の場合を除き，一貫して単なる selection が使われています．それは，イヌの進化の場合，自然選択と人為選択を分けることができないか，あるいは分けるのが無意味だからです．

　というのは，イヌが進化してきた「自然な」環境の中に，人の存在が含まれているからです．本書が指摘するように，イヌは人の側で暮らすようになった動物です．ですから，イヌにとって上手くやるべき「自然な」環境には，そもそも人が含まれているのです．これが他の多くの動物と違うところです．他の動物の多くは人から離れて暮らしており，適応すべき環境に人はあまり関与していません．

　イヌが適応すべき環境は，人がいることで生じる環境です．この「人がいることで生じる」という側面を表すのが，anthoropogenic という言葉です．訳しにくい言葉でしたが，人為生成的と訳してみました．この言葉もキーワードのひとつです．イヌが適応してきた人為生成的環境がどのようなものであり，その結果，イヌの形態，生理，行動がどのように変化してきたのかを理解することは，イヌの動物行動学の（そして本書の）大事な目標のひとつです．

　日本では，イヌの行動の科学的知見を紹介する一般向けの本は何冊かありましたが，専門的に学びたい人が使えるような教科書はありませんでした．この本は，そのような初めての教科書です．イヌの行動に興味のある学部学生，大学院生，ドッグトレーナー，ブリーダー，獣医師，そしてより深く学びたい一般の方にとって大いに役に立つに違いありません．また，イヌに限らず，動物行動学そのものに興味のある方にとっても得るところがあるでしょう．日本では，行動生態学に比べ，動物行動学のよい教科書が非常に少ないからです．

　本書を執筆した，Ádám Miklósi はハンガリー人であり，イヌの行動研究の世界のトップランナーの一人です．Eötvös 大学のファミリードッグプロジェクトを率いて，すばらしい研究を数多く発表し続けています．特に認知の研究で大きな成果をあげており，それらは本章の第7章や第8章に反映されています．イヌの行動研究の中心がハンガリーにあると聞いて意外に思う人もいるかもしれませんが，それは英米の情報が日本では相対的に多いからかもしれません．本書は，第一線の研究者によって書かれているため，単なる教科書にとどまらない魅力を備えることになりました．読者は本書のいたるところに，優秀な研究者のセンスと，今後の研究のための数多くのアイディアを見つけることができるでしょう．本書が執筆された2007年の後もこの分野の研究は進展し続けていますが，その方向は，まさに本書が示した方向に進んでいます．

　この分野はこれからもますます発展し変わっていくでしょう．しかし，この本の意義は今後も簡単には薄れないでしょう．この本が，それまでの研究を網羅し，かつそれを歴史的にしっかりとまとめあげているからです．どんな分野でも，その学問の歴史を学び，過去の研究を理解することが不可欠です．本書は2007年までの知識を集大成してくれている教科書であり，私たちの勉強の労力を大幅に減らしてくれます．私たちは，苦労して文献を渉猟せずとも，まさにこの本からスタートすることができるのです．

本書で学ぶ日本の若い人たちの中から，イヌの行動の研究に携わり，私たちのイヌに対する理解をさらに深めてくれる人が出てくれることを期待したいと思います．本書の後に行われた，あるいはこれから行われるであろう新しい研究と，それに伴う新たな発見については，そのような人たちが本や論文を書いて，私たちに教えてくれる（そして驚かせてくれる）ことでしょう．

　本書の翻訳にあたっては，序章，第1章，第2章，第11章を森貴久が，第3章，第9章，第10章を中田みどりが，第4章，第5章を川島美生が，第6章，第7章，第8章を藪田が訳出しました．佐々木ともこ氏には，すべての訳文を原文と照らし合わせて丁寧にチェックし修正していただきました．今野晃嗣氏，島田将喜氏，篠原正典氏は，専門用語の訳語などについて教えてくださいました．東海大学出版部の稲英史氏は快くこの翻訳の出版を引き受けてくださいました．本郷尚子氏は，本書が本となるために翻訳過程の始まりから終わりまで，すべてにおいて助けてくださいました．訳者を代表してお礼を申し上げます．最後に藪田が全体の内容をチェックし，訳文の統一を行いました．もし何か間違いが残っていたとすれば，それは監訳者の責任です．

2014年10月28日
藪田慎司

目次

序文：比較が必要 —————————————————————————— iii

監訳者まえがき ————————————————————————— vii

第1章　歴史的にみたイヌ，およびイヌの行動研究の概念的問題点 ———— 1
  1.1 はじめに ———————————————————————————— 1
  1.2 行動主義から認知行動学へ ————————————————————— 2
    1.2.1 実験室の主人公 ————————————————————————— 3
    1.2.2 比較心理学実験におけるイヌ ——————————————————— 4
    1.2.3 自然主義的実験 ————————————————————————— 6
    1.2.4 比較の時代 ——————————————————————————— 8
    1.2.5 認知革命 ———————————————————————————— 8
      コラム 1.1 ● 行動比較の枠組み　8
  1.3 Tinbergen の遺産：4つの問いともうひとつ ——————————————— 9
    1.3.1 行動の記載 ——————————————————————————— 9
      コラム 1.2 ● イヌは人の指差し動作を利用するのか？　10
    1.3.2 第1の問い：機能 ———————————————————————— 11
    1.3.3 第2の問い：機構（メカニズム）————————————————— 11
    1.3.4 第3の問い：発達 ———————————————————————— 12
    1.3.5 第4の問い：進化 ———————————————————————— 12
      コラム 1.3 ● 行動の収斂モデルとしてのイヌ　13
  1.4 進化的考察 ———————————————————————————— 13
  1.5 イヌらしさとは何か ————————————————————————— 16
  1.6 擬オオカミ主義？　それとも擬赤ちゃん主義？ ————————————— 17
  1.7 行動のモデリング —————————————————————————— 19
    1.7.1 トップダウンかボトムアップか —————————————————— 19
    1.7.2 最節約という規範 ———————————————————————— 20
    1.7.3 連合主義と心理主義 ——————————————————————— 20
    1.7.4 内容と働きの比較 ———————————————————————— 21
    1.7.5 知能の比較 ——————————————————————————— 21
    1.7.6 後成説，社会化，文化化 ————————————————————— 21
      コラム 1.4 ● どうやって，なぜ，イヌは摂食回避を学習するか？：可能な説明の比較　22
  1.8 イヌの動物行動学的認知モデル ——————————————————— 24
  1.9 将来のための結論 —————————————————————————— 26
      コラム 1.5 ● 行動の科学的モデルとイヌのトレーニング　27

目次　xi

第2章　イヌの行動研究における方法論的問題点 ─── 29
2.1 はじめに ─── 29
2.2 現象の発見とデータの収集 ─── 29
2.2.1 定性的記載 ─── 30
2.2.2 定量的記載 ─── 30
コラム 2.1 ● イヌは望むところを私たちに伝えるか？　逸話の利用法　31
2.3 行動を比較する ─── 32
2.3.1 オオカミとイヌ ─── 33
コラム 2.2 ● オオカミに対する強力な社会化と行動への影響　34
2.3.2 犬種間の比較 ─── 35
コラム 2.3 ● 人に対するコミュニケーション技能に犬種による違いはあるか？　37
2.3.3 イヌと子ども ─── 38
2.4 サンプリングと一例研究（N = 1）の課題 ─── 39
2.5 自然主義的観察の手続き上の問題：人の存在 ─── 40
2.6 どうやってイヌの行動を測定するか？ ─── 41
コラム 2.4 ● イヌの行動のコーディングの一例　42
2.7 アンケート調査 ─── 44
コラム 2.5 ● 動物行動学的コーディング化と行動連鎖の分析　45
コラム 2.6 ● イヌの攻撃性についてのアンケート調査　46
2.8 将来のための結論 ─── 47

第3章　人為生成的環境におけるイヌ：社会と家族 ─── 49
3.1 はじめに ─── 49
3.2 人間社会におけるイヌ ─── 49
コラム 3.1 ● イヌの個体群の調査：スウェーデンの事例　50
コラム 3.2 ● イヌの個体群モデル　52
3.3 公共の場におけるイヌと人の相互交渉 ─── 54
コラム 3.3 ● 私たちはイヌが好きなのか？　55
3.4 家族の中のイヌ ─── 56
3.5 働くイヌ（作業犬） ─── 58
3.6 人の集団におけるイヌの社会的役割 ─── 59
3.7 イヌ-人集団における社会的競争とその結果 ─── 60
3.7.1 攻撃と人の家族 ─── 60
3.7.2 「咬むイヌ」という現象の研究 ─── 61
3.7.3 リスクの同定 ─── 61
コラム 3.4 ●「危険なイヌ」：レトリバー，ジャーマン・シェパード，ロットワイラー　63
3.8 捨てイヌ：動物保護施設での生活 ─── 65
コラム 3.5 ● イヌの保護施設：簡易宿泊所，家庭，それとも再訓練施設？　66
3.9 将来のための結論 ─── 68

第4章　イヌ属の比較研究 ── 69
4.1 はじめに ── 69
4.2 全体状況：イヌ属についての概観 ── 69
4.2.1 イヌ属の系統関係と地理的分布 ── 69
4.2.2 イヌ属の進化 ── 70
コラム 4.1 ● オオカミその他のイヌ属の現在の分布　70
コラム 4.2 ● 古生物学的知見にもとづく系統関係　71
4.2.3 一部のイヌ科の動物における群れ生活の生態と動態 ── 73
コラム 4.3 ● オオカミに似たイヌ科の動物の進化上の関係　73
4.3 オオカミについての要約 ── 76
コラム 4.4 ● イヌ科の動物の体サイズの多様性　76
4.3.1 地理的分布と系統関係 ── 77
4.3.2 オオカミの進化 ── 78
コラム 4.5 ● オオカミの表現型の可塑性　79
4.3.3 行動生態学的側面 ── 81
4.3.4 オオカミの群れの間および群れの内部の社会関係 ── 84
コラム 4.6 ● オオカミの社会構造のモデリング　87
4.3.5 比較の試み：自由生活犬の社会組織 ── 90
コラム 4.7 ● 人為生成的環境におけるオオカミとイヌ：社会化，野生化，遺伝的変化　91
4.4 オオカミとイヌ：類似点と相違点 ── 94
4.4.1 形態的特徴 ── 94
4.4.2 行動の比較 ── 95
4.5 将来のための結論 ── 96
コラム 4.8 ● オオカミとイヌの比較　96

第5章　家畜化 ── 99
5.1 はじめに ── 99
5.2 人間からみたイヌの家畜化 ── 99
コラム 5.1 ● 排他的な家畜化の理論　100
コラム 5.2 ● どれだけの肉があればオオカミはやっていけるか？　102
コラム 5.3 ● イヌはどこで生まれたのか？　104
5.3 考古学と系統学 ── 105
5.3.1 考古学者の描く筋書き：考古学的証拠からわかること ── 105
5.3.2 遺伝学者の描く筋書き：進化遺伝学的証拠 ── 113
コラム 5.4 ● 犬種はどこから来たのか？　116
5.4 進化的個体群生物学のいくつかの概念 ── 123
5.4.1 創始者個体群の問題 ── 123
5.4.2 選択の性質 ── 124
5.4.3 繁殖戦略の変化と世代時間への影響 ── 125
5.5 新たな表現型の創発 ── 125
5.5.1 突然変異 ── 125

　　　　　コラム 5.5 ● オオカミとイヌの形態的差異　　127
　　5.5.2 交雑 ──────────────────────── 129
　　5.5.3 特性への方向性選択 ─────────────── 130
　　5.5.4 可塑的表現型の選択 ─────────────── 131
　　5.5.5 異時性 ──────────────────────── 132
　　　　　コラム 5.6 ● 異時性，あるいは行動における発達の組み換え　　133
　　　　　コラム 5.7 ● 相関的変化か表現型の選択か？　　134
　　5.5.6 相関関係の「謎めいた法則」 ───────── 132
　　　　　コラム 5.8 ● 馴れやすさとは何か？　　136
　5.6 家畜化の事例研究：キツネの実験 ─────────── 139
　　5.6.1 創設者キツネと行動選択 ──────────── 139
　　5.6.2 初期の発達の変化 ─────────────── 140
　　5.6.3 繁殖周期の変化 ──────────────── 141
　　5.6.4 キツネは家畜化されたのか？ ────────── 142
　5.7 将来のための結論 ───────────────────── 143

第6章　イヌの知覚世界 ─────────────────── 145
　6.1 はじめに ────────────────────────── 145
　6.2 比較による展望 ───────────────────── 145
　　6.2.1 知覚の認知的側面 ─────────────── 146
　　6.2.2 知覚能力研究の実験的アプローチ ─────── 146
　6.3 視覚 ───────────────────────────── 147
　　6.3.1 身体的処理 ───────────────── 147
　　6.3.2 神経処理と視覚能力 ─────────────── 149
　　6.3.3 複雑な視覚イメージの知覚 ─────────── 150
　6.4 聴覚 ───────────────────────────── 150
　　6.4.1 身体的処理 ───────────────── 150
　　6.4.2 神経処理と聴力 ───────────────── 151
　　6.4.3 複雑な音型の知覚 ─────────────── 151
　6.5 嗅覚 ───────────────────────────── 152
　　6.5.1 身体的処理 ───────────────── 152
　　6.5.2 神経処理と嗅覚能力 ─────────────── 152
　　6.5.3 作業における匂いの分類とマッチング ───── 156
　　6.5.4 天然物質および同種個体の匂いの知覚 ───── 157
　6.6 将来のための結論 ───────────────────── 158

第7章　物理的・生態学的認知 ─────────────── 161
　7.1 はじめに ────────────────────────── 161
　7.2 空間定位 ────────────────────────── 161

7.2.1 臭気追跡 —————————————————————— 162
　　7.2.2 ビーコン —————————————————————— 162
　　7.2.3 ランドマーク ———————————————————— 163
　　7.2.4 自己中心的定位 ——————————————————— 163
　　　　コラム 7.1 ● イヌは家に帰る道をみつけることができるのか？　164
　7.3 空間的課題の解決 ———————————————————— 165
　7.4 物体についての知識 ——————————————————— 167
　7.5 隠された物体の記憶 ——————————————————— 167
　　　　コラム 7.2 ● 物体の永続性かゲームのルールか　168
　7.6 イヌの素朴物理学 ———————————————————— 169
　　　　コラム 7.3 ● 論理的推論か社会的手がかりか？　170
　　7.6.1 手段と目的のつながり ————————————————— 147
　　　　コラム 7.4 ● イヌは数を数えられるのか？　そしていつも数の多い方を選ぶのか？　171
　　7.6.2 「重力」 ——————————————————————— 173
　7.7 将来のための結論 ———————————————————— 174

第8章　社会認知 ———————————————————————— 175
　8.1 はじめに ———————————————————————— 175
　8.2 社会関係の親和的側面 —————————————————— 175
　　　　コラム 8.1 ● 友人としてのイヌ　176
　8.3 社会関係の敵対的側面 —————————————————— 181
　　8.3.1 イヌの攻撃の分類 ——————————————————— 182
　　8.3.2 イヌの攻撃的行動の動物行動学的記載はあるのか？ ————— 183
　　8.3.3 イヌの攻撃性は弱まっているか？ ———————————— 184
　　8.3.4 攻撃行動の構成と学習の役割 —————————————— 184
　　　　コラム 8.2 ● 行動表現の柔軟性　186
　　8.3.5 人の敵対的信号への反応 ———————————————— 187
　8.4 種が混在する集団におけるコミュニケーション ———————— 188
　　8.4.1 視覚的コミュニケーション ——————————————— 189
　　　　コラム 8.3 ● 他の個体の心の状態を思い浮かべる　193
　　　　コラム 8.4 ● コミュニケーションの参照的側面　195
　　8.4.2 音声コミュニケーション ———————————————— 197
　　　　コラム 8.5 ● 吠え声から想定される「意味」について　199
　8.5 遊び ——————————————————————————— 202
　8.6 イヌの社会的学習 ———————————————————— 204
　8.7 社会的影響 ——————————————————————— 206
　　　　コラム 8.6 ● 社会的学習：何が学ばれるのか？　208
　8.8 協調／協力 ——————————————————————— 209
　8.9 社会的力量 ——————————————————————— 210
　　　　コラム 8.7 ● 社会的力量の一例：教育仮説　213
　8.10 将来のための結論 ———————————————————— 214

第9章　行動の発達 — 215
9.1 はじめに — 215
9.2 発達「期」とは何か — 215
コラム 9.1 ● 発達における並行する諸段階　216
コラム 9.2 ● 環境が発達に及ぼす影響の役割　218
コラム 9.3 ● イヌの発達の比較　218
9.3 イヌの発達期の再考 — 219
9.3.1 新生仔期（0〜12日） — 220
9.3.2 移行期（13〜21日） — 220
9.3.3 社会化期（22〜84日） — 221
9.3.4 幼年期（12週〜6か月以降） — 222
9.4 発達における感受期 — 223
コラム 9.4 ● イヌの発達において人間に対する社会化の「最適」期はあるのか？　226
9.5 関心と愛着 — 229
9.6 初期の経験とその行動への影響 — 230
9.7 行動の予測：「パピーテスト」 — 231
コラム 9.5 ● 行動の発達とパピーテストの問題点　232
9.8 将来のための結論 — 233

第10章　気質とパーソナリティ — 235
10.1 はじめに — 235
コラム 10.1 ● Pavlov とイヌ　236
10.2 パーソナリティに対する記載的アプローチ — 237
10.2.1 「知る」こと，観察すること，テストすること — 237
10.2.2 行動の記載：評価とコーディング — 238
10.2.3 パーソナリティの構造 — 239
10.3 パーソナリティへの機能的アプローチ — 240
コラム 10.2 ● イヌのパーソナリティ調査の事例研究：
Dog Mentality Assessment Test（DMA テスト）　244
10.4 機構的アプローチ — 245
10.4.1 遺伝学からの理解 — 245
10.4.2 パーソナリティ特性に生理学的に相関するもの — 246
コラム 10.3 ● 人間に似ている？　候補遺伝子の分析：イヌの *DRD4* 遺伝子　247
コラム 10.4 ● パーソナリティの遺伝的・生理学的側面　249
10.4.3 パーソナリティの構造 — 239
10.5 今後のための結論 — 250

第11章　あとがき：21世紀の科学へ向けて — 251
11.1 比較が必要！ — 251

11.2 自然なモデル ———————————————————— 251
11.3 進化するイヌ ———————————————————— 251
11.4 行動のモデル化 ——————————————————— 253
11.5 倫理的意味合いと研究者の使命 ——————————— 255
11.6 イヌゲノムとバイオインフォマティクス ———————— 255
11.7 手に「手」をとって ————————————————— 256

参考文献 ————————————————————————— 257

索引 ——————————————————————————— 283
　用語索引 ——————————————————————— 283
　犬種・犬種グループ・イヌ科動物名索引 ———————— 288
　国・地域・民族・文化名索引 —————————————— 289

第1章
歴史的にみたイヌ，およびイヌの行動研究の概念的問題点

1.1　はじめに

　本書は，イヌの行動の生物学的研究を扱います．その基礎になるのは，1963年にTinbergenが示した動物行動学（ethology）の研究プログラムです．TinbergenやLorenzその他の研究者たちが常に指摘していたのは，動物行動学にできる主要な貢献は，自然状態で動物の行動を観察してそれを生物学的に分析することだということでした．しかし残念なことに，この考え方をイヌの行動に適用したのは，主要な動物行動学者のうちほんの一握りにすぎませんでした．動物行動学者や比較心理学者の注意を引いてきた動物には，トゲウオ，ミツバチ，チンパンジー，その他，種名は挙げませんが，数十種類の動物がいます．それらに比べれば，イヌはほとんど注意が払われてきませんでした．この（「人間の最良の友」である）生き物は，科学の主流からは除け者にされてきたように思われます．その理由は，はっきりはしませんが，推測はできます．

　イヌというものは，しばしば，「不自然な動物」として扱われています．おそらく，イヌのもつ「家畜化」の歴史がそうさせるのでしょう．ここでイメージされているのは，ある「未開人」がオオカミのこどもを母親から掠めとってきて，それがそのあとで何年も何世代も人間の手の中で過ごすうちにイヌに「なった」，というものです（例えばLorenz, 1954）．イヌの家畜化のこういう簡単な図式について，現在では，ほとんどの研究者が納得していませんし（例えばHerre and Rohrs, 1990），どういう基盤に立てば，「本当の」動物と「不自然な」動物の進化を区別できるのかについてもはっきりしません．「不自然な動物」というと，明確な目的のために人が選択しながら繁殖させてきた動物という意味を含んでいますが，そういう選択的繁殖というのは，これまで考えられていた時期よりもおそらくずっと後になってから始まったようです．論理的に言えば，「不自然な動物」は，それ自身にとって自然な環境というものをもちません．ですから，イヌを「本当の動物」の仲間に入れるためには，イヌにとっての自然な環境が何かをみつける必要があります（第3章）．

　行動生態学の影響が増大する状況は，イヌの研究とは相性がよくありませんでした．行動生態学というのは，Tinbergen (1963) のいう行動の機能についての研究がきっかけのひとつとなって発展してきた分野です．自然状態でどうやって生き残ってきたかを研究するのに，イヌが最良の候補でないことは明らかです．その主な理由は，現在のイヌの大部分が人とともに暮らして医者を利用することができるからであり，私たちが自分の仲間を自然の脅威から守るために最善を尽くすからです．この意味では，イヌは特殊だと考えることができます（しかし，必ずしも「不自然」ではありません）．

　もっと驚くべきことは，動物行動学で認知を扱うという革命的な動き（認知革命）が起きたときにも，イヌの研究への興味はそれほど起こらなかったことです．この運動を始めたひとりであるGriffin (1984) は，このテーマに関する彼の仕事の大部分において，イヌに言及するのを注意深く避けているようにみえます．アリ，ムクドリ，イルカの驚くべき行動が紹介され，私たちはそれを感嘆の目で眺めるのですが，イヌの同様の行動はたいてい疑いの目で見られるのです．このような態度はある程度理解することができます．というのも，以前の研究者たちは「話をする」あるいは「数を数える」ことに並はずれた技能を示すいわゆる「芸達者なイヌ」に欺かれることが多かったからです（例えばPfungst, 1912；Grzimek 1940-41）（図1.1）．後に，このような一見賢い行動は，飼い

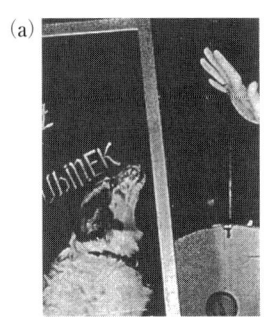  

図1.1 (a) 数を数えられるイヌ Stuppke について，ドイツの動物学者である Bernhard Grizimek が観察した．Stuppke は示された数字の数だけ吠える．このすばらしい才能は，じつは飼い主の Pilz 氏から出される「開始」と「終了」の合図を認識していたことによる．(b) だから，両目を覆っていても数字がわかることは不思議ではない（写真は Grzimek が1940～1941に撮影）．(c) Oskar Pfungst (1912) はしゃべるイヌ Don について報告した（写真は Candland, 1993, OUP から）．

修道会の戸口のイヌ

図1.2 イヌの「文化的伝達」の逸話．Menaul (1869) の報告によれば，あるイヌは，物乞いが修道院のドアのベルを鳴らしてスープをもらったのをみて，自分もドアのところに行ってベルを鳴らす紐を引っ張った．人間の行動を見て何かを学習する能力が実験的に示されたのはずっと最近になってからのことである（第8章，例えば Kuninyi 他，コラム8.6）．

主やトレーナーが意識的あるいは無意識に示す微かな身体的手がかりにイヌが反応しているのだ，ということが見いだされ（クレバーハンス効果；Pfungst, 1907；本書第2章5節を参照），イヌは信用ならない対象動物として，実験室から追い出されてしまいました．

しかし，どうやらイヌは復権しつつあるようです．動物行動学者，比較心理学者，その他多くの研究者たちが，今この時にも，行動の生物学研究の中にイヌの居場所を見つけだそうと奮闘しているところです．これは難しい仕事ですが，過去10年間での論文の急増をみれば，すでに努力が実りつつあることがわかります．いまや，いたるところでイヌの動物行動学が復活するチャンスが生まれています．

1.2 行動主義から認知行動学へ

Darwin (1872) も含めて初期の研究者たちは，イヌを人間に匹敵するような特別な動物だと考えていました．多くの人々がそのような擬人的見方を共有していたため，イヌが動物の知性や情動行動を表す梯子の最上段に位置づけられることになったのは当然のことでした (Romanes, 1882a, b)（図1.2）．まもなく状況は変わり，行動主義の影響が増大していきました．その中で，イヌが刺激に反応する一種の自動装置として扱われるようになったのは避けられないことでした．オオカミや社会行動全般に対する関心がイヌを助け，イヌは再び行動科学の中に足場を手に入れました．これがイヌの行動を動物行動学的に理解しようとする方向

性につながってきました．イヌの研究の歴史は，私たちが動物を見る観点の変化を反映しています．そして，多くの時が流れ，多くの知識が得られたにもかかわらず，今日の研究の基本的問題は 100 年前とあまり変わっていません．

1.2.1 実験室の主人公

動物の物語の中で，イヌは長いこと人気者のヒーローでした．私たちはイヌと日常を共にしているおかげで，人とイヌの相互行為についてのさまざまな観察や目撃があり，尽きることはありません．George Romanes (1982a) は，そういう逸話的なお話の有名な収集家のひとりでした．彼はイヌについて記述する際に，イヌがしばしば非常に知的に振る舞うという証拠を提示し，それをもとに，そういう行動は人間と同じような思考のメカニズムによって説明されるはずだと主張しました (Candland, 1993).

面白いことに Lloyd Morgan (1903) は，Romanes の用いた方法を強く批判していたのに，自分がある特定の行動的な現象について説明したいときには，やはり同じように逸話的なお話を用いて説明していました．一例を挙げれば，彼が飼っていたフォックステリアのトニーが，両端の重さが違うステッキをどうやって運ぶかという問題にどう取り組んだのか取り上げています．そして，イヌの行動を記述したあと，Morgan は，そのイヌが「問題を理解していた」ことを仮定しなければならない証拠はほとんどなかったと結論しました．そのステッキを何度も運ぼうとするうちに，イヌは試行錯誤の末に解決方法を学習したというわけです．ですから，イヌの側にみられる「知性的な」行動は，しばしば，比較的単純な学習過程によるものだろうというのです．Morgan にとって逸話的な物語というのは，仮説を定式化する機会を与えてくれるものであり，精神的な能力についての説明を与えるものではありませんでした．といっても彼は，イヌには，例えば骨というような，ある種の心的な表象 (mental representation) があるかもしれないことには否定的ではありませんでした．

Thorndike (1911) は，動物の学習行動を客観的に測定する方法を考案した最初の人でした．彼は腹を空かせたネコとイヌを，簡単な掛け金を操作すれば内側から開けられる箱の中に入れました．そういう状況で繰り返し観察を行った結果，動物たちはしだいに短い時間で外に出られるようになることがわかりました．Morgan と同じように彼もまた，最終的にみられる「知的」な行動による解決は「試行錯誤学習」の段階的な過程を追った結果であると考えました．したがって，例えばネコやイヌには鍵の性質がいくらかわかっているといったことを主張した Romanes の結論は，Morgan と Thorndike 両者の体系的観察によって否定されるように思われます．興味深いことに，Thorndike はイヌとネコに違いがみられることを指摘しました．というのは，しばらく何も食べていなかったにもかかわらず，イヌの方がはるかに抜け出すのが下手だったからです．Thorndike の記述から読み取れるところでは，ネコに比べてイヌの方が抜け出そうという意欲に乏しく，また掛け金に触れることに対して非常に用心深かったように思われます．これはおそらく，人間とこれらのイヌとの間にはネコの場合とは異なる社会的関係があったことを示しているのでしょう．そういうわけで，教科書の中で Thorndike の試行錯誤学習の概念を表す動物として有名になったのがネコだったのはそれほど意外なことではありません．Thorndike はさらに実験を続けましたが，長いこと信じられてきたイヌが模倣によって学習するという考え（第 8 章 6 節）を支持する結果をみつけることはできませんでした．鍵の開け方を見せても，動物たちが箱から抜け出すのが早くなることはなかったからです．

1904 年に Pavlov は消化器系の生理学的研究でノーベル生理学・医学賞を受賞しましたが，この研究で実験対象の役割を務めた動物はイヌでした．それまでに彼はすでに，口の中に食べ物があるということだけでなく，他の外的な刺激（ボウルの中の食べ物の音や食べ物を与える実験者が近寄っていくこと）によっても唾液の分泌が起こることに気づいていました．その後長年にわたってイヌは，条件反射の原理 (Pavlov, 1927) の展開につながった研究を行うのに最も望ましい動物のひとつとしての役割を担い続け，この原理が Pavlov の弟子たちによって広められました．Pavlov はすぐれた実験家だっただけでなく，すぐれた観察者でも

ありました．彼は早い段階で，イヌには個性の際立った違いがみられ，それがトレーニングに対する反応の中にも観察されることに注目していました（Teplov, 1964）．イヌは，ヒポクラテスの古典的な気質型カテゴリー（多血質・黄胆汁質・粘液質・黒胆汁質）に従って分類されました（コラム10.1 も参照）．当時すでに Pavlov は，観察される行動の傾向は遺伝的成分と環境的成分の複雑な組み合わせの結果であることを指摘しています．彼はおそらくこれら2つの影響を，トレーニング前にイヌを異なる環境で育てることで区別することを提案した最初の人です．条件反射についての Pavlov の研究の普遍性は，イヌと人との比較研究に基盤を提供しました．このような実験的な取り組みに基礎を置けば，イヌを，人の個性を理解するための最初の動物モデルとみなすことができます（第10章）．そのため，Pavlov の実験室の研究者たちが，一部の他の研究室に比べて動物の個性を尊重したということはあまり意外には感じられません．大部分のイヌには名前がつけられ，実験室の内外で彼らの自発的な行動を観察した結果が，トレーニングの際の反応を理解するための追加情報として使われました．重要なのは，パーソナリティに関する最近の研究（第8章）と違って，Pavlov と彼の仲間は個々のイヌの調査にもとづき，その結果を一般化して同じパーソナリティのタイプに属する他の個体に当てはめたということです．

1.2.2 比較心理学実験室におけるイヌ

実験室で Pavlov の学習モデルに取り組むイヌの行動について発表された論文の多くを読むと，動揺せずにはいられません．イヌと良好な「個人的」関係を築いていることの多いプロの科学者が，彼らの行った実験を実際にやってみるとは思えません．今日では，誰もこれだけ多くの実験をすることはできませんし，またする気にもならないでしょう．動物行動学的思考が欠けていると科学的努力が道を誤ることもありうるということを示すために，それらの実験を振り返ってみましょう．

文献のテーマを調べてみると，1920年代までにはラットとハトが主な研究対象になっていたことがわかります．ですから，一部の研究計画がイヌの方を好んでいるようにみえたのはなぜだろうと思うかもしれません．彼らははっきりと人間中心の計画を採用しており，人の行動に適合する動物モデルを探そうとしていました．彼らには，人の行動のいくつかの特徴に対しては，イヌの方がより適切なモデルを提供しているようにみえたのかもしれません．そうであれば，これらの研究者は，他の種よりもイヌの方が人間に似ていることを暗黙のうちに認めているのです．実際，彼らはイヌの行動を論じるときに，同じような心的メカニズムが背景にあると考えて，しばしば人（の子ども）との比較に頼りました（例えば Solomon et al., 1968；コラム1.3 を参照）．興味深いことに，こういう考察は，動物自身の主観的な状態にまでは拡張されませんでした．そのため，これらの多くの実験手続きでイヌが受けた苦痛について考慮されることは，決してありませんでした．

これらの実験について重要なもうひとつの側面は，実験状況がイヌの自然な行動からはほど遠かったことです．実験的に操作される項目は，自然条件下で行動に影響するだろうと考えられる項目と，ほとんど関係していませんでした．さらにそばにいる人間の存在もイヌにとっては混乱のもとでした．実験前後の人との良好な関係は，実験時のトレーニングにおける人の役割と矛盾するものだったからです．

この研究の目的のひとつは，神経症やトラウマ的経験の行動モデルを提供することでした（Lichtenstein, 1950；Solomon and Wynne, 1953）．例えば，実験を行う部屋にイヌを閉じ込めて，電気ショックを与えます（「絶望的状況」の実験；Seligman et al., 1965）．この実験の後で，危険な場所から逃げ出して同じようなショックを避けられる可能性のある課題を与えました．多くの実験によって，そのような経験の後では，イヌは電気ショックの回避を学習しないことが明らかになりました．彼らの反応は悪く，ショックを「諦めて受け入れている」ようにみえました（Seligman et al., 1965）．これについて，何か動物行動学的な基盤がないか考えてみましょう．イヌがそのような苦痛を経験するような自然な状況があるでしょうか？　唯一ではないかもしれませんが，最もありそうな状況としては，自分よりも優位なイヌが実

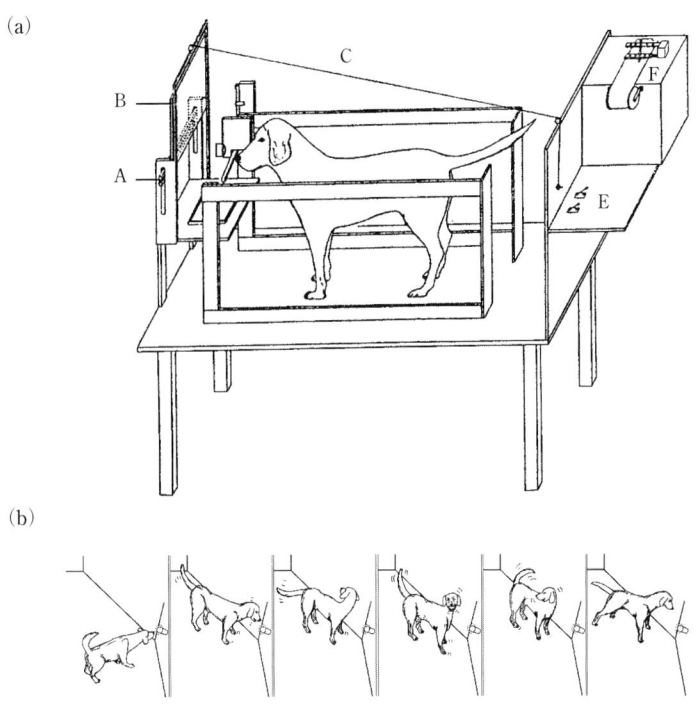

図1.3 研究下のイヌ．(a) Woodbury (1943) の挿絵にある Pavlov の考案した装置に入ったイヌ．イヌは音響パターンの違いを区別できるようトレーニングされている．(b)「イヌ7」を示す Jenkins *et al*. (1978) の挿絵．食べ物を知らせる光刺激（正面）に条件づけされたこのイヌは，光刺激と食べ物の乗った皿（イヌの後方にあって，挿絵では見えない）に向かって一連の社会行動を示す．

際に攻撃してきて，しつこく咬まれるというときでしょう．そういう場合，攻撃されたイヌにできる唯一のことは，できるだけ動かない（「フリーズ」する）ことで服従のサインを出すことです．イヌの中には，苦痛の経験を人との関わりに関連づけたものもいたかもしれず，そのことは，イヌが状況を制御できないことの効果とは別に，イヌを「ノイローゼ」にするのに間違いなく影響があったでしょう（Seligman *et al*., 1965）．

この時代のよい面をひとつ挙げれば，初期の研究の多くがイヌの行動を詳しく記述しており，同じ取り扱いに対してイヌの反応が非常に多様であることが明らかにされたことです．このことは，「実験犬」であるにもかかわらず，実験室内外での人との関係を含むそれまでの経験がイヌによって違っていたことを示唆しています．さらにもうひとつ，これらの研究が教えてくれる重要なことは，苦痛を伴う罰を用いるトレーニング法は，遺伝的素質，あるいはそれまでに経験してきた人との関係（社会化）が原因で，イヌの行動に予測できない（たいていは否定的な）結果をもたらすことがあるということです．

このような比較心理学的伝統は，より動物行動学的な発想にもとづく設問が実験的研究の分野で優勢になるにつれ，時代遅れになりました（図1.3）．1978年に Jenkins と彼の共同研究者たちは，Pavlov の刺激置換説（Pavlov, 1934）を，イヌの「エサ乞い」の動物行動学的分析（Lorenz, 1969）と照らし合わせてみました．Pavlov の理論では，エサのサインである（光やベルの音のような）条件刺激が，もともとの（エサのような）無条件刺激に実際に置き換わると想定しています．したがって，ライトがつくのを見たイヌがライトに対して示す準備行動は完了行動を反映するものでしょう（ライトを舐める，ライトに咬みつくなど）．それに対して Lorenz は，条件刺激は欲求行動を引き起こす解発刺激（リリーサー：releaser）として働くのだと論じました．それでイヌはライトがつくのを見ると

エサを探すようになり，あるいは仔イヌであれば，成犬からエサをもらおうとして「エサ乞い」を示すというわけです．Jenkins (1978) は，イヌをトレーニングして，エサの存在を示すランプを見たら接近するようにしました．そのトレーニングの間，イヌはじつにさまざまな行動を見せましたが，その中には，プレイシグナル，尻尾を振ること，匂い嗅ぎなどの社会的な行動パターンがみられたのです．このことから，イヌは，この実験環境を自分たちに馴染みのある社会的な文脈の中で捉えていたといえるでしょう．条件刺激（光）は彼らにとって，単に食べ物をもらえることを知らせるだけでなく，社会的刺激でもあったのです．このようなより自然な文脈では，（人に）食べ物を「要求する」のに先立って，何らかの信号行動（尻尾を振る，吠えるなど）やいろいろな動作（匂いを嗅ぐ，足で触るなど）が現れるのが普通です．これらの運動パターンは，イヌのもつ種固有の行動レパートリーの中から出てくるもので，これらは後々社会化の間に修正されていきます．個々のイヌの社会的経験や習慣的行動が，このような観察で見られる行動に大きな影響を与えています．結論として重要なのは，「実験室という環境の外で食べ物を示す自然な信号に対してイヌがどのように反応するかを調べる必要がある」(Jenkins *et al.*, 1978) ということで，これは，比較心理学者と動物行動学者の共同研究が必要であることを示す最初の兆候のひとつです．そのような研究のアプローチは，統制された実験条件と，個体のそれまでの経験についての情報も含め，自然な行動を観察することを重視する方法を併せもつ，新しい研究方法の扉を開くことになります．

1.2.3 自然主義的実験

20世紀の前半，実験室での恣意的な観察を拒否した研究者たちにとって，イヌは人気のある研究対象でした．第二次世界大戦の直前に最盛期を迎えたこのような研究のほとんどは，ドイツとオランダで行われました．それらの研究者たちは，（多かれ少なかれ）コントロールされた実験の重要性を認める Morgan その他の人々の伝統を受け継いではいましたが，それよりもイヌの自然な行動にもとづいた研究を行いたいと思っていました．彼らの多くは，新しい問題を解決する際の「洞察力」の役割を強調した Köhler (1917/1925) や，研究の対象にしている動物にとっての自然な環境（「**環世界（Umwelt）**」）の特徴を知ることが重要であると強く訴えた Uexküll (1909) の弟子や信奉者たちでした．重要なのは，Köhler も Uexküll も初期の動物行動学者の考え方に大きな影響を及ぼしていたということです (Lorenz, 1981)．ですから Buytendijk and Fischel (1936)，Sarris (1937)，Fischel (1941)，Grzimek (1941) その他の研究者を，現在のイヌの動物行動学者の先駆けとみなすことができます．彼らの実験のほとんどは実験室か壁で囲まれた庭で行われましたが，彼らが常に重視していたのは，イヌの観察やテストを行うときに自然環境で出遭う困難と同じような課題を用意することでした．またこれらの研究者のほとんどが，イヌの行動を解明する理論を構築するのに役立つ可能性のある人間の子どもとの比較研究が必要なことも強調していましたが，実験者がどの程度イヌの立場に身を置いてみるべきかについて（第1章5節）は意見が一致していませんでした．例えば Fischel (1941) は，イヌも子どもも同じくらいの量のトレーニングを行えば簡単な問題を解決することができるが，その問題の逆転バージョンが出された場合，子どもの方がはるかに優れた成績を示すことを発見しました．この結果は，子どもは「洞察力」に頼ることができるけれどイヌにはそれができない証拠だと解釈されました．しかし，そういう洞察力に富んだ行動（例えば Sarris, 1937 は，イヌについても同様の行動を記述しています）がみられるケースも，似たような状況を以前に経験したことがあるかどうかに影響されており，成功を収める場合には，それ以前に似たような問題を部分的に解決したことがある，ということも観察によって明らかになりました．

これらの観察に用いられたイヌの経験や研究者および研究方法との関係などが多様であることを考えれば，多くの研究で矛盾する結果が出ているのは当然のことです．例えば Sarris (1937) は，あるイヌが手段−目的理解を示すという証拠をみつけました．一方の端に肉を結びつけたロープや結びつけていないロープを引っ張る経験を繰り返した結果，そのイヌは，肉とロープが結びつけられ

ていないときには引っ張らないことを学習したのです（ただし，Osthaus et al., 2003；本書第7章6節1項を参照）．見たところ，このイヌたちは，実験者が指し示す身体の動きには頼っていなかったようなのですが，これは，この能力についての現在の私たちの知見とは異なっています（Miklósi and Soproni, 2006；本書第8章4節1項）．

　これらの研究者の大部分は，条件反射の連鎖によって行動が生じるという，当時広く行き渡っていた還元主義的見解を拒否しました．反論のひとつは，探索中の行動をコントロールする過程にもとづいたものでした．Buythendijk and Fischel (1936) は，脳内に何らかの「心的イメージ」がない限り，探索行動が生じることはありえないだろうし，そういう「心的イメージ」は，対象物を繰り返し経験することによって少しずつ生まれてくるのだと強調しました．これに対して Fischel (1941) は，イヌの行動は，肯定的あるいは否定的な行動結果を繰り返し経験することによって発達する「行為スキーマ」によって引き起こされるのだと考えました．Fischel は心的イメージの存在を否定しましたが，これは，イヌが状況の変化を考慮せずに習慣的に行動するのをしばしば目にしたためでした．例えばイヌは，そこにもう何もなくなっているにもかかわらず，物を取りに行こうとすることがあります．Fischel はこれを，人が出すコマンドが行為スキーマを解発したのであって，対象物の心的イメージを活性化したのではないと説明しました．捕食者としてのイヌの性質は，心的イメージを中心に行動を組織化するのではなく，その行為を中心に組織化することを促進するのかもしれません．

　この頃までには，イヌは異なるコマンドにもとづいて対象を区別できることが，他の研究者たちによって示されました．Warden and Warner (1928) によれば，あるジャーマン・シェパードをテストしたところ，同じ動作のコマンドでも，言葉の違いによって，違う結果をもたらす（Aを持って来るかBを持って来るか）ことができました（第8章4節2項）．この結果は，イヌの行動は衝動につき動かされた盲目的行為にすぎないという Fischel の理論とは矛盾するように思えます．

　心的イメージという概念を強く支持したのは Beritashvili (1965) でした．彼はジョージアで Pavlov 派の研究者とともに仕事をしていましたが，行動の説明としての Pavlov 型モデルの価値に不満を覚えるようになりました．イヌの行動が純粋に反射的な，あるいは衝動につき動かされた盲目的行為であるということを彼が疑うようになったのは，やはり探索の課題においてでした．彼の実験室では，隠された肉を探すという課題がイヌに与えられました．Beritashvili は，肉が隠されてから探すまでの時間，隠されるものの種類，隠される場所の数を変化させました．そのうちのある実験では，イヌに，パンを近くに，肉を遠くに隠すのを見せました．探索の許可が出ると，イヌは，常に遠くにあるけれどもより好きな食べ物である肉の方へ行きました．このような好みにもとづく行動は，肉のイメージが行動のコントロールを「乗っ取る」のだと仮定しなければ説明できないと，Beritashvili は考えました．Beritashvili は同様の多くの観察によって，学習過程の初期には，状況に対する注意の結果として生じるイメージが，行動をコントロールすると主張するようになりました．しかし，同じ状況を繰り返し経験させると（「条件づけ」），イヌは，心的イメージによるコントロールが比較的少ない条件づけされた行動を学習するのです．Beritashvili は若干のイヌの脳に損傷を与えることによって，さらに彼の理論を裏づける証拠を発見しました．これらのイヌは，食べ物が隠された場所を覚えていることができましたが，最初に肉の方へ行くという行動を示すことはなく，これは，これらの実験犬が心的イメージを構築する能力を失った証拠だとみなされました．

　自然な状況におけるこのような観察からは，その他にもイヌの行動を理解するための手がかりが得られましたが，それらの多くは最近まで忘れられていました．例えば Sarris (1937) は個体差，とりわけ「知能」を反映する行動的技能の個体差に目を向ける重要性を指摘しました（後述）．Buytendijk and Fischel (1936) は，イヌの行動を理解するには，飼い主へのイヌの愛着を考慮することが根本的に重要であることを指摘しました．また多くの研究によって，イヌのトレーニング法を改善するためには，このような科学的研究が重要であることが強く主張されました．

1.2.4 比較の時代

動物行動学が発展して科学的研究の独立した一分野になるにつれ，オオカミの行動に関するデータを集めることへの関心が増大しました．そのため合衆国（Murie, 1944；Mech, 1970 など）において，また，やや小規模ながらヨーロッパ（Okarma, 1995 など）において，残存する野生オオカミ個体群の調査が始まりました．これらは現在まで続いています．並行して飼育下のオオカミについても，社会行動を比較する側面に重点を置いた多くの観察が行われました（Fox, 1971；Schotté and Ginsburg, 1987；Zimen, 2000 など）．このような研究に大きな影響を及ぼしていたのは，行動の比較分析によって進化の過程への重要な洞察を行う，という動物行動学における Lorenz の考え方だったでしょう．なかでも Fox (1971) は，イヌ科の動物の社会行動について広く概観することを目指しましたが（ただし，Bekoff, 1977；Fentress and Gadbois, 2001 なども参照），他の研究者たちはだいたいにおいて，オオカミとイヌの比較だけを目的にしていました（Schotté and Ginsburg, 1987；Frank and Frank, 1982 など）．イヌとオオカミの比較研究は，多くの方法論的問題があったものの（第2章3節），実験室でも行われるようになりました．さらに，行動研究の生態学的側面への関心が高まると，研究者の興味は「野生」で生きる種へと向かい，イヌは，生態学的に妥当性のない「不自然な」動物だとみなされてしまいました（第4章を参照）（コラム1.1）．

こうした動きと並行して，John Paul Scott と John Fuller は，イヌの社会行動の非常に大きな多様性を利用して，社会行動に遺伝的要因が及ぼす影響を調べる比較研究を行いました（Scott and Fuller, 1965）．この研究から得られた多くの成果は，実験状況や研究課題が比較的恣意的であることが多かったという事実にもかかわらず，今もなおイヌの行動についての私たちの理解に強い影響力をもち続けています（第9章）．

1.2.5 認知革命

動物の思考過程に対する興味が，再び心理学者（Hulse *et al.*, 1978；Roitblat *et al.*, 1984 など）や動物行動学者（Griffin, 1976；Ristau, 1991）に生じたことが，イヌの「再発見」（Devenport and Devenport, 1990）に貢献しました．Frank (1980) が指揮したミシガン大学の情報処理プロジェクト

コラム 1.1　行動比較の枠組み

Timberlake (1994) は，比較行動学的研究を2つの独立した次元を用いて分類し，4種類の可能性を示しました．この枠組みを用いれば，他のイヌ属あるいは人と関連づけて行われるイヌの比較行動研究をうまく概念化することができます．行動の収斂であれば，生態的に高い関連を示す種間で，例えば社会行動などを比較するのが適切で，遺伝的な近縁関係が小さくても構いません．種内比較の場合，生態的にも遺伝的にも類似性が大きいので，その種の実際の環境への適応がどういうものなのかを調べるのに適しているかもしれません．系統学的な比較では，生態的にはあまり関係がないもの同士の相同関係における多様な進化を調べることができます．最後に，生態的・遺伝的に関連性のみられない比較は，主にたんなる分類的興味によるものです．

		遺伝的近縁関係	
		小さい	大きい
生態学的関連性	高い	(収斂) イヌと人との比較 (コミュニケーション行動など)	(小進化) オオカミの亜種間の比較 オオカミとコヨーテやジャッカルとの比較
	低い	(分類) イヌと人との比較 (操作能力など)	(相同関係) オオカミとイヌとの比較 (なわばり行動など)

は，このような認知的アプローチの概念をイヌ科の動物の行動研究に適用した最初の例であり，後にBekoff (1996)がこの方法を踏襲しました．動物の認知過程の研究に対する彼らの主張の中で，イヌの行動観察は重要な役割を果たしています．Bekoff and Jamieson (1991)は，数多くの初期の研究者たちの業績を批判的に再解釈した中で，研究室で飼育されているイヌはその自然な能力を示すことができないため，自然な状態でイヌを観察するべきだと主張しています．彼らは「よき動物行動学者は動物の心に入りこむ」(16ページを参照)とアドバイスしています．しかし，同時に彼らは，人間と動物の関係において動物の心を私たちの心でシミュレートするような理論を否定しています．私たちと他の動物の心理構造は異なる目的に合うよう進化してきたのであり，かつ，それが経験してきた環境も異なるのだから，その心理状態を模倣できるはずがない，という理由です．彼らは実験的なアプローチを要求し，逸話は単なる予備的観察にすぎないと考えますが，豊富な認知的語彙を使ったり，行動観察にもとづいて複雑な心的状態に言及することにはあまり不安を感じていないようです．

現在，同じように認知的概念に大きく依存する動物行動学的方向性の研究が黄金時代を迎えています．その突破口が開かれたのはおそらく1998年のことで，このとき2つの研究グループがそれぞれ別々に，イヌと人のコミュニケーションの理解を目指した同じようなプロジェクトに着手しました (Miklósi *et al.*, 1998; Hare *et al.*, 1998; コラム1.2; 第8章も参照)．それ以来，公表される論文の数は急激に増えており，今では，心的メカニズムを含む行動の進化を理解するための，イヌは主要な対象のひとつになる可能性があるように思われます．

1.3 Tinbergenの遺産：4つの問いともうひとつ

ノーベル賞を受賞する10年前，Tinbergen (1963)は生物学的行動研究の主要な目標をまとめました．それ以来「Tinbergenの4つの問い」は動物行動学の基本命題になっており，ほとんどの教科書の初めの方で扱われています．ですので，イヌの動物行動学的研究についてもTinbergenの枠組みを設定することは有用でしょう．Tinbergenは動物行動学が取り組むべき4つの問題を挙げましたが，彼はまた，そのような取り組みは自然な行動の記載に根ざしているべきであるとも指摘しています．ですから私たちも，たいてい忘れられがちなこの行動の記載という側面から始めることにしましょう．

1.3.1 行動の記載

動物行動学者は，どのような研究を行うにせよ，まず自然な環境の中でその種を観察することから始めます．多くの科学者は，木の枝の間に座ったり草の上に寝転んだりして双眼鏡をのぞく動物行動学者が本当に「科学的研究」をしているのか疑っていますが，行動を詳しく知ることは，少なくとも2つの理由で重要なことです．まず第1に，観察可能な行動が研究しようとする表現型でなくてはなりませんし，どのような科学的研究を行うにせよ，その行動を「測定可能」にしなければなりません (Martin and Bateson, 1986)．したがって，まずすべきことは，行動を一定の構成単位に分割し，その種に特異的な行動のカタログ（**エソグラム**）をつくることなのです．第2に，自然な環境で動物を観察していると，「よき」行動学者には，「なぜこの動物はこんなふうに振る舞うのだろう？」といった問いが浮かんできます (Tinbergen, 1963)．ですから，自然な状態で動物を観察することは，科学的説明を要求する問いを発見する最良の方法なのです．

利用できるイヌのエソグラムはあるものの（オオカミの行動の記載にもとづいたもの，第2章6節），自然状態にいるイヌが自発的に行った行動を記載するときにそれが用いられることはあまりありません（ただしBradshaw and Nott, 1995; Bekoff, 1995aを参照）．比較研究も行われていませんし，犬種による比較の場合は特にそうです．とはいえ，この方面でいくらか歩みを進めた研究があります（例えばGoodwin *et al.*, 1997; Fentress and Gadbois, 2001; Feddersen-Petersen, 2001a, b）．こういう記載的な仕事は，「野生」状態と実験室の状況下での自発的行動の違いを知るときに特に重要です．イヌの行動についての知識は，よりコン

コラム 1.2　イヌは人の指差し動作を利用するのか？

指差しというのは，人の非言語的な身振りの中で，ある対象を示すときに最もよく使われる身振りのひとつです．イヌと関わっているときにもこの動作がよく使われることは，きちんとした観察でなくてもわかります．指差しは，自発的なやりとりやトレーニング中に見られるだけでなく，例えば牧羊犬に羊の群れに近づく方向を指示するような作業のときにも使われます．イヌの進化において，人と一緒に働く能力が重要な因子だったとすれば，人の動作（指差しを含む）を利用することはイヌにとって進化上有利なことだったでしょう．

Anderson et al. (1995) の仕事にもとづき，私たちは標準的方法（**二者択一課題**）を使ってイヌのこのような能力をテストしました．この課題では，2つの容器のひとつに小さいエサを隠しておいて，その容器を実験者が腕を伸ばして指し示します．手続きを簡単に述べると次のようになります．まず，実験状況に慣れさせるために，イヌに容器（植木鉢）に隠したエサを何回か食べさせます．実験では，実験者は，2.5 m 離しておいた2つの鉢の中間に立ち，イヌから2.5〜3 m 離れて正対します．そして（1）イヌの名前を呼び，（2）イヌが実験者を見るまで待ち，（3）エサを隠した鉢の方へ腕を伸ばして，その姿勢を1〜2秒保ってから，（4）腕を胸の前まで戻し，（5）そこでイヌにどちらかの鉢を選ばせます．この方法での指差しは，その提示時間が短時間であり，イヌが選択するときには腕がどちらに伸びているかわからないことと，指し示した指先が鉢から60〜70 cm 離れていることから，「瞬間遠位指示（momentary distal pointing）」といいます（イヌと人のコミュニケーションを調べるこの方法については，本書の別のところで，イヌの行動の他の側面を示すためにもう一度取り上げるつもりです）．

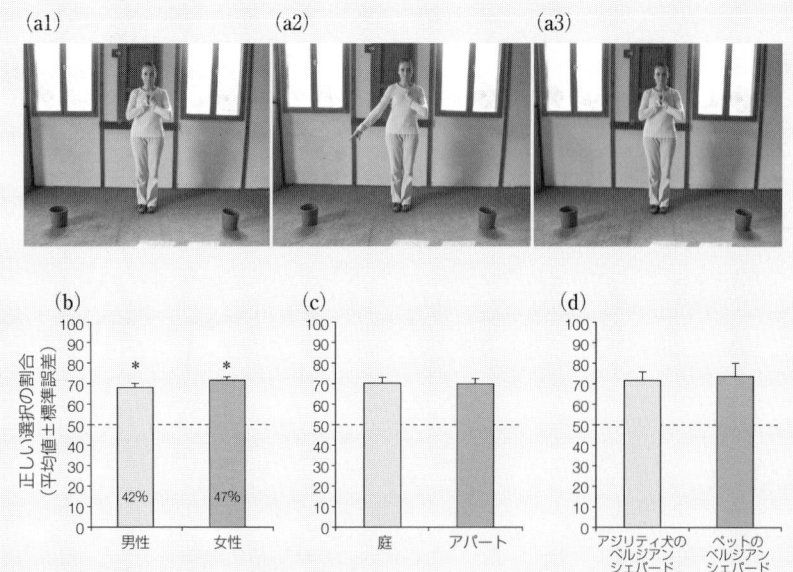

(a1〜3) 実験の最初に，まずイヌの注意を引く (a1)．イヌが実験者の顔を見たら，実験者は短時間（1〜2秒）指差し動作を行う (a2)．腕を元の位置に戻してからイヌを放し，選択させる．この指差し実験の結果は，実験者の性別には無関係で (b)，イヌが庭で飼われているか室内で人間と暮らしているかにも影響されず (c)，（ベルジアン・シェパードでは）アジリティのトレーニングを受けた経験にも左右されない (d)．点線：偶然による期待値．＊：期待値よりも有意に高い．図中のパーセント表示：有意に正解（指差した鉢）を選んだ個体の割合（二項検定 $p < 0.03$，20回の試行中15回以上正解）．Gacsi et al.(2008) より．

トロールされた状況下での実験を計画するのに大きな助けとなります．

1.3.2 第1の問い：機能

簡単に定義すれば，機能的アプローチとは，どのような行動パターンがその種の生存に有効かを発見することに関心を向けることです．どのようなものであれ，そのような研究が成功するのは，動物行動学者がその動物の実際の生息環境をよく知っている場合に限ります．ですから，まずイヌの暮らす環境について記載しなければなりません．私たちは他の研究者たちと同じように，イヌにとっての自然な環境とは人間によってつくり出された生態学的ニッチであると考えています（Herre and Röhrs, 1990；Serpell, 1995；本書第3章も参照）．種としてのイヌは，数万年前にイヌ科のある種に進化プロセスが影響を及ぼした結果として現れました．このことは，人が優勢な環境におけるイヌの生存を容易にした行動形質があることを期待できるということを意味しています．この環境は，ときには極めて多様であり，それはイヌの表現型の非常な幅の広さに反映されています．この事実は，自然な生態学的ニッチにある動物でみられるような，より多様性の少ない環境を扱うことに慣れている研究者にとって難しい問題を突きつけています．夜も昼も自由にうろつき回ることのできる村落，アパートの5階，街路や公園のすべてが（しばしば物理的連続性なしに）イヌの暮らす場所になりうるのです．人がめったにいないような環境でイヌが暮らしていることもありますが（野犬），そういう状況はおそらく二次的なものでしょう．そうだとしても，それはスペクトルの一方の端を表しており，そのため野犬の研究は無益ではないのです（第4章3節5項）．

機能的な考察が注目されるのは，多くの場合，イヌが不適切な行動パターン（問題行動）を示すときです．物を咬んだり，手に負えないほど吠えたり，状況に関わりなく攻撃的になったりすることは，飼い主を動転させ恐がらせるだけでなく，イヌ自身にとっても厄介な問題になりかねません．そういう行動の機能的重要性を理解しない限り，異常な行動を一掃する解決策をみつけるのは容易なことではないでしょう（Fox, 1965；Overall, 2000）．例えば最近の研究によれば，以前考えられていたのとは違って，吠え声には，人とのコミュニケーションの手段としての機能があるかもしれないことがわかっています（Yin, 2002；Pongrácz et al., 2005；本書第8章4節2項）．

1.3.3 第2の問い：機構（メカニズム）

多くの科学者にとって「行動の機構」というのは，遺伝的あるいは神経生物学的な基盤を探求することを意味するのでしょうが，動物行動学者が行動のこの側面を話題にするときは，行動が生起する要因となりうる環境や内的状態を明らかにして実験的に探求するということ，もしくは，どのように行動が構成されるのかという意味のどちらかです（例えば Baerends, 1976）．動物行動学者は行動を組織化しているより高次の原理に興味があります．そのような研究を行うには，興味の対象としている動物が本来の豊かな行動技能を示せるような状態に置かれていること，つまり，置かれている環境において，本来の行動技能を発揮するために必要なことを経験できていることが前提となります．したがって，自然な行動とほとんど関係ない実験動物を使って実験室で研究することは，そのことの有用性が明確である場合以外は，避けるべきだということになります．

オオカミとイヌの場合，行動の機構についての研究には，遊び（例えば Bekoff, 1995a），配偶者選択（例えば Dunbar, 1977），攻撃（例えば Harrington and Mech, 1978）などの文脈で行動に影響する他個体のさまざまなシグナルのような問題がついてまわります．イヌのトレーニングからは，環境の人為的あるいは自然な特徴をイヌはどう学習するのか（Lindsay, 2001）に関する多くの重要な疑問が生じます．特に後者は，行動を制御している心理的プロセスについての異なるモデルの論争の舞台となります．イヌの行動の学習される部分については，パブロフ型条件づけとオペラント条件づけが複雑に連合しているという観点から説明するという伝統がありますが，他にも行動の機械的な説明をあまり強調しないアプローチもあります（例えば Csányi, 1988；Timberlake, 1994；Toates, 1998）．彼らの研究の目的は，環境と行動を結びつける複雑な心理プロセスのモデルをつく

ることにあります．可能性として考えられるモデルはいくつもあり，そのシステムの構成要素については，行動観察によって間接的にしか知ることができませんから，このようなモデルをつくることはとても難しいことです．希望としては，動物の心理的プロセスの進化と比較研究を強調することで，認知行動学がこの研究分野についての一般的な枠組みを提示できるかもしれません（Kamil, 1998）．

1.3.4　第3の問い：発達

行動の発達についての研究では，行動を「生得的」な成分と「後天的」な成分に分けるという論争が行われるのが常でした．行動の発達を，遺伝情報の発現と置かれている環境の複雑な一連の相互作用として考えれば（後成説：エピジェネシス）そのような議論は沈静しますが，実際の問題は何も解決していません．

幸運なことにイヌの場合には，Scottとその仲間や他の研究者（Fox, 1970；Fentress, 1993など）の仕事がいくつか重要なスタート地点を提供してくれています．しかし，これらの研究はさらに継続することが必要であるように思われます（第9章）．これらの初期の研究の実験方法の中には，現在では利用することができないもの（長期にわたる経験剥奪飼育実験）もあるので，別の方法を考えて，発達初期の環境条件が後の行動にどう影響するのか（あるいはそもそも影響するのか）を，種としてのイヌの大きな変異とその生息環境の多様さを考慮しながら調べなければなりません．遺伝的条件と環境条件などを体系的に変えることで，最近の研究で注目されている個性という概念に基盤を提供することができるでしょう（第10章）．

1.3.5　第4の問い：進化

行動の進化についての研究は，まさに比較の試みであり（Lorenz, 1950；Burghardt and Gittleman, 1990），同時にまた，イヌ科動物の行動の研究において長い伝統があるところです（例えばFox, 1975, 1978）．人とニッチを共有するためにイヌに何らかの自然選択がかかってきたとすれば，イヌの進化的研究を重視することが大きな成果を生むかもしれません．したがって，比較行動学の研究を行い，イヌ科の種に特異的な行動パターンが分岐進化によってどのように変化してきたのかをみる必要があります（第4章）．これまでのところほとんどオオカミにばかり注意が払われてきましたが，（少なくとも）コヨーテやジャッカルを含むもっと広範な取り組みが必要です．ひとつには，イヌ属や他のいくつかの近縁種は，適応の過程において非常に柔軟なパターンを示しているからです．さまざまな行動形質が現れては消え，別の分岐群において再び現れるのです．例えば，より乾燥して暖かな気候への適応は，コヨーテ，オオカミ，ジャッカル，ディンゴで並行して生じています．

現在のイヌ科動物でみれば，それぞれが違った行動の組み合わせをもっていて，それによって現在の環境に最もよく適応しているのでしょう．とすれば，イヌを，遺伝的に最も近縁な現在のオオカミと比較しても，限定的なことしかいえないかもしれません．なぜなら，現在のオオカミになった種は，祖先から分かれてから別の環境に適応していて，祖先はまた違った行動パターンの組み合わせをもっていたかもしれないからです．Lorenz (1954)はイヌの真の祖先については間違っていたかもしれませんが，それでもなお，イヌの行動の中から，オオカミにはみられず他のイヌ属の種にはみられる特徴を取り上げているのはやはり慧眼といえるでしょう．

イヌと人の行動は，コインの別の面を見せてくれます．この場合には，行動の適応についての答えを探すことができるのです．イヌと人は近縁の共通祖先をもっていませんが，機能的に似たような行動がどちらにもみられます（第8章）．この一致からは，人の環境における自然選択の性質についての問いを設定できます．イヌの側からみて，そういう類似性はイヌの側に生じたある選択の結果だと主張できるかもしれませんが，その主張を逆方向に当てはめれば，対応する人の行動も積極的な選択の結果だといえるかもしれません．したがって，イヌの進化的研究は，この種の辿ってきた道を明らかにするだけでなく，私たち自身の過去についてもいくつかの手がかりを与えてくれるのです（コラム1.3）．

コラム 1.3　行動の収斂モデルとしてのイヌ

人とイヌとは形態的に大きく違っているにもかかわらず，どこかしら「精神的」に似たところがあるということが言われ続けてきました．Darwin (1872) もしばしば，イヌと人の行動や心理が似ていることに触れていますが，その比較が相同性にもとづいているか収斂性にもとづいているかは場合によって違うようです．Scott and Fuller (1965) がつくったイヌにおける社会行動の発達モデルは，一般的な学習のメカニズムにもとづく行動モデルと同様，明らかに人に対する相同的なモデルとしてつくられています（第9章）．

他の研究では，イヌが人の社会集団の中で暮らすことに非常に成功しているという事実を認めて，社会環境の類似が似た働きをもつ行動形質を生み出した可能性があると論じ，つまり，収斂の一例を示していると考えています．

Hare et al. (2002) が導入した考え方は，人とコミュニケーションをとることがイヌの利益になった可能性を示唆しています．人に特異的なコミュニケーションの合図を読み取る能力は，収斂進化の一例と考えられるでしょう（15ページも参照）．Miklósi et al (1998, 2004) と Topál et al.（近刊）は，イヌにみられる行動の収斂についてより一般的な概念を展開し，行動の変化がイヌの社会行動の一連の構成要素に影響を及ぼすことを想定しました．この変化の程度については議論の余地があるでしょうが，そうやって影響を受けた行動形質のために，イヌは，他でもない，複雑なコミュニケーションや協調の技能を示す人との間で愛着関係を発達させることができるのだと論じられています（第8章）．このような変化が，人に似た，驚くほど高い社会的力量を身につけた種を生み出したのです（第8章9節）．

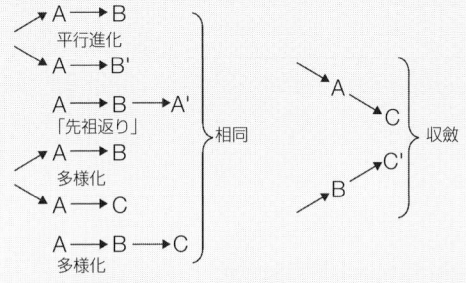

Fitch (2000) にもとづく，表現型の形質の間にみられる進化的関係（A〜C）．ジャッカルとコヨーテの表現型の形質の間にみられる類似は平行性の一例を表しており，ディンゴにみられるオオカミに似たいくつかの形質の再発現（オスの養育行動など）は先祖返りと考えられるだろう（ただし93ページを参照）．形質にもよるがイヌとオオカミの関係は多様化の一例を示しており，いくつかの社会的形質に関しては，人とイヌの進化に収斂の証拠がみられる．

1.4　進化的考察

イヌが現在の環境にうまく適応しているらしいと感じると，それを説明するのに「適応の物語」を語らずにいるのは難しいことです．残念なことに，そういう物語では異なる種類の至近要因を区別せず，適応という概念を非常に大まかに使っています．

イヌの家畜化の仮説を展開するときには，究極要因と至近要因を混同しないように気をつけなければなりません．**究極要因**というのは，ふつう，進化の時間の流れの中でいくつかの変化がなぜ起こったのかを説明する，進化的あるいは生態的要因だと考えられています．なぜイヌが，新しいタイプのイヌ科動物として出現したのか理解したいと思うなら，そのような究極要因が重要です．**至近要因**は，特定の表現型（例えば行動）の産出に含まれるメカニズムを説明してくれます．オオカミの行動との関連でイヌの行動の至近要因を調べるには，行動形質をコントロールする遺伝的，生理的，認知的因子の違い（や類似点）を探さなければなりません．例えば，イヌとオオカミの違いを説明するのに，幼時の特定の形質が成体に保存されている（**幼形化**，第5章5節5項を参照）度合いがよくもち出されます．しかしこれは，イヌがなぜ真っ先に家畜化されたのかということを説明してはくれません．幼形化というのは，2つ以上

の表現型の時間的関係が変化することで，発達過程の遺伝的制御に起こった遺伝性の変化だと考えられています．しばしばイヌの幼形化は，イヌの家畜化に人が最初から積極的に関与した証拠だとみなされます．というのは，人は仔イヌにみられるような特徴の方を好むからです．しかし，人の介入なしに進化した他の種でも幼形化が報告されていますから，この推論ではたいして先へ進んだことにはなりません．説得力のある議論を行うためには，人に対し，イヌ科動物の祖先のもつ表現型の中からある形質を選ぶようにしむけた，究極的な選択要因を特定する必要があります．

　進化というのは2つの点で保守的なものです．まず第1に，進化が働きかけるのは複雑な生きた構造ですが，その形質はすでに何百万年もの間「テスト」されてきたものなので，進化は，どんなものであろうと大きな変化を避けるのです．第2に，たいていの新しい「発明」（例えば遺伝子の突然変異）は，そういうシステムを改善するより改悪することの方が多いでしょう．進化生物学者の中には，すでに確立された生きた構造の制約の方が進化の「前進」よりも興味深いと力説する人もいます（Gould and Lewontin, 1979）．ですから，進化において大きな「跳躍」はめったになく，ほとんどの場合，変化はずっと小さな規模で起こるのです．さらに，失敗したデザインの生物は非常に早い段階で排除されてしまいますから，そのような生物を集めた進化博物館など存在しません．そのため，化石記録や現に生きている生物をみると，「盲目の時計職人」（Dawkins, 1986）の仕事をたいていは過大評価してしまうのです．進化がサクセスストーリーなのは，素朴な部外者にとってだけなのです．

　Gould and Vrba (1982) は，**適応**という概念に関連して，進化理論にさらにいっそうの混乱があることに注意を促しています．イヌの進化について言えば，適応はたいてい2つの違った意味で使われます．まず，多くの人は，イヌは人間の環境に適応していると考えており，そして，人間の社会的な環境に前適応していたオオカミのようなイヌ科動物がイヌの先祖の候補として最もありそうだと考えている人々もいます．これらの問題点は，最初の意見では進化の歴史的側面が無視されており，2つ目の意見にはいささかの混同がみられることです．

　進化的観点で適応という概念が有効なのは，新しい環境の課題に応えて創発した新奇な形質を指す場合です．つまり，この新しい形質に特別な機能がある場合です．Gould and Vrba (1982) は，その他のすべての形質は，祖先から子孫に特別な変化なしに，あるいは変化して今は新しい機能のために使われている**外適応**として区別するべきだと主張しました．これら外適応の2つの可能性のうち前者が通常，**前適応**と呼ばれます．つまり，以前の適応形質が変化せずに子孫において「再利用」される場合です．適応も外適応も，生物の実際の適応度に貢献します．つまり，種の形質というものは，新しい環境で新たに現れる（「適応」）こともあれば，外適応した形質として違った文脈で用いられたり，まったく変化なく利用されたりするのです．Gould and Vrba (1982) は，進化の保守的性質のために，種の形質の大部分は外適応の結果だと考えました．

　以上の概念をイヌに当てはめると，新しい形質の出現を示すことができなければ，イヌが人の環境に「適応」しているとは言えません．また，オオカミは人のニッチに前適応しているわけではなく，イヌが人の環境で生き延びるのに貢献している外適応形質のひとそろいを受け継いでいると言うべきです．したがって進化の観点から言えば，研究の際には，修正された外適応や修正されない外適応と「真の」適応とを切り離して考えなければなりません．実際，オオカミと分岐してから短い時間しかたっていないことを考えると（この数千年の間の集中的選択を考慮しても），イヌが大量の新しい適応的形質（厳密な意味での）を進化させたなどというのはありそうにないことです．外適応形質の場合には，変化の跡を遡ることができるかもしれません．例えばイヌの吠え声は，オオカミとは大きく異なり，はるかに広範なコミュニケーション機能をもっています（第8章4節2項）．

　表現型の適応的変化を扱う別の方法は，系統学的に類似した種間，あるいは，類似した環境に生息する種間での比較です（コラム1.1を参照）．もし2つの種がある程度時間を遡ったときに共通の祖先をもっていれば，それらの形質の関係は**相同**と

呼ばれます．どこかある時点で分岐が起こり2つの種が生まれれば，その後に起こる何らかの適応によって2つの種の形質の違いは増大するでしょう．しかし，たいていの場合私たちは，種の形成の記録を十分にはもっていないので，化石や現存種との比較研究はしばしば推測にもとづくことになるでしょう．ある形質の相同性というのは，相対的な概念です．それは時間をどこまで遡って考えるかによって左右されます．どこかの時点ではどんな2種も必ず共通の祖先をもつからです．直近の共通の祖先についてより多くのことを解明し，種間の進化上の関係をまとめるには，相同性という概念が役に立ちます．そういう比較を行うために，動物行動学者は種特異的な行動パターン（例えば求愛行動，Lorenz, 1950）を利用しました．現存するオオカミとイヌの比較研究を行うことは，これらの共通祖先について光を当てることになるはずです．相同関係にもとづいた比較とは，進化の初期段階で確立した複雑な構造の「抵抗力」（保守性，上記を参照）に注目することです．

絶滅種と現生種の両方で，近縁関係のない種が似たような形質を進化させた証拠がみられますが，これはおそらく，同じか似たような環境で，同じ進化的要因にさらされた結果でしょう．つまり，その機能が同じであるために表現型が類似するので

す．したがって，それを制御しているメカニズムはしばしば異なります（Lorenz, 1974）．昆虫，爬虫類，鳥類，哺乳類で何度も別々に進化した「翼」（飛行を可能にする体肢）のように，動物の形態には**収斂**の例が数多くみられます．進化の議論にとって収斂を検証することは非常に重要です．収斂は適応の概念，つまり，種が環境要因への反応として形質を進化させることの証拠になるからです．ときおり主張される，オオカミと人の社会構造の類似性についての見解は，こういう収斂の議論が基礎にあるのです（Schaller and Lowther, 1969；Schleidt and Shalter, 2003）．最近では，議論は，ヒトとイヌの社会的な行動パターンの類似関係にまで進んでいます（例えば Miklósi *et al.*, 2004；Hare and Tomasello, 2005）（第5章，第8章参照，コラム1.3，図1.4）．

ここで，系統学的に遠い種の間で起こる収斂のプロセスと，それよりもう少し近縁な種の間で起こる**平行進化**を区別しておくとよいでしょう（Fitch, 2000）．後者では，保守的な進化のため祖先種の段階で起こりうる変化の方向がすでに決定されており，子孫にあたる2つの種が似たような環境に置かれれば，新たな適応が起こる余地はほとんどありません．このような平行性によって，イヌ属の種にみられるいくつかの類似形質を説明す

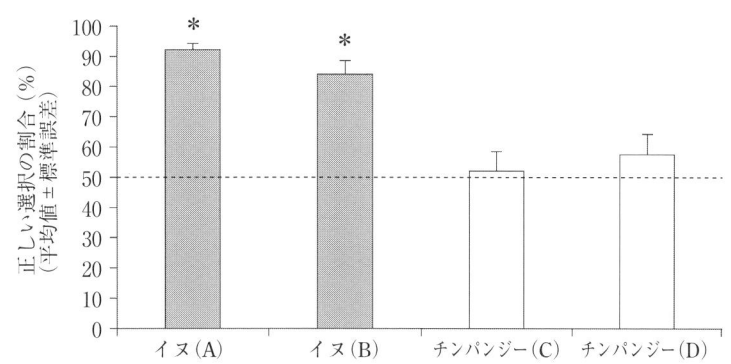

図1.4　イヌのコミュニケーション能力の収斂モデル．いくつかの二者択一課題（コラム1.2を参照）で，チンパンジーよりイヌの方が優れた理解力を示すという発見によって補強された．ここでは，多少なりとも類似した実験方法を用いたいくつかの研究の結果を比較している．実験者が継続的近位指示の身振りを使用していること，つまり，対象動物が選択を行う間ずっと指差し動作を続けていることにも注意（コラム1.2に記載したテストよりイヌの成績がいいのはこのためである）．しかし最近の研究のまとめによると，類人猿とイヌのテストでは実験の内容や方法に多くの違いがあるため，比較して意見を出すことは難しいとされている（Miklósi and Soproni, 2006）．(A) Miklósi *et al.*, 2005　(B) McKinley and Sambrook, 2000　(C) Agnetta *et al.*, 2000　(D) Itakura, *et al.*, 1999．点線はチャンスレベル，*はチャンスレベルより有意に異なることを示す．

ることができます．イヌ属の祖先から遺伝的に受け継がれたものが，子孫であるオオカミやジャッカルやコヨーテの表現型に起こりうる変化の方向や大きさに制約を加えたのです．ジャッカルやコヨーテの直近の共通の祖先が生きていたのは何百万年も前のことですが，これらの2種の表現型に多くの類似がみられるのはそういう平行性にもとづいているようです．ですから，イヌ属のメンバーならどのような種でも，特定の生態的環境に対して同じような形態と行動を変化させるものと考えられます．「（人への）馴れやすさ」の選択によるキツネの表現型の変化は，イヌ属についてのこのような考え方をさらに裏づけています（Belyaev, 1979；本書第5章6節）．収斂進化を平行進化から区別することができるのは，生物の最初の構造に大きな違いがあったとき，つまり，2つの種が系統学的に遠い場合に限られます．例えば，ライオンとオオカミにみられる協力的な狩りは，大型の獲物を狩るための進化的収斂（独立した適応）だと考えられます．なぜなら，イヌ科とネコ科が分かれたのはずっと昔のことで，ネコ科の動物の中で社会性を示す種はライオンだけだからです．

上のような例があるにもかかわらず，相同と収斂と平行の過程を区別することはしばしば非常に困難だということを強調しておかなければなりません．例えば多くの研究で，いくつかの動物がイヌの祖先であるという考えを主張するために，あるいはそれに反論するために，骨格（たいていは頭蓋骨）が似ている，あるは似ていないという点が取り上げられてきました．相同性による類似は，進化的な類縁関係を示し，同じような環境に対する進化的反応としての収斂や平行進化による類似ではないことを意味しますが，近縁の種を含む大きなグループ内での類似だけでは，その類似を相同性によるものだと言うには不十分であることがよくあるのです．例えばOlsen and Olsen (1977) は，中国産のオオカミの一部では現在のイヌと同じように，下顎枝の筋突起の先端が後方にずれていることを指摘しました（第4章，コラム4.8を参照）．このような類似は相同にもとづくものであると仮定され，イヌはそれらのオオカミの子孫であると主張されました．しかし一方では，そのような先端部の後方へのずれは雑食性の動物（例えばクマ）の特徴である，とも述べられています．したがって，イヌ属の種が雑食性の食生活を採用すればこの特徴が繰り返し進化する（平行進化）というのがありそうなことで，この特徴は近縁関係の診断信号としてはあまりふさわしくないことになります（しかし，雑食性のジャッカルにはこの特徴はみられないようです）．

1.5　イヌらしさとは何か

長い間多くの人々がある問いを弄んできました．この問いはもとはと言えばNagel (1974) がコウモリについて提出したものでした．Nagelは，いったい自然科学は別の生物の主観的な意識状態を理解する方法を提供することができるのだろうかという疑問を抱きました．Nagelは「コウモリにとって，コウモリであるということはどういう感じなのだろうか？」と考えましたが，多くの者はもっとずっと単純な形の，「私たちがコウモリであれば，どんなふうに感じるのだろうか？」という問いに答えようとしました．最初の問いに対してはほとんど答えようがありません．また，2番目の問いに答えるのに，人の行動や心的能力を当てはめつつ他の動物の特徴を説明するなら，それは通常，擬人化とみなされます（Fox, 1990；Mitchell and Hamm, 1997）．

最近の議論では，科学的探究を行ううえで擬人化が有利に働くか不利に働くかは，主に扱っている問題に大きく依存するとされています（Bekoff, 1995b；Burghardt, 1995；Fisher, 1990；図1.5）．行動の進化や機能についての問題（Tinbergenの第1と第4の問い）に答えるときには，擬人化が有効な手段になるかもしれません．例えば，集団で暮らす動物には解決しなければならない似たような問題（支配，協力など）があるはずですし，あるいは，そもそも似たような進化の力が働いて，それらの動物は集団で暮らすようになっていると考えられます．ですから，人のある種の行動が攻撃的交渉の後で不安を緩和する機能をもつこと（「仲直り」）を経験していれば，別の種にみられる似たような行動パターンが同じ機能をもっているかもしれないと考えることになるでしょう（de Waal, 1989）．そういうわけで，人の共同体の中で

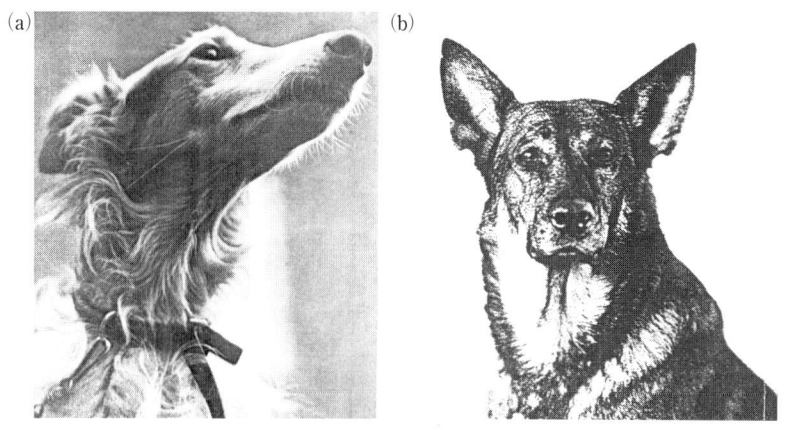

図1.5 (a) Buytendijk の著書（1935）にあるぎょっとするようなイヌの写真．原図につけられた説明文は擬オオカミ主義（lipomorphism）と擬赤ちゃん主義（babymorphism）の興味深いカクテルであり，心霊主義的風味が添えられている．彼によれば，「イヌは人に愛着を抱きますが，それは意識から生まれたのでもなければ意識に上ることもありません．それは説明することのできない神秘的な衝動であり，自然の原初的な力のように強力で抗い難いものなのです」．
(b) 1920年代の映画に出てくる有名なイヌ，フェロー．このイヌは厳格な実験条件のもとで，命令に従って物を取ってくることができた（Warden and Wamer, 1928；本書第8章）．

うまくやっていけるような行動形質を進化させたイヌのような社会的哺乳類の場合には，機能の類似を探すために擬人化の立場をとってもいいかもしれません．例えば，集団の個々のメンバー間の親密な交渉を維持する行動パターン（例えば親子間の愛着）が似ていることが観察されれば，飼い主とイヌの関係と人の親子関係とが機能的に似ているということの論拠になるかもしれません（Topál et al., 1998；本書第8章2節）．つまり，一定の行動システムによって演じられる役割は重なり合うと考えられるため，そのような機能的擬人化は行動の機能的側面についての仮説を立てるのに有効な方法であるかもしれません．しかし，そのような研究戦略で成功を収めるには，比較の対象になる種の自然な行動をよく知っている必要があります（第2章3節）．

しかしながら，機能の類似性にもとづき，その行動を制御するメカニズムにある種の平行性があると言いたいのだとしたら，話は違ってきます．そういう見方は，しばしば「類似による議論」といわれますが（例えば Blumberg and Wasserman, 1995），これは，特に進化的には収斂だった機能を種間比較しようとする場合，あまりうまくはいきません．したがって，イヌと人の子どもで愛着的行動の機能が似ているからといって，それを支配しているメカニズムが似ているという議論はできません．イヌとヒトが共通先祖から分かれたのはずっと昔のことであり，進化的にはかなり違った経験をしているのですから，実際にメカニズムが違っていることは十分に考えられます．イヌの場合，変化が起こったとすれば，それはオオカミの心理に起こったはずです．ですから，至近メカニズム的（および発生的）要因（Tinbergen の第2と第3の問い）を考えれば，イヌは実際はもっと「オオカミに似て」いてよさそうです（Kubinyi, Virányi and Miklósi, 2007；Miklósi et al., 2007）．このような見たところ矛盾した状況から，本当の意味で興味深い問いが導き出されます．つまり，オオカミに似た行動のメカニズムにどのような変化が起こって人に似た行動の機能が生み出されたのでしょうか．

1.6　擬オオカミ主義？　それとも擬赤ちゃん主義？

イヌの研究者も専門家も，言及するのは，多くの場合2つの極端な行動モデルのどちらかであり，一方は，イヌとオオカミの類似を，他方はイヌと人の子どもの類似を重要であると強調するものです．これらの見方は，ある意味では，上で述べてきた擬人化問題の特殊な例です．イヌ属の2つの種の相同性を強調するモデルでは，「イヌの衣をまとったオオカミ」という喩えが使われます．この

ようなオオカミ型モデル（Serpell and Jagoe, 1995）では，家畜化によって変化したのはオオカミの行動の表面的特徴にすぎないと考えます．この見方では，例えば，人間とイヌの社会的関係は，オオカミの社会に適用されるルールにもとづいているはずだと考えます．したがって，そこにはしっかりした階層的秩序（上下関係）があるはずであり，人がその関係を，オオカミの社会で使われる動作や信号を用いて，築き，維持し，コントロールする必要があるということになります．ただし，重要なことですが，この立場に立てば，イヌはオオカミから大きな改変を受けることなく遺伝的な特徴を受け継いでいることになり，そうであれば，イヌと同じような環境にオオカミを置けば，オオカミもイヌらしい行動をとるようになると期待されるのですが，事実はそうではないのです（第8章）．この行動モデルは，イヌとオオカミの進化的な近縁関係という，それ自体はしっかり確立した知見にもとづいてはいるのですが，私たちのもつオオカミの社会行動の知見は限られていて，その知見も，体系的な観察や実験の成果によって変わりつつある（Mech and Boitani, 2003 の各章を参照），ということを見落としています．オオカミの行動にも大きな変異があり，時間的な面でも（オオカミの先祖の社会は，今のオオカミの社会とは違っていたかもしれません）空間的な面でも（個体群が異なれば，社会行動のパターンも異なっているかもしれません），かなりの変化があるでしょう．つまり，オオカミ型モデルというのは，多くの場合，実際には現在のところきちんと支持されているわけではない「理想化された」オオカミ行動にもとづいているのです．

モデリングのスペクトルのもう一方の端では，専門家たちが，まったく違うモデルを主張しています．それによれば，イヌの社会行動全般は適応の過程で本質的に変化しているだけでなく，多くの点で，イヌは人の1～2歳のよちよち歩きの幼児と似たような社会的関係の世界に生きているのだとされます．この類比モデルでは，イヌは「イヌの衣をまとった子ども」に喩えられ，イヌの社会行動は，人の親子関係の観点から理解すべきだと考えます．子どものような行動がイヌの属性と考えられたり，「イヌはまさに小さな子どものようだ」と言われたりするのは珍しいことではありません．ある調査では大学生たちは，「道徳的判断」や「気晴らし」，「想像力」など多くの特徴的な人間型の特性について，典型的なイヌと学齢に達した少年の間には，量的な違いしかないと答えました（Rasmussen and Rajecki, 1995）．つまりこのような**赤ちゃん型**モデルでは，イヌは人の子どもと同じような社会的地位にあり，1～2歳児に相当する心的能力をもっていると示唆されています．この場合，人はイヌに対して，養い親的な関係や指導ないし教育という観点からの養育行動が期待されるわけです（Meisterfeld and Pecci, 2000）．しかしながら，このようなモデルは，次のことを考慮していないようです．人間社会においてイヌが果たす役割は子どもの代替ではないことがよくありますし，また，人間の養育行動には大きな変異があって，生態的な条件に大きく左右されるものであり，イヌと人の「西洋的な」関係が普通ではないかもしれないのです．さらに，その認知能力や行動限界と同様，自分が住む世界についての経験も，イヌと子どもでは大きく違っているという問題もあります．

実際のところ，両極端の2つのモデルはどちらも進化的議論を混乱させており，イヌと人の関係の並はずれて大きな多様性を認識できてないように思われます．その多様性には，明らかにいくつかの源があります（Serpell and Jagoe, 1995も参照）．第1に，現在のイヌの社会行動のパターンは，非常に幅広い遺伝的な影響を受けています．このことは，イヌは，淘汰の歴史やその結果としての遺伝的素質によって，異なる環境に置かれれば異なる行動をとるだろうということを意味しています．第2に，人と人との関係の種類は非常に多様です．たしかにイヌによっては子どもの代用品の役割を果たしていますが，他のイヌはより多く対等な社会的仲間という役割を果たしており，多くのイヌは，家計のうえで経済的に換算できるような働きをしていたりするのです．第3に，生態的条件や文化的な伝統が時代によって変わることで，イヌと人の関係も変わっていきます．例えば，いまだにイヌが人の食料の一部である文化もありますし，これがごく最近まであった文化もあるのです．

ですから，これらの両極端なモデルのどちらかがそのままで成功を収めることはありそうにありません．また，イヌが2つの極端の中間のどこかに位置するというようなことでもなさそうです．包括的な枠組みをつくるなら，別のアプローチにもとづく行動モデルを発達させる方がより有益でしょう．

1.7 行動のモデリング

現代の生物学や心理学，それに計算機科学の知見にもとづいて発展した理論は，内面状態や心理的過程の観点から行動を解釈する可能性を重視しています．そこでShettleworth (1998)は，認知を，動物が環境から情報を獲得し，処理し，蓄え，それに対応するときの一連のメカニズムであると定義しています．このような見方を支える枠組みは，動物の心の主機能は，環境を表象することだという一般的な仮定です．なかでもGallistel (1990)は，そのような表象は環境的構築物と機能的に同型であると述べています．もっとも，心についてのこのような見方に誰もが同意しているわけではなく，心理モデルの性質についてさまざまな激しさで議論が続いていることを指摘しておかなければなりません．

いわゆる**動物行動学的認知**（ethocognitive）モデルのアプローチというのは，行動システムを概念化するためのモデル（Baerends, 1976；Bateson and Horn, 1994；Timberlake, 1994など）と心の中枢制御システムを理解するためのモデル（Csányi, 1988；Toates, 1998など）を橋渡しするメタモデルをつくり出すもので，特に比較の観点に立つときに有用なものです．

これから，ありそうな動物行動学的認知のメタモデルを説明しますが，その前に，行動のモデル化一般に関連した問題についてざっとみておくのがよいでしょう．

1.7.1 トップダウンかボトムアップか

研究者がモデリングをするときに，たいして選択の余地がないこともあります．初期の細胞生物学者は細胞の非常に大雑把なモデル（「スケッチ」）をつくり，顕微鏡がより高度な解像度を獲得するに従ってそのモデルはどんどん精密になっていきました．つまり，主に技術的な理由から，生物学者はトップダウン方式でモデリングに取り組んできたわけです．気象学者は（ある程度）逆の歴史を経験しました．風系のモデリングはおそらく小規模なスケールで始まったのでしょうが，科学技術の発達に従い，高緯度でのデータや高高度でのデータを集めることができるようになり，地球規模の風系のモデルがつくられるようになりました．この場合，不可避的にボトムアップ式でモデリングされたわけです．行動科学の場合にはどちらの方法でモデリングを行うことも可能ですが，残念なことに，そのせいで研究者たちは二派に分裂し，一方の取り組みが他方に勝ることを主張し合うことになりました．

面白いことに，心理的な構造のモデル化を行う研究者の見方は，動物行動の研究に用いられる方法に影響を受けているようです．動物が暮らしている自然な環境で研究するという，より自然な研究方法を好む研究者は，往々にして，トップダウンのアプローチを好むようであり，心理主義的な説明を用います（後述，例えばBekoff, 1995b；Byrne, 1995；de Waal, 1989）．それに対して，実験室での研究を基本としている研究者は，みんながみんなというわけではありませんが，単純な機械的プロセスの積み重ねという，ボトムアップモデルを展開するのが好みのようです．これは，モデル化に関しての研究者の主観的な好みを反映しているというよりは，その行動を研究している条件の結果といえます．動物を自然あるいは半自然的な環境で観察する場合に，私たちにコントロールできることはほとんどありません．その環境の物理的側面や社会的側面，あるいは動物が経験する内容をコントロールすることはほとんどできないのが普通です．にもかかわらず，そのような状況であれば動物は潜在能力を最大限発揮することができるため，研究者は彼らの行動の全体像をつかむことができます．この観点からすれば，さまざまな状況下で観察された，あるいは実験的に調べられた動物の行動を解釈するのに，トップダウン式モデルの方が使われるというのはそれほど不思議ではありません．

これとは反対に，実験室では外的変数や内的変数をもっと大幅に制御することが可能です．実験

では，単純化された環境の中で（経験不足で**世間知らず**の）個体の行動を観察することになります．動物には余計な経験がほとんどないので，反応としての行動の多様性は少なく，研究者が行動を予測しやすくなります．入力と出力を詳細に記録することで，全体としての行動システムと関連させるまでもなく，行動の特定の局所的側面を説明する比較的単純なルールにもとづいたボトムアップ式モデルをつくることが可能になります（コラム1.5 も参照）

問題は，トップダウンモデルをボトムアップモデルの説明にも適用するとき，あるいはその逆のときに起こります．このとき，単純なルールからなる複雑な構造体を仮定しなければならないので，ボトムアップモデルは必要以上に複雑になりますし，逆に，トップダウンモデルは，局所的な現象を説明するには大袈裟すぎることになって，有効性に問題が出てくるのです．

1.7.2　最節約という規範

Morgan (1903) は，行動の説明に用いる心的機能は，進化と発達の尺度でからみて，できるだけ下位に位置づけられるものであるべきだと提案しました．しかし一方で，「説明の単純さは，それが真実であるために必要な基準ではない」と用心深くつけ加えました(Burghardt, 1985)．にもかかわらず，Morgan の提案の最初の部分は，行動を連合学習という単純なルールによって解釈するアプローチを後押ししました．というのは，この連合学習というメカニズムはクラゲや扁形動物のような非常に古い生物にさえみられるようであり，また個体発生の初期に現れるものだからです．行動の心理主義的な解釈は，複雑な過程を想定する不必要に肥大化したものとみなされました．

先の議論に即していえば，行動の解釈について，Morgan はボトムアップ方式を主張していますが，そうしなければならないといったわけではありませんし，別個の証拠があるのであれば，トップダウン式のモデル化を受け入れています（Morgan, 1903)．このアプローチで主に問題になるのは，ボトムアップ式のモデリングは個々の変数を制御できる実験室での研究と結びついており，多くの行動現象はそういう無菌的状況のもとで観察したり

発生させたりするのが非常に難しいということです．霊長類の「欺き」行動の研究がその一例でしょう（Byrne, 1995；Whiten and Byrne, 1988 など）．そのため，移動の際のナビゲーション，物体の永続性の理解，社会的学習といった自然な行動や能力を記述する研究者は，解釈のために何らかのメタ言語を用いることが多く，単純すぎる連合主義や非常に複雑な認知主義を持ち込むことを避けるのです（第 7 章と第 8 章を参照）．

特定のモデルに忠実であるかどうかより，行動をうまく予測できるかどうかの方がより重要かもしれません（Cenami Spada, 1996)．しかし，ナチュラリスト的状況と実験室的状況が根本的に違っているのであれば，トップダウン式モデルを実験室の状況に適用したときに予測能力が低かったとしても驚くにはあたりません（そして，逆もまた同様です）．これは，研究者が試験管内実験と生体内実験で得られたモデルを調和させようとしている状況に似ています．試験管内の局所的システム（ボトムアップ式モデル）では完璧に機能するようにみえる生理活性物質が，生体内のシステム全体（トップダウン式モデル）に適合しないために薬としては役立たない，ということがよくあります．ですから，根本的に違っていることの多い 2 つの行動モデルを調和させようとするよりも，これらのモデルの一定の条件下での予測力に目を向け，根底にある心的構造や心的機能の理解によりよい説明を提供するモデルを信頼すべきです．

1.7.3　連合主義と心理主義

論文では多くの場合，機械的なボトムアップ式アプローチが目立ちます．そこでは，(すべてではないにしても) ほとんどの（学習された）行動は環境的刺激と特定の反応を結びつける連合過程の結果として説明できると強く主張されています．この場合，心は，広範な環境上の出来事と行動の間に因果関係を確立することのできる柔軟な連合装置と捉えられています．このような見方の支持者の中には何らかの認知的構造（「条件刺激の表象」，Holland, 1990) の出現を否定しない人もいますが，それでも表象と行動とそれを導き出した経験の間には強い結びつきが想定されています．このような行動モデルは「低次モデル (Povinelli,

2000）」,「手がかり依存モデル（Call, 2001）」といったさまざまな名前で呼ばれたり，時間と空間の抽象的不変性を表象している（Povinelli and Vonk, 2003）と言われたりしています．

しかし他の研究者たちは，連合過程の重要性は否定しないながらも，心には，直接に行動に結びつかない，しばしば媒介変数と呼ばれる認知的実体（表象）も存在していると考える立場を守り続けています．そのような表象は，それらを導き出した直接的な経験や行動に関わりなく機能することができるばかりでなく，ある特定の行動の原因因子になることもあります．このようなモデルでは，特に動物が新しい状況や問題を経験するときに，柔軟性のある行動が予測されます．状況に依存しないそのような表象はしばしば「知識」と呼ばれ（Call, 2001），これがあるために，特に社会的環境においては，起こりうる環境上の出来事や行動の心的処理（例えば期待形成や計画）が可能になるのです（コラム 1.4 も参照）．

1.7.4 内容と働きの比較

Heyes（2000）は，心の内容と働き（オペレーション）を区別すべきだと述べています．彼女によれば，「何をいつ」学ぶかは生態の違いによって決まるため，表象の内容は種によって異なります．しかし，動物の心が働く過程は，主として，種によって大きく異なることのない連合過程（associative process）にもとづきます．この見方には，一般的な学習理論と共通の特徴が多くみられます（McPhail and Bolhuis, 2001 など）．この見方によれば，行動の適応的変化は，心の組織的な構造ではなく，内容にだけ作用することによって，主に認知能力の量的側面に影響を及ぼします．

このような見方に誰もが賛成しているわけではありません．ここ何年も，多くの研究者が，特定の生態的（あるいは社会的）環境における進化が心の働く際の新しいルールを生み出すことを示す多くの実験的証拠を提出してきました．例えば，複雑な空間的問題の解決（「認知地図」）（Dyer, 1998），摂食から長時間経過後の有毒食物の回避「ガルシア効果」（Garcia and Koelling, 1966），隠された食物の種類の記憶（「エピソード的記憶」），などが報告されています．ですから，多様な環境で生き延びるためには，出来事を解釈する心のルールの多様性も選択されてきたかもしれないのです．**適応主義者が強調するのはこの点です．**

1.7.5 知能の比較

困ったことに**知能**（intelligence）という語には多くの異なる意味があり，非常に表面的な意味で使用されることがよくあります．まず第 1 に，忘れるべきでないのは，どのような種類の「知能」も，与えられた条件下で実際に観察されたりテストされたりする特定の行動側面の反映でしかないことです．第 2 に，もとはと言えば，知能とは（人間の）柔軟な問題解決能力における個体間の多様性を測るために導入された概念だということです．このことは，犬種間で知能を比べたり，イヌとオオカミの間でどちらが知能が高いかを論じたりすることには，問題があることを意味します．その理由は簡単です．それぞれの種は違った能力を進化させてきましたし，生まれ育つ環境も異なるので経験も異なります．そのため，異なる種のメンバーにとって同じ問題を提示する適切な課題を考え出すのは非常に難しいことになります（第 2 章 3 節）．異なる遺伝的入力や環境的入力は，個体が問題を解決する心的能力にも影響を及ぼすからです．ですから，知能という概念をもともとの意味でだけ使うことにして，犬種や種のように遺伝的に明確に特徴づけられるひとつの集団の個体間の多様性を説明するために使うのが賢明だと思われます．「知能」の他の用法はすべて，認知能力の違いへの言及によって置き替えられるべきです．

1.7.6 後成説，社会化，文化化

多くの場合，ボトムアップ式モデルもトップダウン式モデルも，遺伝的素質が心的過程にどのように複雑な影響を及ぼしているかを見逃しています．例えば，遺伝的傾向は，動物を環境の特定の側面に向かわせるかもしれません．そして，それによってどのような種類の経験が得られるかが決定されるでしょう．ですから，たとえ小さな遺伝的差異であっても，複雑な正のフィードバック過程や負のフィードバック過程を経て，結果として，違った種類の表象をもたらすことになります．さらに言えば，なんであれ生物のすべての潜在能力

コラム 1.4　どうやって，なぜ，イヌは摂食回避を学習するか？：可能な説明の比較

　Solomon et al. (1968) は，罰の遅延が好みの行動を自制することに対してどのような影響を及ぼすかを調べようとしました．特に，行動と同時に罰を与えた場合の効果が調査されました．被験動物（ビーグル）に「タブートレーニング」を行いました．このトレーニングでは，肉を食べるとイヌは罰を受けましたが，同じ量の実験用の乾燥食料は食べることを許されました．実験者によって与えられる罰は，きつく丸めた新聞でイヌの鼻先を強く打つというものでした．ひとつのグループのイヌは，肉に（口あるいは舌で）触れるとすぐに罰を受けました（遅延なし）．一方，別のグループは肉を食べることはできても15秒後に罰を受けました（実際には，5秒遅延のグループ3つ目もありましたが，ここでは記述を簡単にするために割愛します）．このトレーニングを，20日間続けて肉を食べるのを我慢できるまで続けました．その後で「誘惑テスト」を行いました．このテストでは，イヌに2日間食べ物を与えずにおき，実験者がいない部屋に入れて，500 gの肉と20 gの乾燥食料を選ぶことができるようにしました．一日中他の食べ物は与えられなかったので，イヌはテスト中に食べた物だけですませなければなりませんでした．テストは，イヌが禁止を破るまで続けられました．Solomon たちは，イヌが肉を食べるようになるまでに経過した日数を調べるだけでなく，イヌの行動も観察しました．

1. どちらのグループのイヌも30～40日のトレーニングで食べ物のタブーを理解しました．
2. 肉を食べる前に罰を与えたイヌでは，テストを始めてから30日の間肉を食べませんでした．これに対し，肉を食べて15秒後に罰を与えたイヌは，2日以内に肉を食べるようになりました．
3. 学習中とテスト段階の両方で，イヌの行動には著しい違いがみられました．「遅延なし」のグループのイヌは肉を避けることを学習しましたが，乾燥食料を食べるのに少しめらいがみられました．しかし，トレーニングの後半では，「明白な恐れを示すことなく乾燥食料に近づいて，これを食べ」ました．一方「15秒遅延グループ」のイヌは，トレーニング期間の間ずっと「実験者の後ろや壁の方へ這い寄って排尿や排便を行い……，腹這いで実験者の方へ近づく」行動をみせました．
4. 15秒遅延グループのイヌはテストのとき「実験者がまだそこにいるかのように行動」しましたが，すぐにタブーを破り，「短い間隔をおきながら食べ，怯えているように見え」ました．「遅延なし」のイヌが思いきって肉を食べ始めたときには，彼らの「気分はすぐに変わり」，食べている間中「尻尾を振って」いました．

(a)　(b)

Solomon et al.(1968) の記述にもとづく実験状況の再現．肉の入ったボウルから食べる前 (a)，食べているとき (b) のどちらかにイヌは新聞で打たれた．

可能な，相互排他的でない3つの解釈（2つは原論文中のもの，最後のものは筆者らによる）．

1. **Pavlov的解釈**：「道具的行動は快楽強化原則に従い，その行動に伴う恐怖の増加や減少によって形づくられるだろう．」遅延なしの条件では，イヌは肉に触れることと恐怖を結びつけることを学習し，同時に，乾燥食料を食べることは正の強化を受けるだろう．そのため，テストのときには肉に近づくことが恐怖を呼び起こし，接近を遅らせる．罰をかなり遅らせた場合には，イヌは，肉による強化の影響を受ける機会があり，それによって接近行動に及ぼす恐怖の影響が抑制される．テストの際，これらのイヌはすぐに食べ物に近づくはずである．

2. **認知的解釈**：「良心の理論」によれば，どちらのグループのイヌも「何を食べてはいけないことになっているか」は知っている．しかし，実験者がいないときにはどうすればいいか，イヌには確信がもてない．そのような認知的不確実性がある状況では，Pavlovのルールが行動のコントロールを引き受ける．

3. **動物行動学的解釈**：実験では，優位個体が劣位の仲間の摂食を妨害するという典型的な社会状況が再現されている．優位個体は，遅延なし手続きの場合と同じく，他個体が食べる前に彼らを追い払う．長くトレーニングすれば被験動物は肉を食べないことを学習するが，テスト段階に入るとすぐに肉を自由に食べられることに気づき，急激に行動を変化させる．少なくともオオカミの場合には，すでに口に入った食べ物は他の個体によって尊重され，奪われることはない（所有ゾーン）（Mech, 1999）．遅延グループのイヌが異常なストレス性の行動をみせたり，服従の信号を頻繁に発したりしたのは，この出来事（摂食後の罰）が優位個体の行動のルールと一致していなかったからである．彼らにとって優位者（「実験者」）の行動は「わけのわからない」ものであり，そのため，人の前で全体的に憶病になりはするものの，食べ物が人の「所有物」であるということは学習せず，人がいなくなるとすぐに（テストの際に）機会をとらえて肉を食べたのである．

結論：どの解釈が行動のよりよい説明になっているかという問いが出されるかもしれませんが，これらの解釈は互いに排除し合うものではありません．興味深いことに，原論文ではイヌと子どもの行動を比較して，どちらの場合にも似たようなメカニズムが働いているかもしれないと述べています．実際，社会的状況における学習は，被験動物が相互交渉のルールを理解できる立場にあるかどうかに依存している，というのがこの実験から得られる最良の教訓であると思われます．最後に，興味深いこととして，この実験と非常によく似た手続きが，そのような状況でイヌが，人の注意を示す特徴を利用するかどうかを調べるために用いられたことを指摘しておきます（Call *et al.* 2003など；本書第8章）．

は，卵の受精直後から始まる発生期間全体の，遺伝的素材と環境との絶え間ない相互作用によって展開するのです（**後成説**）．

社会化は後成的な過程であり，成熟していく個体はその社会的環境にさらされながら，集団のメンバーとの相互交渉によってしだいに社会的環境について学習していきます（しばしば社会化という言葉は物理的環境に慣れることとして説明されますが，これは正確ではありません）．この場合，明らかに親は特別な役割をもっていますが，兄弟姉妹や他個体との接触によっても促進されます．この過程は，個体が集団の完全なメンバーになる（あるいは，集団を去る）ときに終了します．他の動物種と違ってイヌは，たいていの場合イヌと人の両方を含む異種集団に出会うため，「二重の」社会化過程に直面します（第9章3節3項）．仔イヌは，イヌの社会生活のルールだけでなく，人の共同体のルールの多くを学習することを期待されます．これはしばしば順を追って起こります．つまり，まず主に同種の仲間に出会い，その後になって初めて人の集団に参加するのです．場合によっては，研究者は，同種の仲間に対して生じる自然

な形の社会化をそれ以外，つまり主に人に対する場合と，区別します．後者の場合はしばしば文化化と呼ばれます（Tomasello and Call, 1997）．これは一般に人に育てられた類人猿について使われる言葉です（Savage-Rumbaugh and Lewin, 1994）．このような区別を考えると，イヌが人の家族の一員として成長するとき，経験の深度は集団によって異なるとしても，イヌもまた文化化されると言うことができるでしょう．

　文化化された類人猿には，野生の個体にはみられないような多くの行動形質がみられます．そのため研究者は，人の社会環境の複雑な特徴に出会うと，野生の個体にはみられない別の種類の心的能力が生まれるのだという見方をしてきました．例えば，文化化された類人猿は模倣や注意の理解などに秀でているようにみえます（Tomasello and Call, 1997）．文化化された類人猿の心的能力の解釈については依然として議論が続いていますが（Bering, 2004 も参照），イヌの場合，事情はもっと単純です．というのも，イヌは，どうにかして人の社会的集団の中で暮らしていけるように選択されてきたからです．ですからイヌの場合には，文化化は実験方法上の問題ではなく，環境の自然な特徴なのです．言い換えれば，イヌの社会的能力は，人の環境に直面することを「予期する」形で変化させられてきたのです．したがって，文化化はイヌにとって自然な過程とみなされるべきなのです．

1.8　イヌの動物行動学的認知モデル

　これから紹介するモデルは Csányi の**コンセプトモデル**（1989, 1993）にもとづいていますが，行動システムモデルと制御構造モデルの考え方も取り入れています（前述）．このモデルは以下の3つの異なるシステムからなります．(1) 環境入力の直接的処理（**知覚システム**）．(2) 環境と内的状態のさまざまな側面の関連づけ（**参照システム**）．(3) 行動の実行（**行為システム**），という3つの異なるシステムを想定しています．3つのシステムはすべて，遺伝的成分と環境的成分によって規定される仮想的2次元空間の中で機能します．どのシステムの場合にも，遺伝的入力と環境的入力の相互作用によって，この空間のどこかに位置づけられ

る基本単位が生じます．重要なのは，2つの成分の実際の寄与の程度の変化によって，その位置が（生涯を通じて）変わりうるということです．この基本単位は，ほとんどの場合，遺伝的成分の影響を強く受けて出現します．しかし，遺伝的成分の相対的貢献度は，個体と環境との相互作用によって時とともに減少するかもしれません（図1.6）．

　知覚システムの場合，遺伝的成分は，可聴周波数幅や動体感知力（本書第6章）のように，環境入力知覚の初期設定とみなすことができますが，環境の影響で知覚能力が修正されることもありえます（Hubel and Wiesel, 1998）．

　参照システムは，2つの下位システムで構成され，それぞれ内的環境と外的環境を表象します．前者では，そのときの内的状態（「意欲」，「情動」）と他の調整因子（「気質」など）は異なる単位として扱われます．後者では，環境の特定側面に対応する基本単位をしばしば表象と呼びます．そのような表象の性質はさまざまで，環境中の物理的実体や出来事，あるいはそれらの間の関係を表すことが可能です．外的環境の表象空間の遺伝的成分には，何らかの嗜好や恐怖症，信号の認識，一定の行動戦術をとる傾向（例えば，行動が成功したときに同じ行動を繰り返すか，別の行動に移行するか）などが含まれます．

　行為システムの主な役割は，遺伝的成分と環境的成分の相互関係によって規定される2次元空間中に現れる基本単位を用いて行為を組織することです（行動スキーマ）．これら2つの成分間の相互作用は行動学者の間で大いに議論の的になってきました．初期には，**固定的動作パターン**（fixed action pattern）という考え方が出されましたが，それは環境による影響の可能性を考慮していないように思われました．そこで代わりに，**様式的動作パターン**（modal action pattern）という考えが生まれました（Fentress, 1976 も参照）．

　このモデルのシステムが働いている状態は，機能的単位である**コンセプト**の出現として記述されます．この機能的単位は，知覚・参照・行為の諸システムにおける基本単位のセットが，同時あるいは順次に活性化したり一時的に結合したりすることで生じます．何らかのコンセプトが活性化さ

れると，観察可能な行動パターンが生じますが，もっと重要なのは，フィードバックによって，外的環境や内的環境に関わる参照システムの表象（「記憶」）に影響が及ぶ（「更新される」）ということです．システムのこの働きは，環境中の刺激か内的要因によって作動し，内的要因によって作動した場合は「探索的モニタリング」行動として現れます（図1.6を参照）．

この動物行動学的認知モデルは，本書の場合にはイヌの心の中のコンセプトを記述するだけでなく，イヌとオオカミの違いを探るためにも役立てられるでしょう．その場合，次のことを心に留めておくとよいでしょう．(1) イヌもオオカミもそれぞれの環境において成功を収めてきた．(2) オオカミとイヌの間にはおよそ0.3％の遺伝的相違がある．(3) イヌと同じような環境（人との社会化を含む）に置かれても，オオカミはイヌのようにはならない．(4) イヌは人為生成的環境を離れても（野良犬や野犬），オオカミのような特徴を示さない．

このコンセプトモデルによって，2つのタイプの問題を区別することが可能になります．まず第1の問題は，遺伝的成分と環境的成分をある程度切り離し，どのシステム（知覚，参照，行為）が選択による影響を受け，その結果，その遺伝的成分がどのように修正されたかを明らかにすることです．オオカミとイヌを比較し，選択実験を行うことで，そのような問題に取り組めるでしょう（第5章6節）．第2に，環境的入力の変化と平行して起こる遺伝的変化がイヌにおけるコンセプトの構造を変化させるのか，そしてさらに，それまでになかった新しいコンセプトを生み出すのか，と問うこともできます．このような問題に取り組むやり方には，例えば人の社会的環境の中でオオカミを育てる（「社会化」）ことによって，環境の相対的な役割を調べることなどが含まれるでしょう（第2章3節1項も参照）．

いくつかの例を挙げてみましょう．オオカミはイヌよりも肉に対する執着が強いように思われます．6〜9週齢のオオカミの仔は，イヌに比べてずっと後まで肉のついた骨を手放しません（「骨をめぐる人との競争実験」Győri *et al.*, 2007）．これは，選択によってイヌがより広範な食性を獲得した（特に現在の犬種において）ことで，肉に対する生得的な強い選好性が弱まったからかもしれません．しかし，オオカミは，そのような選好性を母親の胎内で，あるいは授乳期間中に獲得するのかもしれません（後者の影響については Wells and Hepper, 2006 を参照）．つまり，好きな食物という基本的表象は，遺伝的要因と環境的要因の双方から影響を受ける可能性があります．さらに，食物選好は社会的文脈の中で行動として表出されるた

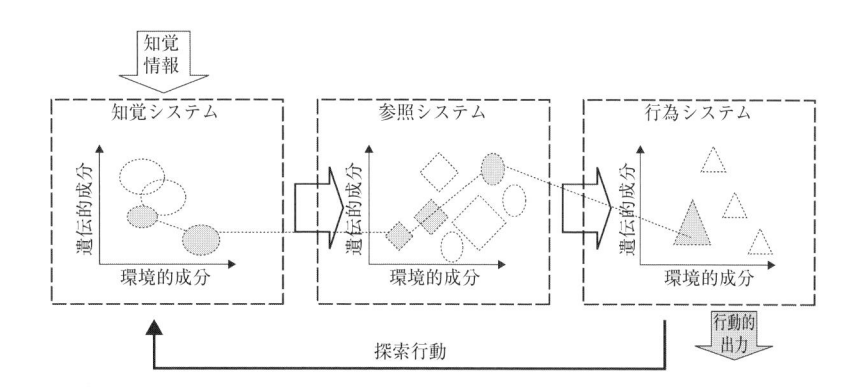

図1.6 動物行動学的認知モデルの模式図（Csányi, 1989 も参照）．3つの基本システムのいずれの場合にも，基本となる単位は遺伝と環境の仮想空間中に現れる．この図は，ある「コンセプト」（灰色の図形）が何らかの環境中の出来事によって活性化される様子を示している．参照システム中に形の違う2つの図形があるが，これは，それぞれ内的環境と外的環境に対する基本単位を表している．生物は，環境を探索し監視することによって，絶えず参照システムを更新しているものと考えられる．「コンセプト」は，相互作用およびそれと並行して起こる活性化作用（細い点線）によって生まれる．

め，分配という社会行動との相互作用も考慮しなければなりません．

別の例を挙げれば，イヌの心が人をどのように表象するかという問題があります．3通りの（互いに排除し合わない）やり方で，そのようなシステムを思い描くことができます．まず第1は，基本的にイヌは，もともと種内の相互交渉を解釈するのに使われていたのと同じ参照システムを利用している，というものです．遺伝的に設定された初期の表象が，オオカミ同様，経験と学習によって発達する間に洗練され，仲間の人間の特性や特徴がイヌに似た表象につけ加えられていくのです．そのようなシステムは，人を一種のイヌとして表象するでしょう．第2の可能性は，家畜化によって，種特異的な表象システムの遺伝的成分が大きく損なわれたため，イヌに対する表象も人に対する表象も，最終的には社会的環境との相互作用に決定的に依存しているというものです．この場合，人とイヌを表す表象の性質やそれらの違いは，基本的には，どのような社会環境を経験したかに影響されることになります．第3に，遺伝的変化によって，早い段階で同種個体と人の表象の分離が促進されたと考えるやり方があります．イヌは，同種個体と仲間の人間それぞれに対して，異なる遺伝的成分と環境的成分をもつ独立の2つの表象空間を設定する能力を進化させた，というものです．

最後に，自然主義的な観察によって，野犬のオスは（社会化された他の仲間のイヌと同様）子育てに参加しないことがわかっています．例えばオスは，授乳中のメスや成長中の仔イヌに食べ物を与えません．このことはオスの行為スキーマの遺伝的成分が変化していることを，すなわち，彼らには（吐き戻しのような）親的な行動ができないかもしれないことを示しているのでしょうか？

あるいは，彼らの参照システムには，若いイヌの仔イヌとしての立場に関連する行動や信号（例えば，近づいてきた個体の口を舐めて吐き戻しを誘う，といったような）を認識するための適切な表象が欠けているのかもしれません．仔イヌのいる環境ですごせば親的な行動が誘発されるでしょうか？　オスのイヌは幼いイヌの仔イヌとしての立場を認識する能力を完全に失ってしまったのかもしれません．

動物行動学的認知モデルはイヌの心を概念化する唯一の方法ではなく，他のアプローチも可能です（Frand 1980；コラム1.5を参照）．しかし，このモデルは行動に焦点を定めているため，連合主義や心理主義の異論の多い概念だけを用いて心的過程を説明するという重荷から私たちを解放してくれます．連合主義も心理主義も，必要であれば，参照システムのレベルでこのモデルに組み込むことができます．

1.9　将来のための結論

私たちは，イヌが動物行動学者の調査する「野生の」種のひとつとして（再び）居場所を見いだすことを望んでいます．イヌの行動を，Tinbergenやその他の研究者によって提示された枠組みの中で研究することは可能だと思われます．そのような研究には，イヌの行動の究極要因と至近要因の研究も含まれます．

多くの科学者の努力にもかかわらず，行動モデル確立への道は前途遼遠です．モデル形成の戦略が多様であることが現状を難しくしています．自然主義的な観察を行い動物行動を全体的に捉えようとする観点から，動物行動学者はトップダウン式モデルを好みます．一方，環境的変数をより強力にコントロールする実験室派の研究者は，局所的でボトムアップ式のモデリングを好みます．後者の立場からすれば，トップダウン式モデルは不必要に複雑，あるいは曖昧にみえることさえあるでしょう．しかし，局所的モデルはしばしば「現実の」行動を捉えそこなうこともあります．ですから，2つのアプローチは相補的であり，必ずしも互いに排除し合うものではないと考えるべきであるように思われます．今のところほとんどボトムアップ式モデルに頼っているように思われるイヌのトレーニングにおいても，このような相補的側面にもっと注意を払う必要があります．

動物行動学的認知モデルは，オオカミとイヌの比較という問題を概念化する道を開いてくれるでしょう．このモデルは，行動的モデルと認知的モデルの利点を結びつけるものです．これは伝統的な学習モデルに取って代わることを意図するものではありません．このモデルが想定しているのは，知覚・参照・行為の3つのシステムに影響を及ぼ

コラム 1.5　行動の科学的モデルとイヌのトレーニング

　Mills (2005) は，行動科学で使われる2つの主要な行動モデルに従ってイヌのトレーニング法を分類しています．その結果，連合学習トレーニングでは2つの事象を結びつけることに重点が置かれ，一方，より認知的なアプローチでは，学習する個体の注意や知識の役割が考慮されます．同様にLindsay (2005) は，「予測制御期待（prediction-control expectancy）」や「情動的確立操作（emotional establishing operation）」，「目的指向性（goal direction）」といった能力をもつ心的モジュールを想定しています．科学的観点からは，3つの問題点が考えられるでしょう．すなわち，

1. イヌのトレーニングとは，あるコントロールされた環境の側面に繰り返し動物を直面させることです．トレーニング法が違えば，イヌは異なる構造の環境に出会うことになるでしょう．重要なのは，用いられるトレーニング法によってイヌの参照システムが影響を受けることが予想されるということです．そのため，簡単に言えば，イヌの「思考」はトレーニングで使われる方法によって決まることになるでしょう．優れたトレーニング法は種の動物行動学も考慮に入れます．
2. イヌがトレーニングを受ける必要があるのは私たち人間のためなのか，彼ら自身のためなのかを考えることが重要です．世の中には，厳密な意味での「トレーニング」をあまり受けずに人の家族の中で幸せな生活を楽しんでいるイヌが大勢います．フォーマルなイヌのトレーニングは，イヌとやり取りするひとつのやり方にすぎず，技能の獲得を可能にする方法です．私たちの慌ただしい都市型の生活スタイルは，非常に多くの場合，イヌがきちんとしつけられていることを求めます．自然な環境を与えられた場合には（人の子どもの場合と同じように），多くの（ほとんどの？）イヌが大したトレーニングなしに「しつけられた」状態になりました．イヌがフォーマルなトレーニングを受けるのは，たいていの場合，彼らが正常な社会的やり取りの中ですでに問題を抱えていることが明らかなときです．
3. ほとんどのトレーニング法は，科学的研究によって正式に正当性を保証されていません．そのため，与えられた行動の状況や達成目標，犬種，特定の成育歴をもつ個々のイヌや飼い主の技量に応じて，ある方法が別の方法より優れているかどうかということは，私たちにはわかりません（Taylor and Mills, 2006 も参照）．

イヌを休息場所に行かせるトレーニングにはいくつかの方法がある．(a) トレーニングで使われる方法は実際の行動に影響するだけでなく，ある環境を設定することによってイヌの表象システムにも影響を及ぼすことになる．(b) 強制．(c) 誘導．(d) クリッカートレーニング．

す遺伝的成分と環境的成分の役割や，それらの間の相互作用に注意を向けることで，オオカミとイヌの概念構造の類似点や相違点を明らかにするためのより明確な観察と実験を考え出すことができるようになるということなのです．

参考文献

Lindsay (2001) は，学習理論の観点から広範に実験をレビューしています．Shettleworth (1998) と Heyes and Huber (2000) は，動物の認知能力の形成における進化の役割を概観しています．イヌのトレーニングをより全体的に（トップダウン式モデルとボトムアップ式モデルを組み合わせて）捉えたい場合には，Johnston (1997) が出発点として役に立ちます．

第2章

イヌの行動研究における方法論的問題点

2.1 はじめに

行動研究の対象としてイヌが再発見されたことは，近年の最も心躍らせる展開のひとつでしょう．しかし，非常に多様な科学的トレーニングを受けた人々がイヌを研究し始めたことによって，しだいに，有効性や限界をよく理解せずに一連の方法を適用するという，混乱した状況が引き起こされています．研究者の中には自分の研究方法を，ただ単により簡単で手っ取り早そうに思われるからという理由で，あるいは，これまで他の人たちが使ってきたからという理由で選ぶ人たちもいます．ある状況では，ある特定の方法が別の方法より明らかに適しているとしても，別の状況では相補的な複数の方法があるかもしれません．この問題については，すでに非常に優れた一般的な教科書（Martin and Bateson, 1986；Lehner, 1996 など）やイヌについて述べているよい総説（Diederich and Giffroy, 2006；Tayor and Mills, 2006）もありますので，ここで徹底的な考察を行うつもりはありません．しかし，いくつかの方法論的問題点を，イヌの動物行動学の観点からまとめておくことは有益だと思われます．

どのような学問分野においても，実験的研究は妥当性の観点から評価されねばなりません．**内的妥当性**（internal validity）とは，操作した要因と観察された変数の間の因果関係の観点から，ある現象をどれくらいうまく説明できているか，ということです．**外的妥当性**（external validity）とは，得られた結果の一般性のことで，例えば他の集団や，他の実験状況や，別の時間や時期においても，観察されたのと同じような影響がみられるかどうか，ということです（Taylor and Mills, 2006）．

実験対象として，イヌの人気が出てきた理由のひとつは，それが人を対象に実験するのと同じくらい簡単だということです．動物飼育舎も，特別な世話係のスタッフも，繁殖計画も必要ありません．飼い主に，科学者に協力することに興味をもってもらえさえすればいいのです．このことは，世界のどこででも行動観察と実験を行うことが可能であることを意味していますし，実際にそうなのです．こういう場合，研究者が互いの研究結果を再現できることが必要です．つまり，外的妥当性が非常に重要になってきます．そのためには，イヌに適用するにはどのような方法がよいのかについての一般的な同意と理解が必要であり，また，少なくとも一部の特殊な場合にはテスト法の標準化が求められます（Diederich and Giffroy, 2006）．実験動物（ラットやマウスなど）では，研究者たちはしばしば**行動の表現型化**について話しますが，これは，特定の行動テストで特定の反応をするような遺伝的な系統を作出することです．残念なことに実験動物においても，コントロールできない多くの環境要因のため，そのような系統の作出は非常に困難です．ですから，イヌについて同様の可能性を云々することはまったくの空論でしょう．しかし，行動に影響を及ぼす遺伝的・環境的要因を特定し，記載することは有用なことです．行動観察や実験を計画する際には，それらの要因を考慮に入れなくてはなりません．

2.2 現象の発見とデータの収集

De Waal (1991) は，動物行動学者の「真の強み」は，異なる観察法や実験法を相補的に用いるところにあると主張しました．彼の論文は霊長類の研究例にもとづくものでしたが，イヌの研究にはさらに広い可能性がありますから，もっとよい実例になるでしょう．まず何よりも，イヌの観察はほとんどの場合「野生の状態」で，つまり，普段イヌが暮らしている環境の中で行われます．その環境とは人の家族が暮らす家庭でもありえますし，

実験室（実験室というよりはしばしば居間のようにみえる）でもありえます．つまり，人の暮らす環境のほとんどはイヌにとっての自然な環境とみなせますから，たとえ新奇な場所であっても人工的な状況にはならないはずです．そうはいっても，観察法はさまざまでしょうから，De Waal (1991) の分類をもとにここで簡単な要約をしてみます．

2.2.1　定性的記載

日常的に広範にイヌに接している人々は，稀な出来事を目撃することがあります．逸話あるいは行動の定性的記載は，その事象が文献に詳しく記録されているなら，「偶然の観察」とみなすことができます．イヌを扱った大衆文学にはそういう物語が豊富で，読者を楽しませるために役立っているだけでなく，イヌに複雑な能力が想定されることを強調するための一種の証拠にもなっています．科学的文献に現れる逸話は複雑な感情で受けとめられます．Romanes (1882a) や Lubbock (1888) などの初期の研究者やその他の多くの人々は，ほとんどの場合，自分が観察した証拠や他者の集めた逸話的な証拠をもとに議論を展開していました．科学的なやり方で訓練された研究者は，動物に比較的高度な心的能力が存在することを逸話的証拠にもとづいて主張することはできないと論じました．なぜなら，観察者はその出来事全体を制御できているわけではないので，重要な原因因子が見逃される可能性があり，その出来事の前に何が起こったか観察者が十分に説明できないからです．

誰がどういう意見を述べていようと，動物を研究する科学者が新しい仮説を生み出す際に，逸話的報告は常に重要な役割を果たしてきました．この点，イヌの場合は特にそうです．しかし，逸話をもとにして，イヌが因果関係に対して何らかの「理解」（心的メカニズム）を示していると主張することはできません．なぜなら，逸話が語るのは「表出された行動（パフォーマンス）」であって，その根底にある心的メカニズムについては何も語らないからです．それでも，同じような逸話が数多く収集されれば，存在するかもしれない心的過程や複雑な能力をテストするために，対立仮説を立てた実験的研究を始める動きが活発になるかもしれません（コラム 2.1）．

2.2.2　定量的記載

定量的データを組織的に収集することによってのみ，検証すべき仮説を手に入れることができます．そのような研究の説明的価値は，観察の過程でさまざまな変数をうまくコントロールできるかどうかによって左右されます．いわゆる**コントロールされていない観察**の場合，その主な目的は特定の設問に関連する定量的データを収集することになります．例えば，ある村の住民といっしょに暮らしているイヌを観察するとして，イヌの後について回ることによって，人や他のイヌとの相互交渉の頻度に注目します．しばしば主に記載的であるにもかかわらず，そのような組織的研究が非常に重要な意味をもつことがあります．例えば，野犬の存在が野生生物に及ぼす影響を調べる場合などです（Jhala and Giles, 1991 など）．

コントロールされた観察では，実験的状況をつくり，効果を測定する必要のある行動を動物が自発的に行うのを待ちます．ある研究で Bekoff (1995a) は，遊びのお辞儀（プレイバウ：play bow）は，遊びを続けたいという意志を表現する確認信号として機能すると仮定しました．そのため彼は，相手に危害を与えるような行為（例えば，咬みつくなど）の前後にはプレイバウがより頻繁に見られるはずだと考えました．危険な行為と危険でない行為の後のお辞儀姿勢の頻度を比較することによって，彼はこの考えに対する裏づけを得ることができました．稀な行動パターンの証拠を集めるために，コントロールされた状況のもとで観察をする場合もあります．しばしばこれは望ましくない異常な行動（問題行動）に関して行われます（例えば，イヌがひとりで放っておかれると家の中の物を壊すなど）．状況を再現してイヌの行動を記録することで飼い主の説明を確認する必要があるからです．

自然な実験を行うために，研究者は自然な状況によく似たシナリオを演出しますが，そのシナリオは，興味の焦点になっている変数が何かによって変わります（Heys, 1993 に出てくる「罠にかけること」も参照）．イヌの立場からみて，実験と自然な状況の違いは，実験では，自然な出来事が通常よりいくらか頻繁に起こるということだけです．例えばある研究では，食べ物が隠された場所を見

コラム 2.1 イヌは望むところを私たちに伝えるか？　逸話の利用法

経験を積んだ有名な科学者でありイヌの専門家である2人の人物が最近出した本の中に似たような話が報告されています．紙幅の都合がありますので，どちらの話も要約して，著者の解釈をまとめたものといっしょに紹介します．

- Csányi (2005, p.138)：雨の中散歩から帰った後，私は彼を乾かしてやるのを忘れていた．フリップは私を追いかけてきて正面に回り，立ち止まって敷物で頭を拭き始めた．それから動きを止め，問いかけるように私を見つめた．「タオルが欲しいのかい？」と私は尋ねた．これを聞いた彼は跳び上がり，自分のタオルが掛かっているバスルームへ駆けていった．

- 観察者の解釈：これは，要求を行うために物真似行動を見せた珍しい例である．その行動を物真似とみなすことができるのは最初の機会だけである．なぜなら，その後同様の行動がみられる場合には，おそらく，その行動と飼い主の行動との結びつきを学習したことにもとづいているからである．

- Cohen (2005, p.373)：私の小さな孫娘との遊びのひとつに，イヌのダービーにバスタオルをかぶせて頭を隠し，歌うような声で「ダービーはどこ？」と尋ねる，というのがあった．イヌがこういう無礼な真似をがまんすれば，御褒美としてそっと撫でてもらえるのだった．あるとき，この遊びをやめた後で，ダービーがタオルを口にくわえ，……私を見て……横向きに転がり……寝返りを打ち……立ち上がった……すると，タオルが彼の頭と背中にかぶさって大部分を覆っていた．

- 観察者の解釈：ダービーは，遊びを続けたいという気持ちを伝えようと，子どものようなやり方で示したのである．この場合のダービーと同じような行動をとる子どもに推理力や計画力，論理的思考や意識があると考えるなら，（いくらか限定的な形ではあっても）イヌにも同じ能力があるということを認めるべきである．

これらの話には興味深い類似点があります．第1に，どちらのイヌの行動も飼い主に対する要求と解釈され，第2に，見たところフリップとダービーは前の行動を再現することによって，自発的に「物真似」をして要求を表現しています．観察者の解釈に同意するか否かは読者の皆さんにお任せすることにします．しかし，これらの話を分析しようとすれば，一般に2つの方法が考えられます．懐疑的な立場をとれば，2つのケースに対して別々の説明をみつけ出し，偶然の一致や行動を引き起こす外的刺激（例えば，体毛が濡れていたせいで体をこすりつける行動が生じたなど）に言及することになるでしょう．実際，そういう説明をみつけるのは難しいことではないので，そうやって問題を終わらせることができます．反対に，逸話を信じる立場からは，どちらの話も十分に説得力があり，イヌの行動についていくつかの仮説を立てて，それを実験によって検証することができそうに思われるでしょう．例えば，飼い主の「注意」を認識して，それを環境のある部分に向け直すというイヌの能力を取り上げる仮説が考えられます．別の仮説では，ある社会的文脈において学習された初めの行動を別の条件のもとで再現するイヌの能力が問題にされるでしょう（第8章を参照）．

2頭の「主人公」，フリップ (a) とダービー. (b)（写真はそれぞれ Vilmos Csányi と Stanley Cohen による）．

第2章　イヌの行動研究における方法論的問題点

る頻度が，飼い主がいることで変わるかが調べられたのですが（Miklósi *et al.*, 2000；本書第8章4節）．そこでは実験的なテストが，3つの状況で行われました．食べ物は隠されておらず飼い主もいない状況，食べ物は隠されておらず飼い主がいる状況，食べ物が隠されていて飼い主もいる状況，です．イヌは実験の前から，居間で，自分では近づけない場所から出てくる食べ物をもらうことに慣れていましたから，テストがイヌの日常生活と干渉するような異質な状況であるとは考えられないでしょう．場合によっては人為的状況でイヌを調べることが必要かもしれませんが，これではイヌを対象に研究を行うことの真の強みが発揮されません．にもかかわらず，知覚力をテストする場合には，長期間のトレーニングを含む複雑な手続きを避けるわけにはいきません．そういう実験では，イヌは，刺激を知覚したこと，あるいは，選択していることを特定の行動で示すやり方を学習しなければなりません（第6章2節2項）．イヌを動物モデルとして使う特別な場合（例えば，老化の動物モデルを探すような場合：Milgram *et al.*, 2002；Tapp *et al.*, 2003 を参照）には，研究室での実験が重要な役割を果たすことができます．一般に，イヌの行動について理解しようとするなら，実験室での厳密な研究は最後の手段であるべきです．なぜなら，そういう実験は，実験用のイヌを使用しているからこそうまくいくことが多く，実験用のイヌをイヌという種の代表とみなすのは難しいからです．それらの実験用のイヌは，たとえその身体的欲求がすべて満たされているとしても，非常に制約のある生活を送っていて，人や他のイヌとの社会的接触が制限されています．したがって，囚われの身の（場合によっては惨めな状態にある）イヌを基準にした実験を考案するのではなく，より自然な条件のもとで同じ能力を調べることができ，それゆえイヌ全体に適用できるような方法をみつけるよう努めるべきです（Range *et al.*, 2008 など）．

2.3　行動を比較する

　家畜化の進化的影響に関心をもつ研究者は，しばしば，イヌとオオカミの比較にもとづいて議論を展開します．種の比較を行うことは，進化における適応過程をみるうえでの正攻法であるように思われますが，じつはまるで見当違いのやり方です．主な理由は，そういう比較の場合，何らかの比較研究を行うときの基本的条件，つまり，一度に変えることができるのは独立したひとつの変数だけ，ということがたいてい無視されているからです．そういうわけで，理想的な場合を考えると，もし種による違いを調べたいと思えば，どちらかの種の行動に影響を及ぼす変数は，特定の変数を除いてすべて同じになっていることを確かめなければなりません．残念なことに，この条件が満たされることはめったにありません．しかし，研究者は種による違いを主張することをやめません．観察された違いを他の要因によって説明できるかもしれないにもかかわらずです．重要なのは，どのような行動テストであろうと，私たちが観察するのは被験個体が表出した行動（パフォーマンス）であって，認知能力の直接の出力ではないということです（Kamil, 1988）．実際に遂行された行動というのは，多くの内的あるいは外的要因の関数なのであり，それらの要因には，実験者が選択した一定の実験条件だけでなく，その個体の動機づけ状態やそれまでの経験なども含まれるのです．

　この種間比較の問題を避けるために，Bitterman (1965) は，比較する種の調査にあたっては，行動に影響を与える可能性のある潜在的な変数のひとつひとつを組織的に変更した一連のテストを行うべきだと提案しました．しかし，他で指摘されているように（例えば Kamil, 1998），そのような変数をすべて識別してコントロールすることは難しく，それらのすべてについてテストを行えば，どんな比較研究も，信じられないほどの大仕事になってしまいます．Kamil (1998) は，同じ能力をさまざまな実験課題を用いて調べる収束的操作法を提案しました．このアイディアを利用すれば仕事量は減りますが，観察された相違を説明する独立な要因が存在するかもしれない可能性は依然として残ります．そのため彼は，後に自分の提案を拡張し，同じ種をさまざまな課題でテストすることも行うべきだと示唆しましたが，その場合，課題ごとに違いがみられないかもしれず，あるいは，行動の順序が逆になることもあるかもしれません（Kamil, 1998）．

2.3.1 オオカミとイヌ

残念なことに，イヌとオオカミの研究も比較研究が抱える問題を免れてはいません．最近の例として，イヌが人の指差し動作を利用できるかどうかを明らかにしようとした実験的研究（コラム1.2）を挙げればわかりやすいかもしれません．家畜化によってイヌのコミュニケーション能力が促進されたという仮説の裏付けを得るために考え出されたある研究では（Hare et al., 2002），食べ物の隠された場所を実験者の示す身振りにもとづいて選ぶテスト（**二者択一課題**）において，イヌの方がオオカミよりもよい成績を出すことがわかりました．著者の結論は，家畜化によってイヌのコミュニケーション能力がオオカミに比べて向上したのであるというものでした．この解釈が正解である可能性もありますが，この研究で用いられた方法では，別の説明の可能性が排除されたわけではありませんでした．最近 Packard (2003) は，上に述べた実験でコントロールされていなかった，したがってオオカミの行動に影響を及ぼした可能性のあるいくつかの実験変数を指摘しました．第1は，イヌとオオカミは人間に対する社会化の度合いが異なるため，オオカミにとってテストの環境は非常に違った意味をもち，実験で用いられた物や手続きがオオカミにとってはずっと馴染みの薄いものだったように思われる点です．第2は，コミュニケーション技能を調べるなどの課題においてもオオカミの課題達成度は一様に低かったため，オオカミは課題の求めていることを理解することができなかったかもしれないという点です（Miklósi et al., 2004）．後に，人に対して強力に社会化されたオオカミを使ったところ，このような指差し課題においてもっとよい成績を示しました（Miklósi et al., 2003）．おそらく彼らが信号を出している人の体に注意を向けることを学習していたためでしょう（Virányi et al., 2007；コラム2.2）．

否定的な結果を解釈することは難しいものです．ですから重要なのは，Kamil (1998) の提言に加えて，対象としている異種個体が，一般的な環境（人に対する社会化の程度など）と特殊な実験上の要請（ボウルから食べるなど）について，それまでに同じような経験をもっているようにしておくことです．さらに，「成績の劣る」種にもっと単純なバージョンのテストをしてみて，その種間差がみられる特定のバージョン課題を確かめることも有効でしょう．

以上の忠告が真剣に受けとめられたとしても，重要な問題は残ります．例えば，動機づけ（意欲）の点で違いがあるかもしれません．飼い犬に食べ物を与えないでおくというのは実際的な選択肢ではないように思われますが，同じくらいの期間絶食しても，イヌとオオカミでは主観的に感じる空腹の程度が違うでしょうし，それは普段の給餌状況にも左右されるでしょう．Frank and Frank (1988) は，社会化されているオオカミでは，社会的な報酬（仲のよいイヌと接触）の方がある種の学習課題（障壁テストや迷路テストなど）において，食物報酬よりも強力な強化子であることを示しています．おそらく，多くのトレーニングされた家庭犬でみられる人を喜ばせたいという欲求も，この社会的報酬に対する欲求が反映されているのでしょう．実験の場合，結果としてこういう個体は「心ここにあらず」という状態で「課題に挑み」続け，テストの結果としては低いものになります．いまのところ，報酬の質がイヌの動機づけや行動の結果にどういう影響を与えるのかについては，残念ながらほとんどわかっていません．家庭犬の多くでは，（例えばテニスボールなどの）お気に入りのおもちゃが食物報酬の有力な代替物になるでしょう．

年齢もまた，問題をより複雑にする要因です．イヌはオオカミよりも平均1年早く性成熟に達します．行動観察の研究によって証拠がしっかり示されているわけではありませんが，たいていのイヌは2歳の終わり頃になってやっと行動的に成熟します（全体的に成犬らしい行動を示します）．ですから，比較研究をするなら2歳齢がおそらく最適でしょう．しかし，オオカミの方は，その個体が強力に社会化されていて実験に慣らされていない限り，この時期までに独立心が非常に強まり，実験に協力しようとしなくなっているでしょう．オオカミとイヌの社会化の度合いをそろえるには，2つの異なる解決策が考えられます．第1に，オオカミと同じ方法でイヌを「野生化（隔離）」す

ることができるかもしれません．つまり，それぞれの種の同種集団を人間と接触することの少ない半野生状態で飼育するのです．この方法はキール（ドイツ）である程度実行され，オオカミとイヌの群れの社会行動の比較研究が行われました（Feddersen-Petersen, 2004）．第2に，テスト中に人が動物と直接接触することが避けられない場合には，これと逆の状況が望ましくなります．つまり，イヌにもオオカミにも，生後すぐに人に対する徹底的な社会化を行うのです．この場合，オオカミに関しては，生まれてから4～6か月間の大部分を同種の個体から切り離して飼育する必要があります（Klinghammer and Goodman, 1987；Miklósi *et al.*, 2003；本書第9章3節）（コラム2.2）．サンプル数は少ないのですが，同じように徹底的な社会化を行ったイヌでは，通常のイヌ（家庭で

コラム 2.2　オオカミに対する強力な社会化と行動への影響

初期の研究ではオオカミの社会化の程度にばらつきがあり（Fentress, 1967；Frand and Frank, 1982；Hare *et al.*, 2002 など），そのことがイヌとの比較研究の妨げになっていました．私たちの研究では，オオカミに対する強力な社会化プログラムを実施しました．社会化が成功するかどうかは，とりわけ，オオカミの仔が生後4～6日齢の最初期によって決まるということが知られていました（Klinghammer and Goodman, 1987；本書第9章3節）．このプログラムのユニークな特徴は，一頭一頭の仔オオカミと仔イヌに人間の世話係をつけたことです．世話係は9～16週間にわたって1日24時間動物たちにつきっきりで過ごしました．動物たちには定期的に（少なくとも週に1回）同種の個体に出会う機会がありましたが，ほとんどの時間を人間の世話係と密着して過ごしました．多くの場合世話係は動物たちをポケットに入れて身につけて回り，夜はいっしょに寝ました．初めは哺乳瓶で授乳し，後には手でエサを与えました．被験個体の運動能力が発達すると，リードでの歩行トレーニングなど基本的なトレーニングを行いました．世話係は自動車か公共交通機関を使って，仔オオカミと仔イヌをいろいろな場所へ連れていきました．例えば，動物たちは定期的に大学を訪れ，ドッグキャンプに参加し，イヌのトレーニングスクールにも頻繁に通いました．3週齢から毎週さまざまな行動実験の対象になり，社会的選好，社会的・物理的な新奇恐怖，支配への反応，物を持って来る（持来）能力，人とのコミュニケーション力，所有欲を調査されました．このような集中的訓練を行った後，オオカミは Gödöllő（ブダペスト近郊）で徐々に群れに編入され，週に1度か2度世話係が彼らを訪れました（Kubinyi *et al.*, 2007）．

瞬間的指差し動作を用いた二者択一テストを行って，社会化がオオカミに及ぼす影響を比較しました．初期の研究で得られた所見とは異なり，強力に社会化されたオオカミは人の指差し動作に対する自発的理解力を発達させましたが，これはずっと後の年齢(1.5歳以上)になってからのことで，もっと幼い11か月齢のオオカミの場合にはさらに訓練を続ける必要がありました．このテストで2～4か月齢のイヌは安定した成果を挙げますが，オオカミは，2歳になって初めて同様の成功率を達成します．

(a)　(b)　(c)

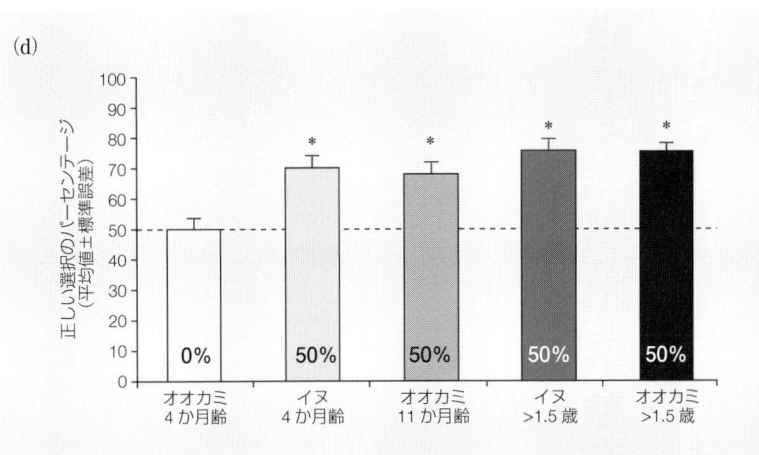

(a, b) ブダペストにおけるオオカミの社会化プログラムの特徴を示す場面. (c) 社会化されたオオカミに二者択一テストを行っているところ. (写真は Attila Molnárand, Enikő Kubinyi, Ludwig Huber による) (d) 瞬間的指差し動作を用いた実験におけるイヌと強力に社会化されたオオカミの成績. 点線はチャンスレベル. *はチャンスレベルより有意に高いことを示す. 棒グラフ中のパーセンテージは正解を選ぶ確率がチャンスレベルより有意に高かった個体の割合（二項検定, $P < 0.03$, 20 回の試行中少なくとも 15 回の正解）(Virányi et al., 2007 を修正)

生まれ, 6〜8週齢まで母イヌや兄弟姉妹とともに飼育された）と比べ, そのような「過度の社会化」による増幅された影響が認められるという証拠があります. ですから, イヌの場合には, そのような徹底的な社会化は必要ないように思われます.

2.3.2 犬種間の比較

イヌの文献に現れる定義に従うなら, 犬種とは, 半閉鎖的な繁殖集団であり, 人の手によってコントロールされた条件下では比較的よく似た身体的特徴を発達させる個体の集まり, ということになります (Irion et al., 2003 など). この定義の問題点は, 犬種について非常に固定的なイメージを与えるということです. 実際には, 犬種は, 人間による人為選択や遺伝的浮動, 他のイヌ集団からの遺伝子の流入にさらされているため, 時とともに変化していきます (Fondon and Garner, 2004 など). 犬種は, 実験室で管理されている遺伝的に純系の動物よりははるかに変わりやすいものであることは確かです. また, 大部分の犬種は何らかの機能のために選択されてきたということを覚えておくことも重要です. その結果, あるタイプの犬種には一定の行動パターン（と身体的特徴）がよりはっきりと現れるようになっています. つまり,

橇を引くために選択されてきたイヌはより周囲に気を配る傾向があると予想することができます. しかしながら, それらの以外の点でいえば, 違う犬種でも行動形質は相当程度重なります (Scott and Fuller, 1965). また, 多くの研究者が, 同じ犬種内でも, 犬種間の違いに相当するような大きな個体差があることを強調しています. このことは, 犬種による違いというのは, 特にそのために選択された特徴においてのみみられるもので, 表現型全体のほんの数パーセントを占めるに過ぎないことを意味しています (Coppinger and Coppinger, 2001 ; Overall and Love, 2001). 残念なことに, イヌのことをよく知らない多くの人々は, 同じ犬種の姿形がよく似ていることに惑わされています. ここでは, 犬種間比較に関わる問題を網羅することはせず, いくつかの問題を取り上げることにします.

・犬種間の遺伝的関係

上に述べてきたことから明らかなように, 犬種というのは人為的なカテゴリーであり, 純粋な進化過程の結果として生じたものではありません. つまり, 犬種の系統樹をつくることはできないということです. なぜなら, どのような犬種も単一の祖先から派生した集団ではなく, さまざまなイ

ヌの集団が混じり合ってできたものだからです．さらに，犬種というのは，その歴史全体を通じて，他の犬種の個体を利用してつくり直されてきたものなのです．遺伝的データによると，ファラオ・ハウンドは最近の「再交雑」によってつくり出されたものであり，壁画に描かれた古代の犬種に似ているのは身体的特徴だけだということが明らかになっています（Parker *et al.*, 2004；本書第 5 章，コラム 5.4）．ですから，遺伝的知見をもとにして，ある犬種が別のものより「古い」と主張することは難しいのです（詳しくは第 5 章 3 節を参照）．

・行動の比較

犬種の行動形質についてのデータを集めるためのアンケート調査（質問紙法）が流行していますが（Cohen, 1994；Hart and Miller, 1985；Notari and Goodwin 2006），動物行動学的発想による比較研究の代わりとしてこの方法を用いるべきではありません．正直なところを言えば，多くの文献が自らどう主張していようとも，本当に犬種の比較と呼べる研究は，おそらく Scott and Fuller (1965) 以外にはありません．犬種の比較研究が成立するためのルールは，上に述べたイヌとオオカミの比較の場合と同じです．人とさまざまな形で協働するために多くの犬種が選択されてきたとすれば，それに伴って行動の能力や認知の能力に変化がみられることでしょう．一見したところ，知的能力における遺伝的要因を探るのは興味深い方法のように思われますが，やはりそういう比較は，観察される行動はすべて遺伝的要因と環境的要因の両方によって生み出された結果なのだという問題に直面します．ですから，何らかの比較を行う前に，比較される犬種が似たような環境で暮らし，同じ物理的・社会的刺激にさらされ，同じように動機づけられ，課題を解決するときの行動の構造が同じであることが保証される必要があります．2 種類の犬種のイヌを連れてきて所定の状況の中で観察するだけでは不十分であり，両方の犬種にとって状況が同じ「意味」をもつことが保証されていなければならないのです．つまり，定義された（妥当な）実験的手順できちんと制御された環境で生活する由来の明らかな集団にもとづいて研究が行われる必要があるのです（Svartberg, 2005 も参照）．これまでのところ，そのような条件を満たしているのは Scott and Fuller (1965) だけですが，この研究における犬種の育成環境やテストされる特定の行動に同意するかどうかはまた別の問題です．

そういうわけで，2 種類，あるいはもっと多くの犬種の行動に何らかの違いを発見して「犬種の違い」に言及するときにも十分に注意を払わなければなりません．重要なのは，そのような結論を出す前に，環境の違いを排除することです．例えば，多くの犬種は実際に違った環境で育っており，そういう環境の違いによって多様性を説明することもできるのです．このことをはっきりさせておくことが重要なのは，感覚的に捉えられた，あるいはうまく理解されなかった犬種間の違いがしばしばある犬種に対する見方に作用して，法的問題に影響を及ぼすかもしれないからです．「知的な」犬種や「あまり知的でない」犬種について語っても（Cohen, 1994；本書第 1 章 7 節 5 項）おそらくあまり害はありませんが，ある犬種を「攻撃的」だと分類するのは非常に深刻な問題です（Overall and Love, 2001）．すべてそのような発言は，十分に注意を払い，説得力のある証拠を集めたうえで初めて行うべきです．残念なことに，犬種による行動の違いについてはたいしてわかっていないのです．

もうひとつはっきりさせておかなければならないことは，犬種間比較をするとき，犬種特異的な課題で比較することも犬種とは関係ない課題で比較することもでき，それぞれで結果は大きく異なるということです．例えば，ある犬種は操作的な能力に長けているだろうと考えたとします．そうであれば，その犬種は「物を持って来る（持来）」とか「足で引き寄せる」というような課題や「遊び好き」とか「好奇心が強い」というようなある種の気質にもとづいた課題でよい成績を残すだろうと考えられます（Svartberg, 2005）．残念なことに，犬種の行動を動物行動学的に記述した文献はめったにありません（ただし，Goodwin *et al.*, 1997 を参照）．一方，犬種差とは関係ないかもしれない一般的な課題でどうなのかというのはまた別の問題になります．Pongrácz *et al.* (2005) は単純な迂回路課題の解決法について 10 種類の異なる犬種のイヌを調べましたが（1 犬種につき 8〜10 頭），

たいした違いはみつけられませんでした．当たり前のことですが，犬種特異性がないことは必ずしも遺伝的な差異がないことを意味するわけではありません．複雑な環境要因が遺伝的な差異を埋めているかもしれないからです．

・機能的なグループ分けによる比較

国際的に認知されているいくつかのケネルクラブが用いている分類を利用すれば，イヌがもともともっていた役割に関連してイヌ同士を比較することができそうです．この方法の前提になるのは，現存するそれぞれの犬種が実際にその機能のために選択されてきた（そして，おそらく今もなお選択されつつある）ということであり，そして，できるだけ多くの犬種を含むグループ間で比較するということです．そのため，このような比較においては，グループごとに多くの犬種を選び，それぞれ少数の個体を用意してその平均値で解析するか，グループごとに代表的な少数の犬種を選び，多数の個体を用意して解析することになります．このようにして比較された結果，迂回課題（Pongracz et al., 2005）や気質テスト（Svartberg, 2005）については大きな品種間の差はありませんでした（コラム2.3参照）．

・地理的相違と文化的相違

犬種の歴史は，最近の歴史であっても，国によって違っています．これは，地理的な距離や検疫の法令などによって遺伝的な交流が制限されることが理由です（ある国々では，ひとつの品種がた

コラム 2.3　人に対するコミュニケーション技能に犬種による違いはあるか？

一般に，種としてのイヌは人とコミュニケーションするのに有利な立場にあると考えられますが，個々のイヌの集団（「犬種」）は，選択されてきた環境によって，異なる影響を受けているかもしれません．例えば，人に対するコミュニケーション技能を発達させるように強力にコントロールされてきた犬種もあるでしょうし，別の目的のために選択された他の犬種にはそういう能力はみられないでしょう．この他，現存する犬種は進化の2つの段階を表しているという主張もあります（Hare and Tomasello, 2005；本書第5章5節3項）．そのため，進化のより早い段階を表す犬種は，作業能力を向上させるような選択過程を経た犬種ほど洗練されたコミュニケーション技能を進化させていないことが予想されるかもしれません．Hare and Tomasello (2006) はこの主張に沿って，作業用に選択されなかった犬種よりも作業犬の方が（オオカミとの遺伝的関係に関わりなく），人の単純な指差し動作をよく理解することができると報告しています．しかし，この課題におけるイヌの成績には，社会的環境が影響している可能性があります．さらに McKinley and Sambrook (2000) は，ペットの作業犬よりもトレーニングを受けた作業犬の方がこのような課題をうまくこなすことを見いだしました（少数のサンプルにもとづいて）．付け加えれば，「作業犬」という言葉はしばしば非常に大まかな意味で使われています．「テリア犬」，「牧羊犬」，「護衛犬」，「橇犬」，「銃猟犬」はすべて作業用の犬種ですが，人とのコミュニケーションの実際の性質はそれぞれ非常に違っているのです．

最近私たちは二者択一課題を使った実験を行い，協調的猟犬と非協調的猟犬と呼ばれる犬種の中から家族の中でペットとして飼われているイヌをテストしました．前者のグループのイヌは狩りの間ハンターと緊密に連絡をとり続けますが（レトリバーなど），もう一方のグループのイヌは自由に獲物を追いかけたり（ビーグルなど）攻撃したり（テリアなど）します．どのイヌも同じような人間的環境で飼われていますが（ペット犬），テストの成績がいいのは協調的な犬種の方です．同じように，純血種のイヌと雑種犬が両方とも同じ程度に家族の中で社会化されていても，純血種のイヌの方が成績のよいこともわかりました．遺伝子レベルで考えれば，これは，雑種犬ではそのような技能に対する選択があまり行われなかったことを意味しているかもしれません．

（次ページに続く）

コラム 2.3 続き

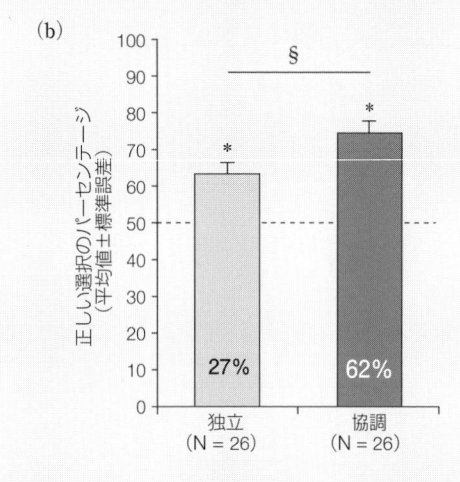

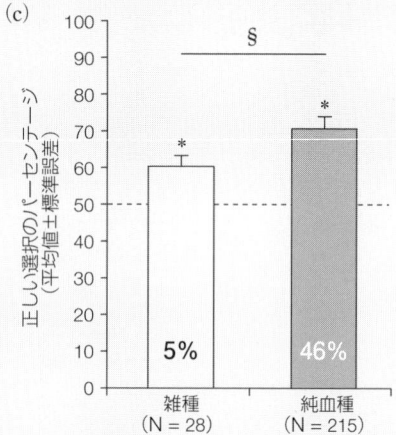

(a) 非協調的（独立して行動する）猟犬種と協調的猟犬種の代表2頭．ハノーバーブラッドハウンド（非協調的，左）とワイマラナー（協調的，右）．(b) 協調的猟犬種の方が非協調的犬種よりも二者択一課題の成績がよい．(c) これまでの社会化の経験が同じであっても，純血種のイヌの方が雑種のイヌよりもよい成績を示す．点線：チャンスレベル．＊：チャンスレベルかより有意に高いことを示す．§：2つのグループ間に有意差のあることを示す．棒グラフ中のパーセンテージはチャンスレベルを有意に超過して正答したイヌの割合（二項検定，$P < 0.03$，20試行中少なくとも15回の正解）（Gácsi et al., 2007b を参照）．

った2〜3頭のイヌから生み出されることもあります）．加えて，イヌと人との関係が文化によって異なることは，おそらくイヌの行動に影響するでしょうし，無意識のうちに好まれる行動を選択しているかもしれません．残念なことに，これまでこのような側面にあまり注意が払われてきていません．

2.3.3 イヌと子ども

興味深いことですが，イヌの研究では，初期の頃から子どもとの比較が提唱されてきました．Menzel (1936) と Scott and Fuller (1965) はイヌと

子どもの発達を比較して論じています．他にも，イヌの社会関係と人間の社会関係との類似を強調する研究があります（Buytendijk and Fischel, 1936）．このような理論的考察はあるものの，実験的研究はほんのわずかしか行われていません．重要なのは，霊長類の研究では，類人猿と子どもにとって同じように機能する課題をつくるのは容易ではないにもかかわらず（ただし，Savage-Rumbaugh *et al.*, 1993 も参照），そのような比較研究がずっと行われてきたということです．イヌと子ども（せいぜい1歳半から2歳半まで）を比べることは，手順の違いを別にすれば，同じ観察条件や実験装置を使えるだけでなく，同程度の社会化や環境上の経験を想定できるため，比較的正攻法であると考えられます．最近では，イヌと人の子どもにおいて，物体の永続性に関わる能力や（Watson *et al.*, 2001）指差し動作への反応が（Lakatos *et al.*, 2007），比較の方法を用いて調べられています（第8章, コラム 8.4）．

2.4 サンプリングと一例研究（N = 1）の課題

比較実験による研究の場合,「典型的なイヌ」といえる品種が存在するのかという問題がしばしばもち上がります．言い換えれば,「イヌという種の代表としてどういうサンプルを持ってくればいいのか」ということです．残念なことに，この問いに対する簡単な答はありません．ひとつの，あるいは少数の犬種が他の犬種よりもいっそう「イヌらしい」と論じるのはほとんど無理なことでしょう．この問題は，オオカミと比較しようとするときにも生じます．オオカミとの違いの程度に応じて犬種を位置づけることは不可能ですし，どちらかと言えば，それぞれの犬種はオオカミの行動パターンに関わる形質をモザイク状に示しているのです．このことは，（大部分の犬種グループを代表する）多くの犬種からの混合サンプルにおそらく雑種犬も加えるのが，イヌとオオカミを比較する場合だけでなく「イヌの能力」を明らかにするときにも最良の選択であることを示唆しているように思われます．しかし，身体的な理由（例えば体サイズなど）で課題を果たせない犬種もあるかもしれないことに注意しなければなりません．特に

オオカミとイヌを比較するときには，単一の犬種だけを用いることは避けるべきです．

興味深いことに，心理学や精神医学など医学的研究のほとんどの分野で1頭だけを対象にした研究が行われてきたにもかかわらず，そのような取り組みに対しては強い偏見があります．動物の世界では類人猿とイルカは例外で，これらの動物は「希有な」種であるため，1個体の研究によって得られた知見が有益なものになりうるのだという理屈です．では，どうして1頭のイヌの研究によって得られた知見は有益ではないのでしょうか？ もっとも実際には，1頭のイヌについての論文が主要な科学雑誌にちょくちょく掲載されてきたのですから，イヌに代わって不平を言うこともないでしょう．ただし，それは，彼らが「話す」ことができるとか「言葉を理解する」ことができるなどという場合に限られるのですが（Johnson, 1912；Eckstein, 1949；Kaminski *et al.*, 2004 を参照）．

実際に問題なのは，1頭だけを対象にした研究からどのくらいの知見が得られるかということではなく，そこで得られた知識で，その現象についてどれほど理解が深まるのかということです．生物学的に重要な現象が存在することを示すには，1個体における説得力のある証拠を示せば十分です．イヌが言葉による命令と行動の関連づけを学習することができるということは，長い間知られていました．しかし，これを初めて科学的に示したのは Warden and Warner (1928) で，このときテストしたイヌは，映画で使われたショードッグのジャーマン・シェパードでした．彼らは音声以外の要素をコントロールした体系的テストを実施し，結果の統計的評価も行ったため，彼らが提示した「（イヌが）コマンドを理解している」ことを示す証拠は説得力のあるものでした（第8章4節2項）（図 1.5）．

このことが意味しているのは，もしある1頭のイヌが複雑な能力の片鱗を示すのであれば，慎重に計画された実験をしてみることは有力な選択肢のひとつとなるということです（1頭だけを対象とした実験計画については Kazdin, 1982 を参照）．特定の名称と関連させて200以上の物を持って来ることができて，物と名称の関連づけを素早く学習する能力を示したボーダー・コリーがそういう

例でした (Kaminski *et al.*, 2004). しかしながら一例研究というのは，将来の研究に資する作業仮説を生み出す方法のひとつにすぎません．その個体の歴史やしてきたことなどは通常はわからないものですし，できる実験にも限りがありますから，ある種の複雑な技能を実現する心理的な機構を明らかにしようとする場合には，一例研究はふさわしくありませんし，将来の研究のためには，対象とする個体の数は多くしなければなりません．

2.5 自然主義的観察の手続き上の問題：人の存在

どんな動物を対象にする場合でも，動物行動学的な研究は常に，自然な環境で動物を観察することを目指します．これは，イヌの観察はイヌにとって「自然な」環境で行われなければならないということを意味しています．多くのイヌにとって最も重要な環境的要素は，彼らが特別な関係を結んでいる人間です．このような理由で，私たちは常に飼い主のいるところでイヌを観察してきました (Miklósi *et al.*, 2000 など)．一方，逆に飼い主が居合わせることを避けて，実験中は馴染みになった助手にイヌを扱わせる研究者もいます (Call *et al.*, 2003 など)．

純粋に方法論的な観点からみれば，どちらの方法にも問題があるでしょう．飼い主が居合わせればイヌはその場を社会的状況とみなし，普段の相互行為のやり方に頼ろうとするでしょう．これだと，イヌがしたこととイヌと飼い主というチームがしていることとの区別が難しくなります．しかし，同時に，飼い主がいることでイヌは安心し，いくぶん新奇な環境でも安定した結果を示すことができます（これは親がいるところでテストされる子どもと同じです）．反対に，飼い主がいなければイヌは怖がりになるでしょうから，能力の発揮が妨げられることになります．つまり，そのような場合には，観察の前に，イヌを環境に慣れさせ，実験者に対して社会化しておく必要があるでしょう．

飼い主の存在の影響には，直接的なものと間接的なものの両方がありえます．直接的な影響としては，飼い主が無意識のうちに出す手がかりによって，問題解決課題の結果に影響が出ることがあります．この現象は**クレバーハンス効果**として知られていますが，実験の目的はイヌを実験者がコントロールしている刺激に対してのみ反応させることですから，こういうことは避けなければなりません．ある探索課題では，飼い主（ハンドラー）が隠し場所を知っている場合の方が，成績がよかったという例があります (Becker *et al.*, 1962)．こういう結果は，たいていはハンドラーが無意識のうちに隠し場所に関する手がかりを与えていると解釈されるのですが，人の存在が間接的に影響を与える場合もあります．例えば，事情のわかっているハンドラーが探索課題の間に，より「くつろいだ」振る舞いをすることによってイヌに影響を及ぼすこともあり，それがイヌの側でよい成績を出すことにつながるのです．これと同じように，Topál *et al.* (1997) は，レバーを操作して食べ物を手に入れる実験で，飼い主が言葉によって励ますと，イヌはより活動的になり，よりよい成績を示すことを見いだしました．飼い主のこのような間接的な影響は，イヌがあまり馴染みのない状況で能力を発揮しなければならないときには重要になるでしょう．こういうときのイヌは「生きるためにやっている」わけではないし，実験室で実験される他の動物ほど動機づけがされていないことを忘れてはいけません．

イヌが不慣れな環境に置かれた場合，飼い主の存在はしばしばイヌのコミュニケーション行動を促します．例えば，Scott and Fuller (1965, p.86) は，「（実験に使われた）仔イヌが，実験者が何をさせたいのかをはっきりさせようしているようにみえたケースがいくつかあった」と言っています．こういうコミュニケーションは普通の相互行為の一部のようで，イヌからすれば「大丈夫，心配ない」という一般的な安心が与えられればそれでよく，何か特別な合図は不要です．

ですから，飼い主がいるべきかどうかはその実験の目的次第なのですが，それよりも重要なことは，そのイヌを自然の状態に置くということでしょう．例えば，Scott and Fuller (1965) は，イヌを育てるときに人との接触を明らかに減少させてコントロールしました．その結果，特定の個人のいないことが課題遂行の妨げになる度合いが少なく，あまり馴染みのない人が同席することに慣れているイヌができあがったかもしれません．しか

し，そのような場合でも，イヌが人によって影響されるのを防ぐことはできないのです．

多くの家庭犬の場合，飼い主の多くは彼らのペットが何をされるのか知りたがることもあって，飼い主を排除して実験を行うことは困難です．こういう場合には，飼い主の行動を管理して，何か勝手なやり方で実験の邪魔をするのを防ぐようにすることが非常に重要であるように思われます．実験を計画する際に，実験課題について飼い主が何も知らされないように，あるいは，状況を限定的にしか知覚できないように（耳栓や目隠しを用いて）することもできます．こういう問題は，親も同席するのが普通の，1～2歳児に対する実験の場合とよく似ています．

保護施設のイヌをテストする場合には，人との社会的関係が動揺しているため，さらに別の問題があるかもしれません．そのうえ，そういうイヌと社会的やり取りをすることで，すぐに実験者に対する愛着が生まれる可能性があります（Gácsi et al., 2001）．保護施設のイヌと家庭で飼われているイヌの行動を比較しようとすれば，そういう手法上の問題が特に重要になるでしょう．

2.6 どうやってイヌの行動を測定するか？

動物行動学の発展にとって重要な鍵となったのは，その外見的な形によって定義された行動単位の，十分な記載にもとづいて自然な行動を観察可能なカテゴリーに分類し，測定するという方法の導入でした（Slater, 1978；Martin and Bateson, 1986）．そういう行動のカタログは多くの場合階層的な構造をとっており，行動の機能的単位（摂食，攻撃など）は，下部カテゴリー（闘争，逃走）と行為パターン（咬む，のような）に分解されます（例えばPackard, 2003を参照）．この行動カタログ，つまりエソグラムにもとづき，行動の頻度，行動の継続時間，行動連鎖が記録されます（Lehner, 1996）（残念なことに，行動の強度がこれらの記載に組み入れられることはめったにありません．Fentress and Gadbois, 2001を参照）．このような行動のコーディングは，それほど簡単なことではありません．観察者には訓練が必要であり，信頼性を評価される必要があります．さらに，どんな場合にも有効な行動の分類法などはなく，特定の問題を調べるためにエソグラムを改訂しなければならないというのはよくあることです．これらの困難にもかかわらず，慎重に適用すれば，動物行動学的方法は非常に実り豊かな行動の記載をもたらしてくれます．行動分析の最初の段階では，「いっしょくたにする」よりも「ばらばらにする」方を選ぶべきだと動物行動学者は忠告しています（Slater, 1978）．予備的観察を行えば，観察する行動変数の数を減らすのに役立ちますし，それが無理な場合には，第2の変数を導入して多変量解析をすることで，いくらかの単純化が可能です（例えばGoddard and Beiharz, 1984, 1985；van den Berg et al., 2003を参照）．動物行動学的に抽出されたイヌの行動のエソグラムはさまざまな研究の中に見いだすことができます（Schenkel, 1967；Fox, 1970；Feddersen-Petersen, 2001a；Packard 2003など；コラム 2.4）．

実験によっては，主にイヌの行動は実験者によって管理されているという理由で，恣意的な行動カテゴリーが用いられる場合もあります．例えばScott and Fuller (1965) は，革ひもでつながれて歩いている仔イヌの行動を，3つの短所に関する5つのカテゴリー（例えば実験者にまとわりつく）に分けて記載しました．このような行動分類はしばしばスコア化されて，行動の強さや有無を示すことになります．こういうスコア化をすると，違う行動カテゴリーのスコア同士を，そうすることの実際の正当性がないにもかかわらず，加算するということがしばしば行われます．この例で言えば，「革ひもを攻撃したり咬んだりする」「吠える」「身体を接触させる」などの行動についてのスコアが合計されて，トレーニングの効果を評価するための最終得点として扱われています（Scot and Fuller, 1965）．ここで問題となるのは，こうするということは異なる行動カテゴリーが評価のうえで同じ重みをもっていることを暗黙のうちに仮定しているということです．しかし，例えばですが，1回吠えることが1回あるいは1.5回の身体的接触と「等しい」などとどうしていえるのでしょうか．

行動をスコア化する場合，そのスコアの範囲と両端の行動だけを定義して（例えば1点と7点），その中間のスコア（2～6点）に相当する行動に

ついては定義しないことがよくあります．さらに混乱させる要因として，ある行動のスコア化においては中間の得点が最も「高評価」なのに対して，別の行動のスコア化では最高点もしくは最低点が「高評価」になったりすることがあります．

その他，主にパーソナリティ研究から生まれた方法なのですが，主観的な評価にもとづく方法があります．この場合，観察者は，イヌの行動を「怖がり」「積極的」「友好的」などという一般的な記述用語を用いて評価（レイティング）しますが，それらを定義された行動にもとづいて説明したりしません（Martin and Bateson, 1986）．Gosling et al. (2003) はイヌにこの方法を適用し，さまざまな行動形質について，観察者たちの評価が対象個体ごとに正確で一貫性をもっていたことをみつけています．他の実験やその後の実験では，観察者たちの判断はイヌの将来の行動を比較的よく予測し，客観的な行動の測定結果と相関することが示されています（Gosling et al., 2003）．

この方法は，複雑な行動上の手がかりを素早く処理し，個体を高次のカテゴリーにもとづいて評価するという，人のよく発達した社会的技能や能力のうえに成り立っています．これを自分のイヌについて適用する場合，評価者が長期間の記憶も

コラム 2.4　イヌの行動のコーディングの一例

イヌの行動を記載するためにさまざまな方法が用いられてきました．下の表では，イヌあるいはオオカミの敵対的行動の多岐にわたる記載の可能性を一例として挙げています．

方法	概略	コードの説明	使用される状況	主な参考文献
1. 単一非連続分類尺度	攻撃性という単一次元による尺度化	非攻撃的（1）〜 威嚇（5）	パーソナリティテスト	Svartberg (2005)
2. 得点総和尺度	10個の攻撃的行動要素のうち被験動物が示す項目の総得点	凝視＝1 硬直姿勢＝1 吠える＝1 … 咬みつき＝1 総得点：XX	ゴールデン・レトリバーの攻撃性のテスト	van den Berg et al. (2003)
3. 3元分類	それぞれのカテゴリーの特徴が行動単位のリストによって示されている	闘争：（追いかける，立ちはだかる，抱えこんで咬むなど） 防御：（吠える，うずくまる，口を開ける，唸るなど） 逃走：（目をそらす，避ける，這う…など）	飼育下にあるオオカミの社会的相互交渉	Packard (2003)
4. 独立2元分類による尺度化	優位にあるか劣位にあるかを15個の行動カテゴリーのリストによって分類する	1. 耳：立てて前へ向けるか（攻撃的）平たくして脇へ伏せるか（恐怖／服従） 2. 口：開いているか（攻撃的）閉じているか（恐怖／服従） 3. 首：曲げているか（攻撃的）伸ばしているか（恐怖／服従） … 15. …	適用なし	Harrington and Asa (2003)
5. 行為中心	7つの行為（接近，追跡，退却など）を頭，耳，尾，脚の「姿勢」によって3つのカテゴリー（低位，中位，高位）に分類する	例えば 低位での接近：頭を下げ，耳を後ろへ倒し，尾を垂らし，脚を曲げる	飼育下にあるオオカミの社会的相互交渉	Hooff and Wensing (1987)
6. パターンのコーディング	顔の6つの部位（口角，額の皮膚，目の形など）の変化を部位ごとのコーディングカテゴリーによって別々に分類する	例えば 額の皮膚：(A) なめらか (B) しわを寄せる，など	飼育下にあるオオカミの社会的相互交渉	Feddersen-Petersen (2004)

イヌとオオカミの威嚇の特徴的場面．(a) ベルジアン・シェパードの威嚇ディスプレイ．威嚇する (b) 雑種犬と (c) 社会化されたオオカミ（写真は Enikő Kubinyi による）．(d) 動物行動学者（Feddersen-Petersen）が観察して描いた絵

第2章 イヌの行動研究における方法論的問題点　43

利用して評価できるという利点があります．しかし，このような主観的評価法は客観的観察の方法に代わるものではありません．よく知らないイヌについても同様に（観察者が自分の長期間の経験を利用して），短期間の観察によって，その**イヌの本来の場（in site）での評価**のようなこともできます．つまり，主観的な評価という方法は，直接的な観察方法によって，行動単位から高次行動に至る行動の組織化の様子を見てとることの難しさを，避ける方法のようです．しかしながら，これら主観的評価のための記述用語は，観察可能な行動カテゴリーとは異なり，相対的な尺度にもとづくものになります．なぜなら，この場合の得点は，与えられた定義や，評価者の経験や，研究で用いられる個体間の行動上の相対的差異によって左右されるかもしれないからです（コラム 2.5）．

まとめれば，評価するというこの方法は，対象種の行動をよく知っていたり，対象個体の総合的な性格を知りたいとき（例えば Sheppard and Mills, 2002）には有効な方法ですが，行動の詳細な観察分析の代替にできるものではありません．

2.7 アンケート調査

多くのイヌが人と暮らしていることから，研究者は，飼い主に質問するという（より安上がりな）方法でデータ収集を行うようになってきました．一般に，質問は次の4つのテーマのうちのひとつに焦点を定めています．

1. 生活状況の記述と特性評価（あなたのイヌはどのくらいの頻度で散歩にいきますか？　など）
2. 行動やパーソナリティ特性の記述（他のイヌを撫でるとあなたのイヌはやきもちを焼きますか？　など）
3. イヌとの関係をどう感じているかの記述（あなたのイヌは留守番をいやがりますか？　など）
4. 特定の行動形質や能力についての意見（あなたのイヌの認知能力は4歳児と同じくらいだと思いますか？　など）

ついでに言えば，1, 2, 4 番タイプの質問は，イヌ全体や特定の犬種について飼い主の意見を尋ねるという一般化した形で行うこともできるでしょう（コラム 2.6）．

この種のアプローチに伴ういくつかの問題点について論じる前に断っておかなければならないのは，一般の人々に彼らのコンパニオンアニマルについての経験や意見を尋ねることは，さまざまなアイディアを得るうえで役に立つことがあるということです．問題点を明らかにする可能性が限られているときには，そういう情報が非常に貴重になる場合があります．しかし，飼い主やハンドラーその他の情報提供者が与えてくれる情報を，検証することなく，信頼できる有用なものと考えるべきではありません（Taylor and Mills, 2006）．アンケートによって集めた情報は仮説を立てるために非常に有効なものにもなりえますが，このような間接的方法は，観察によって得られた直接的証拠にもとづく方法の代わりに用いるべきではないのです．

サンプルに関わる問題：アンケート調査は非常に多様な人々（イヌの雑誌の購読者，インターネットユーザー，動物病院の来院者，大学生，さまざまな犬種の飼い主のグループ，あるいは，イヌのハンドラー，トレーナー，行動カウンセラーといった専門家）を対象に行われますが，なぜ他でもないそのサンプル集団が参照集団として選ばれたかが明確にされることはめったにありません．これらの調査結果は，さまざまなバイアスによって歪められかねません．例えば，ある特定のイヌの雑誌の読者は，イヌに対してある特定の見方をしているかもしれません．

因果関係に関わる問題：多くのアンケート調査の結果は，何らかの環境的な要因や変数が行動と相関関係にあることを示唆しています．研究者はそのような相関関係が決して因果関係を意味するものではないことを知っていますが，あまり知識のない人は誤解するかもしれません．例えば，攻撃性と毛の手入れが負の相関関係にあるという知見は（Podberscek and Serpell, 1996），毛の手入れをしてもらわないイヌは攻撃的になりやすいことを意味しているのかもしれませんが，単に，人は攻撃的なイヌの毛の手入れをしないということかもしれないのです．

飼い主バイアス：飼い主がアンケートに協力的であるかどうかは，彼らのイヌとの関係によって決まるでしょう．より「満足している」飼い主は進

コラム 2.5　動物行動学的コーディング化と行動連鎖の分析

　人とイヌの相互行為の時間的パターンについては，非常にわずかな定量的データしかありません．そのような分析を行うには，人のある行動に予想可能な形でイヌのある行動が続き，逆もまた同様であることが示される必要があるでしょう．そのようなデータが欠けている理由のひとつは，そういった時間的パターンの従来の分析法が非常に複雑で，大量のデータがなければ分析が行えず，それでも検出されるパターンは非常に短いからです．

　最近，時系列的行動パターンを検出する新しい時間構造モデルが開発されています（Magnusson, 2000）．これは，イヌと人の相互行為を記述するのに非常に有効です．そこで私たちは，飼い主がイヌに（身振りと言葉によって）「指示」を与え，木製ブロックで塔を建てるのを手伝わせるという簡単な状況を設定しました．人はブロックを取りに行くことができず，イヌだけがブロックを人のところへ持っていくことができます．このような状況で協調的相互行為が自然に発生し，そうやって現れたイヌと人の行動を，行動単位間の有意な時間的関連（T-パターン）を探す（Kerepesi et al., 2005）統計プログラム（THEME, Magnusson, 2000）によって評価しました．

　このテストでは，10組のイヌと飼い主が，人とイヌ両方の行動単位によって構成された相互的T-パターンを平均で181回示しました．また，課題をうまく果たすための要点となる相互行為の最も多かったペアには，典型的なT-パターンがみられました．統計的な妥当性をもつT-パターンには，ブロック運びの最後の動作（「イヌがブロックを放す」）がほとんど常に含まれていました（後述）．つまり，それまでの行動の順序がうまく調整されているほど，イヌはうまく課題を果たすことができるようでしたが，このことは，このような相互行為のT-パターンが偶然に現れるものではなく，課題を遂行するうえで機能的な役割を果たしていることを示唆しています．

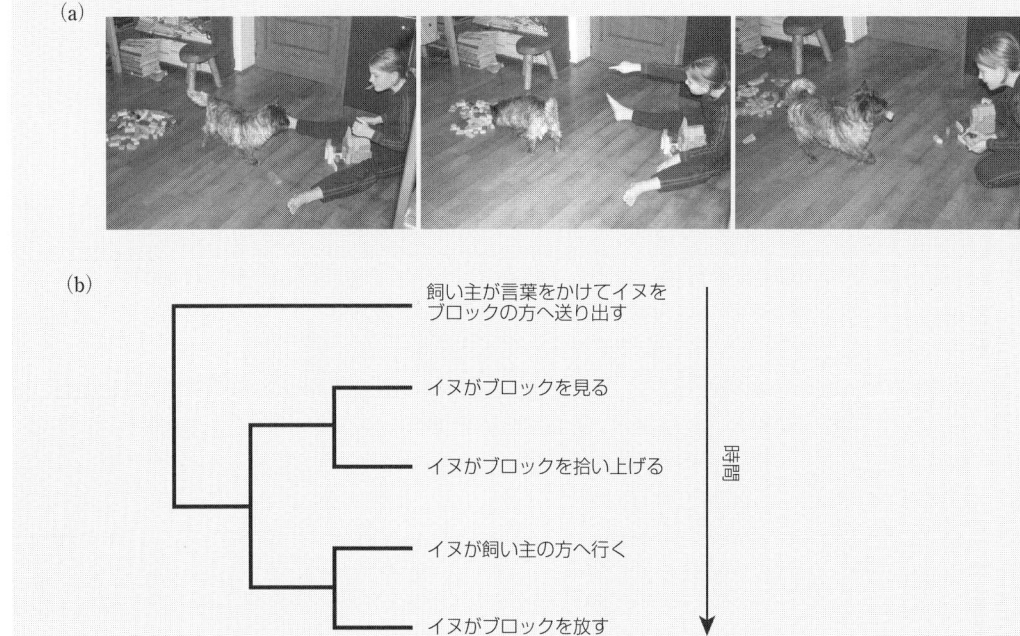

(a)

(b)

（a）子どもは指差しと語りかけによって，しかし言葉によるコマンドなしに，木製ブロックを取ってくるようイヌに「要求」する．この相互行為は，すべてのブロックが移動させられるまで，または5分が経過するまで繰り返される．（b）実際に飼い主の要求がうまく果たされた相互交流連鎖（T-パターン）の一例の樹形図．

第2章　イヌの行動研究における方法論的問題点　45

コラム 2.6　イヌの攻撃性についてのアンケート調査

　研究者や臨床家は攻撃行動を直接に観察する機会がほとんどなく，実験室的状況において攻撃行動を調べるのもまた難しいことです（van den Berg et al., 2003）．そのため，攻撃行動について情報を集めるのによく使われる方法のひとつがアンケート調査ですが，アンケート調査における情報の集め方はさまざまです．

　攻撃行動には少なくとも重要な次元が3つあります（Houpt, 2006 も参照）．

- 競争相手は同種の個体のこともあれば人（大人）のこともあります．ときには子どもやネコのような分類がやや難しい場合もあります．
- 攻撃行動の現れ方はそのイヌが家にいるか外にいるか，また馴染みのある相手（飼い主，仲のよいイヌ）であるか，あるいは見知らぬ相手であるかによっても左右されます．
- 攻撃行動には文脈依存的な性質があります．

　イヌが潜在的競争者に対して，手に入れたもの（食べ物やおもちゃ）を守ろうとしている状況の調査を比較してみましょう．興味深いことに，調査者によって，(1) 競争相手を特定するかどうか，また，どうやって特定するか，や (2) 攻撃行動を「詳しく」記述するかどうか，また，どれだけ「詳しく」記述するか，の点がさまざまに異なっています（下記リストの下線部を比べてみてください）．

　飼い主に対して攻撃的でないイヌは，馴染みのない相手と競争するときも攻撃的でないかもしれません（し，そうでないかもしれません）．また，飼い主は自分のイヌの「防御的，あるいは独占的行動」を「攻撃的」行動と感じないかもしれません（し，感じるかもしれません）．調査間でみられる質問項目の不一致は収集されたデータに深刻な影響を与える可能性があり，さらに，これらの質問が他の言語に翻訳される場合には，さらにゆがみが生じる可能性があります．ですから将来的には，攻撃行動についての質問を何らかの形で標準化する必要があります．

以下に，比較のための例をいくつか挙げておきます．

- Line and Voith (1986)：イヌが飼い主に対して攻撃的（歯をむく，唸る，咬みつく）になった状況は？(1) 物を取っていって守った，(2) 食べ物を持ち去った（はい／いいえ）
- Podberscek and Serpell (1996)：エサを与えるときに攻撃的か／食べ物を守りますか？（はい／いいえ）
- Jagoe and Serpell (1996)：エサを与えるときに攻撃的である（行動上の問題点のチェックリスト中の質問）（はい／いいえ）
- Podberscek and Serpell (1997)：イヌは物を独占／防御するような態度をみせたか？（はい／いいえ）；食べ物に近づいたときイヌは攻撃的だったか？（得点：1（低い）…5（高い））
- Guy et al. (2001a)：あなたのイヌは，食べ物やおもちゃ，あるいはその他の物を持ち去ろうとする人に対して，常に唸ったり咬みついたりしますか？（はい／いいえ）
- Guy et al. (2001b)：あなたのイヌはいつも，次の状況のいずれかに対して唸ったり，唇をめくり上げたり，咬みついたり，突進したりする反応を示しますか？(1) イヌが食べているときに食べ物に触れる，(2) イヌが食べているときに食べ物のそばを通る，(3) イヌが食べている間に皿に食べ物を足す，(4) 骨や生皮やおもちゃを持ち去る，(5) イヌがこっそり取っていった物（例えばソックスなど）を取り戻す（はい／いいえ）．
- Sheppard and Mills (2002)：あなたが，あなたのイヌのお気に入りのおもちゃや食べ物を持ち去ろうとすると，イヌは攻撃的になりますか（唸る，咬みつくなど）？（得点：1（低い）…5（高い））
- Hsu and Serpell (2003)：家族の誰かがおもちゃや骨その他のものを持ち去ると，イヌは攻撃的に振る舞いますか？（得点：1（低い）…5（高い））

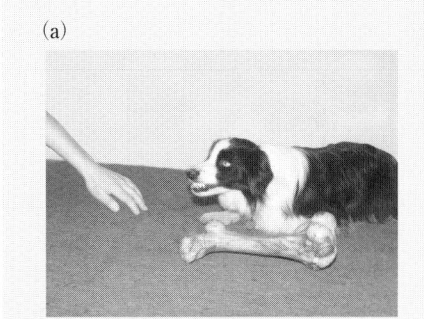

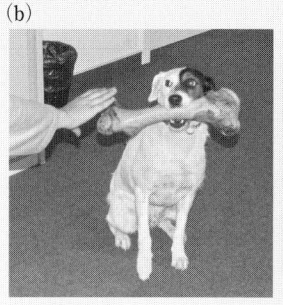

所有物を占有し続けるには2つのやり方がある：(a) 骨を取り上げようとする人間を威嚇する (b) 守っている物を持ち去る．争いを避けるには2番目の方法が有効であることに注意．

んでアンケートに答え，ペットに対してより肯定的なイメージを提示しそうですし，関係の否定的な側面（例えば，咬みつくなど）はあまり正直に報告しそうではありません．2つ以上のイヌの集団を比較した結果は，2つ以上の飼い主集団の違いを反映しているのです．ですから，どのようなものであれイヌの間にみられる違いは，イヌの自身の違いによることもあれば，飼い主の違いによることもあり，あるいはその両方の違いによることもあります．例えば Serpell and Hsu (2005) は，アンケートに対する飼い主の回答にもとづいて，「猟」に使われるスプリンガースパニエルの方が「ショー」に使われるスプリンガースパニエルよりもトレーニングの効果が出やすいと報告しています．アンケートの結果をそのまま素直に解釈すればそうなりますが，「ショー」に出るスプリンガースパニエルの飼い主はわざわざイヌにトレーニングを行わなかったかもしません．あるいは，猟犬の飼い主の方が，この犬種はトレーニングしやすいはずだと予想するまさにそのせいで，トレーニングに応える能力を高めに報告しがちであるかもしれません．この結果が得られたのは，このいずれか，あるいはその両方の理由からかもしれないのです．

民間的知識：研究者でも非常にしばしばイヌの行動についての一般的な民間の知識を利用しますが，そのために大きな混乱を生む結果になることがあります．そういう誤用されている概念のひとつに，犬種によって異なるとされている「知能」という

ものがあります（Cohen, 1994）．もとの質問を注意して読めば，質問者が「知能」という言葉で意味しているのは「ドッグスクールでの従順な行動」であることがわかります．たとえ研究者がもともとそれを意図していたとしても，きっと私たちは，ランキングのトップにあるボーダー・コリーを訓練して10km橇を引かせるようにするのはすごく簡単なことなのだろうと思ってしまうでしょう（Coppinger and Coppinger, 2001）．同じように，特定の行動反応についてのアンケートをもとに犬種によるトレーニングのしやすさを比較することには問題があります．つまり，「物を持って来る（持来）」という項目を含むトレーニングのやりやすさについて，アンケート調査した場合に，シベリアン・ハスキーとバセット・ハウンドが低い得点を示したとしても，それは不思議ではないのです．

以上をまとめれば，たとえ注意深く行ったとしても，アンケート調査は現象や問題の性質について最初のヒントを与えてくれるにすぎず，決して解決策になるものではありません．最近はアンケート調査が提案されることがよくありますが，実際こういう調査には「動物行動学的有効性」がほとんどなく（Notari and Goodwin, 2006），観察や実験による研究に取って代わる見込みはありません．

2.8 将来のための結論

このように方法論的問題点を概観してみると,イヌに関心をもつ研究者は,Tinbergen の 4 つの問い（第 1 章）に答を出す実験を計画するために,さまざまな複雑なツールを利用できるということがわかります．比較研究を注意深く行えば,行動の機能だけでなく,イヌの進化における行動の特別な役割も明らかにすることができます．

イヌの現在の環境や発育環境を慎重に操作すれば,メカニズムの問題を調べることができるでしょう．現在の環境の場合には,問題になっている状況を繰り返し体系的に観察することが,イヌの心理についてのより詳しい動物行動学的認知モデルを開発することに役立つかもしれません（第 7,8,10 章を参照）．発育環境に関しては,初期の特定の経験の影響を調べることによって,後の行動表現や課題に対する成績に環境が及ぼす影響を明らかにできるかもしれません（第 9 章）．

方法論的問題を考えるときには,私たちはイヌについて,（科学的に有効な知識という観点で）思っているよりずっとわずかなことしか知らないということを理解することが重要です．方法の標準化を進めるため,方法論的上の問題を今よりもはるかによく理解することが急務だと言えます．この分野の研究が大きく発展することを願っています．

参考文献

Lehner (1996) と Martin and Bateson (1986) は,動物行動学的方法への非常に優れた手引きになっています．Kazdin (1982) は単一事例研究の優れた入門書であり,そういう実験を計画するときに役に立つでしょう．Cheney and Seyfarth (1990) はサルを扱ってはいますが,動物の心理を調査するために,実験室的方法と野外での研究方法をどのように結びつければいいかについて考えさせてくれる本です．

第3章

人為生成的環境におけるイヌ：社会と家族

3.1 はじめに

人々が個体群（population）という観点でイヌについて考えるようになったのはつい最近のことです．興味深いことに，イヌを小さな個体群に分けるやり方は，しばしば人の社会で行われているイヌのグループ分けに似ています．たいていの場合そういうイヌの下位個体群は（遺伝的に他と交流のない）孤立したものとして記述されますが，実際は閉鎖的な個体群ではありません．家族犬や作業犬，あるいは自由生活犬も，すべて種としてのイヌを代表していますし，個々の個体にはこの複雑な下位個体群のネットワークの中を移動する機会があります．

社会行動の多くの面において，イヌは人間に従わなければなりません．グループのメンバーと愛着関係を築くことをはじめ，新しい社会関係を素早く成立させ，短期間の接触をうまく利用し，必要に応じて社会的に寛容，あるいは無関心でいなければなりません．そのような形の社会的接触に失敗すれば，成功のチャンスが少なくなります．

イヌと人の関係は，人間社会における，文化を超えた数少ない特徴のひとつです（Podberscek et al., 2000）．ただし，人がイヌへの愛情を大っぴらに表現することを抑圧する慣習やタブーもあります．最も「イヌ好きの」社会においてさえ，そこでは誰もがイヌとの日常的接触を避けることができないにもかかわらず，かなりの人はイヌと個人的社会関係を結ぶことがありません．しかし，イヌにとっては，状況は逆です．ほとんどの場所で，イヌは多かれ少なかれ人の社会に組みこまれていますが，人が支配する環境の境界の外で暮らしている個体群もあります．現代社会の重圧が増大するにつれ，いかにしてイヌと人の平和な共生を達成するかという議論が高まっています．しかし，どんな議論も計画も科学的データをもとにして初めて成り立つものであり，そのデータが今のところ大幅に欠けています．

そういうわけで，このような状況を変えるため，さまざまな分野の科学者が協働して観察方法を開発し，比較可能なデータを収集しなければなりません．家庭犬と自由生活犬（Beck, 1973）の両方について個体群生物学や個体群動態に関するデータ（コラム 3.1, 3.2）をもっと収集する必要がありますし，同じ理由で，動物行動学者には，作業犬や動物保護施設（アニマルシェルター）で暮らすイヌを含め，人が混じったグループにおけるイヌの行動を記載する責任があります．人の暮らす環境は，「フィールド動物行動学者」が記載的観察を行うための未開拓のフィールドなのです．

人と飼い犬との関係が現代社会にとって有益であるか不利益であるかという激しい論争は，しばしば，私たち人間と自然の最後の触れ合いのひとつをイヌが提供してくれているのだという事実を覆い隠してしまっています．私たちとともに進化してきたイヌという種を知ることは，私たちが，自分と環境のより大きな関係を理解するために，重要な意味をもっているのではないでしょうか．

3.2 人間社会におけるイヌ

世界中，ほとんどすべての人間社会にはイヌがいます．そういう社会の歴史や現在の組織形態によって，イヌの役割，また経済や文化への関わり方は大きく異なっています．体サイズや容貌や行動の点でイヌが非常に多様であるということがよく言われますが，そのことが，人と飼い犬の間にある多種多様な関係という観点から取り上げられることは稀にしかありません．問題は，イヌの役割の研究は多くの異なる面から行うことが可能だということであり，さまざまな分野から参加する研究者が異なる目的のために異なる方法で研究を行っているということです．

考古学的研究では，イヌと人の関係の歴史的側面を再構築することが目指されます（第5章3節1項）．こういう研究では，みつかる遺物の量が限られており，分布が一様でないという点で制約があります．つまり，イヌと人の関係の時代や地理的分布による偏りは，発見された考古学的資料の豊富さの違いが原因かもしれません．初期のイヌの化石の大部分は人間の墓所からみつかっていますが，これは人とイヌの特別な関係を示しているかもしれませんし，一定の場所や時代の考古学的記録の中には人間の墓所が普通よりも多くみられるということなのかもしれません．Morey (2006) は前者の意見を支持して，初期の人間は，4本の脚をもつ仲間と親密な関係，あるいは神秘的な／神聖な関係を結んでいたのだと示唆しています．歴史上の世界のたいていの場所にずっと昔からイヌの墓が見られるということは，イヌが「少なくとも」集団や家族の一員として扱われ，人間と同じように葬られる権利を与えられていたということを伝えているのかもしれません．

イヌと人の関係におけるもう一方の極端な代表例は，イヌを食料にするというものでしょう (Podberscek, 2007)．考古学的記録では，折れた骨，端が齧られた骨，骨の切断痕は，たいていの場合，食肉の証拠とみなされます．それによれば，青銅器時代に至るまでの先史時代のヨーロッパ

> **コラム 3.1** イヌの個体群の調査：スウェーデンの事例

行動研究の基盤をつくり，イヌの個体群管理を支援するためには，個体群動態のデータ収集が重要です．そのような情報があれば，観察や実験的調査の対象になっているある集団がイヌ全体を代表するサンプルなのかどうかという問題を解決するのに役立ちます．今のところほとんどの国では，イヌの個体群の性質について，非常に大雑把な評価しか行われていません．Egenvallと共同研究者たちは (1999, 2000)，スウェーデンのイヌの個体群について獣医学的観点から考察した数多くの研究を発表しましたが，同時に彼らが収集したイヌ個体群のより一般的な側面についてのデータには，動物行動学者も興味をもつかもしれません．類似のデータを，さまざまなイヌ個体群に対して集めれば，観察や実験の対象として抽出したサンプル集団が，研究しようとするイヌ個体群全体を代表しているかどうかを評価するのに非常に役立つものと思われます．

下の表では，2005年度のそれぞれの国のケンネルクラブへの登録にもとづいて，3つの国で最も人気の高い10の犬種を挙げています．同国内の数年間の好みに変化はみられませんが，各国間にはかなり大きな違いがみられます．ただし例外として，レトリバー，ジャーマン・シェパード，ボクサーは常にリストに入っています．興味深いのは，上位10番目までの犬種の個体数が全登録個体数のおよそ半分を占めているということです．また，最も人気の高い犬種の頭数は2番目の犬種の少なくとも2倍になっています．

	アメリカ	%	ドイツ	%	イギリス	%
1	ラブラドール・レトリバー	15	ジャーマン・シェパード	20	ラブラドール・レトリバー	17
2	ゴールデン・レトリバー	5	ダックスフンド（ワイアーヘア）／テッケル	8	イングリッシュ・コッカー・スパニエル	7
3	ジャーマン・シェパード	5	ジャーマン・ワイヤードヘア・ポインター	3	イングリッシュ・スプリンガー・スパニエル	6
4	ビーグル	5	ラブラドール・レトリバー	3	ジャーマン・シェパード	5
5	ヨークシャー・テリア	5	ゴールデン・レトリバー	2	スタッフォードシャー・ブル・テリア	5
6	ダックスフンド	4	プードル	2	カバリエ・キングチャールズ・スパニエル	4
7	ボクサー	4	ボクサー	2	ゴールデン・レトリバー	4
8	プードル	3	グレート・デーン	2	ウエスト・ハイランド・ホワイト・テリア	4
9	シー・ズー	3	イングリッシュ・コッカー・スパニエル	2	ボクサー	4
10	チワワ	3	ロットワイラー	2	ボーダー・テリア	3
	合計	52	合計	46	合計	58

(2005年)

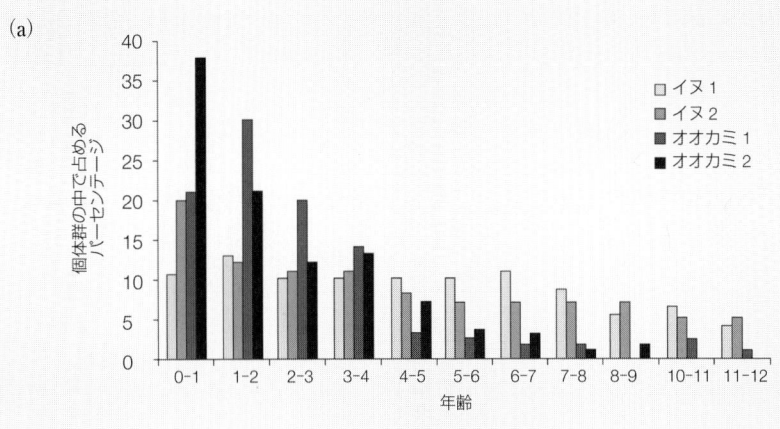

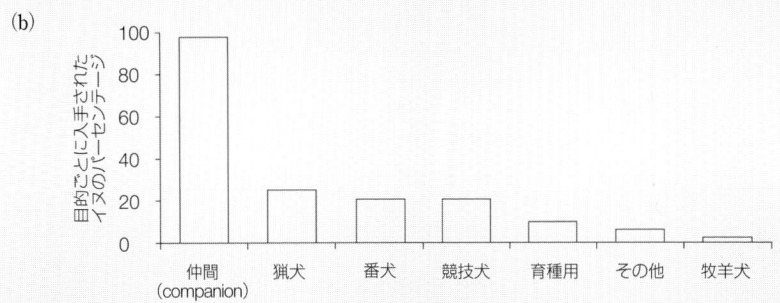

(a) イヌとオオカミの年齢分布．ここに挙げたデータは異なる資料から再構成されているが，2つの種の年齢構成には大きな違いがみられる．オオカミ1：南ユーコンのオオカミの個体群に関する1991年の報告のために集められたデータ（無線発信装置つきの首輪をつけたオオカミ，あるいは殺されたオオカミのデータ）（Hayes et al., 1991），オオカミ2：デナリ国立公園で1986年から1994年にかけて生体捕獲されたオオカミのデータ（Mech et al., 1998），イヌ1：スウェーデンの個体群の代表サンプルにもとづく（Egenvall et al., 1999），イヌ2：カナダの動物病院に提供されたサンプルにもとづく（Guy et al., 2001a）(b) スウェーデンにおけるイヌを入手する目的．イヌはさまざまな社会的役割や作業的役割を果たすことを求められている（Egenvall et al., 1999のデータ）．

（Bartosiewicz, 1994）やメキシコにかつて存在したマヤ文化（Clutton-Brock and Hammond, 1994），ニュージーランドのマオリ（Clark, 1997），またオーストラリアにおいても（Megitt, 1965），イヌは人の食料の一部だったことがわかっています．

最近の社会における比較研究があれば，イヌと人の関係についてさらに情報を得ることができるでしょう．しかし，この点に焦点を当てた文化横断的研究はほとんどありません．初期の旅行家や探検家の手による長短さまざまな記述や，社会学的・人類学的・文化的研究の中で通りすがりに触れられる覚え書や物語にもとづく知識があるだけで，そのような研究がないというのは悲しむべきことです．なぜなら，強力な「西洋の」影響によって多くの文化が急速に変化し，昔のイヌと人の関係を再構築できるチャンスが少なくなってきているからです．例えば，オーストラリアのアボリジニはディンゴとさまざまな関係をもちながら暮らしていました．ディンゴは食料にもなればペットとしても飼われ，狩りに使われ，あるいは寒い夜には単に毛布の役割を果たすこともありました（Megitt, 1965）．ヨーロッパ人と彼らの連れたイヌがオーストラリア大陸に進出してからは，状況は劇的に変わりました．先住民はしばしばディンゴよりもこれらのイヌの方を好みました．そのうえ，ディンゴは撲滅すべき害獣のリストに入れられてしまいました（あまりにも多くの家畜を殺したという理由で．ただし，Corbett, 1995を参照）．ディ

コラム 3.2　イヌの個体群モデル

　Patronek and Glickman (1994) は，アメリカのデータを分析してイヌの個体群モデルを発表しました．原理上このモデルは容易に一般化して他の国々に用いることができるでしょうし，各国間で比較を行う際の有効なツールになるものです．これから先もこのようなデータが供給（収集）されれば，経時的変化も明らかにすることができるでしょう．また予測にも利用することができるでしょうし，イヌの管理に携わる人々（ブリーダー，獣医師，動物保護施設の管理者）や取締官の仕事を助けることになるでしょう．しかし，現在のデータだけでもすでに，このモデルはいくつかの重要な問題に光を当ててくれます．例えば，10頭に1頭のイヌがペットショップで入手されていますが，おそらくこれは高い率であり（50万頭），ヨーロッパよりもアメリカで一般的な現象だと思われます．保護施設に引き渡されるイヌの数（140万頭）は，新しい家庭を見いだす保護施設のイヌの数（100万頭）より多いのがわかります．アメリカの保護施設にいるイヌの実際の数は，世界のオオカミの推定総個体数の10倍になっています！アメリカの調査結果にもとづいて，Patronek and Rowan (1995) はイヌの出生率と死亡率をおよそ12％と推定しましたが，これは，毎年イヌの個体群の8頭に1頭が入れ替わっていることを示しています．

国	家庭犬のパーセンテージ	イヌの推定個体数（100万）
オーストラリア	40	4
オーストリア	14	0.6
ドイツ	20	8.8
イギリス	15	6.8
スウェーデン	15	0.8
スイス	15	0.5
アメリカ	34	52

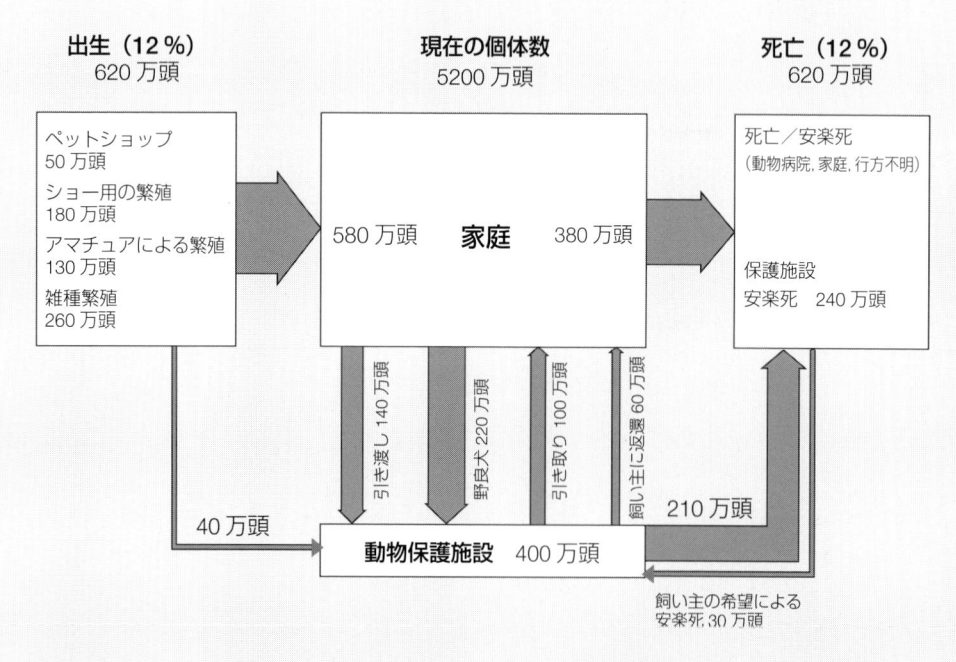

出生（12％）　620万頭　　　現在の個体数　5200万頭　　　死亡（12％）　620万頭

ペットショップ　50万頭
ショー用の繁殖　180万頭
アマチュアによる繁殖　130万頭
雑種繁殖　260万頭

家庭　580万頭　380万頭

死亡／安楽死（動物病院，家庭，行方不明）

保護施設　安楽死　240万頭

引き渡し140万頭　野良犬220万頭　引き取り100万頭　飼い主に返還60万頭

40万頭　　動物保護施設　400万頭　　210万頭

飼い主の希望による安楽死 30万頭

アメリカのデータにもとづくイヌ個体群の図式的モデル（Patronek and Rowan, 1995から改変して再録）

ンゴと（ヨーロッパの）野犬の交雑および伝統的アボリジニ文化の崩壊が従来の生活様式に影響を及ぼし，今では，かつて人とディンゴの間に存在した複雑な関係を再構築する機会はほとんど失われてしまいました．

最近の文化は，人とイヌの関係の主要な3つの面を反映しています．(1) イヌは他の家畜や野生動物と同じように利用され，食料やペットにするために飼育されます．東アジアでは今なおイヌを食べますが（Podberscek, 2006），世界の他の多くの地域でも最近まで食料のひとつでした．人と社会的関係を結んで暮らしているイヌは，(2) 仕事上の仲間，(3) 感情的・社会的支え（「ペット」）の両方あるいはいずれかの役割を果たしています．一部の社会では文化的・宗教的慣習がイヌと人の親密な関係を禁じているため，人々はイヌと関わりをもつことにむしろ消極的です．しかし，そういう社会でも，個々人（特に子ども）は，仕事上，あるいは感情面でイヌと強く結びついています．例えば，多くのポリネシアの島々では，子どもを育てるようにしてイヌを育て，そのイヌを子どもに与えます．イヌの魂が子どもを守ると言われており，子どもが亡くなると，しばしばイヌがいっしょに埋葬されます（Fisher, 1983）．イヌが一種の通貨のように，あるいは魔術的儀式の一部として使われることもあります．トゥルカナ（ケニヤ北部）では，イヌは子どもにとって遊び友達や世話係のような役割を果たしていますが，同時に，子どもが排便したり嘔吐したりしたときには，子どもを清潔にするための「スポンジ」代わりにも使われます．これはイヌの利用法として奇妙なものに思われるかもしれませんが，使える水がほとんど，あるいはまったくないという背景を考えれば理解することができます（Nelson, 1990）．そんなふうにイヌと人が直接的に接触すれば寄生虫（エキノコックス：*Echinococcus*）に感染する重大な危険性があるという事実にもかかわらず，この習慣は生き残りました．ここの部族でのエキノコックス症の発生率は，彼らの飼い犬との接触量に関係している形跡があります（Nelson, 1990）．

このようなイヌと人の関係の多様性は，多くの研究者を，家畜化の基本モデルの探求に駆り立ててきました．しかし，今日のイヌと人の関係は，さまざまな進化的・生態的・文化的要因が働いた結果つくられたものであり，それらの要因は最近も周期的に変化していたかもしれません．例えば，Coppinger and Coppinger (2001) は，インド洋のペンバ島にある「中石器時代の村」について記述しており，おおむねイヌが放し飼いになっているこの狩猟・農耕社会は，余分で危険な人間の有機廃棄物を環境から取り除く（食べる）ことによってイヌが片利共生者の役割を果たすという，初期のイヌと人の関係のひとつのモデルを提供していると論じています．人々はこれらのイヌの存在を容認してはいますが，イヌと個人的関係を結ぶことはありません．ペンバ島の人々はイスラム教徒であり，イスラム教ではイヌと親密に関わることが強く禁じられています．イヌは，おそらくは寄生虫を媒介するせいで，邪悪なものとみなされています．しかし，人とイヌのこのように距離を置いた関係が副次的に発生したというのは非常にありそうなことです．実際，病気の蔓延を防ぐために他の防止策をとれない集団の中で人々がイヌに対して自然な愛情を示すのをとどめようとして，そういう「法」やタブーが必要とされたのかもしれません．このことは，なかにはイヌを好む人々もおり，人目がなければイヌを撫でることさえあるという事例報告によっても裏づけられています（Coppinger and Coppinger, 2001）．

別の研究者たちは，イヌが私たちの社会に入りこむようになったのは，私たちがあらゆる種類の動物に対して感じる愛情や，ペットを飼うという趣味だと主張しています．実際，ペット（イヌだけでなく他の動物のこどもも）を飼うことは，おそらく人々が動物について学ぶのに役立ったことでしょうし，動物を知っていることは狩猟社会では有利なことであり（Savishinsky, 1983），成功を収めるのに役立ったことでしょう．イヌの家畜化についての従来の見方では，多くの狩猟民がオオカミやイヌを含むさまざまなペットを飼っていることを指摘し，イヌの家畜化における狩猟の役割を強調しています（Clutton-Brock, 1984）．しかし，これは出来事が起こった順番，つまり，イヌをペットとして飼っていたことからイヌを使った狩りが生まれた，ということを示す直接的証拠にはなっていません．

さまざまな文化におけるイヌと人の関係について本当の意味で比較に使えるデータが限られていることを考えると，古い時代のイヌと人のつき合いを表す基本モデルを選定することはあまりに困難なように思われます．考古学的証拠も現在の文化横断的比較も，イヌと人の結びつき方は初めから非常に多様で，生態的条件だけでなく人間社会の社会組織や文化構造によって左右されたということを示しています（第5章）．重要なのは，イヌの役割は，人間の歴史が移り変わる中で変化を免れるわけにはいかなかったということです．最近の歴史はこのことを強力に裏づけており，例えば，猟犬や橇犬がペットに「なりつつある」のです．

人間集団の中のイヌについて，世界規模での包括的研究がない中，以下の議論の大部分は，イヌが家庭で主にペットとして飼われているような社会での調査にもとづくことになります．しかし，他のイヌ個体群のあり方も成立可能であることは忘れるべきではありません．イヌが家庭の中で主にペットとして飼われている社会では，イヌは人の家族の一員となっているのが普通ですし，飼い主は，常にイヌの世話をし，住みかを与え，他にもさまざまなやり方でイヌが幸せに暮らせるよう配慮してくれます．これらの飼い犬の大部分が定期的に獣医に診てもらったり（例えば予防接種），地方自治体に登録されたり（法律上必要であれば），あるいはその両方を経験し，さらに，イヌが人間社会で暮らす際のさまざまな面に専門に関わる特別な団体が存在します（例えば，ケンネルクラブやドッグトレーナーの協会など）．

Patronekとその共同研究者は，一連の論文の中で，人間とともに暮らすイヌの個体群の記載的モデルを提供しています（Patronek and Glickman, 1994；Patronek and Rowan, 1995）．このモデルで中心となる単位は，イヌに物理的・社会的環境を提供している家庭です．イヌを飼っている家庭の数には国によって大きな違いがあり，例えばオーストラリアではおよそ40％の家庭がイヌを飼っていますが（Marston and Bennett, 2003），オーストリアでは14％にすぎません（Kotrschal *et al.*, 2004）．人の家庭で暮らすイヌの個体群の大きさは，都市化の程度，歴史的伝統，その国の現在の経済状況など多くの要因によって決まります．どの場合にも，大部分のイヌは家族と親しく結びついており（後述），特定の人間とのつながり（「飼い主」）をもたずに野放しになっているイヌは全体のうちほんの少数にすぎません（第4章3節2項）．動物保護施設が導入されたのは，経済的損害（家畜を襲う）や健康上の問題（病気の感染）を引き起こしたり，野生生物に害を及ぼすおそれのある自由生活犬の数を減らしたりするためです．多くの人は動物保護施設のことを，イヌの数を調節するために必要な施設であると考えていますが，自分のイヌを保護施設に送るのは気が進まず，そうする代わりに野放しにしてしまうでしょう．それは危険な行為であり，考えようによっては非人道的（「非犬道的？」）なことなのですが，保護施設に暮らす多くのイヌの生活の質と運命を思えば（後述），理解できることではあります．多くの国では，かなりの数のイヌが保護施設で暮らして（そして，死んで）いますが，保護施設はやむを得ないものとみなされるべきで，飼い主のいないイヌの問題に対する解決策とみなされるべきではありません（コラム3.2）．

3.3 公共の場におけるイヌと人の相互交渉

同じ社会で暮らすため，イヌと人の両方が，極端な状況のもとでも機能する集団をつくれるよう役目を果たす必要があります．たとえ，現在の個体群の構造が本来のものと違っているとしてもです．イヌも人もおおむね安定した家族集団で暮らし，なわばり意識をもっています．しかし，現代の人間とその集団の社会的・物理的動態はまったく多様であり，もともとあったものとは異なっています．人々の占めるなわばりは重なり合っていたり，物理的に不連続であったり，またその両方であったりします．人々は同時に複数の集団に属し，未知の人々に寛容で，さまざまな規模の集団と一時的な関わりを結びます．そのため，イヌが人間の社会に溶けこむには，同じような社会的姿勢を行動において表現できなければなりません．この困難の大部分は，適切な社会化によって乗り越えることができますが（第9章3節3項），現代の人間生活の動的性質を理解しておかなければ，経験不足のイヌにとっては多くの問題が生じるかもしれません．

コラム 3.3　私たちはイヌが好きなのか？

人々のイヌに対する反応はさまざまで，しばしば環境によって左右されます．多くの場合，イヌは，人を他の人々にとって魅力的に見せるのに一役買っています．イヌのこのような「触媒」効果は，イヌの助けを必要としている人々にとって追加的な利点として重要な意味をもっていることが明らかになっています．体に障がいのある人々は，身体能力が制限されていることや他の人々の無理解のために社会的に不利な立場にあります．現代の科学技術は体に障がいのある人々に多くの実際的な援助を提供することができますが，イヌは，彼らの飼い主と社会の他のメンバーとの交流の触媒となり，飼い主の情緒的幸福を支援するというさらにもうひとつの利点をもっているようです．

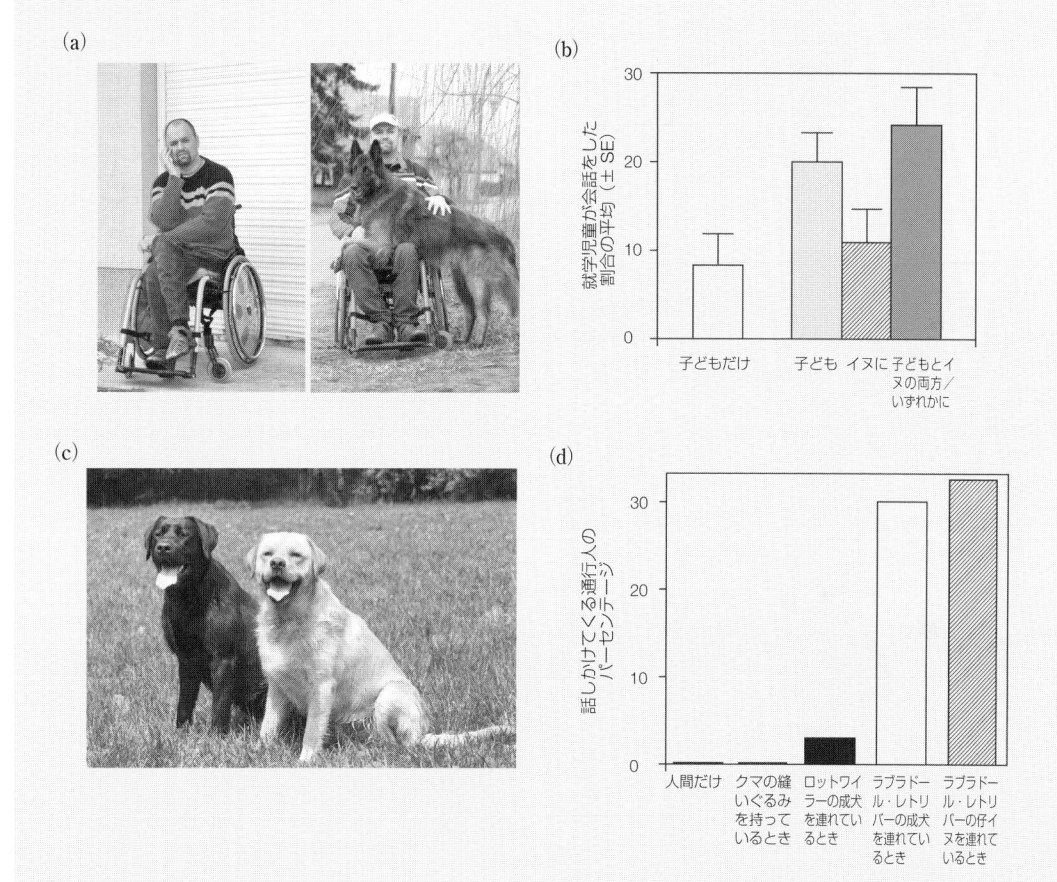

(a) イヌを連れている人々は多くの場合より魅力的に見えるが，これは動物のもつ社会的促進効果によって説明することができる．(b) Mader *et al.* (1989) は，車椅子に乗った就学児童がイヌを連れている場合，彼らの属する社会的集団のメンバーからより頻繁に言葉をかけられ（直接的な社会的相互交渉），より友好的な視線や微笑みを受け取る（間接的な社会的相互交渉）ことを見いだした．(c) イヌの外見もまた促進効果に一役買っている．人々は長いブロンドの毛のイヌに明確な選好性を示し，そういうイヌに近づいて遊ぶ傾向が見られる（Wells and Hepper, 1992）．そのような選好性の大部分はおそらく学習されたものであり，流行や個人的経験の影響に強く影響されているものと思われる．(d) 成犬あるいは仔イヌを連れた人々はより近づきやすい印象を与え，通行人は彼らとより頻繁に直接的接触（会話）や間接的接触（注視，微笑み）をもつ．興味深いことに，世間的に「悪い」評判をもつ犬種のイヌにはこのような効果がみられない（Wells, 2004）．

第3章　人為生成的環境におけるイヌ：社会と家族

公共の場でのイヌの行動については，驚くほどわずかなことしかわかっていません．リード（引き綱）を使うことを義務づけて，公共の場でのイヌの自由な行動を制限する強い傾向がみられますが，Bekoff and Meaney (1997) は，リードにつながれていないイヌはだいたいにおいて，「リードにつながれていない」人間に対して，管理できる量の問題しか起こさないことを見いだしました．このことは，イヌの飼い主と飼い主でない人からのアンケート調査の回答によっても，イヌと人の相互行為の観察からも明らかになりました．大部分のイヌ同士の接触（81％）やイヌと人の接触（85％）は友好的あるいは中立的で，イヌ同士の出会いが攻撃的であると記述されたのはほんのわずかな比率にすぎませんでした．また，公共の場にイヌがいることは人間同士の交流を促し，しばしば見知らぬ人間同士の間に会話を成立させました．ある実験的研究では，さまざまな「もの」を連れて歩いている人間に対する通行人の反応を調査しました．予想にたがわず，成犬や仔イヌのラブラドール・レトリバーを散歩させていると，頻繁に他人が視線や言葉によって注目を示し，そういう人々は見つめたり微笑みかけたり，イヌを撫でたり，話しかけたりしました．重要なのは，生命のない物体（例えば熊の縫いぐるみ）がこういう役に立つことはあまりなく，同様にロットワイラーもほとんど興味を呼び起こさなかったという点です（Wells, 2004）．これらの観察結果は，人々がイヌのもつイメージに対して敏感であり，全体としてイヌに魅力を感じているという証拠を示しています．しかし，飼い主が非常に体の大きなイヌや，「悪い」評判をもつ犬種の（あるいは，そういう犬種に似ている）イヌを連れている場合は事情が異なります．

より制約の多いよそよそしい法律をつくるのではなく，人とイヌの教育にもっと力を注げば，イヌも人ももっと解放されて，自由な社会的交流や経験のできる余地が増えるかもしれません．

3.4 家族の中のイヌ

「イヌは人の家族の中で暮らすことに簡単に適応できる．なぜなら，彼らの祖先もまた同じような社会的仕組みの中で暮らしていたのだから」と，多くの人は考えています．オオカミの群れと人の家族の構成に共通する部分が多いというのは本当ですが，そこには大きな違いもあります（コラム8.1）．オオカミと彼らの家畜化された親類（イヌ）との主な違いのひとつは，遺伝的要因と日々の社会的経験のせいで，イヌには人の集団の一員として溶けこむ術を学習することができるのに，オオカミにはできないということです．イヌと人の家族生活には似ているところもあれば違っているところもあるために多くの混乱が生まれていますが，ここでは，家族の中で暮らすイヌについて，個体群動態の側面といくつかの心理的側面だけを取り上げることにします（第8章2節およびコラム4.6を参照）．

私たちは，家族をイヌの観点からみた最小の社会単位と捉えます．ですから，イヌ科の個体が2頭いれば「群れ」を形成していると言えるのと同じように，1人の人間と共同生活を送るイヌは「家族」を構成していることになります．家族におけるイヌの機能と役割については主にアンケートによって調査されています．そこでは，いつもしているペットの世話や，ペットの心的能力についての意見，さらにはさまざまな経済的・社会的文脈における動物との関係が尋ねられています（Albert and Bulcroft, 1987, 1988）．多くの研究は，イヌが今なお最も人気のあるペットであることを示しており，その点で，イヌと人の関係はペットと人の関係の典型的なものとみなされるべきでしょう．研究のかなり初期から，イヌが家族の生活において重要な役割を果たしており，家族という集団の有機的な一員であることが認識されていました（Cain, 1985；Cox, 1993）．このことはアンケート調査の質問に対する家族の回答にも反映されており，回答者の65～80％がイヌを家族の一員とみなしています（Cain, 1985）．

多くの研究において，イヌを入手するには主に2つの理由があるという点で意見の一致がみられます．一般に，年長の子どもにとってはイヌがよい仲間になると考えられています（Albert and Bulcroft, 1987；Edenburg et al., 1994）．また，直接的と間接的の両方の証拠が，精神的支えを必要としている人々もイヌを飼う傾向が強いことを示しています．このことは，子どものときにイヌの世

話をしたことのある人は家族をもったときにイヌを飼う傾向が強いという知見と補完的です．これはイヌを入手する動機にも反映されており，年長の子どもがいることと家族内での親しい交流の欠如がイヌを飼う最大の理由とされています（Edenburg et al., 1994；Arkow and Dow, 1984）．同じように Katcher and Beck (1983) は，イヌ（やペット）は，社会的関係におけるある種の情緒的側面を，それを人間の仲間から受け取っていない人に与えることができると論じています．

ですから，アメリカでは就学前の子どもや学齢の子どもがいる家庭でほとんどの場合イヌが飼われており（Albert and Bulcroft, 1987），そういう家族の5分の1が少なくとももう1頭イヌを飼っていることが明らかになっても驚くにはあたりません．経済面での分析からそういう家族は比較的高収入であることがわかっていますが，イヌに費用をかけようと思う気持ちは収入には関係していないようです．重要なのは，イヌに費用をかけようとする家庭では，子どもをもつこととイヌの存在との間にいくらかトレードオフの関係がみられたことです．非常に幼い子どものいる家庭では，子どもが生まれる前や子どもが出ていった後の家庭に比べて，イヌがいることは比較的稀でした．イヌと家族の成人メンバーとの感情的絆は，家族に年長の子どもがいるときに最も弱く，この期間のイヌの主な役割は子どもの遊び相手であることを示しています．イヌは年長の子どもの社交性や自尊心に好ましい影響を与えることが研究によって示唆されていますが，そういう相関関係についての知見（データ）は慎重に扱われねばなりません（Covert et al., 1985）．精神的支えとしてのイヌについても，同様の知見が報告されています（例えば Salmon and Salmon, 1983）．このように，イヌの影響と重要性は家族のライフサイクルとともに変化するのです．

イヌが家族関係のネットワークの中に含まれている（Furman and Burhmester, 1985）ということが，彼らの役割をさらに重要なものにしています．Bonas et al. (2000) は，家族のメンバーの相互関係のさまざまな側面（友好，親密，対立，同盟など）を定量化するために質問を実施し，イヌが家族関係の網の目に組みこまれていることを見いだしました．友好，養育，信頼については，人間同士の関係よりもイヌと人の関係において高い得点が示されました．しかし一方で，愛情や称賛については，反対の傾向がみられました．全体として，関係の否定的側面では，人間同士の関係よりもイヌと人の関係の方が低い得点になりました．つまり，イヌとの関係はしばしば，家族の他のメンバーからあまり満足を得られないのを埋め合わせる補償的役割を果たしています（Bonas et al., 2000）．このような観察結果からはイヌに対するある種の擬人化が予想されますが，実際，かなりの割合のイヌが飼い主のベッドで眠り（35 %），家具に乗ることを許され（55 %），食卓で食べ物をもらい（20 %），話しかけられ（30 %），誕生日を祝ってもらっている（30 %）ことがわかっています（アンケート調査によって）（Voith et al., 1992）．

イヌが家族の一員とみなされているという事実は，関係の否定的側面にも反映されています（Hart, 1995；Podberscek, 2006 も参照）．人々はイヌに愛着を感じると同時に関係の将来を気遣うため，人とイヌの積極的な関係は矛盾した状況を生むことがあります（後述）．イヌの死は，人間の友人を失ったときに匹敵するような感情の爆発を引き起こしたりします（例えば Steward, 1983）．

異なる種が共に暮らす家族の生活は環境にも左右されます．あるアンケート調査では，チェコ共和国の都市に暮らしているか農村地域に暮らしているかによって，イヌそのものも，イヌと家族のメンバーとの関係も違ってくることが明らかにされました（Baranyiova et al., 2005）．都会のイヌはより体が小さく怖がりで，よりしばしば家族のメンバーに対して唸り声を発し，より頻繁にマウンティング行動を示しました．彼らはベッドで寝ることを許され，家族とともに休暇を楽しみ，誕生日を祝ってもらうことが田舎のイヌよりも一般的でした．イヌを伴侶とみなす都会の人は，ペットとより濃密な交流をもっていました．都会的環境では人々はイヌに対してより寛容で，イヌの行動に自分を合わせることが多いようですが，このような態度は問題を引き起こすこともあります．

人間の家族に参加する機会がほとんどない人々が自分からイヌをもらい受けて社会的関係を結ぶ

という例外的ケースは，人の家族におけるイヌの役割を際立った形で表しています．ケンブリッジ（イギリス）のホームレスの人々についての予備調査では，そういう人々は，イヌとの関係からほとんど利益を得ることなく（Taylor et al., 2004），イヌがいるために生活が苦しくなることの方が多いにもかかわらず，イヌを連れているということがわかりました．夜間の護衛として役に立つことはあっても，イヌを仲間として連れていることで施しが増えるような形跡はほとんどみられません．一方で，そんなふうにペットを飼っていることに伴う損失もあります．ホームレスでイヌを飼っている人々は，イヌを連れたままでは地域の保護施設や病院に入ることができないからです．

家族の中でのイヌの生活について現在私たちが知っていることの大部分は，アンケートあるいはインタビュー形式を用いた調査にもとづいています．それらはある種の情報を集めるためにはよくできた方法ですが，行動の直接的観察によって裏づけられることがなければ，その価値は疑わしいものにとどまります（第2章2節）．この点についてのある先駆的研究では，家庭環境の中で観察すると，イヌとネコの行動には違いがみられることが明らかにされています（Miller and Lago, 1990）．イヌはネコに比べ，見知らぬ人（インタビュアー）のいるところで頻繁に飼い主との相互交渉を行い，見知らぬ人間との接触もより積極的に行いました．飼い主もまた，イヌに対してより多く指示を出しました．イヌとイヌの飼い主の相互交渉の頻度と種類は（ネコとネコの飼い主の場合と比較して），それぞれのペットに対する人の愛着のレベルの違いを表しているのかもしれません．行動を正確に観察するのは難しいことですが，アンケート調査を補完し，信頼できる結果を得るためには行動の観察が必要であるように思われます．

3.5　働くイヌ（作業犬）

イヌの家畜化を扱った理論の大半において，イヌと人の間には初めから仕事上の関係が存在したとされています（Clutton-Brock, 1984）．決定的証拠はないとしても，おそらく猟や護衛の仕事は8000～1万年前から多くのイヌの生活の一部であったでしょう．農業社会ではイヌの仕事はより多様になりましたし，特に狩猟や牧畜や護衛，あるいは軍用犬としてイヌが飼育されていた形跡があります（Brewer et al., 2001）．これらのイヌの実際の経済的価値を判定するのは困難ですが，羊や牛の大きな個体群の統率にイヌを使うことは人間の労力をかなり省いてくれたことでしょう．続く時代には，人間の狩猟技術の発達に伴ってイヌの仕事はさらに多様化しましたが，その頃までには，狩りは生計の手段というよりもスポーツや趣味の側面が大きくなっていました．現代社会では，イヌにとって多くの新しい役割が生み出されました．イヌは法の執行に協力し（警察犬，国境警備犬），捜索や救助を手助けし，体にさまざまな障がいを抱えて生きる人々を支援しています．孤独な人々の精神的支えになるイヌもいれば，心理療法において，特に子どものために仲介役や触媒として力を貸すイヌもいます（Hart, 1995；Mader et al., 1989；Wells, 2004；Prothmann et al., 2006）．

それらの仕事をするイヌの繁殖や社会化やトレーニングの方法について多くの本が書かれていますが，実際のところ，そのようなイヌの生活についてはごくわずかなことしかわかっていません．個体群動態を示すデータをみつけるのが難しいというだけでなく，観察的研究が欠けているという事情もあります．Adams and Johnson (1995) は，番犬の平均的日常をいくらか明らかにしました．彼らはイヌと人々の相互交渉を観察し，仕事中のイヌの行動パターンを記述しました．番犬のいる施設の所有者は損害を受けることが少なく，イヌは抑止的役割を果たしているようでした．行動観察の結果，そのような効果はそういう比較的体の大きなイヌ（例えばジャーマン・シェパード，ロットワイラーなど）がただ存在するということだけで説明できるものであり，それらのイヌが人間に対して攻撃的に振る舞ったからではありませんでした．それらのイヌは他のイヌに対しては自分のなわばりを守りましたが，見知らぬ人間が近づいてきた場合には尻込みする傾向が強いようでした．その場所でずっと暮らしているイヌと決まった時間だけそこで仕事をするイヌの間にも違いがみられました．前者の方が仕事場を自分のなわばりとみなす傾向が強く，より激しい防衛行動を示しました．ほとんどのイヌは昼間の方がより活動

的でしたが，夜間には全体として非常に用心深く，他の「同僚」の吠え声を含むさまざまな刺激に反応を示しました．番犬の生活にはこの研究では明らかにされなかったような側面がまだ多くあります．奇妙なことに，牧羊犬や猟犬については，番犬で行われたのと同様の研究すら行われていないのが現状です．

3.6　人の集団におけるイヌの社会的役割

人々は，イヌが個々の人に対して及ぼす有益な影響にずっと以前から気がついていましたが，それを裏づける実証的証拠が提出されているわけではありません（概観するには Hart, 1995 を参照）．しかし，イヌと人の相互作用の2つの面で興味深い洞察が得られています．Levinson (1969) は，情緒障がいのある子どもや成人の治療にとってイヌが有効な媒介になるかもしれないことを最初に示唆した一人でした．Friedmann et al. (1980) は冠動脈性心疾患の患者の生存率を調査し，イヌを飼っている人は（他のペットを飼っている人と同様），1年後の生存率が高いらしいことを発見しました．どちらの研究も，イヌのもつ直接的・間接的な健康効果を取り上げた研究の端緒となりました．そういう効果は，その性質や持続期間をもとに分類することが可能で，例えば Hart (1995) は，生理学的・心理学的効果と健康全体に及ぼす影響とを区別しています（Friedmann, 1995 も参照）．これとは別の，もっと動物行動学的な見方としては，社会的刺激としてのイヌの役割が重視されるでしょう．仲間がいるかどうかが，直に（そして「有益な」）社会的影響（短期的であろうと長期的であろうと）を生むでしょう．イヌと接触することで，衰えた社会的関わりを蘇らせたり，すでにある社会的関わりを強くしたり，豊かにしたりすることができます．社会的行動には，そもそも形成されなかったり，形成が遅れたりするものがありますが，イヌと触れ合うことによる効果の中には，そのような社会的行動の歪みを治したり，発達を促したりする特殊なケースもあります（例えば自閉症の人々のためのセラピードッグなど）．

しばしばイヌは，典型的社会関係のいくつかの側面の代用になります．それらコンパニオンとしての効果の基盤となるメカニズムは，ペットに触れる機会のほとんどない子どもがイヌと遊ぶ場合 (Bryant, 1990) でも，限られた社会関係しかもたない高齢者がイヌと交流する場合 (Bernstein et al., 2000) でも同じです．基本的には，孤独な個人と集団の間でイヌが一種の触媒の役割を果たす場合にも同様のメカニズムが働きます．イヌは体に障がいのある子どもや成人が社会的集団に参加するのを助けます．イヌがいることで，そういう人々はすぐに他の人々の関心の的になることができるのです (Mader et al., 1989)（コラム 3.3）．

イヌの効果は社会的相互交渉を豊かにすることにあるのだと考える場合，注意しておくべきことは，社会的関係を安定に維持するには，関係者双方が絶えずその関係を補強し続ける必要があるという事実です．もしもイヌの効果を受けるべき当事者が，持続的なイヌへの関心を示したり維持したりすることが，ほとんどあるいはまったくできない場合，その関係の補強が問題になるかもしれません．そういう場合，関係を絶えず補強することによってしか長期的効果を維持することはできませんから，親や看護師やセラピストなどの第三者が関係の補強を支援する必要があります．そういう手助けがなければ，すぐに慣れが生じて社会化の効果が消えてしまいます (Banks and Banks, 2005)．

集団の仲間との社会的接触や別離には，多くの場合，情動行動の背後にある生理的変化が伴います．イヌの存在はしばしば鎮静効果をもたらし，それは血圧の低下，心拍数の減少，皮膚コンダクタンスの低下（発汗の減少）にも反映されます (Friedmann, 1995；Wilson, 1991；Allen et al., 1991)．つまりイヌは（他のペットや人と同じように），ストレスや警戒心をコントロールしているメカニズムを通じて人に影響を及ぼすのです．ある種の状況において，社会的な種に属する動物が集団の親しい仲間と楽しくやり取りしているときにストレスが少ないというのは当然のことです．集団の中にいれば警戒する必要も減り，これがまたストレスの低下につながります．興味深いのは，人とイヌの場合にはそのような効果がある程度対称的に生じるということです．つまり，イヌの方も，人から同じようにストレスを軽減する効果を受け

ており（心拍数の減少によって示されます），体を軽くたたくなどの触覚刺激によって社会的接触が補強される場合には特に効果があります（McGreevy *et al.*, 2005）．Tuber *et al.* (1996) はコルチゾール濃度を測定して，保護施設のイヌに対しても同じように，人がストレス軽減効果を及ぼすことを発見しました．

間接的影響は，原則的に他の手段によって置き換えられるような影響です．例えば，イヌは飼い主にそれまでよりも多くの運動を「強制する」ことによって，飼い主の健康状態を改善するということがしばしば報告されています（Cutt *et al.*, 2006）．ガーデニングやジョギングなど同じ結果を引き出す方法は他にもありますが，たしかにイヌがいることによって飼い主の運動量は増えるでしょう．

3.7 イヌ−人集団における社会的競争とその結果

社会的競争は，個体群のメンバー間で資源を分配する自然な方法のひとつです．重要なのは，攻撃行動の目的は，価値のある物に接近したり，他のメンバーの接近を妨げたりすることだということです．また，ある社会的状況が個体の十全性を脅かしていると感じられる場合にも，その個体は攻撃的に振る舞うかもしれません．攻撃行動は主に儀式化された行動単位によって構成されていますが，それらの行動単位は争いに参加する個体の内面状態や身体的潜在能力を伝えるために進化したものであり，相手に損害を与えることを目指しているわけではありません．にもかかわらず，多くの種にみられる攻撃行動には，肉体的苦痛を引き起こす行動要素（体をぶつける）や，損傷を与える要素（例えば，ひっかく，咬みつくなど）が含まれています．

攻撃的交渉は社会的動物の日常生活の一部であり，イヌと人の混成個体群の場合も例外ではありません（第8章3節も参照）．そういう状況は動物行動学者にはごく普通のことに思われますが，「危険なイヌ」に対するメディアの関心の増大やイヌを擁護あるいは排斥する圧力団体，さらに科学的文献にみられる矛盾した記述のせいで，この分野は多くの問題を抱えることになっています

(Beaver, 2001；Overall and Love, 2001).

3.7.1 攻撃と人の家族

人を扱う動物行動学者は，人の家族は動物界の中で最も平和的な集団のひとつを代表しているとみています．これは進化的傾向であるように思われます．というのは，人の集団の仲間に対する攻撃行動は，(現生する) 霊長類の祖先に比べては著しく少ないためです．また多くの研究者が，この変化のため，人が複雑な同盟集団を形成し，精緻な共同作業に携わる可能性が高まったと考えています．このことは，人間が，集団の活動にとって重大な障害となりうるあらゆる攻撃に対して非常に敏感だということを意味しています．

このことから推測できるのは，イヌを家畜化する間に，人はイヌが自分たちと同じような平和的な態度を確実に示すようにしようとし，そのためイヌは，仲間である人間に対する攻撃性を減少させる方向に選択されてきただろうということです（第8章3節3項を参照）．ですから，イヌの攻撃的行動が人とイヌの関係に非常に否定的な影響を及ぼし，イヌを飼っている家族の最大の不満になるのは驚くべきことではありません (Riegger and Guntzelman, 1990).

イヌからの攻撃が潜在的な危険であるのは，人とイヌの行動パターンが完全に同じではないためです．つまり，攻撃に関する信号行動や，肉体的損傷と苦痛を引き起こす行動パターンの2つの種特異的なセットは限られた部分でしか重なりあっていないのです．人（特に子ども）はイヌの唸り声やしつこい凝視の「意味」を判別できる傾向を生まれつき備えているかもしれませんが，尾や耳を立てることによって示される信号を理解することはできないかもしれません．一種の肉体的抑止策として殴ることの方を好む人間同士の間で攻撃的交渉が起こった場合，咬みつくことは最後の手段にすぎません．反対に，ほとんどのイヌの行動のレパートリーに殴るという要素は見当たりませんが，咬むという行為は比較的しばしば現れます．さらに，毛皮のない人間の場合には咬むという行為は予想外に重大な傷を引き起こしかねませんが，たいていは（あるいは本来は）厚いイヌの毛皮なら，その影響をある程度防ぐことができます．イ

ヌの行動は，彼らが状況を社会的と捉えるか捕食的と捉えるかによっても変わってきます．捕食行動は信号によって伝えられることがなく，相手を殺すことを目的としているため，そういう捕食性の「攻撃（attack）」はいっそう深刻なものになりかねません（厳密に言えば，捕食行動は攻撃（aggression）に分類されるべきではありません）．

攻撃ということに関して言えば，人とイヌの関係は「無条件の信頼」のうえに成り立っています（人間同士の関係と同じように）．しかし，何らかの理由でこの信頼が失われれば，もとの関係を取り戻すのは難しくなるでしょう．そのため，深刻な攻撃的交渉は，攻撃する側にとってもされる側にとっても致命的な結果をもたらします．人は肉体的な苦痛や苦しみに伴って情緒不安定になるでしょうし（例えばイヌを怖がるなど，後述），イヌの方は多くの場合，集団から追い出され，死を迎える（安楽死）という運命をたどるのです．

3.7.2 「咬むイヌ」という現象の研究

イヌが人に咬みつくことは肉体的・精神的苦しみを引き起こすだけでなく，これに関連する医療費は社会にとって数百万ドルの負担になります（Overall and Love, 2001）．危険因子を査定し，可能な予防策を提案するために，最近数年間にさまざまな国々で多くの疫学的研究が行われました（Beaver, 2001）．しかし，データの収集と調査結果の解釈に多くの問題があり，研究の成果を一般化するのは困難な状況です．

ほとんどの問題はサンプリングの方法に関係しています．イヌの咬みつき行動についてのデータは，イヌあるいは人（理想的には両方それぞれ）を代表するサンプルから得ることができます．にもかかわらず，人の側を代表するサンプルを集めることが無視されているのは興味深いことです．これはイヌが人に咬みつく場合，その責任がもっぱらイヌの側にあると考えられがちであることを示しています．ただし，これは事態の半面にすぎません．しばしば，咬みつき癖のあるイヌのサンプルを，ケンネルクラブの登録犬のような他のサンプル集団と比較することがありますが，多くのイヌ（雑種犬など）は未登録ですから，このやり方もまた混乱を生む結果になりかねません．

いくつかの研究ではボランティアの回答者から（Podberscek and Blackshaw, 1993 など），また他の場合には特定のグループの人々（例えば動物病院を訪れる人々，Guy *et al.*, 2001c など）あるいは被害を受けた（イヌに咬まれた）人々からデータが集められています．質問される人も，イヌの飼い主，獣医師，医療関係者などさまざまです．

攻撃行動の分類にいろいろな方法があることも状況を複雑にしています．機能にもとづく分類もあれば（なわばり性の攻撃など），想定される原因メカニズムにもとづく分類もあります（学習された攻撃）．最近の多変量解析では，「優位性攻撃」，「競争による攻撃」，「なわばり性攻撃」という3つの基本的カテゴリーが提案されていますが，この分類は機能的側面を重視しているようです（Houpt, 2006）．

3.7.3 リスクの同定

集団の仲間同士の小競り合いが深刻な争いに発展するかどうかは，参与個体の生物学的特性（個体（イヌおよび人）に関わるリスク）や社会的経験（社会化に関わるリスク），そして個々の状況の特殊性（状況的リスク）によって左右されます．3種類のリスクのいずれも人とイヌの両方の側に認めることが可能で，またそうすべきだということが強調されてしかるべきですが，文献中では個体に関わるリスクに関してイヌの側に力点が置かれる傾向があります（さらに，そういう傾向が十分な知識をもたない法律家によって「危険なイヌ」という形で簡単に成文化されることになるのです）．このように3種類のリスクに分けて考えるやり方は有益な枠組みを提供してくれますが，それらの要因間には相互作用があるかもしれません．例えば，社会化に関わるリスクは個体の生物学的特性によって左右されるかもしれません（Overall and Love, 2001）．

・個体に関わるリスク

イヌの個体に関わるリスクは，しばしば犬種，体サイズ，年齢，性別（避妊去勢処置の影響を含む），健康状態に関連させて同定されます．意見が分かれる最大の点は，「咬むイヌ」に分類されることが特に多い犬種があるかどうかという問題です．犬

種をつくりあげているものは何であるかという問題は別にして，研究は複雑な様相を呈しています．Overall and Love (2001) は1970年から96年にかけてアメリカで行われた11の研究を検討しましたが，最も症状の重い犬種を3つ挙げるときに同じ犬種が上位に現れる明らかな傾向はみられませんでした．11の研究のうち8つに現れた唯一の犬種はジャーマン・シェパードですが，この場合でさえ，それぞれの研究によって相対リスクを計算する方法が違っていることもあり，犬種の影響を示す証拠にはなりません．最近のカナダの例では，Guy et al. (2001c) は，最もよく咬みつく3つの犬種の中にジャーマン・シェパードを挙げていません（リストのトップはラブラドール・レトリバーです）（コラム 3.4）．

体の大きなイヌの方が人に傷を負わせることが多いという点でもほとんどの研究で意見が一致していますが，これはサンプリングの問題を反映しているかもしれません．というのも，人が比較的体の小さな犬に咬まれた場合には，それほど深刻に受けとめることはないと思われるからです (Guy et al., 2001b)．多くの研究で若いイヌの方がよく咬みつくということが報告されていますが，これは社会的経験の役割を示すものです．一般に雄イヌの方が攻撃的な行動を示しますが (Podberscek and Blackshaw, 1993；Guy et al., 2001c；Horisberger et al., 2004 など)，例外もあります（例えば Guy et al., 2001b）．避妊去勢処置の及ぼす影響についてはもっとはっきりしません．この効果の検証で問題なのは，避妊去勢手術が行われるのが攻撃行動をする前のこともあれば後のこともあり，そのことが考慮されていない場合が多いからです．雄イヌへの好ましい影響（攻撃性の低下）を裏づける証拠は説得力に欠けており，雌イヌの場合には避妊去勢処置によって攻撃性が増すことを示すものがあります (Wright and Nesselrote, 1987；Guy et al., 2001c)．つまり，避妊去勢処置に，攻撃行動を減少させる明らかな効果はみられません．

人の側には，もう少しはっきりしたイメージを描くことができます．ほとんどの場合イヌが咬みつくのは家庭環境においてであり，家やよく知っている場所で家族のメンバーに咬みつくのだという点で，おおむね意見の一致がみられます (Guy et al., 2001b)．これは予想できることです．というのも，イヌと人の相互交渉が最も多いのは，そういう状況であり，そこでは価値のある何かをめぐって争いが起こる可能性があるからです．大部分の研究において，子どもは人口に占める割合から予想されるよりもより頻繁に咬みつかれるということを見いだしています (Overall and Love, 2001)．このことは，次のように説明できるかもしれません．つまり，子どもと（その子の）イヌの間にはより頻繁な社会的接触があり，同じ資源（おもちゃ，休息場所など）をめぐってより多くの競争があるのです．そして，子どもは大人に比べて資源保持力が低いので（第8章3節を参照）．イヌは子どもに対して敵対的行動を起こす気になりやすいでしょう．さらに言えば，社会化がうまくいっていないイヌの場合には，子どもが潜在的な獲物に見えるかもしれません．さらに，10代の若者や (Guy et al., 2001b；Horisberger et al., 2004) 大人の男性も（例えば Podberscek and Blackshaw, 1993；Maragliano et al., 2006）咬まれるリスクがかなり大きくなっています．

・社会化に関わるリスク

このリスクの中には，初期の段階におけるイヌの適切な社会化の欠如や，集団における「メンバー間の（個人／個犬的）」関係つまり上下（序列）関係の問題などがあります．多くの人が，集団内の序列が定まっていないことや飼い主の側の擬人化が攻撃的行動の原因になっていると推測しています．ある種の社会的状況はイヌの優位性傾向を助長する可能性があり，攻撃的な行動を増加させることになると考える人もいます．つまり，イヌを先に歩かせたり，人の食事の時間よりも先にイヌにエサをやったり，ベッドの上や寝室の中で眠ることを許したり，引っ張り合いの遊びでイヌの方に勝たせたりしていると攻撃性が増すと考えられています．多数のサンプルによるアンケート調査では，そのような関連性に対する裏づけが見いだされることもあれば，そうでない場合もありました（例えば Jagoe and Serpell, 1996；Podberscek and Serpell, 1997；Guy et al. 2001a；Rooney and Bradshaw, 2003）．これらの結果のほとんどにみら

コラム 3.4 「危険なイヌ」：レトリバー，ジャーマン・シェパード，ロットワイラー

イヌの攻撃と咬傷事故を減らすため，近年多くの国々で，「危険なイヌ」法が施行されるようになっています．ほとんどの場合，何か特別な事件がきっかけとなり，世論に後押しされた議員によってそういう動きが生まれています．一方で，イヌの飼い主やその他の支援者たちは，「危険」だとみなされたいくつかの特定の犬種のイヌを飼っている人々を特に厳しく非難するこのような変化に異議を申し立てました．現在，イヌによる咬みつき事故の疫学的問題が以前よりも注目されていますが，古い考え方がいまだに残っています．最近，さまざまな「人口学的」研究が発表されていますが，方法論の違いが比較を困難にしています．Guy et al. (2001c) と Horisberger et al. (2004) は，同じような大きさの3つの犬種（レトリバー（ラブラドール・レトリバーとゴールデン・レトリバーはまとめて分析），ジャーマン・シェパード，ロットワイラー）の比較データを示していますが，これを例に用いて分析の難しさを浮き彫りにすることができるでしょう．

イヌの側のデータを見てみましょう．Guy et al. (2001c) によって提供されたデータは，カナダではロットワイラーが他の犬種よりも「危険」だという見方を強化するものになっています．というのは，動物病院を訪れた5頭に1頭が人に咬みついているからです．しかし，割合（%）によるデータはいくぶん誤解を招く恐れがあります．なぜなら，人に咬みつくロットワイラーの個体数自体はレトリバーの4分の1にすぎないからです．つまり絶対的には，咬みつき事故という点において，レトリバーの方が社会に与える影響が大きいのです．Van den Berg et al. (2003) は，レトリバーのこのような好ましからざる振る舞いには遺伝的要因が絡んでいるだろうと推測しています．

人の側のデータから見ると，スイスではジャーマン・シェパードが最も多くの問題を引き起こしています（Horisberger et al., 2004）．医者を訪れた人の4人に1人がこの犬種のイヌに咬まれているのに対して，レトリバーやロットワイラーに咬まれた怪我はもっと稀です．しかしながら，参照集団をもとに咬むイヌの出現頻度を見積もると，ロットワイラーとジャーマン・シェパードは予想されるよりも咬みつく頻度の高いことがわかります．

要するに，このささやかな比較によってわかることは，一般的な意味において「危険な」犬種などないということです．予想されるよりも高い頻度で咬みつくようにみえる犬種のほとんどは，イヌの全体数のうちわずかな部分を占めるにすぎません．結局，数の少ない犬種のイヌがより高い頻度で咬みついた数は，数の多い犬種のイヌが咬みついた数とほぼ同じです．ですから，イヌの攻撃を減らすという問題は，じつのところ犬種によって異なり，選択による遺伝的改良が有効な犬種もあれば，イヌ個体のトレーニング（社会化）や人の側の教育が効果的な犬種もあるでしょう（Collier, 2006 も参照）．

研究1（Guy et al., 2001a にもとづく）

15か月の間に何らかの理由でカナダの20の動物病院のうちのひとつを訪れたイヌについてのデータ

イヌ	動物病院を訪れた数	咬みつき事故の数	%
レトリバー	383	54	14
ジャーマン・シェパード	166	23	14
ロットワイラー	55	12	21

研究2（Horisberger et al., 2004 にもとづく）

12か月の間にイヌの咬み傷の治療のためにスイスの一般開業医や救急診療科を訪れた人々についてのデータ

咬みついたイヌ	数（全体=299）	%	参照集団に占める当該犬種のパーセンテージ
レトリバー	24	8	12.1
ジャーマン・シェパード	72	25	12.8
ロットワイラー	20	6.7	2.1

（次ページに続く）

コラム 3.4 続き

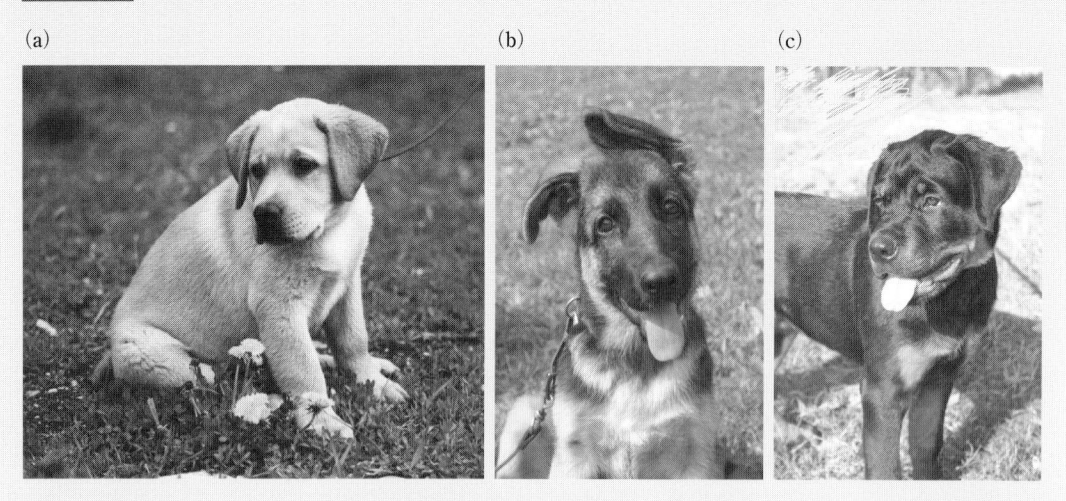

咬むイヌはどれか？ (a) ラブラドール・レトリバー（写真：Enikö Kubinyi）(b) ジャーマン・シェパード (c) ロットワイラー．使用される統計資料次第で，3 つの犬種すべてに対して「危険性」を主張することができる．

れる主な問題は（著者たち自身が認めているように），そういう関連性は因果関係について何も語っていないということです．飼い主の寝室で眠っているあるイヌの攻撃性が高いという知見は，夜間の親密な接触や休息場所を分け合うことによってより激しい競争が生じていることを示しているのかもしれず，あるいは，比較的自己主張傾向の強いイヌが飼い主の寝室で眠る「権利」を勝ち取ることを示しているのかもしれません．それよりもむしろ，そういう状況は，社会的相互行為のルールや形式を習得する通常の時期である成長期に，イヌに対する適切で一貫した社会化が行われなかったことを反映していることの方が多いように思われます．

イヌに対する子ども（あるいは大人）の「社会化」が不適切あるいは不十分なことも原因になりえますが，こちらはしばしば見落とされがちです．

・状況的リスク

状況的なリスク要因は，おそらく特定するのが最も難しいものと思われます．なぜなら，回答者は事故が起こったときの状況を正確には覚えていないかもしれず，あるいは，協力して問題を明らかにすることにあまり乗り気ではないからです．多くの咬みつき事故はイヌが食べ物やおもちゃを確保しているときや遊びの最中（Horisberger et al., 2004），あるいは皮膚の病気など関係のない苦痛やストレスで苦しんでいるときに（Guy et al., 2001a）起こります．その場合の問題は，非常にしばしば，一方が他方の行動を誤解することに関係しています．つまり，子どもは（ただし，経験のない大人も）イヌの緊張が高まっていることを示す信号を見誤ることが多いようですが，同時にイヌも，人の行動が普段の形式から外れている場合には，読み取りに失敗することがあるでしょう．予想されるように，ほとんどの状況的リスク要因は，全体として社会化の過程にもっと注意を払うことによって軽減することができますが，これはイヌと人の両方に対して当てはまることです．

恐れと攻撃は強く結びついていますが，この関係はしばしば見逃されています．多くの場合，恐れは敵対的な相互行為を引き起こす可能性があり，そのような争いは不幸な結果を生みかねません．最近の調査では，イヌの非社会的恐怖（例えば大きな音など）および社会的恐怖と攻撃性の増加が明らかに関連していることが示されています（Podberscek and Serpell, 1997；Guy et al., 2001a）．同じように，怯えている人間は（子どもも大人も）イヌの攻撃の被害を受けやすいでしょう．にもかかわらず，早い時期に徐々に社会的刺激に触れさ

せることは，後に恐れが発達するのを和らげる効果があるものと思われます．幼い子どもの場合には特にこれが役立つかもしれません（Doogan and Thomas, 1992）．さらに，人が早い段階でイヌと接触することは，後にイヌから攻撃されたときに恐れを抱くのを予防する手段になります．保育園や小学校で早い時期に習慣的にイヌと触れ合えば（カリキュラムの一部として），好ましい効果が得られるでしょう．同じように仔イヌを人に，特に子どもたちに接触させれば，恐れを減らすことができるでしょう．大人や子どものイヌに対する恐れを扱った研究はほんのわずかしかありません．大人の人間を無作為抽出して行われた最近の調査では，回答者の 43 % がイヌを怖がっていることが明らかになりました（Boyd *et al*., 2004）．興味深いことに，恐れを抱いている人々の大部分が，自分はイヌが好きだと言っており，彼らの恐れは主に，攻撃されたり，脅かされたり，あるいは攻撃を目撃した結果でした．人のイヌに対する恐れが育つのを防ぐことも（逆の場合も同じですが），イヌが咬みつくのを減らすことになるでしょう（コラム 3.4）．

Overall and Love (2001) は，イヌが咬みつくことに対する私たちの理解を深めるには，(1) 攻撃者であるイヌの生物学的特徴のより詳しい説明，(2) イヌおよび人の行動によって生じるリスクの特定，(3) 咬むイヌの行動プロファイルの開発，(4) 状況のより詳しい記載的研究の 4 つが必要だと述べています．さらに，長期的な息の長いアンケート調査が必要であり，それを直接的な行動観察によって補足する必要があります（Netto and Planta, 1997；van den Berg *et al*., 2003）．

3.8 捨てイヌ：動物保護施設での生活

イヌの保護施設（シェルター）というのは比較的新しく導入されたもので，「望まれない」動物たちに住みかを提供するために考え出されました．飼い主に捨てられるイヌの数が増えており，自由生活犬を施設に収容することへの要望も高まっているため，保護施設の役割は年を追って大きくなってきています．最近の発表によると，保護施設が利用可能であれば，常にイヌ全体の 5～10 % が保護施設で暮らすことになるだろうとされています（Patronek and Rowan, 1995；Marston *et al*., 2004）．アメリカで言えば，その数はおよそ 400～500 万頭になるでしょう．イヌの個体群のかなりの部分を管理することの他に，保護施設は，イヌを人の社会に復帰させるために重要な役割を果たしています．

しかし，保護施設は大きな問題にも直面しています．保護施設は社会に対して貴重なサービスを提供しているにもかかわらず，イヌに適切な環境を与えてやるための経済的手段をもたない場合が多いのです．またイヌの管理は規則に縛られており，なかには，実際に施設内でのイヌの福祉を損なう規則もあります．

施設に収容されるイヌの大部分は，それまでの社会的接触をすべて失うことによって，生涯における一大変化を経験します．社会的な剥奪だけでなく物理的環境の変化も経験する家庭犬の場合，これは非常に有害な影響を及ぼしかねません．多くの施設では，イヌは 1 頭ずつ（ときには 2 頭で）小さな犬舎（$4\,m^2$）に入れられます（Wells and Hepper, 1992；Hennessy *et al*., 1998；Marston *et al*., 2005b）．EU は 20 kg 以下のイヌを 2 頭入れるには $4\,m^2$，20 kg 以上のイヌには $8\,m^2$ の面積を推奨していることに留意してください．病気が広がる可能性を少なくするためにこのような収容法が選ばれていますが，これは社会的動物にとっては有害な状況です．かなりの時間を（保護施設の職員の監視のもとで）社会的集団の中で過ごすイヌは社会的性質の多くを維持し続け，引き取り手がみつかった場合には，より容易に新しい家庭に馴染むでしょう（Mertens and Unshelm, 1996）．環境を改善することはある程度助けになりますが（別のイヌの姿が見えるようにする，訪問者を目にする機会を増やす，新しい嗅覚的・聴覚的・視覚的刺激を与える）（Wells and Hepprer, 1998, 2000；Wells, 2004），結局のところどんな刺激も直接の社会的接触の代わりにはなりません（Marston and Bennett, 2003）．

このような剥奪は短期間にすぎず，したがって福祉を損なうことはないという意見があります．実際，一部の施設では，イヌが再び引き取られたり安楽死させられたりするまでに施設内で過ごす時間は平均して 1 週間に満たないと報告されてい

ますが（Wells and Hepper, 1998；Marston et al., 2005b），他の多くの施設では事情が違うようですし，最大で5年間施設で過ごすイヌもいます（Wells et al., 2002）．ある研究では施設に収容後6日以上たっても行動に大きな変化はみられませんでした（Wella and Hepper, 1992）が，数か月や数年に及ぶもっと長期間の収容はイヌの福祉に悪い影響を及ぼしかねません（Wells et al., 2002）．このことは，「安楽死禁止」規定を導入している国々（イタリアなど）では特に問題になるでしょう．というのも，一部のイヌ（特に老犬）は平均して6か月以上を保護施設で過ごすことになったからです．

ペットとして飼い主といっしょに過ごした対照

コラム 3.5 イヌの保護施設：簡易宿泊所，家庭，それとも再訓練施設？

理想を言えば，イヌの保護施設は，飼い主とはぐれたイヌやペットとして望まれなくなったイヌを，新しく迎え入れてくれる家庭が見つかるまで，短期間飼っておく場所であるべきです．最近の研究では，保護施設に収容されるイヌについて，また施設と新しく引き取られた家庭の両方における彼らのその後の運命について，データを集めることが始まっています．主な問題は，施設に収容されるイヌの数の方が，引き取られるイヌの数よりも多いということです．施設にいるすべてのイヌが人間の家族に参加する2度目の機会を手に入れることを期待するのは現実的ではないかもしれませんが，施設という環境でそういう可能性を促進する必要があります．

イヌを施設に置き去りにすることは，明らかに，「イヌと人の関係の最も悲しい側面『結ばれない絆』」（Arkow and Dow, 1984）です．人が連れ合いである動物と別れるのには多くの理由がありますが，その同じ理由が未来の引き取り手にとっても問題を引き起こすかもしれません．

下の表は，イヌよりも人の方から関係を壊す場合が多いことを示しています．イヌを捨てることにつながった行動上の問題の中で最も報告数が多いのは攻撃性で，その次に逃亡癖と活動過剰が挙がっています．施設のイヌを引き取った飼い主の報告では，彼らが飼うことになったイヌには行動上複数の問題がありました．最も頻繁に見られる問題は恐れと活動過剰で，保護施設の環境がそういう好ましからざる行動が現れる一因になった可能性を排除するわけにはいきません．施設のせいでイヌに新しい問題が生じる可能性もあるため，社会化の継続（Mertens and Unshelm, 1996）と行動のリハビリテーション（Orihel et al., 2005）を行う必要が高まっています．捨てられたイヌと引き取られたイヌについて標準化されたアンケート調査を行えば，問題を特定するのにも役立つかもしれません．

捨てた理由	引き取られたイヌに1か月以内に見られた問題*		
	%（総数=3123）(Marston et al., 2004)	%（総数=62）(Marston et al., 2005b)	%（総数=556）(Wells and Heper, 2000)
飼い主側の要因（引っ越し，経済，健康など）	32		
イヌの行動（全体）	14		
逃亡	2.6	22.3	13.4
過剰な活動性	2.2	61.1	37.4
吠え	1.1	24.7	11.3
捕食性の攻撃	0.9	24.1	—
攻撃（イヌおよび人に対して）	3.2	18.7	12（概算）
恐れ	—	32.2	53.4
安楽死のため	7.9		

*カテゴリー間に重複あり

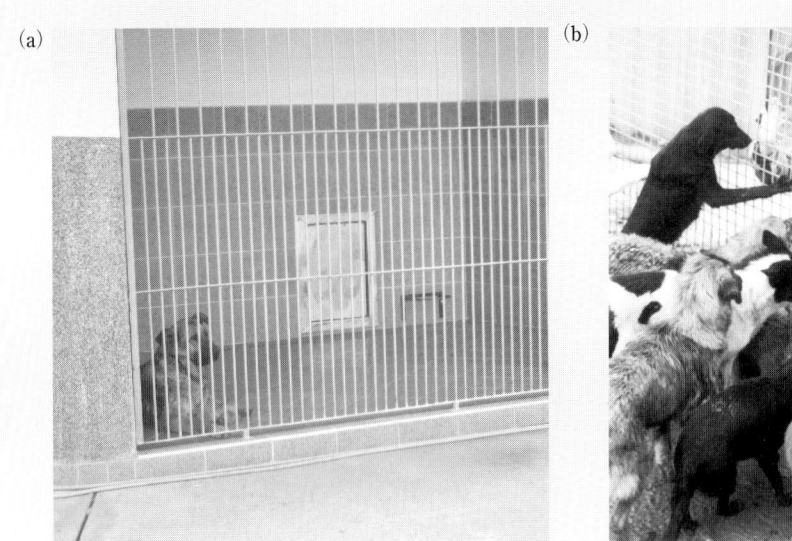

現在のところ，「健康的」環境の推進と「幸せな」環境の推進との間には矛盾がみられるようである．(a) 多くの保護施設では，イヌはほとんどの時間を殺風景な環境で孤独に，あるいは2頭で過ごす．(b) 施設の仲間との集団生活を楽しむ場合，病気の感染の危険性が高くなる．よりよい選択肢はないのだろうか．（写真：Enikö Kubinyi）

群のイヌに比べて，施設に収容されたイヌでは，最初の5日間にストレスホルモンであるコルチゾールの濃度の増加が測定されたことで，保護施設に収容されることの重大な影響が明らかになりました（Hennessy et al., 1997）．そういう異常に高いストレスレベルは人が撫でてやることによって大きく低下させることが可能であり，このことは，保護施設のイヌに直接の社会的接触が必要であることをさらに裏づける結果になっています（Hennessy et al., 1998）．また，保護施設のイヌは，人間との間にきわめて急速に愛着関係を築きます（Gácsi et al., 2001；本書第8章2節）．つまり，動物の福祉という観点からみれば，そういうイヌには日常的な社会的経験が常に可能であることが欠かせないのです．さらに新しい研究の中でWells et al. (2002) は，イヌの活発さが施設で過ごした時間と関係しており，2か月から12か月の間のある時点で大きな変化が起こることを発見しました．そういう問題を避けるために，多くの国々ではボランティアの人々によって，望まれないイヌに家庭を提供するためのいわゆる「一時的引き取りプログラム」が展開されています（Normando et al., 2006；コラム3.5）．

　行動上に問題（攻撃性や落ち着きのない行動など）のあるイヌが捨てられることが多いようですから，保護施設のイヌはイヌの集団を代表しているわけではありません．さらに，保護施設にやってくる自由生活犬はあまり社会化されてないことが多く，そのため人と自然な関係を築くのに困難を経験します．それぞれのイヌに個別に配慮することができれば，もっとうまくそういうイヌを人間の家族の中に戻すことができます．標準的な行動テストを利用してイヌの行動プロファイルをつくることも，相性のいい人間の伴侶をみつけることに役立つでしょう（Marston and Bennett, 2003；De Palma et al., 2005）．必要だと思われれば，何らかの行動矯正トレーニングを受けさせることによって，イヌが引き取られやすいようにしてやることができます（Orihel et al., 2005）．残念なことに，そういう対策は世界の一部の保護施設で導入され始めたばかりで，施設に戻されるイヌの割合は，施設によって違いはあるものの，8〜50％と依然として高めです．長期的にみれば，保護施設を数日間を過ごすための一時的避難所とみなすのではな

く，むしろ，人間社会との接点を失ったイヌのリハビリテーション施設と考える方がいいのではないかと思われます．

3.9　将来のための結論

掘り下げた研究を行うには，さまざまな地域に暮らすイヌの個体群について比較データを集めることが必要なのははっきりしています．そのような「人口学的」調査には，イヌの個体群生物学，イヌと人の関係の文化による違い，生活環境についての情報が含まれなければなりません．可能であれば，標準化された手段を用いて，国際的レベルでデータの収集が行われるべきです．

人のために働くイヌの生活についても，もっとデータを集める必要があります．全体として行動観察が欠けており，ほとんどの場合，作業効率の測定方法やイヌの福祉のモニタリング方法が開発されていません．

人とイヌの関係の負の側面にももっと注意を払う必要があります．イヌは咬みつくことで肉体的に人を傷つけることがありますが，私たちもまたイヌを施設に置き去りにして苦しめることによって彼らを傷つけているのです．イヌの咬みつき行動について，リスク要因を（人間の集団とイヌの犬種のそれぞれに対して）特定し，行動テストを開発し（Netto and Planta, 1997），ブリーダーにアドバイスを提供するなどの領域で，研究を進める必要があるのは明らかです．

参考文献

最近の著作では，人の健康に対するイヌの貢献など（Robinson, 1995；Wilson and Turner, 1998），人とイヌの関係にまつわる多くの問題が論じられています（Podberscek *et al*., 2000 など）．

第4章
イヌ属の比較研究

4.1 はじめに

　一見，イヌの祖先はすでに明らかであるかのように思われます．たしかに遺伝学者は，オオカミがイヌに最も近い現生の近縁種であることを示す説得力のあるデータを提供しています．しかし，現生のオオカミがイヌの祖先であるかどうかについてはいくらか疑いが残ります．Coppinger and Coppinger (2001) は，おそらくイヌは，オオカミに似た生態をもつ特別な変種から派生したのだろうとして，イヌとオオカミの共通の祖先を問題にすべきであると主張しています．ですから，絶滅してしまったかもしれない系統発生上の直接の祖先を探すより，もっと広い視野でイヌ属の種を比較する方が有益であるように思われます．

　第1に指摘しておきたいことは，オオカミが（イヌの直接の祖先として）可能性のあった唯一の種である理由として語られる「適応の物語」は，広い観点からみれば，それほど説得力をもっていないということです．原理的にはイヌ属の他の種（コヨーテやジャッカルなど）も家畜化されて（イヌのようになりえた）潜在的な可能性をもっており（あるいはもっていたかもしれず），ただオオカミだけがちょうどいいときにちょうどいい場所に居合わせる「幸運」に遭遇したのかもしれません．いったん，人のいくつかの集団が最初のハードルを突破してイヌが出現してしまえば，もはや人にとって他の種を家畜化する必要性はないのです．この見方はキツネを使った選択実験によっていくらか裏づけられています（第5章6節）．「（人への）馴れやすさ」に対する選択を行えば，キツネからも数世代でイヌのような行動と外見が生まれることがはっきり示されているのです（Belyaev, 1978）．

　第2に，イヌの家畜化のための進化的「素材」を提供したオオカミ類似の祖先個体群について考えるなら，現生のイヌ属の他の種や個体群の中には，遺伝的関係とは別に，生態と行動においてそのような祖先個体群にもっとよく似たものがいるかもしれません（Koler-Matznick, 2002 も参照）．

　第3に，別の面の比較研究として，オオカミという動物の多様性を明らかにすることを目指す研究も行われるべきです．実際，オオカミという種は，イヌ属の他の種のそれぞれに別個にみられる特質のすべてをもっているようにみえます．近年オオカミの研究には非常に大きな進展がみられます．しかし，そのような知見がイヌ関係の文献に生かされるには非常に時間がかかっており，さらに重要なのは，二次的情報源によって提供されるイメージはじつのところ非現実的である（あるいは単に間違っている）ということです．ですから，オオカミについてより広い視野を獲得して比較研究を基礎づけることが重要です．しかし，もっぱらこのテーマだけを扱った研究書が他にありますから（Mech, 1970；Harrington and Paquet, 1982；Mech and Boitani, 2003），本書では2，3の主要な論点を取り上げるにとどめます．

4.2　全体状況：イヌ属についての概観

4.2.1　イヌ属の系統関係と地理的分布

　イヌ属（*Canis*）はイヌ科（*Canidae*）を構成する15の属のひとつで，7つの野生種と家畜化されたイヌからなります（Sheldon, 1988）．科と属の両方に，グループの中で最も新しく，おそらく最も典型的でないメンバーの名がつけられたのは興味深いことです．最近の分類では，染色体数にもとづいて，ドール（*Cuon alpinus*）やリカオン（*Lycaon pictus*）を含むグループを「オオカミ型イヌ科動物（wolf-like canids）」と呼んでいます（Wayne, 1993 など）．

　以下で詳しく扱うオオカミ（およびイヌ）とは

別に，さらに6種がイヌ属に分類されています．絶滅した *C. arnensis* の子孫と思われるジャッカルは，最も南に生息する種を代表しています．ヨコスジジャッカル（*C. adustus*）は，南アフリカ北部からエチオピアにかけてみられます．キンイロジャッカル（*C. aureus*）の現在の生息地は主に北アフリカに広がっていますが，ヨーロッパの南部と中部にもみられます．セグロジャッカル（*C. mesomelas*）は東アフリカ（ウガンダ，タンザニア）に最も多くみられます．アビシニアジャッカル（*C. simensis*，しばしばエチオピアオオカミと呼ばれます）の生息地は主にエチオピアの山岳地帯に限られます．コヨーテ（*C. latrans*）は北アメリカで個体数を拡大しつつあり，アメリカアカオオカミ（*C. rufus*）は最近，種としての地位を認められたところです（Nowak, 2003）（コラム 4.1）．

4.2.2 イヌ属の進化

肉食動物の歴史におけるイヌ科は，2つの絶滅した亜科（ヘスペロキオン亜科：Hesperocyoninae とボロファグス亜科：Borophaginae）と1つの現生の亜科（イヌ亜科：Caninae）によって代表され

コラム 4.1 オオカミその他のイヌ属の現在の分布

オオカミは，明らかに，イヌ属の中で最も広く分布している種です．しかし残念なことに，多くの場所では，人間の数が増大して彼らを絶滅に追いやってしまいました．そういうわけで，メキシコからアメリカにかけてオオカミはほぼ姿を消してしまいましたが，アメリカでは最近いくつかの個体群で個体数の増加が報告されており，メキシコではオオカミを救おうとする試みが行われています．かつてオオカミはヨーロッパ全域に生息していましたが，現在では，一部の国々における保護活動のおかげで，個体数が5～200頭の地域個体群が生き残っており，場所によっては個体数が増えつつあるところもいくつかあります．Ginsberg and MacDonald (1990) はその総個体数をおよそ30万頭，Boitani (2003) はおよそ15万頭と見積もっています（これに対して，イヌはアメリカだけで5200万頭です）．

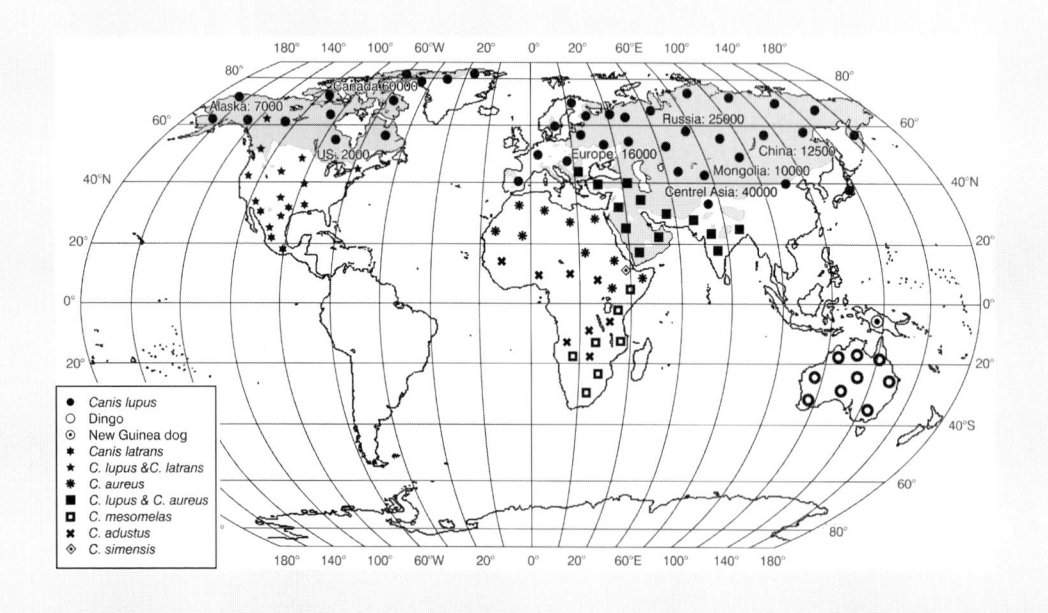

オオカミその他のイヌ属の分布．地図上の数字は，Boitani (2003) によるオオカミの推定生息数．図は Clutton-Brock (1984)，Mech and Boitani (2003) による．

るという点で古動物学者の意見は一致しています（より詳しい総説については Wang et al., 2004 を参照）．これらの亜科に属する種は4000万年前に出現し，北アメリカで進化しました．ヘスペロキオン亜科とボロファグス亜科の多くの種は200万年前までの化石記録に見いだすことができ，これらの亜科はその歴史を通じてずっと発祥の地である大陸に固有の生物であり続けました．これに対してイヌ亜科に属する種はおよそ700～800万年前にユーラシア大陸を横断し，旧世界の大半の地域に急速に広がりました（後述）．イヌ科の非常に興味深い特徴のひとつは，彼らの食性の幅です．低肉食性（hypocarnivory）と高肉食性（hypercarnivory）の両方があり，前者にはより強い雑食性の特徴がみられます（臼歯のサイズの増大，つまりすりつぶす能力の向上）．これに対して臼歯を犠牲にした裂肉歯のサイズの増大（引き裂く能力の向上）は，しばしば大きな獲物を食物にすることに特化した，肉しか食べない動物であることを示しています．もっと重要なのは，この変化がこれらの亜科の種レベルで頻繁に独立してみられるということです．おそらくこれは，環境による制約を反映しているものと思われます（平行進化，コラム 1.3 を参照）．

最初に確認されたイヌ亜科のメンバーである，キツネ大のレプトキオン（*Leptocyon*）は，漸新世初期（3200～3000万年前）に生息していました（コラム 4.2）．その後，中新世の中頃（1000～1200万年前）には，ジャッカルほどの大きさのイヌ科動物のエウキオン（*Eucyon*）が現れました．エウキオンの最も目立つ特徴は前頭洞があることで，この分岐群の子孫にはずっと前頭洞がみられます．エウキオンは中新世の終わり（500～600万年前）までにヨーロッパに移住し，鮮新世の初め（400万年前）には明らかにアジアに生息していました．これと平行して起きたもうひとつの重要な出来事は，およそ900～1000万年前（中新世末期）に起こったキツネ族（Vulpini）の進化です．現生のキツネはすべてこの分岐群の子孫です．キツネとイヌという分岐群の違いのひとつは，現生のキツネは複雑な社会行動を示し難いということです．

中新世から鮮新世への移行期に（500～600万年前），イヌ属（*Canis*）の最初のメンバーとみなされるイヌ科動物が北アメリカに現れました（Wang et al., 2004）．このほぼジャッカルほどの大きさの種は肉食性が高かったことがわかっています．彼らは鮮新世の初めにヨーロッパにたどり着き，旧世界全体に広がりました．その後起こったことについては，広大な地域にさまざまな種が生息し，ユーラシア大陸とアメリカ大陸の間を行ったり来たりしていた可能性があるため，正確な順序をたどるのが非常に困難になっています．しばしば著しい気候の変化が，分布域の拡大をもたらし，一方で，個体数の減少や個体群の絶滅を引き起こしたため，状況はさらにいっそう複雑です．

現在のコヨーテ（*Canis latrans*）は新世界で唯

コラム 4.2 古生物学的知見にもとづく系統関係

オオカミ型イヌ科動物のほとんどの種が，非常に移動性が高く，広大な領域にわたって，ときには2つあるいは3つの大陸にまたがって分布していたため，進化の過程を再現するのが難しくなっています．レプトキオン属（*Leptocyon*），エウキオン属（*Eucyon*）およびイヌ属（*Canis*）はどれも北アメリカで生まれましたが，すぐにユーラシア大陸に渡っていったようです．特にイヌ属の場合，どちらの系統も現在まで生き残っていることを示す証拠があります．古生物学者は，最近のコヨーテの祖先はアメリカのイヌ属であり，一方アフリカやアジアのイヌ類（ジャッカル，リカオン，ドール）はユーラシアに渡った分岐群から生まれたと考えています．最後の大規模な「自然な」移住はおよそ10万年前に起こりました．オオカミの集団が，2つの大陸が分離する前にベーリング海峡を渡ったのです．しかし，イヌはこの大陸の分断後も，その問題を解決する術を見いだし，地理的障壁を越えてイヌ属の分布域が拡大し続ける道を確保しています．すなわち，彼らは人間の仲間になり，人の移住ルートを利用しているのです．

（次ページに続く）

コラム 4.2 続き

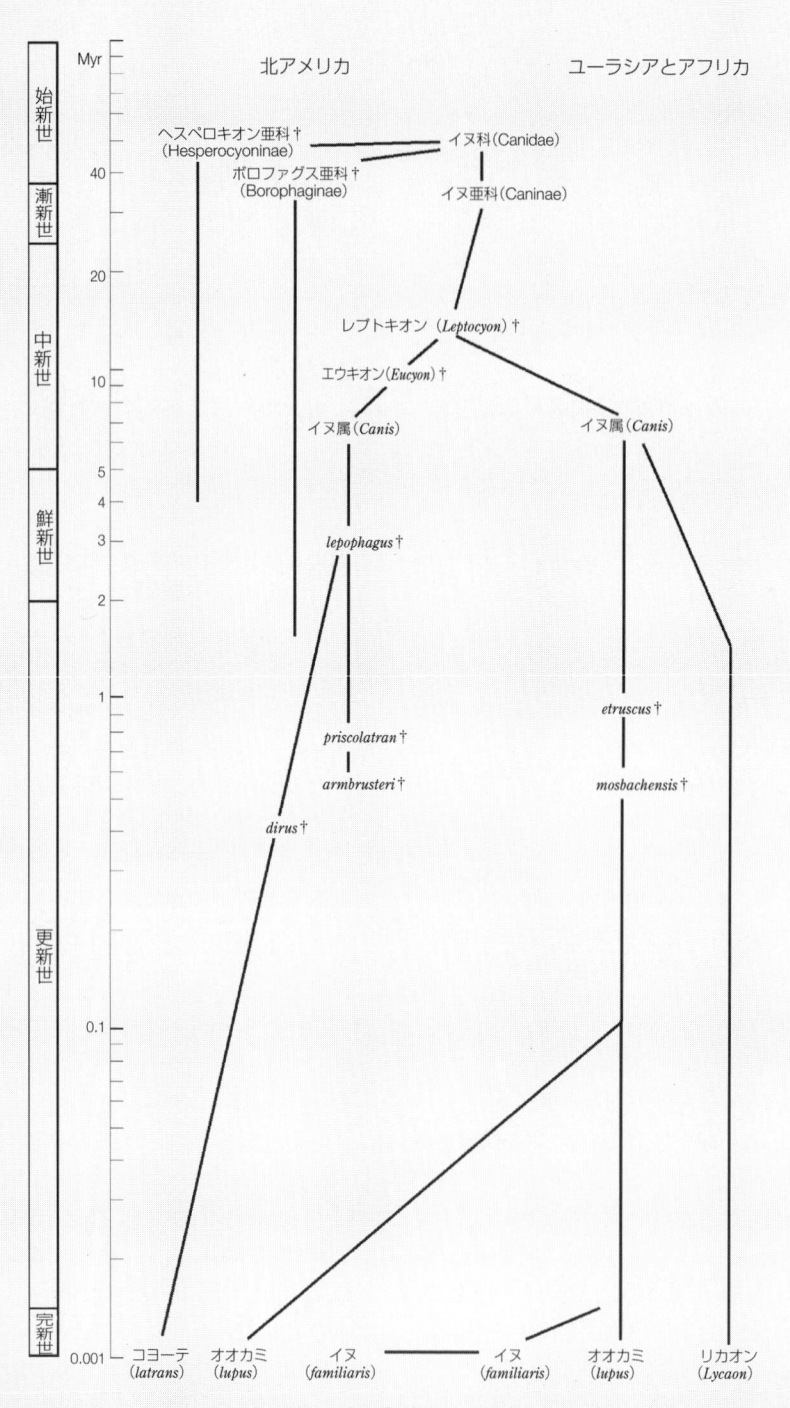

地質年代	Myr	北アメリカ	ユーラシアとアフリカ
始新世	40	ヘスペロキオン亜科† (Hesperocyoninae)	イヌ科 (Canidae)
漸新世		ボロファグス亜科† (Borophaginae)	イヌ亜科 (Caninae)
中新世	20, 10	レプトキオン (*Leptocyon*)† / エウキオン (*Eucyon*)† / イヌ属 (*Canis*)	イヌ属 (*Canis*)
鮮新世	5, 4, 3, 2	*lepophagus*†	
更新世	1, 0.1	*priscolatran*† / *armbrusteri*† / *dirus*†	*etruscus*† / *mosbachensis*†
完新世	0.001	コヨーテ (*latrans*) / オオカミ (*lupus*) / イヌ (*familiaris*)	イヌ (*familiaris*) / オオカミ (*lupus*) / リカオン (*Lycaon*)

現生のイヌ属の種が出現するまでのイヌ科の分岐の系統樹．†は絶滅した属を示す．縦軸（単位は百万年）は対数目盛になっていることに注意されたい（Wang *et al*., 2004 と Nowak, 2003 にもとづく）．

一生き残った固有種で，およそ180〜250万年前（Nowak, 2003）あるいは100万年前（Kurtén and Anderson, 1980）に（このような年代決定の重要性については第5章3節2項も参照），絶滅した *Canis lepophagus* から生まれました．これに対してイヌ属の種は，鮮新世末期と更新世の間（150〜200万年前）に旧世界で生まれ，ヨーロッパ，アジア，アフリカに移住し，こうして広がっていく間にオオカミやドールやリカオンなどのイヌ科の動物が生まれました．ユーラシアの *Canis etruscus* とさらにその子孫の種（*Canis mosbachensis*）がハイイロオオカミ（*Canis lupus*），ドール，リカオンの祖先だとみなされています．このように大規模な拡散の起こったユーラシアとアフリカで13〜30万年前までにオオカミが出現し，10万年前にベーリング海峡を渡って北アメリカまで生息地を広げました（Nowak, 2003；Wang *et al.*, 2004）．氷河期には，オオカミの群れは氷床より南の大陸中央部で生き延びました．重要なのは，オオカミもコヨーテも非常に抵抗力のある種ということです．考古学的記録によれば，事実上現在まで形態的には何も変わっていないのです（Olsen, 1985）．ただし，体サイズは変化しており，おそらく行動も変化しているでしょう．もっと長い時間的尺度でみても，イヌ科の動物の保守的性格は明らかで，Radinsky (1973) は，1500〜3000万年の間に脳の大きさが相対的にわずかに増大しただけであることを見いだしています．

この系統関係は，現生種のDNAの比較解析によっておおむね支持されています．ただし近縁の種間関係にはいくらか曖昧な部分があります．ミトコンドリアDNA（2001 bp タンパク質コード領域）（Wayne *et al.*, 1997）と核DNA（エキソンとイントロンの両方の変異）（Lindblad-Toh *et al.*, 2005）にもとづく系統樹では，どちらの場合もオオカミ（イヌ）とコヨーテの近縁関係が認められ，この分岐群がアフリカ起源であることを示していますが，ジャッカル類，アビシニアジャッカル，ドールなどとの間には違いがみられます（コラム 4.3）．

4.2.3 一部のイヌ科の動物における群れ生活の生態と動態

多くの点で，イヌ科（イヌ属の種を含む）は肉食動物の中で一風変わったグループです．彼らは厳密な意味で肉食ではなく，集団をつくって暮らす傾向が強くみられます（Kleiman and Eisenberg, 1973；Gittleman, 1986）．さらに，そのような違い

コラム 4.3　オオカミに似たイヌ科の動物の進化上の関係

分子遺伝学の技術の発展に伴い，DNA配列の比較を利用して系統推定ができるようになりました．そのような比較の力は，用いるDNAが何であるかによって大きな影響を受けます．研究の初期には，DNA配列の解読は複雑で費用がかかったため，よく調べられている短い配列だけが比較されました（a：シトクロムB，736 bp；Wayne, 1993）．後の研究ではもっと長い配列をつくるより多くの遺伝子が用いられました（b：TRSPとRPPH1，それぞれ673 bpと684 bp；Bardeleben *et al.*, 2005）．さらにLindbald-Toh *et al.* (2005) は，核DNAの数か所から得られたはるかに長い15000 bpの配列（イントロンとエキソンの両方を含む）を用いました（c）．その他，母親からのみ受け継ぐミトコンドリアDNAの比較をもとにした研究も行われました（d：2001 bp；Wayne *et al.*, 1997）．用いられた方法が違うにもかかわらず，全体像は非常によく似ています．予想されるように，イヌとオオカミの違いは非常にわずかで，彼らが近縁関係にあることがわかります．オオカミの側からみて次に近い関係にある種はコヨーテで，これにキンイロジャッカル（*Canis aureus*）が続きます．系統樹のより基部に近い分岐位置には，いずれもリカオン（*Lycoan pictus*）とヨコスジジャッカル（*Canis adustus*）という2つのアフリカの種がみられます．これらの結果をもとに，Lindblad-Toh *et al.* (2005) は，現在のイヌ属はアフリカ起源であると主張しました．

（次ページに続く）

コラム 4.3 続き

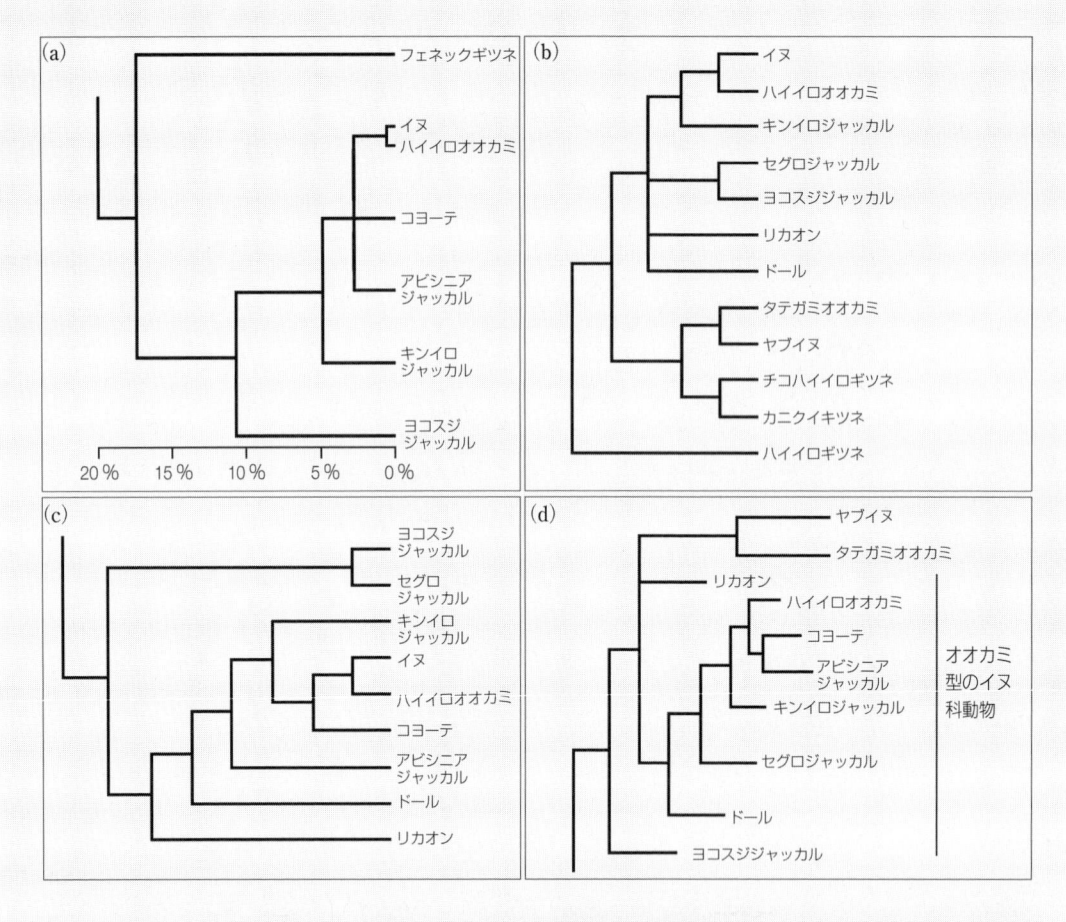

(a) フェネックギツネ / イヌ / ハイイロオオカミ / コヨーテ / アビシニアジャッカル / キンイロジャッカル / ヨコスジジャッカル
（横軸：20% 15% 10% 5% 0%）

(b) イヌ / ハイイロオオカミ / キンイロジャッカル / セグロジャッカル / ヨコスジジャッカル / リカオン / ドール / タテガミオオカミ / ヤブイヌ / チコハイイロギツネ / カニクイキツネ / ハイイロギツネ

(c) ヨコスジジャッカル / セグロジャッカル / キンイロジャッカル / イヌ / ハイイロオオカミ / コヨーテ / アビシニアジャッカル / ドール / リカオン

(d) ヤブイヌ / タテガミオオカミ / リカオン / ハイイロオオカミ / コヨーテ / アビシニアジャッカル / キンイロジャッカル / セグロジャッカル / ドール / ヨコスジジャッカル（オオカミ型のイヌ科動物）

(a) シトクロム b，最節約系統樹．(b) TRSP, RPPH1 DNA 厳密合意 - 最節約系統樹．(c) 15 kbp 核 DNA，最節約系統樹．(d) 2001bp ミトコンドリア DNA 合意樹（上記の参考文献にもとづく描き直し）

は種によってだけでなく個体群間にもみられます．イヌ科の種を社会構造によって分類しようという試みが行われてきました（Fox, 1975）．しかし，例外が多く，土地ごとの生態要因や進化的選択圧のために極端な例がみられる個体群もあります．人間の活動が生態的条件に影響を及ぼしている場合が多いことも，現生種の比較研究を難しくしています．例えば，人間の活動は新たな食料源（ゴミの山，水，家畜）をもたらしてきましたが，一方では彼らの生息環境を破壊し，彼らを駆除しようともしてきました．イヌ科の動物の進化の様子をみれば，すでに，これらの種が広範な生態的条件に対して非常に適応性が高いということは明らか

なのですから，人の強力な介入がイヌ科動物の社会構造の多様性を増大させる一因になったとしても驚くべきことではありません（表 4.1）．

実際，これらの近縁種を注意深く見渡してみると，あるひとつの種だけにみられて他の種には決して現れないような能力を指摘するのは非常に難しいということがわかります．これを踏まえてMacdonald (1983) は，キツネであろうとオオカミであろうと，イヌ科のすべての動物の初期の進化要因は同じであり，そういう共通の遺産が最近の種に保持され，可塑的能力（たいていは行動上の）と結びつき，摂食や捕食に関わる土地ごとの（局所的な）生態的要因に適合するようになったのだ

表 4.1　Sheldon (1988) にもとづくイヌ属の種の比較概要

種	体高(cm)	体重(kg)	食性	妊娠と子育て	社会構造	行動圏(km²)
ヨコスジジャッカル (Canis adustus)	41〜50	6.5〜14	雑食；腐肉，小動物，植物／果実	8〜10週（最大7頭）	雌雄ペアとその仔	約1.1
キンイロジャッカル (Canis aureus)	38〜50	7〜15	腐肉，小動物；協調的狩り	63日（最大9頭）二親性，代理親性	非常に可変的，雌雄ペアとその仔（と1年仔）	狩猟圏 2.5〜20
セグロジャッカル (Canis mesomelas)	38〜48	6〜13.5	腐肉，協調的狩り植物／果実	61日（最大9頭）二親性，代理親性	雌雄ペアとその仔	約18
アビシニアジャッカル (Canis simensis)	53〜62		齧歯類；単独で狩り		雌雄ペアとその仔	
ハイイロオオカミ (Canis lupus)	45〜80	18〜60	肉食；腐肉，植物／果実；協調的狩り	62〜65日（最大13頭）二親性，代理親性	非常に可変的，雌雄ペアとその仔，と1年仔	18〜13000
コヨーテ (Canis latrans)	45〜53	7〜20	肉食；腐肉，植物／果実（協調的狩り）	約60日（最大12頭）二親性，（代理親性）	雌雄ペアとその仔（と1年仔）	1〜100
アメリカアカオオカミ (Canis rufus)	66〜79	16〜41	小動物，腐肉，植物	60〜62日（最大8頭）二親性	雌雄ペアとその仔（と1年仔）	40〜80

と論じています．

　雌雄ペアから家族群にいたるまで，大部分のイヌ科の動物がある程度の社会性を示しているのはなぜかという問いに答える際，通常，協調的な狩りや他の捕食動物に対する防御，家族の規模が大きくなるほど繁殖の成功率が高くなること，などが強調されてきました．Macdonald (1983) はこれらの要因の重要性を否定することなく，次のような考えを示唆しました．すなわち，進化的視点からみれば，何らかの食料資源の集中的分布によってイヌ科の動物（や他の肉食動物）に共食 (communal feeding) へ向けた選択が起こり，その結果として副次的に，協調的狩りやなわばりの防衛，親以外の個体が親の役割を果たす代理親的行動といった社会的性質が生まれたのではないか．興味深いことに Kleiman and Eisenberg (1973) もまた，ネコ科の動物と違ってイヌ科の動物には「平和的な共食」が目立つこと，つまり，イヌ科の動物は食料源がある（例えば，獲物を仕留めた）場所に他の個体が居合わせることに対して比較的寛容だということを指摘しています．

　似たような生態的条件のもとで暮らすイヌ属の種には，形態や行動の面で多くの類似点がみられます．多くの研究者はコヨーテが生態的にジャッカルに対応するとみており，体の小さなオオカミ（アジアの西部や東部に生息する）の個体群も環境に対して同じような適応を示していると考えています．これらの動物は皆小さな家族で暮らし，こどもは1〜2年を親とともにすごします．その摂食行動は，腐肉食性や単独での狩りから亜成体と成体のグループによる組織化された狩りにいたるまでさまざまです．

　つまり，イヌ属の進化の過程において，体サイズのばらつきと社会的行動の調整ということが，ともに，土地ごとの生態的ニッチへ局所的に適応するための鍵だったようです（コラム4.4）．そのような局所的適応のための修正は，グループの仲間同士の結びつきの強さを変化させることによって可能になったでしょう．その結果，個体の群れからの分散の仕方にさまざまなパターンが生じました．キツネ（普通こどもは生後6〜10か月以内で群れを離れる）(Baker et al., 1998) と違って，たいていの場合イヌ属のこどもは少なくとも次の繁殖期まで，あるいはこの方が多いのですが，さらに1〜2年は群れにとどまります．次の世代の個体が繁殖のための競争に加わらなければ，群れの絆はより強まります．個体の性成熟が1〜2年遅れることによってこれが可能になります．これは比較的体の大きな種の場合でより生じやすいようです．つまりイヌ属の種は，それぞれが（局所的環境に対して）うまく調整された形態や行動を示しますが，その変異の幅は種間でかなり重なっているのです．しかし，環境的要因がある種を特定の方向へ押しやるならば，そのときには（その種と他の種との間に）明確な違いが生じる可能性があります．その一例は，オオカミにみられる十分に組織化された集団で行われる狩りです．それは，群れのメンバーのすべて，あるいはほとんど

コラム 4.4　イヌ科の動物の体サイズの多様性

　イヌ属の種はしばしば体サイズにもとづいて分類されており，その場合に使われる測定値は体重，体高，体長，頭骨長などです．詳しい形態学的調査の結果，ジャッカルとコヨーテとオオカミはほぼ同じ形態であること，すなわち体のサイズ同士の関係が一定であることがわかりました（Wayne, 1986a, b；Morey, 1992）．わかりやすく言えば，オオカミは体が大きいために大きな頭部をもっていますが，もし体が小さくなればコヨーテやジャッカルそっくりになるでしょう．重要なのは，体サイズと頭骨長の間にそういったサイズの点でほぼ等しい関係がみられるだけでなく，頭骨のさまざまな寸法の間にも，例えば幅と長さの関係などに，そういう関係が常にみられるということです（コラム 5.5）．

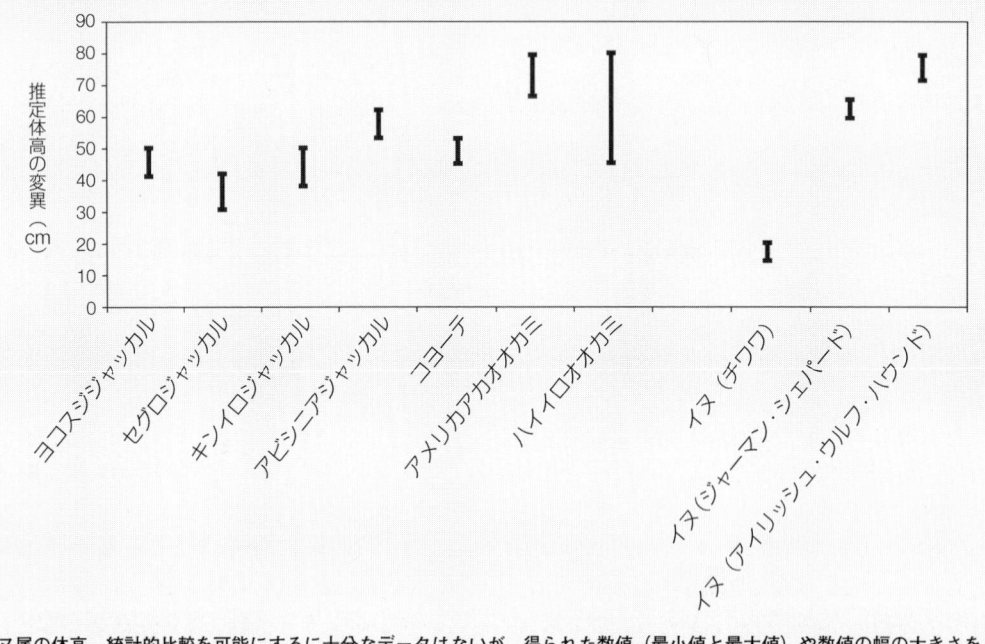

［グラフ：推定体高の変異（cm），横軸：ヨコスジジャッカル，セグロジャッカル，キンイロジャッカル，アビシニアジャッカル，コヨーテ，アメリカアカオオカミ，ハイイロオオカミ，イヌ（チワワ），イヌ（ジャーマン・シェパード），イヌ（アイリッシュ・ウルフ・ハウンド）］

イヌ属の体高．統計的比較を可能にするに十分なデータはないが，得られた数値（最小値と最大値）や数値の幅の大きさをみると，オオカミとイヌ以外の種の間には全体としてかなりの類似性が認められる．オオカミの体高の数値が広範囲にわたるのは，さまざまな亜種があるためである．イヌの場合は体高の変異がさらに大きいが，イヌは品種（犬種）に「分割」して示した．

が，性別や年齢に関わりなく参加して行われます（第4章3節3項）．

4.3　オオカミについての要約

　イヌの祖先としてのオオカミ（*Canis lupus*）について論じるには，常にオオカミという種についての詳しい知見を基礎に置く必要があります．しばしばオオカミのイメージはあまりに単純化されすぎており，私たちがイヌの行動を理解したり解釈したりするのを妨げています．「いわゆるイヌ」らしさなどないのと同じように，おそらく「いわゆるオオカミ」らしさなどないでしょう．本書では，オオカミの表現型の幅（変異）は，イヌ属の他の種に細分化されて（モザイク状に）見いだされる特徴の多くを網羅していると考える立場をとります．

　前世紀の初めまでオオカミは，ジャッカルやコヨーテなどはるかに局在的な（限られた地域にしか生息しない）イヌ属の種とは対照的に，北半球のいたるところで見ることができました．そういったさまざまな環境で生き延びるために，オオカミは非常に適応的な遺伝システムをもっていたに

ちがいありません．彼らの生息する環境でたびたび起こった周期的変化（例えば氷河期など）の結果，オオカミの中の非常に可塑的な表現型が選択されることになったのかもしれません．そして，その可塑性が，彼らが人と出遭ったときに重要な意味をもったのかもしれません．

このような表現型の可塑性は比較進化的研究を非常に困難なものにします．最近のオオカミのいくつかの個体群とイヌとの表現型の類似を根拠に相同関係を想定する研究者もいますが，これは収斂の一例かもしれませんし（第1章4節），あるいは，集団がある特定の環境的変異にさらされている間だけ現れる適応の一例かもしれません．ですから，表現型が似ていることだけを根拠にして，イヌがある現生オオカミ個体群の直接の子孫であると主張するのは困難です．例えば，南方に生息するオオカミ（例えば *C. l. pallipes*）は比較的体が小さいため，これらのオオカミからイヌが生じたと考えられてきました（Hemmer, 1990 など）．しかし，（イヌの進化に体が小さいという点がとにかく重要であると仮定するとしても），イヌが進化した当時，特定の生態的条件に応じて，他のさまざまな場所にも小さなオオカミが生息していたかもしれないのです．

4.3.1 地理的分布と系統関係

オオカミは1800年までイギリス諸島を除くヨーロッパ中に分布していました．現在大きな個体群（500頭）が生き残っているのはスペイン，ポーランド，ルーマニア，ブルガリア，セルビア，バルト諸国，ウクライナ，中央ロシアだけです（Boitani, 2003）．大雑把な推定でおよそ6万5000頭のオオカミがウラル山脈東部とアジアに，また，おそらくさらに2000頭が小アジアとエジプトに生息しています．南北アメリカの生息数はおよそ6万頭と考えられており，そのうちの10％だけが合衆国に生息しています．つまりBoitani (2003) の見積もりによれば，全北区（Holarctic）の生息数はおよそ16万頭と考えられます．これに対してGinsberg and Macdonald (1990) はおよそ30万頭のオオカミが生息していると見積もり，オオカミの本来の生息地の50％以上がこの数百年の間に失われてしまったと考えられるとしました（コラム 4.1）．

ハイイロオオカミは常に分類学者に多くの仕事を提供してきました．問題の一部は，種の概念をめぐる曖昧さに由来しています．オオカミとさまざまな種類の家畜化されたイヌや野犬との入り組んだ関係のために，事態はいっそう複雑化しています．限られた証拠からですが，イヌ属の種はすべて異種交配が可能で，生まれた仔には繁殖力があることが示されています．遺伝的研究によってイタリアにオオカミとイヌの雑種がいることが明らかにされましたが（Randi *et al.*, 1993；Randi and Lucchini, 2002），そういう雑種は他の場所にもみられます．雑種形成はオオカミとコヨーテの間でも起こっており（Lehman *et al.*, 1991），繁殖力のある仔が生まれています（Wilson *et al.*, 2000 も参照）．つまり，古典的な種の定義によれば，すべてのイヌ属は単一の種と考えることができるでしょう．しかし，改定された生物学的な種の定義は，他の同様の集団から生殖隔離された，相互交配する自然個体群にもとづいて行われます（Mayer, 1963）．この考え方によれば，オオカミとコヨーテの生息地が重なるならば，たとえ両者の間に雑種形成の限定的証拠がいくらかあったとしても，オオカミはコヨーテ（あるいはジャッカル）と切り離して扱われることになります（Wayne and Vilá, 2001）．この考え方は，オオカミとイヌを別の種に分類することを支持するものでしょう．しかし現在では，古典的なリンネ式カテゴリー（*lupus* と *familiaris*）がいまだに有効かどうかについて否定的意見を抱いている分類学者もいるようです．その結果，ヨーロッパの多くの動物学者や行動科学者，および世界中の遺伝学者は依然としてイヌを単独の種とみなしているのに対して，北アメリカの研究者が発表する多くの論文ではイヌがオオカミの亜種（*C. l. familiaris*）に分類されるという，不幸な混乱した状況が生まれています．「一括派」は，イヌとオオカミは種のレベルで区別されるにふさわしいほど十分に分化していないと主張しています（例えば Wayne, 1986a, b）．しかし，生態学的な種の概念は Mayer の定義をさらに進めて，進化的／生態的プロセスの結果として生息環境内の特殊な生態的ニッチに適応したものが種であるとしています．ですから，もしある集団においてそういう

生態的ニッチや一連の特殊な適応が認められるならば，種のレベルで分類することが正当化されるでしょう．Coppinger and Coppinger (2001) や他の研究者が，イヌは人間がつくった生態的ニッチで生きていくための特殊な適応形質を示していると論じているのは，この論理を適用しようとしているのです（コラム5.1）．イヌは個体群的定義と生態学的定義の両方を満たしていると思われるので，本書ではリンネの用いた最初のラベル（訳註：*C. familiaris*）を使い続けることにしましょう．

オオカミの亜種の分類では，別のレベルで同じような問題が起こりました．主に集団の分布と形態的特性にもとづいて，オオカミはさまざまな亜種に分類されていました．例えば，Mech (1970) は Hall and Kelson (1959) にもとづいて北アメリカの24の亜種を挙げましたが，これらは詳しい形態的分析にもとづいて5つの亜種に絞られました (Nowak, 2003)．ですから，現在のリストにはホッキョクオオカミ（*C. l. arctos*），メキシコオオカミ（*C. l. baileyi*），シンリンオオカミ（*C. l. lycaon*），グレートプレーンズオオカミ（*C. l. nubilus*），アラスカオオカミ（*C. l. occidentalis*）が挙がっています．またユーラシアに生息する亜種として Mech (1970) が挙げたのは7つだけでしたが，Nowak (2003) は，ツンドラオオカミ（*C. l. albus*），アラビアオオカミ（*C. l. arabs*），ロシアオオカミ（*C. l. communis*），カスピオオカミ（*C. l. cubanensis*），イタリアオオカミ（*C. l. italicus*），エジプトオオカミ（*C. l. lupaster*），ヨーロッパオオカミ（*C. l. lupus*），インドオオカミ（*C. l. pallipes*）の9つの亜種が生息しているとしました．しかし，現在の体系にも問題があります．チュウゴクオオカミ（*C. l. chanco*，最初に中国とモンゴルで特定された亜種）はどちらのリストにも挙がっていませんが，この亜種は家畜化のプロセスとの関連で言及されることが多いため，リストに入っていないことには問題があります．遺伝子解析（後述）によると，イタリアオオカミとヨーロッパの他のオオカミとの区別には裏づけがないように思われます．さらに "arctic wolf"（ホッキョクオオカミ）という英名が2つの亜種（*arctos* と *albus*）に使われていることが，研究文献にいくらか混乱を生じさせる可能性があります（Nowak, 2003）．最後に，もし地理的分布にもとづいてオオカミの亜種を定義するなら，それは世界中に分布しているイヌを亜種の中に追加するという考えにそぐわないことも指摘しておきます．

オオカミは，種や亜種という昔ながらの概念では捉えきれないように思われます．Wayne and Vilá (2001) は打開策として，現生のオオカミ集団の分類を企てる代わりに，彼らを，中間型を経て徐々に変化する一集団とみなすべきだと主張していますが，この考えは遺伝学的証拠によっても裏づけられています．

4.3.2 オオカミの進化

今日オオカミは北半球で最上位の捕食動物とみなされていますが，数十万年遡るだけで状況はまったく違っていました（Wang *et al.*, 2004）．当時アメリカとユーラシアの両方の大陸において，草食性の種はもっとずっと大きな捕食動物に支配されていました．これはおそらく，競争者を出し抜くために肉食性捕食動物の体が大型化する傾向のあった進化上のランナウェイ過程の結果だったと思われます．それらの動物の大型化した体は高肉食性の食生活によって維持するしかなく（Carbone *et al.*, 1999），それらの種（ダイアウルフ，サーベルタイガーなど）の生存はしだいに手に入る肉の量に左右されるようになりました．今日のオオカミの祖先は他の少なくとも11種の大型捕食者（そのほとんどはオオカミの祖先よりも体の大きな動物でした）と生息地を分け合わなければならず，そのため，食物連鎖の中では中型捕食者として比較的低い地位を占めていました（Wang *et al.*, 2004）．

しかし，オオカミの運命は意外な転換を遂げたようです．更新世の中期（50万年前）のどの時点かにユーラシアに現れ，更新世の終わり（1万年前）に北アメリカで頂点を迎えたそれらの大型哺乳類は，「突然」動物相から姿を消しました．その理由についてはまだ議論が続いています．気候の変化を強調する人々がいる一方で，狩りに腕の立つ人間たちがダイアウルフ（*C. dirus*）その他の動物の食料になる有蹄動物の個体群に壊滅的な影響を与えたからではないかと考える人々もいます．このような状況は（特に，最大で1万8000年前，

最後の氷河期が終わって更新世が終わる頃）オオカミに，空になった生態的ニッチを埋めるというユニークなチャンスをもたらしました（Wang et al., 2004）．1万年前までに，アメリカで大型のダイアウルフが絶滅し，まさに同じ頃，オオカミは，およそ5～10万年前に初めて新世界に渡ってきたにもかかわらず，旧世界に（再）移住し始めたようです．人間の新世界への移住が始まった頃（1万5000～2万年前）までに，オオカミはおそらく少数の最上位捕食動物の1種の地位を確立したものと思われます（図5.1）．

更新世の間，オオカミは，氷床の前進や後退に伴い，相対的に暖かい気候と寒冷な気候（の両方）を生き延びなければなりませんでした．そういう変化は，形態と行動の全体を含む表現型の一連の変化を引き起こしたにちがいありません．例えば気温が下がるなど好ましくない時期の間，その中で生き抜いていくオオカミはより安全な環境へ後退（避難）し，そのため数千年にわたってオオカミの個体群は大小さまざまな部分集団に分断されました．氷河期には，オオカミは北アメリカやアジアのはるか南の方へ追いやられたでしょうし，間氷期には再びはるか北極圏までなわばりを広げたことでしょう．局所的環境への周期的適応の必要，それに続く広範囲の地域への分散に並行して起こった他の避難場所からやってきたオオカミとの雑種形成は，オオカミの進化を究明することを，不可能ではないにしても非常に困難なものにしています．例えば，考古学的記録はオオカミの体サイズが土地の気候の変化に応じて変化し，地理的区域によって異なっていることを明らかにしています（Kurtén, 1968）（コラム4.5）．

近年研究者は，系統学的方法でオオカミの進化を再現するために，オオカミが生息していた地理的範囲全体にわたって，絶滅したオオカミと現生のオオカミの両方のミトコンドリアDNAの配列（第5章3節2項も参照）を収集しています（総説としてはWayne and Vilá, 2001を参照）．この遺伝

コラム4.5　オオカミの表現型の可塑性

オオカミがイヌの祖先となった理由のひとつは，彼らの表現型の可塑性であるかもしれません．温帯地域に生息し，度重なる氷河期を生き抜いてきたことによって，変化する環境に比較的速やかに適応する手段を備えた種が誕生したのかもしれません．Mech and Boitani (2003) が部分的に報告したり引用したりしているさまざまな研究者によるデータを組み合わせて，オオカミの形態や行動の可塑性を描き出してみましょう．

- 現在のオオカミはベルクマンの法則に従って，一般に北から南へいくにつれて体のサイズが小さくなります．頭骨長は体サイズと相関関係にある一方で，その個体の状態の影響を比較的受けにくいため，指標として頭骨長を用います（上顎先端から後頭関節丘までの長さにもとづく推定値を含む）．オオカミの頭骨は（高緯度にいくに従って）際立って長さが増大しており（およそ30％の増加），明瞭な性的二型を示しています（a）．

- 北アメリカのオオカミの場合にはなわばりの大きさと緯度の間にも関連がみられますが，これは部分的には生物量の違いが原因になっています（Fuller et al., 2003）．行動という観点からみれば，このことは，オオカミが長距離の移動が避けられない地域に適応できるということを意味しています．このことはまた，オオカミの亜種が急速に分散した（特にユーラシアとアメリカの北部地域において）という主張を間接的に裏づけるものです（b）．

- 比較データは，獲物の大きさと関連して群れサイズが増大することを示唆しています．バイソンを狩るオオカミの群れの平均サイズは，オジロジカを主な獲物にしているオオカミの群れの2倍になりえます（Mech and Boitani, 2003）．もちろん群れサイズは他の多くの環境的要因によって左右されますが，このような比較によって，オオカミにはある種の環境においてはより大きな群れを維持するよう選択圧が働く可能性のあることがわかります（c）．

（次ページに続く）

コラム 4.5 続き

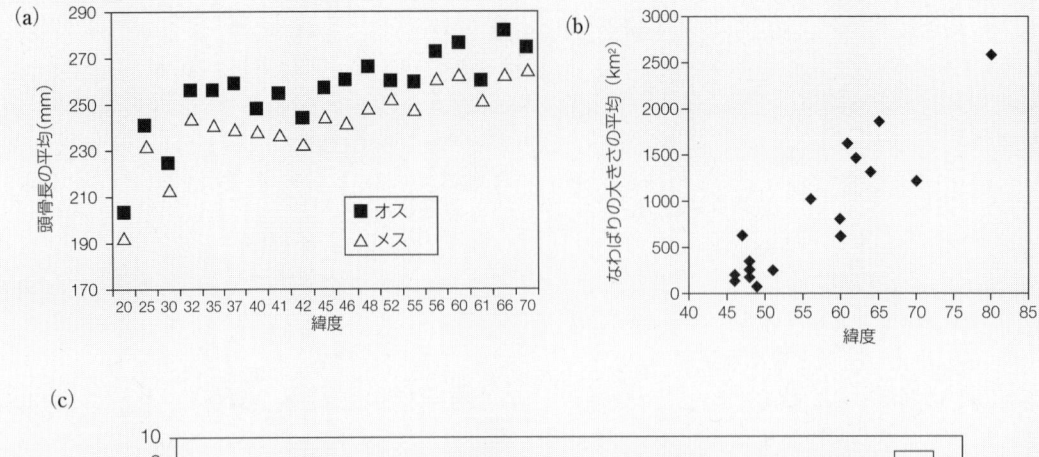

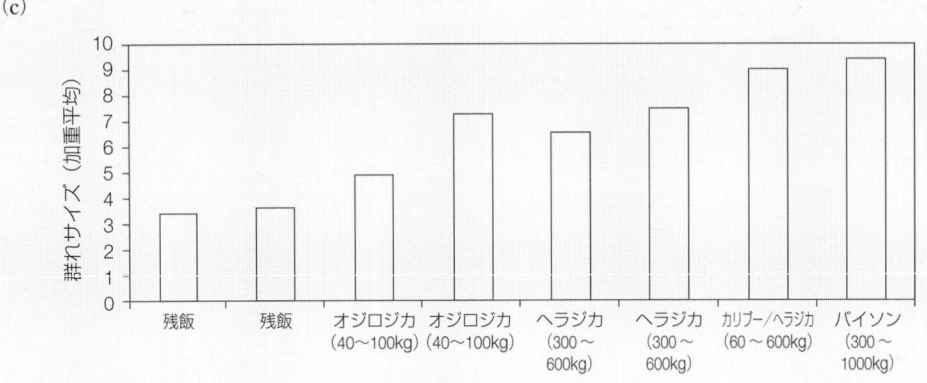

(a) 頭骨長の平均はベルクマンの法則が働いていることを示している. 低緯度地方のデータはユーラシア（ヨーロッパと小アジア）のオオカミのデータで（Mendelsohn, 1982；Okarma and Buchalczyk, 1993 その他そこに引用されている文献），北アメリカの頭骨長のデータは Pederson (1982) による. (b) なわばりの大きさは緯度とともに増大する（Mech and Boitani, 2003 のデータにもとづく）. (c) 獲物（食物）の大きさと群れサイズ（加重平均）の関係（Mech and Boitani, 2003 によって報告されたデータにもとづく）. おおよその値として, 獲物となる種の体重を, 報告されている最小値（メス）と最大値（オス）で示した. 「残飯」, 「オジロジカ」, 「ヘラジカ」については, 2 つの別々の調査結果を示している.

的な比較によって, 亜種かもしれないとされたのは, （上に挙げた現在の 5 + 9 亜種に比べて）より少数の大きなグループでした. 現在利用できるオオカミのミトコンドリア DNA のコレクションは北アメリカとユーラシアのオオカミがハプロタイプを共有していないことを示していますが, そこにみられる違いは比較的わずかなものです. このことは, アジア由来のオオカミがたびたび北アメリカに移住したということ, あるいは, 初期の侵入集団が非常に多様であったということを示しているかもしれません（Vilá *et al.*, 1999）. 最近の研究が示しているのは, メキシコのオオカミ（ほぼ絶滅）が非常に早い段階でアジアから移住した祖先個体群を表しているかもしれないことです. この個体群はその後氷河期の間にたびたび南へ追いやられましたが, しばしば北アメリカの平原地帯に進出したこともあったようです（Wayne and Vilá, 2001；Leonard *et al.*, 2005）. もうひとつの独立したオオカミ個体群（*pallipes* 亜種）はインドの低地地方とアジア西部の各地に生息しており, 非常に早い段階で（およそ 40 万年前）他のオオカミから分離したようです（Sharma *et al.*, 2003）. もうひとつの区別された個体群は, ヒマラヤ山脈南部とチベットに生息するオオカミの中にみつかり

ました（*chanco* 亜種）．興味深いのは，これらの個体群が，家畜化されたイヌの祖先たちとミトコンドリア DNA のハプロタイプを共有していないように思われることです．このことは，このような地域に生息していたオオカミは居住地を広げていく人間と非常に早い段階で接触していた可能性のあるオオカミのうちに数えられるにもかかわらず（第 5 章 2 節），どの個体群もイヌの遺伝子プールに貢献しなかったことを示唆しています．しかしそれよりも重要なのは，これら以外のオオカミ，つまり現在の *chanco* 亜種（チュウゴクオオカミ）と同定されるオオカミが，イヌのハプロタイプと非常に近い関係にあるミトコンドリア DNA をもっているように思われるということです．このことは，現在チュウゴクオオカミと認識される個体群の一部だけが家畜化のプロセスに参加したということを意味しているのかもしれません．インド「固有の」犬種である土着のパリア犬とオオカミの *pallipes* 亜種（インドオオカミ）のミトコンドリア DNA の配列が明らかに違っていることは，この 2 つの種の間に強力な繁殖隔離があることを示しています（Sharma *et al.*, 2003）．

　ミトコンドリア DNA の全体としての多様性は，全北区にわたって分布している種であることから予想されるほど大きなものではありません（オオカミ種内の配列の相異は 2.9 %，コヨーテ種内で 4.2 %．オオカミ・コヨーテ間の種間の配列の相異が 9.6 %）．このことは，オオカミの並はずれた移住能力によって説明できるでしょう．そのような移住能力はポルトガルとトルコほど離れた地域に生息する個体が全く同じハプロタイプを共有しているといった例によって明らかになってます．氷河期に起こった局地的な絶滅や，もっと最近の，世界の多くの地域におけるオオカミの絶滅は，現生個体群の遺伝的多様性に大きな影響を及ぼしており，特に後者が重大です．多くの場所でオオカミが限られた土地に撤退することを余儀なくされていることを思えば，現在のオオカミは別の意味での「氷河期」を経験していると考えることができます．自然保護活動家にとって慰めになるのは，進化の過程でオオカミはそういった状況を幾度となく生き延びてきたのですから，適切な環境的条件が整えば，彼らは失われたなわばりに再び進出す

ることができるだろうという点です（Wayne and Vilá, 2001）．

　Vilá *et al.* (1999) によれば，オオカミに見いだされる遺伝的多様性からは，最低 100 万頭のメスの存在が予測されますが，これは 16～30 万頭という実際の生息数とは著しく異なっています．系統学的モデルによれば，オオカミは遺伝的多様性のかなりの部分を失ってきました．同じデータセットにもとづく推定によれば，過去の繁殖メス集団の大きさはおよそ 500 万頭であり，今日現存するのはそのうちの 6 % 以下の子孫だと推定されています．

　大陸レベルでみても，ハプロタイプと地理的距離の間には何の関係も見いだされませんが，これはオオカミの移住能力の高さを考えれば意外なことではありません（Vilá *et al.*, 1999；Verginelli *et al.*, 2005）．しばしば隣り合う国や地域に生息するオオカミ同士のミトコンドリア DNA が遠く離れた関係しかもたないことがある一方で，何千キロも離れて暮らすオオカミに似たようなハプロタイプが共有されていることもあるでしょう．200 以上のオオカミのミトコンドリア DNA 配列の統計的比較によって，アジアのハプロタイプが昔の状態を反映しているかもしれないことが示されており，種の進化が起こった場所を示唆しています．しかしながら，局所的な絶滅や交雑によってはっきり示されている氷河期および間氷期の個体数や分布の大きな変動を考えると，現生個体群と絶滅個体群の間に何らかの直接的な系統発生上のつながりがあるという考えは疑わしいものです．

4.3.3　行動生態学的側面

　これまでオオカミの研究は 2 つの方向で行われてきました．アメリカやカナダでは，人の影響の少ない大きな個体群に対して広範なフィールド調査が行われ，個体群生態や行動生態についてのデータが得られています．これらの研究を行うために，研究者は多くの困難を克服しなければなりません．最も難しい問題は，おそらく観察できる距離までオオカミに近づくことでしょう．多くのオオカミ集団は人間を避け，広大な地域に広がって生活し，長い距離を素早く移動します．群れを離

れたオオカミはさらに遠くまで移動します．仲間以外の動物に対する警戒心の強いオオカミは，よそ者の存在に敏感なため，動物学者が群れの近くに居ることを「許される」までには数年を要することもあります．

多くの動物行動学者や動物学者は，オオカミの行動を詳しく記述できるように，飼育下のオオカミのグループを観察する方法を選びます．フィールドでデータが得られない以上，飼育下での調査が必要であるとしても，そういうデータの解釈には当然のように異議や批判があります (Packard, 2003)．まず第1に，飼育下のオオカミは狭い空間に閉じこめられており，彼らには広く分散するチャンスが与えられていないということが指摘できます．このため劣位個体が，長期間であれ短期間であれ，群れを「離れて」，優位個体の目の届かないところ行こうとしてもできません．群れが古くなるにつれ，このことが問題になってくるでしょう．なぜなら自然な条件のもとでは，3歳以上のオオカミは集団を離れるからです．個体間の距離が近いことによるストレスやその他の環境要因の影響（研究者や他の訪問者が常にそばにいることなど）が異常な行動を引き起こす可能性があります．第2に，飼育下のオオカミの群れの構成には（群れのメンバーを人が集めてきているため）必然性がない場合が多く，その構造（例えば血縁関係など）が自然環境のもとで観察されるものと一致しません．第3に，多くのさまざま研究報告に登場する飼育オオカミたちは，さまざまな地域（発表された報告の中で必ずしも明らかにされていません）から連れてこられており，そのことが観察された行動の変化に影響している可能性があります．ですから，飼育下のオオカミの群れについての研究結果は，野生状態で起こるかもしれない社会行動の可能な形式のモデルと考える方が妥当であり，オオカミの群れの行動モデルをつくるためにそういうデータを利用するときには慎重でなければなりません (Packard, 2003)．

・なわばり行動

Mech and Boitani (2003) によれば，オオカミの群れは自分たちの居住地域に対して防衛行動をみせるため，彼らにとっては行動圏となわばりとが同じ意味をもっています．オオカミは移動量が大きく（最大で1日に14 km，Mech, 1966），しばしば広大な地域に広がって生活しているため，オオカミのなわばりの大きさを確定するのは難しい仕事です．さまざまな方法を用いたフィールドワークによって，オオカミの群れはなわばりを排他的に使用し，なわばり同士が周辺部で重なり合うことはほとんどないことが明らかになっています．とはいえ，遠く離れたところまで移動する個体もいますし（例えば分散時），群れが移住する獲物を追っていくこともあり（カリブーなど，Sharp, 1978），食料が乏しくなったときには互いのなわばりを横断します．

なわばりの大きさは獲物の豊富さによって変化するかもしれません．獲物の量（生物量）が増えればなわばりは小さくなります．このため，緯度となわばりサイズにみられる関係が生じるのでしょう．なわばりの大きさは，分布域の南で比較的小さくなっています (Mech and Boitani, 2003)．最も大きな行動圏はカナダ北部とアラスカにみられます（1000〜1500 km^2）．ヨーロッパのオオカミ（しばしば自然保護区に住んでいる）はたいていの場合，もっと小さな行動圏で暮らしています（80〜150 km^2）(Okarma et al., 1998)．

・群れ（pack）サイズ

群れのメンバーの数は年月の経過とともに変化することがあります．オオカミは繁殖期ごとに1〜6頭の仔をもうけますが，若いオオカミは9〜36か月齢で群れを離れます．1つの群れに属する実際の個体数を数えることは，単独で行動するオオカミがいるせいで難しくなっています．そういうオオカミの一部は群れから追い出されたオオカミですが，再び群れに加わることを許されるかもしれません．さらに，特に冬の間，オオカミの群れはしばしば分裂したり再び統合されたりしますし，一般に夏には群れは小さくなります．比較的大きな群れはしばしば環境要因の制約によって形成されます．あるいは，単に衰退していく個体群ではこどもが少ないために，やむをえず他の群れとの統合が起こります (Pullianen, 1965)．

オオカミは2〜42頭のさまざまなサイズの群れを作る事ができますが，Fuller et al. (2003) は1ダ

ース以上のフィールド研究の結果を見直し，北アメリカの平均的な群れはおよそ8頭で構成されていることを見いだしました．ヨーロッパの群れの平均的な大きさはおそらくこれよりもいくらか小さいでしょう（5～6頭）(Okarma et al., 1998)．地域によっては，個体数の90％を単独行動のオオカミが占めていることもあるでしょう (Pullianen, 1965)．

オオカミは単独でおとなのオスジカやヘラジカさえ捕えることができるとはいえ (Mech and Boitani, 2003)，一般に比較的大きな獲物を狙うときには群れで狩りをします．そこで，しばしばオオカミの群れサイズは獲物の大きさに関係していると推測されます (Macdonald, 1983)．というのは，集団での狩りによって得られる正味のエネルギー利得を最大にする最適な群れサイズ（群れの頭数）があり得るだろうからです．群れサイズは最も頻繁に狙う（あるいは最も好む）獲物によって決まるかもしれません．北アメリカで行われた一連の研究をまとめたMech and Boitani (2003) は，大きな群れは大きな獲物の生息地でみられる傾向のあることを明らかにしました（コラム4.5，図 (c)）．オジロジカが主な獲物になっている地域のオオカミは5頭の群れで暮らしていますが，主にヘラジカやカリブーを食物にしている群れサイズは9頭にまで増大する傾向があります．ポーランドでは，最も頻繁に観察される群れは4～6頭から成り，主にアカシカを獲物にしていました．そのような群れは，獲物のアカシカを一気に残すことなく食べ尽くすのですが，Jedrzejewski et al. (2002) は，この事実から，獲物とそれを狩るオオカミの頭数の関係を説明しています．季節によって主な獲物が変わるときにも，群れサイズの変化が起こります．冬の終わりに死亡率が増加したり群れを離れる個体の数が増えたりといったさまざまな思わしくない要因の結果として，群れサイズが縮小することもあります．食料が不足している期間には，群れから追い出される個体の数が増えます (Jordan et al., 1967)．

大きな群れほど獲物を仕留める率が高くなりますが (Schmidt and Mech, 1997)，狩りの成功率は獲物になる動物の数や最後にとった食物の量によっても左右されます．アメリカのオオカミも (Mech, 1970) ヨーロッパのオオカミも (Jedrzejewski et al., 2002)，平均して2日に1度狩りをします．

もっと最近の研究では，カラスなどの腐肉食動物との競争が強調されています．大きな群れほど仕留めた獲物をうまく守れるのかもしれません (Vucetich et al., 2004)．また，群れだけでなく実際に狩りを行うチームにも最適な大きさがあるでしょう．このことを裏づけるように，しばしば大きな群れが狩りの前に分裂し，通常4～6頭の狩りのチームをつくることが観察されています (Mech, 1970)．Derix et al. (1993) は，協調的狩りを行ったり獲物を守ったりすることがオス同士の結びつきを強めると論じています．

このオオカミの群れサイズの柔軟性は，彼らが非常に多様で広範な環境にうまく住みついたということに，決定的な意味をもっていたかもしれません．すでにみてきたように，実際の群れサイズは，獲物の大きさや狩りのチームの最適メンバー数，獲物を食べ尽くせるかどうか，獲物を腐肉食動物から守るかどうか，食料になる動物の手に入りやすさや密度など，多くの異なる要因とその相互作用によって決まります (Mech and Boitani, 2003；Okarma and Buchalczyk, 1993)．ある地方における群れサイズの傾向が別の地域にも当てはまるとは限らないでしょう．

・食性

現在のオオカミの食性は生息地によって異なりますが，先史時代には今ほど違ってはいなかったでしょう．先史時代には生息地がそれほど散らばっておらず，獲物になる動物も広大な領域にわたってあちこちに生息していたと考えられるからです（ただしそれらを獲物にするには，すでにみてきたように，オオカミはより大型の捕食動物との激しい競争にさらされていたでしょう）．現在，北アメリカとカナダのオオカミには依然として大型の草食動物だけを獲物にしてやっていける見込みがありますが，ユーラシア，特にヨーロッパや西南アジアに生息する彼らの仲間は，もっとずっと多様な食料を利用する必要に迫られています (Fuller et al., 2003)．北アメリカのオオカミの主な獲物はカリブー，ヘラジカ，トナカイですが，

特に夏にはもっと小さな獲物も狙います．これに対してヨーロッパのオオカミはアカシカ，イノシシ，ノロジカを食物にしていますが，比較的頻繁にノウサギ，ジリス，ハツカネズミといったより小さな獲物も食料にします (Jedrzejewski et al., 2000)．オオカミは家畜化された動物（最も頻繁に狙うのはヒツジで，おとなの畜牛は狙わず，仔牛だけを狙います）も襲って食べますが，これは野生での狩りの好機が少ない地域でより頻繁に起こります．ヨーロッパや西アジアでよくあることですが，いったんオオカミが人の存在に慣れてしまうと，イタリアやイスラエルのオオカミにみられるように，彼らはゴミ捨て場にも訪れるようになります (Boitani, 1982；Mendelsohn, 1982)．極端な場合には，食物摂取量の60〜70％をゴミが占めることもありえます．

オオカミは広い食性をもっていますが，興味深いことに，ほとんどの場合で全摂食量の80％を最もよく食べられる2つの種が占めています (Mech, 1970)．このことは，特定の種に対する何らかの特化や好みを示唆しています．ポーランドにおいてJedrzejewski et al., (2002) は，オオカミの捕食行動がBiałowieżaの森のアカシカの数に影響を及ぼす主要な原因になっていることを見いだしました．オオカミの数とアカシカの集団の大きさの間に密接な相関関係はみられませんでしたが，この地域にオオカミが存在することがアカシカの増殖率を低下させていました．オオカミが仕留める数はアカシカの年間増加数の40％に達し，アカシカの死亡数の40％がオオカミによるものでした．その一方で，同じ場所に生息するイノシシ，ノロジカ，ヘラジカの個体数にそういう影響はみられませんでした．

オオカミはまた，獲物の好みを最適化し，できるだけ容易な獲物を選ぼうとします．大きさの違う大型の獲物が手近にいれば，オオカミはより小さな方を選びますが (Mech, 1970)，そういう結果は，オオカミそのものが比較的小型だということで部分的に説明がつきます．Peterson et al.(1984) は，アラスカでは体の大きいオオカミほど大型の獲物を狙って狩りをする傾向があることを見いだしました．アラスカ南東部のより小型のオオカミは主にシカを狩りますが，アラスカの内陸部に住むずっと大型のオオカミはたいていヘラジカを獲物にしています．Peterson et al. (1984) は，ハンターが効果的に狩りを行うためには，個体としてある程度の体重（体力）も必要なのだと論じました．これによって，人間が進出した南の地域に暮らすオオカミが，野生の大型草食動物を食物にせず，人の出すゴミや家畜に対する好みを発達させた理由も説明することができます (Mendelsohn, 1982など)．そのような特化の別の例として，Darimont et al. (2003) は，サケ，しかもその頭だけを食べるオオカミのことを記載しています．このような好みは，胴体部に潜む寄生生物を避けようとしているのかもしれませんし，より栄養価の高い頭部に対する好みを表しているのかもしれません．いずれにせよ，どうやってオオカミがそういう習慣を身につけたのかがわかれば興味深いことでしょう．

4.3.4 オオカミの群れの間および群れの内部の社会関係

オオカミの亜種間の行動の違いを比較した研究は，形態や遺伝の研究に比べるとあまり行われていません．社会的行動についての議論は，常に一般的な「オオカミ」についてのものです．しかし，多様な生態系の中で生き延びるうえで，重要な役割を果たしてきたのは，オオカミの動的で可変的な社会システムだったでしょう．さまざまな集団構造をつくり上げる能力は，更新世の氷河期や間氷期に，彼らがさまざまな環境的条件にさらされた結果として生まれたのかもしれません．その間の変化する気候が彼らの習性の多様な側面に影響を及ぼしたのです．オオカミの遺伝子プールが獲得したのは表現型の可塑性を可能にする何らかの特性であり，個体群を分ける形態的あるいは行動的特性の大部分は発生上の可塑性を示しているのであって（第5章5節4項），厳密な意味での「適応」ではないのかもしれません．とはいえ，さらに研究が進むまでは，社会的行動に遺伝的な違いが存在する可能性を除外するわけにはいきません．

・群れ同士の関係

さまざまな地理的位置に生息するオオカミの個体群は，群れ同士の動的な関係によって維持され

ている複雑なネットワークとみなされるべきです．そのようなネットワークにおけるオオカミの数と分布は，おそらく食物と多様な社会因子という2つの主要因によって決まるでしょう（Packard and Mech, 1980）．両方の要因が個体群の大きさに影響を及ぼしているように思われるのですが，これまでのところ観察結果には大きなばらつきがあります．入手可能な食物資源の増大に対し，ある場合には，個体数は増加せずに比較的小さな個体群のままでとどまっているようにみえますが（Mech, 1970），別の場合には，急速に個体数が増大することが報告されています（Wabakken et al. 2001）．同じように，死亡率も個体数へ多かれ少なかれ影響を与えます．人による干渉をわずかしか受けていないオオカミについての研究では，年間の平均死亡率はおよそ25％で，その半分以上が飢えによって命を落とす仔オオカミの死亡によるものでした（Fuller et al. 2003）．

群れ同士の関係は，若いオオカミの群れからの離脱／分散，なわばりの防衛，非血縁個体の群れへの受け入れという3つの主な要因によって影響を受けます．自然な環境のもとでは，オスでもメスでも若いオオカミは生まれた群れを離れることになっています．このような行動の直接の原因には食料と繁殖機会の両方あるいは一方をめぐる競争が含まれるでしょうが，近親交配を避ける意味もあるかもしれません．群れからの離脱は徐々に行われます．中には，完全に群れを離れる前に短期間，あるいはもう少し長い間群れに戻ってくる個体もいるでしょう．ミネソタ州北東部（アメリカ）で群れを離れた75頭の若いオオカミを調査したGese and Mech (1991) の報告によると，ほとんどの個体は11～12か月齢で群れを離れ，群れを離れるオオカミのほとんどは2歳になる前に別の土地へ移動しました（79％）．比較的年長のオオカミ（3歳以下）の大半（67％）がうまく巣穴になる場所をみつけたのに対して，より若いオオカミ（1歳以下）で独立した暮らしを築くことができたのは25％にすぎませんでした．群れを離れるオオカミの健康状態（体重）が離脱の時期に影響を及ぼすことはないようでした．離脱が起こる頻度は両性とも同じでしたが，オスよりもメスの方がもとの群れの近くにとどまっていました．一般に若いオオカミの方がより遠くへ移住しました．分散の範囲は8～432 kmでした．群れからの離脱は（しばしば群れを離れるよう「強制され」るとはいうものの）各個体の意思決定によるようであり，単独で群れを離れることには明らかに危険がつきまとうにもかかわらず，自発的に離脱が行われます．離脱が成功するかどうかは，自分に合った配偶個体をみつけられるかどうかや利用できるなわばりの数など，さまざまな要因によって決まります．群れからの離脱率は食料事情が良好なときと悪いときに低くなり，中間状態のときにはさまざまであることが観察によってわかっています．

オオカミはなわばりによそ者が入ることを許さないため，なわばりの境界で隣り合った群れのメンバー同士が出会えば，しばしば激しい闘いになります．なわばり性攻撃の行動のルールは群れの内部での行動のルールとは違っているため，そのような状況では群れの内部での衝突と違って命を落とすことがよくありますが，一般に食料にされることはありません．同じように，群れは，少し離れて群れについてくる単独のオオカミ（しばしばみられます）に対して攻撃的行動を示します（Mech and Boitani, 2003）．いくつかの例外的な場合には，たいていは群れに繁殖個体がいなくなったようなとき，よそ者を群れに加えるために「招き入れる」こともあるかもしれません．若いオオカミほど受け入れられる可能性が高くなります．Stahler et al. (2002) は，優位個体を1頭失った群れが繁殖能力のあるオスのオオカミを1頭受け入れた例を報告しています．

オオカミにみられる群れからの離脱行動は，隣接する群れの間の遺伝的多様性を増大させ，反対に，家族内の緊密な結びつきは同系交配の率を高めるため，群れの内部での遺伝的多様性は低くなると長い間信じられてきました．観察の結果や遺伝子解析によれば，個体群内の状況はもっと複雑です．群れ同士の血縁度は距離とともに減少します，これはおそらく，分裂した群れのオオカミが多くの場合隣接するなわばりにとどまり，また，群れを離れるオオカミの大部分が近隣に暮らす群れに加わるためでしょう．しかし，群れの間の現実の遺伝的違いは以前考えられていたよりも小さい

のです（Lehman et al., 1992）．このこともまた，オオカミが隣接する群れに非常にうまく加わることができることを示唆しています．以前の家族のメンバーがすでにある群れに受け入れられていれば，同じ群れから新たにやって来た個体には，すべてのメンバーがまったく無関係な個体である群れの場合よりも，受け入れてもらうチャンスが増すと想像できます．すでに述べたように，分散に成功したオオカミは，しばしば地理的に離れた個体群同士を遺伝的に結びつけ，そのため，アラスカからカナダ東部やミネソタ州南部にいたる広い範囲のオオカミが血縁関係で結ばれている状況が可能になっています（Roy et al., 1994）．

・群れの内部の関係

ここ数年の間に，オオカミの群れの内部の社会関係についての見方は重大な変更を余儀なくされました．今日，多くの動物学者が同意しているのは，オオカミの群れは繁殖ペアとその仔から成る拡張された家族とみなされるべきであるという考えです（Mech, 1999；Gadbois, 2002；Packard, 2003）．問題のほとんどは，オオカミの群れの社会構造と階層関係について，フィールド研究と飼育下での研究の間の意見の不一致から生じていました．飼育状態で暮らすオオカミ（しばしば限られた広さの場所で不自然な構成の群れをつくっているのが特徴的です）を観察する研究者は，激しい敵対的相互交渉のすえ，厳密な序列順位関係が発達し定着するのを目撃しました．このことが，オオカミの社会システムを直線的序列構造として記述するモデルの基盤になりました．他の研究者たち（Zimen, 1982；Fentress et al., 1987；Derix et al., 1993 など）は，オオカミの地位には年齢が強い影響を及ぼし，オスとメスで別々の序列が形成されているという考え（性別／年齢による段階的序列）を支持する傾向がみられました．そういう社会システムを特徴づけるのは（より年下の）下位個体への嫌がらせや抑圧によって，あるいは優位個体への挑戦や挑発の繰返しによって引き起こされる敵対的な緊張関係です（概観するには Packard, 2003 を参照）．Mech (1999) はオスとメスに別々の序列があるという考えに反対しました．なぜなら，野生の群れではオスがメスより優位であり，繁殖オスがメスに服従することは決してなく，一方，逆の事態はしばしばみられるからです．しかし，オオカミの場合，性的二型が比較的小さいということは，力によって序列が維持されているという考えを支持していないように思われます．そういうわけで，オオカミを観察する動物行動学者はしだいに，それまでのモデルは，攻撃行動によって強制される序列関係を過大評価していると確信するようになりました．

Mech (1999)，Packard (2003) その他の研究者が，オオカミの群れは拡張された家族とみなされるべきだと示唆したとき，重大な概念上の変化が起こりました（Gadbois, 2002）．彼らの論じるところによれば，通常ひとつの群れは互いに初めて出会った2頭の若いオオカミによってつくられ，その間に生まれた1〜3歳の仔を仲間にして生活を共にすることによって拡張された家族に発展します．群れの中で最も年長で最も経験に富んでいるのは両親（基本になる繁殖ペア）で，彼らは指導的役割を分担し，グループ内で決定を下すときに両者とも他のメンバーより大きな権限をもっています．そういう指導的役割は同性の仲間に対して示されるのが普通です．しかし，養育の必要のある仔がいるときにはメスがリーダーの役割を担い，一方オスは，主に食物の獲得とそれを群れに供給することに携わります．Packard (2003) によると，このような見方はまだ決定論的に過ぎます．彼女は両親とそのこどもたちの間には双方向的関係があると述べています．この家族モデルでは，序列が比較的柔軟なこと，また，こどもの行動も群れの意思決定過程に影響を及ぼすということが提案されています（コラム 4.6）．

家族という概念は，序列／優劣関係を排除するものではありません．両親は肉体的な力の点でも経験の点でも優位に立っているため，両親が仔に支配力を行使する機会の方が多いのは自然なことです．ですから，基本的にはほとんどの群れで両親がリーダーの役割を果たし，群れの動きを制御したりその他の決定を下したりします．Peterson et al. (2002) の報告によれば，移動や獲物の追跡のとき繁殖個体である両親（匂いづけもほとんど彼らが行っていました）が群れを率いることが多い

ようで，両親はこの役割をメスに仔がいる期間以外は分担しているようでした．下位のオオカミがリーダーシップを発揮するのは群れを離脱する直前だけ，あるいは比較的大きな群れに属している場合でした．しかしそういう場合でも，優位のオオカミの行動がしばしば群れの行動に影響を及ぼしました．オオカミの集団を率いるのに年齢と経験が重要であるなら，そういう個体がいる群れは有利かもしれません．そういう経験豊かな個体は，食料が手に入る可能性について，あるいはなわばり内を移動するときの最適な進路について，多く の知識をもっていることでしょう．

　家族という概念に沿って，Ginsburg (1987) と Packard (2003) の両者は，個体関係の情動的側面を強調し，群れでは結束に向かう力と敵対に向かう力が同時に働いており，そのバランスが群れの社会的な安定性を決めるとしました．つまり，優位性や順位だけでなく，個々のメンバーが仲間に対して示すおだやかな親愛的行動も，個体間の関係に影響を及ぼすでしょう．そうであれば，親密な情動的結びつきを維持するため，社会的地位の上昇を渇望する気持ちが中和されることもあるで

コラム 4.6　オオカミの社会構造のモデリング

　最近研究者たちは，行動によって強制される厳格な直線的序列にもとづくオオカミの群れの最初の社会モデル (a) を修正し始めました．このモデルは，すべてのオオカミが優位個体の地位を狙っていることを前提にしていました．なぜならそれが自分の遺伝子を次世代に伝える唯一の方法だからです．このような見方は，次のようなフィールド観察にもとづいて変更を加えられました．すなわち，たしかに群れは一頭の母親から生まれた一腹の仔だけを育てるのですが，その群れのメンバーは同じ家族の一員であり，若いオオカミは 1〜3 歳で群れを離れるのです (Gese and Mech, 1991)．これは，オオカミには繁殖を確保する別の方策があることを意味します．加えて，詳しい観察によっても，直線的序列を裏づけるような統計的証拠はみつけられませんでした (Lockwood, 1979)．

　考えられる別のモデルは，性別と年齢による段階的序列です (Zimen, 1982 など)．このモデル (b) は，オスがメスより優位であり，ほとんどの場合，親は仔に対して優位行動を示すという観察にもとづいていますが，同時にこのモデルでは，オスとメスに別の序列があることが強調されています (Fentress *et al.*, 1987 など)．この見方に対しては，Lockwood (1979) と Packard (2003) が批判をしていますが，その理由のひとつは，このモデルでは，性別や年齢といった概念が優位性についての仮定とあいまいに混在しているからです．

　Packard (2003) はオオカミの群れの家族モデル (c) を提案しています．家族モデルも個体同士の関係に攻撃的側面があることを認めてはいます．しかし，それまでのモデルと違うのは，このモデルが，メンバー相互の間で行われるのはもっぱら親和的で思いやりのある行動であり，それが，群れ内の社会生活がほとんどいつも「平和」に保たれていることを保証している点を強調していることです．彼女の観点からは，親の「支配／優位的」行動と仔の「服従的」行動は，親が仔の行動を制御するための「親心としての攻撃」とみなされるかもしれません．同じように若いオオカミは，親がどこまで甘やかしてくれるか見極めるために「探索的攻撃」をみせるのかもしれません．Lockwood (1979) は，オオカミの社会システムは，年をとるにつれて個体が社会的役割を切り替えていくシステムだと言えるかもしれないと示唆しています．

　「序列」モデルと「家族」モデルには多くの共通要素があります．しかし，前者のモデルではオオカミを「アルファ，ベータ，……オメガ個体」や「優位個体」と呼ぶのに対して，家族モデルでは「指導個体（リーダー）」や「繁殖個体」といったカテゴリーが好まれます．新しいカテゴリーが広まったことで文献中にいくらか混乱が生まれており，統一された用語体系を設定するのが有益だろうと思われます．しかしいずれにせよ，オオカミの社会システムについての私たちの理解がこのように変わってきたことは，それらの概念を無批判にイヌに当てはめようとすることに対する警告にもなっているはずです．

（次ページに続く）

コラム 4.6 続き

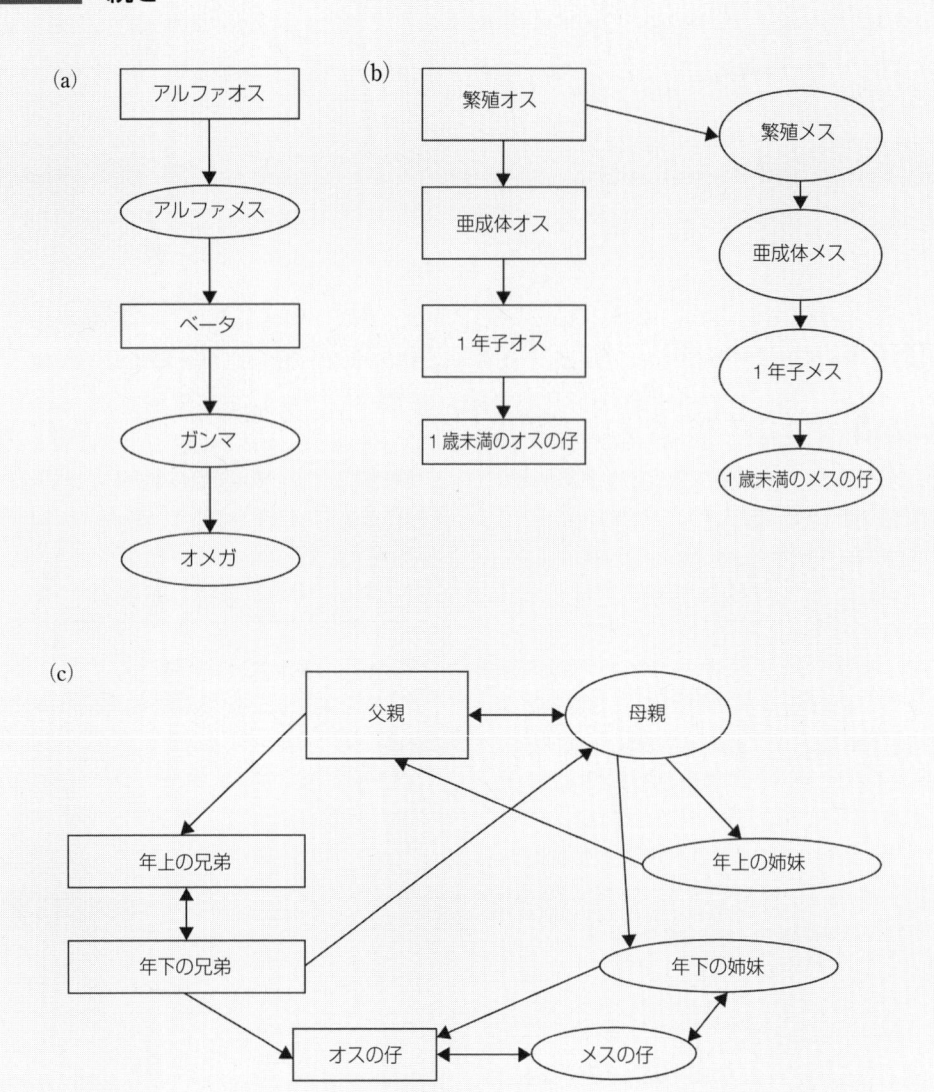

(a)
アルファオス → アルファメス → ベータ → ガンマ → オメガ

(b)
繁殖オス → 繁殖メス
繁殖オス → 亜成体オス → 1年子オス → 1歳未満のオスの仔
繁殖メス → 亜成体メス → 1年子メス → 1歳未満のメスの仔

(c)
父親 ↔ 母親
父親 → 年上の兄弟、年上の姉妹
母親 → 年上の兄弟、年上の姉妹
年上の兄弟 ↔ 年下の兄弟
年下の兄弟 → オスの仔、メスの仔
年下の姉妹 ↔ オスの仔、メスの仔

オオカミの群れの社会システムを表すさまざまなモデル（Packard, 2003 からの描き直し）

しょう．情動的な関係は，成熟していく個体が徐々に群れの構造に溶けこんでいく思春期に発達するのかもしれません．オオカミを観察すると，群れの社会的安定ということが最重要事であり，緊張を減らすためにすべてのメンバーが融和的行動を示しているようにみえることがわかります（Schenkel, 1947, 1967；Fentress *et al*., 1987；Packard 2003）．Zimen (1982) は，飼育下のオオカミの群れについて，低い順位のオスは，おそらく他のオスの攻撃を避けるために，しばしば「こどもの真似」をすること，また同じように低い順位のメスは，順位が上のメスからの攻撃を避けるために，できるだけ控えめな態度をとろうとすることを報告しています．

・オオカミの社会関係と配偶

　繁殖期は冬のさなかに始まり，1月から4月初めまでの間にオオカミの求愛と交尾が行われます．

これは，1年の内の非常に危険な時期であるようで，敵対的な社会的相互交渉が主に同性間で激化します．普通群れには1年に一腹の仔が生まれます．デナリ（アメリカ）で7年間にわたって3〜16頭のさまざまなオオカミの群れの実例を調査した Mech et al. (1998) は，1群れあたり 0.7〜5 頭の仔が生まれると報告しており，平均して1年にひとつの群れが 3.8 頭の仔を育てていました．フィールド観察によると，求愛行動の大半は繁殖ペアの間だけにみられ，優位オスはペアになっているメスに下位のオスが近づこうとするのを徹底的に阻止します（Harrington and Paquet, 1982；Mech, 1999）．繁殖ペアのオスとメスは，他の群れのメンバーとの交尾を妨げるのに違った戦術を用い，これが集団内の敵対的行動の時間的パターンに影響を与えています（Derix et al., 1993）．繁殖オスは交尾の時期に集中的に介入を行います．彼らは雌雄の性的なやりとりを妨害しますが，自分がペアになっているメスが対象になっている場合には特にそうです．同時に，繁殖オスは他のオスに対して攻撃的になります．一方メス場合，同性間の敵対的交渉の頻度は高くありません．しかし繁殖メスは，年間を通じ，摂食や集団での遠吠えなどさまざまな状況において，同性への攻撃を維持します（このように攻撃行動が同性間で広くみられることは，（メスとオスとは）別の優劣関係による序列があるという見方に傾かせるバイアスになっているかもしれません）．

Packard (2003) によると，一夫一妻関係は，繁殖ペアが強く引きつけ合っており，仔が繁殖を行うには未成熟で，群れに生じる求愛の試みに対する親の介入が成功している群れでより起こりやすいようです．一般に群れが大きいほど，繁殖ペアの仔育てがうまく行く可能性が大きくなります．そのため繁殖ペアは，群れを1年仔やそれよりも年上の繁殖を行わないオオカミにとって居心地のいい場所にすることと，彼らのペア形成の機会を力ずくで妨害することを，バランスよく行わなければなりません．

ある種の状況においては，オオカミの群れの構造が家族という単位から逸脱することがあります．そういう集団は比較的個体数が多く，より複雑な構造の群れになっています．そこには多数の血縁関係のない個体と複数の繁殖個体が含まれます．そういった比較的大きな集団は，1頭の優位オス（アルファオス）によって強制的に，より序列的に組織されていると想像されます．そのような序列関係は，年齢や血縁関係によってより乱されにくいでしょう．そういう群れ形成が比較的低い頻度であるにせよ，一定の割合で起こるということは，オオカミには柔軟な社会的序列システムの中で暮らす能力があることを示唆しています．

大きな群れでは複雑な交尾パターンが現れる可能性があり，しばしば2番目に位置するオスが繁殖メスとの交尾に成功したり，あるいは，繁殖オスが低い序列のメスと繁殖したりします．複数のメスの仔が生まれるということは，繁殖メスの存在が低い序列のメスを生理的に抑圧することがなく，繁殖期を通じて低い序列のメスに生殖のチャンスがあることを示唆しています（Packard et al., 1985）．たいていの専門家は，典型的なオオカミの群れでは毎年1頭のメスから仔が生まれるという点で意見が一致していますが，稀に複数のメスから仔が生まれるという事実は，さまざまな，ときには互いに対立する要因が繁殖に影響を及ぼしていることを示しています．繁殖ペアにとっては，自分たちだけで一腹の仔をつくることが利益にかなっているかもしれませんが，良好な環境条件が，複数のメスが仔を生むことを助けるのかもしれません．

オオカミの群れで同じメスから生まれる仔の数にばらつきがあるのは，食料の手に入りやすさが一定しないためであると推測されています．これまでのところ野生状態での仔殺しは報告されていませんが（少なくとも Mech and Boitani, 2003 では言及がありません），捕獲されたオオカミの群れでは仔殺しは特に珍しいことではありません（Packard, 2003 を参照）．

場合によってはメスが成熟を遅らせたり早めたりすることもあります．通常オオカミのメスは2歳か3歳で性的に成熟しますが，捕獲状態にあるメスオオカミは1年以内に成熟に達することもあります（Medjo and Mech, 1976 など）．このことは，成熟の時期が食料の入手しやすさや他のメスによる社会的抑圧といった環境的要因の影響下にある可能性を示唆しています．

・社会関係と食べ物の分け合い

　食べ物を分け合う場面では，オオカミの群れの調和が危機にさらされることもあるかもしれません(Packard, 2003)．獲物の分け前は獲物の大きさによって変わり (Mech, 1999)，一般に繁殖個体が食べ物の分配を管理します．個体同士の関係がしばしば繁殖ペアの寛容度に影響を及ぼすため，宥和的な個体であればいくらかの肉を手に入れる見込みがあります (Packard, 2003)．大きな獲物（おとなのヘラジカなど）の場合にはたいした争いは起こらず，全員が食事にありつきます．もし獲物が小さければ（ジャコウウシの仔牛など），優位個体が最初に食べます．親が居合わさなければこどもたちの喧嘩はいっそう激しくなります．Mech (1999) は，いったんオオカミが肉片を口の中に（あるいは肢を伸ばして届く距離内に）確保するのに成功すれば他のオオカミはこれを「尊重する」ことを観察し，オオカミの口の周辺を「所有権ゾーン（ownership zone）」と名づけました．ですから，小さな食べ物の切れ端を口でくわえて運んでいくとき，低い序列のオオカミが優位個体の前で尾と頭をもたげて挑発するような態度を示しても構わないのです．

　出産期には特別な形の食べ物の分け合いがみられます．幼いこどもを守って食物を与えることは，おおむね繁殖ペアが共同で行い，部分的には群れの年上のこどもたちも力を合わせて行う仕事です．多くの研究者は，若い個体や前年生まれのこどもたちが親の代理を務めることが，群れを維持するのに重要な役割を果たしていると推測していますが，フィールド観察の結果は，群れにとどまることがそういうこどもたちそれぞれにとっても利益なのかもしれないことを示唆しています(Mech *et al.*, 1999)．食べ物の再分配はだいたいにおいて繁殖を行うオオカミが管理します．しかし，1年仔も，親が持って帰ってきた食物をめぐっては年下の兄弟や姉妹と争うのですが，彼らが狩りをしたときには年下の兄弟姉妹のために食物を吐き戻してやることがあるかもしれません．両親は，食べ物が乏しいときにはこどもに食べ物を譲ることが多いようです．そのような場合には，幼いこどもよりも1年仔に食物をやる方が両親にとって（適応度上）有利かもしれません (Mech, 1999)．Fentress and Ryon (1982) は，自由に食べ物が手に入る捕獲されたオオカミがどのように食物を他個体に与えるか観察しました．おとなのオオカミは1年仔と幼いこどもの両方に食べ物を与え，母親は主におとなのオスから食べ物を手に入れていました (Paquet and Harrington, 1982)．

4.3.5　比較の試み：自由生活犬の社会組織

・「自由生活犬（free-ranging dog）」とは何か？

　イヌと人が一緒に生活するという現象は動的な過程です．イヌの個体群のすべてが常に人と一緒に暮らしてきたわけではありません．多くは長短さまざまな期間，人との接触なしに暮らしてきました．そういうことは（少なくとも）1万5000年におよぶ家畜化の期間にしばしば起こりましたし，今も日常的に起こっています．そういう「自由に暮らす」イヌを調べることで，イヌ本来の行動の自然状況下での動物行動学的研究が可能になると考える研究者もいます．Bradshaw and Nott (1995) は，人との複雑なインタラクションや人為的影響のせいで，研究者がイヌの社会的行動の種特異的側面を観察するのが困難になっていると不平を述べています．あるいは，そういう自由犬は，イヌが家畜化される前の，祖先となるイヌ科動物の集団のよい見本だと考える研究者もいます (Coppinger and Coppinger, 2001；Koler-Matznick, 2002)．

　あいにく，自由生活犬を体系的・生態的にどう分類するかについてはかなり意見が分かれています．その主な理由は，自由生活犬にみられる遺伝的変化と遺伝的変化を伴わない表現型の変化を区別することが困難であり，研究者によって使われている一連の定義がわかりにくいという点にあります．本書では，最新の文献に現れた議論を考慮に入れつつ，次のような区別を提案します（コラム4.7も参照）．

　野犬（feral dog）は生涯の初めの段階で人との親密な接触を経験していない点が，家畜化された仲間と違っています（社会化の欠如）．しかし，彼らは家畜化されたイヌに特有の遺伝子プールをもっています（つまり，これらのイヌは自然環境による選択にさらされてきたわけではありません）

コラム 4.7　人為生成的環境におけるオオカミとイヌ：社会化，野生化，遺伝的変化

オオカミをさまざまなイヌの個体群と異ならせているプロセスの命名や分類については，しばしば誤解が生まれています．人とほとんど交流することなく捕獲状態で飼育されているオオカミは，人の存在に**慣らす**（habituate）ことができると考えられます．人とのもっと直接的な接触を経験したオオカミは，特に若い個体であれば人に対して**飼い馴らす**（tame）ことができるでしょう．生まれてすぐに人がオオカミの親に代わって育て，密な接触を続けて他のオオカミを遠ざければ，オオカミを人に対して**社会化する**（socialize）ことができます．**家畜化**（domestication）は遺伝的変化の結果です．イヌの社会化は，イヌが人の社会的環境で育てられた場合にだけ起こります（飼い犬 owned dog）．一部のイヌは，ある程度社会化されているにもかかわらず，比較的自由な生活を送ります．そういうイヌは人との間に社会関係をもっていたり，あるいは社会関係を築く能力があり，定期的に人からエサをもらったり保護を受けたりしているかもしれません（野良犬，ビレッジドッグ）．社会化されておらず，そのため人との間に個別的接触のないイヌは**野生化した**（feral）とみなされます．野犬（feral dog）はほとんどの時間を人の住む地域から離れて過ごします．彼らは人に対して社会化されれば野良犬や飼い犬に戻ることがありますが，野良犬や飼い犬も野犬の社会に入りこむことがあります．最後に，もし何世代にもわたってイヌの集団に他のイヌの集団からの流入がなければ，遺伝的変化が固定化する可能性があります．そういうイヌの一例がディンゴです．

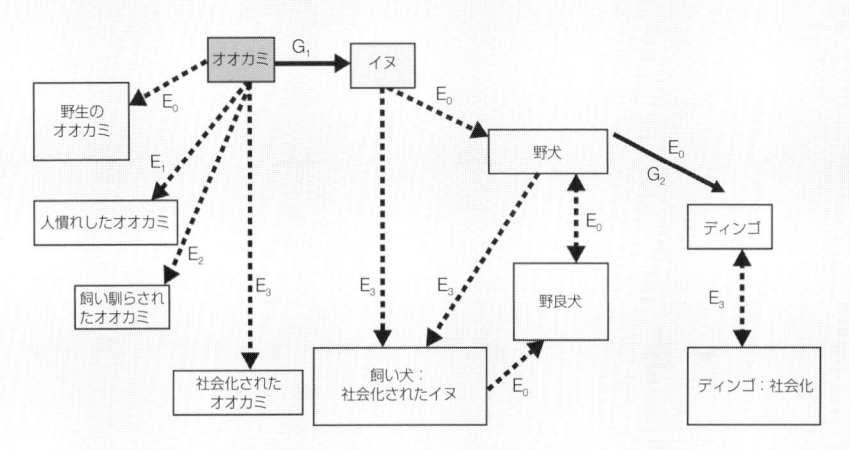

イヌとオオカミに対する環境的（発達的）・遺伝的影響の概念モデル．G1 家畜化，G2 隔離後の遺伝的変化，E0 人間不在の環境，E1，E2 さまざまなレベルでの人との接触，E3 早期（かつ広範囲）の社会化

(Daniels and Bekoff, 1989；Boitani and Ciucci, 1995；Boitani et al., 1995). 祖先が人為的環境で暮らす典型的なイヌであっただけでなく，それらの集団には，人とともに暮らすイヌが絶えず入りこんできます（Beck, 1973）．つまり遺伝子型は変化していないため，早い段階で（社会化期の間に；第9章を参照）人に対して社会化すれば，これらのイヌを「救出する」ことが可能です．野犬の仔が社会化されてできあがった成犬は，人の家族の中で暮らす他のイヌと区別がつかないはずです．その意味で野生化は社会化（socialization）と対立する過程であり，以前の文献中でしばしばほのめかされていたように家畜化（domestication）に対立する（Kretchmer and Fox, 1975；Price, 1984）わけではないことに注意すべきです．

もしずっと昔に一部のイヌの個体群が人から切り離され，人による持続的選択によって家畜化された個体群から遺伝子流入の機会がなければ，その個体群には遺伝的変化が起こったかもしれません．その変化には，創始者効果や遺伝的浮動，あるいはさまざまな方向性をもった選択による変化が含まれたかもしれません（第5章5節）．もしこ

れらの遺伝的変化が家畜化の過程に関係するシステムに影響を及ぼしたとしたら，それらのイヌの表現型は，人との接触（社会化）がある場合でも，家畜化された（そして社会化された）イヌの表現型とは異なるものになるでしょう．

これまでのところ，進化的変化を経験したイヌの個体群がいるという直接的証拠はありません．なぜなら，それらのイヌを社会化するための計画的実験が行われていないからです．ただし，オーストラリアのアボリジニの社会でずっと行われていたことは，事実上，そのような実践だということができます（第3章2節）．ですからオーストラリア（Corbett, 1995）とニューギニア（Koler-Matznick, 2002）のイヌの個体群（オーストラリア：ディンゴ，ニューギニア：シンギングドッグ）がこの範疇に当てはまる可能性が濃厚です．この場合決定的に重要な点は，他の個体群から持続的に個体が流入していた場合には，上に挙げたような遺伝的変化が妨害されるということです．しかし，島に生息するこれらの個体群の場合には，遺伝的変化が固定化するのに数千年の分離でおそらく十分だったでしょう．それらの遺伝的変化の中には，環境に対する適応的変化も含まれているかもしれません．またそういう「ディンゴ」が，オオカミなど競合する肉食動物のいない島で進化したことは偶然ではなかったかもしれません．

家畜化の場合と同様，他の集団からの遺伝的隔離が，遺伝的分岐の必須条件とみなされるべきです．今のところ適切な用語がないので，野生状態で数千世代にわたって起こる遺伝的隔離の過程を**ディンゴ化（dingalization）**と呼んでもいいかもしれません．残念なことに今日では遺伝的隔離が破綻し，ディンゴ（「純血種」）がイヌ（野犬）と交雑する機会が増加しています（Corbett, 1995）．

そういうわけで，野犬もディンゴも「自由に暮らしている」とみなすことができますが，前者の場合には主に異なった発育環境にさらされることによって表現型の変化が引き起こされているのに対し，後者の場合には表現型的影響と遺伝子型的影響の両方が重要な意味をもっています．

・野犬

野犬の個体群をオオカミと比較することで，家畜化がどのように，社会行動の組織化に影響を及ぼしたかを明らかにすることができます．なぜなら，どちらも同じような環境で行動を表現するためです（そういう野犬個体群がイタリアでBoitani, 1983；Boitani and Ciucci, 1995 によって調査されています）．もし野犬の表現型にいくらかオオカミとの類似がみられるとしたら，行動のそれらの側面が家畜化による遺伝的変化の影響下にあった可能性は低いということになるでしょう．

長期にわたる詳細な観察によって，野犬社会はさまざまに変化することがわかっています（Daniels and Bekoff, 1983；Boitani and Ciucci, 1995；Boitani *et al.*, 1995；Macdonald and Carr, 1995）．集団の大きさや社会構造がどのように組織されるかは，生息地，食料供給，その集団内の血縁関係によります．ヨーロッパの個体群についての報告では，野犬の個体群は自立的ではなく，その存続は他のイヌ集団からの継続的流入に頼っていることが示唆されています．しかしこれは，野犬が野生の中で生き延びられないことを意味しているわけではではありません．個体群の維持がうまくいくかどうかは，食料供給，競争相手，人による駆除，病気や寄生生物に対する感受性の増大などによって左右されるでしょう．

家畜化されたイヌに特有ないくつかの行動パターンのせいで，野犬は季節変化の影響を受けやすくなっています（Boitani *et al.*, 1995）．多くの場合，野犬の仔イヌの生存率が低いのは，父親の世話（イヌ以外のすべてのイヌ属の種にみられる典型的な行動）や親以外の個体による親代わりの行動が欠けているために，仔イヌの世話がもっぱら特定のメスだけにゆだねられるせいだと考えられています．野犬の母イヌはしばしば集団からいくらか離れたところで仔イヌを育てます（Daniels and Bekoff, 1989）．また野犬の発情周期は飼犬のそれと同じで，変わっていません．このことは，1年のうちのあまり好ましくない時期（秋の終わりや冬など）に一腹の仔が生まれてしまうことがあること，また次の出産の前に最初のこどもたちを養う時間があまりないことを意味しています．

興味深いことに，インド西部の野犬の観察では，別の実態が明らかになっています．Palとその同僚たちは（1998, 2003, 2004），それらのイヌの発

情は年1回だけであり，オスが親的行動を示すことを明らかにしました．オスは仔イヌとともにねぐらにとどまって侵入者から仔イヌを守り，吐き戻しによって仔イヌに食物を与えるオスも観察されました．両親が世話をすることで高い死亡率（63 %）が引き下げられることはありませんでしたが，オオカミにみられる死亡率より高いわけではありません（Fuller et al., 2003）．

食物が豊富で人間による干渉がなければ，野犬個体群の個体数は増加するでしょう．というのも，野犬の集団は，複数の繁殖ペアを中心にして編成されており，集団のメンバーは互いに比較的寛容だからです（Macdonald and Carr, 1995; Pal et al., 1998）．オオカミに比べて複数のメスが仔を生むことが頻繁に起こり，多くの場合母親が仲間から嫌がらせを受けることはなく，ときには互いの仔に食べ物をやるのが観察されています（Pal, 2004）．しかしほとんどのこどもは，オオカミでみられるよりも早い時期，1歳の終わりまでに群れを離れます（Pal et al., 1998）．そういうわけで，野犬が規制されず，気象条件が子育て（食料の入手しやすさなど）にとってあまり厳しくないときには，多くの場所で野犬の個体群が大きくなります．

いくつかの場所では，野犬が，自分たちよりも大きな獲物（野生動物と家畜のどちらも）を狩りの対象にして仕留めるのが観察されています（Jhala and Giles, 1991）．しかし，選べるとすれば，彼らは一般に腐肉食や小動物の狩りの方を好みます（Butler et al., 2004）．彼らはたいてい単独で狩りを行い，集団での狩りはまれにしか観察されていません．野犬について，組織的な群れで行う狩りが記載されたことはありません．

オオカミと野犬の集団との類似性は生態的要因によります．オオカミと同じように，野犬の集団はなわばりをもち，変動する行動圏を維持し，似たような一日の行動パターンを示します．野犬の個体群間の変異は大きく，また，人の影響を受けていない群れの観察はほとんど発表されていませんが，一部の研究者は依然として，イヌ科動物の群れの基準からみて，報告されてきた野犬の集団の社会組織を群れ（pack）と呼んでいいかどうか疑問をもっています．

・ディンゴ

オオカミとディンゴの社会的特性が似ているということは，それらの行動上の特徴が初期の家畜化（およそ5000年前）の影響を受けなかったことを示しているかもしれません（ただし，それらの特徴は平行進化の結果である可能性もあります）．全体としてオーストラリアのディンゴの社会構造は，野犬よりもオオカミの社会構造の方に似ています．ディンゴの群れが，共同してなわばりを守り，力を合わせて狩りを行い，共同でこどもたちを養育する血縁個体で構成されていることをCorbett(1995)とThompson et al. (1992)が報告しています．これの意味するところは，野犬と違ってディンゴは「真の」群れ（pack）をつくっているということです．ディンゴの群れは個体数や行動圏においてもオオカミの群れに似ています．ただし地域や生息環境によって，かなりのばらつきがあります（Corbett and Newsome, 1975; Thompson et al., 1992）．Thompson et al. (1992) が観察した群れの個体数は2〜13頭でした（目撃例全体の21 %は単独行動の個体で，平均的な群れサイズは2頭で，なわばりの広さは40〜110 km^2 でした）．

ディンゴの社会は序列的で，移動するときや獲物を食べるとき，あるいは最初に水飲み場に近づくとき，たいていは繁殖オスがリーダーを務めるのが観察されています．野犬と違って，通常ディンゴの食料の比較的大きな部分を占めているのは大型哺乳類です（およそ20 %）．ディンゴは爬虫類，鳥類，有袋類，家畜などさまざまな種を狩りの対象にしており，ディンゴが家畜の損害の主な原因になっているような地域もあります（Corbett, 1995）．

利用できる情報はほとんどないのですが，群れで生活するディンゴは，オオカミに比べて互いにそれほど攻撃的でないと記載されています．繁殖期にも同様で，優位な繁殖ペアが群れの他のメンバーの交尾を妨害することはないようです．飼育下のディンゴについてのCorbett (1988) の報告によれば，ほとんどの群れでは，仔を生んだ優位メスが他の母親の仔を殺すため，群れで育てられるのは一腹の仔だけになります．オスのディンゴは，食べ物や社会的経験を与えると

いう形で子育てに参加します．仔を失った下位のメスたちは，優位メスの仔に食べ物を与えるのに力を貸します．Corbett (1995) は，ディンゴにみられるこのような行動は極端な生態的条件に対する行動的適応の一例を示しているかもしれないと示唆しました．というのは，そういう行動によって，十分な食べ物や水がないときに少なくともひと腹の仔が（群れに親代わりを務める多くのメンバーがいれば）生き延びることが保証されるからです．野生のディンゴでも共食いによるこどもの死が報告されていますが (Thompson et al., 1992)，一部の群れでは複数のメスの仔が育てられていました．ですから，自然条件のもとにおける個体数調節手段としての仔殺しの役割についてはまだはっきりとわかっていません．

ディンゴとオオカミのこの類似は，父親（オス）と代理親（1年仔）が新しく生まれた仔の世話をするという行動上の能力が，家畜化されたイヌの祖先集団が分岐したときにも失われなかったことを示唆するものです．しかし，そういう行動をディンゴが「再発明した」可能性も除外するわけにはいきません．繁殖期における個々の個体の寛容さが増しているのは，集団の仲間に対する攻撃的行動を減少させるような初期の家畜化や（攻撃的交渉の少なさは野犬の集団の場合にも指摘されています），環境的困難への適応の結果かもしれません．ディンゴにおける仔殺しの出現は，ドロの法則（「進化は不可逆である」）が働いた一例とみなすことができるかもしれません．つまりディンゴでは，集団内における仲間への攻撃が減少した結果，集団の大きさを調節するための別の解決策として仔殺しが選ばれたのかもしれません．これに対しオオカミでは，同性間の攻撃によって複数メスが仔を生むことが抑制されており，ディンゴが仔殺しで達成したのと同じ結果を達成しているのです．

4.4　オオカミとイヌ：類似点と相違点

昔から科学者は，オオカミとイヌを客観的に識別するのに役立つような形態的あるいは行動的な特徴（さらに最近では遺伝的な特徴も）を確認しようと努めてきました．その結果，そういうカテゴリー化は非常に難しいことが明らかになってきました．分子遺伝学的研究は，オオカミとイヌを確実に識別する分子マーカーを発見しましたが (Vilá et al., 2003)，表現型マーカーの方は難しく，まだ確立されていません

イヌとオオカミのカテゴリー的相違を記述することの困難さは，イヌとオオカミが生態的に隔離されているにもかかわらず，これら2つの種が表現型形質の大部分を共有しており，質的差異（一方の種にだけみられる形質）が稀であるという事実に根ざしています．実際ほとんどの差異は量的なものであり，種特異的な変異の大部分が一致しています．さらに，そういう量的形質の大部分については，まだ一度も詳しい調査や種間比較が行われていません．

4.4.1　形態的特徴

形態的・解剖学的特徴全体をみて，オオカミとイヌを見分けることができるのは明らかです．イヌが特別に選別された犬種に属するときは特にそうです．しかし，もしオオカミとジャーマン・シェパードやマラミュートのような「オオカミに似た」犬種を比べる場合，あるいはわずかな形態上の印（歯や長骨だけなど）しか利用できない場合には，識別はもっと難しくなります．

決定的な証拠はほとんどありませんが，イヌとオオカミを区別することができるような少数の質的特徴があるかもしれません．そういう区別はたいていの場合，オオカミにはないけれどもイヌにはあるだろう特徴にもとづいています．つまりそういう特徴は，それらの特徴を示さないイヌがいた場合には役に立たないということになります．リンネその人は，イヌの鎌形の尻尾に注目しました．そういう尻尾の形はどんなオオカミにも観察されたことがなく，同じようにオオカミには，一部（ただし，すべてではありません）のイヌに現れるような垂れた耳は決してみられません (Clutton-Brock, 1995)．

定量的変数の場合には統計的方法にもとづいてカテゴリー化が行われ，通常ひとつの表現型変数では不十分なので，手続きが非常に煩雑になります．例えば，オオカミとイヌでは上腕骨の長さの変異に重なり合う部分があります (Casinos et al.,

1986)．おそらくアイリッシュウルフハウンドは，ほとんどのオオカミよりも長い上腕骨をもっています．ですから，上腕骨の長さのみにもとづいてイヌとオオカミを識別することはできません．ただし，この骨の直径を測るなら，オオカミの上腕骨はイヌよりも細いことがわかります．統計的方法（線形回帰）は２つの種の間のこのような違いを明らかにします．しかし，例えばアフガンハウンドのような一部の犬種では，長さと直径の比がオオカミに似ています．そういうわけで，上腕骨をみつけても，それがオオカミのものだったのかイヌのものだったのか確証は得られず，さらに多くの表現型変数を包括的に扱うことによってのみ識別がうまくいくようになるのです（Wayne, 1986a,b）（コラム 4.8）．

4.4.2 行動の比較

長年にわたって動物行動学者たちは，オオカミを特徴づける行動要素の長大なリスト（エソグラム）を積み上げてきました（Schenkel, 1947；Fox, 1971；Frank and Frank, 1982；Feddersen-Petersen, 2000；Packard, 2003 など）．また，オオカミとイヌを飼育する研究者たちは，しばしばそれらの行動上の相違点を報告してきました（Fentress, 1967）．

しかし，少数の例外はあるものの（Bradshaw and Nott, 1995；Goodwin *et al.*, 1997 など），量的データを含む比較可能なイヌについてのエソグラムが不足しています．さまざまな犬種や雑種犬や野犬についての全般的な行動観察からは，彼らが祖先にあたるオオカミのパターンのある種の構造を「モザイク状に」表していることが推測できます．つまり，どのような任意のイヌ個体群もオオカミのエソグラムのある限定的なサブセットだけを示しているのです（Coppinger *et al.*, 1987, Goodwin et al., 1997）．イヌの行動には大きな個体差があることが多くの研究者によって観察されており，そのことが，オオカミに比べ，イヌの行動の予測を難しくしています（Fox, 1971；Ginsburg and Hiestand, 1992）．

Fox (1971) はイヌとオオカミの行動の量的差異を示す可能性のある４つの要素を挙げていますが，中でも吠え（barking）が格好の例を提供してくれます（Cohen and Fox, 1976；Schassburger, 1993；Pongrácz *et al.*, 2005 を参照）．オオカミもイヌも吠えますが（第8章4節2項を参照），イヌ（多くの）の方が吠えることに対する閾値が低いようです（**閾値の変化**）．イヌの吠え声のパターンはさまざまで，連続した吠えを長く続けたり，吠えを他の発声と組み合わせたりします（**連鎖の変化，省略**）．オオカミは特定の社会的文脈（「警告や抗議」）で吠えますが，イヌはさまざまな社会状況で異なる種類の吠え声を発します（**儀式化**）．イヌは，何らかの外的刺激に反応して吠えるよう（あるいは吠えるのを控えるよう）教えこむことができます（**個体発生上の変更**：学習，トレーニング）．

一部の行動の違いは派生的な——他の形態的特徴や感覚的能力やホルモン濃度などの違いと結びついた——ものかもしれませんし，あるいは，表現型の可塑性の結果であって遺伝的変化を示すものではないかもしれません（例えば，尻尾がないときに臀部を振るなど，Fox, 1971）．イヌのあいさつのパターンは嗅覚信号に使われるある種の腺（例えば尾上腺（supracaudal grant））がないために違ったものになっているかもしれず（Bradshaw and Nott, 1995），あるいは，動かすことのできる耳や尻尾がないためにコミュニケーション行動が変化しているかもしれません．

Fox (1971) によれば，イヌがオオカミのようなニヤニヤ笑い（唇を上下左右にめくって歯をのぞかせる）をするのは人に対してだけです．この表情は多くの人にとって人間のニヤニヤ笑いに似て見え，これを「微笑み」と表現する人もいます．このような信号の使用は個体発生的儀式化の例かもしれません（第8章5節）．

最後に挙げておきたい興味深いことは，遺伝学的にオーストラリアのディンゴの近縁種であるニューギニアシンギングドッグが，一見したところ，これまでイヌやオオカミに関して記述されたことのないような，多くの独特な行動形質を示すことです．それらの行動は主に個体間のコミュニケーションと性行動に関連しています（Koler-Matznick *et al.* 2000, 2003）．現在入手できるデータによると，これらのイヌの現在の個体群は，おそらく小さな個体群を起源とするもので，特定の環境条件下での生活に結びついた変化の特殊なケ

ースを示している可能性があります（創始者効果；第5章4節）.

4.5 将来のための結論

イヌ属の種は，動物の中でも非常に成功したグループです．全体としてこの属の種同士はどちらかといえば互いによく似通っています．このことは，彼らが比較的長い間進化的に分離されてきたにもかかわらず，今なお互いに交雑可能であるという事実によっても明らかに示されています．イヌ属のゲノムは，実際の環境がつきつけるどのような課題に対しても容易に適合するスイス製のア

コラム 4.8　オオカミとイヌの比較

長年にわたって科学者たちは，オオカミとイヌを識別するのに利用できる特徴のリストを積み上げてきました．残念なことに，そういうリストの大部分は質的比較にもとづくもので，非常に一般的な記述にとどまっています．個体群レベルでのオオカミとイヌの比較は行われていません．

相対的比較にもとづいてある種に特有であると考えられる頭骨の特徴がいくつかあります．例えば，もし下顎と歯が1本ずつみつかれば特定の種が指し示せるかもしれませんが，どちらか1つだけでは不十分です．そのような測定値を扱うには，ほとんどの場合，個々のデータをカテゴライズするための何らかの尺度が必要です．

形態的特徴

一部の研究者は，多くの専門家によってオオカミとイヌを特徴づけるものとみなされてきた特異的な形態上の特徴を挙げています．

- しずく型の鉤爪：オオカミにはしずく型の鉤爪（第1指：第1趾）は発現しませんが，これは大部分の犬種にもみられません（Clutton-Brock, 1995）.
- 尻尾：オオカミには鎌型の，あるいはきつく巻いた尻尾はみられませんが，これは大部分の犬種にもありません（Clutton-Brock, 1995）.
- 耳：オオカミの耳は常に直立しており，垂れ下がっていません（ただし，多くのイヌでも耳は直立しています）.
- 尾腺：イヌの場合には，尾上腺はなかったり小さくなったりしています（Fox, 1971；Clutton-Brock, 1995）.
- 下顎：イヌの場合には，下顎の先端が外側に反り返っています（オオカミでは，いくつかの亜種，チュウゴクオオカミ（*C. lupus chanco*）にのみみられます）（Olsen and Olsen, 1977）.

頭骨の相対的差異

一部の研究者は，オオカミとイヌの形態的な違いとして，頭骨の相対的差異が種を示す特徴になると示唆しています（特に断りのない限り，大半の参照先は Clutton-Brock, 1995）.

- 頭骨と体：体重が同じ場合には，イヌの頭骨の方が短く，小さい（体積）（Kruska, 2005）.
- 頭骨と歯：頭骨との関係において，歯がより小さい（Wayne, 1986b；Morey, 1992）.
- 頭骨の長さと幅：口吻の幅が長さに比べて比較的広く，頭骨の長さとの関係において口蓋と上顎骨領域が短く広くなっている（このため，イヌの鼻面の方が短くみえます）（コラム 5.5）.
- 頭骨と洞：イヌの方が前頭洞が大きくなっている．
- 頭骨と胞：イヌの方が聴覚（鼓室）胞が小さく平らになっている．
- 頭骨と前額部：多くの場合，イヌの方が前額部の角度（「額段」）が大きくなっている．
- 頭骨と眼窩：イヌの方が眼窩の形が丸く，眼球がより真っ直ぐに前方を向いています．
- 下顎と歯：オオカミの方が上の歯列の湾曲が大きく，下顎の角度がより深く，前端がより突き出し，下顎の奥行きが深くなっている．
- 下顎と歯：多くの場合イヌの歯の方が，特に小臼歯の部分で密に詰まっている．

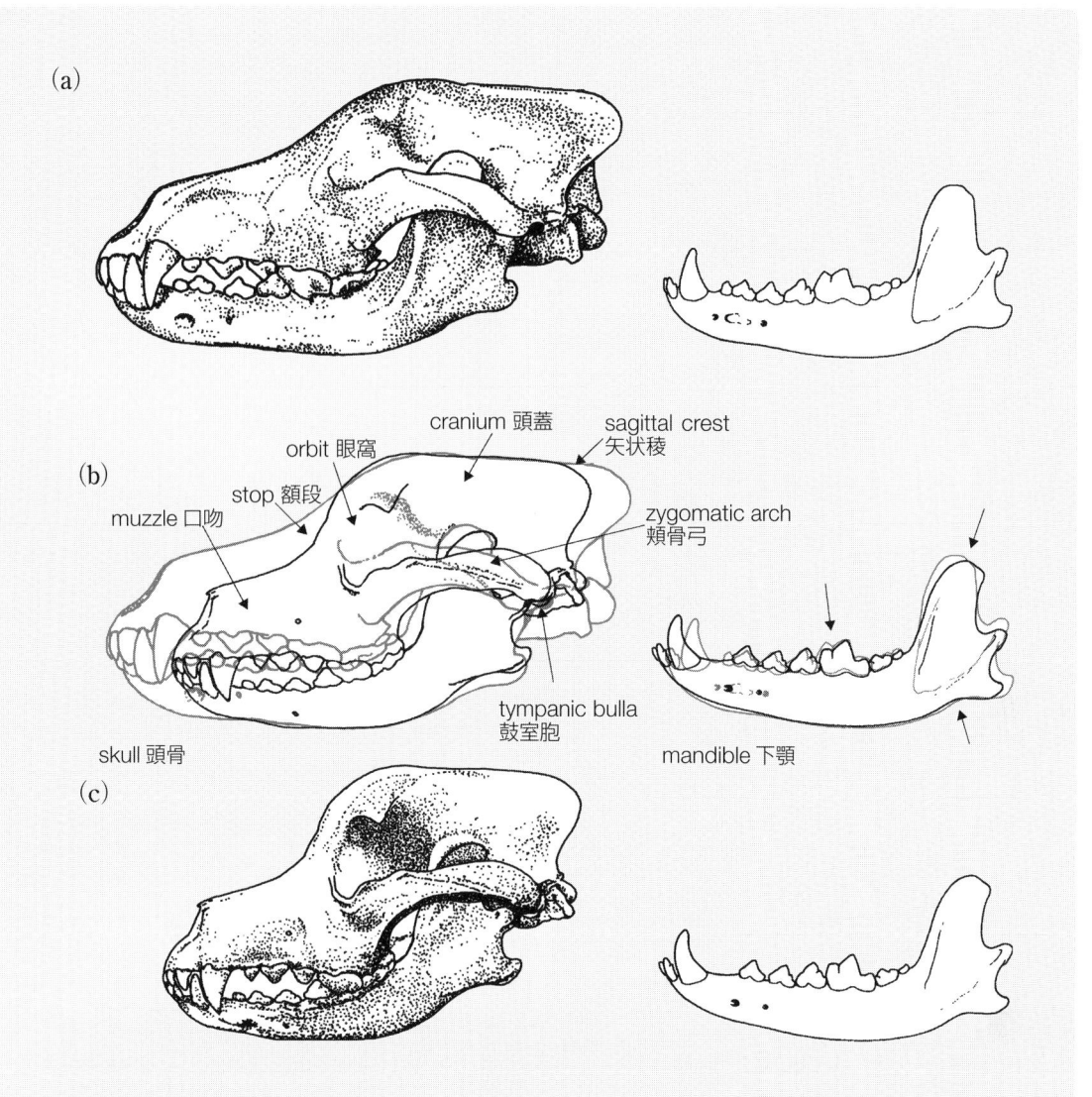

(a) オオカミの頭骨．(b) イヌとオオカミの頭骨を重ね合わせた図．記載されている種差がある場所を矢印で示している．詳しくは本文を参照．(c) イヌの頭骨（Clutton-Brock, 1995 にもとづく）．

ーミーナイフのように機能するのかもしれません．

反証がないのですから，イヌ属のどのような種も「イヌ」になる可能性があった（あるいは，ある）という考えを除外するわけにはいきません．オオカミが（イヌの祖先として）特に適していたと主張する際に，主に論じられるのはその発達した社会性ですが，これはほんの数世代で選択されることがありえます．イヌ属のさまざまな種や亜種を用いて社会化に的を絞った実験を行うことによって，人に対する行動の類似点や差異が明らかになるかもしれません．

オオカミの行動の多様性について，そして，それが遺伝的基盤と環境的基盤の両方あるいはいずれかにもとづいているのかどうか，知らねばならないことはたくさんあります．オオカミの進化史は，表現型的可塑性の増大を伴う遺伝子型という結果を生み出したのかもしれません．オオカミを調べると同時に，現在のイヌの表現型のばらつきを定量的に記述する必要もあります．

参考文献

Macdonald と Sillero-Zubiri の編著 (2003) は，イヌ科の動物の比較生物学について広い視野を提供してくれます．また Mech and Boitani (2003) は，オオカミに焦点を定めて同様のアプローチを採用しています．気になるのは，Beck (1973) による野犬についての示唆に富む研究に後続の研究が見当たらないことです．

第5章

家畜化

5.1 はじめに

「家畜化」という用語は，しばしば2つの異なった文脈で使われます．第1の意味は，いくつかの「野生」動植物の形質を人間が変化させた歴史的時期（多くは，先史時代を含む）を指します．この見方は，人間の歴史における家畜の貢献と役割に注目しています．そのため家畜化は，動物を捕獲して飼育し，繁殖させ，選択をかけるという，一連の技術的革新として記述されます．

一方，生物学者は進化の文脈において家畜化を研究する方を好みます．例えばPrice (1984)は家畜化を，「ある動物個体群が遺伝的変化を経て人間および捕われの環境に適応するようになる」進化的「プロセス」と定義しています．つまり家畜化は，自然の個体群にみられる選択の諸形式を含む，ひとつのダーウィン的プロセスなのです．その結果，家畜化された動物は，人間によって作り出された特定の環境（生態的ニッチ）に進出しました．そういう生態的ニッチがひとつなのか多数なのかは興味深い問題です．しかしいずれにせよ，人間がつくり出した（人為的な）生態的ニッチは多くの点で自然の生態的ニッチとは異なっており，イヌの場合にはこのことが最もはっきり見て取れるものと思われます．

進化的にありそうなイヌの家畜化の枠組みを提示するのは難しいことです．最初の課題は，実際にイヌが選択されてきた環境を再現することです．そこには，想定される参加者，つまりイヌの「祖先」と人の「祖先」，そして進化の原因となった特定の要因が含まれます．通常このような再現を行う場合には，地質学的な出来事（例えば氷河作用，大陸移動，環境温度）などの非生物的要因と，食料になりうる資源の存在，他の競合者，あるいは潜在的捕食者といった生物的要因の両方を考慮に入れます．イヌの進化は人（ホモ・サピエンス）の出現と拡散に密接に関連しているため，人の進化の最終段階についても知っていることが必要です．これは，人の進化についての見方が変われば，イヌの家畜化に対する私たちの理解も変わりうるということでもあります．

5.2 人間からみたイヌの家畜化

どのような進化的な出来事がイヌの家畜化につながったかを説明しようとする理論への興味が，近年高まっていることに気づかされます．アイディアのほとんどは排他的ではなく，異なるタイプの論拠を利用したものです．イヌと人の歴史が緊密に織り合わされていることについては研究者間で意見が一致していますが，家畜化の過程で人が果たした役割については意見が分かれています（コラム5.1）．イヌと人という2つの種の最近5万年間を並行してみていくことが，最初のアプローチとして有効かもしれません．

アフリカの外の地域への人間の移住には4つの主要な段階がありました（Finlayson, 2005）（図5.1を参照）．まず，より古いヒト属（*Homo*）のメンバー（現在は *H. erectus, H. heidelbergiensis, H. neanderthal* として記載されています）がおよそ30～40万年前にアフリカを離れ（Finlayson, 2005），おそらくその旅の途上でオオカミに出会ったと思われます．この頃までには，オオカミは全北区における主要な捕食動物になっていました（第4章3節2項）．さらに，オオカミのいくつかの種（とジャッカルの双方あるいはいずれか）はアフリカ北東部に生息していたため，アフリカを離れるずっと以前に，人がオオカミに似たイヌ科の動物と生息地を共にしていた可能性は非常に高いと思われます．つまり，ヒト属の少なくとも3つの種が，大西洋岸から中国東部にいたる広大な地域で40万年以上にわたり，オオカミ個体群の側で暮ら

コラム 5.1 非排他的な家畜化の理論

長年にわたってさまざまな理論が数多く提出されてきており，ここではそれらを進化のメカニズムとの関連でまとめています．それぞれの理論が家畜化過程の特定の側面を説明するうえで重要な意味をもっているため，5つの理論をすべて総合すれば，おそらく一連の出来事の最も説得力ある説明になるでしょう（図5.2も参照）．

1. 個体ベースの選択

この理論では，人が定期的に巣穴からオオカミの仔を連れてきて人の集団中で社会化し，何世代にもわたって「適切な」気質と親和的傾向（の双方あるいはいずれか）を示す個体を選び出したことでイヌの家畜化が起こったと考えます（Lorenz, 1950；Clutton-Brock, 1984；Paxton, 2000など）．この考え方を支持しているのは，野生のイヌ科動物の仔には，人に対する行動において，はっきり区別できる広い変異がみられるという観察です（MacDonald and Ginsburg 1981）．しかし，個体単位の選択は，家畜化が始まった頃ではなく終わりの段階になって（犬種の選別の際に）行われたものと思われます．

2. 個体群ベースの選択

この理論では，イヌは腐肉食（スカベンジャー）のイヌ科動物個体群から以下の2つの過程のいずれかを経てきた子孫であると考えます．

A 人の活動は，簡単に利用できる新しい食料源をもたらすことによって，環境に変化を引き起こした．この食料源をオオカミ個体群（1つかもしれないし，複数かもしれません）が利用し，並行してそれらの個体群に形態的，生理的，および行動面での変化（「前家畜化：protodomestication」；Crockford, 2006）が生じ，最終的にその個体群が他の「野生」個体群から隔離された．このような新しい生態的ニッチは狩りをする人間によってつくり出されたか，あるいは，人の居住地という形をとって現れた（Coppinger and Coppinger, 2001）．

B 当時すでに存在していた腐肉食の生活スタイルをもつオオカミに似たイヌ科動物の個体群が人の集落と結びつき，人の活動によってもたらされる食料を利用するようになった．人の集団が生み出す残飯の量が増えるにつれ，それらの動物はより依存度を高め，一種の排他的関係が進化した（Koler-Matznick, 2002）．

理論Aはありそうな説ではあるものの，なぜ家畜化が少数の場所でだけ始まったのか説明するうえで難点があり，理論Bには事実にもとづく証拠がほとんどありません．

3. イヌと人の共進化

共進化は，他種の作用に対応した適応的変化を引き起こすような2種間の相互作用と定義されます．つまり，この理論では，イヌと人で，その進化的関係のため両者の機能的な変化（適応）が生じたと考えます．Paxton (2000) は，イヌが（彼らの優れた嗅覚機能によって）定位の仕事を引き受けたため，人の顔（鼻と口）の構造には，より巧みな発話を可能にするような選択的変化が起こったのではないかと述べています（これに対する批判についてはBekoff, 2000を参照）．

4. 人の集団に対する選択

集団レベルで現れる何らかの特性が選択に際して有利に働くこともありえます．批判的に言えば，そのような選択が働くのは個体が集団に忠実な場合に限られるのですが，人の進化においてはもしかしたらそうだったのかもしれません．イヌとの関係の上に文化を築いた人の集団は，もしイヌが人の適応度の増大に貢献したとするなら，いくらか有利な立場にあった可能性もあります．オオカミをよく観察しようとする傾向は，狩りや集落形成の発達に役立ったかもしれませんし（Sharp 1978, Schleidt and Shaller 2003），人が集落周辺のオオカミやイヌを許容する程度にも集団によって違いがあったかもしれません．

しかし，この理論を裏づけるような，事実にもとづく証拠はほとんどありません．

5 文化的・技術的進化

イヌの多様化は，文化や技術の進化に並行して進んでいます．最初の頃，イヌが果たしていた役割は，人の労働を助けることでしたが，それは限定的なものでした（また，おそらく食料源という役割もあったでしょう）．あるいは，人はイヌを儀式に利用していたかもしれません（Morey, 2006）．やがて人は，イヌをさまざまな目的に利用する方法を見いだし，著しい多様化が起こりました．イヌは，牧畜や警護や橇引きに利用され（Morey and Aaris-Sorensen, 2002），最近では障がいをもつ人々の介助にもイヌが使われるようになりました．このような多様化は人間の歴史において繰り返し起こっており，文化の発達に伴う人間の目的や目標の複雑化が，イヌの姿に反映されているとみなせるでしょう．

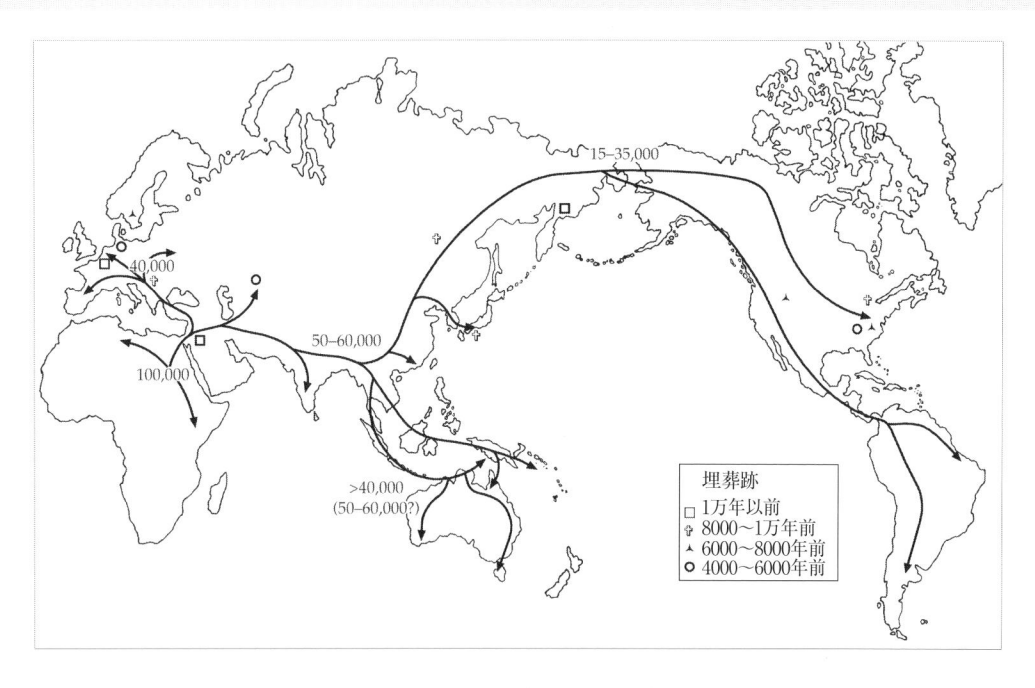

図5.1 現在考えられている「出アフリカ」後の初期人類（*Homo sapience*）の移動ルートと初期のイヌの遺物がみつかった場所（Crockford, 2006 と Morey, 2006 の報告による考古学的年代にもとづく）．

していたということです．注意が必要なのは，この期間中，知られている限り，人の存在と関係しそうな変化がオオカミ個体群には起こっていないということです（ただし，Olsen, 1985 を参照）．もっとも原理的には，これらの人間の狩猟によって余剰の食料が生み出され，その土地に住むオオカミを引きつけた可能性はあります．

第2段階は，現生人類（*Homo sapience*）の祖先がアフリカを離れたときに起こりました．これは非常に波乱の多い過程で，数多くの個体群の大半が，東アジアで確かな足場を築く前に死に絶えました．考古学者や進化遺伝学者は，人類は12万年前から4万5000年前までに何波かに分かれて東アジアへ移住したものの，気候が寒冷化したときには，しばしば生態的な退避地へ逃げこまざるをえなかった，という点で意見が一致しているようです（Finlayson, 2005）．もしそうだとすれば，これは，約10万年前にオオカミ似の野生イヌ科動物と現生人類が出会った結果，現在のイヌが出現した，という考えに合致します（Vilá *et al.*, 1997；本書第5章3節2項を参照）．

もしイヌが，人間に出会ってまもなく進化したのだとすれば（およそ5万年前），移動中の人間の集団には最初からイヌが加わっていたと予想され

ます．残念なことに，人とオオカミ似の動物の間の，そういう初期の結びつきを示す証拠は今のところありません．これは個体群ベースのイヌの家畜化理論（人間活動によって食料豊富な新しい人為生成的な生態的ニッチが生じたためにイヌが生じたと考えます）にとって問題になります．人とオオカミが生息地を共にしていた長期間にこれといった変化が見当たらないことを説明しなければならないからです．もしかすると，この期間を通じて，人間のハンターたちは，野営地周辺に生息するオオカミの大きな集団を養うに足るだけの残飯を生み出さなかったということなのかもしれません（コラム 5.2）．ここで重要なのは食料の量です．もしオオカミが残飯の他に自力で狩りをして食料を補わなければならなかったとすれば，同種の個体と接触することになったでしょうし，そうすれば，「野生の」個体群と「人為生成的」個体群の隔離が危うくなったことでしょう．しかし，人間が特に大型の獲物を狙って狩りを行えば，非常に長期にわたってオオカミ（や他の腐肉食動物）が利用可能な余剰食物を生み出したと考えられます．実際，ヨーロッパ中部の一部の研究者は，その地域のオオカミ個体群に，およそ 1 万 2000 年前に遡ると推定される家畜化の兆候を示す変化の印を見いだしています（Musil, 2000）．注目しておくべき重要なことは，狩りをする人間たちは移動していたということ，そのため，残飯を利用するオオカミは人間と緊密に接触する必要はなかったということです．オオカミは，人間がすでに立ち去った後で，人間が獲物を仕留めて解体した場所を訪れたのかもしれません．

個体群ベースの見方に肩入れする研究者（Tchernov and Horowitz, 1991；Coppinger and Coppinger, 2001；Crockford, 2006 など）は，イヌが人間によってもたらされる食料源の利用に踏み出す第 1 歩は，著しい小型化だったと結論づけて

コラム 5.2 どれだけの肉があればオオカミはやっていけるか？

さまざまな研究を概観したところ，自由に生活するオオカミの成獣は 1 日に 5 kg 以上の肉を必要とするようです（Peterson and Ciucci, 2003）．Henshaw (1982) は基礎（安静）代謝率（BMR）にもとづいて 1 日当たり 1〜1.5 kg と見積もりましたが，他の計算によると，活動しない個体では最低量がおよそ 0.55 kg だとされています．Peterson and Ciucci (2003) の主張にもとづいて体重（W）とエネルギー必要量の関係を表すと次のようになります（Kleiber 1961 に準拠）．

BMR（kcal／日）= $70W^{0.75}$
（定数 70 を 12.19 で置き換えれば kJ（キロジュール）／時）

Coppinger and Coppinger (2001) は，初期のイヌはエネルギー量の少ない食物で生き延びなければならなかったため，家畜化の過程で体を小型化させることが重要だっただろうと論じました．実際，オオカミが 1 日に 1 kg の肉で生きていくと仮定すれば，平均的な群れには 1 日におよそ 6 kg，ひと月におよそ 180 kg の肉が必要になるでしょう．だとすれば，ただオオカミを養うためだけに，人間は毎月 3 頭ほどのシカ（1 頭あたりおよそ 50 kg）を仕留める必要があったことになります．ですから，オオカミにとっては，人間の食べ残しなどの代替的食料を食べる以外に，体サイズを小さくすることも（脳の相対的小型化も含めて），生き残りに有利に働いたかもしれません．さらに，通常オオカミの基礎代謝は肉食動物としては高めなため，基礎代謝の低い個体が選択されイヌが進化してきたのかもしれません（Kreeger, 2003）．残念なことに，基礎（安静）代謝はさまざまな方法で測定できるため，現在得られているデータの比較を行うのは困難です．おそらく初期のイヌにエサを与えることは家畜化に必須の条件だったでしょう．ですから，家畜化は，人にそういうイヌ科動物の群れを養う余裕があり，その方法をみつけることができるような場所で始まったのでしょう．

います（ただし，よりどころとする論法は異なります）．この考えは基本的に考古学的記録によって裏づけられています．しかし，オオカミがこのような新しい食料源を利用する際に競争者がいたかもしれないという可能性はまったく考慮されていないようです．実際には，人間がアフリカを離れて以来ずっと，ゴールデンジャッカルのような他の小型の肉食動物（これらは今日もなお南アジアの大半の地域に生息しています）が狩りをする人間の後につき従っていたということはありそうなことです．少なくとも，そうでなかったことを示すデータはありません．これらの小型動物は「適切な」大きさであり，おそらく人間が残した余剰の食物をあさることに行動面で最大限適応していたでしょう．注意すべきなのは，寒冷な気候のせいで当時のオオカミは南アジアに生息する現生の亜種に比べてずっと体が大きかったことです．他のイヌ科の動物を出し抜くためにはまず小型化する必要があったでしょう．しかし，もっとありそうなことは，実際にはジャッカルは北へ移住する人間の後を追わず，そのためオオカミの方に，新しい生態的ニッチに入りこむチャンスが生まれたということです．あるいは，人間が生み出す食料源のまわりに集まる小型のイヌ科動物をオオカミが打ち負かしたのかもしれません．

　第3段階は，およそ2万年前に最終氷期の極大期が終わった後に始まりました．この頃人間は急速に数を増やし，何波かに分かれて中央アジア東部やシベリアへ，また，そこから北方や西方へ向かってヨーロッパへ，東へ向かってはベーリング海峡を越えて北アメリカへ移住し始めました．「厳密な」年代はたいして興味を引くものではありません．それよりも，1万～1万5000年前までには大部分の大陸にいくらかの人間が住みついていたことに注目することの方がもっと重要です（オーストラリアには，およそ4万～4万5000年前という比較的早い時期に海岸沿いの居住地がありました）．おそらく，パタゴニアが最後に発見された居住地のひとつだったでしょう．

　この段階で狩猟採集生活から農耕への移行が起こりましたが，これは実のところ後戻りのない順調な過程ではありませんでした．農耕はいくつかの場所で別々に発生しましたが（Smith, 1998），多くの場合狩猟と農業の間を行きつ戻りつしていました．何世代にもわたって両方が並行して行われた地域もありました．例えば中近東では，農業の進化を特徴とする1万4000年前の初期の時代に続く1000～2000年の間，おそらくは初期の脆弱な農耕生活を続けることを許さなかった気候の著しい変化のせいで，人々は狩猟生活に逆戻りしました（Goring-Morris and Belfer-Cohen, 1998）．このような人間の活動の変化は，野生のイヌ科動物との間にそれまでにつくられていた関係に影響を及ぼしたことでしょう．ここで重要な問題は，「野生の」個体群と「人と結びついた」個体群の遺伝的隔離が維持されたかどうかということです．今のところ，移動して狩猟生活を営む人間がそういうオオカミに似た個体群の交雑をどうやって防ぐことができたのか，あまりはっきりとはわかっていません．おそらくこの段階に関係してKoler-Matznick (2002) は別の説明を提案しており，家畜化は東アジアに生息していた腐肉食のイヌ科動物をもとにして行われたのだと主張しています．つまり，人の個体群が2万年前にこの地域に到達したときに初めて家畜化が始まったのです（コラム5.3）．これによって，初期人類の移動経路沿いに早い時期の発見物がないことや，小型化を示す過渡的なオオカミがみつかっていない理由の説明がつくでしょう．この主張は，アメリカ（コヨーテ）やアフリカ（ジャッカル）と違って，アジアには腐肉食の生活スタイルを示す小型のイヌ属の種が他にみられないという観察結果によって裏づけられるでしょう．しかし，もし腐肉食の（亜）種をもとに家畜化が行われたのだとすれば，なぜ手始めにジャッカルが家畜化されなかったのでしょうか？

　第4段階は，人間が永続的な定住集落をつくったときに始まりました．Coppinger and Coppinger (2001) は，村という形をとった人間のなわばりが，イヌにつながる人為生成的な個体群と他の野生個体群との間に自然の障壁をつくったのではないかと述べています．なぜなら，食物を手に入れるためには，腐肉食の動物は人間のそばで暮らさなければならなかったからです．初期の集落がイヌに永続的な住みかを提供したとすれば，この新たに進化した動物は，もし人間が狩猟生活に戻る決心

コラム 5.3　イヌはどこで生まれたのか？

さまざまな大陸から集められた 466 頭のイヌのミトコンドリア DNA を分析した結果，イヌがひとつあるいはわずかな数の祖先個体群から派生し，初期の家畜化の起こった中心地は東アジアであったことがわかっています（Savolainen et al., 2002）. 得られた DNA 配列は分岐群（クレード）A～F と呼ばれる 6 つのグループに分類されました．それら分岐群の主要な地理的領域における分布を書きこめば，各分岐群のイヌの割合は，非常によく似ていることがわかります（a）．ヨーロッパと南西アジアに分岐群 D がみられるのは，他のオオカミに似たイヌ科動物との限定的で局地的な交雑があったことを示しているのかもしれません．分析によって固有ミトコンドリア DNA 配列（ある地理的領域だけにみられる配列）が 70 みつかりました．イヌの世界各地への分散が家畜化の後に起こったと仮定すれば，新たに住みついた地域では遺伝的変異が減少しただろうと考えられますから，遺伝的変異の最も大きいことが家畜化の中心地を示すはずです．ほとんどの固有配列は東アジアでみつかり，次に多くがみつかったのはヨーロッパと南西アジアでした（b）．固有配列の分布にこのような違いがみられることは，局地的交雑の現存するイヌ個体群のミトコンドリア DNA への寄与は，それほど大きくはなかったことを示していると考えられます（115 ページも参照）．

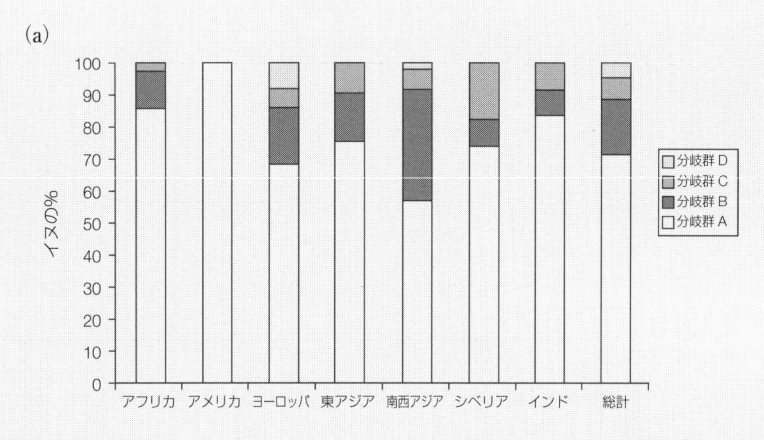

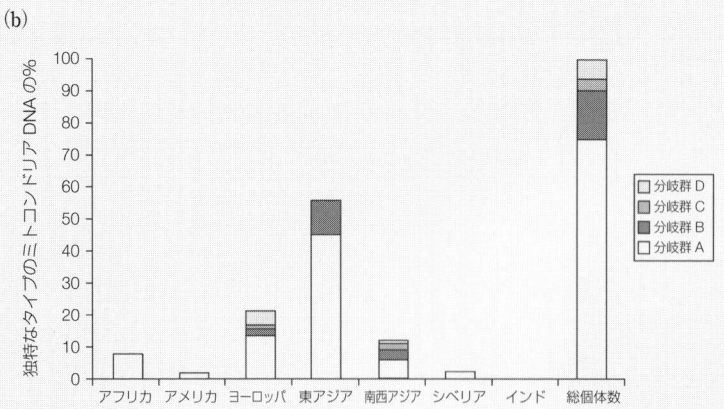

(a) 異なるミトコンドリア DNA 配列（ハプロタイプ）の分布と (b) 各地理的領域において分岐群 A，B，C，D にみられる固有配列（それをもつイヌの割合を各地理的領域年に表示）．データは Savolainen et al. (2002) に準拠し，簡略化のため分岐群 E と F を省いている．

をすれば，これについて行ったことでしょう．

　実際，人間の活動それ自体ではなく，生活スタイルの変化や転換が家畜化を加速したものと思われます．もし人間が農業と狩猟を両方行っていたとすれば，イヌのような動物が役立ちうることに気づきやすかったでしょう．人間がそういうバランスのとれた食料調達法を発達させたのは，ほんのわずかな場所にすぎなかったかもしれません．イヌに似た特徴をそなえた動物が現れるとすぐに，交易や，その頃に起こった人間の移動によって，それらの動物は急速に分布を広げた可能性があります．イヌが人といっしょにいることを好むことがわかれば，彼らは狩りあるいは農耕だけを営む他の人間集団にも容易に迎え入れられたにちがいありません．これによって，なぜ比較的急激におよそ1万2000年前にヨーロッパ西部や北部にイヌが出現し，およそ1万年前，おそらく第2波以降の移住の波とともに，人間に同伴して北アメリカに渡ったのかを説明することができるでしょう．

　そういうわけで，これらの野生のイヌ科動物は新たな生態的ニッチで食料を集めることができたわけですが，生き延びるためには，人間の生活スタイルの急激な変化について行くことができなければなりませんでした．重要なのは，初期のイヌの埋葬跡から推測されるように (Morey, 2006)，この頃までに人間とイヌの間には独特に強固な社会的絆が発達していたように思われるにもかかわらず，これに続く4000〜6000年の間，イヌが目立って多様化することはまったくなかったということです．変化し続けてしばしば予測のつかなかった人間の生活が，特殊な型のイヌが発達するのを妨げたのかもしれません．あるいは反対に，儀式的あるいは実際的いずれかの点で，イヌには果たさなければならない特別な役割があったのかもしれません．イヌの多様化は，次の**新石器革命**での急激な技術的変化と関係がありそうです．およそ5000〜7000年前，人間はさまざまな労働を受け持たせるためにイヌを選別し始めましたが，その結果「犬種ベース」のイヌ個体群が発達し，なかには一連の特徴的な形態的・行動的形質を示す個体群も生まれました．しかし，このような初期の犬種の大部分は現生個体群の中に直系の子孫が見当たらず，彼らの大部分は飢饉や戦争の間に死に絶えてしまったようです．現生のいくつかの犬種が昔のイヌの絵によく似ているようにみえたとしても，それらのイヌは比較的新しい時代に部分的につくり直された可能性が大きいようです（コラム5.4）．およそ200〜400年前に新しい犬種作出の過程が始まり，厳格な生殖隔離によって犬種がつくり出され，維持されるようになりました．そういうわけで，現在の犬種は，野生のイヌ科動物のゲノムの新しい「カクテル」だというわけです（図5.2）．

5.3 考古学と系統学

　長年の間，イヌの起源の再現は，オオカミやイヌに似た動物の化石や遺物を用いて行われてきました．イヌの家畜化はおそらく考古動物学の主要な関心事ではないでしょう．とはいえ，遺物の収集量は増加していますし，技術的進歩によって時間や場所の関係をより精密に確定できるようになっています．これに対して系統関係の遺伝学的解析は最近始まったばかりで，ほとんどの場合現生のサンプルから集めた試料にもとづいて行われています．

　原則として，イヌの家畜化についての動物考古学的モデルと系統学的モデルは一致するはずです．しかし，データの性質が非常に異なっていることを考えれば，それらは同一の物語の違う側面を語っているのかもしれません．化石の場合には年代と場所は確定しているとみていいでしょうから，問題となるのは，進化上の関係の復元です．一方，遺伝的データの場合には，現生の動物の遺伝的類似性（DNA配列）をもとにして，はるか昔に起こった出来事やそれらの関係を（統計的方法を用いて）推測し予想することになります．ですから，化石の年代にもとづいて分子時計の目盛りを調整する場合のように，これらのアプローチはしばしば相補的，あるいは相互規定的関係にあるのです（第5章3節2項を参照）．

5.3.1　考古学者の描く筋書き：
**　　　　考古学的証拠からわかること**

　イヌの家畜化の過程を描くには，たいていの場合2つの相互に関連し合う，しかし異なる種類の証拠が集められます．進化的側面に関心があれば

　　　　c. 50000–25000　　c. 15000–10000　　c. 5000–7000　　c. 2000–3000　　BP

前家畜化：
個体群ベースの
方向性選択

初期の家畜化：
個体群ベースの
安定化選択

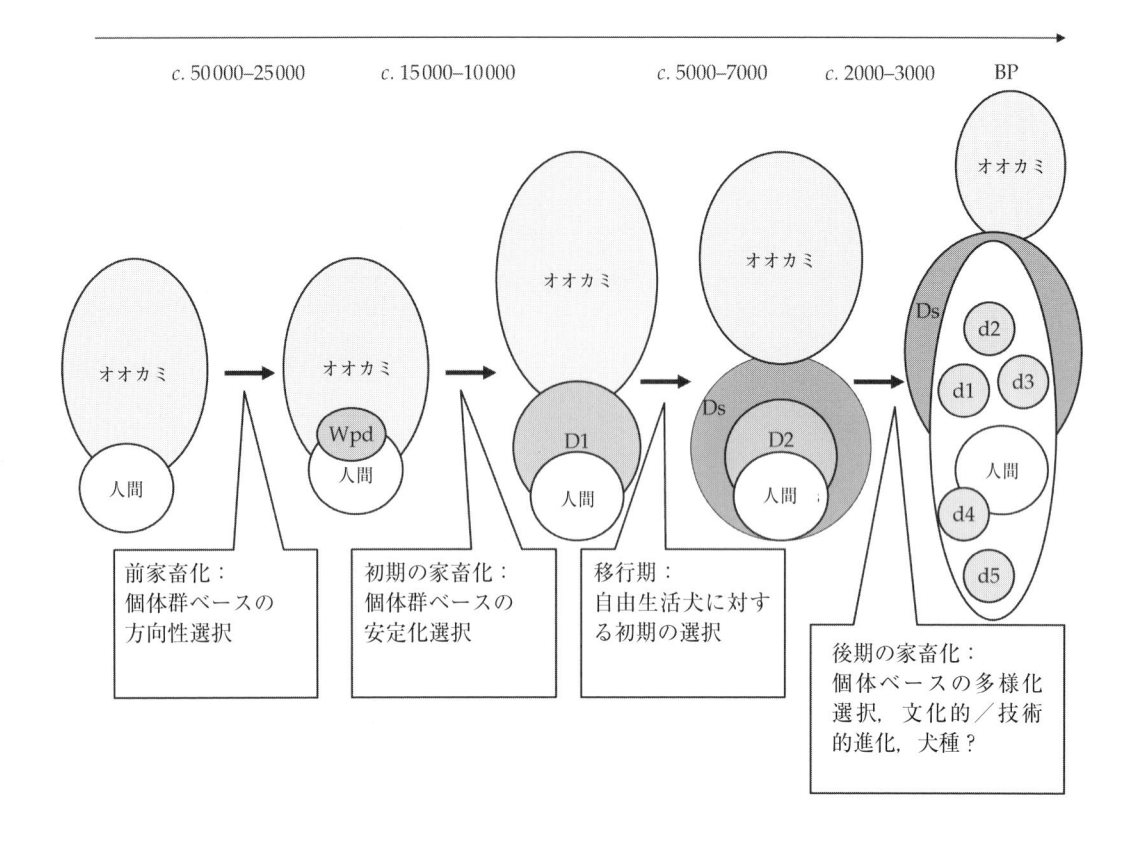

移行期：
自由生活犬に対す
る初期の選択

後期の家畜化：
個体ベースの多様化
選択，文化的／技術
的進化，犬種？

図5.2　イヌの家畜化の重要な諸段階．最近のさまざまな理論を組み合わせることによって，家畜化過程の進展を比較的わかりやすく描き出すことができる．これらの理論によれば，次のように考えられる．前家畜化（Crockford, 2006）と初期の家畜化はオオカミに似た個体群に対して行われたが，その後の移行期や後期には個体に対して選択を行う傾向がみられた．初期の家畜化の特徴は，多くの場所でそれまでより小型のイヌに似たイヌ科動物が現れたことで，その後の移行期の間に形態的に区別できるいくつものイヌのタイプ（カテゴリー）が生まれた．後期の家畜化では，おそらくさまざまな場所や歴史的時代において，再三にわたり典型的な犬種が生み出された．重要なのは，選択のタイプは，現在に至る家畜化の間にも変化したということである．簡略化のため，ここでは人間への仮想的影響は省かれている．Wpd：前家畜化されたオオカミ，D1とD2：初期のイヌの個体群，d1からd5：犬種，Ds：野良犬／野犬（第5章4節2項）

　遺物として残された骨に重点が置かれますが，それ以外の場合には，研究者は人とイヌ科動物の関係を示す可能性のある遺物を探します（More, 2006）．

　一般にイヌとオオカミを区別することができるのは，全体としてオオカミよりイヌの方が体のサイズが小さく，頭骨の口吻部や顔面部が短く，上顎の大きさに比べて歯が相対的に小さい（しばしば歯が込み合って生えている）からです．この点について，大部分の比較考古動物学者の意見は一致しています（Musil, 2000など，コラム4.8）．注意しなければならないのは，ここに挙げられた特徴のほとんどが量的なものであり，骨格の異なる部位の計量的関係を表しているということです．つまり，どのような種類の結論も，複雑な統計的比較に依存しているという危うさがあるわけです．

　考古学者の課題は3つの異なるタイプの出来事を区別することです．第1の出来事は，古代のイヌ科動物の個体群の分岐に関わるものです．この出来事によって，今日のイヌの祖先が生みだされました．この分岐は，野生のイヌ科動物と人間が同じ生息環境を共有していた多くの地理的な場所において，かなりさまざまな時代に起こる可能性があったと思われます．おそらく，そういう古代のイヌの分離には形態的特徴の変化が伴ったことでしょう．おそらく形態の変化は行動の変化の後

に現れたでしょうが，その遅れは比較的小さく，数世代しかかからなかったかもしれません．

2番目のタイプの出来事は，古代のオオカミやイヌの個体群内の変異に関わるものです．一般に，どのような個体群内にも，いくらかの変異があるものです（性的二型など）．長期間の家畜化によって，イヌの個体群はオオカミよりも多様性のある個体群になったという議論があります．しかし，これは生殖障壁が維持されている場合にのみ起こりうることです．多くの場合，イヌの多様性が増大したのは人間社会で果たす役割が多様化したためだと考えられています．

第3のタイプの出来事は，短期あるいは長期の生殖隔離の後でその生殖障壁が消失したとすれば何が起こったのか，という問題に関係しています（例えば異種交配）．これには，イヌと野生のイヌ科動物（たいていはオオカミ），あるいは長期間隔離されていた別のタイプのイヌとの間に交雑が起こった場合が含まれます．有名な例のひとつは，コロンブス以降，近代ヨーロッパのイヌが新世界に導入されたことです．このとき土着のイヌは，おそらく祖先を共有していた時代から1万年以上たってから，ヨーロッパの犬種と接触しました．人の大きな個体群がイヌをつれていくつもの大陸を移動したとき，そういう出会いがしばしば発生したことでしょう．

考古学的な発見が増えてくると，イヌの家畜化プロセスを明らかにするのに，間接的データ，例えば人間の島への移住，が役立つこともあります．例えば，日本にはおよそ1万8000年前に初めて人が住みつきましたが，イヌの遺物がみつかるのはやっと9000～1万年前になってからです．おそらくこの時代には日常的に移住が行われていたでしょうから，このような時間のずれはイヌに起こった重要な変化を反映しているかもしれません．つまり，イヌは人との間に緊密な関係を築いてから初めて海を渡る旅に連れていかれたのだと思われます．

人とイヌの関係の文化的側面を示す手がかりを探すことに重点を置いた研究も行われています．現在，イヌとオオカミの間に解剖学的な違いが現れてすぐに，人はイヌの儀式的埋葬を行うようになったという証拠が世界各地からみつかっています（Morey, 2006）．最初期の発見物のほとんどは，人によって意図的に埋葬されたイヌから得られたものです．このような埋葬行為の対象はほぼイヌだけに限られていたようなので（他の家畜が埋葬されることはあまりありませんでした），家畜化とともにイヌとの精神的結びつきが生まれていたと考えられます．一方，より神秘性の少ない関係を示す形跡もみられます．イヌは，場合によっては食料になっていたり，あるいは荷物を運ぶ役に立ったりしていました．

・考古学的記録が示す出来事の連鎖

イヌの家畜化について大まかに解説するため，任意にいくつかの時代区分を設定し，地理的にさまざまな場所で起こった出来事を並行して示すことができるようにしてみましょう．初期の年代は現在から遡る年数（BP：before present）によって示しています．変化の進展を大雑把に見積もるために，頭骨長と体高の両方あるいはいずれかを示すことにします．数値は特定されたサンプルのものか，あるいは報告された最小のサンプルと最大のサンプルの幅を示しています．とは言うものの，そういう測定値は，おおまかな全体的傾向を示している可能性はあるものの，実際のところ，家畜化の過程そのものにはほとんど関係していないことを肝に銘じておくべきです．

1万4000 BP　たいていの研究者がイヌの家畜化はこれよりずっと以前に始まったと推測していますが，説得力ある考古学的証拠はありません．何らかの明らかな形態的変化に先立って行動上の変化があったと仮定するならば，ほぼ常に隔離された2つの個体群には，数世代のうちに形態的変化が生じたはずです（Trut, 2001など）．そう考えれば，どこかのオオカミ個体群において分岐がずっと以前に始まっていたと推測する理由はほとんどないでしょう．

1万4000～1万2000 BP　最初期（およそ1万3000 BP）の証拠のいくつかが北ヨーロッパ，ドイツのオーバーカッセル近郊，で発見されているというのはおそらく驚くべきことでしょう．Nobis（1979）は，人間の墓でみつかった小さな

下顎骨について記載しています．このサンプルは，2本の小臼歯が欠けていることから，イヌだったことが示唆されます．なぜなら，そのような異常はオオカミにはめったにみられないからです．もっと最近では，2頭の大型の古代犬（体高70 cm，頭骨長240，256 mm）の発見がロシアのブリャンスク地方から報告されました（Sablin and Khlopachev, 2002）．そういう非常に大型のイヌが初期に存在したことは，家畜化された子孫は小型化するという推測と矛盾します．もしかしたらそれらは捕獲されて飼われていた土着のオオカミだったかもしれませんし，もっと大型のオオカミの亜種の子孫が人と親密に接触するようになったものかもしれません．あるいは何らかの種類の雑種だったかもしれません（ただし，コラム5.5を参照）．これらの動物は，この時代の狩猟採集生活を送る人間の生活において，狩りを手伝ったり集落を警護したりして重要な役割を果たしていたと考古学者は考えています．

1万2000〜1万BP　およそ1万1000 BPのナトゥフ期に遡るイスラエル北部の遺跡で，仔イヌの裂肉歯と下顎骨の断片と骨格がみつかりました（Davis and Valla, 1978）．この骨は人間の墓から発見されました．興味深いことに，人間の亡骸の手は仔イヌの体の上に置かれ，愛情のこもった関係を示唆していました．この化石がオオカミのものなのかイヌのものなのか決定するために，考古学者は下顎の2本の裂肉歯（M1）の長さを当時と最近両方のオオカミのものと比較しました．分析の結果，問題の歯は現生の（比較的小型の）イスラエルのオオカミの裂肉歯より小さく，また，同じ地域から収集された更新世のオオカミの歯よりずっと小さいことがわかりました．さらに最近になって3人の人間といっしょに埋葬された2頭のイヌに似たイヌ科動物が発見されました．これをこの地域の最近のオオカミと現生のオオカミの両方と比較したところ，M1のサイズには同様の違いがみられました（Tchernov and Valla, 1997）．

ドイツ中西部の3つの場所で骨遺物を調査したMusil (2000) は，比較的小型のオオカミに似たイヌ科動物の存在を報告しました．それらの集落（Kniegrotte, Teufelsbrücke, Oelnitz）は馬を狩って暮らしていたマグダレニアン文化期の狩猟採集民のものでした．このシナリオから汲み取れるのは，イヌが狩りに参加する役割を担っていたという可能性です．ここでみつかった上顎骨から得られたさまざまな測定値は，これより1万〜1万2000年前に同じ場所に生息していたオオカミの測定値の幅を下回っています．

Chaix (2000) は，フレンチアルプスの洞窟で発見されたもっと完全な骨格（1万年前に遡るイヌのものとして記載されています）について報告しました（体高およそ40 cm）．旧石器時代と新石器時代のどちらのオオカミ（頭骨長240〜276 mm）と比べても頭骨が目だって小さく（頭骨長149 mm），38〜46％のサイズの縮小がみられます．今のところ，これがヨーロッパ西部と中部でみつかったイヌに似た動物の最初期のものです．

この時代の終わり頃，最初のイヌに似たイヌ科動物が狩猟採集生活を行う人間についてベーリング海峡を越え，アメリカへ渡ったものと思われます．人がアメリカに最初に移住したのは2万〜3万5000年前でしたが，後になってからの進出はイヌと協力し合ったおかげでずっとうまくいったことでしょう．

1万〜8000 BP　およそ1万BPに遡るPalegawa（イラク）の洞窟でみつかった下顎骨（Turnbull and Reed, 1974）については議論が分かれていますが，これを別とすれば，小アジアにおける最初期の遺物はJarmo（イラクのKurdistan）（Lawrence and Reed, 1983）で発見されました．1つの頭骨と多くの顎の骨は対応するオオカミの骨とはっきり区別でき，確実なイヌの標本と考えられます（およそ9000〜7700 BP）．さらに別の証拠として，同時に掘り出されたイヌに似た動物の小像（尻尾が巻いている）が，そういうイヌ科動物が早い段階で存在したことを示しています．農業の最初の中心地のひとつであるCatal Hüyük（トルコ）でみつかった狩りの場面を描いた壁画も，イヌの存在を裏づけています．

ヨーロッパではよりいっそうイヌに似た遺物がみつかる頻度が増加し，永住的集落で暮らす狩猟採集民のグループと関連する形でみつかっています．Star CarrやSeamer Carr（イギリス）では，

9900〜9500 BPに遡る比較的一定した型のイヌのさまざまな骨遺物が発掘されています（Clutton-Brock and Noe-Nygaard, 1990；体高およそ56 cm）. 同じようにBedburg-Königshoven（ドイツ, Street, 1989）でも小さな体格のイヌが発見されており, スウェーデン, デンマーク, エストニア（Benecke, 1992の参考文献を参照）, またシベリアでも, この時代の古いイヌについての記載があります.

さらに別の, ヨーロッパ中部のドナウ川の土手（Vlasac, セルビア）でみつかった遺物は, イヌに似た小型のイヌ科動物がオオカミとともに生息していたことを示しています（8500 BP）（Bökönyi, 1974）. どうやらこれらのイヌは漁獲と狩猟で暮らす人間の個体群に属していたらしく, 多数の折れた長骨や頭骨が示しているように, 食料にされていたようです. 興味深いことに, ごく近い地域ではイヌの埋葬も報告されており（Radovanovic, 1999）, 同じ時間的枠組みの中でイヌと人の関係に幅があったことを示しています.

イヌに似たイヌ科動物の北アメリカへの到達を示す最初の考古学的証拠はおよそ9000 BPに遡ります. ユタ州（アメリカ合衆国）北西部のDanger Caveで下顎骨と頭骨の断片が発見されました（Grayson, 1988）. イヌに似たイヌ科動物はおよそ9300 BPに日本にも現れています（Shigehara and Hongo, 2000）. 重要なのは, それらのサンプルと土着の（今日では絶滅した）ニホンオオカミの間にまったく直接的関係がないように思われることです. おそらく彼らは, 日本列島に侵入してきた移住者たちとともにやって来たのでしょう.

8000〜6000 BP　6000年が経過したことで, 家畜化の最初期の証拠が得られた場所ではいくらかの形態的変化の出現が期待されるところですが, ほとんど何の進展もみられません. イスラエル沖（Atlit Yam, Kfar-Galim）の地中海に沈んだ集落から発見された頭骨の一部その他の骨には, ずっと以前のナトゥフ期のサンプルに比べて事実上何の変化もみられません（Dayan and Galili, 2000）. 例えば下顎の2本の裂肉歯（M1）の長さは, それより2000年以上前の時代から発見されたものとまったく同じです（Davis and Valla, 1978）. いくつかの状況証拠は, イヌが近東からエジプトに持ちこまれ, 後に北アフリカ全土に広がったことを示しています. エジプトで最初のイヌの墓がこの時代の終わり頃のMerimdeの農村で発見されており（6800 BP）, 農耕文化においてイヌが重要な役割を果たしていたことを示しています（Brewer et al., 2001）.

北アメリカ南東部のさまざまな場所では（テネシー州, ケンタッキー州など, 概説はMorey 2006を参照）, イヌに似たイヌ科動物と人間の合同の墓がみつかっています. イヌを人間といっしょに埋葬する傾向が顕著にみられ, 少なくともこの後2000年にわたるネイティブアメリカンの猟師とイヌの親密な関係を示しています（Schwarz, 2000）. アイダホ州西部（アメリカ合衆国, 6600 BP）でみつかった2つのサンプルの断片的遺物についての詳細な報告によると, それらのイヌ科動物は比較的頭骨が小さく（頭骨長およそ172 mm）, 体高が低かった（およそ47.7〜52 cm）ことがわかります（Yohe and Pavesic, 2000）.

この時代の終わりまでにさらに小型のイヌが現れており, 彼らは中央アメリカで人と暮らしていました. 最も広範囲にみられたのはいわゆるメソアメリカン・コモン・ドッグ（頭骨長160 mm, 体高40 cm）で, およそ8000 BPに人間とともにアメリカ大陸の中央部に到達した最初のイヌの直系の子孫だと考えられています. 最初のヨーロッパ人がアメリカに到達するまで, 続く6000年の間, これらのイヌの形態に変化はありませんでした（Valdez, 2000）. この時代の終わり頃の遺物がパタゴニア（チリ）で発掘されており, アメリカへの植民が終わったことを示しています.

6000〜4000 BP　この頃になると, イヌの絵や小さな彫像など独立した手がかりが数多く残っているせいもあり, イヌを識別するのがずっと容易になります. この時代までにイヌの大きさの変異の幅は, どのような時代, どのような場所の土着のオオカミにみられた変異をも上回るものになっています. これは犬種が多様化した最初の時代であり, またこの時代には, 人と特別な関係を結ばず, 急速に厄介者と化していった野良犬が現れた形跡もみられます.

メソポタミアのさまざまな場所（Tepe Gawra,

Eridu）から発見されたイヌの遺物には，現生のサルーキや一部のグレー・ハウンドに似た骨格がみられます（Clutton-Brockからの引用, Clark, 2001）．そういうイヌが存在したことは，この時代の後半へ向かうにつれてメソポタミア（Tepe Gawraや Mosul近郊）の陶器や印章にサルーキに似たイヌの姿が現れることによっても裏づけられています．壺に描かれた絵（およそ6000 BP）には，単独で狩りをするオオカミの姿と，人間とともにベゾアールヤギを狩るリード（引き綱）につながれたイヌの姿の両方がみられます．これは，その絵を描いた人間がイヌとオオカミの狩りの類似点と相違点の両方に気づいていたことを示しています．

エジプトの陶器や岩絵（5700 BP）に現れるイヌは視覚ハウンドに似ており，細身で，耳が立ち，尻尾が巻いています．ほとんどの場面はガゼルなど狩りの獲物を描いていますが，なかにはリードにつながれたイヌや，飼い主の椅子の下に横になったイヌを描いているものもあります（Brewer et al., 2001）．別のタイプのイヌはよりいっそう現代のサルーキを思い起こさせる姿で，短めの口吻，垂れた耳，弓なりあるいはサーベル状の尻尾をみせています．また，がっしりした口吻，長い尻尾，垂れた耳をもつイヌを描いた絵もみられます．しかし，それがマスチフに似たタイプのイヌを描いているのか，あるいはただ単に稚拙な絵にすぎないのか，いくらか意見が分かれています．この時代の終わり頃には，立った耳と巻いた尻尾をもつ四肢の短いイヌがいたことも，絵によってわかります．エジプト王朝時代を通じて多くのイヌの遺物が識別されていますが，綿密に分析されたのはそれらの資料の非常にわずかな部分にすぎません．Brewer et al. (2001)による体高の予備的な比較分析によると，当時の「野生」や「野生化した」イヌの個体群（「パリア犬」）（体高42.5～49 cm）と区別することのできる少なくとも1つ，ひょっとしたら2つのタイプのイヌがいたのではないかと思われます．一方のタイプのイヌは現代のサルーキに似た姿で（ただしやや小型）おそらく狩りに使われたもので（体高47～57 cm），もう一方は肢の短いタイプでした．重要なのは，エジプト人が彼らの仲間としてのイヌ（コンパニオンドッグ）をパリア犬と区別していたことです．お気に入りの仲間としてのイヌや猟犬は名前をつけられ，世話をされ，しばしば特別の墓をもらいました．中には自分だけの石棺を手に入れ，像に刻まれてその思い出が不朽のものとなったイヌもいたのです．

ヨーロッパのさまざまな地域から出土した遺物は，イヌの動物相が比較的一定しており，当時のオオカミ（頭骨長230～240 mm，体高68 cm）と比較して中くらいの大きさのものが多数を占めていたことを示しています（Benecke, 1992）（例えばスイスでは頭骨長135～175 mm，ハンガリーでは体高47 cm，ドイツでは体高49 cm）．

同時に，アルメニアに生息していたイヌ（頭骨長193～213 mm）はオオカミの大きさに近づいていますが（Manaserian and Antonian, 2000），小型のイヌは見当たらないようです．カザフスタンでも，6300～5600 BPにBotaiで馬を狩る人間たちといっしょに暮らしていた比較的大型のイヌ（頭骨長192 mm，体高50.5 cm）が発見されました（Olsen, 2001）．骨遺物は住宅に掘られた穴の中からみつかっており，人とイヌの間に親密なつながりがあったことを示しています．いっしょに狩りをする他に，イヌは家を守る役目も果たしていたことでしょう．比較分析によって，Botaiのイヌは今日のサモエド犬（頭骨長176 mm，体高48 cm）を思い起こさせるといういくつかの証拠が明らかになりました．この犬種の祖先は，中央アジアのこの地域からシベリア北部へ移住したサモエド犬がつれていたイヌから派生したのかもしれませんが，これを骨学的証拠にもとづいて立証することはできません．Botaiのイヌは現生のサモエドよりいくらか体重が重く，これはおそらく寒冷な気候に備えるにはその方が都合がよく，極端な低温を生き延びることができたからだと思われます．

この頃までに日本に比較的小型のイヌ（頭骨長151～157 mm）が現れていますが，続く4000年の間彼らの体の形態に根本的な変化は起こりませんでした．これらのイヌの一部が，現生の柴犬という形になって生き延びたのだと考えられています（Ishiguro et al., 2000）．

考古学的年代決定によればもっと後の時代（3500～4000 BP）だとされていますが，この時代にオーストラリアに最初のイヌが到着し，急速に

大陸全体に住みついたのだと推測されています．一部の個体や個体群が長期間，おそらく数世代にわたってアボリジニとともに暮らしていたかもしれません．

4000〜3000 BP（2000〜1000 BC） イタリアの数か所からみつかったイヌの遺物は，体サイズに大きな幅があったことを示しています．この頃までには，最も小さなイヌ（頭骨長 127 mm，体高 36 cm）と最も大きなイヌ（頭骨長 194 mm，体高 62 cm）の頭骨長に 60 %以上の差が生まれていました．しかし最も大きなイヌでもその地域のオオカミの大きさには達しませんでした（Mazzorin and Tagliacozzo, 2000）．同じような大型犬の発見はイギリスでも報告されており（頭骨長 176〜202 mm），その他スイスやドイツの各地から発見された遺物についてはさまざまな大きさが記載されています．これらのイヌの頭骨は明らかにオオカミより小さいのですが，定性的な分析は全体としてかなりオオカミに似ていることを示しています（Benecke, 1992）．

同時に，アルメニアのさまざまな場所では，比較的大型のイヌの頭骨ばかり発掘されました（最大で頭骨長 224 mm）．動物図像や岩面彫刻から，少なくともこの時代の終わりまでに，家畜の追いこみに，また家の警護にもイヌが使われていたことがわかっています．イヌを描いた絵には，巻いた尻尾と垂れた耳をもつさまざまな大きさのイヌが写し出されています（Manaserian and Antonian, 2000）．

北極圏東部からはドーセット人とともに暮らしていたイヌの遺物が発見されています（Morey and Aaris-Sorensen, 2002）．体系的な骨の収集によってみえてくるのは，イヌが居つくようになるまでに彼らはたびたび長期間行方をくらまし，しばしば連れ戻されねばならなかったということです．これらのイヌが物資の輸送を手伝っていたかどうかもはっきりしていません．発見された骨によると，長い間イヌは直接荷物を担って運んでいたのであり，およそ 2000 年後に現在のような橇が考え出されてから初めて輸送用の乗り物を引くようになったものと思われます．

アメリカ合衆国北東部のイヌの墓は（Handley, 2000），この頃までに 2 つのタイプのイヌがいたことを示しています．3000 年以上前の時代から収集されたサンプルでは，2 種類の大きさのイヌを識別することができました．小さい方のイヌ（頭骨長 163 mm）は現生のスパニエルのような外見だったらしく，大きい方のイヌ（頭骨長 213 mm）は，この地域のオオカミの亜種の大きさには達しなかったものの，もっとオオカミに似ていました．

3000〜2400 BP（1000〜400 BC） Pyrgi（イタリア）で発見された，小型のオオカミの大きさの範囲に入る大きなイヌの頭骨（頭骨長 213 mm）（Mazzorin and Tagliacozzo, 2000）は，イヌの大型化の傾向を示しています．これは Durezza 洞窟（Villah，オーストリア）で発見された遺物によって裏づけられていますが，この洞窟では人間その他の動物の骨の他に大量のイヌの骨がみつかっており，おそらくこの場所にさまざまな遺体が集められていたようです（Galik, 2000）．頭骨の測定値の多変量解析によると，イヌは 2 つのグループに分類することができました．大きさはさまざまですが（一部は性差と考えられるでしょう），ほとんどのイヌは中くらいからかなり長い頭骨（頭骨長 195〜255 mm，体高 49〜63 cm）と比較的幅の広い口蓋骨をもっているようです．定性的特徴はこれらのイヌが全体として同種であることを示しています．これはヨーロッパにおけるイヌの大型化に向けた選択の最初の兆候かもしれず，その結果，一部のイヌの大きさはオオカミの大きさ（頭骨長 230〜240 mm，体高 68 cm）に近づくか，あるいはそれを凌駕することになったのです．

中央アメリカ地域では依然としてそれ以前からいたメソアメリカン・コモン・ドッグが圧倒的に広範囲でみられましたが，新しい型も現れ始めていました．どのイヌも非常に似通っているようにみえますが，骨をみると，より小さなタイプ（体高およそ 30 cm）が出現していることがわかります．このテチチ（tlalchichi）はいくらか肢が短く，メキシコ中部から沿岸部にかけて生息していました．Valdez（2000）は，同時期におそらくマヤ人の居住地にだけ生息していた，鼻面の短いショート・ノーズド・インディアン・ドッグ（体高およ

そ35 cm）について記載しています．化石をみると2000 BPに新しいタイプのイヌが現れたことがわかりますが，これは現生のショロイッツクウィントリ種（メキシカン・ヘアレス・ドッグ）（体高およそ40 cm）に非常によく似ていたと思われます．残念なことに，スペイン人が中央アメリカに到着するとまもなく，大部分の土着のイヌは姿を消してしまいました．研究者によってはこれら初期のイヌのタイプとメキシコに現在みられる野犬の個体群の間に類似点を見いだし，これら絶滅した土着犬の遺伝物質の一部が現在の野犬の個体群個体群の中に生き残っているのではないかと推測しています（Valdez, 2000）．

2400～1500 BP（400 BC～500 AD） ローマ時代のヨーロッパ（イタリア）では大型のイヌが常にみられましたが，それらのイヌの頭骨長は前の時代にPyrgi（イタリア）で発見されているイヌの大きさには達しませんでした．ローマ時代後期の最も興味深い特徴は，目標を定めた選択育種が始まったことを示す，非常に小さなイヌ（頭骨長115 mm，体高26 cm）が現れたことです（Mazzorin and Tagliacozzo, 2000）．小型犬（愛玩犬）はおそらくその外見のために（またもしかするとその行動のために）選ばれたのであり，労働的価値のために選ばれたのではなかったでしょう．非常に小さなイヌを維持するには特別の世話や骨折りが必要でした．オオカミの大きさにまで達した非常に大きなイヌ（最大で体高72 cm）もみられます（Bökönyi, 1974）．

愛玩犬は多くのローマの属州に導入され，帝国の西の国境地帯（ブリタニア）でも東の国境地帯（パンノニア，ハンガリー）でもみつかっています．Gorsium（ハンガリー）のローマの町からみつかったイヌの遺物の調査によって，長骨の非常に短いイヌがいたことがわかりました（体高23～25 cm；Bökönyi, 1974）．Bökönyi（1974）はこの場所でみつかった頭骨と長骨双方の定性的な，また一部は定量的な調査にもとづいて，この時代のイヌの個体群には5つの異なる形態のタイプがあったという結論を出しました．Harcourt（1974）がイギリスでの発見にもとづいて同様の幅（頭骨長116～206 mm，体高23～72 cm）を報告しているのはおそらく偶然ではなく，ローマ人の統治下ではどこでも同じようななタイプのイヌの個体群がみられたことはほとんど疑いありません．

ローマ帝国では，ドナウ川がローマと他の世界との自然の境界を形成していました．ですから，ローマ人の社会にみられるイヌの個体群と隣接してドナウ川の東に暮らすサルマティア人の社会にみられるイヌの個体群を対比させることができます．統計的分析では，隣接するローマ外のイヌ（頭骨長174～226 mm）よりもローマのイヌ（頭骨長138～220 mm）の方が，頭骨の測定値の大部分により大きな変異のみられることがわかりました．このような違いは，ローマのイヌの個体群には比較的小型のイヌが含まれていたことによって説明することができるでしょうし，ドナウ川をはさんでイヌの使い道に一部違いがあったことも推測されます．サルマティア人は他の動物を管理するために，あるいは警護のために使うことのできるイヌを好み，どちらの役割を果たすにもある程度の大きさと強さをそなえたイヌが好都合だったものと思われます．

エジプトのイヌ，そしておそらくは中国のイヌを別にすれば，このような分岐の形跡は世界の他の地域にはあまりみられません．

500AD～現在 ローマ帝国の崩壊と移動の時代はヨーロッパのイヌの個体群に変化をもたらしましたが，イヌという種の多様化した特徴は中世を通じて変わらずに保持されました．一部の測定値は都市部に住むイヌと農村部に住むイヌの違いを示していますが，選択育種が行われたことに疑いの余地はありません．社会の階級間の距離が広がったこと，また特定の仕事やスポーツにイヌを利用したことが，形態と行動双方の違いを固定化し，おそらくは増大させるのに一役買ったのです．それらの異なるイヌの型の間の生殖障壁が人為的に維持されることはなかったため，雑種交配や選択育種によってかなり急速に新しい型をつくり出すことが可能でした．そういうわけで，特定の仕事（家畜をまとめる：ハーディング）をやらせるためのいくつかの型のイヌを地域内でつくり出したり，あるいは他所から持ちこんだ少数のイヌを地元のイヌと交雑させたりすることもできたでし

ょう．この過程の最後の段階は「犬種」の出現とともに始まり，「純粋な」血統が維持されて交雑が抑止されるようになりました．ケンネルクラブ（アメリカンケンネルクラブや FCI（国際畜犬連盟）など）によれば，遺伝的にほぼ同一のものから非常に違いの大きいものまで 400~500 種の犬種が登録されています．おそらくこのような不幸な状況が現在のイヌの進化を遅らせています．特に，野犬がそういう現在の育種システムから排除されていることが大きな要因です（ただし，「幸運な」事故が発生することもあるでしょう）．

5.3.2　遺伝学者の描く筋書き：進化遺伝学的証拠

この 10 年間というもの，考古学的研究が棚上げにした問題に答えるために，現代の進化遺伝学的ツールを使ってたいへんな努力が払われてきました．系統学者の示した新しいデータやいくつかの仮説は，イヌの遺物の化石が描き出してみせる筋書きといくつかの点で矛盾しており，その結果，そういう系統学的モデルの有効性について論争が生まれています（Coppinger and Coppinger, 2001, Morey 2006 など）．

系統学的な考え方の基本となる論理は比較的単純なものですが，実際のモデリング過程は複雑です．そういうモデルの有効性だけでなく制約を理解するにも，しばしば広い知識が必要になります．基本になる考えは，遺伝的多様性は時間や場所とともに変化するため，そういう遺伝的多様性の変化の歴史を跡づけたりモデル化したりすることによって，進化過程を再現できるかもしれないということです．そのような遺伝的多様性のモデリングでは，突然変異，遺伝的浮動，選択，ボトルネック効果，創始者効果など一連のさまざまな過程を想定します．例外はありますが，そのような再現の大部分は，簡単に DNA を集めることができるという理由から，現生種のデータにもとづいていることに注意が必要です．しかし，それは同時に，モデルの正確さや分析力をも制限します．なぜなら，もし生き残った個体がいなければ，何らかの重要な進化的出来事が隠されたままになるからです．

専門家でない人々にとっては批判的に概観するのが難しい他の諸点についても，さまざまな研究があります．例えば，特定の進化的運命をもつ異なる型の DNA の分析が行われています．ミトコンドリア DNA と Y 染色体 DNA に組み換えは起こらず，前者は母親からのみ，後者は父親からのみ受け継がれます．これに対して常染色体の DNA には配偶子が形成される減数分裂期に組み換えが起こり，両親から受け継がれます．ですから，異なる型の DNA にもとづくモデルが同じものにはならないことが予想されます．例えばミトコンドリア DNA の研究によってオスのオオカミによる交雑の影響が明らかになることはないでしょう．用いられるサンプルの数，特にイヌとオオカミの数と割合は研究によって非常にばらつきがあります．ある系統樹のルーツとしてオオカミのサンプルを用いるのには注意が必要です．なぜなら，無作為抽出であっても，広範な地理的領域にわたって採取したサンプルには，均質性が無いかもしれないからです．例えば，Vilá et al. (1997) が扱った 3 頭のロシアのオオカミが属する群れは非常に異なっており，1 頭はエストニア／フィンランドオオカミの群れ，2 頭目はギリシャオオカミの群れ，そして 3 頭目はアラビアオオカミの群れの個体でした．

・「分子時計」はどのような時を刻むのか？

分子時計という考え方は，突然変異（DNA の配列の変化）は時間の経過とともに絶え間なく一定の頻度で発生するという観察にもとづいています．もし共通の祖先から分岐したと想定すれば，子孫にみられる突然変異の数によって分岐後に経過した時間がわかるでしょう．しかし，時計ではよくあることですが，較正（正しい結果を示すよう調整すること）が必要です．ほとんどの場合，そういう外部的参照を提供するのは，別の独立した方法（例えば放射性炭素年代測定法）を用いて時代を推定する考古学者や古生物学者です．普通イヌの進化の分子時計は，オオカミとコヨーテが分岐した時代に合わせて較正されます（第 4 章 2 節 2 項）．この分岐は 100 万年前から 200 万年前の間のどの時点かに起こったと考えられています（Kurtén, 1968）．非核 DNA（ミトコンドリア DNA）の小部分にもとづいて，オオカミとコヨーテの遺伝的相違は 7.1〜7.5 ％ の範囲内 (Vilá et al., 1997;

Savolainen *et al.*, 2002)．一方でオオカミとイヌの相違はおよそ1％と算出されています．最も新しい系統学的モデルではより精度の高い方法で進化年代が算出されていますが，遺伝的多様性と時間の間に単純な直線的関係があるものと仮定しています．分岐してから100万年でオオカミとコヨーテの間に7.5％の相違が確認されたとすれば，イヌとオオカミの間に1％の相違が生まれるにはおよそ14万年かかることになります（Vilá *et al.*, 1997）．しかし，イヌとオオカミの分岐の年代は，イヌとオオカミの分岐の程度の評価（DNA配列の実際に変化した箇所を特定すること）の正確さと，オオカミとコヨーテの分岐年代の選び方によって変わってくるでしょう．算出の際に100万年を200万年に置き換えれば，イヌの家畜化には28万年かかった計算になります．逆に，もっと遅かった（70万年前）と考えれば，イヌの家畜化の時期をもっと現在に近く見積もることになります．オオカミとコヨーテの分岐年代は，実際，論文によって意見が分かれています（Coppinger and Coppinger, 2001を参照）．

オオカミとイヌの遺伝的分岐の程度の算出にも問題があります．現生のオオカミの個体数はこの200年間に急激に減少したため，いくらか遺伝的多様性が失なわれた形跡があります（Leonard *et al.*, 2005）．イヌの場合にも，おそらく近年の犬種の確立が，まさに数百年前に比べて多様性の減少を引き起こしているでしょう．もし中世に同様のデータが収集されていれば，イヌとオオカミの相違がより小さく，もっと早い家畜化の年代が指し示されたことでしょう．

考古学者と系統学者が提示する家畜化の年代の間の食い違いを説明するために，Ho and Larson（2005）は，200万年前より早い時期に発生した出来事の年代決定のためには，分子時計を調整するべきだと提案しました．彼らは，比較的新しい種の現生集団にみられる突然変異率の見積もりは過大であると主張しました．なぜなら，選択によって変異が取り除かれる時間がほとんどないからです．つまり，イヌには，オオカミの場合ならその100万年の歴史の中で消えていったような有害な，もしくはやや有害な突然変異が選択によって取り除かれる時間があまりなかったということ

です．ですから，イヌとオオカミの相違はもっと小さく計算されることになり，その推定値にもとづけば，家畜化が行われた年代としてより最近の年代が示されることになるでしょう．

最後に指摘したいのは，分子時計は世代によって「時を刻む」ものだということです．つまり，どのような遺伝的変化も，それを担う子孫がいるときに初めて個体群内に姿を表します．通常は近縁種の間では世代時間が変わらないため何も問題はないのですが，イヌはある時点で年2回の繁殖に切り替えています（訳註：オオカミは年1回）．さらに，イヌにかかった選択圧に関係する環境の変化も観察される突然変異率に影響を及ぼしたかもしれません．なぜなら，多くの研究者は，選択が緩和すると多様性が増すと推測しているからです（Björnerfeldt *et al.*, 2006；本書第5章4節2項）．また，イヌは急速に全北区全域へ分布を広げたので，選択率は地理的に変化したかもしれません．今のところ，こういうさまざまな過程から生じる結果が，イヌとオオカミの間に観察される遺伝的相違にどのような影響を及ぼしたのか判断するのは難しいことです．

・遺伝的変異と場所

系統学的分析の基本的前提は，最も大きな遺伝的多様性がみられる現生個体群のいる場所が進化的変化の地理的中心であるということです．この考え方の背後にある論理は，そこから分かれた後の個体群では，遺伝的浮動や創始者効果によって遺伝物質の変異の幅のかなりの部分が失われる確率が高い，というものです．しかしこの考えは，個体群が分かれた後はそれらの間の交雑がほとんどない（もしくは存在しない）という仮定にもとづいています．また，分離後の個体群は多かれ少なかれ局地的であること，つまり，それらが進化した同じ場所かその近辺にとどまるという仮定にもとづいています．おそらくこれらの条件は大部分の野生種やその近縁種に当てはまるでしょうが，オオカミとイヌの間には交雑があった形跡がありますし，イヌ科の動物がどこであろうと所定の地理的位置にとどまったままでいると無批判に仮定するべきではありません．オオカミは数千キロを超える距離を移動しました．彼らにとって，ユー

ラシア大陸には東西を分ける障壁など無いようです．このことと一致するように，オオカミの個体群間の距離とミトコンドリアDNAの類似性の間には何の関係も見いだされませんでした（Vilá et al., 1999；Verginelli et al., 2005）．ですから，イヌとオオカミの個体群間に遺伝的類似性がみられるからといって，そのオオカミが現在生息している場所で最初のイヌが生まれたと言えるわけではありません．

さらにいっそう深刻な問題は，大部分の系統学的モデルでは，種が系統樹の枝の終点を占めるものとして，あるいはさらなる分岐の結節点を表すものとして仮定されていることです．しかし，これはイヌには当てはまらないように思われます．まず第1にオオカミとイヌが長い間交雑していた証拠が研究者によって発見されていますし，ごく最近でもオオカミを使って新しい「犬」種（チェコスロバキアン・ウルフ・ドッグなど）がつくられています．ですから，アジアで生まれたイヌが後にヨーロッパへ持ちこまれ，そこでその土地のオオカミと交雑した可能性が容易に想像されます．

第2に，多くの場合，犬種は決まった地理的領域と必然的に結びついているように思われていますが，用心が必要です．ときにはその通りかもしれませんが，そうでないかもしれません．例えば，古代エジプトを連想させるファラオドッグはおそらく偽の「そっくりさん」で，さまざまなタイプのイヌから最近つくり出されたものだろうということが明らかになっています（コラム5.4を参照）．つまり，最近の犬種のほとんどは複数の系統から生まれたもので，多様な，今ではみつけることのできないイヌ達を用いてつくり出されたものなのです．犬種はリンネ的な意味で実在するものではありません．それは，歴史の中で，遺伝子の混合や移入や遺伝的隔離を経験してきた動的な個体群が一時的に動きを止めた状態を表しているのです（Neff et al., 2004）．

・家畜化発生の候補地

Savolainen et al. (2002) は家畜化の地理的位置を明らかにするためのモデルを考案しました．654頭のイヌと38頭のオオカミから採取した582 bpのミトコンドリアDNAのサンプルが比較されました．イヌについては，さまざまな種類の純血種と，特定地域に認められる形態的カテゴリーのイヌや野良犬の個体が用いられました．この区別は重要かもしれません．なぜなら，純血種のイヌを用いた場合には比較的閉鎖的な遺伝子プールが推測されてしまうことがわかっていますが，他のイヌの場合にはそういう証拠がないからです．純血種は世界の他の地域よりもヨーロッパではるかに一般的にみられるものであり，このことが結果に影響を及ぼしたかどうかは不明です（Savolainen, 2006；Leonard et al., 2005 も参照）．

系統学的分析によって，6つの異なるイヌの分岐群（ラベルA～F）が明らかになりました．これらに属するイヌの数は大きく異なっています．イヌの71％以上が分岐群Aに含まれ，被験サンプル全体のほぼ96％が3つの分岐群（A，B，あるいはC）に分類されました．つまり，これら3つの分岐群のイヌによって，現生のイヌのミトコンドリアDNAの全遺伝的変異のほとんどが表されます．これらの分岐群の大部分にオオカミも含まれていました．しかし，すでに述べたように，ある分岐群にオオカミのミトコンドリアDNAが存在することを，そのオオカミが同じ分岐群のイヌや分岐群全体の起源である証拠とみなすべきではありません（表5.1）．そうではなく，彼らの分析では，変異の幅の大きいこと（例えば，固有のミトコンドリアDNA配列＝ハプロタイプ，が存在すること）が，家畜化の起こった場所を示すものとみなされました．イヌのサンプルは，それが得られたもともとの場所によって7つの地理的領域に分類されました（Savolainen, 2006；コラム5.3を参照）．分岐群A，B，Cの現れる頻度はヨーロッパと東アジアと南西アジアの各地で非常によく似ていました．このことは，これらのイヌに共通する血統が同じ創始者個体群に由来することを示唆しています．しかし，これら3つの分岐群の遺伝的変異の幅には違いがあり，分岐群Aで最も大きくなっていました．多様性を測定するには多くの方法がありますが，東アジアで発見されたハプロタイプの68％がこの地域に固有のものであり，同じ算出法で示される数字はヨーロッパが45％で，南西アジアは25％にすぎません．分岐群Bにみられる同様の結果やさらに他の統計学的評価

コラム 5.4　犬種はどこから来たのか？

メキシカン・ショロイッツクゥイントリはアメリカ最古の犬種のひとつと考えられています（Vilá et al., 1999 の参考文献を参照）．この体毛のない犬種は，形態的によく似た別の犬種であるチャイニーズ・クレステッド・ドッグの近縁種だと考えられていました．しかしミトコンドリア DNA 配列の分析によって，このメキシコのイヌは地元で家畜化されたアメリカ固有の犬種でもなければ，中国のものと遺伝的に近い関係にある犬種でもないことが明らかになりました．Vilá et al. (1999) はショロイッツクゥイントリのミトコンドリア DNA がユーラシア起源であること，またハプロタイプの頻度からみて，この犬種が体毛のないチャイニーズ・クレステッド・ドッグから派生した可能性はなさそうなことも発見しました．ショロイッツクゥイントリは初期の人類とともにアメリカに渡ったイヌの個体群の生き残りであり，後になって初めてそのような特殊な形態的特徴を示す犬種に発達したという可能性の方が大きいようです．

エジプトにみられるイヌの絵画や彫刻と現生のファラオ・ハウンド種が似ていることから，多くのイヌの専門家は，ファラオ・ハウンドは古代エジプトに由来する種だと誤解するようになりました．しかし DNA 解析の結果は，この犬種が，比較的最近作り直されたものであることを示しています（Parker et al., 2004）．他の犬種を交配することで，何千年も昔のピラミッドの墓所に描かれた絵と区別のつかない外見をもつ，遺伝的には新しいイヌが生まれたのです．つまり，外見上の類似は祖先の起源を立証するものではないのです．昔の絵師によって描かれる機会の多かったサルーキやマスチフのような他の古代犬の場合もおそらく事情は同じでしょう．長い歴史をもっているのは（遺伝的な意味での）犬種ではなく，「形態」だけなのです．イヌが生物学的進化の法則に従っていないのは，イヌの個体群が分離してから人間の介入によって遺伝的隔離が中断されるまで，ほんのわずかな時間しかなかったからです．イヌの場合，行動（および形態）が似ているのは収斂進化の例であることが多いため，似ているからといって「共通の祖先」をもっている（相同関係）ことの証拠にはなりません（第 1 章 15 ページ）．このことから，異なる遺伝的な素材から似たような表現型が選択されうるという，イヌの遺伝的可塑性を主張する次の段階の議論が生まれます（例えばベルジアン・シェパードとジャーマン・シェパードは，形態や行動が似ているにもかかわらず，遺伝的組成の点では異なるクラスターに属しています．図 5.3）

(a)　(b)

(c)

似ているからといって系統や進化上の近縁関係が裏づけられることはない．(a) ショロイッツクウイントリ（左）とチャイニーズ・クレステッド・ドッグ（右）は大きくみれば家畜化された同じ個体群から派生しているが，彼らは地理的に異なる場所で別々に発達してきた犬種である．(b) ファラオ・ハウンドは (c) の絵のイヌに似ているが，絵のモデルはファラオ・ハウンドではなかった．現在のファラオ・ハウンドは現代のイヌから最近作られたもので，類似は二次的なものである．(c) プターホテップの墓の壁画（第5王朝，およそ4500BP）の複製．

によって，これらのイヌは東アジアのどこかで生まれた可能性が最も大きいことが示されました．

アメリカとオーストラリアのイヌの系統をたどろうとする2つのそれぞれ別個の一連の研究結果は，イヌが東アジア起源であることのさらなる証拠かもしれません．アメリカの初期のイヌ化石によって，アメリカ大陸北部で独自に家畜化が起こった可能性ができました．そこで，より明確な答えをみつけるために，Leonardと仲間の研究者たち（Leonard *et al.*, 2002）は，コロンブス以前の時代（およそ1400～800 BP）に遡る遺跡で発見された13の試料と，およそ420～220 BPに生息していたアラスカのイヌの試料からミトコンドリア

DNAを分離することに成功し，さらに，現生の犬種やオオカミのミトコンドリアDNA配列も調べました．分析によって得られた系統樹によれば，アメリカのオオカミと古代のイヌのサンプル間に明確な分離がみられました．また，コロンブス以前のイヌとアラスカのイヌのサンプルのうちひとつを除くすべてが，ユーラシア起源と記載されている分岐群（Vilá *et al.*, 1997）に入りました．この分岐群には，かつてメキシコからボリビアにいたる広い地域に分布していたイヌ達の子孫と非常に緊密な遺伝的類似性を示す興味深い下位個体群も識別されました．このことは，初期のイヌの個体群が人間とともにベーリング海峡を渡って新世界に

表5.1 文献中に報告されたさまざまなオオカミとイヌのミトコンドリア DNA 配列の要約．これまでにイヌとオオカミの両方の配列を含む 6 つの異なる分岐群が識別されており，それらはアルファベットの A〜F（Savolainen et al., 2002），あるいはローマ数字の I〜VI（Vilá et al., 1997）で示されている．推定年代は Savolainen et al., (2002) にもとづく．品種名は，非常に特殊なケースと思われる場合にのみ報告されている．

分岐群	オオカミ	イヌ	およその年代
分岐群 A（I）	ユーラシアのオオカミ [c,f] 先史ヨーロッパ（およそ1万BP）のオオカミ（？）[f]	複数の犬種 [a] 複数の犬種と野犬 [c] ディンゴ [a,d]	1万5000 BP
		コロンブス以前のイヌ [b] インドの野犬 [e] 先史（およそ3000 BP）ヨーロッパのイヌ [f]	
分岐群 B（II）	ヨーロッパのオオカミ [a]	複数の犬種 [a] イヌの品種と野犬 [c] インドの野犬 [e]	1万5000 BP
分岐群 C（III）	ヨーロッパのオオカミ [c]	複数の犬種 [a] 複数の犬種と野犬 [c] インドの野犬 [e]	1万5000 BP
分岐群 D（IV）	ヨーロッパのオオカミ [a] 先史ヨーロッパ（およそ1万4000 BP）のオオカミ（？）[f]	2つの犬種 [a] ラップフンド [c]	
		エルクハウンド [c] インドの野犬 [e] 先史（およそ4000 BP）ヨーロッパのイヌ [f]	
分岐群 E（V）	南西アジアのオオカミ [c] ヨーロッパのオオカミ [c]	韓国と日本のイヌ [c]	
分岐群 F（VI）	南西アジアのオオカミ [c] ヨーロッパのオオカミ [c] 先史（およそ1万BP）ヨーロッパのオオカミ（？）[f]	シベリアン・ハスキーと秋田犬 [c]	

a：Vilá et al. (1997)，b：Leonard et al. (2002)，c：Savolainen et al. (2002)，d：Savolainen et al. (2004)，e：Sharma et al. (2003)，f：Verginelli et al. (2005)．（？）は位置づけがはっきりしてないことを示す

住みついたことを遺伝的に示すものです．これらの結果にはアメリカで独自の家畜化が起こった証拠は見当たらないため，結局，すべてのイヌはユーラシアに生息していた個体の子孫であるように思われます（いくつかの反証については Kopp et al., 2000 を参照）．

ディンゴの祖先は人間によってオーストラリアに持ちこまれたとされていますが，彼らの正確な起源は不明でした．形態が似ていること（相同か収斂かどちらの可能性もあります：第1章コラム1.3）を根拠に，アフリカやインド，あるいは東アジアが起源だとする議論が行われてきました（Corbett, 1995 など）．Savolainen et al. (2004) は，ヨーロッパ人がオーストラリアに到着する前に生息していた19頭のディンゴの試料を含む230のディンゴのミトコンドリア DNA のサンプルを用いて，分子レベルの遺伝的手がかりをみつけ出そうとしました．その結果，ディンゴの遺伝的変異は，イヌとオオカミのどちらと比べても非常に小さいことがわかりました．ディンゴのミトコンドリア DNA 配列はすべて分岐群 A に属しており，東アジア起源を裏づけていました．さらに，ディンゴのサンプル全体の 50 % 以上が同じハプロタイプをもち，他のすべてのハプロタイプの配列は，ほんの数段階の突然変異によって分岐したものでした．こういうことはディンゴにしかみられません．ニューギニアに生息するシンギングドッグについてもよく似た議論を展開することができるため，ディンゴの祖先は，おそらく，東アジアのイヌの個体群からやって来て住み着いた少数の個体に遡れるものと思われます．日本にも同じように東アジアからの移住がありましたが，それらのイヌは

人との緊密な関係を維持して野生個体群を発達させなかった点がディンゴと違っていました（Kim et al., 2001）．

オオカミ個体群が移動することや，犬種には起源となる特定の地域がないことのため，これらの進化モデルは間違ってしまいやすくなっています．さらに，近年におけるオオカミ個体群の断片化やランダムに発生する（オオカミと家畜化されたイヌの両方における）絶滅のせいで，現在生きている個体がかつて存在していた個体群を代表していない可能性が大きくなっています．モデルの予測能を高めるひとつの方法は，現生のオオカミやイヌに属する非常に古い個体のDNAサンプルを入手してモデルに組みこむことです．これはDNA分子がすぐに壊れるために難しいのですが，幸い今日の実験室的技法を用いれば古いDNAサンプルを修復することができます．最近ある研究グループが，3000〜1万5000 BPにイタリアのアペニン地方に生息していた5個体の試料から採取したミトコンドリアDNAの配列を解析することに成功しました（Verginelli et al., 2005）．この調査に関わった考古学者によれば，最も古い3つの発掘物（それぞれの年代は1万4000 BP，1万 BP，1万 BPでした）は，骨の断片があまりに小さかったために，イヌのものなのかオオカミのものなのかはっきりさせることはできませんでした．それらはオオカミかオオカミくらいの大きさのイヌのものだと思われました．他に発見された2つの骨遺物は，4000 BPと3000 BPに遡るイヌのものとして記載されました．547頭の純血種のイヌと341頭のオオカミから採取したサンプルが，この5頭の先史時代のイヌ科動物の系統学的分析に使われました．分析の結果，古代のイヌ科動物の2つのサンプル，1万 BPのものと4000 BPのものが，東アジアに起源をもつと推測される分岐群A（Savolainen et al., 2002）に分類されました．このことはたとえ古い方の試料がオオカミであったとしても，非常に早い時期に家畜化されたイヌ科動物とヨーロッパのオオカミの間に関連があったことを示唆しています．Verginelli et al. (2005) は，この分岐群Aのイヌにはヨーロッパと東アジアで進化した2つの家畜化された個体群の子孫が含まれるかもしれないと示唆し，Savolainenの仮定に反

論しました．世界の他の場所でさらに別の古代のイヌやオオカミのサンプルがみつかれば，これまでの理解に変化が生じるかもしれませんが，筋書きがより鮮明になるのか，いっそうぼやけてくるのか，今のところは判断がつきません．

・いつイヌは家畜化されたのか

1997年にある研究者のグループが，イヌの家畜化が最初に起こったのはそれまで考えられていたよりもずっと前の時期だったという考えを提案し，大半の考古学者が長い間共有していた合意事項に疑問が投げかけられました．Vilá et al. (1997) が，すでに紹介した算出法にもとづき（第5章3節2項），古代のオオカミ個体群が家畜化されたのは10万年以上前，そうでなくとも少なくとも一般に推測されている1万5000年前よりもずっと前の時代，おそらく5万年前から10万年前の間だったかもしれないと示唆したのです．この時期は，ホモ・サピエンスが南アジアに住みつき始めた時期とぴったり一致するようにみえます（図5.1を参照）．ここでオオカミと人が初めて出会ったことが家畜化のきっかけになったのかもしれません（Csányi, 2005）．そういう初期の化石が見当たらないことは，野生の型と家畜化された型が隔離されるまでしばらくの間オオカミとイヌの交雑が続いていたせいもあり，初期のイヌは形態的にオオカミと区別がつかなかったという推測によって説明されました．別の説明では，この年代は，家畜化されることになるイヌの個体群（つまりイヌの祖先）が現生オオカミの祖先から分岐した時期を示しているかもしれないとされています．

現在ではたいていの研究者がこの見積もりが大き過ぎることに同意するでしょう．とはいえ，いまだに考古学的記録が示唆するよりも早い年代を支持する議論はあります．Savolainen et al. (2002, コラム5.3) によって定義された分岐群の分岐年代を上記の見積もりが大きすぎるという見方に沿うように，算出することもできます．分岐群Aの場合，そういう計算の結果は，創始者と考えられるオオカミの数によって決まります（詳細についてはSavolainen, 2006を参照）．この分岐群に属するすべてのイヌの祖先としてただ1頭の母オオカミを仮定すれば，その年代は4万 BPと12万 BPの

間になります．しかし，おそらくもっと現実的なアプローチとして数頭のメスのオオカミがいたと仮定すれば，およそ1万5000～2万BPという年代が出てきます．分岐群BとCについて同様の計算を行うと（これらの分岐群の構造はより単純なため，ただ1頭のオオカミを創始者と想定して），およそ1万3000～1万7000 BPという年代になります．さまざまな分岐群があることは，（さまざまなオオカミ個体群が生息する）さまざまな場所で家畜化が行われた可能性を示していますが，それらの分岐群の間に数万年の隔たりがあるとはあまり考えられません．いったんイヌが家畜化されれば，それは急速に人の個体群の間に広がっていくだろうからです．ですから，家畜化は比較的限られた時間のうちに，おそらく1万5000～2万BP頃に起こったものと思われます．

アメリカのイヌをサンプルにした同様の計算によって，家畜化されたイヌがすぐに新世界へ向かう人間の個体群に加わったことがわかっています（Leonard et al., 2002）．ですから，おそらく彼らはおよそ1万～1万2000 BPごろに，ベーリング海峡を越えた人間たちの，第1波ではなく第2波の方に加わったのでしょう．系統学的な計算によると，イヌはおよそ5000年前にオーストラリアに到着しました（Savolainen et al., 2004）．そのイヌは，おそらくすでに家畜化の途上にあった個体群のイヌのようですが，この隔離された個体群にその後選択が働いたのかどうか，働いたとすればどのように働いたのかを知る手がかりはなく，「イヌ的な」形質の中で生存に不利益をもたらさない一部の形質がこれらのイヌ科動物の中に生き残ってきたかもしれません．

・犬種間に系統関係はあるのか？

ここでの主な問題は，進化ということを考慮しながら犬種を生物学的に意味のある体系に分類することは可能なのか，ということです．ケンネルクラブでは，体型の類似や（もしあれば）作業上の有用性，血統等についての疑わしい情報を混ぜ合わせて作られた恣意的な分類体系が採用されています．「本物の」種の場合には，動物学者が古生物学的分析や形態学的分析にもとづき，他種との進化上の関係を提示し，その大半が系統学的研究によって確認され（あるいはときには変更され）ます．これと同じように，犬種毎の遺伝物質を体系的に比較することによって，犬種の起源や遺伝的類縁関係を明らかにすることができるでしょう．一般に，(すべてではないにしても）大部分の犬種はその来歴が非常にあいまいで，記録もほとんど残っていない度重なる交雑の産物であると考えられているにもかかわらず，犬種間の系統関係という問題に対して，いろいろな角度から取り組みがなされてきました．(他のイヌと繁殖的に隔離される）犬種の作出は昔から行われてきました．すでに数百年前につくられた犬種もあれば，今まさに作られつつある品種もあります（Neff et al., 2004も参照）．さらにヨーロッパでは，アジアの大部分の地域よりも古くから大々的に犬種がつくられてきた伝統があります．全体として，ヨーロッパのイヌの遺伝子プールのかなりの部分は，アジアの大部分の地域よりも長期間にわたってオオカミのものから隔離されてきました．アジアでは今現在，さまざまなイヌの個体群から新しい「犬種」が作られつつあります．

犬種におけるミトコンドリアDNAのハプロタイプの分布の比較結果は，この推測される交雑過程を反映するものでした（Vilá et al., 1999）．調べられたのは比較的少数の犬種のサンプルでしたが，犬種によって遺伝的変異の幅に違いがあることを示していました．一部の犬種（例えばゴールデン・レトリバーやジャーマン・シェパード）には4～6個の異なるハプロタイプがみられる一方で，他の犬種（例えばボーダー・コリー）には1つあるいは2つしか認められませんでした．しかし，犬種に固有のパターンはみられませんでした．

犬種に固有のミトコンドリアDNAがみられなかったため，マイクロサテライトDNAの配列を決定して比較しようとする動きもありました（Koskinen and Bredbacka, 2000；Irion et al., 2003）．2004年には大勢の研究者が多大な労力を払って，85種の犬種を代表する414頭のイヌの96のマイクロサテライト遺伝子座の遺伝子型を決定しました．このデータベースは，人間によって繁殖を管理されている犬種の大部分を代表するイヌの遺伝子プールについて詳細な分析を行うのに十分な規模をもっていることがわかりました（Parker et al.,

2004).研究者たちは多変量統計法を用いてそれらのイヌを犬種と一致するように分類することができましたし,同時に,ほとんどの(99％)個体をDNA配列にもとづいてそれぞれの犬種カテゴリーに正確に割り当てることもできました.このことは,犬種に固有の遺伝単位があることを示しています.注意する必要があるのは,カテゴリーの設定に用いられたイヌは犬種ごとに平均して4.8頭で,犬種によってはそれらが真の典型的な個体ではないかもしれないということです.同じ犬種に属するけれども異なる地理的領域で生まれたイヌを分類することが,このアプローチを真に検証することになるでしょう.

一部の「古代」の犬種とオオカミの間には近縁関係がみられるとはいえ(後述),他の大部分の(主にヨーロッパ起源の)犬種を系統樹の方法で互いに区別することはできませんでした.ですから,ほとんどの犬種には進化的関係の古典的ルールは適用できません.生態的・経済的要求や地域ごとの実現可能性,流行,あるいは単に新しい種類のイヌをつくり出す喜びが,異なるイヌの個体群間で交雑を行うことへの絶えざる原動力となったようです.さらに詳しく塩基配列を比較することによって,広い範囲にわたって犬種をカテゴリー化することができそうです.それらのカテゴリーに,そこに含まれるひとつあるいはそれ以上の犬種にもとづいて名前を付けたくなるかもしれませんが,重複する場合や例外のある場合があるので,そういう試みに意味があるのかどうかは疑わしいところです(図5.3).

最近イヌとオオカミのミトコンドリアDNAとY染色体におけるマイクロサテライトのハプロタイプの多様性が比較され,犬種の物語に,予想外ではないものの,興味深いひねりが加えられています.Sundqvist *et al.* (2006) は,犬種が異なるときに,Y染色体のマーカーはミトコンドリアDNAに比べて多様性に乏しいことを発見しました.重要なのは,オオカミにはそういう偏りはみられなかったということです.つまり,一夫一妻で繁殖するオオカミの交配パターンとは異なり,犬種を作り出したり維持したりする場合には,比較的少数のオスが多くのメスと交配されるというよく知られた慣例(**人為的な一夫多妻**)が,DNAデータ

からも裏付けられたといえるでしょう.

・「古代」犬種の問題

たいていの場合「古代」という語は,ある犬種が人間の歴史の比較的早い時期に存在したことをほのめかす証拠がいくらかみられる場合に使われてきました.さまざまな素描やスケッチ,あるいは彩色画が,ある形態タイプのイヌが,それによく似た現生の犬種がその直系子孫だという直接的証拠はないにしても,他のタイプのイヌに先んじて存在していたかもしれないことを示しています.

遺伝子解析の出現によって,オオカミとの遺伝的類似性が大きいイヌの犬種に「古代」という語が使われるようになっています.これは系統学的分析の仮定が満たされるなら適切ですが,イヌの場合にそうであるとは限りません.一般に種間の繁殖隔離があれば,遺伝的相違は,確かにそういう分離が行われた時間が作用した結果です.しかし,数世代にわたってイヌとオオカミを交雑させれば,オオカミとより近縁の「古代」犬種を,今,つくることができるでしょう.つまり,オオカミに似た犬種は,祖先からの分離が起こらなかったか,もっと正確に言えば,オオカミとの交雑が続いていた場合に生じます.この場合,それらの犬種は(「古代のイヌ」ではなく)過渡的な型を表します.イヌの種形成へ向かう真に重要な段階を表しているのは,互いに遺伝的に分離されていないけれども,オオカミとは分離されている犬種だけです(後述).ジャーマン・シェパードよりもシベリアン・ハスキーの方が遺伝的にオオカミに近いという発見を (Parker *et al.*, 2004),ハスキーがより古い犬種を表している,あるいはより「オオカミに似ている」証拠だと考えるべきではありません.まず第1に,バセンジーはオオカミに似ていないにもかかわらずよりいっそうオオカミと近縁ですし,第2に,ハスキーが橇犬として役に立つためにはイヌの特質をもっている必要があり,行動的にオオカミとの類似を示すはずはありません (Coppinger and Coppinger, 2001).ですから,(北米のネイティブアメリカンがしばしば主張しているように)多少オオカミとの交雑があったとしても,行動的にオオカミに似た個体は速やかに選択的に排除されたことでしょう.

・現在の合意事項

2005年にイヌゲノムの配列が決定されたことによって，イヌは生物学的・医学的興味の的になりました（Lindblad-Toh *et al.*, 2005）．人とマウスとイヌのゲノムの詳しい比較とは別に，研究者たちは考えられるイヌの進化史のモデルを作りました．そのいくらか単純化されたモデルによると，イヌの進化は2つの大きな段階として記述されます．この2つの段階は，2度のボトルネックによって分けられ，その際，祖先の多様性の一部が失われました．およそ2万7000年前に，最初の分離の出来事（家畜化）が1万3000頭の創始者個体群（後述部も参照）に起こりました．それは，おそらく多数の場所で起こったと考えられます．そのずっと後，おそらくほんの1万〜1000年前の犬種創出の時代に，イヌの個体群はもう一度ボトルネックを経験しました．興味深いことには，そのような変遷の間にも以前存在した変異の大部分が保持されました．その結果，ある犬種のメンバーすべてがもつような同じ優先的ハプロタイプのようなものはなく，ほとんどの犬種は今なお平均して4つのハプロタイプを示しており，犬種によって大きな違いがみられるものの，その犬種で最もよくみられるハプロタイプの平均出現頻度はおよそ55％です．

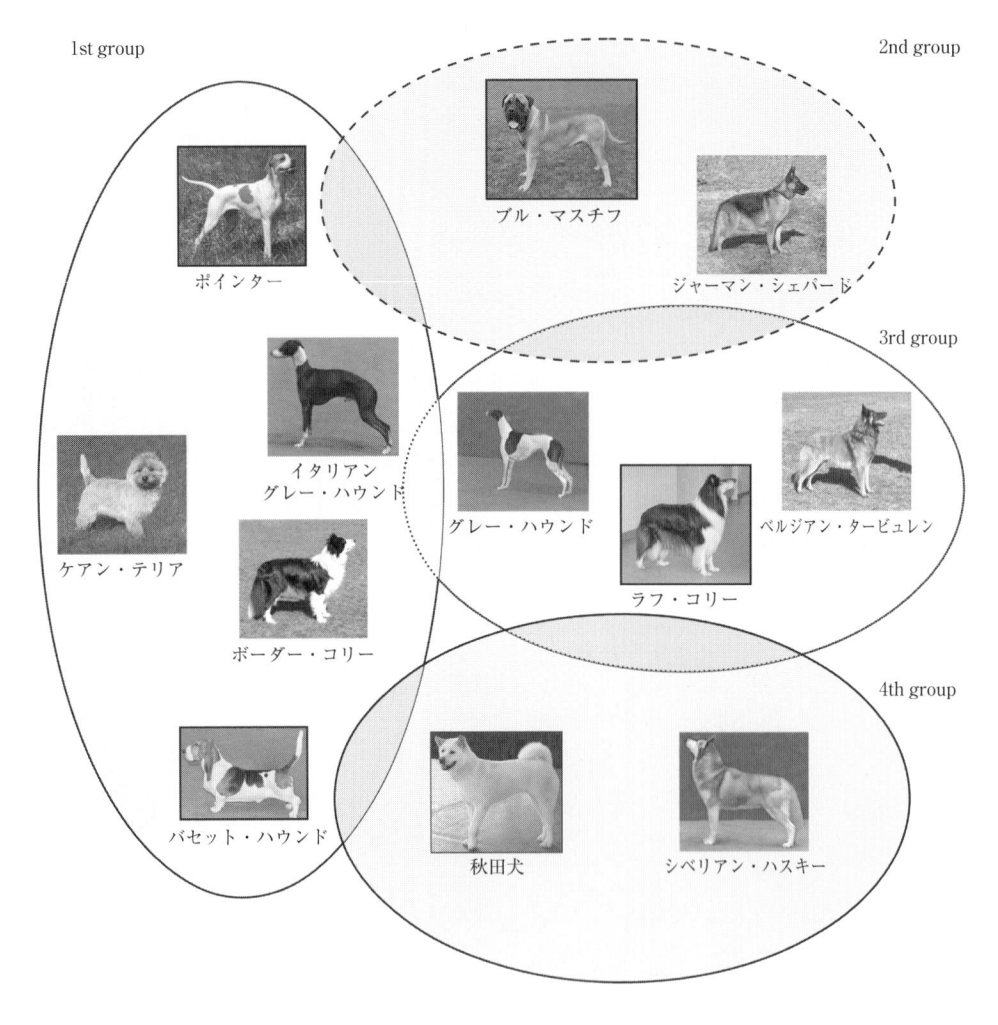

図5.3 DNA配列の類似にもとづくさまざまな犬種のグループ．犬種間の遺伝的類似をまとめたこの図は，「真の」系統関係という考え方に対する強い異議申し立てである．Parker and Ostrander (2005) の著書にあるこの図（描き直して修正している）は，「機能的」類似からも「形態的」類似からも説明できない．ここでは，原著者たちが挙げた各カテゴリーの典型的犬種（黒枠内）だけでなく，いくつかの「非典型的」犬種や，あるカテゴリーの典型種に似ているけれども実際は別のカテゴリーに属する犬種も示している．

5.4　進化的個体群生物学のいくつかの概念

　最近の理論遺伝学的研究や比較遺伝学的研究によって，イヌの家畜化の過程を個体群生物学の観点からみることができるようになっています．オオカミもイヌもそういう研究を行うのに理想的な個体群を形成しているわけではありませんが，そのような分析から作られたモデルは現在の知見を体系化するのに役立ち，新しいデータの収集を計画する方法を示唆してくれます．しかし，それらのモデルはしばしば研究者達の仮定を反映するものであり，イヌの家畜化は実際にはもっと複雑な出来事であったかもしれないのですから，そういうモデルにとらわれるべきではありません．

5.4.1　創始者個体群の問題

　どのような個体群であろうと，それが生き延びるためには遺伝的多様性が重要な意味をもつと考えられると同時に，創始者の数は，選択が作用する変異の量を決定するでしょう．創始者が少数であれば，遺伝的浮動による表現型へのランダムエフェクトを引き起こすかもしれません．少数個体群には消失のリスクがあります．選択があまりにも強力に働くときには特にそうです．ですから，一部の家畜化の出来事は，現在の遺伝記録にまったく，あるいはわずかしか痕跡が残っていないでしょう．反対に，選択が緩和されれば（後述），少数個体群にも生き残るチャンスが増えるでしょう．

　系統学的分析によって明らかになった現生のイヌの間にみられるミトコンドリア DNA の関係は，その創始者としてわずか数頭のオオカミに似たイヌ科動物のメスしか関わっていないとして，最節約的に説明できます．この場合，各分岐群（Vilá et al., 1997, Savolainen et al., 2002）がそれぞれ 1 頭の母親の子孫だと仮定することになります．しかし，もっと現実的にありそうなのは，それぞれのメスが局地的な家畜化に関わった多数個体を代表していると考えることです．これは，隣接するオオカミの群れが互いに遺伝的に似通っており，メスのオオカミは出身集団の近くにとどまる傾向がある（Lehman et al., 1992；本書第 4 章 3 節 4 項）という最近の観察によっても裏づけられます．つけ加えて言えば，ミトコンドリア DNA がわずかな数のオオカミの母系に由来するという事実は，必ずしも創始者個体群の規模が小さかったことを意味するわけではありません．なぜなら，特定の家系が死滅してしまうこともあるからです（Leonard et al., 2005）．創始者個体群の多様性が大きかったことはありえます．主要組織適合性複合体（MHC，免疫機能に関わる）内の一定の遺伝子のタイプ（DRB）では 42 の異なるハプロタイプが識別されています（Seddon and Ellegren, 2002）．家畜化以後に新たな突然変異が起こった可能性は非常に小さいと考えられるので，Vilá et al. (2005) は，1 個体がそれら対立遺伝子の 2 つをもっているとして，現在のこの多様性を説明するのに少なくとも 21 頭が必要だろうと考えました．しかし，これはありそうもない筋書きなので，彼らはコンピューター・シミュレーションによって創始者個体群の大きさを推定しました．新たな突然変異がなく，遺伝的浮動によって対立遺伝子の多様性が減少したと仮定すると，最大 1000 頭の個体群がひとつ，100〜200 頭の個体群が 2〜4 つ，あるいは，もっと個体数の少ない個体群がこれよりも多数（例えば 60 頭のオオカミ個体群が 6 つ）が，創始者個体群として家畜化に関わったのだろうと推定されました．初期の時代には人間がつくり出した生態的ニッチではオオカミに似たイヌ科動物（あるいは，その群れ）を限られた数しか支えることができなかったと想像できますし，また，多数のイヌをオオカミから繁殖隔離することも難しかったでしょう（Leonard et al., 2005）．しかし，現在の証拠は家畜化が何度も行われたわけではないことを示していますから，創始者個体群が比較的少数のオオカミで構成されていたとして考えられる変異は，観察される対立遺伝子の分岐を説明するには貧弱すぎます．この食い違いを説明するために，Vilá et al (2005) は，オオカミとの間で定常的に，あるいは時々，交雑が行われていたために，現在の対立遺伝子に比較的大きな多様性がみられるのかもしれないと推測しました．興味深いことに，他のイヌの家畜化モデルはずっと多数の創始者を想定してつくられています．Lindblad-Toh et al. (2005) は，初め 1 万 3000 頭だった個体群が，多様性がいくらか減少すると予想されるボトルネックを異なる回数経験したものと想定しました．

5.4.2 選択の性質

イヌの家畜化の始まりは，いくつかの点で島への移住に比較することができます．未開発の資源を提供してくれる，この新しい，人間によって作られた生態的ニッチを選んだイヌの祖先は，種間や種内の競争が減少した状態を享受しました．これは個体数の膨張につながったことでしょう．なぜなら，以前の生息環境ではそういう機会がなかった多くの個体が仔をつくることができるようになったからです．このような過程はしばしば選択の緩和と呼ばれ，それまで不利な立場にあった個体が適応度の増大を享受します．その結果個体群の規模が大きくなり，また表現型の多様性も増大します．遺伝的多様性が変化する原因は2つあります．ひとつは，対立遺伝子の頻度は変化せず，稀な対立遺伝子をもつ個体の数が個体群の中で増加する場合で，2つ目は，それまで致死的あるいは不適応な遺伝物質をもっていた個体も繁殖の機会をもつようになる場合です．この後者の過程の影響は小さいようですが，どちらの出来事も新たに生まれる個体群の運命に影響を及ぼすものと考えられます．どちらのメカニズムも個体群の遺伝的多様性を増大させることになり，そのような遺伝的多様性の増大が，新たな選択要因が作用する可能性を広げることになります．

Reznick and Ghalambor (2001) は，小さな創始者個体群ではしばしば選択によって絶滅が起こるため，個体群の成長の機会と，その後に起こる方向性選択の組み合わせが進化的変化を促進するのだと論じました．イヌの祖先個体群はいくつかの選択要因が原因となって急速な個体群規模の縮小を経験したかもしれませんが，創始者個体群はもっと生き残りのチャンスに恵まれていました．さらに，その個体群の中に，選択上有利な個体の数が多ければ，選択がより速やか働いたでしょう．

しかし，人為生成的環境にもその限界があります．どんな集団であろうと人の一集団が養えるのは小規模なイヌの集団にすぎなかったでしょう．この場合，選択の働きは局所的なものとなり，選択によって多様性が生まれることはありません．しかし，イヌの初期の祖先が広大な地域に急速に移住し，生息域を拡大しつつあった人間個体群の中に広く分散して広がっていったとすれば，最終的に，イヌは家畜化が起こった中心地域に住む祖先のオオカミ個体群に比べてより大きな遺伝的多様性を手に入れることになったことでしょう．このことは，イヌの表現型には彼らの「野生の」祖先に比べてより大きな多様性がみられるという観察に遺伝学的根拠を与えてくれるように思われます．ただし，そのような多様性はゆっくりと，家畜化の開始以後かなり時間がたってから初めて現れました．

一般にイヌの初期の環境にはあまり選択が働いていなかったと考えられていますが，実際にはそういう仮説に対して遺伝的証拠をみつけるのは極めて難しいことです．Björnerfeldt et al. (2006) は，オオカミとイヌにみられる同義的突然変異と非同義的（機能的）突然変異の割合を比較すれば，ミトコンドリアDNAの中にそういう緩和された選択の影響をたどることができるだろうと考えました．彼らは，非同義的突然変異と同義的突然変異の割合が，イヌでは平均してオオカミの約2倍であることを見いだしました．本当に不利な変異はどちらの個体群からも排除されているでしょうから，ミトコンドリアDNAでみつかった非同義的変化は転写過程の効果をほんのわずかしか変えていないでしょう．つまり，イヌの環境はあまり有害でない（非同義的）突然変異に対してより寛容である，言い換えれば，ミトコンドリアDNAの選択的制約がより緩和されていると言うことができます．現代の獣医学は有害な変異をもつ個体が生き延びることを可能にしており，そこでは極端な選択の緩和が生じています．これによって個体群に有害な変異が蓄積し，その割合が増大する可能性があります．そういうイヌを育種個体群から排除しなければ特にそうなるでしょう．

非常に早い時期には，祖先のイヌ個体群に方向性選択が働いた可能性が大いにあります（図5.2を参照）．初期には，体の小さな動物の方が人為生成的環境で生き延びる可能性が大きかったと考えられます．これは，体の小さな動物の方が，（人のゴミをあさる）腐肉食的生活スタイルにつきものの，常に手に入るが質の悪い食物を，有利に利用することができたからでしょう．そのため，それらのイヌの大きさは，コヨーテやジャッカルのような同様の習性をもつ他のイヌ科動物に近づく方

向に変化したのです（Coppinger and Coppinger, 2001）。あるいは，人は（例えば狩り等で）小さなイヌとともに行動する方を好み，大きなイヌよりも小さなイヌを優先的に選択したかもしれません（Clutton-Brock, 1984；Crockford, 2000）．両方の選択圧が祖先個体群を同じ方向へ向かわせたのであり，これは家畜化初期の化石証拠によっても裏づけられています．一方，およそ5000 BPの考古学的発見物はこの選択環境が変化したことを示しています．なぜならより大型のイヌが現れており，実際，中には一部のオオカミより大型のものもみられるからです．しかし重要なのは，相変わらず小型のイヌがいたということです．これは人為選択の最初の兆候のひとつだと考えられるだけでなく，この時代までに（少なくとも大きさに関しては），それまで多かれ少なかれ均質だった個体群が2つかそれ以上の数の下位グループに分かれたことを示しているように思われます．特殊な型のイヌに対する選択は，分断選択と呼んでいいかもしれません．大型のイヌが好まれるようになったのは，家や財産，あるいは家畜や牧夫を守るための仲間，また，人とともに広大な地域を素早く移動できる仲間が必要になったからだと思われます（Coppinger and Coppinger, 2001）．人々がオオカミの行動の特定の要素（例えば狩りの行動など，コラム8.2を参照）を示すイヌを選別した際にも，同様の人為的な分断選択が行われたことでしょう．

文献によっては人為選択が神経内分泌調節に影響を及ぼすことを指摘して，人為選択を「弱体化（destabilizing）」と説明しています（Belyaev, 1979）．しかし，この言葉をこんなふうに使うことは誤解を招きます．なぜなら，選択の影響は対立遺伝子の頻度変化によって測定されるのであり，一部の対立遺伝子が表現型に及ぼすかもしれない影響によって測定されるわけではないからです．

5.4.3 繁殖戦略の変化と世代時間への影響

イヌの家畜化によって生じた興味深い結果は，発情周期が年に2回になったということです．オオカミと違って（また2, 3の犬種は別として），家畜化されたイヌ科動物のメスは年に2腹の仔を生むことができます．Tchernov and Horwitz (1991) は，この成熟の早期化は，人為生成的環境への適応のひとつかもしれないと論じました．人為生成的環境では，多数の小型動物が大量の食物を利用することが可能です．このような環境では，r選択が働くと予測され，従って，高い繁殖力，小さな体格，短い世代時間，子孫を広範に分布させる能力へ向かう傾向が選択されます．この考え方には説得力がありますが，イヌの繁殖行動の大部分の特徴はこの図式に当てはまりません．妊娠期間，誕生時の仔の相対的サイズ，成体の寿命について，イヌとオオカミに違いはみられません．さらに，上記の変化の大部分が，馴れやすさの選択によってもたらされることを付け加えておきます（Belyaev, 1978；本書第5章6節3項）．

これらの変化が環境的課題に応じて現れたのか，あるいは人間という要因によって引き起こされたのかに関わりなく，オオカミから分岐した後の比較的早い時期に，イヌの世代時間は半分になりました．ですから，この8000～1万年の間に生きてきたイヌの世代数はオオカミの2倍だと考えられるでしょう．これまでの発見が示すようにたとえオオカミとイヌの突然変異率（タンパク質に作用しない同義的なヌクレオチドの変化にもとづく）が同じであったとしても（Björnerfeldt et al., 2006），イヌの方が配偶子の形成期に起こる突然変異を組みこむチャンスが多かったのですから，世代時間が短くなったことによって変異が増大したことでしょう．

5.5 新たな表現型の創発

イヌの姿を見てその行動を観察すると，オオカミと遺伝的近縁関係にあることが疑わしく感じられます．表面的に判断すれば，イヌを彼らの祖先から区別する多くの「新たな」形質がみられます．ここではこの新しさの創出を至近的な観点から，つまり，オオカミとイヌの表現型の違いの背後にあるメカニズムを探ることにします．有機体の異なるレベルが，成体の表現型を決定する後生的過程に強く結びついており，それらのレベルに影響を与えうる諸変化が明らかになりつつあります．

5.5.1 突然変異

進化における新しい形質の出現は，多くの場合，遺伝子変異によって引き起こされるタンパク質構

造の変化によって説明するのが最もわかりやすいと考えられています．近年の集中的研究によって，タンパク質をコードするゲノムの配列は非常に複雑な構造をもっていることが明らかにされました．遺伝子には遺伝子転写を制御する部位（**エンハンサー**，**プロモーター**）があり，タンパク質をコードする部分のDNA配列（**エクソン**）が転写されない要素（**イントロン**）と入り混じっています．タンパク質翻訳領域における突然変異の影響は，突然変異が生じた位置によって異なります．突然変異によってタンパク質の機能が完全に失われることもあるでしょうし，タンパク質の生化学的特性がいくらか変化するにすぎないこともあります．前者のケースは生命体にとって致命的な結果をもたらすでしょうが，後者の場合はたいていそれほど深刻な結果にはいたりません．

最近行われた詳細な実証的研究によって，ある潜在的に有害な突然変異がどのようにしてイヌの個体群に現れ，他の犬種に伝達されて固定化されたかが明らかにされました（Neff *et al*., 2004）．*mrd* 遺伝子は，脳を循環する血液にさまざまな種類の（潜在的に有毒な）分子が入りこむのを妨げるのに重要な役割を果たしているタンパク質（P-糖タンパク質）をつくります．異なる犬種で，それらの分子（その一部は獣医用医薬品）に対して逆の反応を示す個体がみられますが，そのイヌたちは，この *mrd* 遺伝子の突然変異体をもっていることが明らかになりました．この突然変異の結果，*mrd* 遺伝子にはヌクレオチドの4つの塩基配列の欠損が生じ，そのためタンパク質の先端が切り取られて短くなり，おそらく正常な機能を果たせなくなっているのです．広範な分子遺伝学的研究や，この突然変異対立遺伝子の有無に関するさまざまな犬種間での比較が行われ，おそらく19世紀前半のイギリスに生息していた1頭の牧羊犬にこの突然変異が生じたらしいということになりました．不幸なことに，このイヌは現在のコリーの祖先のうちに数えられるものでした．コリーの後の子孫は他の犬種をつくるのにも使われてきたため，ときにはこの突然変異遺伝子が伝えられ，現在は長毛のホイッペットにもみられます（Neff *et al*., 2004）．こういう突然変異を追跡するのは実に探偵の仕事のようなものであり，手がける研究者は多くありません．

多くの遺伝子のコード領域はさまざまな長さのヌクレオチド配列の繰り返し（**繰り返し配列数多型**，VNTR）によって構成されています．たいていの場合，アミノ酸鎖に翻訳される繰り返し配列の数は対立遺伝子によって違うでしょう．繰り返し配列の数が異なる対立遺伝子のタンパク質産物は，他の分子と互いに反応するときの生化学的活性や親和力が異なります．そういう繰り返し配列の数を変化させる突然変異が生じると，タンパク質の基本的機能は維持されるでしょうが，わずかな違いが結果として現れる表現型に影響を及ぼすかもしれません．Fondon and Garner (2004) は，*Alx-4* 遺伝子の短くなった対立遺伝子の同型接合が，ピレニアン・マウンテン・ドッグ（グレート・ピレニーズ）にみられる余分な狼爪の原因かもしれないことを示しました．この観察は，同じ対立遺伝子の機能を失ったものが同型接合しているマウスで，同様に余分な指が発達するという事実によって裏づけられています．これは興味深い発見かもしれません．なぜなら，しばしば進化における「大きな飛躍」の証拠と考えられている著しい形態上の変化に対して，比較的単純な遺伝学的説明を提供しているように思われるからです．余分な狼爪はイヌにしかみられないようで，このような形質を示す現生のオオカミはたいていの場合雑種です（Ciucci *et al*., 2003）．

別の例では，さまざまな種類のイヌ（セント・バーナード，ブル・テリア，ニューファンドランド）において，*Runx-2* 対立遺伝子のVNTR領域における2つの繰り返し配列の長さの比と **clinorhynchy**（脳幹底と上顎腹側面のなす角）の間に正の相関関係がみられることがわかりました．このことは，このタンパク質が頭骨の顔面領域の発達において重要な役割を果たしているかもしれないことを示しています（Fondon and Garner, 2004）．VNTR構造のこのような変化が起こるのは限られた突然変異のときだけであり，表現型の変化が生じて選択プロセスが進むのは，長い対立遺伝子と短い対立遺伝子のセットが新たに現れたときだけです．しかし，相関関係があるからといって，必ずしも遺伝的な変化と表現型の差異の間に因果関係があるということにはなりません（コ

ラム 5.5).

　人とチンパンジーのゲノムを比較した研究者は，突然変異がタンパク質の構造ではなくその発現パターン（位置やタイミング）の制御に作用するときに表現型の変化が生じやすいと示唆しました．これまでのところ証拠がみつかっているのは人と類人猿の分岐群の場合だけですが，イヌにもそのような突然変異が生じる可能性があると考えられます．イヌとオオカミとコヨーテの脳の３つの領域（視床下部，扁桃体，前頭葉）でミトコンドリア DNA の発現を比較すると，いくつかの興味深い相違点がみつかりました (Saetre *et al.*, 2004)．視床下部において，ともに摂食行動と代謝の制御に関わる２つの神経ペプチド（神経ペプチド Y とカルシトニン関連ポリペプチド）の，イヌに固有な発現がみられました．しかし重要なのは，環境的影響の可能性はコントロールされていないという

ことです．つまり，その違いは他の２つの野生種に比べた場合のイヌの経験の特殊性によって説明できるかもしれません（残念なことに，チンパンジーと人の比較の場合も，そういうバイアスの可能性は考慮されていません）．

　最近 Leonard *et al.* (2005) やその他の研究者は，家畜化後に経過した時間は，多くの好ましい突然変異の出現を期待するには単純に言って短すぎることを指摘しました．機能遺伝子の変異率（10^{-5} ／配偶子／世代），あるいは単一ヌクレオチドの変化として測定される変異率（$10^{-7} \sim 10^{-9}$ ／配偶子／世代）では，おそらく，選択のために十分な量の変異を提供できなかったでしょう．ですから，イヌの新しい表現型の遺伝的基盤の大半は，オオカミの個体群の中にあったものと思われます．イヌ属が進化する間に蓄積された多くの突然変異は，もしそれが劣性である場合には，つまり，個体が

コラム 5.5　オオカミとイヌの形態的差異

　イヌのいくつかの特徴はオオカミの仔に似ていますが，イヌに全体として幼形化がみられるというのは批判に耐える意見ではないようです．それよりもありそうなのは，選択によって一部の形質については発達上の関連が断ち切られたけれども，他の形質についてはそうでなかったということです．頭部では，相対的な「鼻面の長さ」（口蓋長／頭骨長）に対する頭骨の長さの比において，イヌ（現生と絶滅の両方）とオオカミの間に違いはみられないようです (a) (Wayne, 1986b；Morey, 1992)．イヌの測定値は，ちょうどイヌ属動物の示す仮想線と一致してします．一方，頭骨の幅と長さの比にはそういう関係はみられません (b)．ほとんどの場合，イヌの頭骨の方が彼らの野生の近縁種よりも幅が広くなっています (Wayne, 1986b；Morey, 1992)．つまり，幼形成熟の場合にみられるであろう幼形タイプの頭骨は，（少なくとも）２つの形質の組み合わせとして，その一方だけが発生パターンを変化させるときに現れるのです．イヌは同じような体サイズのイヌ科動物に比べて脳の大きさがおよそ 25〜30％小さく (c) (Kruska, 2005)．相対的な体重と比較した顎の深さ（臼歯間の距離）もイヌ科の種に予想される値より小さくなっています (d) (Van Valkenburger *et al.*, 2003)．

　Wayne (1986b) は，相対成長比率の変化は人為選択によるものと推測しました．Morey (1992) は，大きさに関する変化は２つの連続して起こった選択の結果かもしれないと考えました．まず初めにオオカミに似た祖先の体が小さくなり，これと並行して，発生的制約のために他の器官（歯，脳など）のサイズが縮小しました．第２段階では大きなサイズに対する選択が生じましたが，人為生成的環境が変化した（選択の緩和）ため，この選択はすべての形質に同じように作用しなかったかもしれません．形質間の強固な結びつきがないと仮定すれば，形態的制約がない場合には，例えば，より大きな体（頭部）が選択されるのに並行して必ずしもより長い（大きい）歯が選択されることはありません．なぜなら，大型の獲物を食料にする（あるいは捕食する）必要はないからです．イヌの脳の大きさが相対的に縮小していることについても同じように論じることができるかもしれません．

コラム 5.5 続き

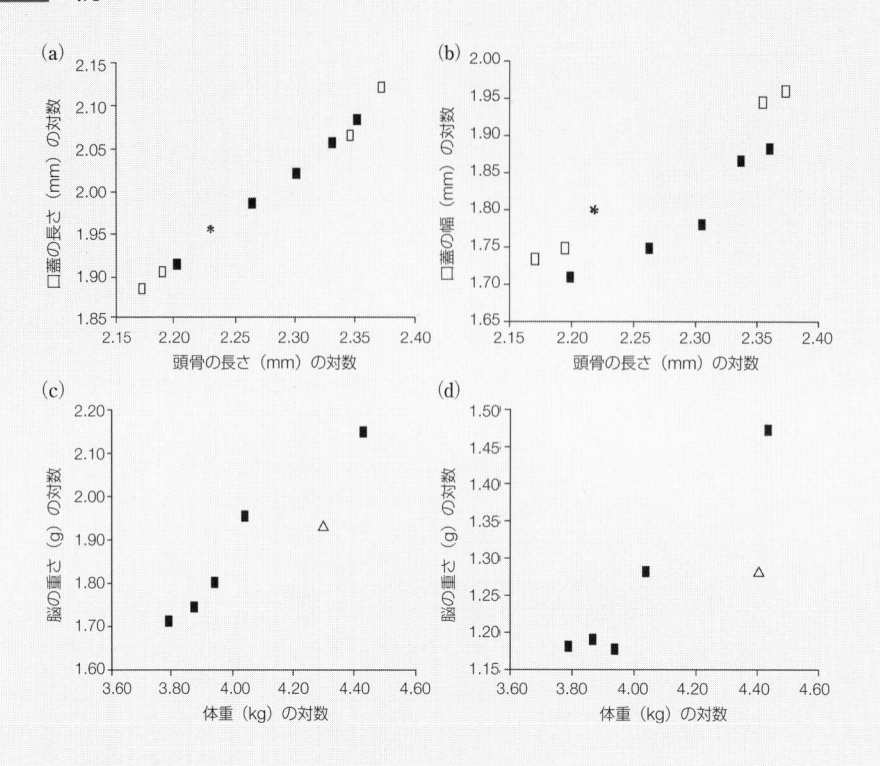

さまざまな現生種および絶滅したイヌ類の相対成長関係．(a) と (b) のデータは Morey, (1992) と Sablin and Khlopachev (2002) に拠る．ディンゴの測定値はメルボルン博物館所収の標本から Justine Philips が測定（David Pickering と Tara Todd の厚意による）．Morey (1992) で取り上げられたイヌの化石は，それぞれおよそ 3000～7000 BP と 4000～1 万 BP の北アメリカとヨーロッパの標本．(c) のデータは Kruska (1988)，(d) のデータは Van Valkenburgh et al. (2003) に拠る．頭骨長として上顎先端から後頭関節丘までの長さを用いている．（■現生のイヌ属動物の種，□絶滅したイヌ，＊ディンゴ，△現生のイヌ）

その対立遺伝子の別の「健康な」コピーをもっている場合には，ヘテロ接合の個体の中で生き残ったのでしょう．この場合，ホモ接合のより非適応的な個体は選択によって取り除かれていたでしょう．しかし，人為生成的環境が生き残りのチャンスを平等化した（あるいは増大させた）とすれば，新しい（それまでは不利だった）表現型形質を示すホモ接合の個体も生き残ることができたかもしれません．個体群における劣性の対立遺伝子にもとづく選択は，表現型の大きな変化をもたらす可能性があります（第 5 章 6 節を参照）．そういう新しい表現型を示す個体をみつけさえすれば，そして，ホモ接合の個体を探し当てることができさえすればいいのです．

複数の遺伝子が関係する形質であるイヌの体サイズの進化について考えてみましょう．初期のイヌの（推定）平均体高は現生のオオカミよりおよそ 20～40％低かったのですが，これはまだオオカミの大きさの範囲内にあり，イヌ属の大部分の種の小型サイズと一致していました．発見されたイヌの遺物の示すところでは，これらの小型のイヌは，さらに著しく小型化することなしに続く 5000～6000 年を生き延びました．このことは，サイズの縮小の大半はすでにオオカミの個体群の中に存在していた対立遺伝子にもとづいていたことを示唆しており，「適切な」対立遺伝子ばかりが選択されるなら，それ以上のサイズの縮小は起こらないと予想されるでしょう．

さらに小さなタイプのイヌをつくり出すのに成功したのはローマ人（そしておそらく中国人も）

でした．しかし，この小型化は体のあらゆる部分が比例して小さくなったのではなく，主として四肢の骨が相対的に短くなったことが特徴的でした．著しい表現型の変化を引き起こした（自然の）突然変異を人間が「救い出す」ことができたときに，そういう画期的変化が起こったのです．個体群の中で突然変異対立遺伝子を増殖させるのは簡単な仕事ではありません．ブリーダーは大きな個体群を繁殖的に隔離された状態に維持できなければなりませんし，計画的な交配を手配しなければなりません．肢の短縮は多くの場合**軟骨形成不全**と呼ばれる状態であり，個体発生の初期に骨の成長が止まります（Young and Bannasch, 2006）．短い肢の犬種と長い肢の（「正常な」）犬種をかけ合わせるとたいていは短い肢のイヌが生まれ，このことは（不完全な）優性の遺伝形式を強く示唆しています（この突然変異の優性的性質によって，なぜ初期のイヌのブリーダーがこの対立遺伝子を個体群の中で維持することができたのかを説明することができます）．人間においても成長因子受容体（FGFR3）に生じる突然変異によって似たような状態が引き起こされますが，これまでのところ，症状の出たイヌに同様の突然変異は確認されていません．重要なのは，オオカミにこの突然変異が生じたとすれば，症状のある個体には生き残るチャンスがあまりなかったということです．反対に特定の人間的環境においては，これらの小型犬は大きな仲間たちよりもはっきりと有利な立場になります（例えば愛玩犬や，巣穴に入り込んでの狩りに使われるイヌであるダックスフンドなど）．ですから，この（優性の）突然変異対立遺伝子が今日のオオカミにみつかるかどうかは疑わしいところですが，おそらくイヌには広く分布していることでしょう．なぜなら，他の犬種（ジャーマン・シェパードなど）でも短い肢のイヌが生まれるからです（ただし，これはさらに別の突然変異の結果かもしれません）．長毛よりも優性的に遺伝し，おそらくオオカミにはみられない短毛などの形質についても，同様の議論が可能でしょう．

このように，オオカミのゲノムの多様性が大きいため，必ずしも新しい突然変異が起こらずとも，イヌの表現型に大きな変化を引き起こしうる方向性選択が行われる余地が生じています．にもかかわらず，もしこのような比較的短い期間に突然変異が生じることができ，その表現型が特定の人間的環境においていくらかでも有利であれば，それらの変異は個体群の中で生き残ることができます．

5.5.2 交雑

近縁種（あるいは亜種）の間の交雑が新しい形質を生み出したのだとしばしばほのめかされてきました．そのような交雑の子孫には，多くの場合，親の形質のさまざまな断片がユニークな組み合わせで現れます．両方の親の間の表現型の違いが大きいほど，大きな影響がみられます（Coppnger and Schneider, 1995）．ですから，交雑の影響の大きさは，分岐から交雑までに経過した時間によります．しかし，交雑にも限度があり，表現型の違いがあまりにも大きくなると，繁殖障壁となって交雑が制限されます．オオカミの進化は，この種にしばしば交雑が起こったことを示しています（第5章4節1項）．イヌが家畜化される間には，さまざまなタイプの交雑が起こったことでしょう．初期のイヌに似た個体群は，その土地に住むオオカミの個体群と繰り返し交雑したものと考えられます．そして，イヌが非常に急速に世界中に広がったために，この混合の一部には，イヌの最初の遺伝子プールに寄与していなかったオオカミ個体群も加わったことでしょう（前述）．長年の間，いくつかの局地的オオカミ個体群の遺伝物質が多様なイヌの表現型が出現する一因になったかもしれないと考えられてきました．イヌに似た形質とオオカミに似た形質の両方を示す初期の化石もそういう推測を裏づけており（Sablin and Khlopachev, 2002），ミトコンドリアDNAの証拠もいくらかあります（Verginelli *et al.*, 2005）．

問題は，初期の交雑と局地的な家畜化を考古学的記録にもとづいて区別するのが難しいということです．この場合には分子データも非常に感度が悪く，間接的な裏付けしか与えてくれません．例えばミトコンドリアDNAのデータは，オスのオオカミがイヌの個体群に与えた影響を教えてくれません（オスからはミトコンドリアDNAの移行が起こりません）．ですから，インドのオオカミがミトコンドリアDNAのハプロタイプのまったく異なる分岐群を表しているという発見によって，

オスのインドオオカミがイヌの進化に遺伝的に貢献した可能性が必ずしも除外されるわけではありません（Sharma *et al.*, 2003）．同じことは，数千年にわたってイヌと共存しながらミトコンドリアDNAのハプロタイプを共有することが明らかになっていないアメリカのオオカミについてもあてはまります（Leonard *et al.*, 2002）．多くの研究者は交雑がなかったということはありそうもないことだと考え，オオカミに似た形質はメスのイヌとオスのオオカミの交雑によって導入されたものと推測しています（Kopp *et al.*, 2000）．

しばしばこの考えは，一部の人間（例えばアラスカのイヌイットなど）が彼らの飼い犬を「改良」するために繰り返しオオカミと交雑させた（Clutton-Brock, 1984）のだという歴史的説明によって補強されます．そういうことが行われた可能性は除外できませんが，そういう話をつくり話として退ける研究者もいます（Coppinger and Coppinger, 2001）．にもかかわらず，オスのオオカミとの交雑の後に強い選択が生じてオスのイヌだけが残れば，交雑があったことは現在の遺伝学的分析では気づかれないままになるでしょう（第5章3節2項も参照）．

オオカミとイヌの雑種の第1世代は一連の望ましくない行動を示すため，すでに周囲にイヌがいるのに人間がそういう個体を我慢したとはあまり考えられません．ですから，そういう交配で生まれた仔はすぐに個体群の外に出されたものと思われます．にもかかわらず，オオカミとの交雑は，大きな体サイズのイヌを育種選択するための簡単な方法だったでしょう．現在のいくつかの犬種にはオオカミの遺伝物質の強い影響がみられますが（例えばノルウェジアン・エルクハウンド；Kopp *et al.*, 2000），これは創始者効果，あるいは遺伝的浮動の結果である可能性もあります．

イヌの遺伝子の一部が土着オオカミの個体群の中に入りこんだということも考えられます．ですから，局地的な家畜化が，祖先に家畜化されたイヌの血が混じった野生（feral）オオカミに対して行われたかもしれません．現生個体群についての最近のフィールド研究でも，ヨーロッパとアメリカの両方でそういう例が明らかにされています（Randi *et al.*, 2000；Ciucci *et al.*, 2003など）．しかし，共存するイヌとオオカミの個体群の間には，たいていは敵対的（回避的）な関係（Boitani *et al.*, 1995）が観察されること，また，交雑で生まれた個体はどちらの種とつき合うにもおそらく不利であることなどのため，同所的に共存する個体群の間でも遺伝子の流動は低いレベルに抑えられているでしょう．

犬種の発達に伴って，イヌとオオカミの交雑の影響はより限定的になっていますが，最近のいくつかの犬種は例外で，それらの犬種では創始者個体群に数頭のオオカミが用いられています（先に触れたチェコスロバキアン・ウルフ・ドッグなど）．他にも，異なる犬種間の交雑によって新しい表現型が生まれており，この手法は絶滅の危機に瀕している犬種を救うためにも用いられています．

5.5.3　特性への方向性選択

家庭でオオカミを飼育して生き残った人なら，選択に役立つ，オオカミの望ましい行動特性と望ましくない行動特性のリストをまとめることができるでしょう．人為生成的環境においてどんな特性が有利なのか，イヌの家畜化を扱う多くの専門家がさまざまな特性，特にもし人が親和的で協力的な仲間を好むとすれば有利になるような特性，を挙げてきました．Clutton-Brock (1984) によれば，理想的なイヌは体が小さく，短い鼻面と大きな目というこどものような外観をしたイヌです．また，素直で人によく馴れ，服従的な（同時にまた攻撃を抑制する）傾向を示し，食べ物にあまり執着せず，えり好みが少なく，物を分け合うことができやすいイヌです．騒音をたてる（吠える）こともまた人為生成的環境では有利になるかもしれません．

家畜化の間に起こった表現型の変化を概念化する2つの包括的方法があります．ひとつの見方は，その変化が主に**気質**（temperament）（誤って「パーソナリティ」と記述されることもあります．第10章）に影響を及ぼしたと推測しています．気質とは，状況に関わりなく個体の行動を特徴づけ，経験（学習）によって影響されることのないひとまとまりの行動特性のことです（Clark and Ehlinger, 1987）．人為生成的環境において特定の気質をもつ個体が好まれたということは，そういう気質の前

兆がオオカミにもみられたということです（Paxton, 2000 など）．実際，同腹の仔オオカミは気質において大きなばらつきを示すかもしれず（Fox, 1972; Macdonald, 1987），そういう違いが選択の基盤になるでしょう．「従順さ（docility）」や「（人への）馴れやすさ（tameness）」を選択することは，特別な気質と結びついた特性のセットを選択することとみなすこともできます．Frank (1980) は，従順な個体とは，人や新たな刺激に対して警戒心が少なく，社会化されやすい個体であるとしています．従って，従順さというのは，大胆／怖いもの知らず／好奇心に富む，そして，社交的であることとみなすこともできるでしょう．これらは典型的な「パーソナリティ特性」です（Svartberg, 2002; Gosling et al., 2003）．こどものような特性を選択すれば，同じようなリストができあがるでしょう（後述）．つまり，研究者が従順さ（もしくは馴れやすさ）について，あるいは大胆で社交的な行動形式，あるいはこどものような行動に対する選択について述べているときには，じつは，同じ表現型特性のセットについて話しているのです．実際，従順さとこどものような行動はどちらも行動の特殊な機能的体系を表しているのですから，特定の行動タイプが人為生成的環境において選択上有利であると仮定する行動的モデルを採用するのが有益であると思われます．人との相互交渉（「馴れやすさ」）や行動の発達の問題のような解釈上の困難を伴わずに，この見方をオオカミの自然な行動と直接関連づけられるならば，さらに考えを進められます．簡単に言えば，イヌにみられるある種の行動パターンは，オオカミの行動パターンが人為生成的な選択要因に応答した結果なのだと考えられます．Hare and Tomasello (2005) は同様の見方を進めて，家畜化がイヌの情動的／気質的特性に対して及ぼした選択的影響について論じています．

別の研究では，イヌが人為生成的環境でうまくやっていけるように，人間と仲良くつき合えるような社会的な行動特性に対して選択が行われたのだとされています（Miklósi et al., 2004; Csányi, 2005）．この見方では，気質の変化に加えて，広範な社会的行動形質の変化が想定されています（第8章）．

行動タイプの選択と社会的認知能力の選択のどちらが最初に起こったかについて議論の余地はあるものの，2つの見方が両立しないものではないことに留意すべきです．社会的認知能力に対する人間の選択は行動の遺伝的変化が起こったオオカミ個体群にしか作用しせず，そのため，新たな社会認知的特性の出現の前に，情動的／気質的特性が変化していただろうと論じることもできるかもしれません．しかし，たとえ選択をそのように分離できるとしても，行動タイプと認知能力は行動レベルでは緊密に結びついています．このため，ある行動形質を選択あるいは排除することは，おそらく両方のシステムに影響を及ぼす相関的変化を引き起こしたものと思われます．

それよりも重要なのは，どちらの考え方も，行動の表現型の限定的（あるいは単一の）側面に影響を及ぼす特別な選択圧は存在しなかったと仮定している点です．馴れやすさや従順さに向かう選択でさえ，潜在的には，社交性や攻撃性を含む広範な行動特性の変化に関連しているかもしれません．見慣れない他者に接近する際の大胆さ，個体間の距離あるいは逃走距離の減少，種特異的認知システムの特異性の低下，自己防御的傾向の減少，攻撃に移る閾値の上昇，服従を許容する度合いの増加は，すべて，従順さや馴れやすさとして記述される表現型を生じさせます．さらに，実際の創始者個体群(たとえわずか数頭であったとしても)も結果に影響を及ぼすかもしれませんし，さまざまな人の集団によってもたらされる選択要因にも違いがあったことでしょう．研究室で行われた実験によって，たとえショウジョウバエ（Drosophila）が同じ基準にもとづいて選択されたとしても，選択系列が異なれば，その過程での行動の変化には著しい相違が生じることが明らかになりました（Gromko et al., 1991）．これは，多遺伝子性の特性（大小の影響を及ぼすひとまとまりの遺伝子が関与する形質）の場合には，選択プロセスに（影響の小さな）遺伝子の異なるセットが関係するからかもしれません．

5.5.4 可塑的表現型の選択

オオカミとイヌの比較に関連して，しばしば行動の可塑性という概念が持ち出されてきました．

Frank (1980) は，イヌが任意の刺激に対して多様な行動パターンで反応するのは，行動を組織する方法が大きく変化したためだと論じました．つまり，家畜化によって順応性の増大が選択されたのです．

ここで用いられる**表現型可塑性**という概念は，環境的課題に対する反応の程度の遺伝子型による違いを指しています．遺伝子と環境の相互作用は，遺伝子が表現型に及ぼす影響が環境によって決まることを指します．それに対してここで言う表現型可塑性とは，1つの遺伝子型がある範囲の環境変異に対して幅のある反応を示すことで，可塑性が高いとは，その幅が大きいことを意味します（Pigliucci, 2005）．可塑的な表現型ほど選択に際して有利になりうるような進化シナリオがありますが，それは家畜化の環境にもあてはまりそうです．Frank (1980) の議論に沿って言えば，さまざまな環境におけるイヌの反応の幅はオオカミより大きく，従って，イヌはより可塑的な行動の表現型を示しています．愛着行動の場合を考えてみると良いでしょう（第8章2節）．オオカミの人に対する愛着行動のパターンは，人とのやりとりの乏しい環境で育ったか豊かなやりとりの中で育ったかに関わりなく，同じような環境にさらされたイヌに比べて小さな変化の幅しか示しません．当然ですが，行動の可塑性を高めるひとつの方法は，遺伝的に決定された行動プログラムが環境によってコントロールされる可能性を大きくすることです．結果として形質はより環境依存的になり，個体の経験や学習が行動において果たす役割が大きくなります（開かれたプログラム；Mayr, 1974）．しかし，このようなメカニズムの変更には犠牲が伴います．なぜなら，環境が「期待される」刺激を提供しなければ，そういう開かれたシステムは失敗することが多いからです．自然状態ではそういう例は稀にしかみられないかもしれませんが，人為生成的環境では適切な刺激が欠けているため，行動に大きな多様性が生まれたり，あるいは異常な行動（イヌの問題行動など）がみられたりします．つまり，イヌの行動の発達には，オオカミに比べ，現実の社会的環境がより大きな影響を及ぼしているのです．イヌの場合，彼らの野生の親類の場合よりも，その行動に環境的刺激が大きな影響を及ぼすのです．

家畜化が行われていた間，より可塑的な表現型をもつイヌの方が有利だった可能性があります．例えば，表現型可塑性の高い個体ほど，人間の仲間が発する多様なコミュニケーション信号（視覚的および聴覚的）に反応できたような場合が考えられます．

5.5.5 異時性

発達過程で進化的変化の起こるタイミングが相対的であること（**異時性：heterochrony**）が，新

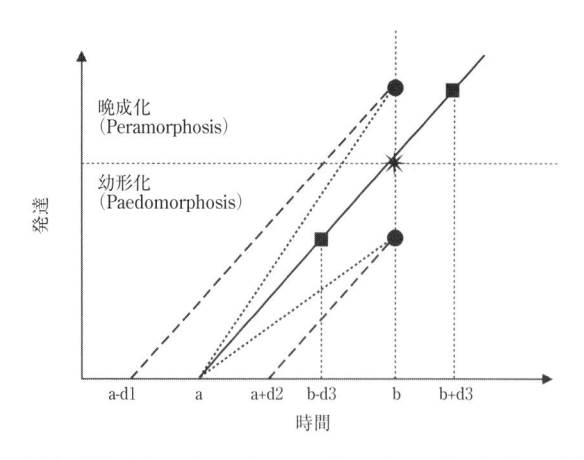

図 5.4 発達的変化の図式（Albrecht *et al.* 1979, Klingenberg 1998 にもとづく）．──：祖先（オオカミなど）の発達（時間 a から b へ），———：発達スピードの変化を伴わない発達の早期化（前発現：predisplacement）あるいは遅延（後発現：post displacement），……：発達スピードの減速（幼形成熟：neoteny）あるいは加速（acceleration），■：発達の終了の早期化（早熟：progenesis）あるいは遅延（晩熟：hypermorphosis），(d1 ～ d3：任意の期間)

しい表現型が生まれる源であるとしばしば示唆されてきました（Klingenberg, 1998）．そのような変化によってオオカミからイヌへの移行が起こった可能性があると長い間考えられてきたのです（Bolk, 1926 ; Herre and Röhrs, 1990）．多くの研究者は，オオカミとイヌの形態や行動を比較して，後者が幼体段階にとどまっている（コラム 5.6）という考えを持ち出そうとしました．イヌの頭部の相対的サイズが小さいこと，鼻面が短いこと，多数のこどものような行動特性（依存的行動，遊び好きなど）がみられること，多くの犬種の成体の捕食行動には特定の行動パターンが欠けていることなどが裏づけに用いられました（Coppinger and Schneider, 1995 ; Frank and Frank, 1982 も参照）．

発達は時間の中で起こるため，異時性というのは必然的に相対的な概念になります．通常，2 つ

コラム 5.6　異時性，あるいは行動における発達の組み換え

しばしばイヌとオオカミの行動の違いは発達の遅れによって説明されてきました．発達が遅れると，成体になっても幼体の形質が保持されます．この考え方では，イヌの場合には発達の間に形質が遅れて現れ（**後発現**），遅い速度で発達する（**幼形成熟**）と予測されています．さまざまな犬種の比較分析はこの見解を裏づけてはいません．Feddersen-Petersen (2001a) が 7 つの犬種で 70 以上の行動の最初の現れを検出したところ，オオカミと比較して，イヌに全体として幼形成熟や後発現がみられるという証拠はみつかりませんでした．犬種によって明らかなばらつきがありましたが，イヌの形質のかなりの部分はむしろ早期に現れる（**前発現**）ことがわかりました．オオカミに非常によく似ていると考えられている犬種（シベリアン・ハスキーやジャーマン・シェパード，Goodwin et al., 1997）の発達のタイミングに大きな違いがみられることにも注意する必要があります．シベリアン・ハスキーとブル・テリアには，同じような量の前発現形質がみられるようです．これは，形態的に幼形を保持している（そしてオオカミと大きく異なる）犬種では発達速度が遅いという考えと矛盾しています．このことから示唆されるのは，Goodwin et al. (1997) によって観察された幼形化は特殊な行動機能（例えば攻撃）に関係したものかもしれないこと，あるいは，そういった行動の変化は他の身体的・行動的な制約や相関関係の結果として生じる二次的なものであるかもしれないことです．

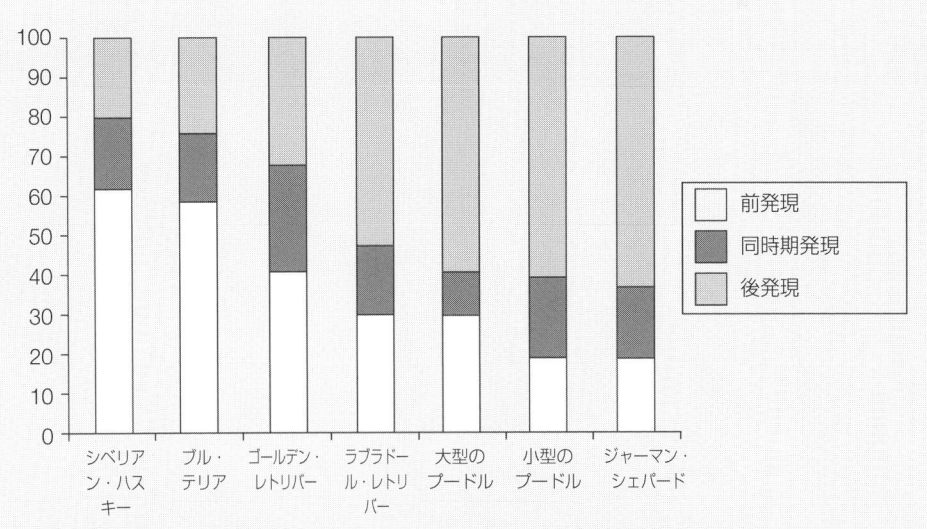

発達と比較して早かった行動形質（前発現），およそ同じ時期であった行動形質（同時期発現），遅れた（後発現）行動形質の割合を示す（Feddersen-Petersen, 2001a のデータにもとづく）．

コラム 5.7　相関的変化か表現型の選択か？

　ある種の表現型形質の相関的な性質のせいで，ときには単純な問題が非常に複雑になることもあります．というのは，どの形質が選択の主な目標だったのか探るのが結果的に難しくなることが多いからです．例えば，私たちは家畜の色とりどりの毛皮を見て，人間が際立った色の個体を選択していたのだと思うかもしれませんが，人によく馴れた行動の選択が毛色の変化につながることが明らかになっています（Belyaev, 1979）．

　McGreevy et al. (2004) は，イヌの頭骨指数（頭骨の幅／頭骨の長さ）が，網膜上の良く見える領域（網膜の中で神経節細胞が比較的多数集まっている場所：視覚線条）の形と相関関係にあることを発見しました．頭骨が丸い（頭骨指数が大きい）イヌの視覚線条はより円形に近いのに対して，鼻面の長いイヌの視覚線条は，ちょうどオオカミのようにより細長い形をしています．オオカミの目よりイヌの目の方がより前方を向いているという古い知見は，以前は常に，人間が「こどもっぽい」外観のイヌの方を好んだ証拠だと考えられていました．しかし，この知見から別の対立仮説を引き出すことができました．イヌは外観によって選ばれたのではなく，実際は視覚能力のために選ばれたかもしれないのです．というのは，視覚線条が円形に近い方が，持続的に前方を（つまり人間の方を）見ることができるかもしれないからです．そういう視覚線条をもつイヌは，広い視界で起こる他の事象に気を散らされることが少ないでしょう．最近，この考えを検証するために，二者択一課題を用いてさまざまな犬種の能力が比較されました（コラム 1.2 を参照）(Gácsi et al., 2007b)．結果はこの考えを裏づけているようです．鼻面が短く目が前方を向いた犬種の方がこのテストで良い成績を収めているのです．

　つまり，「短い鼻面」は，注意を持続出来るイヌが選択されてきたことに相関して起こった変化なのかもしれません．さらにこの変化は，人を長く観察することと関連した別の技能の進化を可能にしたかもしれません．

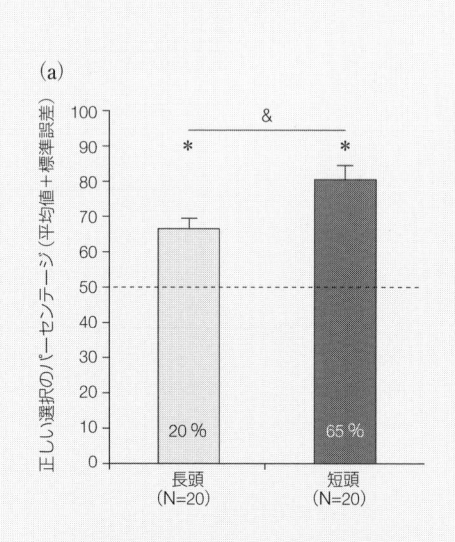

(a) 隠された食べ物を示す手がかりとして瞬間的指差し動作を用いるテストにおいて，鼻面の短い（短頭の）イヌの方が鼻面の長い（長頭の）イヌよりも良い成績を収める．(b) 実験グループ中の 2 つの代表的な犬種：コリー（左）とボストンテリア（右）．＊は偶然を有意に上回る成績を示している．&はグループ間の有意な差を示している．棒グラフ内のパーセンテージは偶然を有意に上回る選択をしたイヌの割合（二項検定で p<0.03：20 試行中少なくとも 15 回以上正答した個体）．

の時点の間，あるいはある発達段階における形質の発達が，祖先と子孫において比較されます．Albrecht et al. (1979) が示したモデルによると，祖先種と比較した場合の異時性による表現型の変化は，発達の始まりと終わりの時期の変化，あるいは発達速度の変化のいずれかによって表すことができます．この結果，発達中の生物が通過する発達段階が少なくなったり（幼形化：paedomorphosis），多くなったり（晩成化：peramorphism）します．イヌがこどものオオカミの特徴を示しているという意見は，イヌが幼体の段階から先に進まず，決して成体（オオカミ）の段階に移行しない（幼形化）ということを示唆しています（第9章4節も参照）．

もしそうであるなら，同じ体サイズのオオカミに比べるとイヌの頭部の方が小さいことを，体の他の部分に比べて頭部の成長スピードが遅いことによって説明できるかもしれません．生まれてから最初の1年が終わるまでにはオオカミもイヌも最大サイズに近づきますが，同時にイヌは性的にも成熟するため，結果的に，イヌは祖先よりも体に比べて小さな頭部をもつことになるのです．通常，このような発達スピードの遅滞は**幼形成熟（neoteny）**と呼ばれます（Albrecht et al., 1979）．発達が始まる時期と発達スピードのさまざまな変動によって同じ表現型が生じる可能性があることに注意する必要があります．例えば，発達スピードに変化がなくとも始まりが遅ければ（**後発現：postdisplacement**），やがて幼形成熟と同じ発達段階にいたります．同様に，発達の早期停止（**早熟：progenesis**）も発達過程の短期化につながり，幼形化した個体を生じさせます．

これまでのところ，オオカミとイヌの表現型の違いが全体として幼形化の結果であるという明らかな証拠を示した研究はありません．例えば，イヌにみられるこどものような形質としての「短い鼻面」は，観察者の目の錯覚であることが明らかになっています（Coppinger and Coppinger, 2001）．オオカミもイヌも頭骨の長さの比率は同じであり，異なっているのは長さと幅の比率です（コラム5.6）．これはおそらく，イヌの顔面部の相対成長が遅いためでしょう．多くの犬種では，オオカミ（19日）よりずっと早く吠えるという行動が出現する（およそ9日）ようですが，一方で，遠吠えはずっと遅く現れます（オオカミでは1日，イヌでは14～36日）（Feddersen-Petersen, 2001b；本書第9章）．ですから，オオカミとイヌの違いの一部は発達パターンの変化によって生じたものかもしれませんが，全体的にみれば，幼形化へ向かう一般的なパターンはみられません（コラム5.6）．

Coppinger and Smith (1990) は，発達段階は特定の発達環境に対する進化的適応であるという見方を示しました．この主張に沿ってFrank and Frank (1982) は，こどものオオカミとおとなのイヌの発達環境が似ていることを示唆しました．人為生成的環境に暮らすイヌは，絶えず食物が供給され，より長い間こどもが受けるような世話を当てにできますし，なわばりを守ったり，グループの中で有利な地位を得たりするために闘う必要がありません．Frank and Frank (1982) は，そういう条件は，こどものような形質に関わる発達段階を延長する選択に有利に働くだろうと論じました．これは興味をそそる考え方ですが，いくつかの形質の発達パターンはこの予測を裏切っています．

イヌの表現型の進化において異時的変化が何かの役割を果たしているとしても，それは，**発達の組み換えの特徴のひとつ**と考える方が有益であると思われます（West-Eberhard, 2003, 2005）．発達の組み替えとは，個体発生の間に現れる表現型形質の新しい組み合わせ，と定義されます．イヌの場合には，イヌ属の種に特有ないくつかの形態的・行動的形質の間にみられる関係が変化したり切り離されたりしたというのは大いにありうることです．

5.5.6 相関関係の「謎めいた法則」

2つあるいはそれ以上の表現型形質の間には明らかにいくつかの自明な関係があります．長骨（四肢の上腕骨や大腿骨等）の長い個体が長い頭骨をもつことが多いことに気づいて驚く人はいません．「謎」というのは，表現型の非常に異なる側面に影響する形質同士が何らかの方法で結びついているようにみえることです（コラム5.8）．毛色と行動の間にそのような相関関係がみられることがしばしばほのめかされてきましたし，実際にある程度は立証されています（Clutton-Brock, 1984）．例え

コラム 5.8　馴れやすさとは何か？

　家畜化の過程では「（人に）馴れやすい（tame）」表現型を示す個体が好まれてきたと広く信じられています．このことはしばしば家畜は生まれつき「馴れやすい」のだと解釈されますが，実際は，人に対して社会化されて初めて人に馴れるのです．重要なのは，馴れやすさについての行動上の定義は存在しないということです．「馴れやすさ」とは，何世代にもわたってある種の行動が選択されるか（Belyaev, 1979），あるいは，発達の初期に人為生成的環境にさらされるかした後に現れる複雑な特性であるようです．

　動物行動学的定義が存在しないのですから，ある個体が特定の環境的・社会的刺激に対して反応するやり方が，人がみせるような反応と似ているなら，その個体を「馴れやすい」とみなしてもいいでしょう．網羅的なものではありませんが，「馴れやすさ」の行動的特徴を挙げてみます．

- 逃走距離の減少（進んで接近する／接近されたときに怖がらない）
- 個体間距離の減少
- 敵対的行動（攻撃的行動と防御的行動の両方）の減少
- 能動性の減少
- 柔軟な行動パターン
- 新たな環境への急速な順応
- （新たな）環境的刺激に対する目立った反応の不在
- 内因性刺激への依存度の低さ
- 人間的刺激（学習）や伝達的手がかりに対する敏感さ

　馴れやすさというのはひとつの状態にすぎず，それに対して家畜化というのは複雑な過程であることに注意する必要があります．したがって，ある動物が「（人に）馴れやすい」ひとつあるいはそれ以上の行動的側面のために選択されたからといって，それを家畜化されていると呼ぶのは誤解を招きかねません．

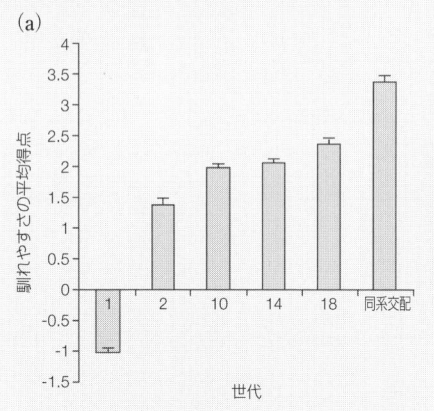

(a) Trut (1980) のデータにもとづく，キツネにおける人慣れした行動（「馴れやすさ」）に対する選択の経過．わずか1世代で人慣れした行動に急速な変化がみられることに注意されたい．10世代目までには，ほとんどのキツネが抵抗せずにハンドリングを受けるようになる．尻尾を振るなどの親和的行動は，18世代より後に個体群レベルの行動として現れるようである．このように経過が2段階に分かれていることは，異なるタイプの遺伝的コントロールの関与を示唆しているかもしれない．次に挙げる4段階の得点システムは，キツネの「馴れやすさ」を選択するために用いられたものである（詳細については Kukekova et al., 2005 を参照）．食べ物が差し出されたときの消極的な回避あるいは接近を示す（0.5〜1），なでられるときやハンドリングのときに抵抗を示さない（1.5〜2），ハンドラーに対して尻尾を振ったりクンクン鳴いたりして友好的に反応する（2.5〜3），ハンドラーの手を舐めたりクンクン鳴いたりして接触の確立を求める（3.5〜4）．（スタート時の数値がマイナスになっているのは，グループのレベルでは全体として回避行動をみせたことを示している．）(b) 人に馴れたキツネ ── 撮影：Elena Jazin

ばコッカー・スパニエルでは，単色の個体の方が，色の混じった個体よりも高い攻撃性を示す傾向があります（Podberscek and Serpell, 1996）．

　遺伝子の数は比較的少ない（イヌの場合でおよそ1万9000と推定されています；Parker and Ostrander, 2005）にもかかわらず，表現型形質の数はそれよりもずっと多くあります．従って，ほとんどの遺伝子が多くの表現型形質に影響を及ぼしていることになります（**多面発現**）．同時に，表現型特性の多くは複数遺伝子のセットによって決定されます（**多遺伝子関与**）．この2種類の関係が，相関的変化の遺伝的背景となっています．もし体サイズがある遺伝子セットによって決定され，その遺伝子セットが他の形質に影響を及ぼしているとすれば，当然，サイズに対する選択によって起こった遺伝的変化によって，他の表現型形質も変化するでしょう．また「大きさ」に対する選択が常に同じ遺伝子セットに影響を及ぼすとは限らないでしょう．なぜなら，その遺伝子セットの多遺伝子形質の発現への寄与の大きさは，実際の遺伝子型の他の遺伝子と選択が起こる環境の両方によって変わるからもしれないからです．私たちが正面から向い会わなければいけないのは，表現型形質とその基礎にある遺伝的支配の間には，多面発現や多遺伝子関与だけでなく，遺伝子間の複雑な相互作用（例えばエピスタシス）や発達のフィードバック機構や実際の環境の影響など，非常に複雑な関係があるという事実です．

　形質間の相関関係の基礎は，非常にしばしば，ホルモンあるいは神経伝達物質のいくつかの共通の基本的な役割によってもたらされます．ほとんどのホルモンは非常に広い作用をもち，形態（例えば大きさ）や代謝（例えば酸素消費量）から行動（例えば繁殖ディスプレイ）にまで影響を及ぼします．ですから，ホルモン濃度が変わるだけで表現型の多くの側面に影響が現れると考えられます．重要なのは，この多面的な影響はしばしばそれぞれ個別に気がつかれるということです．それは，その変化が遺伝的であろうと環境的要因によるものであろうと同じことです．さらに，あるタイプの影響が観察されても，必ずしもそのメカニズムの説明がつくわけではないことも重要です．例えば，「馴れやすさ」が選択されれば副腎機能の低下（発育不全）につながると考えられ（Richter, 1959），確かにそれは，野生動物と家畜において循環する血液中のホルモン濃度が異なるということによって裏づけられました．しかし，Clark and Galef (1980) は，環境（隠れ場所環境）の違いが同じような表現型の違いを引き起こす可能性があることを発見しました．というのは，身を隠す避難所のない環境（疑似的家畜化環境）におかれたアレチネズミには，避難所をもつ仲間に比べて副腎に発育不全がみられることがわかったからです．つまり，少なくとも部分的に異なる2つの因果連鎖の作用によって，似たような表現型（副腎の発育不全）が生じうるのです．ある種の環境変化によって家畜化されたのと似た表現型が生み出されことが観察されても，それは，家畜化過程に関わる進化要因と影響を受けた遺伝子に対する限定的な説明にしかなりません．

　最近 Crockford (2006) は，甲状腺ホルモン系（チロキシンとトリヨードチロニン）の変化によって，初期の体サイズの小型化，まだらの毛色，繁殖の早期化，ストレス耐性，馴れやすさといった，家畜化の表現型的側面のほとんどを説明することができると示唆しています．彼女は，さまざまな事象が次のような順序で起こったのではないかと提案しました．すなわち，人に対する耐性の大きい（ストレスの少ない）オオカミの方が，うまく人為生成的環境に入りこむことができました．ストレスと甲状腺ホルモンの間には生理的関係があるため，そのような選択の結果，特定の甲状腺パターンをもったオオカミが現れ，今度はそのことがさまざまな表現型形質に影響を及ぼしました．長年にわたってストレス耐性のある個体の選択と繁殖が行われ，新しく生まれたイヌ科の動物は小さなサイズ，カラフルな毛色，人に馴れやすい行動という特徴をもつようになったのです．家畜化初期の小さなイヌ科動物の化石記録がいくらかこのことを裏づけています．Crockford の理論がもとづいている重要な仮定は次の3つです．(1) 関連する選択要因はひとつだけである（ストレス耐性），(2) ストレス耐性を生み出すホルモンと相関関係にある甲状腺産生物には遺伝的多様性がある，(3) ホルモンの影響は多面発現的である．選択圧としてよく引き合いに出されるのは人に起因する環境

ストレスです（Belyaev, 1979 など）．しかし，オオカミがもっと大型のイヌ科動物と共存していたとすれば，進化途上のオオカミ個体群（亜種）において，腐肉食が採食戦略として繰り返し現れたかもしれないと想定することができるでしょう（第4章3節2項）．腐肉食の動物は，食物の提供元となる動物との直接的接触を避けるさまざまな方法を進化させたかもしれません．甲状腺産出物の遺伝的多様性というのはありそうな話ですし，犬種によって違いがみられるという観察結果もあります．興味深いことに，バセンジーの甲状腺の代謝速度はヨーロッパの犬種よりも速いのです（Nunez et al., 1970）．残念ながら，ストレスホルモンと甲状腺の遺伝的関連については非常にわずかなことしかわかっていません．重要なのは，Jolicoeur (1959) がカナダやアラスカのオオカミの体サイズの違いを指摘して，生息地の明るさのレベルの違いが，甲状腺ホルモン濃度を含むホルモンバランスに作用し，成長に影響を及ぼすかもしれないという考えも示していることです．それら北東部のオオカミは体サイズが小さいだけでなく，鼻面が短く，その上，群れの中に色素の少ない（色が薄い）個体がより多くみられます．この後者の観察結果は，甲状腺の多面発現的影響を裏づけるものです．

Crockford (2006) の理論は，遺伝とホルモンと形態あるいは行動の複雑なネットワークのひとつの側面しか扱っていないことに注意することが重要です．ストレス耐性ではなく小さなサイズに対する選択が，甲状腺産生物の変化の背後にある重要な要因だと主張することもできるでしょう．Coppinger and Coppinger (2001) は，人為生成的環境で手に入る食料のエネルギー的制約によってより体サイズの小さなイヌが選択されたのだと考えています．このことが甲状腺の代謝に影響を及ぼしたのかもしれず，そうなればストレス関連ホルモンの介入的役割を仮定する必要はなくなります．あるいは，オオカミの群れから追い出された個体が別の食料源（人の食べ残しなど）を探した（腐肉食的な摂食行動）ということも大いにありそうです（Csányi, 2005）．さまざまなタイプの社会性（親和的あるいは攻撃的な行動）の基盤となるホルモンに遺伝的多様性があり，小さな体サイズのオオカミほど敗者になりやすいとすれば，そういうはぐれオオカミに典型的にみられる，アンドロゲン，エストロゲン，そしておそらくは甲状腺ホルモンをも含むホルモン産生の特徴的パターンがあるかもしれません．最後に，これらの仮説はどれも排他的ではないので，（若い）オオカミに対し群れを離れるよう，また，小型でストレス傾向の高い個体が選択されるよう作用する複雑な選択要因を仮定することもできるでしょう．

これらの考察から得られる教訓は，イヌが家畜化される間に起こった形態的・行動的変化に決定的役割を果たしたひとつの選択要因，ひとつの形質，ひとつの因果連鎖を分離するのは不可能だろうということです．にもかかわらず，これらの理論は，家畜化の過程で観察される変化に，特定の表現型と遺伝子型の相関関係がどの程度大きく関わっていたかを探る研究の方向性を決定するのに役立つことでしょう．

「副産物」として記述されることの多い2つの異なるタイプの変化を区別することが重要であるように思われます．典型的な副産物に，多面発現遺伝子の影響による相関的な出来事があります．この相関的副産物の一例は，ある種の行動特性が選択された結果としてキツネに現れるまだらの毛色です（第5章6節）．しかし，選択された形質と並行して現れる他の形質があるとき，それらの間に直接の因果関係がみられない場合もあります．最近 McGreevy et al. (2004) は，鼻面の短い（短頭の）イヌの網膜には神経節細胞がより集中して発現することを発見しました．人の網膜にもみられるそういう配置は，注視することに役立つものと思われます．ですから，短い鼻面のイヌに対する選択は，明確な網膜領域をもち，環境の影響によって気を散らされることが少ないために，対象（人の顔など）を注視し続ける能力をもつ個体を生み出したことでしょう．このような個体には，ある種の認知的・コミュニケーション的課題をよりうまく遂行できるようになる可能性が生まれます（コラム5.6を参照）．しかし，この成果は，短い鼻面が選択されたことによる相関的副産物とみなされるべきではありません．より正確には，短い鼻面が選択されたことで，他の能力を利用できるように（内面的）環境が変化したのです．いった

んそのようなイヌが出現すれば，新しい選択が，新たに現れた能力に対して働くことが可能になり，おそらくその結果としていっそう高いレベルの能力を身につけたイヌが生まれるのです．最近 Hare and Tomasello (2005) は，気質の変化が，他の別個の認知能力に選択が働くことを可能にしたのかもしれないと論じていますが，その際彼らが言及していた「副産物」は，この第2の意味での「副産物」です．ですから，「相関的変化」を「可能性の変化」と区別すること（そして，おそらくは副産物に言及するのをやめること）が有益であるように思われます．

5.6　家畜化の事例研究：キツネの実験

1950年代の終わりにロシアの遺伝学者 Belyaev が家畜化の進化ゲームの再現に着手し，生物学における数少ない長期実験のひとつが始まりました．キツネの飼育場における動物管理の実際的問題を解決する必要に迫られた Belyaev は，ひとつの遺伝学的実験を始めることを決めました．この実験は，特殊な行動形質を示すキツネを選択するという方法をとっていました．彼は，人間が（おそらくは無意識のうちに）攻撃性が低く親和的行動を示す（「（人に）馴れやすい」）個体を選択してきたから，人と野生動物は同じひとつの社会グループをつくれたのだろうと論じました（コラム5.8）．この考えは特にイヌに当てはまるものですが，他の家畜化された種にも当てはまるでしょう．現在ノヴォシビルスクの研究所にみられるのは40年以上にわたる継続的に選択されてきた（「馴れやすい」）キツネの個体群です（Trut, 1999）．最近では，家畜化された行動の遺伝学的基盤への関心から（Kukekova et al., 2005），選択されたキツネと選択されなかったキツネの行動をもっと詳しく比較するさまざまな研究が始まっています．

40世代以上にわたって選択されたキツネは，多くの点でイヌに似た多数の形質を示します（Belyaev, 1979；Trut, 1980, 2001）．それらのキツネは親和的な行動を示し，尻尾を振り，近づいてくる人間に向かって声を出し（クンクン鳴き），その手を舐めます．こういう行動の変化は，まだらの毛，垂れ耳，巻き尾といった，それと並行して生じた形態的変化と結びついています．変化は繁殖行動にも及び，メスのキツネは半年ごとの周期で，つまり，年に2回発情するようになりました．選択されたキツネにおいて行動的形質は安定的な特徴となっているようでしたが，形態的形質の方はもっと不安定で，個体群のすべての個体にみられるわけではありませんでした．一部の形質は発達過程の間に消失し（垂れた耳が立つ），メスのうち年2回の繁殖周期がみられたのは少数の個体だけでした．

Belyaev と彼を支持する研究者は，イヌの家畜化とこのキツネの実験の間にみられる類似を強く主張しましたし，上に述べた特徴は，明らかに，キツネがさまざまなイヌに似た形質を身につけたことを示しています．しかし，相違点も同じように重要な意味をもっています．イヌとキツネの進化的関係を考えると相同関係にもとづいた比較を行いたくなりますが，キツネが進化上の異なる分岐群を代表していることもはっきりしています．この分岐群は，1000〜1200万年前にイヌ属から分かれ（Wang et al., 2004），異なる生態学的環境において大きな成功を収めてきました（Macdonald, 1983）．生態的類似や主に単独行動をとること（Fox, 1971；Kleiman and Eisenberg, 1973）から，ネコ科の小型種とこれらの選択されたキツネを収斂進化の観点から比較することもできるでしょう．少なくとも行動のレベルでは，選択されたキツネは，イヌよりも現在の家畜化されたネコに似ているかもしれません（Cameron-Beaumont et al., 2002 も参照）．

5.6.1　創設者キツネと行動選択

1900年を迎える頃，ロシアの数ヵ所でキツネの飼育が始まりました．そうすれば，より安上がりに毛皮が手に入るように思われたからです．Belyaev の実験に使われたキツネは，すでに50年間キツネの飼育を続けていたエストニアの農場のものでした．このように長い間，野生個体群から隔離されて飼育されてきたため，それらのキツネは野生のキツネに比べ，目に見えてより「馴れやすく」なっており（Trut, 1999），おそらく遺伝的にも変化していました（Lindberg et al., 2005）．Belyaev が実験開始時に記述したところによると，30％のキツネは人間に対して非常に攻撃的に振る

舞い，20％は非常に人を恐れ，10％だけが，実験者が近づいたときにわずかながら探索的（「関心」）と呼べるような行動を示しました（残りの40％は，攻撃的でもあれば逃避的でもあるアンビバレントな行動を示しました）．行動において攻撃的傾向を示す個体は生涯にわたってそういう特徴をもち，これは遺伝によって受け継がれるようでした．

飼育下で生まれたキツネの仔はほとんど人間と接触することなく育てられました．生後2か月間は母親とともに過ごし，それから小さなグループに分けて別々のケージに移され，3か月齢で1頭ずつ別のケージに入れられました．4週齢で選択プロセスをスタートさせ，6〜7か月齢まで毎月キツネの仔に対するテストが行われました（Trut, 1999）．テストでは，人に対するキツネの反応をみるため，実験者は小さな食べ物を持った手をそれぞれの個体のケージに差し入れ，近づいてくる個体に触れたり，撫でたりしようとしました．同様のテストは，集団でくらす仔ギツネに対しても行われました．この集団は，比較的広い空間を自由に動き回って，実験者に近づくか，ケージ内の他の仲間との接触を続けるかを選ぶことができました．実験者は，人の手に近づいてきて，触れられたり撫でられたりするときに咬みつかない個体を探しました．親和的傾向（「馴れやすさ」）を最も強く示したメスの10％，オスの3〜5％を次の交配のために選択し，同時に非選択の系統も設定しました．年々選択の基準はより厳しくなりました．初めのうちキツネは人間に対してあるかないかの関心を示しただけでしたが，後には手に近づくだけでなく，しばしば声を出したり匂いを嗅いだり，手を舐めたりしました．選択された個体の行動は2世代目や3世代目ですでに変化しましたが，他の相関的変化はいくらか遅れて，だいたい8世代目か10世代目に現れました．

こういう行動の急速な変化は，その基盤となる遺伝的多様性が創設者キツネの中にすでに存在していた（実験以前の飼育中に選択されていたかもしれません）ことを示しています．このような短期間に新たな突然変異が生じるとは考えにくいからです．同系交配を避けるため，選択された系統は定期的に他の系統と交配させられていました．ですから，同型接合状態が行動変化の説明になる可能性もなさそうでした．つまり，選択されたキツネは，彼らの行動や他の形態的形質にも影響を及ぼす特有の対立遺伝子のセットを隠し持っていたにちがいありません（Belyaev, 1979；Trut 2001）．おそらく，選択のターゲットになったのは，遺伝子の働きを高度な段階で調整し制御する，従ってゲノム規模で多面発現的な影響を及ぼす遺伝子だと考えられます．

5.6.2　初期の発達の変化

選択されたキツネと選択されなかったキツネでは，感覚能力の出現や，また飼育環境で人間が居合わせるときの探索的行動においても，著しい違いがみられました（Belyaev et al., 1985）．すべてのキツネは生まれたその日から嗅いだり味わったり，触れられて反応したりしました．しかし，目が開くことや音に反応することは，選択されたキツネの方が選択されなかったキツネよりも平均して1〜2日早く前発現しました（選択されなかったキツネは，15〜16日で音に反応，18〜19日で目が開きました）．野外テストでは，選択されなかったキツネも選択されたキツネも30日齢までは同じ時間を散歩に費やしましたが，選択されなかったキツネは35日以降活動量が減り，ケージの壁のそばで過ごす時間が増えました．時間がたつにつれ，選択されなかったキツネはより頻繁に唸り声をたてて実験者を威嚇するようになり，反対に，選択されたキツネは高いレベルの活動性と人間に対する興味を示し続けました．選択されなかったキツネの行動の変化は，感受期が終わったことを示しているとみなされました．これに対して，選択されたキツネでは社会化期間が生後およそ65日まで延長され，イヌの社会化期間でみられる範囲に近づきました（Scott and Fuller, 1965；本書第9章4節）．

社会化期間が延長されたことで，選択を行える期間も長くなります．これにより，親和的行動システムの，互いに分離の難しいような諸部分を別々に選択ターゲットにできるようになったと考えられます．なぜなら，長くなった選択プロセスのさまざまな段階で，キツネには多様な発達的変化が生じたと思われるからです．社会化期間には2つの異なる過程が関わっている可能性がありま

す．まず第1に，こどもは最初の段階でさまざまな感覚チャンネルを通じて自分が属する種（仲間）についての経験を収集します．これは後になって種を認識し，またおそらくは血縁や個々の個体を識別することにも役立つでしょう（Hepper, 1994）．感覚システムには同種個体からの刺激へのバイアスがあると予想されます．つまり，そういう刺激があれば社会化はより急速に進みます（第9章3節）．1か月齢の仔ギツネのテストでは，同種に対する選好性をほとんど示さず，同時に食べ物により引きつけられるような個体が選択されたことでしょう．同種個体に対する選好性の減少は，遺伝的な違いによって，同種の示す信号についての速習の程度が低下したことによって説明できるでしょう．個体によっては，感受期が延長された35日以降に人間に興味をひかれることもあるかもしれません．実験では最小限の接触（給餌の際やケージの清掃時など）や早期にテストを行っただけで，一部の仔ギツネは人間に対していくらか選好性を示すようになり，そういう個体はグループの仲間との社会的絆が弱くなりました．つまり，選択は，種特異的信号への依存度を低下させることによって，種認知のシステムを変化させたのです．

第2に，恐れの行動が現れてきます．後の方の選択テストは，恐れが遅く現れる（あるいは現れない）個体に有利に働きました．仲間についての学習と恐れの現れとの関係は明らかではありませんが，もしそこに何らかの依存関係があるとすれば（例えば，早い段階で強い選好性を発達させる仔ギツネほど早く恐れを示すようになる，など），おそらくそれは選択によって分断されたことでしょう．

5.6.3 繁殖周期の変化

飼育されているキツネでは繁殖期は1月の半ばに始まり，およそ2か月間続きます．選択が行われている間，多くの個体，特にメスの性的活動が通常とは違うパターンを示しました．早いときには10～11月に，一部のメスの膣の塗抹標本に性的活性化がみられました．メスにみられるそういった季節外れの交尾準備を定量的に調べたところ，それが10月10日から5月15日の間に起こっていることがわかりました（Trut, 2001）．しかし，この時期に仔が生まれることはめったになく，実質的な年2回の発情周期（秋と春）を示したのは少数のメスだけでした．選択されたキツネの大部分は，12月の終わりから3月の初めまでの範囲でかなりのばらつきがみられたものの，依然として2月に発情期を迎えました．年間を通じてのホルモンの変化を調べると，選択されたキツネと選択されなかったキツネの間で興味深い類似点と相違点が明らかになりました（Osadchuk, 1999）（図5.5 a, b）．プロゲステロンとエストラジオールの季節的変化パターンに違いはみられません．ただ，年間を通じて，選択されたキツネで前者の血中濃度の方がおおむね低くなってはいます．選択されなかったキツネでは，発情期に先立って両方のホルモン濃度が上昇します．選択されたキツネでは，興味深いことに，エストラジオールは発情前期に高濃度に達しますが，プロゲステロン濃度は発情期の間にさらに目立った変化を示し，50％上昇します．しかし，注意したいのは，秋にはそういう変化がみられないということです（Osadchuk, 1992a, b）．これは，研究に用いられたキツネのうち季節外れの性的活動を示したのがほんの少数の個体にすぎないことを考えれば，説明できるでしょう（にもかかわらず，通常とは異なる繁殖活動を示す個体のホルモンパターンを知ることは役に立つでしょう）．

妊娠中にも明らかな類似点がみられます．どちらのタイプのキツネでも同じようにプロゲステロン濃度が低下する傾向がみられますが，選択されたキツネの方が最初の濃度が高く，その後も血中濃度が選択されなかったキツネの測定値を下回ることはありません．選択されたキツネのエストラジオールに目立った変化はほとんどみられませんが，受精卵が着床する前と妊娠の最終週には濃度が上昇します．

テストステロンの年間パターンも，選択されたキツネと選択されなかったキツネで非常によく似ています．どちらの系統も1月と2月にホルモン濃度がピークに達しますが（ただし，選択されなかったキツネの方がテストステロン濃度が高いという研究もあります；Osadchuk, 1992a, 1999），選択されなかったオスでは，濃度の急激な低下が3月や4月まで続きます．選択されたオスのテスト

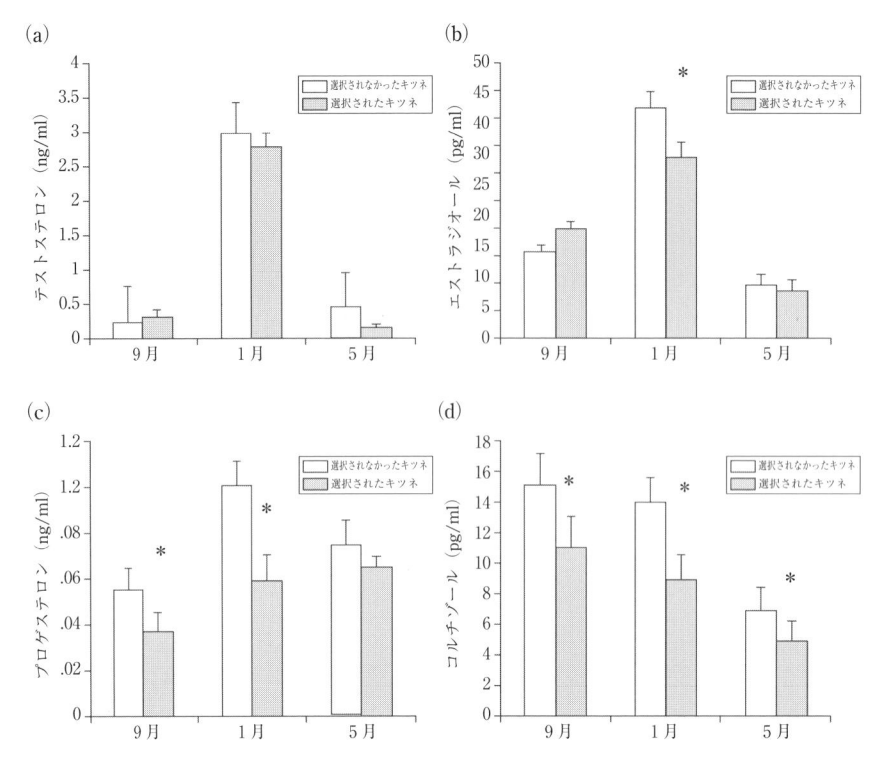

図 5.5 攻撃性が低く親和性が高い行動（「馴れやすさ」）の選択がホルモン濃度に及ぼす影響（Trut *et al.*, 1972, Osadchuk 1992a, b 1999 にもとづく）．(a) テストステロン濃度には 3 月と 4 月にだけ違いがみられ，選択されたキツネの方が急激な低下を示す（図では示されていない）．選択されたキツネにみられる特徴としては (b) エストラジオール濃度が 1 月に低下し，(c) プロゲステロン濃度が 9 月と 1 月に低下し，(d) コルチゾール濃度が 1 年の大半の時期で低いことである．＊は 2 つの選択系統間の有意な差を示している．

ステロン濃度は，性的に活性化したメスがいることで上昇しましたが，たいていの場合，低い基礎レベルを示し，マウンティングを試みることはあまりありませんでした．興味深いことに，予想に反して選択されたオスの方が，繁殖期以外は全体としてメスに対して攻撃的でした（図 5.5 を参照）．

最後に，コルチゾール（肉食動物の主要な副腎皮質ステロイド）についても同じような観察結果が得られました．年間パターンが選択によって変化した様子はなく，通常春と夏に濃度が下がり，両性ともに繁殖期の準備段階で上昇する傾向がみられました（Trut *et al.*, 1972）．主な違いは，選択されたキツネの方が，このホルモンの濃度が常に低かったことですが，これは特にメスで著しく，選択されなかったキツネとの差が 50 % に達することもありました．

5.6.4 キツネは家畜化されたのか？

行動の選択がキツネに及ぼした影響の記載に際して，Belyaev は選択されたキツネが，遺伝的機構のレベルである種の制御不全を経験したと考え，**不安定化選択**という考えを導入しました．しかし実際は，すでにイヌにも適用されている別の説明を用いることができるかもしれません．選択がキツネに与えた主な影響は，環境が行動をコントロールする度合いが大きくなっていることかもしれません．そういう効果は，社会化の場合，学習過程の種特異的な度合いを低下させたり，また感受期を延長したりすることによっても生まれます．つまり，選択されたキツネには，環境中のさまざまな生物や非生物について学習する（あるいは，少なくともそれらに慣れる）時間がより多くあり，それが彼らの恐れの減少にもつながるのだと思われます．

繁殖システムの場合には，ホルモン濃度（プロゲステロン，テストステロン，コルチゾール）の低下によって同様の影響が現れますが，システムの感度（**反応基準**）はある程度維持されます．というのは，異性に対する行動的反応もホルモンの反応も，選択されたキツネと選択されなかったキツネで比較的似通っていたからです．ですから，選択されたキツネの場合にも，外的刺激によって行動的反応が引き起こされますが，その反応にはより広い段階がみられるでしょう．システムの基本レベルと最大レベルの幅がより大きいからです．同じことは，プロゲステロンの場合に，内的刺激についてもあてはまるかもしれません．プロゲステロンのホルモン濃度は胚の着床によって大きく上昇するのです．

環境による行動のコントロールの増大は，Frank (1980) が言う意味でのイヌに似ています．彼はそういう状態を引き合いに出して，イヌは「任意の刺激」に対してよりうまく反応する能力をもっていると述べました．ですから，キツネにおける選択はただ単に行動の攻撃的傾向を減少させただけでなく，経験や学習を含む後成的な過程の間に調整される多様なレベルの攻撃行動を示すことのできる，より「自由」度の高いシステムをもたらしたものと思われます．これらのキツネは家畜化へ向かう途上に横たわるいくつかの重要なハードルを越えたわけですが，彼らを真に家畜化されたと評するのは時期尚早です．

5.7 将来のための結論

イヌの家畜化に対するあまりに単純なアプローチを放棄する時かもしれません．家畜化のプロセスの基盤となった特別なイヌ属の個体群が存在したと仮定するにしても，それではなぜ家畜化がわずか数ヵ所でしか起こらなかったのかを説明することはできません．特別な環境／生態的，あるいは人為的な出来事がこのプロセスを起動させたのかもしれません．それらの初期のイヌは世界のいたるところで，ほとんどの人間社会に急速に進出していき，それに引き続いて，さまざまな速度と広がりをもって家畜化が進んで行きました．今のところ進化遺伝学的アプローチも古生物学的アプローチも独自の全体像を示してくれてはいませんし，さらなる手がかりを求めるには，正確な方法でデータを収集する共同研究を基盤とする必要があります（絶滅したイヌの DNA の使用，現生のイヌの詳細な DNA コレクションの収集，など）．

イヌとオオカミの違いを，単一の遺伝的過程や発達過程のせいにすることはできません．交雑も突然変異も異型遺伝子性の変化も，単独でイヌにみられる表現型の多様性を説明することはできません．イヌの変化は，さまざまな表現型形質間の関係が断たれてきて，そして，その変化は広範な遺伝的および後成的なメカニズムによってコントロールされてきたようなモザイク進化（West-Eberhard, 2003）の一例であるように思われます．

現在のオオカミは遺伝的にイヌに最も近い類縁種ですが，オオカミの生態的に想定できる多くの変異体のどれが祖先であったかは，依然として答が出ていません．キツネの選択実験が示しているように，潜在的には，イヌ属のどの種からも家畜化によってイヌ，あるいはイヌに似た動物をつくり出すことができたでしょう．とはいえ，だからといって，オオカミの特定の変異型（おそらく腐肉食の生活スタイルをもつ）がより家畜化しやすい「素材」を提供した可能性が排除されるわけではありません．

参考文献

West-Eberhard (2003) による発達的可塑性と進化についての大冊は，表現型の新奇性を説明する進化のメカニズムについて多くの選択肢を提供しています．Ostrander and Wayne (2005) には，イヌゲノムについての最新の報告がみられます．Herre and Röhrs (1990) は，家畜化された動物に対するより広範な視点についての詳細な説明があります．

第6章

イヌの知覚世界

6.1 はじめに

イヌの知覚世界を記載することなしに，イヌの行動を十分に理解することはできないでしょう．どのような知覚システムの能力も，種がその生態的ニッチにおいて生き延びることに緊密に結びついています．ですから，イヌの感覚器官には，その分岐進化の歴史としての適応プロセス，直面するさまざまな環境的課題，発達時の経験，遺伝的・個体的多様性などが反映されているものと考えられます．

形態的・行動的形質の多様性は知覚能力にも影響を及ぼす可能性があります．例えば，大型のイヌはたいていの場合大きな感覚器官をそなえています．体サイズのばらつきが受容細胞の数にも反映されているかどうかははっきりと確認されていませんが，種のレベルの比較においてはそのような関係がしばしば観察されています．同じように，さまざまな犬種特有の頭骨の形態が両眼視の範囲を決めますし，他にも，聴力に影響する違い（立ち耳や垂れ耳）や嗅覚能力に影響を与える違い（ブルドッグに対するポインターのように，顔が短いイヌと長いイヌの嗅覚器官の形態や大きさ，呼吸パターンの違い）がありえるかもしれません．

個体の感覚能力はその実際の発育環境によって左右されるかもしれません．知覚の機能的側面を決める中枢（脳内）や感覚器官のニューロンの生き残りには，環境的刺激が影響します．例えば，白い背景上の黒い垂直線だけを見せられて育った子猫は，後に，水平に置かれた障害物のある環境を移動するのに問題が生じました (Hubel and Wiesel, 1998)．水平の形にさらされたことがないせいで，そのような視覚パターンの認識が阻害されたのだと思われます．嗅覚受容体でも同じような影響が明らかになっており，早い時期にさまざまな匂いにさらされることによって匂い知覚が修正されます (Mandairon et al., 2006)．ですから，イヌの発育環境は後の知覚能力に重大な影響を及ぼすことでしょう．

感覚器官は実用的観点から2つの主要部分に分けられます．ひとつは**身体的処理部**で，主に身体的手段によって刺激を神経に届けます．この部分自体が神経によって制御されることもしばしばです（例えば瞳孔の拡張や耳の回転）．もうひとつは**受容部**で，中枢神経処理の最初の段階です．

6.2 比較による展望

ひとつの種の知覚能力を調査するということは，基本的に比較研究を行うということです．最も広く用いられる参照種のひとつは人間ですが，この選択はいささか恣意的です．ただ単に，私たちが最もよく理解しているのは私たち自身の能力であるという理由で選ばれているにすぎません．相同関係にもとづけばオオカミが最も有益な比較対象になるのですが，この分野の研究は基本的に存在していません（ただし Harrington and Asa, 2003 を参照）．イヌの知覚能力は家畜化の間に著しく低下したと想定されるため (Hemmer, 1990)，そのような比較研究はとりわけ興味深いことでしょう．

他種（例えば実験用のラットやアカゲザルなど）との比較からは，受容器官の大きさ（例えば嗅上皮の面積），受容体の数，知覚処理に充てられる脳領域の大きさといった形態の絶対的あるいは相対的な差異の一貫した説明は得られておらず，不明瞭なままです．例えば，通常イヌは，霊長類（人間を含む）に比べて非常に大きな嗅上皮をもっていることから，より優れた嗅覚能力をもっている (macrosmats) と記載されます．しかし，特定の匂い物質に対する敏感さの比較実験では，サルとイヌに違いが見られない場合もあります．しかし，だからといってそれらの種の嗅覚システムが他の

能力においても同等であるということにもなりません（Laska et al., 2004）．例えば，相対的により大きな脳領域は，より大きな，あるいはより持続的な記憶を可能にするでしょう．

学習課題の遂行にもとづく比較もまた問題をはらんでいます．サルは聴覚刺激よりも視覚刺激が用いられた方が，ずっと早く遅延見本合わせ課題（事前に示された見本の刺激にもとづいて2つの刺激の間で選択を行う）を学習することができます（Colombo and D'Amato, 1986）．一方，イヌにとっての難しさはおそらく逆になるでしょう（後述）．

6.2.1 知覚の認知的側面

多くの教科書では，知覚能力は認知過程の一部として説明されています（例えばShettleworth, 1998）．実際，知覚は中枢神経系によって制御される能動的過程です．知覚のためには，重要な刺激を求め，環境を継続的にサンプリング（スキャニング）する必要があります．また，知覚は，表象による影響を受けます．表象は情報収集プロセスの焦点を調整し（注意とフィルタリング），認知プロセスを誘導もします．そのような表象には遺伝的要素が含まれるかもしれません．例えば，いわゆるサイン刺激の認識は何らの先行経験なしに起こります．しかし別の場合には，表象は学習過程の結果として確立されます（例えば探索像）．

機能的観点から，環境刺激をさまざまな方法で分析することができます．検出とは，環境刺激を，行動に影響を（少なくとも原理的に）与える有意味な神経信号に変換する知覚機構のことです．さらに，その刺激は神経によって分析され定量化されます．最終的に，その知覚を他の表象に関連づけ，それらの間の類似性（**弁別**）や同一性（**再認**）が判定されます．

知覚能力は，受容細胞，中枢神経系ニューロン，脳領域等のレベルで調査することも可能ですが（例えば，単一細胞記録，特定領域の破壊，脳波測定など），ここでは非侵襲的に調べることのできる動物の行動に関心を絞ることにします（Blough and Blough, 1977）．注意すべきは，神経活動を引き起こす知覚のすべてが行動として表現されるわけではないことです．そこで，あらかじめある出来事の知覚（推定上の）と特定の行動変化を結びつけるための学習をさせておくことがよくあります．ただし，学習能力は進化した適応行動と無縁ではありません．つまり，良い成績を期待するならば，学習課題は生態的に有意味であるべきです．動物行動学者は長い間，いろいろな行動パターンを引き出す上でさまざまな刺激が同等の効力をもつわけではないことを強調してきました．例えばイヌは，ある行動を始めたり控えたり（進む／進まない）しなければならない場合よりも，行動の選択（左へ／右へ進む）をしなければならない場合の方が，より容易に，音の発生場所への反応を学習します．反対に，音の質の違いを学習するには，前者の課題の方が有効でした（Lawicka, 1969）．同様にMcConnell (1990) は，周波数が低くなっていくような持続する音を用いることで，はるかに早くイヌにお座りを仕込むことが可能であり，同時に，甲高い繰り返し音を用いれば，呼び戻しをより早く教えられることを発見しました．

感覚モダリティ（modality）によってもそういう違いがあります．イヌに再認課題として求められるのは，2つかそれ以上の刺激セットの中から，実験者が示した見本刺激に合致するものを見つけることです．この種の課題に対するトレーニングで，刺激として嗅覚刺激を用いた場合，イヌは比較的素早く学習し（後述）（Williams and Johnston, 2002），聴覚刺激では非常に良い成績を示します（Kowalska et al., 2001）．しかし，正式なテストではないのですが，視覚刺激を用いた場合は，これまでのところたいていうまくいかないのです．手続きをきちんと同じにして行った比較実験がおこなわれたわけではありませんし，刺激の配置やイヌに要求する反応をちょっと変更するだけで，もしかしたら成績がよくなる可能性もあります．とはいえ，種による違いが異なる認知バイアスの進化のためかもしれないこと，そして自然環境への行動上の適応から，ある刺激に対する特定タイプの反応が好まれるかもしれないということは，十分考えられることです．

6.2.2 知覚能力研究の実験的アプローチ

知覚能力の限界を正しく確定するためには，しばしば，いくらか不自然な状況にイヌを置くこと

が必要であるように思われます．しかしそのような状況では，学習課題と刺激環境の双方のため，イヌ真の能力を明らかにすることが難しくなってしまいます．

第1に，刺激の性質とその提示の仕方に関わる問題があります．しばしば実験者は，それに対する反応が特定の感覚能力を指し示すような単純な刺激を用いることを好みます．これは，自然な状況とは著しくことなっています．自然状況では，物や出来事は，動物のさまざまな感覚に影響を与える多様な刺激を発しています．別のケースでは，イヌの能力の特殊性がまったく考慮されていないこともあります．視覚について言えば，イヌは動きのない刺激よりも動きのある刺激の方により敏感に反応するようです．ですから，動きのない刺激に対する視覚的敏感さを調べても，イヌの視覚システムの最大能力はわからない可能性があります．同じように，イヌや人間の匂いを刺激に使う場合，それを提示する場所の表面が冷たいことがしばしばであり，それは不自然です．このため，やはりイヌの知覚能力をわかりにくくしています．

第2に，イヌに対して，与えたいと思っている刺激を確実に提示するという問題があります．これは，刺激の物理的特性を測定する特殊な装置を使用することで実現できます．例えば色覚をテストするときには，提示される複数の色の彩度や明度が同じでなければなりません．自然の音を再生するときには，実験者は，スピーカーが自然の音と同じ周波数帯域の音を出していることを確かめなければなりません．現在の問題はほとんどが嗅覚刺激の提示に関わるものです．これは，知覚される刺激の質と量をコントロールするのに非常に限られた手段しかないためです（後述）．

第3に，刺激が実際に動物に知覚されたことを確かめるのも重要です．例えば，視覚刺激は適切な距離で提示されなければなりませんし，嗅覚刺激は手がかりをサンプリングできるように匂いを嗅がせなければならず，場合によっては匂いを嗅ぐよう「強制」することさえ必要です．どの感覚器官を使ってどの感覚器官を使わないかは，状況によるかもしれません（Szetei *et al.*, 2003）．

最後に，知覚能力を明らかにするために決定的な意味をもつのは，適切な学習課題を選択するこ

とでしょう．そのような課題を，できるだけ自然な，できるだけトレーニングの要素の少ない文脈で行わせるべきです．多くの前提条件を備えた複雑で錯綜した学習課題をうまくこなせるのはごく少数の個体に限られるでしょうし，そうやって得られた結果には一般性が少なく，また，そういうやり方を他の研究者が踏襲することはあまりないでしょう（表6.1）．

6.3 視覚

イヌの視覚にはオオカミの捕食性の生活様式の痕跡が残っているという指摘があります．視覚システムの専門家はイヌを視覚のジェネラリストと表現し，イヌの眼が広範な状況のもとで機能するように設計されているように見えることを指摘しています（Miller and Murphy, 1995）．イヌ（やオオカミ）の活動のピークは明け方や暮れ方ですが，一日を通して活発に活動します．ただ相対的に言えば，一般にイヌの視覚システムは明るさのレベルが低いところでうまく働き，特に物体の動きに対して非常に敏感です．反対に，形の細部あるいは複雑なパターン，それに色彩に富んだ刺激に対する感度はあまりよくありません．

6.3.1 身体的処理

体サイズと眼の外径は相関しているようです（Peichl, 1992）．McGreevy *et al.* (2004) が測定した眼の大きさは 9.5 mm から 11.6 mm までさまざまでしたが，これらは頭骨の長さと幅の双方と相関がありました．最大と最小の差はおよそ 20 % で，かなり大きな違いのように思われます．大きな眼はしばしば暗視への適応と見なされることを考えれば，大きな眼のイヌの方が暗い場所でよく眼が見えるのかどうか，興味をそそられるでしょう．

眼の位置の角度にもかなりの変化の幅があり，それは視野を決定します．眼の前額面の角度が小さければ視野が大きくなり，同時に両眼視の範囲が少なくなります．一般に，頭骨が短い（短頭）ほど眼が前を向いています（McGreevy *et al.*, 2004）．視野の重なり合う部分が小さいと両眼視が制限され，奥行き知覚に頼る捕食動物にとっては不利になるかもしれません．頭の形によって全視野の角度は 250°の周りでばらつき，両眼視野は

表6.1 行動テストで明らかになったイヌと人の知覚能力の比較。残念なことにイヌと人の知覚能力の比較については、非常に限られた変数の比較しか行われていない。行動テストから得られる数値は、個体差だけでなく、実験の方法や条件を敏感に反映するからである。このことは、比較可能な条件下で観察が行われたことが保証される場合にのみ、イヌと人を直接比較することが可能であるということを意味する。イヌと人の双方において、テストされる個体内のばらつきは遺伝的背景にだけでなくテスト時の内部状態（ホルモン、健康など、Walker et al., 2006）に依存している。多くの場合、テストされたイヌは1～2頭にすぎない。これは種間比較（イヌ対人）を目的とする場合問題となる。

知覚	イヌ	人	差異の性質	参考文献
視覚				
錐体感度の波長	二色型色覚：最大感度430 nmと555 nm	三色型視覚：最大感度420 nm, 534 nm, 564 nm	イヌは中波から長波にいたる波長（例えば黄色と赤）を識別する感度を欠いている。	Jacobs et al. (1993)
全視野	約250°	約180°	イヌの方が広い視野をもっている。	Sherman and Wilson (1975)
単眼視野／両眼視野	135-150°／30-60°	160°／140°	イヌは両眼視野がより制限されている。	Sherman and Wilson (1975)
最良の視覚が得られる視野角 [a]	5°	0.5-0.7°		Heffner et al. (2001) (R) [c]
視力	6.3-9.5 cycle/degree	67 cycle/degree		Neuhass and Regenfuss (1967)
時間分解能（錐体細胞／桿体細胞）	60-70Hz/20 Hz	50-60 Hz/20 Hz	イヌは素早い動きに対してより敏感である。	Colie et al., 1989
明度の識別（モノクロ諧調）	ウェーバー比（平均）0.22-0.27	ウェーバー比（平均）0.11-0.14	イヌの方がモノクロ諧調の違いに対する感度が低い。	Pretterer et al., 2004
聴覚				
耳	可動耳介	固定耳介		
聴覚範囲	67-44000 Hz	31-17600 Hz	イヌは耳介を音源の方へ向けることができる。	Heffner (1983)
最良周波数	4000 Hz	8000 Hz	イヌは「超音波」領域の音を聞くことができる。	不明
位置特定感度	8°	1.3°	イヌの方が最良周波数が低い。あまり正確に音の位置を特定することができない。	Heffner (1983)
嗅覚				
3～7個の炭素原子をもつカルボン酸に対する閾値 (ppb) [b]	0.1-10 ppb（最低濃度）	3.1-31.6 ppb（平均）	イヌの方が感度が高いようである。	Laska et al. (2004) (R) Walker and Jennings (1992) (R)
酢酸ノルマルブチル	0.0001-0.0002 ppb（最低濃度）	9.1-167.5 ppb	イヌの方が感度が高いようである。	Walker et al. (2003,2006)

[a] 最良の視覚が得られる視野の幅は網膜視神経細胞の密度から推定されている（Heffner et al., 2001）。[b] 10億分の1。[c] Rは総説論文

30°から60°の間です（図6.1）.

体と頭どちらの動きによっても，刺激と網膜の距離が変化し，物体は焦点の位置から外れます．このとき，網膜上に像を映し続けるための方法が，レンズの形を変える調節（**accommodation**）です．この能力はイヌの場合には比較的制限されており，物体が33〜50 cmよりもっと眼に近づくと，物体の像を網膜に投影できなくなります（これに対して人間は，7〜10 cmの近さの物体に焦点を合わせることができます）（Miller and Murphy, 1995）．適当でない焦点調節が行われるようになると近視や遠視になります．2, 3の研究では，かなりの割合のイヌがそういう問題を抱えていると示唆されており，特に高齢のイヌでは，そういう症状に悩まされる可能性が増加します．

網膜の後ろにある特別な光反射層は，イヌの眼が弱い光のもとでうまく機能し，彼らの視覚を助けています．脈絡層タペタムが光を眼球の方へ戻すことによって，悪い光条件下での視覚能力を高めます．このため，見るために必要な光の最小閾値は人間よりイヌの方が低くなっています．

6.3.2 神経処理と視覚能力

・色覚

イヌの網膜は，不均一に分布する2つのタイプの受容細胞から成ります．受容細胞の97％を占める**桿体細胞**は，暗所での単彩の視覚を受け持ちます．桿体細胞の視物質（**ロドプシン**）の最大感度は光の506〜510 nmの波長領域にあり，弱い光にも順応します．光受容体の残り3％（**錐体細胞**）は，色素（**オプシン**）の含量によって2つの種類に分けられます．錐体細胞は色覚を受け持ち，そのオプシンの最大感度は429〜435 nmか555 nmにあります．これはイヌが2色型色覚をもつことを示しています（人の視覚は3色型色覚をもち，網膜上の錐体細胞の割合は比較的多く，およそ5％です）．人の色覚の枠組みで考えれば，イヌの視覚システムは2つの色調を知覚していると思われます．おそらく紫と青紫の領域の波長は「青みを帯びた」色として知覚され，私たちに「緑色がかった黄色」や「黄色がかった赤」に見える波長は「黄色みを帯びた」色と感じられているようです．イヌにとっては黄緑色，黄色，オレンジ色，赤を互いに区別したり，緑色がかった青と灰色を見分けることが難しいという観察（Miller and Murphy, 1995）は，この想定を裏づけています．

・明度

自然の色彩はしばしば明度が異なるため，明度に対する敏感さは，多くの場合，色のついた模様の知覚を助けます．最近の調査結果によって，イヌは人間よりもモノクロ諧調の相違に対する感度が鈍いことがわかっています．同時に与えられた刺激を弁別する課題でのイヌの成績は，これを人間に対して行った場合に比べ，およそ半分でした（Pretterer *et al.*, 2004）．

・視力

ひとつの神経節細胞にどれだけ多くの錐体細胞が結びついているかによって視力が決まります．霊長類ではその割合は最低でも1：1になっています．ネコの場合には（おそらくイヌの場合も同様に），神経節細胞と錐体細胞の割合は4：1です（Miller and Murphy, 1995）．彼らの末梢神経ある

図6.1 イヌと人の知覚世界は大きく異なっている．(a) 私たち人間の眼に映る小さなイヌと大きなイヌ．(b) ジャーマン・シェパードと (c) カバリエ・キングチャールズ・スパニエルが私たちを見たときの視界．

いは中枢神経活動の測定値，あるいはその行動からみて，イヌの視力は人間に比べて3〜4倍劣っていることが示唆されています．これは，イヌがある物体の細部を6mの距離で識別できるとしたら，人間はそれを22.5m離れたところから識別できるだろうということです．これによってイヌが視覚的細部に関心を示さないことの説明がつくかもしれませんが，ただ，そういう実験は違った方法で行われたものです．

ほとんどの錐体細胞は網膜の中心部に位置しています．そこでの錐体細胞の割合は光受容体の総数の10〜20%に達しているかもしれません（Koch and Rubin, 1972）．人間でこれに相当するのは網膜の中にはっきりと見つかる円形の高視力視覚領域（網膜中心窩）ですが，イヌの場合にはそういう構造はあまりはっきりしていません．とはいえ，中心部には錐体細胞と神経節細胞が密に集中しているのを観察できます．ただし，その分布はより横長な形になっています．これは，**視覚線条**（visual streak）と呼ばれ，オオカミでも観察されています．これは水平面の狭い範囲で良好な視力を提供すると考えられており，捕食動物が獲物を探してスキャンするときに有利に働くのかもしれません．興味深いことに，視覚線条の伸び方は頭部の形によって異なることが最近の研究によってわかっており，短頭で眼が正面を向いているほど，神経節細胞の集中する領域が人間の中心窩に似た丸い形になっています（McGreevy *et al.*, 2004，コラム5.7を参照）．

・**運動感受性**

一般に，捕食動物は動きに対して敏感なはずです．実験的データはありませんが，いくつかの示唆によれば，イヌは動いている物体を800〜900mの距離から識別できるものの，その物体が静止している場合には識別距離が500〜600mに減少するようです．動きに対するイヌの敏感さは，イヌの眼には私たちの眼よりも大きな時間分解能が備わっていることを示すデータによっても裏づけられています．つまり，イヌの方が，同じ光源から発するより短い間隔の2つの閃光を識別することができるのです．これによって，画面のリフレッシュレートがおよそ50〜60Hzになっている（人間の眼に合わせて）テレビを見るときにイヌが苦労する理由を説明できるでしょう．イヌにとっては70〜80Hzかそれ以上が最適な値でしょうし（Coile *et al.*, 1989），これは実際，ビデオプロジェクターが提供する値に相当します（Pongrácz *et al.*, 2003を参照）．イヌに対して実験を行うときには，このような動きに対する高い感度を考慮することが重要になるでしょう．イヌは，人間なら見落としてしまうような一瞬の動きを感知している可能性があるのです．

6.3.3 複雑な視覚イメージの知覚

イヌが円や楕円のようなさまざまな形の区別を学ぶことができるという観察はPavlov (1934)の実験にまで遡ります．同じように，立方体や角柱など形の異なる物体の間で選択を行うようトレーニングすることもできますが（Milgram *et al.*, 2002），体系的実験は行われていません（ただし，Range *et al.*, 2007を参照）．

またイヌは，スクリーンに映し出されたイヌのシルエット（Fox, 1971），自らの鏡像，イヌのビデオ映像のような生物学的に意味があり，静止した視覚イメージにも興味を示します．しかし，それらの像と社会的接触をもてないため（また，おそらくは匂いの手がかりがないために）急速に興味を失います．さらに，初めておもちゃのロボット犬（アイボ）を見たイヌは，短い間これを調べたりもしました（Kubinyi *et al.*, 2004）．その効果は若い（未経験な）犬ほど大きいものの，急速な慣れも見られました．

6.4 聴覚

6.4.1 身体的処理

聴覚に関わる身体的処理は明らかに非常に限定的です．音刺激を受けると，イヌはその聴覚器官を知覚に最適な位置と方向にもっていこうとします．聴覚の感度は，音波を外耳道に導く耳介によって増強されます．この点でイヌの最も驚くべき特徴は，耳介の大きさと形が非常に多様であるということです．耳介に外科的変更を加えた場合に聴覚に影響が出るかどうか，また，垂れた耳のせいで聴覚処理にどんな変化が生じるかについては何もデータがありません．解剖学的計測によって，

鼓膜の大きさはイヌの全体的な大きさによって変わることがわかっていますが，これが聴覚に大きな影響を及ぼすことはないようです (Heffner, 1983).

6.4.2 神経処理と聴力

気圧の変化（音波）は鼓膜と耳骨によって，ヘビのようなチューブ状の構造になったいわゆる**コルチ器官**に伝えられます．最終的解読は基底膜にある聴覚神経細胞で行われ，突き出た「毛」（有毛細胞の感覚毛）によって圧力の変化が感知されます．

・可聴域

聴覚の最も重要な特性は，聴覚神経細胞によって感知できる周波数帯域です．一定の強さ（60 db）の純音を用いて，可聴域（**聴力図**）を実験的に確定できます (Heffner and a Heffner, 2003). 聴力図の種による違いは，通常，最低周波数と最高周波数，また最もよく聞こえる周波数によって比較されます．オオカミについては何もデータがありませんが，イヌと人の聴力図の比較からは，低い周波数帯では類似性が認められますが，高い周波数帯では，イヌが人間に比べより高い音を聞き取れることがわかります（イヌ：67〜45000 Hz，人間：64〜23000 Hz）(Heffner, 1998). イヌは私たちには知覚できない高周波音（人間の言葉で言う**超音波**）を聞き取ることができるのです．

・位置の特定

聴覚は個体を識別したり特定の信号を認識するのに役立ちますが，陸生脊椎動物における聴覚のそもそもの機能は，おそらく音を発している音源（例えば獲物）の位置を特定することです．頭部の小さい（したがって頭部の両側にある耳の間の距離が小さい）動物の方が高周波音をうまく聞き取れることは昔から知られています．その理由のひとつは，脳が，音源から出る音波が2つの耳に到達する時間差を用いて音源の位置を計算することかもしれません（詳細については Heffner and Heffner, 2003 を参照）．このため，頭部の小さな種では，可聴域を高周波数（到達時間の違いが小さい）へ向かって拡張する選択圧が生じますが，大型の種ではそういう必要はありません．こういう関係からは大型の犬種では聞き取れる周波数の最大値が低くなることが予想されますが (Heffner, 1983), そういう影響は今のところ見つかっていません．チワワもセント・バーナードも，最高可聴周波数4万7千Hzです．ですから，体や頭部の大きさが，それにかけられた選択によって変化していく間に，聴覚受容体レベルで決定される種に固有な高周波聴力には変化は起きなかったようです．

最もよく見える視野の広さ（網膜神経節細胞の密度から推定される）と音源の位置を特定する能力の間にはさらに興味深い関係が見つかっています．さまざまな哺乳類の種間比較によって，最もよく見える視野の狭い動物の方がより正確に音源の位置を特定できることが明らかになっています (Heffner and Heffner, 2003). 人とイヌの違いはこの場合に当てはまります．というのは，私たちは正面に1.3°の角度をもって位置する2つの刺激を識別することができますが，イヌは8°あるいはもっと大きな角度になって初めて刺激を正しく識別できるからです．残念ながら，まだ犬種による比較は行われていません．

6.4.3 複雑な音型の知覚

イヌの複雑な音に対する知覚については，限られた証拠しかありません．再生音に対する馴化実験によって，イヌは，同じ個体が出す異なるタイプの吠え声や，異なるイヌが出す同じタイプの吠え声を聞きわけられることがわかっています (Molnár et al., 2007). Heffner (1998) の中に報告されている調査では，さまざまな刺激をセットにしたものを用いてトレーニングすると，イヌは音を2つのカテゴリー（「イヌ」と「イヌでないもの」）に分けることができました．さらにトレーニング終了後には，トレーニングで刺激として使われなかった音（例えば遠吠え）であってもうまく分類することができました．

イヌが人の話す言葉を識別する能力は，Butendijk and Fischel (1936) によって報告されました．この研究で，イヌは，コマンドを聞いた時に確実にその行動を行うようトレーニングされ，その後，人が口にするコマンドの音素を体系的に

変化させ，テストが行われました．言葉の終わりの部分に変化が生じた場合の方が，イヌがコマンドを実行する率が高かったため，イヌにとっては言葉の始まりの部分がより重要な意味をもっていることがわかりました．おそらくイヌは，耳慣れた音素を聞くやいなや，すぐに反応を開始したのだと思われます．Fukuzawa et al. (2005) も同様の実験を行い，イヌによってはテープレコーダーで再生されたコマンドに対する認識や反応に苦労することを見いだしています．その他にも，実験者とイヌの距離や実験者の姿が見えるかどうかといった文脈の違いもイヌの成績に影響を及ぼします．

複雑な音の特定の物理的性質は，イヌの行動により直接的な影響を及ぼすようです．トレーニングにおいて，基本周波数がだんだん低くなっていく長い音を用いると，イヌは受動的な行動（坐ってじっとしている）を早く覚えることがわかりました．反対に，周波数が上がっていく連続した短い音を用いると，訓練者の方に近づいていくという命令を早く習得しました（McConnell, 1990, McConnell and Baylis, 1985 も参照）．

6.5 嗅覚

視覚や聴覚の場合と異なり，イヌは複数の感覚システムを嗅覚のために割り当てています．鼻の中にある嗅窩（きゅうか）の受容体が大部分の匂いを感知していますが，それ以外にも，イヌには，同じく鼻腔内に開口する鋤鼻器という器官があります．これはそれ自身の受容細胞層をもっていて，種に固有の化学信号（例えば性フェロモン）の探知に特化しています．さらに，三叉神経（顔を神経支配する）も嗅覚処理に関わっているようです．残念ながら，イヌの嗅覚能力においてこれらのシステムが全体として，また個別にどのような役割を果たしているのかはわかっていませんし，嗅覚情報の一連の処理の中で，嗅覚的手がかりを仲介する器官，それはひとつかもしれないし複数あるかもしれません，を特定しようという試みもなされていません（表6.2）．

6.5.1 身体的処理

嗅覚というのはじつは能動的な過程です．動物が積極的に匂いの源を嗅ぐことで，鼻腔内の分子の濃度が高まり，化学物質と嗅上皮にある受容細胞の接触の可能性が高まります．匂いの跡をたどって方向を定める際，多くの場合イヌが匂いを嗅ぐ頻度はさまざまです（Thesen et al., 1993）．イヌが暗闇の中で探索するときには，匂いを嗅ぐ頻度が増加することも観察されています（Gazit and Terkel, 2003）．鼻の内部の表面は，粘液性の物質におおわれていますが，これが化学物質の保持，つまり嗅覚に影響します．疎水性の分子より親水性の分子の方が優先的に吸収されることになるからです．このことは，分子が異なればなぜ感知できる濃度が異なるのかということも説明します．

6.5.2 神経処理と嗅覚能力

イヌは，絶対的にも相対的にも大きな嗅上皮をもっています．さまざまな研究によって，イヌの嗅上皮の大きさはおよそ150〜170 cm^2（ジャーマン・シェパード）と推定されています．これに対して人の嗅上皮の大きさはおよそ5 cm^{2}にすぎません．これに応じて嗅覚神経の数が大きく異なります（イヌは2億2000万〜20億，人は1200万〜4000万）．このような量的相違がイヌの優れた嗅覚能力をどのように支えているかは明らかになっていませんが，より敏感に匂いを感知することや複雑な匂いを感知することに役立っているのでしょう．

ある匂いを感知できるかどうかは，上皮の嗅覚神経の外表面に，その化学物質に反応するタンパク質受容体があるかどうかにかかっています．ひとつの神経細胞はそれぞれひとつのタイプの受容体に対応し，同じタイプの受容体に対応する複数の神経細胞が脳の同じ部分にメッセージを送ります．研究者はヒトゲノムなどの比較分析にもとづき，イヌの場合およそ1300の遺伝子が嗅覚神経の受容体のコーディングに関わっていると推定していますが，これは人間のそのような遺伝子の数をおよそ30％上回っています（Quignon et al., 2003）．受容体の数が多いということは，人間に比べ，同じタイプの受容体に対応する神経細胞の数が多く，人とは異なるタイプの受容体に対応する神経細胞もあるだろうことを示唆しています．これは，人とイヌが同じ遺伝子を共有している場合には，イヌの方が上皮に多くの神経細胞をもっているため，

与えられた化学物質に対してより敏感に反応するだろうということを意味します．しかし，イヌにも人間にもそれぞれ独特の遺伝子があるため，人間の方が優れた嗅覚をもつさまざまな匂いがあるかもしれません（Laska *et al.*, 2004 も参照）．受容体の総量はイヌの方が多いため，恣意的に選ばれた匂いの場合には，イヌの方がその化学物質に対して親和性を示す受容体をもっている可能性が大きいと考えられます．犬種による遺伝的違いがあるかもしれませんが，残念なことに，それについては何もわかっていません．そのような違いがもしあれば，しばしば想定されながらほとんど調査されたことのない犬種による嗅覚の違いについて，それが存在するという根拠のひとつとなるかもしれません．

　イヌの場合，嗅覚システムは非常に早い時期から機能します．最近の実験によって，イヌは子宮内で学習できることがわかっています．というのは，生まれてきた仔イヌが，母親に妊娠中与えていた食べ物を欲しがったのです（Wells and Hepper, 2006）．齧歯類の場合と同じように，「安全な」食べ物を学ぶことにこの能力が役立つのかもしれません．しかし，そのような機能的な解釈には疑問もあります．なぜならイヌ（とオオカミ）の場合，仔どもへの給餌では長い間，主に母乳が与えられ，次に吐き戻した食べ物が，それからやっと肉が与えられるからです．ですから，そういう早い段階での匂いの学習はただ単に哺乳類の一般的特性の現れなのかもしれません．あるいは社会生活に関わる匂いの学習に関して何らかの役割を果たしているのかもしれません．

・嗅力

　嗅力は，感知されうる化学物質の最低濃度を指します．多くの初期の研究では，使われたイヌ（犬種，年齢，経験）や使われた化学物質に大きなばらつきがあるため，その結果を比較するのは困難です．最近 Walker *et al.* (2006) によって考案された方法はさまざまなイヌや化学物質に対して体系的に適用することで，比較可能な知見が得られる可能性のある方法です．この方法では，2 頭のイヌをトレーニングして，箱の小さな蓋を押して匂い刺激のサンプルを手に入れること，そして，そのサンプルを嗅いで目標の物質が付着していることがわかったなら，箱の前に座ることで実験者に伝えること，を学習させました．トレーニングの最初の段階では一定濃度（10 億分の 1，ppb）の酢酸ノルマルアミルが用いられ，最後の段階では化学物質の濃度を 0.03ppb まで低下させました．この匂い刺激に対するイヌの感度を，1 兆分の 6 〜 0.2（ppt）の範囲でテストしました．テストの際，イヌは，選択肢となる 5 つの箱の匂いを嗅いだ後で適切な箱のそばに座ることで匂いの場所を示すよう求められました．2 頭のイヌの成績は全体的に似たようなもので，限界濃度は 1.1 〜 1.9 ppt の範囲でした．この値は人間で観察される値よりもおよそ 1 万 〜 10 万倍薄い濃度ですが，マウスで観察される値の範囲内にあります（Walker *et al.*, 2006）．このイヌ達の成績はすばらしいもので，別の研究（Krestel *et al.*, 1984）で観察されたよりも低い濃度で酢酸ノルマルアミルを感知しました．トレーニング期間が長い（およそ 6 か月）のが欠点ですが，この方法がもっと実践されるようになれば，短縮できるかもしれません．

・嗅覚認知

　別の論点に，イヌがある物体や刺激を匂いだけで特定できるのかどうか，ということがあります．これには実際的な意味があります．というのは，イヌが匂いによって個人を特定できるのか（また，どうやって区別するのか）という問題と密接に関わっているからです（後述）．

　トレーニングされた匂いを，トレーニングしていない匂いの中から選ぶ課題では，それが単純な匂いであればイヌは良い成績を示します（Williams and Johnston, 2002）．お座りによって目的の匂いの場所を指示するようトレーニングをした 4 頭のイヌに，一連の学習課題を行わせました．実験を受けたイヌは 10 種類の異なる匂いに対して，ひとつずつ順番にトレーニングを受けました．それまでの匂いのすべてに対して高レベルで正解できるようになってから，イヌは次の匂いのトレーニングに移りました．これらのイヌは，全体として，正確さは 85 ％を超える正確さで匂いを選べるようになりましたが，より興味深いのは，彼らがこのような成績を収めるのに必要なトレーニン

表 6.2 濡れた鼻 対 電気の鼻．イヌの知覚能力で最も謎の多いのは嗅覚である．匂いを探知あるいは認識するイヌの知覚能力で最も謎の多いのは嗅覚である．匂いを探知あるいは認識する課題で高いパフォーマンスを見せてくれる多くの個体がいる一方で，イヌの嗅覚そのものへの体系的調査が始まったのはやっと最近のことである．これと並行して，匂いを認知する機械（電気嗅覚装置：電気の鼻）を開発する取り組みが行われているが，今のところまだイヌの方がいくらか優れた成績を示している（Furton and Myers, 2001）．しかし，これを生物化学的システムと技術的システムの競争と考えるべきではなく，イヌに関するこのような研究によって得られる洞察は嗅覚の働きを理解する役に立つだけでなく，より良い装置の開発にも役立つだろう．イヌにとって危険であったり健康に害をなすような作業（例えば麻薬の探知など）にも使えるだろう．この表は，完全に包括的ではないが，さまざまな課題に対する（現実あるいは模擬的な）現場でのイヌの能力（信頼性）を調べた最近の研究のリストである．

作業のタイプ	含まれる匂い (テストしたイヌの頭数)	報告された結果	潜在的問題限界	文献
麻薬 探知	麻薬，麻薬分解物質		イヌに有害	Furton and Myers (2001) (R)[a]
爆発物 探知	爆発性化学物質，溶剤，混入物	80〜90%の正確な位置特定（95%信頼区間）	イヌが敏感に反応する臭跡の発見 イヌに有害	Furton and Myers (2001) Tripp and Walker (2003)
爆発物 探知	爆発物 (N = 7)	爆発物なしの状態で慣れ親しんだ道に爆発物を1つ隠した場合（イヌの53%が発見） 新しい道に爆発物を1つ隠した場合（イヌの96%が発見）	行路への慣れによって探知成績が低下する	Gazit et al. (2005)
爆発物 探知	爆発物 (N = 7)	暗中で88%，明るいとき94%		Gazit and Terkel (2003)
人 探知	生きている人間と死体のいずれかあるいは双方の匂い (N = 11, 12)	さまざまな模擬的状況において50〜85%が成功	2つの異なる課題でトレーニングした場合成績が悪化	Lit and Crawfold (2006)
癌（黒色腫）探知	臭気依存性の組織適合複合体（?） 黒色腫組織の発する揮発性物質（?）(N = 2)	それぞれ6/7，3/4の割合で罹患した患者を正しく言い当てる	黒色腫の検査にイヌを使えるかどうかはまだ不明である	Balseiro and Correia (2006) (R) Pickel et al. (2004)
糖尿病 探知	体臭（?）(N = 37)	特別なトレーニングなし，低血糖発作の前にイヌが警戒的になる（吠えるなど）	「望ましい」気質をもつ個体だけが適している（患者の38%がイヌを飼っている）	Lim et al. (1992)

てんかん	探知	体臭 (?)	特別なトレーニングなし。発作の前にイヌが落ち着きをなくす(吠える、くんくん鳴く、跳び上がる)	「望ましい」気質をもつ個体だけが適している(それぞれの調査で患者の5〜30%がイヌを飼っている)	Edney (1993); Dalziel et al. (2003)
匂いの識別	サンプルの適合 2つのうちから選択	異なる体の部位の人間の匂い (N=3)	トレーニングされたイヌ (N=3)(偶然の正答率は50%) H^bの手と無臭では75.7% Hの肘とSの手では58% HとHの手では76.8%	イヌが匂いによって体のさまざまな部位のマッチングを行うのは難しいだろう(トレーニングの特殊性の結果と思われる)	Brisbin and Austad (1991)
	サンプルの適合 6つのうちから選択	手の匂い (N=8)	トレーニングされたイヌ(偶然の正答率は16.6%)、31〜58%が正答	成績が実験の手順に左右される	Schoon (1996)
	サンプルの適合 6つのうちから選択	ポケットと手の匂い (N=10)	トレーニングされたイヌ(偶然の正答率は16.6%)、正答率は100%、古い場合に33〜75%	匂いが古びると(2日後)成績が悪くなる	Schoon (2004)

[a]Rは総説論文, [b]Hはハンドラー, Sは顔見知りでない人間, (?)は想定される匂い

グの回数がしだいに少なくなっていったことです．最初の匂いのときには 25 〜 30 回の試行を行った後に高レベルの成績を収めたのですが，9 番目の化合物で試行を行うころには，イヌは平均 10 回の試行で基準値を上回る成績を示すようになりました（Williams and Johnston, 2002）．

6.5.3　作業における匂いの分類とマッチング

同種の個体の臭跡があった時，イヌは 2 つのタイプの問題にぶつかります（Bekoff, 2001）．それがよく知っている特定の種類の匂い（例えば発情期の雌の匂い）に属するものなのかどうか，あるいはその匂いが数秒前にすぐ近くで嗅いだ匂いと同じものなのかどうかです．最初のケースはカテゴリーを区別する能力だと言えるでしょうが，2 番目のケースでイヌが目指すのは 2 つの刺激が同一であるのを見破ること（マッチング）です．探知課題では，イヌは，他の中立的な匂いの中から，特別な（トレーニングで使われた）匂いの存在を指示しなければなりません．作業中，イヌはトレーニングを受けた匂いの記憶に頼らざるをえません．探知犬は，任務が容易になるように，ほとんどの場合ある決まった種類の仕事にだけ用いられるスペシャリストです（図 6.2）．ですから，ある犬のグループは爆発物を探しますが，他のグループは麻薬を探し，あるいは燃焼促進剤を探します．トレーニング方法は別にして，こういうイヌが成功を収めるかどうかは，主にどのような化学物質

図 6.2　人間のために働くイヌ　(a) 爆発物を探すトレーニング　(b) 麻薬の探知　(c) 人間の匂いを特定する試行　(d) 匂いの跡を追跡するトレーニング

がトレーニングに用いられるかによって左右されます．例えばイヌに爆発物を探知するトレーニングを行う場合には，武器を製造するためにいろいろな濃度と組み合わせで用いられる可能性のある化学物質を，できるだけ数多くイヌに提示することが目指されます（Furton and Myers, 2001）．しかし，問題は，爆発物をつくるために補助的に用いられる物質が，しばしば，爆発を起こす物質よりも明確な嗅覚刺激を与えるということです．生物学的な活性物質の場合，匂い刺激は化学分解過程によって生じることもあるため，それらの化合物もトレーニングで用いる匂いのセットに組み入れる必要があります（Furton and Myers, 2001）．

ですから，実際に用いる匂いの数は膨大になり，広範な「見本」をイヌの記憶に植えつけるため，トレーニング法は多様にならざるをえません．よくトレーニングされたイヌは 95 ％を上回る探知率で爆発物を見つけることができますが，これは自然な状況における最大限の値であるように思われます．このような探知では，今のところイヌは，同様の作業で誤答率およそ 10 ％を示す「人工の鼻」よりも良い成績を収めています（Tripp and Walker, 2003）．探知犬がかかえる潜在的な問題のひとつは，何も見つからない場合，探索経路に対する慣れが生じるということです．このような場合，イヌは新奇な，潜在的危険をはらんだ，臭気源を見落としやすくなります．探知犬が定期的に同じ地域の監視に使われている場合，このことが問題を発生させるかもしれません（Gazit et al., 2005）．

認知的観点から言えば，匂いのマッチングは，匂いの探知よりも複雑なプロセスです．一連の匂いを用いてイヌをトレーニングするだけでは十分ではありません．イヌが学ばねばならない最も重要な任務は，その匂いがどんな匂いであれ，ただ，比較される 2 つの匂いが同じ匂い源に由来するのかそれとも違うのかを決定することなのです．長年の間，犯罪現場に見いだされる何らかの証拠が，容疑者から入手したサンプルが同じ匂いなのかどうかを決めるため，さまざまな国々の警察によってイヌ（警察犬）が利用されてきました．そのような証拠を法廷でどのように用いることができるか，あるいは用いられるべきかという法律的問題は別にして，この任務は，嗅覚という観点から見て非常に難しいものでもあります．最も単純なケースでは，同じ人間の体の同じ部分から短時間のうちに採取された複数のサンプルを比べることが考えられます．これらは事実上まったく同じはずです．こういう場合，トレーニングされたイヌは非常に信頼できる能力を発揮し，100 ％に達する正確さで正解を出します（例えば Schoon, 2004）．問題の根本は，人間の体臭，その成分，そしてそれが時間とともにどう変化するのかについて，私たちが知っていることがあまりにわずかだということです．人の匂いの個体差の原因はいくつかあります．その一部には明らかに遺伝的根拠（性，人種，免疫システムの構成要素など，Boehm and Zufall, 2006 を参照）がありますが，その他は環境に由来するものです．後者には食べ物（同様に喫煙や薬物），衣類，皮膚の表面における細菌の作用などが含まれます（Schoon, 1997 も参照）．Hepper (1988) は人の匂いに見られる遺伝的影響と環境的影響を区別するための研究を行って，トレーニングされたイヌは二卵性双生児に対して，また成人した，あるいは食生活の異なる一卵性双生児に対しても，正確なマッチングを行えることを発見しました．しかし，同じ食事を摂っている一卵性双生児の幼児の間で選択を行うことはできませんでした．

6.5.4 天然物質および同種個体の匂いの知覚

特別な匂いが，イヌの生殖に関わる状態の信号として主要な役割を果たしており，そのような性フェロモンは，尿，顔面，膣，肛門嚢，その他多くの器官から放出され，雌イヌも雄イヌもそれらを識別できます．これらの匂い物質の成分は，発情期の雌によってつくられる p-ヒドロキシ安息香酸メチルであり（Goodwin et al., 1979），これが雄のマウンティング行動を誘発します．雄イヌは明らかに雄の匂いよりも雌の匂いを好みますが，発情期の雌によってつくられる匂いに対してはよりいっそう大きな嗜好を示します．雌にこれに相当するような選好性が現れるのは，発情期に限られます（Dunbar, 1977）．このような結果は，グループで飼育されているイヌの行動の観察とも一致します（Le Boeuf, 1967）．

選好性に影響を及ぼすのはこれらの匂いの放出

源です．ビーグルの場合，発情した雌の尿と膣分泌物の方が，肛門嚢から採取された試料よりも雄を引きつけました（Doty and Dunbar, 1974）．しかし，このような影響が化学物質の質や量の違いによるものなのかどうかは明らかになっていません．重要なのは，性的な匂いの誘引力は，匂いを受け取る個体やつくり出す個体の経験や内的状態など，さまざまな他の要素によって左右されるということです．6頭のビーグルの実験では，発情したメスから採取した匂いに対する嗜好に雄の性的経験が影響を及ぼすという知見は得られませんでしたが（Doty and Dunbar, 1974），匂いを提供する雌が成犬になってからテストステロンを投与されていた場合には，ビーグルの雄は雌の匂いにあまり興味を示さず，さらにエストラジオールに関してはまったく逆の影響が見られました（Dunbar et al., 1980）．

授乳期には，乳房間溝にある皮脂腺が脂肪酸混合物を産出します（Pageat and Gaultier, 2003）．鎮静フェロモンと呼ばれるこのフェロモンの効果については完全には解明されていませんが，ある合成類似化合物が，花火の騒音や獣医師の診察室での待ち時間などストレスの多い環境状況に置かれたイヌに対して鎮静効果をもつことが発見されました（Mills et al., 2006）．多くのイヌの行動反応から見て，このフェロモンには生物学的効果があるように思われますが，その効果には大きな個体差が見られます．授乳期におけるもともとの生物学的機能が理解されるまでは，このフェロモンの実用上の有用性は限定的なものにとどまるでしょう．

イヌの場合，血縁や個体の識別において匂いの手がかりが重要な役割を果たしています．Mekosh-Rosenbaum et al. (1994) は，生後20〜24日の仔イヌが自分の生まれたケージの寝床を他腹の仔イヌ達のケージのそれよりも好む様子がわずかしか見られず，さらにその識別能力は日齢が進むにつれて（66〜72日）減少したと報告しましたが，Hepper (1994) は，仔イヌ（28〜35日齢）が自分の寝床と知らない寝床を弁別できることを発見しました．この食い違いは，前者の研究ではすべてのイヌが同じ部屋で飼われていて同じ食事を与えられていたのに対して，後者ではこれらの要素が管理されていなかったという事実によって説明することができます．Hepper (1994) はまた，互いに別々に暮らす成犬は兄弟姉妹のことを覚えていないものの，母子の関係では互いの間に著しい選好が見られ，それは引き離された後2年以上続いたことも報告しました．母イヌも仔イヌも2択状況では血縁の個体の方に接近することを選択します．Hepper (1994) は，兄弟姉妹に対する選好は，部分的には血縁であることを意味する共通の遺伝子によって決定される慣れ親しんできた手がかりによるのに対し，母親の認識は個体差の手がかりによるかもしれない，と論じています．

他の天然の匂いがイヌによって知覚されるだけでなく，行動に直接的な影響を与えるという指摘もあります．Graham et al. (2005) は，施設に収容されたイヌの環境を改善するため，さまざまな匂いを出す天然物質がイヌの行動に与える全般的効果を調べました．数日が経過すると，人間の場合と同様に，ラベンダーとカモミールがリラックス効果を発揮して，1頭だけで飼われているイヌの休息時間が増えることがわかりました．

人間の匂いがイヌに対してもつ意味については非常にわずかなことしかわかっていません．イヌは子どもの匂いを嗅ぐときに，体の特定の部位をより好んでいるようです．Millot et al. (1987) は，イヌは人の子どもの顔と上肢の匂いを嗅ぐことが多かったと報告しています．これは，体の特定の部位の発する匂いがより知覚しやすかったり，あるいは特別な情報を提供したりしていることを示しているのかもしれません．

6.6　将来のための結論

その実用上の有用性にもかかわらず，イヌの知覚能力については，まだ非常にわずかなことしかわかっていません．これは残念なことです．というのは，そういう理解によって特定の作業課題において良い成績を示すイヌを選別できる可能性が高まると思われるだけでなく，そこに多くの生物学的に興味深い問題があるからです．形態的多様性が大きいということは，遺伝的影響や発生上の適応の他に，知覚能力に働く身体的影響を調べるという非常に興味深い可能性を提供しています．

環境の改善やある種の特別な刺激を経験させることによって，知覚能力が促進されるかどうかに

ついてはほとんど何もわかっていません．嗅覚を使う作業をすることが期待されるにイヌに対しては，初期の知覚学習が，好ましい効果を与えるかもしれません．

参考文献

Lindsay (2001) は，いくつかの神経機構に言及しながら，味覚，触覚，痛覚といったイヌの知覚能力について最近の研究を要約しています．Harrington and Asa (2003) は，オオカミに焦点をあて，同様の有益な比較を行っています．

第7章

物理的・生態学的認知

7.1 はじめに

どんな種であれ，動物は環境の中でさまざまな生態学的問題に直面します．その問題は，彼らの食べ物が何で，それがどう分布していて，特定の場所へ正確に移動（ナビゲーション）する必要がどれくらいあるかなど，多くの要因によって決まります．そして，それらの問題をどのように解くかは，彼らがどんな進化を経て来て，結果として現在どんな感覚能力や心的能力をもっているかによって左右されます．動物たちは，遺伝子に組み込まれた知識と，各個体がそれまで生きてきた間に得た経験から，周囲の物理環境についてある種の表象（mental representation）をつくり上げます．この物理環境に関する動物たちの表象には，どんな性質や制約があるのでしょう．また，それは行動とどう相互作用するのでしょう．それらを理解するためには，イヌがさまざまな環境でどのように行動するかを調べることが役立つと思われます．もちろん，イヌが世界の物理的側面についてつくり上げている表象は，私たちとは大きく異なっているでしょう．しかし，だからといってこの困難の深刻さのため研究者たちが理解を諦めているわけではありません．今も多くの研究が計画されていることがそのことを示しています．

長年の間研究者は，イヌの環境表象の性質を探るのに2つの異なる戦略を用いてきました．**動物行動学的アプローチ**では，オオカミが暮らす自然環境の中で自然選択を受け，2つの種が分岐した後でもイヌに保持されていると思われる能力（例えば，集団での狩りやそのための空間内でのナビゲーション）を調査することが好まれます．一方，より全般的な**比較研究プログラム**に取り組む研究者は，逆転学習やマッチング能力など，ある種の特別な知的能力を明らかにするために（主に人間やサルの研究で）開発されたテストを好んで用い

ます．これらのアプローチは互いに補完的なものと考えるのが最上のやり方でしょう．ひとつには，どちらのアプローチにも数々の問題があるからです．まず第1に，イヌにおいては，オオカミから受け継いだ能力を妨害する特別な能力をもつように選択圧がかかったかもしれません．第2に，いくつかの能力に対する選択圧はイヌの進化の過程で弱められているかもしれません．なぜなら，その能力が高いことを好む選択圧がイヌでは何世代も働かなくなっているからです．第3に，人為生成的環境で暮らす一部のイヌには，彼らの自然な能力を完全に発揮するのに必要な経験が欠けています．第4に，比較研究では多くの場合イヌの自然な行動能力が無視されており，しばしば生態学的観点から見て問題の多い課題が設定されています．

7.2 空間定位

多くの動物種を研究していると，さまざまな環境で適切にナビゲーションをするため，行動と知能の両面にわたって多様なメカニズムが生み出されていることがわかります．イヌの空間定位は視覚，聴覚，嗅覚の手がかりにもとづいているものと思われます．最後の嗅覚的手がかりは，私たち自身の定位能力には含まれていないため，特に興味深いものです．イヌは環境情報を空間内の自分の体に関係づけるのを好むようですが（**自己中心的定位**），ある種の条件下では，2つ（あるいはそれ以上）の環境物体の空間的関係を利用することができます（**他者中心的定位**）(Fiset et al., 2006 も参照)．ナビゲーションの実験モデルは，イヌには（オオカミと同様に）動く獲物の位置を特定する必要があるという前提にもとづいてつくられています．そういう実験のほとんどが視覚刺激を用いており，イヌの場合にはおそらく同程度に重要な役

割を果たしているはずの嗅覚刺激にあまり注意を払っていないのは，研究者の人間中心主義を表しています．

7.2.1 臭気追跡

イヌは，残された匂い刺激を追って移動する臭気源の位置を特定するという，イヌ科動物の自然な能力にもとづいて追跡を行います．多くの事例証拠が提出され，多くの作業犬のトレーニングが成功を収めているにもかかわらず，この能力を支えるメカニズムにはほとんど注意が払われてきませんでした．Wells and Hepper (2003) は，トレーニングされた警察犬のサンプルのうち，条件をコントロールした痕跡の正確な方向を見つけ出すことができるのはおよそ半分にすぎないことを発見しました．しかし，成功をおさめたイヌの成績は非常に信頼できるものでした．このことから，臭気追跡という行動は複数の能力が複雑に組み合わさったものであり，特定の個体が他の個体に比べてより「才能に恵まれている」可能性のあることがわかります．実験ではクレバーハンス効果が排除され（ハンドラーは痕跡の方向を知りませんでした），イヌがたしかに，痕跡に存在する匂いを手がかりとして利用しているという証拠も示されました．これに続く研究では，痕跡の正しい方向を見つけるために，イヌには少なくとも3～5つの足跡がサンプルとして必要であり，これより短い場合には方向を推定するのに十分な情報が得られないことがわかりました（Hepper and Wells, 2005）．追跡中のイヌの行動を見ると，3つの異なる段階が識別できました（Thesen et al., 1993）．探索段階では，イヌは素早い探索行動によって痕跡の位置を特定します．決定段階ではイヌの動きが遅くなり，痕跡に沿って2～5歩移動します．決定を下すと，再び動きの速度を上げ，痕跡上の空間から空気中に立ちのぼる匂いのサンプルを手に入れながら道をたどります．イヌが匂いを嗅ぐ頻度に変化は見られませんでしたが，決定段階に比較的長い時間（3～5秒）をかけており，イヌはこのときに多くのサンプルを集められたはずです．これらの実験から示唆されるのは，イヌは痕跡の2点間で匂い濃度に違いがあることを判断するのかもしれないということです．その判定は，1つの足跡の前縁と後縁の間の匂い勾配を検出することでも，あるいは，1つの足跡に残っている匂いの総量を2つの足跡間で比較することによっても可能でしょう．イヌが足跡の匂いそのものを手がかりにしているのか，足跡によって消された匂いを手がかりにしているのか，あるいは，足跡によって乱された地表から立ち上がる匂いを手がかりにしているのか，それはまだわかっていません．しかし，どの刺激が用いられているにせよ，イヌは時間の経過に伴うごくわずかな臭い濃度の変化に反応できなくてはなりません．1歩目から5歩目までの間に，わずか2秒しか経過していないのです！ 重要なのは，イヌは連続する切れ目のない臭跡を追跡することはできないということです（Steen and Wilsson, 1990）．このことは，イヌが空間的に分離した断続的な臭い情報を必要としていることを示唆しています．そういうわけで，臭気追跡とは，匂いにもとづく空間情報の他者中心的利用の例であると考えられます．

7.2.2 ビーコン

ビーコンとは，目標や標的の位置を直接的に知らせるような，近接した空間的手がかりのことです（Shettleworth, 1998）．ビーコンは，何かの位置を特定する最終段階で特に有効になるでしょう．例えば，地表の穴はウサギがまさにそこに潜んでいることを示し，指定された待ち合わせ場所（ランデブーサイト）に積み上げられた石は，そこがまさに待ち合わせ場所であることを示しています．それらは，ウサギが隠れている巣穴やランデブーサイトの近くに積み重なった岩のように，位置を特定する最終段階で役に立つものと思われます．

恣意的な状況（ウィスコンシン汎用テストの設定を若干改変した状況）においてですが，自由に動き回れるようにしたイヌがビーコンを学習することが示されています（Milgram et al., 1999）．このテストでは，イヌに物が隠されている可能性のある2つの場所（距離は25 cm以内）を選択する問題を与えますが，一方の場所に短い棒（10 cmの高さ）で印（ビーコン）をつけます．この条件で，大部分のイヌは30～100回の試行後，基準レベルの成績に達しました．続く実験では食べ物の場所から棒が取り去られた結果，一部のイヌの全

体的成績が著しく低下しました．別の研究では（Milgram *et al.*, 2002），イヌは，隠し場所から10 cmずらしたビーコンを利用することも覚えることができました．このようにイヌがうまくやれたのは，その近くに目標物があることを知らせるというビーコンの性質（と，それを利用できる行動的・認知的戦略）のせいです．ビーコンと目標の距離が増加すれば，被験個体は空間から得られる他の相対的情報を考慮しなければなりませんが，この場合それは難しかったでしょう．実験の設定規模が非常に小さく，他の空間的情報が欠如しているために，イヌは，食べ物の場所を特定するための他の定位メカニズムを利用することはできなかったものと思われます．

7.2.3　ランドマーク

ランドマークとは，目標を直接的に指し示すことのない環境中の物理的刺激のことです．少なくとも2つのランドマークがあれば，そして自分自身やランドマークと目標との距離をもとに複雑な計算を行えれば，動物は目標を発見することができます（Shettleworth, 1998）．ランドマークはそれがはっきり目につかなくとも，また大まかな経路を示すものであっても，目標を発見しやすくしてくれます．ランドマークの組み合わせにもとづく複雑な表象は，しばしば環境の認知地図と呼ばれますが，この言葉の意味についてはまだ議論が行われている最中です（Shettleworth, 1998）．いずれにせよ，ランドマークにもとづく定位は，近道や新しい経路の双方あるいはいずれかを考え出すことを可能にします．多くの研究者は，このような能力を，認知地図が存在する証拠だと考えています．イヌには遠くの見知らぬ場所から家に戻ることができるという主張が多くあることを思えば，この分野についての研究がほとんどないのは残念なことです（コラム7.1）．

自由に行動する野生オオカミの長期観察によって，彼らが自分たちのなわばりのある程度詳細な表象を構築しており，それが認知地図の性質をもっているのではないかということが示唆されています．というのは，年長のオオカミほど効率のよい移動方向を決定し，獲物を探したり追跡したりする場合に使ったことのない他の近道をとることなどが観察されているからです（Peters, 1978）．このような定位能力はオオカミにとって有用なものであり，特に冬にはそうでしょう．冬は正しい方向を見つけるのに他の時期よりも視覚的ランドマークが重要になりますし，効果的な移動は群れのエネルギー消費を節約することになるからです．

Chapuis and Varlet (1987) は，タイムの藪におおわれた，定位に利用できる目印が全体に数個しか置かれていない3ヘクタールの野原にイヌを連れていきました（Fabrigoule, 1987も参照）．複数のイヌを同じスタート地点から2つの異なる方向へリード（引き綱）につないで歩かせ，2か所の食べ物の隠し場所を示しました．食べ物の場所へ行った後スタート地点でイヌを放すと，ほとんどのイヌがまず最も近い場所の方へ向かい，次に2番目の隠し場所へ通じる道を選びました（図7.1a）．このことは，イヌが別々の探索行動の間に空間情報（運動感覚情報の他に）を収集し，次に2つの位置の空間的関係を計算してそれらの情報を統合したことを示唆しています．経路を設定する際のイヌの行動からは，さらに興味深いことがわかりました．比較的多くの場合，イヌは最初の場所から2番目の場所へ直線的に向かうことはありませんでした．その代わりに，スタート地点と2番目の目標の中間の線へ向かう道をとりました．この戦術が有利であるように思われるのは，2番目の目標そのものより，先に経験した2番目の目標へいたる経路を発見する可能性の方が大きいからです．より多くの目印を設置した別の野原で調べると，このような行動がいっそう広く観察されました．選択肢が与えられた場合には，イヌは経路設定にかかる知的負荷を軽減し，エネルギー消費が多くなったとしても，安全策をとることを好むようです．

7.2.4　自己中心的定位

環境が固定的で定位に役立つ手がかりがないときには，自己中心的なナビゲーションが効果的です．獲物を追っているときには，捕食動物は周囲の状況にあまり注意を払わないかもしれません．そのため，獲物が突然に姿を隠してしまったときには，彼らは環境的手がかりを十分利用できない可能性があります．Fiset *et al.* (2000) によれば，イ

コラム 7.1　イヌは家に帰る道をみつけることができるのか？

イヌの能力のうち最もほめたたえられていることのひとつは，彼らが道に迷っても家に帰る道を見つけ出すことができるということです．家に帰り着いたイヌの事例報告は数多く，1冊の本では収まりきれないかもしれません．イヌの知性について書いたMenault (1869) は，ナポレオン戦争の後，ロシアのどこかで迷子になってからミラノ（イタリア）の家に戻って来たイヌ，Moffinoについて記録しています．また，Romanes (1882a) が最も好んで記録した事例の中には，列車に乗って旅をするイヌや，広大な地域を越えて主人を見つけ出すイヌというのもありました．

残念ながら，イヌのこのような帰巣能力が実験的に調査されたことは一度もありません．また，事例研究の場合にはたいていサンプリングに偏りがみられます．そういう報告では成功したイヌの数だけが挙げられ，家に戻らなかったイヌの数には触れていないのです．

イヌの帰巣能力を体系的に調査した研究がひとつだけありますが，正確なデータは報告されていません．非常に熱心な医師であったEdinger (1915) は，ベルリン（ドイツ）のさまざまな地域で故意に自分のイヌ（ジャーマン・シェパード）を置き去りにして，イヌが家に帰って来られるかどうかを調べたと報告しています．彼の記述によると，イヌはこの課題にうまく取りかかることができず，隣人や他の知り合いの協力があって初めて「実験」を続けることができました．しかし，練習によってイヌは上達し，後にはただ家に戻るだけでなく，一定の時刻に飼い主の医者がいると思われる他の場所へ直行するようになりました．

ですから，知らない場所でのナビゲーション能力による，イヌの奇跡的な帰巣行動を期待すべきではありませんが，いくらか練習を積むことができれば，すばらしい能力を示すかもしれません．

走り回る犬．一般に信じられているのと違って，迷子になったイヌのほとんどは家に帰ることができない．

ヌはこのような問題を解決するのに，消えた対象と自分の位置関係をコードする自己中心的な線形情報を利用していることを明らかにしました．続く別の実験で，Fiset et al. (2006) は，この能力のメカニズムを探り，イヌが非常に正確な角度についての手がかり（5度未満の偏差）を利用でき，距離よりも角度の情報に頼っていることを見つけました．

イヌは，視覚や聴覚の手がかりを奪われていたとしても，いったん離れた目標地点にちゃんと戻ってくることができます (Séginot et al, 1998)．こ

れは，イヌが（そして他の動物もですが）目標から離れる間に，移動距離，進行方向，方向転換の大きさといった情報を集め，それらの情報を用いて戻るべき出発点までの距離と方向を計算（経路積分）することができるからだと考えられています．実際，驚いたことに，大きなホールの中で視覚や聴覚の手がかりを与えられずに，歩かされたイヌは，この課題を上手にやってのけます（図7.1b）．20～50 mの長さのL字型の経路を歩かされてからリードを外されると，イヌは適切な方向転換をして目標の方を向き，正しい距離を歩いて

から，目標物を探す行動を始めるのです．

7.3 空間的課題の解決

　空間内で移動することは，しばしば複雑な問題となり得ます．得られた情報が，最適なルートを見いだそうとする傾向と対立することがあるからです．Chapuis *et al*.（1983）は，そのような状況を実験的につくり，イヌの行動を調べました（図7.1c, d）．彼らの実験では，イヌは，フェンスを回り込むことで食物を得られるようになっています．フェンスを不透明あるいは透明にして，ゴールの食物がイヌから見える状況と見えない状況がつくり出されました．さらに，フェンスの一辺の長さを変え，イヌが報酬に到達するまで進まなければならない距離，スタートする方向がエサへ直線方向からどれくらい離れているか，その角度偏差も変えられました．イヌが最適なルート選択するとすれば，より短く角度偏差の小さなルートを選ぶと予想されます．しかし，エサが見えていることによって，イヌが通るルートはしばしば最適なものから逸れてしまいます．実験においてイヌはおおむね予想通りのルートを選びました．つまりエサが不透明な障壁の向こうにあって見えていないときは，最適なルートを選んだのです．エサが見えている場合には，彼らはエサとの角度が小さくてすむ方向を維持しようとしました．つまり，見えているゴールは，イヌにとって「知覚的な錨」（Chapuis *et al*., 1983）として働き，より長い距離を歩かなければならない非効率的な通り道をイヌにとらせることになったのです．しかし，これは不思議なことではありません．この実験の状況を生態学的な文脈において考えてみましょう．地上性の捕食者にとって，その行動を支配するのは何よりも実際に見えている獲物であるべきです（そして自然界では透明なフェンスのような障害物に出会うことはまずないのです）．

　直接的接近の傾向は，しばしば，イヌの空間的問題解決能力の柔軟性を探るのに利用されてきました．そのような**迂回路実験**では，最終目標に到達するにはまず目標から離れなければならないということを，イヌがどれくらい早く学習するかが調べられてきました．およそ6～8週齢の仔イヌが，トレーニングなしに，そういう問題を解決することが知られていますが（Scott and Fuller, 1965），壁を用いた実験設定が，イヌに正解の道をとることを促してしまっています（Wyrwickam, 1958）（訳註：迂回路実験ではイヌは壁を回り込んでゴールに到達ことが求められているため，壁伝いに歩くことで正しい解答に到達しやすくなります）．比較的経験の乏しい都市部のイヌは，およそ

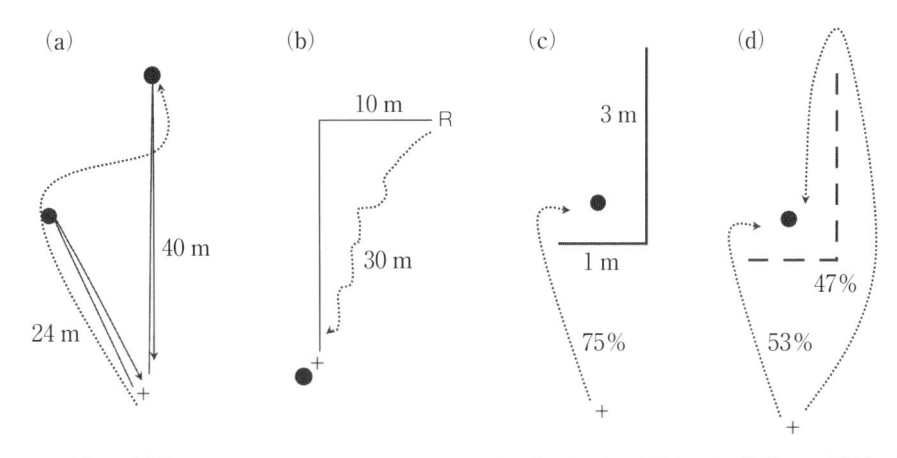

図7.1　近道テスト　(a) 野外実験において Chapuis and Varlet (1987) は，イヌをスタート地点から2箇所のエサを置いた場所へ連れていった．リードから解き放たれたイヌはまず最も近いエサの場所へ行き，次にもうひとつの場所への近道をとった．(b) 目隠しをされ耳栓を詰められたイヌにL字型の経路を歩かせ，到着地点（R）でリードから放ち，エサを置いたスタート地点に戻れるかどうかを調べる．(c) 目標が隠されているとき，イヌは（近道を選んで）最適な迂回路をとることができる．不透明な囲いを用いた試行で，イヌはほとんどの場合近道を選ぶ．しかし．(d) フェンス越しに目標物（食物）が見えているときには，エサへの継続的な視覚接触が，短い道への選好性を押さえて，イヌの行動を制御している（Chapuis *et al*., 1983）．…イヌが単独で通ったルート，――イヌがハンドラーに連れられて通ったルート，，＋スタート位置，●報酬／目標の場所，R リードを外す地点

5〜6回の試行によって，V字型の透明な囲いの後ろに隠された目標に，遅れたりためらったりすることなく近づくことを覚えました（Pongrácz et al., 2001）．興味深いことに，イヌは，彼らが囲いの後ろにいて目標が外側にあるときの方が，ずっと容易に目標に近づけることがわかりました．これは，それらのイヌの場合，何かの陰に隠れるよりもどこかから外に出ることの方を多く経験していたためだと思われます．しかし，囲いの後ろから外に出る経験を繰り返しても，それに続く試行で，イヌが囲いの後ろにある目標を見つけ出す能力に改善は見られませんでした．このことは，あるタイプの経験を一般化して別の類似の課題の解答を見いだすイヌの能力には制約のあることを示しています（図7.2）．

最近では，イヌの探索行動のパターンを調査するために，**漸進的消費課題（progressive elimination task）**が用いられています（Dumas and Paré, 2006）．その実験では，スタート地点からの距離がさまざまに離れた3つの場所に隠されたエサを集めてまわる課題が与えられます．イヌは3つの場所がスタート地点から等距離にあるときには最初に訪れる場所はえり好みをせず，そうでないときには，驚くべきことではありませんが一番近い場所を好みました（「最小距離ルール」）．これは，等距離にある2つの対象とさらに離れたところにある3番目の対象の中から選択しなければならない場合にも当てはまりました．ですから，イヌは場所と場所の間の移動距離を最小にしようとしているようです．興味深いのは，著者らが，この課題は共同の狩りの状況に似ていると論じた点です．そういう狩りの場合，捕食動物は，獲物とこれを追跡している仲間の両方の動きを監視しています．しかし，狩りを行う動物は，通常，遠く離れた場所から視覚で探索することはありません．さらに，実験では，イヌがひとつの食べ物を見つ

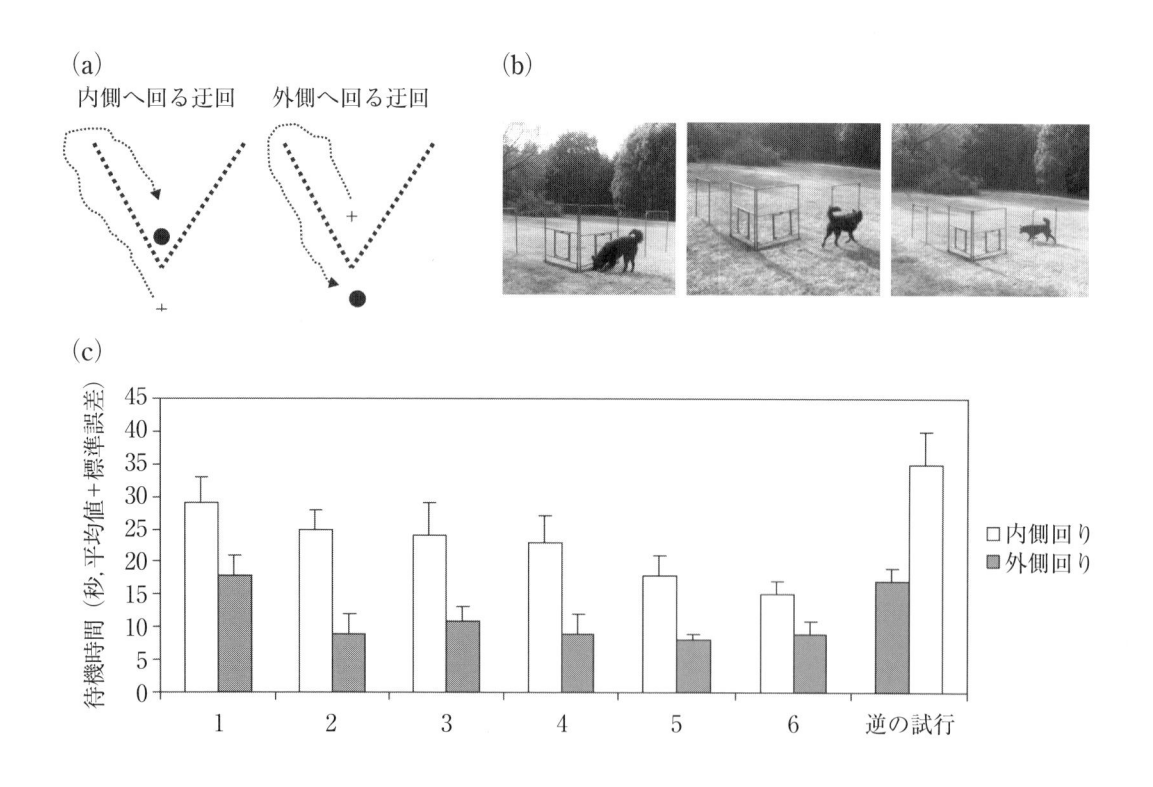

図7.2 (a) フェンスを外側へ回る迂回と内側へ回る迂回は，家庭犬にとっては異なる2種類の問題を表している．最初の問題はすぐに解決されるが，2番目の問題の解決にはいくらかの練習を要する．もっと重要なのは，外側へ回る課題だけを経験しても（つまり，異なる方向の迂回を練習しても），内側へ回る課題をすばやく解決するのに何の効果もないということである（Pongrácz et al., 2001）．(b) 経験不足のイヌが迂回路課題を解決する際に普通に見られる一連の行動 (c) 外側と内側を回る迂回の試行における待機時間の減少 …イヌの通った道，＋スタート位置，●報酬／目標の場所（Pongrácz et al. 2001 の改変）

けると必ず探索が中断され，イヌはスタート地点に戻って次の探索を始めるよう強要されましたが，これは，それ以前に食べ物を回収した場所を覚えておくという別の課題を生じさせた可能性があります．このような問題はあるものの，漸進的排除課題は，イヌが一連の連続探索課題のためにどのような視覚−空間的戦術をとるかを探るのに役立つかもしれません．

7.4 物体についての知識

イヌの環境における対象物とは，私たち人間の場合よりも限定された役割しか果たしていないだろうということに注意する必要があります．イヌの世界では，意味のある対象物のほとんどは食べる物であり，ほんの数種類が遊びに使われる物です．オオカミは新奇な物体に対して自然な用心深さをもっていますが，人為生成的環境で暮らす大部分のイヌは鈍感になっており，主に遊びに関係のある物体に興味を引かれます．これは，イヌの心の働きが物の表象を利用していないということではなく，物の表象が私たちとは異なっている可能性が大きいということです．さらに，イヌの知覚情報，特に触覚情報，の扱い方は人とかなり違っているに違いありません．イヌには手がないからです．

ある種の動物が物の表象を使っていることを示すひとつの方法は，その動物が目標志向型の探索行動を，目標の視覚的手がかりがない状態で示すことを明らかにすることです．イヌ（とオオカミ）は，獲物が知覚されなくなった後も獲物を追跡することが観察されています．ですから，彼らは見えない物体の表象によって行動をコントロールしているものと思われます．注意深い実験によって，嗅覚手がかりを排除した場合（Gagnon & Doré, 1992）でも，イヌは3つのつい立てのうちの1つの後ろに消えた対象の位置を特定できることが示されています（e.g. Triana and Pasnak, 1981, Gagnon & Doré, 1992, Watson *et al.*, 2001）．この場合イヌは直接知覚した視覚情報（物体が移動されるのを直接見ている）を利用できたのですが，別の実験では物体の位置は間接的に伝えられました．例えば，実験者は物体を箱に入れ，この箱を2つあるいは3つのつい立ての後ろへ移動させました．つい立てのひとつの後ろで箱からその物体を取り出し，空の箱をつい立ての後ろから出しました．空の箱を見たイヌはその目標物がつい立ての後ろに残されているのだと推測できるかもしれず，その推測に従って，そのつい立ての後ろを探すかもしれません．このような移動自体を見る事ができなかった場合では，被験動物は目標物の位置について間接的な情報しか利用することができません．イヌがそういう能力を駆使する必要があるような実際の生活場面を思い浮かべるのは難しいことです．しかしイヌはこのような問題を，高い成績とは言えないものの，解くことができるようなのです．さらに，この能力の発達は，イヌと人では異なっていることも示唆されています．人の子どもは，見えないところで移動させられた物を追跡する能力を獲得する前の発達段階で，物体があるつい立ての後ろで物体がなくなったということを見ているにもかかわらず，直前の実験で物体が隠されたつい立てのあたりを探すという間違いをするのです（'A not B' エラー）．興味深いのは，探索行動におけるこのような「誤動作」は発達期の仔イヌには見られず（Gagnon and Doré, 1994），成犬に見られるということです（Watson *et al.*, 2001）．ですから，イヌの表象能力は1歳半〜2歳の人の子どもとは異なる心的メカニズムにもとづいているのではないかと論じられています（Doré and Goulet, 1998, Watson *et al.*, 2001, Gomez, 2004）（コラム7.2）．

7.5 隠された物体の記憶

動物が何か特別な方策を使っていないことが確かならば，物が隠された場所を思い出す能力もまた，その物の表象が存在する証拠とみなせます．しかし，記憶を測定するのは非常に難しいことです．なぜなら，記憶は経験が得られた状況や記憶したときと思い出すときの間に経た経験や内面状態，思い出すときの内的・外的条件によって左右されるからです．例えば，上に述べた目に見える移動手続きを用いた場合，イヌは物体が消えた場所を最大で4分まで思い出すことができました（Fiset *et al.*, 2003）．イヌに，3つのつい立てのうちの1つの背後に目標物が隠されるのを見せ，その後に別の大きなつい立てによってこれらの3つのつい

コラム 7.2　物体の永続性かゲームのルールか

いくつかのつい立てのうちのひとつの後ろに隠された目標物を探す際にイヌが安定して良い成績を示したことによって，研究者は，目標とする物体が見えないときでもイヌの行動は表象によってコントロールされているのだと判断するようになりました（例えば Doré and Goulet, 1998）．しかし，これらの実験では，イヌが他の何らかの探索ルールにもとづいて行動している可能性が残されています．というのは，これらの実験では人が実験者として関与しており，それによって，これらのテストは，人が隠しイヌが探すという一種の社会的ゲームになっているからです．そこで，私たちは，見えない移動課題の新しいバージョンを工夫しました（Topál et al., 2005b）．このバージョンでは，トレーニング段階に続いて 2 つの異なるタイプの試行を行います．「見えない物」の試行では，目標の物をイヌに見せません．イヌはつい立ての後ろで箱が動かされるのを見るだけなので，試行が終わるときに目標物がありそうな場所についての手がかりをもっていません．「ゲーム」試行では，イヌに見えるようにして目標物が飼い主に渡され（飼い主はそれをポケットに隠します），他の見えない移動試行の場合と同じように，空の箱を移動させます．この試行では，イヌは物体のありか（ポケットの中）を知っています．

期待通り，「見えない物」試行ではすべてのイヌがつい立ての向こうを探します．しかし，重要なことは，「ゲーム」試行でも，50% を超えるイヌ個体がついたての向こう側を探すことです．ただ，この 2 つの場合では探索行動のパターンが異なっていて「見えない物」試行の方が長い時間の探索を行いました．

このような行動は，社会ルールへの追従として次のように解釈できます．イヌは自分たちがある種の「かくれんぼ」をしているのだと認識しており，ターゲットの本当の場所はあまり問題とはしていないのかもしれません．だから，隠された目標物が（どんなやり方であれ）いったん取り除かれてしまうと，ゲームをしている仲間同士としては（社会的な葛藤を避けるには）探せと言われれば探す以外，「他にやり方はない」のかもしれません．重要なことは，イヌがボールの場所を忘れたために，あるいは，イヌの作業記憶や物体の表象に関する別の制約のために，このような行動が起こった可能性が対照実験（他のイヌ個体を使った）によって排除されていることです．さらに，行動を観察することによって，イヌは探索を開始したにもかかわらず，ボールのありかについて何らかの考えをもっていることもうかがえました．というのは，彼らは頻繁に飼い主（ポケットにボールを隠している）の方を見たからです．

人の大人と子どもに対して行われた類似の実験でも，「ゲーム」試行で「探索者」の割合がより低かったとはいえ，イヌの場合と同様の結果が得られています（Topál et al., 2005b）．

(a)

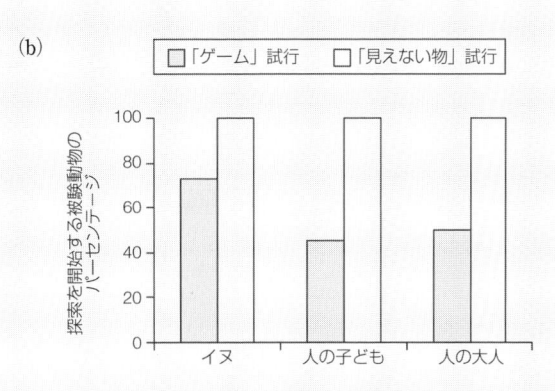

(a) トレーニングにおける隠蔽の手順 (1) 実験者はイヌに見えるところでボールを箱に入れ，(2) 箱に入ったボールがイヌに見えていることを確かめ，(3) ひとつのつい立ての後ろへ行ってボールを隠し，(4) 最後に空の箱をイヌに見せる．(b) テストフェイズの結果．かなりの割合の被験動物が，物体がそこにないことを知っていても，やはり可能性のある隠し場所を探索する（「ゲーム」試行）．そういう「賢くない」行動は，社会的ルールに従った結果かもしれない（Topál *et al.* 2005）．（「ゲーム」試行では，被験動物は，つい立ての向こうへの隠蔽行動が行われる前にボールが飼い主あるいはそこにいる別の人物に渡されるところを目撃するため，つい立ての後ろを探さないと予想されるだろう．）

立てを隠して，一定時間見えなくしました．そして，イヌにこの3つのつい立ての1つを選ばせてイヌの記憶力を調べたのです．

このような記憶は，隠された物（Fiset *et al.*, 2003 ではおもちゃ），隠し場所の数，それらの場所間の距離（Fiset *et al.*, 2003 では 20 cm）などの実験設定の影響を受けると予想されます．Grzimek (1942) と Heimburger (1962) が同様の問題を異なる実験設定で調べています．隠したのは食べ物で，隠し場所間の距離は 3 m とかなり遠くなっています．彼らは，この実験をイヌ，オオカミ，1匹のジャッカルについて行いました．その結果ジャッカルは1時間後でも覚えていましたが，イヌは30分，オオカミでは5分後でしか覚えていられませんでした．この種差の理由はわかりませんし，それがどんな実験設定でも同じように見られる違いなのかもわかりません．ただ，重要なことは，隠された物の場所を記憶していられる時間は実験設定に依存しそうだということです．

数頭のイヌを調べた Beritashvili (1965) は，大きな部屋の中で隠された目標を探す課題ではイヌの記憶が持続することを発見しました．この例では，イヌは翌日になっても物体が消えた場所を覚えていました．Beritashvili (1965) はイヌにとって価値の異なる2つの食べ物（パンと肉）を隠して，イヌは特定の場所に何があるかを覚えていることもできることを明らかにしました．1～5分待機した後，イヌはほとんどの場合まず肉のある場所へ行き，2番目にパンのある場所へ行きました．これらの実験で条件がよくコントロールされていたのか明確でないとはいえ（例えば，匂いの手がかりが選択に影響を与えた可能性があります），この先駆的研究の結果は，イヌが事や物に対する複雑な長時間の記憶を発達させている可能性を示しています．このような空間と対象に関係した優れた記憶（コラム 7.3 も参照）が有利になる理由については，オオカミが貯食行動を行うということが，妥当な生態学的シナリオを提供してくれるかもしれません．

7.6 イヌの素朴物理学？

最近では，動物が物体やその相互作用について何らかの一般的な物理法則を利用しているかもしれないと考えて，彼らの「素朴物理学（folk phisics）」について語ることが流行になっています（Povinelli, 2000）．前節で述べたように，物体

コラム7.3　論理的推論か社会的手がかりか？

Erdöhegyi *et al.* (2007) はイヌの演繹的推論能力 (Call 2004) を調べようとしました．彼らは次のように考えました．ターゲットの物体が2カ所の隠し場所のどちらかに隠してあるとき，一方が空であることをイヌに見せれば，イヌはターゲットが残りの一方に入っていることを推論するだろう．重要なことは，実験者がイヌに情報を与えるやり方が，コミュニケイティブだったことです．実験者は最初にイヌの名前を呼んでイヌの注意を引きつけ，それから容器を3秒間持ち上げて，その中の物を見せるか空であることを見せました．この間，実験者はイヌと手に持った容器の間で3度視線を往復させました（容器とイヌを交互に3度見ました）．

実験者が，両方の容器を持ち上げたか，あるいは，おもちゃの入っている方の容器だけを持ち上げたときには，イヌは正しい選択をしました．一方，空の方の容器だけが持ち上げられたときには，イヌは優先的に空の方の容器を選びました．この結果は，イヌがおもちゃの入っている場所を，排他律を用いて推論することができないことを示唆しています（図a）．しかし，もしかしたらイヌは，排他律による推論ができないのではなくて，（それが明らかに空であっても）「社会的に印がつけられた」方の容器を好んでいるだけなのかもしれません（Agnetta 2000 も参照）．このアイディアを検証するために，別の実験（二重容器を用いたちょっとしたトリックを含みます）が行われました（図b）．実験者は両方の容器を同じように扱いました（それを見て，軽く叩き，容器とイヌを交互に見つめました）．他は先の実験と同じです．今度は，イヌはボールのある方の容器を偶然より高い確率で選択しました．この結果は，イヌは単純な推論能力をもっているがそれは社会的な手がかりによって簡単に押しつぶされてしまうということを示唆しています．（コラム8.7 も参照）

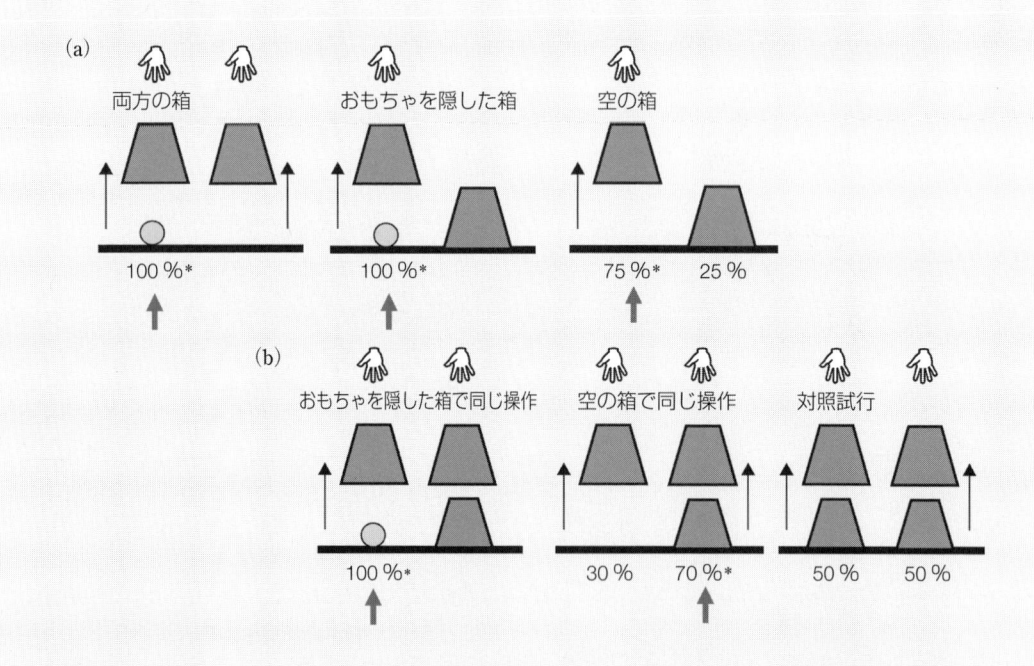

イヌは簡単な推論を行うことができるが，これは社会的手がかりが状況にバイアスをかけない場合だけである．(a) イヌは人の手が触れた箱を選ぶ傾向を示す．(b) 二重箱の実験では，両方の箱に手を触れれば，イヌは正しい隠し場所を選ぶ傾向を示す．（イヌがボール（のある容器）を選択するパーセンテージ，＊は偶然に期待される値との有意な差があることを示す．）

の永続性——すなわち，物体は知覚されなくても存在し続ける——もそういうルールと見なすことができるかもしれません．素朴物理学という概念の問題点は，人の発達心理学から導き出された概念であるにもかかわらず，比較進化的研究に無批判に適用されているということです．環境についての知識は，そういうルールの物理的側面だけでなく，経験を獲得する方法によっても左右されます（例えば，イヌは前足で物体を持ち上げることはできません）．非常に幼い子どもが，物体そのものを操作する機会をもたないうちに素朴物理学的な物理法則をいくらか理解している様子が見られたとしても，それは，個体が複雑な方法で物体を利用することが期待される種では，そういう遺伝的備えが強力なのだと考えられるでしょう．生態学的観点から言えば，個々の動物は遺伝的素質と個体としての経験の両方によって，環境が提示する困難に適応するのです．ですから，問題は，イヌが人の素朴物理学の物理法則にもとづいて行動できるかどうかではなく，イヌが彼らの自然な技量をどれだけ柔軟に使いこなせるかということなのです（コラム7.4）．イヌの技量はその肉体的能力（例えば，ニューギニアシンギングドッグは関節がより柔軟に動きます，Koler-Matznick *et al.*, 2003）や経験によって異なるかもしれません．自然環境を経験したことのないイヌや限られた経験しかないイヌは，その能力を十分に発揮できないかもしれません（Scott and Fuller, 1965）．

7.6.1 手段と目的のつながり

ひもや板は，自然の状態でイヌ（あるいはオオカミ）の環境には見当たりません．にもかかわらず，サル（彼らには手があります！）がそういうものを使った課題を器用にこなせるという観察にもとづいて，イヌに同様の問題が課されました（Köhler, 1917/1925）．当然のことながらさまざま

コラム7.4　イヌは数を数えられるのか？　そしていつも数の多い方を選ぶのか？

West and Young (2002) の研究は，イヌがある種の数的能力（numerical competence）をもっているかもしれないことを示しています．(a) 実験方法は，行動の結果が予想を裏切る場合の，いわゆる**びっくり効果**にもとづくものでした（期待違反法）．この例では，イヌに2つの大きな食べ物をつい立ての後ろに隠すところを見せました．つい立てが取り除かれたとき，そこに現れるエサの数は2つ（「期待通りの結果」），あるいは1つか3つ（「予想外の結果」）になるようにしました．結果が予想外な場合には，イヌは長い間食べ物を見つめていました．そこで彼らは，見るという行動に現れたこのような違いは，イヌがイヌが数的能力をもっている証拠だと結論しました．重要なのは，ここでいう数的能力というのが，多さを見積もること，どちらが多いか判断すること，数を数えること，といった広範な能力を指す包括的用語だということです．

Ward and Smuts (2007) は異なる量の食べ物（例えば1つ対2つ，2つ対3つなど）をイヌに見せて，差し出された2つの量の間に2以上の差がある場合に，彼らが量の大きい方を選ぶことを発見しました（少なくとも1～5つの範囲内で）．(b) つまり，1つ対2つと2つ対4つのような場合には食べ物の割合は同じですが，イヌは後者のタイプの試行のときにだけ多い方をうまく選ぶことができたということです．Újfalussy (2007) は10頭のイヌと4頭のオオカミに同様の方法を用いて，同じような結果が得られるのを見いだしました．

前者の実験では，ひとつの試行から次の試行へ移るときに選択の状況が変更されました．ですから，同じ選択課題が繰り返されるとイヌの成績が悪くなるという発見は興味をそそります（Újfalussy 2007）．二者択一状況ではすぐに左右どちらかの側に対する好み（side preference）が生まれ，成績を有意に悪化させるようです．(c) 興味深いのは，選んだものを食べることができない（食べ物に透明な箱がかぶせられていた）場合にも，イヌはやはりそういう左右に対する好みを示したことです．しかし，一方の側に食べ物がなければ（0対2つ），そのような選択への偏りはみられませんでした．エサが見えていること，直前の経験と状況が類似していることは，ほとんどのイヌの選択行動を制約するようです．

コラム 7.4 続き

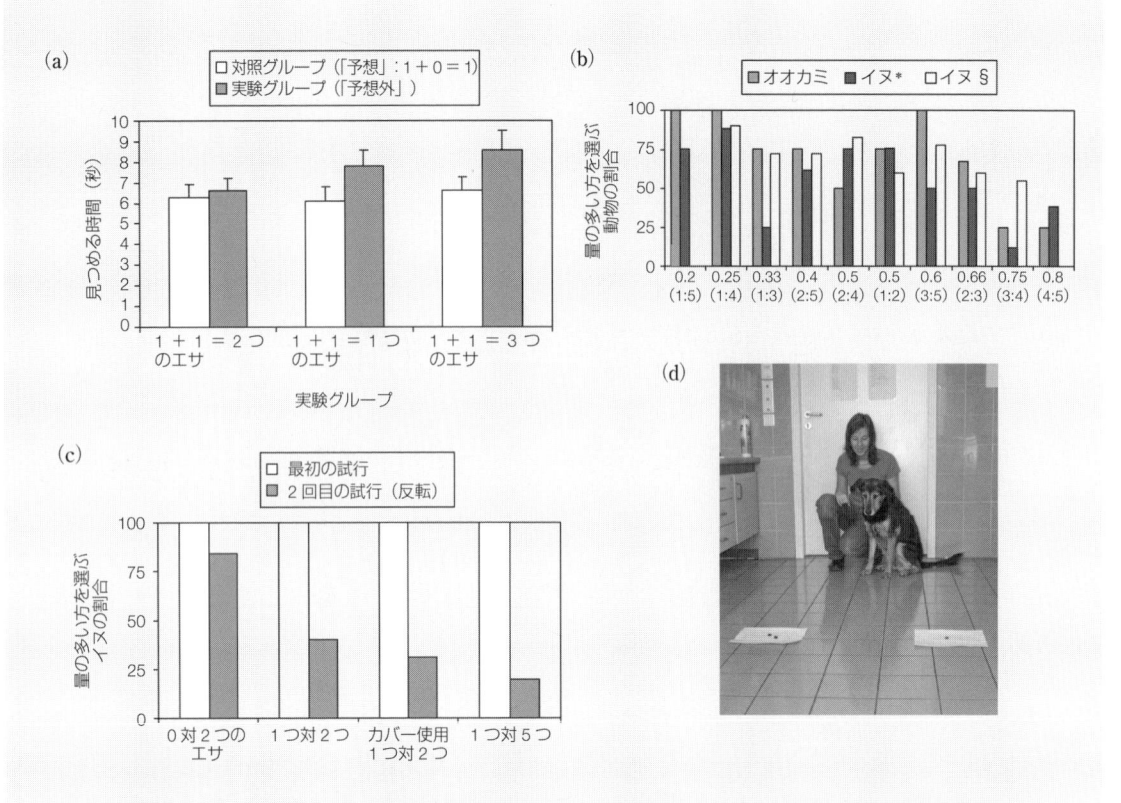

(a) 2つの物体を用いた隠蔽テストで予想外の結果を目にしたイヌは、見つめる時間が長くなる（平均と標準誤差）．それぞれのテストの前に単純な対照条件のテストを行い，物体をひとつだけ隠してから出して見せた．(b) 選択の際にはイヌもオオカミも量の多い方の食べ物を好む傾向を示し，通常，量の違いが小さくなったり絶対量が多くなると，この選好性が低下する．2つの調査の結果の食い違いは調査方法の違いによって説明することができる．§ Ward and Smuts 2007（1回の調査で2回の試行），* Ujfalussy 2007（1回の調査で10回の試行），偶然の選択率50％．(c) 反転試行では急速に左右の選好性が生じる．この調査では，最初の試行で量の多い方（2つ対1つ）を選んだイヌだけを扱っている．2回目の試行では，2つの量の食べ物を置く場所を反対にした．(d) イヌは，選択を行う前に食べ物を置いた2つの区画を観察することを許される．

な事態が生じましたが（Sarris, 1937, Fischel, 1933, Grzimek, 1942），サンプル数が少ないのとさまざまな要因がコントロールされていなかったために，はっきりした結論は得られませんでした．最近になって Osthaus *et al.* (2005) はイヌがひもを引く能力の体系的な評価を行いました．ひもの端にイヌ用の食べ物をつけておくと，ひもの位置に関わりなく，イヌは比較的すぐにひもを引くことを覚えました（図7.3）．次に，食べ物は物理的にひもにつながっているのですから，ひもを引く技能の獲得が，行動から結果が発生するという「ルール」の理解につながっているかどうかを明らかにすることが企てられました．そのための一連の実験では，一方にだけエサをつけた2本のひもをイヌに選択させました．実験を受けたイヌの全体的な成績はぱっとしないもので，エサをつけたひもの方を好むという証拠はほとんど見られませんでした．エサに近い方にあるひもの端を選ぶ傾向がわずかに見られましたが，そのため，巧妙な配置が行われた場合には，間違った方のひもを引くことになりました．イヌは多くの場合，引くひもがなくてもエサの近くを前足で探りました．目的物を手に入れるためのこのような目標指向的行動は，迂回路課題でも見られたのですから，意外なものではありません．これらの実験からイヌは手段と目的のつながりを理解していないのではないかと考え

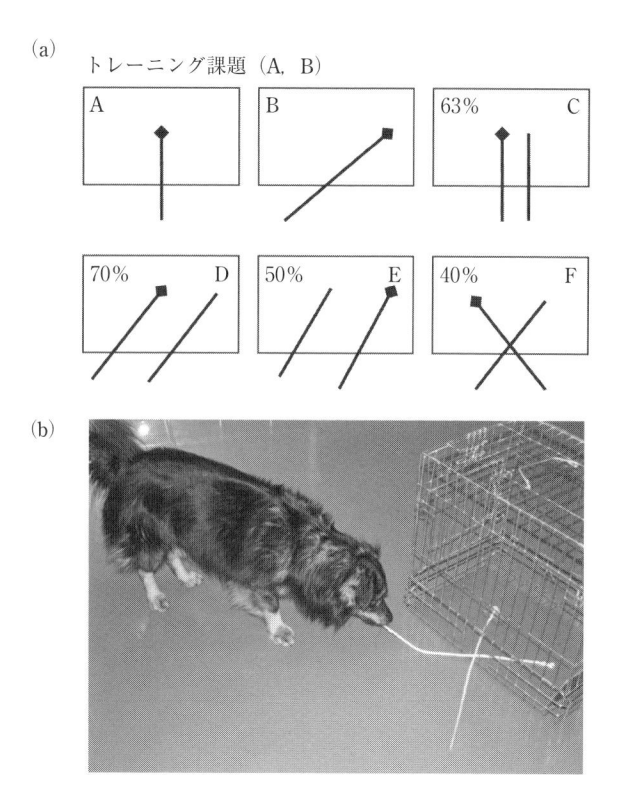

図7.3 イヌは，単純な物理法則をいくらか理解していることを示すかもしれない．(a) 実験者は，2本のひもの選択問題を出し，片方のひもに肉片をつけておく．いくらかトレーニングすればほとんどのイヌは1本のひもを使った課題（A, B）を解くことができるが，2本のひもを使って複雑にした課題は彼らの能力を超えているようである．CからFの実験結果はAやBの実験をしたのとは別のイヌグループの結果である．（％の値は，該当する各ひもの近くに記している．）(b) イヌはひもを交差させた問題を自力で解くことができない（Osthaus *et al.* 2005による）．

られますが，このような状況は必ずしもイヌにとって自然なものではなく，よりさまざまな経験を積むことによって成績が好転するかもしれないことを念頭に置いておく必要があります．

7.6.2 「重力」

素朴物理学の考え方の方向で，別の役に立つルールのひとつは，落下する物体は視界から消えてもその軌道を維持する，というものです．比較実験によって，幼児やサル（Hood *et al.*, 1999）の反応はこのような「重力の法則」に支配されていることが明らかになっています．さらに，幼児やサルは，不透明な接続チューブを用いて物体の軌道を歪めた場合にもこの法則を利用します．Hood (1995) が用いた装置では，目標を3つの穴のうちのひとつに落としますが，それらの穴のひとつは下にあるゴールの場所と不透明なチューブでつながれています．このような配置は，重力と硬い物体（チューブ）による制約という2つの物理法則の衝突を引き起こしますが，これもまた「つながり」を理解することだと考えられます．Osthaus *et al.* (2003) は同じ実験装置を用いて，接続チューブによって軌道が変化していても，イヌは最初にまず，物体が垂直に落下すると予想することがわかりました．しかし，何度もやってみせると，イヌはチューブの端の下に置かれた箱の中を探すことを覚えました．対照実験によって，イヌはチューブの役割を理解するようにはならなかった代わりに，装置の別の側を探すという単純な戦略を考え出したことがわかりました．興味深いのは，1～2歳の人の幼児よりイヌの方がより柔軟に重力の法則に見切りをつけるということです．このことは，成犬は人の幼児より多くの経験をもっていること，あるいは（例えば獲物）を追跡すること

により適応していること（あるいはその両方）により，説明できるでしょう（Osthaus *et al.*, 2003）．この知見はまた，成犬と人の幼児を機械的に比較することに対して警告を発しています．

7.7　将来のための結論

イヌのトレーニングに実際に役立つにもかかわらず，イヌが彼らの暮らす物理的世界をどのように理解しているかについては驚くほどわずかなことしかわかっていません．さらに，私たちの知識の大部分は伝統的な比較研究によって得られたものですが，そういう研究では霊長類とその子どもの生態にもとづいてつくられた問題がイヌに課されていました．

動物行動学的アプローチでは課題の生態学的妥当性が重視されます．イヌの場合には，課題は，オオカミや他のイヌ属の種の生態を反映していなければなりません．これらの動物のもつ能力が家畜化によって大きく変化はしなかったというのは非常にありそうなことなので，イヌ（容易に扱える）を用いて，実際に他のイヌ科動物の最初の行動モデルをつくることができるかもしれません．ただし，重要なのは，イヌが能力を十分に発揮できると期待きるのは，適切な発達環境に置かれたときであるということです．

比較研究（霊長類も含めて）によって，似たような問題を解決するためにどのような種類の代替的方策が用いられるかを明らかにできるかもしれません．この場合，実験手続きや実験変数を制御するには実際上の制約がありますから，実際の心的メカニズムはあまり重要ではないかもしれません．しかし，経験（の欠如，過剰，早期の暴露）の影響は詳しく調べることができます．

参考文献

Settleworth (1998) は，物理的環境の中で生きていくことの認知的側面に関する論点をうまくまとめています．時間の計測など物理-生態学的認知に関わる多くのトピックスが，イヌではまだ調べられたことがありません．Healy (1998) も参考になります．

第8章

社会認知

8.1 はじめに

イヌの社会生活で最も目を引く特徴は，彼らが，その一生の大半を人という異種との混群で過ごすということです．もちろんこれは，人とまったく関係をもたないイヌや，ごく緩やかな関係しかつくらないイヌが多いことを否定するものではありません．しかし，もしイヌが自分で自由に選べるならば，彼らは人の集団に加わることを望むように思われます．

現象は明白なのですが，このイヌと人の関係を説明するのに2つの異なるモデルが使われています．**オオカミ型モデルと赤ちゃん型モデル**です（第1章6節参照）．前者のモデルでは，イヌが属する家族は，優劣関係の顕著な「群れ（pack）」と捉えられ，人はこの「群れ」のリーダーとみなされます．しかし，最近の研究によって，このようなオオカミの群れの優劣関係を強調する見る見方には疑問が投げかけられています（Packard, 2003；本書第4章3節2項）．にもかかわらず，イヌについての多くの一般書によって，あいかわらずこの見方は助長され続けています．一方，社会学者と心理学者は，人の側からの感じ方をとり上げ，「自動的」に赤ちゃん型モデルを使うことになりました（Hart, 1995；コラム8.1）．彼らは，イヌの飼い主の経験と意見をもとに，ほとんどの家庭でイヌが子どもの権利をもつメンバーとみなされていることを見いだしました．またイヌは，子どもと同じように，家族の情動的な安定に貢献しており，子どもに良い教育的効果をもたらしています（例えばKatcher and Beck, 1983）．アンケート調査によれば，人とイヌとの関係を「愛着（attachment）」の観点からみるべきだという考えが支持されています（Serpell, 1996；Poresky et al., 1987；Templer et al., 1981）．

本書の中で私たちは，第3の見方として，すでに**動物行動学的認知 (ethocognitive)** モデルを提案してきました．このモデルでは，2つのレベルの研究が分離されます．機能のレベルでは，イヌと人（子どもを含む）の行動が収斂進化によって類似して来た可能性を認めます．しかし同時に，機構（メカニズム）のレベルでは，オオカミの行動制御システムが，どのような影響を受けて現在のイヌのシステムへと変わってきたのか，ということを問題にします．

8.2 社会関係の親和的側面

イヌと人の関係の親和的側面は，ほとんどの場合，社会的愛着の一形態と解釈されてきました．残念なことですが，初期の研究者の多くは無批判に愛着という用語を人とイヌのどちらについても用いてきました．この問題に関する最近の総説で，Crawford et al. (2006) は，人と人の間の愛着の研究とコンパニオンアニマルの研究で適用されている枠組みの違いを指摘しています．

Bowlby (1972) と他の研究者たちは，母子間の相互関係にもとづき，もっぱら生存のための機能をもつ行動システムを愛着と呼んでいます（第9章5節も参照）．この見方にもとづき，Wickler (1976) と他の研究者たちは，より広義の愛着概念を，「長時間にわたり特定の刺激セット（「愛着対象」）に惹き付けられることである」としました．そして，そのことは，「一定期間にわたってそれらへの近接を維持しようとすることに加え，その刺激に対して，あるいはその存在下で行われる特定の行動様式として示される」としました．この操作的な記載は，Bowlby (1972) が，愛着をストレス状況（例えば，愛着対象の人物との分離）において特定の行為のセットを生み出す行動制御システムであるとしたことと一致します．実際的には，行動が一定の基準を満たしていれば，機能的な愛

コラム 8.1　友人としてのイヌ

イヌについて「擬オオカミ主義」の立場をとるにせよ「擬赤ちゃん主義」の立場をとるにせよ（第1章参照），科学者たちがイヌと人の関係についての古くからの民衆の知恵にはほとんど注意を払っていないのは興味深いことです．古くから，イヌは**人間の最良の友**と呼ばれてきたのです．最近では，霊長類学者たちが，霊長類の社会における「友人関係」という言葉を定義しようと努力を続けています（Silk, 2002）．決定的な結論はまだないとはいえ，近年多くの重要なアイディアが出されています．

友人関係は明らかに親和的な関係以上のものです．友情のような関係を定義するには親和的であること以外の基準を追加することが必要であるように思われます．それまでの文献を再検討して，Silk (2002) は，友情は，提携関係の一形式として特徴づけられるとしています．そのような関係にある者同士は事物を共有する傾向をもち，社会的支援を提供（その結果として，精神的身体的な健康を増進）し合います．協力としてのその関係は，すぐに返礼する必要のない相互取引の社会次元をもたらし，行動を促進します．霊長類の場合に最も困惑させられるのは，しばしば「友達」同士が血縁的に近縁だということです．この場合，親和性は，血縁選択という観点によって説明できてしまうからです．イヌと人の関係も友情という観点で解釈できる可能性は無視できません．イヌと人の間に血縁関係はありませんが，相互の社会的支援の存在に加えて，提携の形成と協力関係があることを示す十二分な証拠があることは明らかです．ですから，人とイヌとの関係を友情という観点で考えることは十分可能でしょう．もちろん友情は，特定の文脈における非対称性（優劣関係や親子的関係）を排除するものではありません．しかし，自立した生活をおくりつつ対等なパートナーになる可能性を含むものです．

友人だけが示し得るような親切．(a) 猟犬はふつう獲物をまるごとあなたに差し出してくれる．(b) 盲導犬は飼い主を助けるだけでなく，人間の安全のためなど必要があれば命令に従わないこともある．

図8.1 ストレンジ・シチュエーション・テストの2つのエピソード（Topál et al., 1998）．(a)「飼い主とイヌと見知らぬ人」（エピソード2）：飼い主がいるとほとんどのイヌは見知らぬ人と遊ぶ．(b)「イヌと見知らぬ人」（エピソード6）：飼い主がいないと多くのイヌは遊びに対する関心を失う

着システムがあるとされます（Rajecki et al., 1978）．愛着システムをもつ個体は，愛着対象の人物（世話してくれる人物）がいないときに分離ストレスを見せ，近接と接触を求めるでしょうし，世話をしてくれる人物がいるときには特定のあいさつ行動を見せるでしょう．そして，それらは「見知らぬ人」に対する類似の行動と少なくとも量的に異なっているはずです．幼児と大人の間の愛着の実験的研究は，いわゆるストレンジ・シチュエーション・テスト（SST: Strange Situation Test）（Ainsworth, 1969）にもとづいており，成人の愛着は，半構造化インタビューによって測られています．重要なことは，どちらの場合でも（「幼児でも大人でも」），人の愛着は形式タイプにもとづいて質的に分類されているということです（詳しくはCrawford et al., 2006）．

コンパニオンアニマルについての文献では，人のイヌへの愛着は「愛着なし」から「最大の愛着」までの連続的尺度を用いた質問紙法で測定されています．これは，愛着関係が存在することが前提となっており，その形式のみが研究されるオリジナルモデルと対照的です．Bowlbyのオリジナルモデルには「愛着なし」のケースは含まれていませんし，「弱い」愛着や「強い」愛着もありません．ただ愛着形式の質的な違いとされる行動パターンの違いがあるだけです．

人とイヌの間の愛着の測定における別の問題に，測定手段がまちまちだということがあります．ある場合は，飼い主が自分のイヌへの全般的愛着を自己評価した回答が用いられ（Serpell, 1996），別の場合では，異なる質問セットにもとづく複合的尺度が使用されています（Pet attitude scale；Templer et al., 1981; Pet Attachment Scale; Albert and Bulcroft, 1987; Companion Animal Bonding Scale; Polesky et al., 1987）．

人と人の間の愛着の測定との直接的比較はありませんが，この種の測定は人のペットへの愛着における重要な違いを示唆しています．例えば，Albert and Bulcroft (1987) は，家族に囲まれて暮らしている人に比べ，独身者，離婚した人たち，配偶者と死に別れた人たちはペットに対してより高い愛着スコア（「より強い愛着」）を示すことを報告しています．同時に，子どもをもっていない大人の愛着スコアは，2人以上の子どもをもつ者よりも高くなっています．しかし，とりわけ後者の結果は，あまり意味がないでしょう．愛着が子どもの数に応じて線形に変化するなどということは考えられないからです．ですから，これらのスケールは，人がイヌに対してもつ情動的結びつきの強さを測っているというのがよりありそうなことです．

最近の研究は，Bowlbyが幼児と世話を与える人との関係について展開したオリジナルの概念に回帰して，ストレンジ・シチュエーション・テスト（SST）の改良版を用いるようになってきています．この改良バージョンのSST（Toál et al., 1998; Gácsi et al., 2001; Prato-Previde et al., 2003; Marston et al., 2005a）では，イヌを繰り返

第8章 社会認知

し飼い主から引き離しては再会させ，同時に，見知らぬ人と繰り返し接触させます（図8.1）．人に対するSSTの目的は，幼児と親（世話を与える人）との関係をあらかじめ決められたカテゴリー（タイプ）のどれかに割り当てることです．これに対して，イヌの場合には，愛着は連続的な行動変数を用いて特徴づけられます．この解析では，さまざまな行動変数の測定値を直接比較することによって（例えば，遊びの量，Prato-Previde et al., 2003），あるいは，それらに多変量統計解析法を適用することによって（Toál et al., 1998），イヌの飼い主に対する行動と見知らぬ人への行動を対比させることに重点が置かれます．

イヌはおおむね自分の飼い主に，見知らぬ人には見せない特別の反応を示します．飼い主がいないときには，飼い主を探し求め，再会時にはすぐに長い接触を行い，飼い主と遊ぶことを好み，飼い主がいないときには遊びの行動が減少します．因子分析によって，見知らぬ人がいる状況におけるイヌの行動パターンの3つの主要な側面を特徴づける意味のありそうな因子が見いだされました．ひとつは，状況の「ストレス喚起」性に関係する行動を含む因子（**不安**），2つ目は飼い主への**愛着**を表す変数を含む因子，3つ目は見知らぬ人の**受容**に関係する行動と関連した因子です(Toál et al., 1998)．続いて，それぞれの因子につき3つの下位区分をもうけてクラスター分析が行われ，個体毎の愛着パターンが，この3つの次元を用いた空間上で分類されました．追跡研究の結果，このような愛着のパターンが少なくとも1年以上にわたって安定して見られること，テストの場所の特異性とは関係していないことが明らかにされました(Gácsi et al., 20013)．

この発見に対して，Prato-Previde et al. (2003)は，いわゆる**安全基地効果** (Ainsworth1969) の証拠を示すことなくイヌと人の関係を愛着と見なすことができるのかと疑問を投げかけました．中程度のストレスのかかる環境にさらされている間，人間の子どもは愛着対象の人物を，潜在的な脅威となる出来事（例えば，見知らぬ人が現れるなど）が起こったときや周囲を探検した後で戻ることのできる隠れ家や避難場所として使用します．Prato-Previde et al. (2003) は，SSTで安全基地効果があることを示すことができるかもしれない3つのケースを挙げています．すなわち，見知らぬ人がいる状況での遊びや探索の減少，脅威を感じさせる出来事があったときの飼い主のもとへの帰還，飼い主がいる状況での見知らぬ人との遊び，です．イヌの行動の観察によって裏づけられたのは，この3つの条件のひとつだけであり，彼らはイヌと人の関係が人同士の愛着の特徴に適合するのだろうかと疑問を抱いたのです．現在の証拠が決定的でないというPrato-Previde et al. (2003) の指摘はその通りかもしれませんが，イヌと人の幼児の行動パターンの違いに注意しておくことも重要です．つまり，イヌと幼児のストレスに対する反応は根本的に異なっているかもしれません．通常，幼児の場合，見知らぬ人に対してストレス反応を示す発達段階にSSTが行われますが，たいていの場合，このようなストレス反応は社会化された成犬には見られません．子どもが部屋を潜在的な「なわばり」として探索する傾向はイヌよりも低く，一方で，新奇なおもちゃに対してはイヌよりも多くの興味を示してたくさん遊びます．イヌにとって，おもちゃは人によって操作されたときだけ，興味をひくものとなります．特に子どもの行動を基準に判断を下そうとすれば，このような行動パターンの違いが安全基地効果を覆い隠してしまうかもしれません．ですからイヌの場合には，安全基地効果を明らかにするために新しいテストを考案することが必要かもしれません．

動物保護施設にいる捨てイヌの場合は，人への愛着を素早く形成させることができます．Gácsi et al. (2001) は，少なくとも2か月間保護施設ですごした成犬を対象に，イヌと顔見知りでない実験者（ハンドラー）によって，3日間続けて，毎日10分間のハンドリング（散歩と遊び）を行いました．最後のハンドリングの後でおこなったSSTの行動観察では，ハンドリングを受けたイヌとそうでないイヌの間には明らかな相違が見られました．ハンドリングを受けなかったイヌに比べて，ハンドリングを受けたイヌは，見知らぬ人がいるとき，ハンドラーが出て行ったドアの前でより長い時間を過ごし，見知らぬ人と接触する時間がより短く，入ってくるハンドラーに接触を求めようとする行動のスコアがより高くなりました．ハンドラーと

見知らぬ人に対する行動のこのような違いは，ペットのイヌの場合ほど明確ではないこともありましたが，これらの結果は比較的短い接触であっても，イヌにおける愛着システムの再構築を導きうることを示唆するものです．同様の方法を用いたより最近の研究で Marstone et al. (2005a) は，保護施設の捨てイヌからハンドラーに対する愛着行動のパターンを引き出すには，オビディエンストレーニングよりも身体的接触（マッサージ）の方が効果的であることを見いだしました．これらの観察は，人との接触に恵まれなかったイヌ（シェルタードッグ）が，親しくない人との短い社会的接触によって，新しい関係に素早く入ることができること，かつ，進んでそうすることを示唆しています．

もし社会的環境だけによって愛着が形成されるのであれば，人間に対する適切な社会化によってオオカミもイヌの示すような愛着を示すはずです．この可能性を調べるために，私たちは個々の仔オオカミを十分に社会化して，生後4か月のときに，同様の方法で育てた仔イヌと同時にテストを行いました．しかしその結果，4か月齢の仔イヌとは対照的に，同齢の仔オオカミは愛着形成の基準を満たしませんでした（Toál et al., 2005a）．テストで，イヌは一貫して飼い主に対してより高いあいさつスコアを示し，飼い主との遊びにより長い時間を費やし，部屋を出て行く飼い主を追いかけようとし，飼い主が出て行ったドアの前でより長い時間を過ごしました（図8.2）．対照的に，オオカミは世話をしてくれる者に対して選好性を示すことがありませんでした．否定的な結果というのは慎重に解釈する必要がありますが，これらの観察は，イヌとオオカミでは愛着関係を形成する能力に違いがあるという解釈を支持するものです．観察結果に違いが生まれたのは，実験状況をどう受け取るかにイヌとオオカミで違いがあったからだ

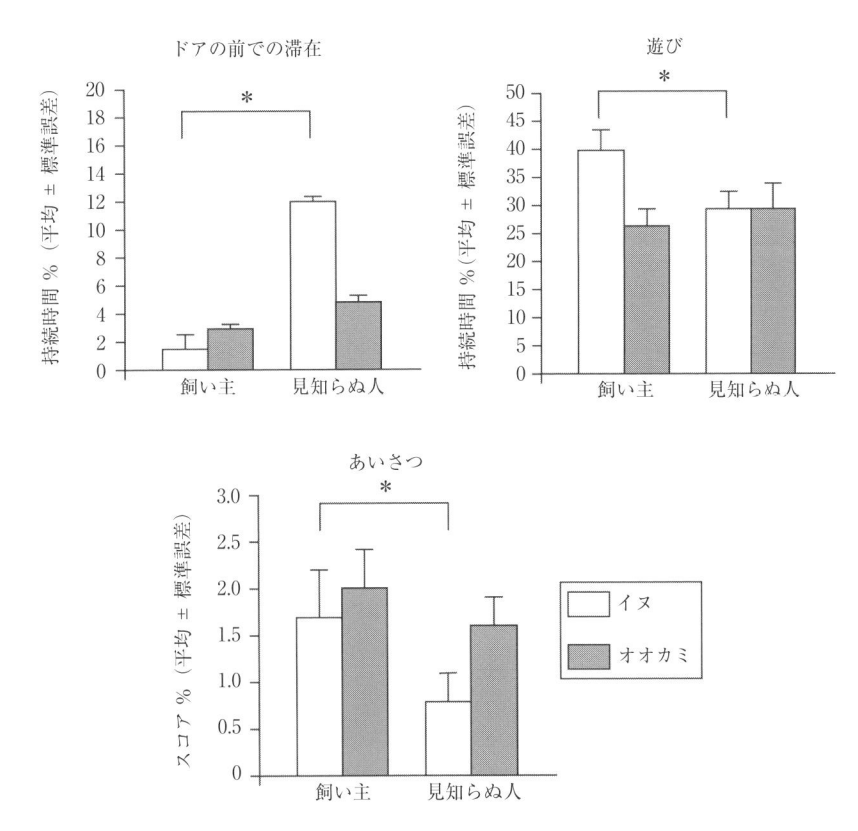

図8.2 ストレンジ・シチュエーション・テスト（SST）における社会化されたオオカミとイヌの行動比較．イヌは，飼い主がいなくなったとき，見知らぬ人がいなくなったときよりも長い時間をドアの近くで過ごし，見知らぬ人より飼い主とよく遊び，飼い主に対して高いあいさつスコアを示す．これに対してオオカミは，飼い主と見知らぬ人に対するこのような違いを示さない（詳細は Topál et al., 2005a を参照）．（＊は，飼い主と見知らぬ人に対する行動の間に有意な違いがあることを示す．）

という異議が提出されるかもしれません．オオカミはストレスを受けていなかったのかもしれず，あるいは，さまざまな行動パターンの表出傾向が異なっているのかもしれません．しかし，このテストの状況におけるイヌとオオカミの行動全体を比較してみましたが，そのような説明の余地はほとんどありませんでした．見いだされる唯一の違いは，オオカミは受動的な行動を減らした分だけより多く探索を行ったということですが，遊びの総量に違いはありませんでした．付け加えておけば，もしオオカミが適切に社会化されていなかったとしたら，見知らぬ人が部屋に入って来たときにもっとストレスを感じ，それがハンドラーへの選好性を促進したはずですが，明らかにそうではありませんでした．

　この実験結果は，イヌの飼い主に対する行動は，オオカミの母仔関係における行動から直接派生するもので，単に行動の発達速度が変わったために獲得されたにすぎない，という考えに対立するようにも見えます．さらに，オオカミの仔の場合，母オオカミへの近接や接触を求める行動は6-8週齢までにしだいに減少すること（Mech, 1970），観察される親和行動は主に群れに向かってであって特定の個体に対してでない（Rabb *et al*., 1967, Beck, 1973）ということも観察されています．オオカミの幼獣は，16週齢時には，しばしば待ち合わせ地点（ランデブーサイト）に単独で残され，狩りをしている仲間が戻ってくるのを待つようになります（Packard *et al*., 1992）．

　まだきちんと検証されたわけではありませんが，今のところイヌ同士の愛着関係を支持する証拠はほとんどありません（Rajecki *et al*., 1978；第9章5節）．2か月齢の仔イヌにとって，分離のストレスの影響を減じる上で雌イヌの果たす役割は比較的小さなものですし（Frederickson, 1952, Rose *et al*., 1960, Elliot and Scott, 1961），仔イヌが見知らぬ雌イヌに比べて母イヌの方に選好性を示すわけではありません（Pettijohn *et al*., 1977 しかし，Hepper, 1994を参照）．このような議論に沿うものとして，Tuber *et al*. (1996) は，新奇な環境におかれたイヌのストレスレベル（コルチゾール濃度で測定）は，親しい人間の存在で減少するけれども，親しいイヌ個体の存在では減少しないことを見いだしました．

　現在得られている結果から，イヌと人の子どもの行動の愛着パターンには並行関係が存在することがわかります（Collis, 1995, Serpel, 1996）．このような収斂をさらに裏づけるものとして，愛着関係に関係するかもしれない同じような行動異常が，特定の条件下に置かれたイヌと子どもの両方に発生するという観察があります．例えば，イヌと子どもは両方とも，世話をしてくれる人から引き離されると異常な行動パターン（**分離不安**）をみせることがあります．Overall（2000）は，イヌと子どもに見られる類似性は部分的に共通の発症機序によるものであり，イヌの分離不安が起きる条件は，人間の場合を理解する良いモデルになるかもしれないと主張しました．私たちは，主要な養育者がいなくなると，人の愛着に混乱が起こることを知っています（例えば，Chisholm *et al*., 1995）．イヌにおいては，Senay（1966）が，10か月齢のイヌを，世話をしてくれる人から2か月間分離した場合，飼い主との再会の後も長く持続する著しい行動変化が引き起こされることを見つけました．

　飼い主から離されると，極端に激しいストレス反応（鳴き声，排泄，破壊行動）を見せるイヌもいますが，これらは分離不安と解釈されています．これまでのところ，このような行動が**過剰な愛着**と関係していることを示す証拠は得られていません．というのは，病的な行動を示すイヌたちは，SSTにおいて特に変わった愛着パターンを示すわけではないからです（Parthasarathy and Crowell-Davis, 2006）．

　母親の世話の仕方と社会的経験の量が愛着の質に影響を及ぼし，今度は，その愛着の質が別の社会状況における行動に影響を与えてきたのかもしれません．例えば，人の赤ちゃんの愛着から，その子が2歳になったときの熱中のしやすさ，粘り強さ，そして協調性を予測することができるようです（Matas *et al*., 1997）．このような知見にもとづき，Topál *et al*. (1997) はアンケートに対する飼い主の回答をもとにして，前もって2つのカテゴリーのイヌを区別しました．すなわち，アパートや家の中で暮らしている，人に対して**依存関係**にあるイヌと，反対に家の外の囲い地や庭で暮らしている，**独立関係**にあるイヌという2つのカテゴ

リーです．彼らは次のように考えました．家の中で家族の一員として飼われているイヌ（ファミリードッグ）は，飼い主との間に，「親密な」（情緒的な）関係を発達させ，これに対して家の外で番犬や他の目的のために飼われているイヌ（庭犬）は，家族との相互交渉の機会が少なく，「より緩い」関係を結んでいるだろう．彼らは2つのグループに，上で述べたような分離テストを行い，ストレス関連行動や探索行動には差がないものの，家族として飼われているイヌの方がより依存的な行動を示し，飼い主の後を追う時間が長いことを見いだしました．また，フェンスの下からエサを取るという問題解決課題においても2つのグループの間に違いが見られました．家の外で飼われているイヌは自分だけで問題を解き始め，素早く手に入れられるだけのエサをすべて手に入れました．家の中で飼われているイヌは，非常に「抑制的な」振る舞い方をしました．彼らはなかなかエサを取ろうとはせず，外飼いのイヌとは対照的に，しばしば飼い主に対してコミュニケーションをとろうとする行動（例えば，飼い主を見るといった行動）を示しました．しかし，それまで受け身的であった飼い主が声や仕草でイヌを勇気づけるようなコミュニケーション行動をとるとすぐに，屋内飼育のイヌのエサを取ろうとする行動が促進されました．

これらの観察は，イヌと人との愛着関係が，協調的でコミュニケーションを伴う相互交渉におけるさまざまな社会的行動に対して，一種の足場を提供していることを示唆しています．オオカミが見せる独立的かつ自律的な問題解決行動（Frank, 1980参照）とは対照的に，イヌでは，愛着関係によってイヌの気持ちがグループの人メンバーとの共同活動に参加する方向へと向けられるのです（第8章9節参照）．

8.3　社会関係の敵対的側面

この分野における専門家の主張（Bradshaw and Nott, 1995）にもかかわらず，イヌの攻撃行動の理解に，現代の動物行動学の考え方は比較的わずかな影響しか与えていません．ですから，イヌ以外の動物の研究によって取り入れられた新しい視点から，イヌの攻撃行動について再考しておくことは，時宜を得たことと思われます．

動物行動学者の間では，攻撃性の主要な機能は，重要な限られた資源を集団のメンバー間で分割することだという点で，おおむね合意ができています．オオカミの攻撃行動の頻度は，利用可能な資源（例えば食物）の量が減少した場合に増加します（Mech and Boitani, 2003）．イヌの集団においても，食物が目の前にあるときには攻撃性のレベルが上がります．つまり，攻撃性はイヌとオオカミ双方の本来の行動能力の不可欠な一部です．

イヌの攻撃行動は，主に信号機能をもつディスプレイ行動で構成されています．進化生物学者にとって，そのような信号使用については，少なくとも2つの理論的な問題があります．第1に，闘争で自分の次の行動を明らかにするのは有利ではないかもしれないので，送り手の内的状態や「意図」を反映するために信号が進化してきたのかどうか疑問があるということです．第2に，そのような信号システムは，嘘つきの侵入に対して免疫がなく，結果として動物は実際の能力の裏付けのない信号（訳註：正直でない信号／はったりの信号）を示すようになりうるということです．

闘争は利益だけでなく，コストも伴うということを考慮に入れることで，信号の進化を別の仕方で見ることができるようになります．闘争中の怪我は（そしてエネルギーを失うことも），勝者の将来の（適応度上昇の）機会に影響を及ぼすかもしれません．ですから，闘争するのに恵まれた条件をもっていたとしても，コストがかかるかもしれない闘争を始める前によく考える必要があります．相互に信号を送り合うことを基本とする対戦は，ディスプレイを行うことに何らかのコストが伴い，したがって信号が送り手の質について正直な情報を伝えるなら，実際に有利なものになるでしょう．例えば，立てた尾や耳によって強調されたイヌの体の視覚的外観は，そのような正直な信号のひとつになるでしょう．体の大きなイヌの方が真剣な闘争において勝つ可能性が高いだけでなく，体サイズと闘争能力の間には偽りのない関係があり，そして，体サイズについては嘘がつけないからです．

理論的には，信号はひとつで十分なはずですが，実際にはイヌは対戦の間に使うさまざまな信号を

もっています．Fox (1970) は，信号の数は，その種の社会性と関係しているかもしれないという仮説を提案し，オオカミがキツネに比べて相対的に多くの複雑なディスプレイをもっているのは，オオカミの社会組織がキツネと比較して複雑であることの反映だと論じました．複雑なあいさつ儀式や繰り返し行われる上下関係の表現のような洗練された行動が，敵対的な傾向や服従的な傾向の微妙な違いを伝えられるように微調整されたさまざまな信号を進化させたのだというわけです．個体の闘争能力は時とともに変化するかもしれませんから，多様なディスプレイはそれをより正確に伝えることにも役に立つでしょう．闘争能力の判定を可能にする多様な信号は，対戦を決着させるのにも役立っているかもしれません．この見方によれば，いくつかの敵対的ディスプレイは，闘争が始まる前に相手の強さ弱さを見積もる可能性を提供していることになります．このプロセスは，信号の正直さを保証することもできます．なぜなら，嘘は，相手が闘争能力をテストする別の方法をもっていたら役に立たないからです．例えば，レスリング型のディスプレイは実際に闘争することなしに相手の真の強さを暴きだすでしょう．この考え方をイヌの場合に当てはめれば，信号能力が限定的な犬種（や個体）ほど，自分の闘争能力の伝達に問題を抱えているため，大きな社会集団の中で暮らすのが難しくなると予想されます．集団で暮らす若いプードルとオオカミ（1～12か月齢）の比較観察は，この議論を支持しているように見えます（Feddersen-Peterson, 2001a）．プードルは，野性に生きる彼らの親戚よりもより頻繁に敵対的な交渉を示したからです．この若いイヌたちは，相手が出している（服従の）信号に気づくことなく，突進して咬みつくように見えました．犬種の違いによる信号の用い方の多様性を示す別の研究もありますが，それが同種集団における敵対的行動の頻度にどのような影響を与えた可能性があるかについてのデータは示されていません（Goodwin et al., 1997）．さまざまな犬種に関する敵対的相互交渉の初期段階の比較研究では，残念ながら，行動の記載が含まれていません（Scott and Fuller, 1965）．

闘争での勝算は，闘争に参加する個体の**資源保持力**（resource-holding potential：RHP）という語で概念化することもできます（Parker, 1974）．資源保持力は，闘争能力，争いの対象となっている資源についての情報，その闘争にどれだけのコストをかける覚悟があるかという動機づけ，によって決まります．例えば，相手より空腹のイヌ（動機づけが高い）やなわばりの持ち主であるイヌ（資源についての情報をもっている）は高い資源保持力をもち，したがって争いにより勝利しやすいでしょう．興味深いことに，資源保持力の決定に，多くの要素が関与するときには，対立する2個体が本当に戦うことは稀で，どちらか一方が，最初のディスプレイの段階で引き下がることになります．このため，似たような資源保持力をもつ2個体はより長時間戦うことになり，怪我をするリスクも高くなるでしょう．したがって，イヌの資源保持力をコントロールすることで，攻撃傾向を減少させることができるかもしれません（Sherman et al., 1996）．

イヌのような社会的な動物では，対戦に勝つことは直接的な結果と間接的な結果の両方をもたらします．勝った個体は争いの対象となった独占可能な資源（例えばなわばり，食物，交尾の相手，社会的パートナー，何らかの物品など）の支配権を手に入れることができます．同時に，勝利は争った相手との社会関係に影響を与え，その後の対戦での勝利のチャンスを増加させます．それはまた，資源にディスプレイせずに近づけるような優位個体の特権的地位を得ることにも役立ちます．

8.3.1 イヌの攻撃の分類

イヌの攻撃行動は，さまざまなやり方で分類されてきました（Houpt, 2006）．これらのカテゴリーの大部分は，実践的・応用的観点からは有用ですが，理論的根拠は多くの場合あまり明確ではありません．動物行動学的には，対戦の目的による機能的なカテゴリー分けが好まれるでしょう．イヌは，なわばり（グループ外の個体に対立）や資源（例えば食べ物）や序列上の地位（グループの他のメンバーに敵対）のために戦うのです．このような分類区別が重要なのは，機能的な目的の違いは，闘争における組織化された行動パターンの構成に影響を与え，また，それらが異なる遺伝的

制御下にある可能性もあるからです．例えば，家畜化が，グループ内やグループ間のイヌの攻撃行動に異なる影響を与えてきた可能性が考えられるでしょう（第8章3節3項）．

攻撃的な出会いの際に行われる行為は，敵に対する効果，つまり信号効果や直接的物理的効果によって分類できます．それによると，対戦者間の距離を詰める行為は**攻撃的**（offensive）と呼ばれ，反対の結果を生む行為は**防衛的**（defensive）と呼ばれます（Feddersen-Petersen, 1991）．通常，攻撃的な行為は高い順位の個体が行いますが，低い順位の挑戦者に見られることもあります．比較的大きな集団に属するイヌやオオカミは，相手に応じて両方のタイプの攻撃行動を示すかもしれません．引きさがることを伝え攻撃的行為を止めさせることを目指す信号は，「服従の信号」と見なされるか，あるいは「逃避行動」に相当するとされます（Pacard, 2003）．

別の分類法では信号機能をもち，かつ，物理的に相手を傷つける可能性のない行動（例えば，唸り）を**威嚇**（threat）とします．相手の体への物理的接触を引き起こし，あるいは痛みを与える可能性のある行為（例えば，抑制された咬みつき）は**抑制された攻撃**（inhibited attack）と呼ばれ，最終的に実際の身体的損傷を負わせる行為（例えば，咬みつき）を**攻撃**（attacking）と呼びます（Feddersen-Petersen, 1991）．

これらの分類図式のどれも，イヌの攻撃行動を分解する有効な方法として用いることができます．ここで注意したいのは，このような分類には**遊びの攻撃や捕食性の攻撃**はどんな種類のものも含まれていないということです．このような種類の行動を攻撃行動の一覧に加えるのはよくある間違いですが，どちらも資源の分割に関わる行動ではありません．遊びの攻撃では，特別の信号（例えば「プレイバウ（play bow）」）によって非攻撃的な内的状態が伝達されます．しかし，遊びの攻撃が深刻な攻撃に発展することがないわけではありません．捕食行動の場合，対象を殺すことが第1の目的であり，真の攻撃的な対戦とは異なっています．

8.3.2 イヌの攻撃的行動の動物行動学的記載はあるのか？

「ない」というのが，この問いについての簡単な答えです．さまざまな著者たちが，オオカミとイヌの攻撃行動が，その構成単位において類似していることを認識しており，いくつかの論文が，長さはそれぞれですが，攻撃行動単位のリストを載せています（Feddersen-Petersen, 1991, Packard, 2003）．重要なのは，行動の分析が，行動の組織化の異なるレベルで行われてきたということです（第2章コラム2.4も参照）．例えば，Feddersen-Petersen (2001a) は，攻撃的内面状態の表現で役割を担う顔の7つの部位（口吻の構え，口角，唇，鼻筋，前頭部の毛皮，目，耳）について論じています（Bolwig, 1962も参照）．この行動を記載するためのコーディングシステムは，オオカミのそれを模して提案されたシステムですが，どんなイヌにも適用できます．驚くべきことではありませんが，Feddersen-Petersen は，イヌがその祖先と比較すれば信号能力を減退させていることを見いだしました．しかし，これまでのところ，異なる顔の表情がそれぞれ機能値をもっている，つまり，異なる表情が異なる内面状態を反映し，他個体から明確な信号として認識されている，という直接の証拠はありません．他の研究者たちは，「目を背ける」，「追いかける」，のような明示的な行動単位にもとづく，より全体的なコーディングシステムの使用を提案しています（例えば，van den Berg *et al.*, 2003, Packard, 2003）．最後に Schenkel (1974) は，行動の細部（例えば，どれくらい歯が見えているか）と体全体の姿勢を考慮に入れた中間的なリストを採用しています（Harrington and Asa, 2003）．

質的な分析により，犬種によって使う信号の数が異なるだろうと示唆されています．例えば，よりオオカミに似た犬種（ジャーマン・シェパードなど）は少なくとも9つの威嚇信号をもつのに対し，ノーフォーク・テリアは2つしかもっていません（Goodwin *et al.*, 1997）．しかし，攻撃的な行為がどのように使用されるかや，それらの行為が対戦相手の行動にどう影響を及ぼすのかについての文献情報はほとんどありません．イヌが対戦相手の評価のためにこれらの信号を利用しているの

かどうか，あるいは，人に対するか同種の仲間に対するかで攻撃行動が犬種によって質的／量的に異なっているのかどうかについてもわかっていません．イヌの攻撃行動の時間的構造もわかっていませんし（あいさつ行動を扱った関連研究については，Bradshaw and Lea, 1993 を参照），順位が異なると信号も異なるかどうかもわかっていません．

8.3.3 イヌの攻撃性は弱まっているか？

イヌでは攻撃性が弱まっている，と言う専門家が時々います．このような発言に問題があるのは，何と比較してなのか，たいていの場合述べられていないという点です．最近では，オオカミの攻撃性についての私たちの理解も変わってきており，現在では大部分の観察者が，自由に暮らす集団では飼育下の群れに比べてより平和的な集団生活が見られることを報告しています（Packard, 2003）．しかし，それでもなお，人との生活に適応する間に生じた選択によってイヌの行動に変化が起こり，同種の仲間と人の両方に対する攻撃性が減少したと主張することはできるでしょう．人はオオカミよりなおいっそう平和的に見えますし，また，新しくやって来た人やイヌが時折集団に加わる可能性が大きいため，イヌは全体として見知らぬ者に対してより大きな寛容さを示さざるをえません．ですから，おそらく攻撃行動とは対立する選択が必要だったことでしょう．オオカミは，見慣れない同種個体に対して寛容ではなく，新しい個体が群れに加わることは非常に稀にしかないからです．

敵対的信号の行動のルールは，見知らぬ個体や集団外のメンバーとの相互交渉の場合には通用しません．攻撃個体が服従の信号にあまり注意を払わないため，単独で行動しているオオカミはしばしば殺されてしまいます（Mech *et al.*, 1998）．こういうタイプの行動の閾値が高くなったオオカミは，よりたやすく人の集団に入り込むことができるでしょう．さらに，人の集団は資源を共有する高い傾向をもつためいっそう強く集団内での攻撃を減らす選択がかかったかもしれません．その一部には，攻撃的な行動パターンを減らすことを直接目指した方向性選択もあったかもしれません．オオカミやイヌの攻撃行動のパターンは，人の攻撃行動のパターンとは物理的に相容れない（容認できない）ものだからです．

実験による証拠はほとんどないのですが，民間の経験的な知識から示唆されるのは，育種選択によって，イヌのグループ内とグループ間での攻撃性が分離された可能性です．また，その選択は，攻撃的傾向を減らす方向にも強める方向にも働いたでしょう．例えば，何かを守るために使われる犬種では，見慣れない個体（イヌ，オオカミ，人）に対して強いなわばり行動を見せますが，他の犬種（例えば猟犬）では，なわばり行動はかなり弱まっています．

重要なのは，行動における攻撃的傾向は，信号行動への感受性を変えることによっても修正できるということです．ある種の犬種の間で威嚇信号への反応に違いがあるのは，反応の閾値の変化に由来するのかもしれません（Vas *et al.*, 2005）．逆に，服従の信号の無視は，より攻撃的な行動につながります（図8.3）．最後に，いわゆる「闘犬」の場合，その激しく粘り強い戦闘能力は，痛みへの感受性が減退した結果ではないかという意見があります．

8.3.4 攻撃行動の構成と学習の役割

オオカミに比べると，イヌの行動パターンは背景にある元々の動機づけから自由であるため，さまざまな外的刺激によってコントロール可能であると Frank (1980) は述べています．今までのところ，別個の2つの系列の観察によって，この考えはいくらか裏づけられているようです．Coppinger and Coppinger (2001) はオオカミと多くの犬種の捕食行動を観察し，その行動連鎖の固定したパターンは，犬種によって異なる頻度で現れるある程度独立した複数の行動単位に分解できると主張しています．例えば「注視（eyeing）」は，オオカミの一連の捕食行動の初めにたいてい見られるものですが，獣猟犬には見られないようです．一方，鳥猟犬のポインターにはオオカミと大部分の犬の行動連鎖に見られる「追跡」が見られず，同様に他の猟犬系の犬種には，狩りを行う捕食動物の最終的行動単位である「咬み殺す」行動が見られないようです．攻撃行動の諸単位についてもある程度同様の主張がなされています（Goodwin *et al.*, 1997）．さらに捕食行動と攻撃行

図 8.3 (a) イヌの知らない人がゆっくりためらいながら近づく．イヌは木に繋がれており，飼い主はイヌの約 1.5 m 後ろに立っている．(b) 見知らぬ人の接近という脅威に対する犬種による反応の違い．イヌの行動の種類（詳細は Vas *et al.* (2005) を参照）は以下の通り．「友好」：尻尾を振り，相互行為を受け入れる．「受動」：尻尾を動かさず，相互行為を受け入れる．「消極的回避」：目をそらす．「積極的回避」：知らない人間から後ずさって飼い主の方へ行き，吠える．「威嚇」：知らない人間の方へ突進し，吠える．（棒グラフの上の異なる文字は，有意な違いがあることを示す．）

動には，実行レベルで似通ったいくつかの重複する行動単位が共通に見られます（「咬みつき」，「追跡」，「注視」=「凝視（staring）」など）（コラム 8.2）．

イヌの敵対行動の構成にとってのこれらの観察の重要性は，オオカミもイヌも多くの経験を積まずにこれらの行動の大部分を行えるよう生まれつきプログラムされているにもかかわらず，仲間の示す信号の意味については両者共に学習が必要であるという知見によっていっそう強められています．Ginsburg (1975) は，何か月も同種の個体と接触せずに育てられたオオカミについて述べています．これらのオオカミは，信号の「意味」やそれに対する反応の仕方を学ぶために，しばらくの間，他のオオカミとの相互行為を経験する必要があったことが観察されました．同様の結論は，チワワを一匹ずつ猫と共に育てた Fox (1971) の観察からも引き出すことができます．それらのチワワは，16 週齢で初めて同種の個体（あるいはその鏡像）を目にしたとき，同種の仲間の信号行動を読み解くことができませんでした．しかし，続く 4 週間，他のイヌとの相互行為を経験することによって急速に信号について学習しました．同様に，イヌは自分の信号が他のイヌの行動に与える影響についても学習するものと思われます．仔オオカミを観察した McLeod and Fentress (1977) は，ある個体が出す信号の読み取りやすさはその個体の年齢とともに減少することを発見しました．彼らは，若いオオカミはある種の信号（尻尾を立てることなど）を控えめに使うことを学び，「意図」を隠すことによって個体間の対戦で成功を収める機会を増やしているのかもしれないと述べています．

コラム 8.2　行動表現の柔軟性

Coppinger and Coppinger (2001) と Goodwin et al. (1997) は，捕食と攻撃の行動要素は，遺伝学的に異なる犬種や犬種グループによって観察されたりされなかったり，モザイク様のパターンを示していると主張しました（表 8.2）．Frank (1980) は，外的刺激と行動要素の恣意的な関係が，イヌのトレーニングを容易にする行動の柔軟性の一因となっていることを指摘しました．これらのことは，おとなのオオカミの比較的柔軟性のない行動パターンが遺伝的レベルで分解されたことを示唆しています．このことがまた，集団内の人や他のイヌと相互行為を繰り返す過程で生まれる，イヌの個体特異的に柔軟な行動パターンの出現を可能にしているのです．このような個性的で習慣化した相互行為のパターンを導くプロセスは，**個体発生的儀式化**（ontogenetic ritualization）と呼ばれています（Tomasello and Call 1977）．

そのような個性的な行動パターンはさまざまな形の相互行為から生まれることが可能で，音声信号を含んでいることもあるでしょう．そういう儀式化された行動は，しばしば，給餌や散歩や遊びといった興奮をもたらすような状況で発達します（Rooney et al. 2001）．

表 8.2　イヌが進化する間に，捕食行動と敵対行動の両方のパターンの構造が破壊された形跡があります．そう考えれば，トレーニングによってイヌの行動を比較的容易に形成できる理由を説明することができます．(a) 獲物を狩るオオカミの捕食行動の理想形．このような一連の捕食行動の要素が現れる傾向は，選択育種によって増加したり減少したりします．例えばポインターでは「注視」（獲物に視線を定めて注意を注ぐ）がよりはっきりと現れ（「ポインティング行動」），獲物を殺したり食べたりしないでおくことを容易に学習することができます．(b) 異なる犬種を比較すると威嚇行動が断片化していることが明らかで，犬種によってはもともとの運動セットの大部分が失われています．Goodwin et al. (1997) は，威嚇行動の豊富さはオオカミとの形態的類似と相関関係にあると述べています．

(a) 野生の捕食行動の理想的連鎖（左から右へ進行）（Coppinger and Coppinger 2001 にもとづく）

	定位	注視	忍び寄り	追跡	捕獲	咬みつき殺す
ガードドッグ	F	F	F	F	F	F
ハーダー	H	H	H	H	H	F
ヒーラー	N	N	N	H	H	F
ハウンド	H	—	—	H	H	H
ポインター	H	H	F	F	H	F
レトリバー	H	N	N	N	H	F

F：不完全，　H：肥大，　N：正常，　-：消失

(b) 威嚇行動の理想的連鎖（左から右へ進行）（Goodwin et al. 1997 を改変）

	唸る	凝視	立ち上がる	歯をむく	立ちはだかる	体をぶつける	攻撃的に口を開く	軽く咬みつく
シベリアン・ハスキー	×	×	×	×	×	×	×	×
ジャーマン・シェパード	×		×	×	×	×	×	×
シェットランド・シープドッグ	×			×				
ラブラドール・レトリバー	×			×		×	×	×
コッカー・スパニエル	×	×			×	×		
フレンチ・ブルドッグ	×	×						

×　行動レパートリーに，その行動単位が含まれていることを示す

システムの実行には環境からのフィードバック（学習）が決定的な役割を果たすため，比較的独立性の高い行動単位で構成された行動システムは，潜在的により多くの行動的柔軟性を具えています．しかし，環境からの適切な（特に社会的）フィードバックがなければ，イヌのトレーニングに有利な状況を生み出すはずのこの柔軟性が，逆に問題を引き起こすことになるかもしれません．このような場合には，捕食行動や攻撃行動から生まれる行動単位が異常な行動パターンの中に組みこまれて，何らかの社会的文脈において弊害をもたらすことになる可能性があります．例えば，敵対的状況で「警告なし」に攻撃するイヌ（威嚇信号の欠如）は，捕食行動（そのような信号が組みこまれていない）の構成にもとづいて行動しているのかもしれません．このことはまた，他のイヌとけんかして咬みついた経験のあるイヌは，なわばり意識も強く，激しい捕食行動を示しがちだという知見をも説明してくるでしょう（Sherman et al, 1996）．なわばり性の攻撃と捕食にはいくつかの行動単位が共通しており，どちらの場合にも，行動主体は攻撃される側の行動や信号にはたいして注意を払いません．つまり，経験が足りなかったり不適切であったりしたイヌでは，どちらの文脈からも引き出される行動パターンがより誘発されやすくなるのかもしれません．

飼い主に向けられる攻撃や**優位性攻撃**の場合にも同様のことが言われています．かなりの数のイヌに見られ，犬種によって偏って現れるこのタイプの行動は，遺伝的なものであるように見えます（Overall, 2000）．衝動的傾向が異常に強いことがこのような行動の発生に関係しているのかもしれませんが，適切な社会化の欠如などの外的要因も一定の役割を果たしているかもしれません（Overall, 2000）．

8.3.5　人の敵対的信号への反応

相互行為を行うイヌ同士を研究することによって，動物行動学者たちは長年にわたって，敵対的な信号行動を同定してきました．一方，実験条件では，イヌの攻撃的行動を引き出すのにしばしばイヌではなく人（そのイヌが知らない人）がイヌを脅してきました（例えば Svartberg et al., 2002）．しかし，機能的に似ていても構造的に異なることの多い人の敵対的信号を，イヌがどう認識するかという問題には実際のところ何の注意も払われてきていませんでした．Vas et al. (2005) は，同じ人物が友好的なやり方と威嚇的なやり方でイヌに近づいたときのイヌの反応を比較しました．その結果，見知らぬ人という脅威に反応する際に，多くのイヌの行動が人の行動によって左右され，これらのイヌは人の近づき方に応じて繰り返し同じパターンの行動を示しました．このことは，信号の意味を決定する何らかの外見（視線，姿勢，動きの速さなど）があることを示唆しています．今のところ，信号の効果に対するこれらの行動特性の重要性を調べる実験は行われていません．同様に，イヌが人の信号を読み解くとき，彼らの種に特有の信号をもとに一般化した情報に頼っているのか，あるいは，学習がもっと重要な役割を果たしているのか，もわかっていません．この問題についての知識は非常に重要であると思われます．というのは，イヌと人との社会的コミュニケーションにおける多くの誤解は，人（特に子ども）の発する不適切な信号によって生じるからです（第3章7節3項）．

興味深いことに，優位な動物の示すいわゆる「特権 (privileges)」行動については多くの思いこみがあります．例えば，優位個体は最初に食べ始めて好きなだけ食べ続ける（だから「最初にイヌにエサをやってはいけません！」），優位個体には休息の場所を選ぶ権利がある（だから「イヌの寝る場所を決め，あなたの寝室をイヌと分け合ってはいけません！」），優位個体は群れを率いる（だから「敷居を最初に跨がせたり，散歩中に先を歩かせたりしてはいけません！」）．これらの行動パターン（やここに挙がっていない他の行動パターン）の多くは優位なオオカミに見られるものですが，これらが地位を表す信号として信頼できるものであるかどうかは保証されていません．優位個体はいつもこのような特権を行使するのか，特殊な事情がある場合に限られるのか，についてもはっきりとはわかっていません．ですから，イヌと人との関係の非対称性を確立するために，人が「優位オオカミ」のように振る舞うべきなのかどうか，まだ証明済みというにはほど遠い状態なのです．こ

れまでのところアンケート調査では，こういう類の対応の多くとイヌの攻撃的行動との間に関連は見いだされていません．例えば，Podberscek and Serpell (1997) は，先にエサをやったり服従トレーニングを行わなかったりすることとイングリッシュ・コッカー・スパニエルの攻撃的行動との間に有意な関連を見いだすことはできませんでした．それでも，同種の仲間や人と共に暮らすイヌやオオカミにおいて，このような順位に関わる行動パターンの果たす役割について，もっと多くの知識を得るのは有益なことでしょう．

8.4　種が混在する集団におけるコミュニケーション

　コミュニケーションについて，多くの動物行動学者は次の定義に同意するでしょう．「コミュニケーションは相互行為であって，それが起こるのは，ある個体（送り手）にとって，特定の行為によって他個体の行動を変えることが利益になり，その行為がまさにその機能のために自然選択されてきた場合である．」　コミュニケーション的相互行為は長い目で見れば，必ず送り手の利益にかなっているはずですが，受け手の利益になっていないとも限りません．

　動物のコミュニケーションシステムのメカニズムを探る研究は，普通，個々の信号の「**単位**」，その「**意味内容**」，それから「**原因**」に焦点を合わせます（Houser, 1996, 2000 も参照）．残念なことにこれらの問題はどのひとつを取っても単純なものではない上に，私たちが言葉（人のコミュニケーションに好んで使われますが，人に限ったシステムではありません）によって考える傾向が事態を悪化させています．これらの問題を直観的に理解してもらうために，「怒り」（人の言葉で表現すれば）のような攻撃的内面状態を信号として発している，跳びかかる寸前のイヌの行動を想像してみてください．まず問題になるのは，そこに「怒り」に対応する信号単位があるのかどうかという点です．よく知られているように，イヌは信号を送るために極めてさまざまな体の部位（体幹，顔，尻尾，発声）を使い，「怒り」を非常に幅広く表現することができます．そのためイヌは，怒りを伝える多くの信号単位をもっているように思われますが，まだ今のところ（1）現れうるすべてのバリエーションにいちいち別の意味があるのか，（2）同じ意味をもつ複数の信号があるのか，についてはわかっていません．これらの質問に答えて，「怒ってない状態」から「非常に怒っている状態」まで（信号を強めながら）連続的に変化する「段階的」信号なるものがよくもちだされますが，そのような信号の段階化がどのように達成されているかという問題は答えられないまま残ります．

　動物行動学者と心理学者は，信号の表出は動物の内面状態だけに依存していると考えてきました．その場合，信号は内面状態に並行して自動的に変化することになり，直前まで自信ありげだった動物も，自分より強い個体に攻撃されると，打って変わって服従の信号（「正反対の原理」Darwin, 1872）を出すことになるでしょう．ですから，一部の信号（イヌの吠え声など）が中立的な刺激によって外的にコントロールできるという発見は一種の驚きをもたらしました．すなわち，条件づけパラダイムを利用すれば，イヌは光刺激に応じて吠えるようトレーニングすることができるのです（Salzinger and Waller, 1962）．しかし，このことは動物行動学者たちにとってはそれほど驚くべきことではありませんでした．彼らは自然状態の動物（例えばベルベットモンキー）が，人間が周囲の出来事に反応して言葉を用いる（「豹だ！」）のと非常によく似たやり方で警戒の叫び声を（近くに捕食者が表れたことを示すために）発することを指摘していました．というわけで，現在のところ，私たちは次のように理解しています．動物たちがコミュニケーションに使う信号は送り手の内的状態を示すものであるかもしれないし，環境中の出来事を参照するものであるかもしれない（Houser, 2000）．問題は，どうしたらこの2種の信号を区別できるのか，です．なぜなら，外部の出来事（捕食者）が送り手の内部状態（恐れ）に影響を与えている可能性を観察や実験によって排除することが極めて難しいからです．

　コミュニケーションの定義によれば，信号を送ることは送り手の利益になりますが，このことは送り手が信号を発する意図をもっていることを保証するものではありません．実際，敵対的信号の場合には，真の意図を明かすことが必ずしも送り

手の利益になるわけではないという指摘が多数あります．また，捕食者の存在を観察した個体が，そのことを他者に伝えることで本当に利益を得るかどうかも疑問です．しかし，このことは，何か特定の状況下で動物が意図的に信号を送る可能性を排除するわけではありません．

イヌのコミュニケーションの認知的側面について，多くの一般向けの教科書でさまざまなことが主張されていますが，実は非常にわずかなことしか本当にはわかっていません．その理由はとても単純です．どんな動物行動学的な研究も，信号単位を行動レベルで明確に記載し，信号の「意味内容」を探り，根底にある制御システム（信号発信は外部の原因で制御されているのか，内部の原因によってなのか，あるいはその両方なのか）を特定することが必要です．しかし，これらが可能なのは，2個体（あるいはそれ以上）の動物から体系的にデータを得ることのできる良くデザインされた実験や極めて注意深い観察によってのみだからです．

そのため，実際的な理由から，これまで行われたほとんどの研究はイヌと人のコミュニケーションを調べたものです．しかし，そのような研究からは限られた情報しか得られませんし，イヌとイヌのコミュニケーションについての疑問に答えることもできません．とはいえ，イヌと人のコミュニケーションは実験者が制御しやすいため，使用される信号の種類や，信号における意図的要素の有無について調べることは別にしても，背景となる心理プロセスの理解に繋がる実験的証拠を得ることはできるかもしれません．

動物行動学的認知モデルの観点から考えると，イヌは，同種の仲間の信号に対応するために進化し，オオカミのシステムと余り変わらない表現システムを使っているものと思われます．あるいは，イヌは長い間人と共同生活を送ってきたために，部分的にオオカミのものと異なる信号システムを用いるだけでなく，それらの信号を意図的に，外部の出来事を表すために使用するという，人とのコミュニケーションに関連した特殊な表現能力を身につけるよう選択されてきたかもしれません．最後に，少なくとも2つの単純な方法によって，動物のコミュニケーションシステムがさまざまなメッセージを発信する能力をもっと大きく想定することができるでしょう（攻撃行動のパターンの柔軟性についての議論も参照）．ひとつ目は，信号の発信は送り手の内的状態とあまり密接に関わっていないかもしれないと考えることで，2つ目は潜在的信号（単位）の数がもっと多いかもしれないと考えることです．Abler（1997）は後者の考え方を**微粒子原理**（particulate principle）と呼び，Studdert-Kennedy（1998）は，人の言語が成功を収めたのは信号単位数の増加によるもので，単位数の増加が組み合わせの幅の拡大する可能性をもたらしたのだと述べています．イヌの行動面での潜在能力を考えると，少なくとも理論的には，この私たちの友であるイヌのコミュニケーションシステムが，この方向へ進んでいる可能性を指摘してもいいように思います．

8.4.1　視覚的コミュニケーション

残念なことに，敵対的文脈を除いて，オオカミ同士の視覚的コミュニケーションについてはほとんど何もわかっていませんし（Harrington and Asa, 200），敵対的文脈にしたところで，定量的な研究はほとんどありません．イヌの場合にはこれまで常に，イヌは人の発する視覚的信号を理解できるし，人もイヌの発する視覚的信号がわかると指摘されてきました．しかしイヌの場合でさえ，イヌ同士の間で視覚的信号がどのように使用されているのかはよくわかっていません．

イヌと人との相互行為について，一般的に指摘できることのひとつは，イヌは人の視野の中で暮らしているように思われるということです．これは，人の目が焦点を結んでいる方向がイヌにとっても意味をもつということを意味します．実際，もしそういう情報が無い場合（例えば，人が目隠しをしたり，頭の向きがわからないようにしたりした場合），イヌは優柔不断な様子を見せます（e.g. Pongrácz et al., 2003；Fukuzawa et al., 2005）．

視覚信号によるコミュニケーション的相互行為は，4つのステージに分けることができます．1）送り手が相互行為を始めるための信号を出し，2）送り手は受け手が信号を見ることができる状態にあることを確認します．この受け手が信号を認識できる状態にあることは**注意**（attention）と呼ば

れています．次に，3) 受け手が送り手に注意を向けている場合，送り手はそのことに勇気づけられてさらに信号を送り，最後に，4) 受け手がその信号に反応します（もちろん反応しないこともあるでしょう）．以下では，この単純なフレームワークを用いて，イヌと人の間の信号伝達を記述していこうと思います．

・コミュニケーション的相互行為を始める

人とのコミュニケーション的相互行為を始めるとき，イヌは，人が用いるのと機能的によく似た視覚的（ときには聴覚的）な信号（視線を向けてからその視線を行ったり来たりさせる）を用いる強い傾向があると指摘されています．解決できない問題に直面したとき，イヌはしばしばそのような人の注意を引きつける行動を見せます．Miklósi et al. (2000) は，まずイヌに食べ物を見せ，それから飼い主が席をはずしている間にその食べ物を少し高いところにある見えない場所に隠しました．飼い主が部屋に戻ってくるとイヌは飼い主に視線を向け，食べ物が隠されている場所と飼い主を交互に見つめました．これらの行動は，食べ物が隠されていない場合や誰も部屋に戻ってこない場合よりも頻繁に見られました．ひもにつけた食べ物をケージの針金の間から引っ張り出すようイヌに教えた別の実験（Miklósi et al., 2003）でも，似たようなことが観察されました．イヌが課題の解決法を学習した後，気づかれないようにひもをケージの針金に結びつけ，食べ物が取れないようにしました．特徴的なことに，たいていのイヌは何度か試してみると挑戦をやめ，後ろに立っている飼い主の方を見たのです．重要なのは，社会化されたオオカミに同様の実験を行っても，このようなコミュニケーションの開始行動は見られなかったということです．この違いについては，オオカミは人の発する信号や人とコミュニケーション的相互行為をすることにあまり興味がないのかもしれない，と説明できるかもしれません．さらに言えば，オオカミは人（特にその顔や上半身）に長い時間視線を向けることを避ける傾向があり，それが人の出す信号を認知する可能性を妨げているのかもしれません．

・注意の方向を示す行動上の手がかりを理解する

相手の視線方向や視覚的気づきの有無を予測させる手がかり（体や頭の向き，目が開いているかどうかなど）への感受性があれば，視覚信号に相手が注意を向けているかどうか判断できます．一連の実験で，私たちは，そのような感受性をイヌがもっていることを確認しました（Gácsi et al., 2004）．イヌは何かを人のもとに持って行くとき，ほとんどの場合で，その人の顔が向いている方向から近づこうとします．このことは，イヌが人の顔の向き（正面向きか後ろ向きか）を区別することができることを示しています．重要なことは，この感受性には文脈依存性があるということです．イヌはこのような区別を遊びの文脈で示すことはなく，ただ何かを持ってこいと命じられたときだけそうするのです．また，イヌは，エサをねだるとき，自分の方を向いている人とそうでない人では自分に注意を向けている人の方を好みます．イヌが，人の目が開いているか閉じているかを区別していることを示唆する証拠もあります．

実験者の注意状態を体系的にコントロールした場合，イヌは何かを命じられている状況で特に注意への感受性を示します（Virányi et al., 2004）．彼らはイヌに「伏せ」を命じるのに，異なる4つのやり方で行ってみました（イヌの方を見る，スクリーンの後ろに立つ，別の人の方を向く，誰もいない方向を向く．図8.4）．「伏せ」のコマンドはあらかじめ録音した音声刺激を再生することで与えました．イヌがどれくらい命令に従うかは，状況によってはっきりと異なっていました．彼らは，実験者の顔が彼らに向けられているときに発せられた命令に対して，最もよく従いました．自分以外にコマンドが向けられているように思える状況では，命令に従わない傾向がありました．しかし，実験者の注意の方向に誰もいないときには，命令に従う協力的な傾向がやや増加するようでした（表8.1）．同様の結果は，目の前のエサを食べることを禁じた実験からも得られています（Call et al., 2003；Bräuer et al., 2004；Schwab and Huber, 2006；コラム1.4 も参照）．どの実験でも，イヌが実験者の注意に関する行動に感受性が高いという結果は変わりませんでした．つまり，イヌは誰もいないときには禁じられたエサを食べましたが，

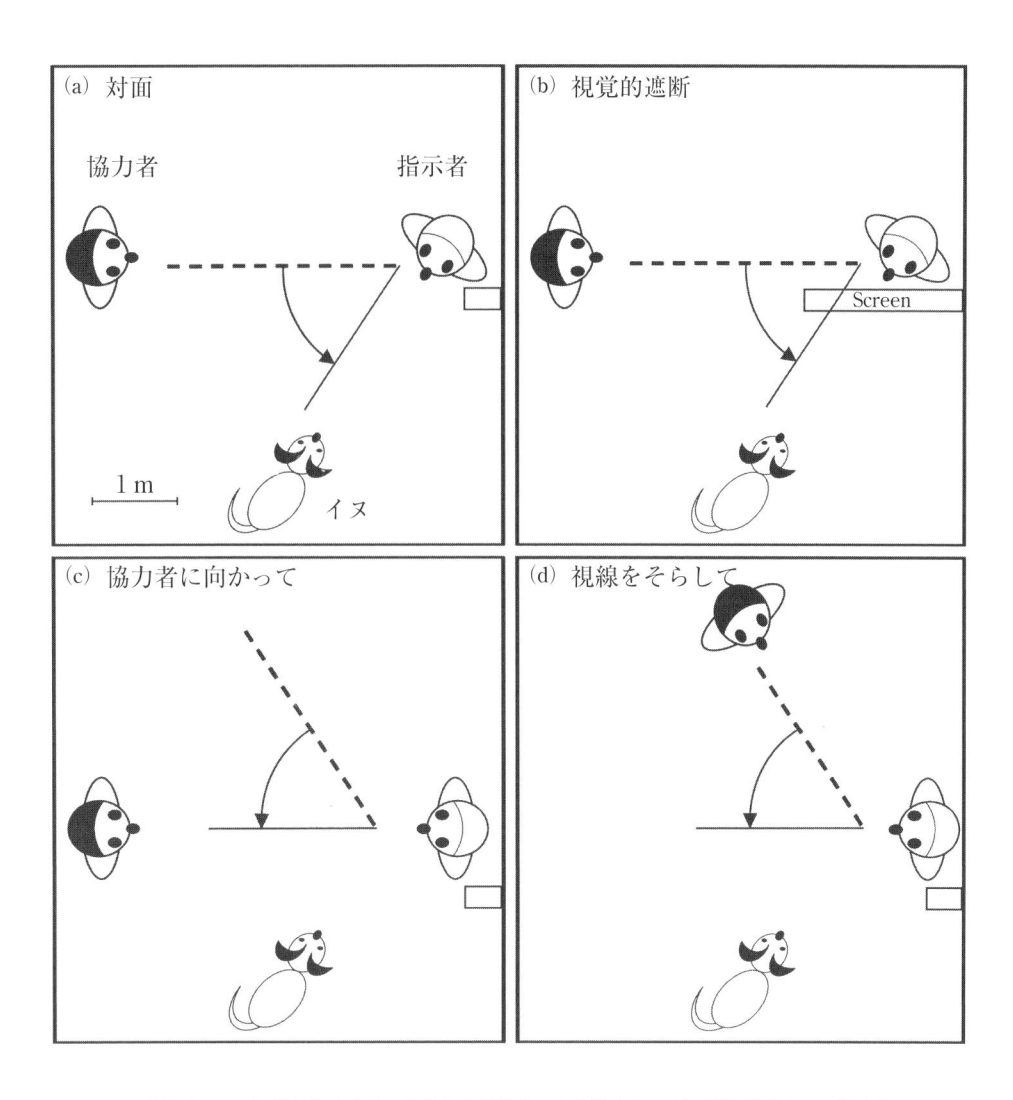

図 8.4 コマンドを与える 4 つの異なる状況を上から見た図. (a) 指示者がイヌに向けてコマンドを出す. (b) イヌに向けてコマンドを出すが, 指示者はスクリーンに隠れているのでイヌから見えない. (c) 同じ部屋にいる協力者に向かってコマンドを言う. (d) コマンドを誰もいない方向に向けて言う. 点線は指示者がコマンドを出す前に顔を向けていた方向, 実線はコマンドを出したときの方向である. 指示者は, 顔の向きを矢印のように変えてからコマンドを出す. (Virányi et al., 2004 より)

表 8.1 飼い主の声によるコマンド (「伏せ！」) に従ったイヌの個体数. コマンドは異なる 4 つの状況で発せられた (図 8.4 参照). また, それぞれの状況でコマンドは 3 回連続で発せられた (「伏せ！　伏せ！　伏せ！・・・（そのイヌの名前）」) (Virányi et al., 2004)

反応／状況	対面して命令	視覚的遮断状態で命令	協力者に向かって命令	視線をそらして命令
すぐに伏せる	6	1	0	3
命令が繰り返されてから伏せる	11	3	3	3
名前を呼ばれてから伏せる	0	2	2	4
命令を無視する	0	11	12	7

人に見られているときには食べるのを我慢しました．また，実験者がいる場合でも，その注意がイヌに向けられていないことを示す信号が発せられているときには（目が閉じられているかコンピューターゲームで遊んでいるときなど），実際に食べ始めるまでの時間はさまざまでしたが，エサを食べてしまう傾向が増えました．このことは，イヌは，注意を受けているかいないかを区別するのに人の身振りと行動の両方の手がかりを利用していることを示しています．

視覚的な注意は，文脈を学習する際にも重要な役割を果たしています．なぜならイヌは，特定の状況で自分が「関わりを求められている」のかどうかを知るために，人の出す視覚的手がかり（視線を合わせて話しかける）を利用しているように思われるからです．社会的学習という文脈では，アイコンタクトや音声信号を使ってイヌの注意を引けば，イヌは迂回路をよりよく学習することがわかっています（Pongrácz *et al.*, 2004）．人の身振りからエサの場所を見つける課題でも，人が目標を見てから，あるいは見ると同時に，目標を指し示すとイヌの成績が良くなります（Agnetta *et al.*, 2000）．これも，同じように説明できるかもしれません．

・情報を与える

受け手がコミュニケーション的相互行為に関心を向けていることが確認できれば，送り手はさらに信号を送ることができます．しかし，ここでさらに複雑な要素が加わります．最適なコミュニケーションが成立するためには，送り手は，受け手が状況について実際に知っていることが何であるかを考慮に入れる必要があるかもしれません．私たちは，イヌが人間に情報を送れるかどうかだけでなく，その人が何を知っていて何を知らないかを考慮に入れることができるかどうかを調べたいと考えました（Virányi *et al.*, 2006）（この議論の詳細と心的状態の問題への関連については Gomez, 1996, 2004 も参照）．この実験ではイヌが実験者とおもちゃ（ボール）で遊んでいるときに，「突然」そのおもちゃを，イヌの近づけない場所へ隠します．助け手となる人間が積極的に関与し，道具を使って取り戻してくれない限り，イヌはなくしたおもちゃを手に入れることはできません．実験手続きに従って，その道具やおもちゃは同じ場所に置いたままにされたり，別の場所に隠されたりします．イヌは両方の物がある場所を知っていますが，助ける人間の方の知識は操作されます．つまり，いくつかの試行の際には，おもちゃが隠されるときか道具が新しい場所に移されるときのいずれかに，助け手は席をはずします．別の試行では，助け手はおもちゃの場所も道具の場所も知りません．2つの可能性が考えられます．イヌが助け手に情報を伝えようとする行動は，助け手が何を知っているかに関係がないかもしれません．あるいは，そうではなく，イヌは助け手の知識に応じた信号を出すかもしれません．つまり，助け手の知らない場所だけを知らせようとするかもしれません．実験の結果は前者の予想を支持するものでした．イヌは助け手が何を知っているかには関係なく，常にボールの場所を助け手に知らせようとしました．このことは，イヌは，人に見えていることや人が見たこと（結果として人が得た何らかの「知識」）を考慮に入れたりしないことを示しています．しかし，この否定的結果は，状況が複雑すぎたからかもしれませんし，もしかすると，イヌはただ強く動機づけられている対象（おもちゃのボール）の場所を知らせることに熱心で，動機づけの点で中立な対象（道具）の場所を伝えることには乗り気ではなかったのかもしれません．

この問題に対する，肯定的な結果が Cooper *et al.* (2003) によって報告されています．彼らは，**推測者－知者パラダイム (guesser-knower paradigm)** (Povinelli *et al.*, 1990) を用いました．この実験では，イヌは2つの選択肢（どちらか一方にエサが隠されています）のどちらかを選ばなければなりませんが，その前に2頭の仲間のイヌの行動を観察できます．この2頭のうち1頭はエサが隠されるのを目撃したイヌ（知者），もう1頭は見ていないイヌ（推測者）です．正解を選ぶために，イヌは，必要な情報を得る機会をもっているはずの仲間の行動に頼るでしょうか．実験の結果，イヌはエサが隠されるのを目撃できたはずのイヌ（知者）が指し示す場所を好みました．しかし，興味深いことに，この好みは最初の試行でだけ現れ，その後の試行では消えてしまいました．これは，この

現象が不安定で捉えにくいものであることを示唆しています．ただ一頭のイヌを対象にした長期的事例研究において，そのイヌ個体に関しては，人間のパートナーの知識状態に合わせて自分の伝達行動を調整し，協調してうまく問題を解決できることがわかりました（Topál *et al*., 2006a）（コラム 8.3）．にもかかわらず私たちは，イヌが人の内的心理状態を部分的にでも認識することができるのか，あるいは，もっとありそうなことですが，何かの知識をもっていることを示す人の行動上の手がかりに直接頼っているのか，を知るには程遠い状態にあるのです．

・私たち人の発する視覚的信号の利用

Anderson *et al*. (1995) が導入した非常にシンプルな方法によって，人が方向を指し示す身体的信

コラム 8.3　他の個体の心の状態を思い浮かべる

Gomez (2005) は，言葉をもたない種について，他個体の知識の有無を認識する能力があるかどうかをテストできそうに思われる方法について述べています．この方法は，もともとはオランウータンに対して使われたのですが，Topál *et al*. (2006a) は，それを少しだけ修正して，フィリップという名前のベルジアン・タービュレンに適用してみました．このテストでは，動物は隠された目標物（オランウータンの場合は食べ物，イヌの場合はおもちゃ）を手に入れなければならないのですが，それには手助け役の人間（助け手）に必要な情報を伝え，その手助けを得なければなりません．目標物は鍵のかかった箱の中に隠されており，助け手に箱の鍵を開けてもらわねばならないのです．目標物（食べ物あるいはおもちゃ）は外見の同じ3つの箱の中のひとつに隠されており，助け手はそのどれに目標物が入っているかを知りません．一方，助け手の知識はさまざまになるよう実験的に操作されました．「コントロール条件」では，鍵の位置を動かさないので，助け手は鍵の場所を知っています．「移動条件」では，鍵の場所を移動しますが，それは助け手がいるときに行います．この場合も助け手は鍵の場所を知っています．最後の設定「隠蔽条件」では，助け手のいないときに鍵を新しい場所に移します．この場合でのみ，助け手は鍵の場所を知りません．イヌはまずコントロール条件で，このテストのルールを学習します．その後，3条件でのイヌの行動を観察するためのテストセッションが8回行われました．1セッションは3つの試行からなります（1条件あたり1試行）．

仮説はこうです．もし，イヌが助け手の知識を考慮しているなら，「欠けている」情報だけを伝えようとするでしょう．つまりイヌは，「コントロール」と「移動」ではおもちゃの場所だけを，そして「隠蔽」ではおもちゃと鍵の両方の場所を伝えるでしょう．

表8.3が実験の結果です．助け手が鍵の場所を知っている場合（コントロール条件と移動条件）には，フィリップはほとんどの場合でおもちゃの入った箱を（近づくことや触ることで）指し示しましたが，隠蔽条件では鍵を先に指し示すことを好んでいることを示唆する結果が得られました．この結果はオランウータンで得られた結果と非常によく似ており，類似の心的能力の存在をうかがわせます．しかし，このような行動に，必ずしも他者の知識の有無の認識能力が必要とは限りません．多くの研究者は，動物がこういう課題をうまくやり遂げること，すなわち，その動物が助け手の知識の有無を認識していることとは考えないでしょう．別の説明も可能だからです．フィリップの行動は（実験がクレバーハンス効果を考慮して制御されてはいたとはいえ）人の行動に対する敏感さが増大していたからかもしれませんし，非常に素早い学習のせいかもしれませんし，習得済みの技術（フィリップは介助犬としてトレーニングを受けました）に頼ったからかもしれません．あるいは，助け手がその場にいない間に鍵の移動が行われたことでイヌが「興奮状態に陥った」ため，「隠蔽状況」における鍵の指示が起こったのかもしれません（Whiten, 2000 も参照）．

コラム8.3　続き

表

	接近／接触				
	鍵だけ	鍵から食べ物の箱	食べ物の箱から鍵	食べ物の箱だけ	鍵も食べ物の箱も指示しない
コントロール状況	0	2	—	6	0
移動状況	0	1	—	7	0
隠蔽状況	0	4	2	1	1

注：食べ物の箱が示されたとき，「コントロール」と「移動」の状況でイヌが鍵に近づく可能性はなかった．助け手が既に鍵を手に取っているからである．したがってこの2つのケースでは，「食べ物の箱から鍵」の選択肢は無意味である．

号をイヌがどう利用するかについての研究が可能になりました．この実験では，イヌは，2つのボウルの一方に隠された食べ物を見つけなければなりません．この課題を解くため，イヌは，2つのボウルの間に立っている実験者が与える正しい場所を示す手がかりを利用することができます．この実験のやり方には多くのバリエーションがありますが（Miklósi and Soproni, 2006），ほとんどの場合イヌは間違えずに課題を果たしました（Hare et al., 1998；Miklósi et al., 1998；McKinley and Sambrook, 2000 など）．世界中でこれまでに1000匹以上のイヌがテストされたこの実験によって，たとえ食べ物の入ったボウルが人からかなり離れた場所にあっても，イヌは人の指し示す身振りを理解できることが明らかになりました（第1章のコラム1.2）．指し示す身振りのいくつかのバリエーション，例えば胴体に腕を交差させて反対側を指し示した場合にも，イヌは課題を果たすことができました（Hare et al., 1998；Soproni et al., 2002）．かなり新奇（普通人間がやらないような）だと考えられるような身振り，例えば脚で指示したとき（Lakatos et al., 2007）でもイヌはうまくやり遂げましたが，決定的手がかりが指の方向だった場合には，イヌは身振りの読み取りに失敗しました．多くの実験を検討してみると，イヌが，人の方向を示す身振りを理解するとき，次のような単純な規則に従っているのではないかという仮説に導かれます．「人の体の胴体部分から外に向かって伸ばされている何らかの部分を探せ！」この点では，彼らは18か月の人の幼児と似たような規則に従っ

ているようです（Lakatos et al., 2007）．

このようなイヌの高い能力の起源はどこにあるのでしょう．というのも，イヌもオオカミも人間のような指し示し行動をしないからです．イヌは同種間のコミュニケーションシステムを応用していると考える研究者もいます．イヌは（そしてオオカミも）彼らの「手」によって何かを指し示したりしませんが，離れた場所の獲物に定位するときに，自分の体を使ってそれを指し示します（猟犬であるポインターの行動は，おそらくこの行動が人為選択されてきたものです）．したがって，イヌの内的表象システムは，人の手による指し示し行動をイヌ自身の体による指し示し行動と関連させて解釈するかもしれません．実際，イヌは似たような状況で，他のイヌの体の方向によって隠されたエサの場所を知ることがきます（Hare and Tomasello, 1999）．他の研究者は，人の指し示し行動を利用するイヌの能力が，食べ物の場所と近くにある人の手（指）を関連づけた，学習の結果である可能性を強調しています．この主張の問題点は，たとえボウルを選ぶときに信号が出されていなくてもイヌは信号を利用する，という点です．また，イヌは，信号の位置と同じくらい離れた場所に置かれた目印（ビーコン，第7章2節2項）よりも，人の身振りに頼る方がずっとうまく課題に対処できるということも問題です．さらに，人と比較的少量の接触しかしていない2か月齢の仔イヌが指し示し身振りをうまく利用して選択を行えるという観察（Hare et al., 2002；Gácsi et al., 2008）から考えれば，学習だけが原因だというのはあま

りありそうにないことがわかります．おそらく指差す身振りは，文化の違いを超えて利用される数少ない共通身振りのひとつであるため，イヌは特別にそのような身振りを利用できるよう選択を受けてきたのかもしれません（コラム 8.4）．

この考えの有効性を判断するひとつの方法は，イヌとオオカミの課題遂行の様子を比べてみることです（第 2 章，コラム 2.2 を参照）．一連の実験において，指差しの信号をもとに隠された食べ物を見つけるとき，イヌと同じくらい社会化されたオオカミはイヌよりも課題の遂行能力において劣っているということがわかりました（Miklósi et al., 2003）．重要なのは，このオオカミたちが，他の信号（人がエサの入った容器の近くに立っていることや，触っていること）を利用して正解を選ぶことはできたことです．これに引き続く実験で，Virányi et al. (2008) は人に社会化された 1.5～2 か月齢の仔オオカミは指し示しテストではイヌよりも成績が低いけれども，集中的なトレーニングによって同程度の成績に達することができることを報告しました．さらに，2 歳まで人への社会化を続けていた場合には，そのオオカミは特別のトレーニングなしでもイヌの課題遂行レベルまで到達するようです（Gácsi et al., 2007b）．また他の研究によって，人の手（あるいは手の動作）がイヌにとって特別な意味をもっていることも明らかにされています．Riedel et al. (2006) は，2 つの場所の一方に誘因物を隠し，さらに正解の場所に目印の木片を置いて，イヌが正解を当てられるか調べました．目印の木片を置く実験者の動きを見せた場合，イヌはかなり良く正解を選ぶことができました．マーカーを置く手の動きだけを見せた場合（実験者の姿は見えません）や，いったん目印を置いた後で実験者がそれを持ち去った場合にも，イヌは非常にうまくやることがわかりました（Agnetta et al., 2000 も参照）．

人が発するその他の視覚的信号の有効性については，それほど多くのことはわかっていません．似たような選択状況において，イヌは，人のお辞儀，頷き，頭の向きを変えることを手がかりに使えること，さらに，ある程度トレーニングをしさえすれば，目線の動きを手がかりに使うこともできる

コラム 8.4　コミュニケーションの参照的側面

イヌが指差す身振りの参照的側面も読み解くことができるかどうかを扱った文献では，さまざまな議論が行われています．指差しが，まさにそれを向けている対象「について」の指し示しであることを，イヌは理解できているのでしょうか．人の場合には，大人とある年齢以上の子どもはそれを理解できているということにおおむね異論はないでしょう．しかしイヌが指差しを理解することができるのは，（イヌにエサをやるとき）指差しを行う手（と指）には食べ物の存在がつきものであったからだ，あるいは，人の手が場所を示す目印（ビーコン）の役割を果たしているからだと考える研究者もいます．この後者の可能性は特に重要です．というのは，多くの家畜（例えばヤギ）や人への馴れやすさで育種選択されたキツネが指し示しを理解することを示す結果が得られているからです（図の a）．

これらの対立仮説を除外するため，我々は，身振りが瞬間的に行われたときには，その伝達機能の本質が強調されることを指摘しました．身振りが瞬間的に行われた場合，被験個体は，答えを選ぶときに身振りを見ていません．このことは，相手が信号を覚えていることが必要な他のいくつかの視覚的伝達信号（例えば，プレイバウ）の場合にもあてはまります．類似の，しかし新しい身振りにする反応の一般化も，信号の参照的側面を理解している証だと考えることができるでしょう．

二者択一課題では，家畜（特別なキツネを含む）の中ではイヌだけが，瞬間的に行われた指差す身振りを理解でき，また，瞬間的な「脚による指示」にもとづいて正解を選べることがわかっています（図の b）．

（次ページに続く）

コラム 8.4　続き

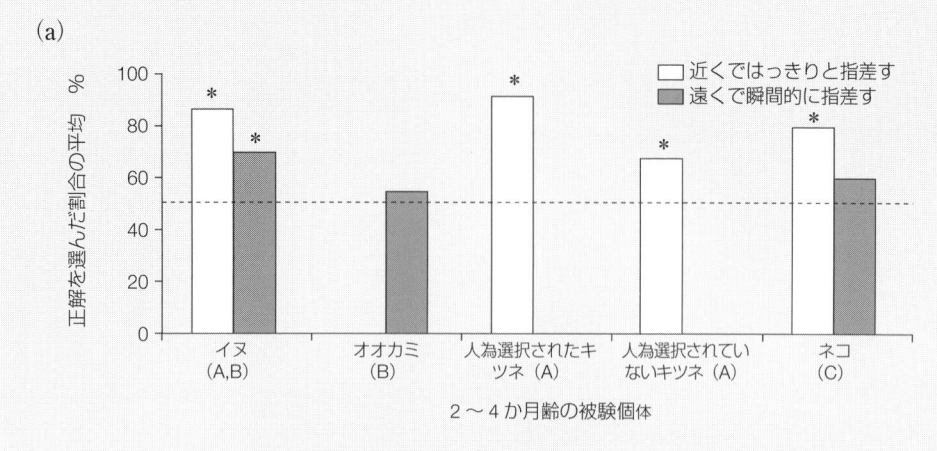

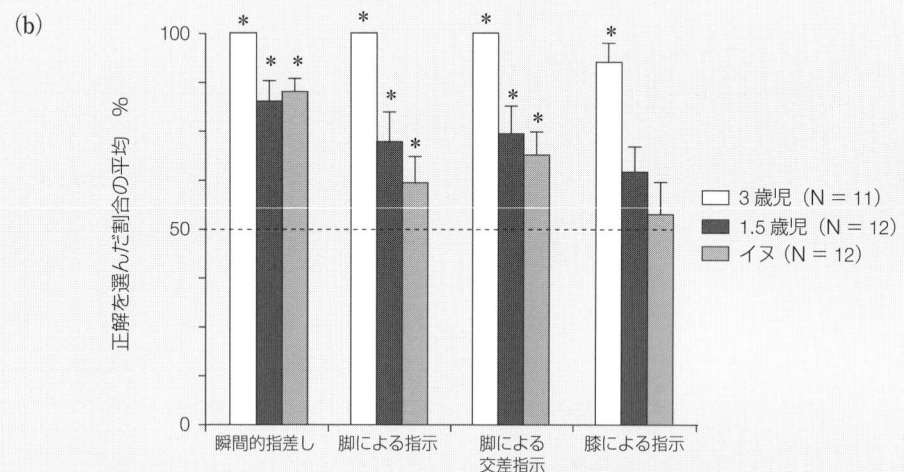

(a)

(b)

(a) 異なるタイプの指差す身振りに対する理解力の比較．2〜4か月齢の被験動物個体は，近くではっきりと指差す身振り（答えを選ぶときに指差している手が見える）に対しては正解を選んでいるが，遠くで瞬間的に指差す身振り「瞬間遠位指示」のときには仔イヌだけがうまく課題をやり遂げている（A: Hare *et al.* 2005，B: Virányi *et al.* 2007，C: Kemencei 2007）．(b) 成犬は新奇な指示の身振りも理解するが，成功率が下がる．人の子どもの結果は比較のためだけに表示されている（Lakatos *et al.* 2008）．(- - -：チャンスレベル（偶然成功する確率），* チャンスレベルを有意に超えていることを示す）

ようになることはわかっています（Miklósi *et al.*, 2000）．

　人のコミュニケーションでは指し示しは，多くの場合，外部の出来事や物体を参照（refer）するという意味をもつとみなされます．指差す動作のこのような面を読み解く能力がイヌにあるのかはまだ議論の渦中にありますが，支持する証拠も若干あります．Soproni *et al.* (2001) は Povinelli *et al.* (1990) が行った実験（チンパンジーと子どもに対する）をもう一度行いましたが，この実験では指差す身振りを用いる代わりに，実験者は，正しいボウルの中をのぞきこむ，正しいボウルの真上の天井を眺める，という動作をしました．両方の身振りの外観は非常によく似ていますが，観察者の観点から言えば，「のぞきこむ」身振りは食べ物について何かを伝えており，「上を見る」身振りは無

関心を表しています．原理的にはどちらの身振りも隠された食物の場所を特定するために区別できる手がかりを提供していますが，もしイヌが身振りの「意味内容」に注意を払うとすれば，実験者が目標物を見ているときにだけ（食物の上方を見る動作は食物の場所を示す意味をもたないので），イヌは正しい選択をすることになるでしょう．興味深いことに，イヌは実験者がボウルをのぞきこんだときにだけ正しい選択をして，上を見上げたときにはうまくいきませんでした（人間の子どもと同じように，また，チンパンジーとは反対に，Povinelli et al., 1990 を参照）．このことは，子どもやイヌは身振りの参照的側面に注意を払っていたのであって，実験者の頭が左を向いたか右を向いたかのような弁別的な違いにだけ頼ったわけではないことを示唆しています．

8.4.2 音声コミュニケーション

　動物行動学者は，実験室や野外で長年にわたりオオカミの音声データを収集し分析してきました（Tinbergen and Falls, 1967；Harrington and Mech, 1978；Schassburger, 1993；Feddersen-Petersen, 2000）．一方，イヌの音声について使用可能なデータはほとんどありません．とはいえ，これら2つの種はほとんどの音声レパートリーを共有しているという見方で研究者はおおむね一致しています（Beicher, 1963；Cohen and Fox, 1976；Tembrock, 1976）．ただし，イヌの方が遠吠えをしない傾向がありますし，より多様な文脈で吠える傾向が強いためオオカミよりも「騒がしい（よく吠える）」という点は異なります．オオカミに関しては，ほとんどの音声について，その同種内交渉における利用について記載データがあります．おそらくイヌの大部分の音声は，その祖先的機能を保持しているでしょう．しかし，興味深いことに，イヌの吠えについて詳細な研究はこれまでほとんど行われて来ていないのです．

　Cohen and Fox (1976) は Schneirla の理論 (1959) をもとに，イヌ属の種の音声について，それが受け手の退却を引き起こすか接近を引き起こすかによって分類を行いました．これらの信号の音響パターンは2つのカテゴリーに分けることができます．一方のタイプの信号は低い周波数のざらついた雑音的な音からなり（唸りや吠えなど：growl, snarl, woof, bark），もうひとつのタイプは澄んでいて音調があるという特徴をそなえ，倍音を含み，高い周波数で発せられます（クンクン，キャンキャンなど：whine, yelp, whimper）(Schassburger, 1993)．第1のカテゴリーに属する音声は受け手の退却を引き起こしますが，送り手の観点から言ってより重要なことは，このような音声が送り手の敵対的内面状態に関係があるということです．第2のカテゴリーに属する音声は，通常友好的，あるいは服従的な（**なだめ**）傾向を伝えるものです．Morton (1977) は，鳥類や哺乳類のいくつかの種を比較して，音声のこのようなカテゴリーへの分類は，内面状態と音声の音響的特徴間の関係の一般的規則（動機-構造規則）を示すのかもしれないと結論しました．これから見ていくように，この考えは，イヌ属のすべての種に有効なだけでなく，家畜化の間に変化が生じた声，すなわちイヌの吠え声だけを取ってみても当てはまるように思われます．

・吠えの役割

オオカミでは吠え（barking）は警告や抗議の信号として記述されています（Schassbuger, 1993）．一方，研究者たちがしばしば指摘して来たように，イヌはオオカミと違って，かなり広い範囲の文脈で吠えるようです．このため，イヌの吠えは，種内コミュニケーションや異種間コミュニケーションにおける特定の機能をもたない，家畜化による肥大化した副産物的行動と考えられています（Cohen and Fox, 1976）．

　Feddersen-Petersen (2000) は異なる犬種の異なる文脈での吠えを記録し，イヌの吠えは，周波数においても，それが含む倍音成分の量においても非常に変異が大きいことを指摘しました．オオカミの吠えに比較して，イヌはさまざまな周波数の吠えを発し，倍音成分が優占することもあれば雑音的成分が優先することもあったのです．つまり，イヌはオオカミに比べて，よく吠えるだけでなく，より多様な音を用いて吠えるのです（図8.5）．

　Yin (2002) は，もし Morton の規則が妥当なら，吠え声の音響構造の違いは内面状態の違いも反映しているはずだと主張しました．この考えを裏づ

(a) 知らない人間

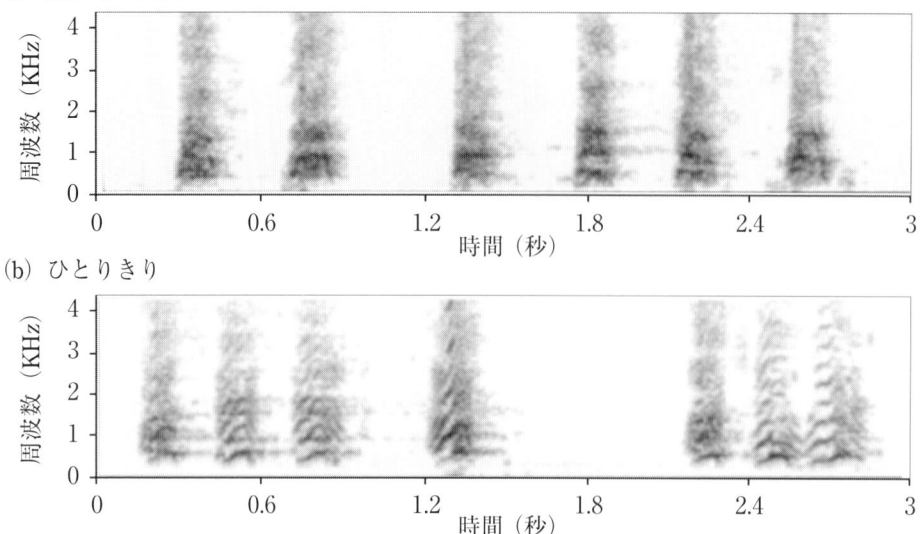

(b) ひとりきり

図8.5 ムーディ（ハンガリーの牧羊犬の犬種）のソナグラム．知らない人間に向かって発せられた吠え声（a）は，ひとりきりで置かれたときの吠え声（b）と明らかに違っている．前者ではほとんどの音が後者よりも低い周波数で発せられ，速い速度でくり返されている．一方，後者では，異なる周波数帯の明瞭な濃淡の横縞が見て取れ，そのパターンは，この声が倍音成分を多く含んだ高低変化を伴う「音調のある（tonal）」音であることを示している．

けるように，イヌの吠え声の音響パラメータは，録音された文脈によって異なっていることがわかりました．例えば，1頭だけでほうっておかれているときの吠え声と，突然ドアベルが鳴って吠えた場合では，前者の方がより甲高い声で発せられたのです．

しかし，明らかにしておかなければならない別の問題があり，それは信号を聞く側に関わっています．吠えるという行動は，人といっしょに暮らしているイヌにしばしば見られますが，野良犬や野犬には比較的稀にしか見られません（Boitani and Ciucci, 1995）．そのため，イヌは吠え声を人間とのコミュニケーションの手段として用いていると考えた研究者もいれば，少数ながら，吠えは人間の話し声の模倣に違いないと見るところまでいった研究者さえいます．いずれにせよ，もしイヌが吠え声を人間に対する信号として用いているなら，少なくとも，われわれはそれを読み解く能力があるはずだと考えられるでしょう．この考えを検証しようと，Pongrácz et al. (2005)はハンガリアン・ムーディ（よく吠える中型の牧羊犬種）の吠え声を6つの異なる行動の状況において録音し，それを，イヌを飼っていない人と，別の種類のイ

ヌを飼っている人と，ムーディを飼っている人に聞かせました．吠え声を聞いた人たちは2つの課題を与えられました．まず一連の吠え声を聞いて，それぞれ5項目からなる5つの異なる尺度をもとに，イヌが攻撃的になっているのか，悲しい気持ちなのか，喜んでいるのか，遊びたい気分なのか，怯えているのか，に注意を払い，それから，これらの同じ声を実験者が提示した6つの文脈（「攻撃している」，「置き去りにされている（単独）」，「遊んでいる」，「散歩に出かけようとしている」，「自分のボールを見ている」，「シュッツ（防衛作業）のトレーニング中である」のひとつに当てはめることを求められました．驚くべきことに，何かのイヌを飼った経験のある人とムーディの飼い主との間に違いは見られず，すべての成人は似たような結果を示しました．全体として人は，偶然によって期待されるよりも高い頻度で吠え声を適切なカテゴリーに分類し，また，情動と状況を適切に結びつけました．つまり，攻撃中のイヌから録音した吠え声はやはり攻撃的だと解釈されました．また音響構造の分析によって，動機－構造規則が働いているさらなる証拠が示されました．攻撃中に録音された吠え声は，野外にひとりで置かれた

イヌの吠え声よりも騒々しく，低い周波数をもっていました．興味深いことに，一連の吠え声の速度という別のパラメータも関連していました．吠え声を聞く者は，速度が速い（2つの吠え声の間隔が短い）ほど攻撃的だと感じたのです．この吠え声の速度は，もっと長い距離をはさんで行われるコミュニケーションの場合に特に便利なデジタル符号（一定時間内における均一な大きさの信号の数）の可能性を示していることを指摘することができるでしょう（Schleidt, 1973 も参照）（コラム 8.5）．

したがってイヌは，その吠え声に関して少なくとも3つのパラメータ（周波数，音色（tonality）＝騒音か調和のある音か，速度）を変えることができ，それらはすべて送り手の内面状態に関連しているように思われます．

重要なのは，オオカミの音声システムにおいて，吠え以外の音声はそれぞれ音がはっきり異なっており，全体として非常に区別しやすい音響構造をもっているということです．受け手にとって重要なのは，それによって異なる音声を曖昧さなくはっきり区別できるようになることです．吠え声の場合には，ひとつの形式の発声が，その主要な音響的特徴を微調整することによって，広範な内面状態を伝えるのに使われます．そのために信号を送る手段の柔軟性は増しますが（微粒子原則の意味で），一方で，受け手としては，人間のような音響的に熟練している相手が想定されることになります．広範な内面状態を表現するのに吠え声を利用する能力が，かなり遠方からでもこのような信号を利用できる人間によって好んで選ばれたという可能性は否定できません．したがって，人間のように話す能力のある哺乳類との共同生活が，イヌの発声能力の進化を促すよう影響を及ぼしたように思われるのです．

人が吠え声の意味を読み解くためには，比較的少ない経験しか必要ありません．6歳以上の子どもは，特定の状況（攻撃か置き去りか）に含まれる2つの基本的情動（敵意か恐れか）を正しく報告することができます．誕生以前に視力を失った人々は，目が見える人々と同じレベルの成績を示しました（Molnár et al., 2007）．多くの点で，人の

コラム 8.5 吠え声から想定される「意味」について

吠え声を聞いた人間は，実験者が提示する異なる文脈のカテゴリーに吠え声を正しく（期待されるチャンスレベルを有意に上回って）割り当てることができました (a)．また，想定される吠え声の情動的内容を正確に判断しました（Pongrácz et al. 2005）(b)．どちらの判断においても，人は吠え声の（音響的特徴の中でも）周波数を頼りにして判断しているように思われます．というのは，低い周波数の吠え声の方がたいていより攻撃的だと見なされ，高い周波数の吠え声はより怯えていると受け取られるからです (c)．

別の研究では，コンピュータ化された新しい学習アルゴリズムを用いて，イヌの吠え声について，与えられたデータセットから想定される文脈依存的特徴と個体依存的特徴が分析されました（Molnár et al. 2008）．音のサンプルには，6つのコミュニケーション状況で録音された 7400 を超える吠え声（ハンガリアン・ムーディの吠え，図 8.5 参照）のデータベースを使いました．このアルゴリズムの課題は，さまざまな状況でさまざまな個体から録音された吠え声について，それらを互いに区別する音響的特徴を学習することでした．プログラムは，状況と個体が明らかな吠え声を分析することによってこの課題を実行しました．この練習段階の終了後，未知の吠え声がコンピュータに提供され，それが発せられた状況と発した個体を判断するよう求められました．その結果，このコンピュータアルゴリズムはチャンスレベルを上回る識別率で新しい吠え声を正しく分類することができました．興味深いのは，人間よりもずっとうまくやったということです．このプログラムは，既定の状況に従って吠え声を分類することも (a)，同一個体のさまざまな吠え声を認識することも (b) できました．後者の課題は人間にはできないことでした（Molnár et al. 2006）．

コラム 8.5　続き

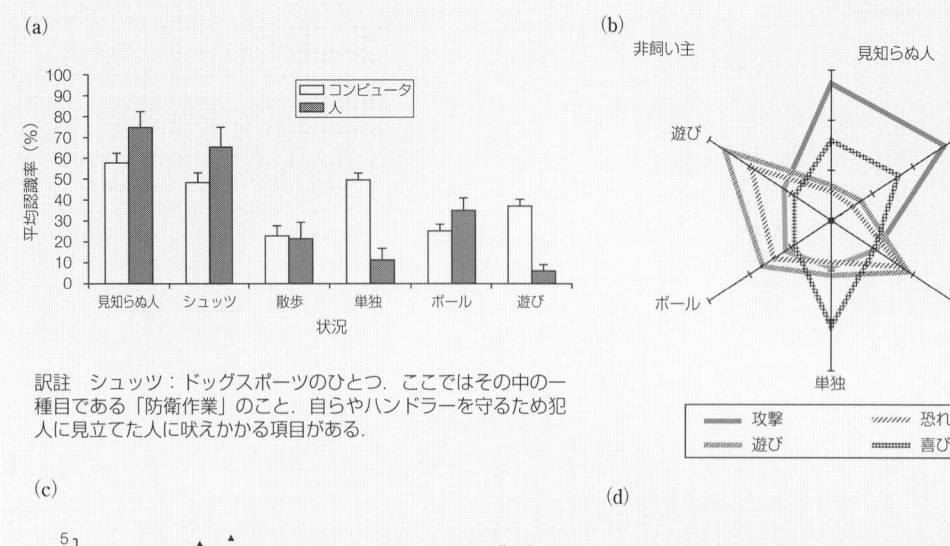

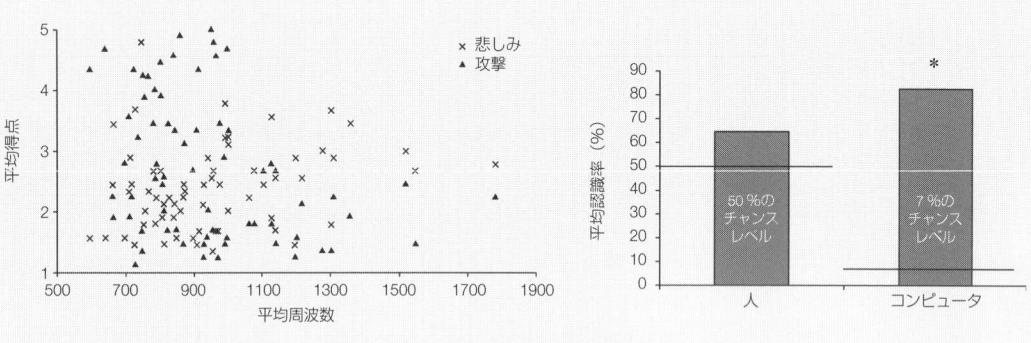

(a)

(b)

訳註　シュッツ：ドッグスポーツのひとつ．ここではその中の一種目である「防衛作業」のこと．自らやハンドラーを守るため犯人に見立てた人に吠えかかる項目がある．

(c)

(d)

(a) 人と機械の比較．コンピュータアルゴリズムも，新しい吠え声を正しいカテゴリーに入れることができる（チャンスレベルは 17 %）．(b) 非飼い主も，何の問題もなく，さまざまな文脈で録音されたイヌの吠え声に特定の情動状態を当てはめることができる．それぞれの軸上の鍵になる情動に対してより高い得点が出ていることがわかる．(c) 吠え声の周波数と情動得点の関係　(d) 人は，同一のイヌが発する吠え声の聞きわけが難しいらしい．練習をすれば，コンピュータアルゴリズムはこの問題を解決することができる．（＊：偶然との有意な違いのあることを指す）

非言語的信号伝達も動機−構造規則に一致しているため，私たちはこの能力に頼ってイヌを含む他の種の発声を読み解くことができるのかもしれません（コラム 8.5 を参照）．

・人の音響信号の利用

　人間の世界では，発話は社会的接触を確立するための主要な方法です．ですから，多くの人がイヌに話しかけていて，そのときの反応から，イヌは人の言うことを理解していると信じていたとしても，特別驚くべきことではないでしょう．むしろ興味深いのは，イヌに話しかけるとき，しばしば人は少し変わったしゃべり方をするということです．Hirsch-Pasek and Treiman (1981) は，そのようなイヌへの話しかけ方をイヌ用の「わんちゃん言葉（doggerel）」と呼び，母親が赤ちゃんに話しかける「赤ちゃん言葉」との類似点を調べました．母親（あるいは父親）は，自分の子どもに話しかけるとき，高い声でゆっくりと，やさしい少数の語彙を用いた単純な文章を（自分自身ではなく）その子の視点に立って話します．詳細な比較観察によって，これらのほとんどがイヌ用の言葉にも当てはまることが示されています（Mitchel, 2001）．

イヌ用の言葉に対してイヌがどのように反応するかについての観察結果はありませんが，McConnel and Baylis (1985) は，イヌの行動に影響を与えるために人が特定の音響的特徴を利用するという文化横断的証拠を収集しています．人の口笛の音響的特徴の分析から，イヌのトレーナーがイヌの行動を促すときには，短い広帯域音の素早い繰り返しが好んで用いられることがわかりました．反対に，イヌの行動をやめさせるために使われる口笛は，狭帯域の音を伸ばして使うという特徴がありました．これらの特徴をもつ音の効果は，実験によっても確認されました．イヌに「おいで」のトレーニングをするには，短く，繰り返される音の方がより効果的だったのです (McConnel, 1990)．

　イヌと人のコミュニケーションを野外で観察した唯一の例は牧羊犬（ハーディングドッグ）と人のコミュニケーションの観察で，トレーニングされた牧羊犬が羊を追うときには，言葉やさまざまなタイプの口笛によるコマンドにもとづき少なくとも6種類の行動をとることがわかりました (McConnell and Baylis, 1985)．この6という数は決して多いものではありません．イヌの飼い主たちはもっと多くの音声コマンドを自分のイヌが「理解している」と考えていて，その数の平均は32なのです (Pongrácz et al., 2001)．イヌの「言語理解」の最初の体系的調査は，映画出演のためにトレーニングされたジャーマン・シェパードの能力についてのテストでした (Warden and Warner, 1928)．予備的な観察で，このイヌが2種類のタイプの行為をコマンドに従って実行できることがわかっていました．それらの行為の一部は体位の変更（「座れ！」）に関わっているか，あるいは，大雑把に言って，周囲の何か特定の状況に向けられていました（「高く跳び上がれ！」＝イヌはそばにある物や人の高さまで跳び上がる）．その他の行為には特定の目標があり，例えば特定の物を持って来るなどしなければなりません．全体としてこのイヌは，飼い主が衝立の蔭にいるときでも（言葉以外の手がかりの効果を減らすため），最初のタイプの行為の大部分をこなすことができました．反対に，コマンドが特定の物に関わっているときには（「私の鍵を取ってこい！」），命令を果たすのに苦労しました．おそらくこの場合には，方向の指示その他，飼い主が身体を用いて出す信号を利用できなかったせいでしょう．このイヌが物の名前を理解しているかどうかテストするため，3つの対象物を置き，その中から指定された物を持ってこられるかが調べられました．しかし，この個体は偶然レベルをわずかに超える（しかし有意ではない）程度の正解率を示しただけでした．ただし，一般的に言えば，イヌに持って来る物の名前を指定し，その物を持って来るようトレーニングすることが可能であることがわかっています (Young, 1991)．

　最近，200を超える物の名前を言われて取ってくることのできるイヌ（ボーダー・コリー）の報告があり，それ以来，人との社会的相互交渉の間にイヌも（人間の子どものように）自発的に物の名前を学ぶのかという問題が大きな注目を集めています．また，このイヌが，新たな物の名前が呼ばれたときに素早く分析を行っているらしいことを示す証拠もあります．実験である物を取ってくるように命令されたとき，その名前がそれまで聞いたことのない物の名前であれば，見慣れた3つの物と見たことのない1つの物が並べられた中から，見たことにない物を選んで持ってきたのです (Kaminski et al., 2004)．この現象の背後にどのような認知過程があるのかは議論のあるところですが（Bloom, 2004 を参照），このイヌは新しい音の連続が発声されたとき，それが，既知の「名前」をもつ見知った物の中に置かれた新しい物の「名前を示す」ことを認識できたのです．

　イヌは盗み聞きができる，つまり，人の会話を横で聴いて言葉の意味を学習できる，そう素朴に信じている人はたくさんいます．人間の赤ちゃんには確かにこの能力があります．18か月の幼児は，人が何か発声したとき，その大人の目が焦点を結んでいた物をその音に優先的に関連づけるということがわかっています．同様のことが，人と人の相互作用の分析用に考案されたモデル－ライバル法を用いてトレーニングされた大型インコ（ヨウム）でも観察されています (Pepperberg, 1991, 1992)．どうやら同じことがイヌにもあてはまりそうです．会話の中で人が新しい物の名前を繰り返し用いるのを観察していたイヌが，その物の名前

を学習するという証拠をMcKinle and Young (2003) が示しています．イヌは，その物の名前を呼んで持って来るように命令されると，3つの対象物の中から正しく，それを持って来ることができるようになったのです．この学習で，人間の幼児と同様，イヌも視覚的手がかり（人が注意を向けたり，何かを触ったり操作するのを見ること）を利用しているというのはありそうなことです．最近の研究では，ある物への人の視覚的関心が強く示されるほど，その物がイヌにとって目立つものになるらしいこと，そして，音声手がかりはこの現象の中では小さな役割しか果たしていないかもしれないこと，が示唆されています（Cracknell et al., 2008）．

8.5 遊び

哺乳類の行動発達の中でも，複雑な社会遊びは特に驚くべき現象であり，その適応的機能は未だ大きな謎のままです．Coppinger and Smith (1990) が展開した理論では，遊びは，新生仔の行動をおとなの行動パターンに組み替える必要から生じたかもしれないと示唆されています．しかし，ほとんどの研究者は，遊びを維持するコストを考えれば，それに見合う適応的な利益があるはずだと考えています．ただ，そのような遊びの適応的利益は，種や生態的条件の違いによって異なっているかもしれません．例えば，複雑な行動パターンをもつ種であれば，遊びは，行動の決まりきった手順の確立，身体的・精神的活動の練習，個体間関係の強化などの機能をもつのかもしれません（例えば，Bekoff and Byers, 1981）．

特定機能説は，イヌ科の動物では遊びの量と社会性との間に相関関係があるという知見によってある程度支持されています．比較的社会性が低いと考えられるジャッカルやコヨーテでは，オオカミやイヌに比べて遊びがあまり見られません（Fox, 1971，Bekoff, 1974，Feddersen-Petersen, 1991）．さらにコヨーテでは，またジャッカルにおいても，遊びの行動が増加する以前に階層関係がある程度発達しますが，これは，これらの種では社会関係の確立に遊びが小さな役割しか果たしていないことを示唆しています．一方，イヌとオオカミでは，社会的階層の確立に先だって集中的な遊びの出現が見られます．このことは，後に続く社会的関係とは別の社会的結びつきが発達する可能性を示しています．しかし，イヌとオオカミにはいくつか異なる点もあります．第1に，どちらの種のおとなも遊びを行いますが，イヌの方がよりはっきりしています．イヌは大きくなっても，人とはもちろん，イヌ同士でも遊びます．イヌとオオカミのどちらが「一般に」より多く遊ぶかは，比較に用いられる犬種によって異なるということにも注意する必要があります．例えば，Bekoff (1974) はオオカミに比べてビーグルがよく遊ぶことを報告していますが，一方で，Feddersen-Petersen (1991) は，同じ年齢のプードルがオオカミよりも遊ばないことを報告しています．第2に，イヌとオオカミでは，よく行われる遊びのタイプや遊びの誘いに使う信号が異なっています．残念なことにこの点についての詳細な比較研究はまだないのですが，イヌとオオカミではどうやら採用される遊びの「企画（project）」が異なるようです．（例えば，オオカミは距離を取り，後からついて行き，組み合って，相手の体の上に乗る（Packad, 2003）のに対して，イヌは物を追いかけ，取り合い，持っていき，引っ張り合います（さらに詳しくはMitchell and Thompson, 1991 を参照）．ビーグルでは，性的な行動パターン（マウンティング，しっかり相手を抱え込むこと）が遊びの中で用いられますが，オオカミでは観察されません (Bekoff, 1974)．さらに，遊びの中で使われる信号にも変異があります．Feddersen-Petersen (1991) は，オオカミが感情を表す表情信号を使うことを報告し，それを「真似遊び（mimic-play）」と定義しました．このような表情信号はプードルでは見られないようです．対照的に，Bekoff (1974) が研究したビーグルは，オオカミより広い範囲の信号を遊びの誘いかけに使用し，よりうまく遊び相手から反応を引き出しました．注意を促しておきたいのは，どちらの研究でも，イヌは遊びの間にしばしば吠えを信号として使うことが示されていることです．これはオオカミでは見られません．

プレイシグナルパターンの研究でBekoff (1977) は，ある種の信号は，その信号の前後に行われた行動の効果（「意味」）を変えることができる（メタコミュニケーション）ことを強調しました．

Bekoff (1995a) はイヌとオオカミの遊びの観察から, プレイバウ（遊びの際のお辞儀姿勢）がデタラメに起こっているわけではないことに気がつきました. プレイバウは誤解されるかもしれない行為（咬みつき）の前後によく起こっていたのです.

イヌは, イヌ同士でも遊びますし, 人とも遊びます. ここから生まれてくる興味深いテーマは, イヌはどのように人の行動信号を解読しているかというものです. イヌは特別の経験なしにサルとも遊ぶことができると報告されています（Bolwing, 1962）. Rooney et al. (2001) は, 人が出すさまざまな信号（お辞儀, 突進, それらが発声を伴って行われた場合：これらは人とイヌの遊びの予備的観察で記録されたものです）に対するイヌの反応を体系的に調べています. それぞれの信号はイヌの遊びを引き出すのに効果的でした. 面白いのは, それらとイヌが出す信号の並行関係です. イヌ同士の相互行為でもそうであるように, 人の発声にもイヌの遊びを引き出すのに効果がありました. この研究もまた, イヌが多様な信号を利用する能力をもつことを示しています. これは, ある行為が2個体の相互行為を通じて習慣化して信号の一部になっていくという個体発生的儀式化（Tomasello and Call, 1997）の結果かもしれません. 個体発生的儀式化という考え方は, なぜ吠えをプレイシグナルとして利用するイヌがいるかを説明するかもしれません. 遊びの発達の初期段階では, 吠えは内的な興奮が表れた行動にすぎなかったでしょう. しかし, その後の遊び的な相互行為の繰り返しを通じて, 一部の個体は吠えを信号として利用することを学習するのかもしれません. この発生上の儀式化の可能性のため, イヌと人の視覚的（身体的）信号がプレイシグナルとしての有効なのは, それがイヌのそれと外見上似ているからかどうかを調べることは困難であることになります（個体発生的儀式化と微粒子の原則（189ページ）の近い関係に注意）.

遊びの中でイヌに「勝たせる」ことが, 人とイヌの上下関係に影響を与えるという前提が, 文献中に繰り返し現れます（例えば, McBride, 1995）. しかし, このアイディアを支持するデータはありませんし（Rooney and Bradshaw, 2003）, 遊びの論理にも反しています. すでに述べたように, 遊びの中では害をなすようなどんな行為も真剣には受け取られないし, 受け取られてはならない, ということを保証するためにプレイシグナルが役立っているのです. また, 役割交代は遊びを特徴づける行動のひとつであり, 動物は役割交代をしない相手と遊ぶのを避けます. 遊びが深刻な争いに変わることはあり得ることですが, だからこそ, 遊びをする個体にとって, 遊びの意図を伝える信号を出し続けることが重要になります. そうすることで, 相手との関係に否定的な影響を与えてしまうのを避けているわけです. ただ, 犬種によってはプレイシグナルを使用する能力が限定的になっているかもしれません.

遊びの中の複雑な行為があまりに単純に記載されていることに不満をもった Mitchell and Thompson (1991) は新しい行動モデルを発展させました. それによれば, 社会的遊びに参加する者は, 2つの課題を遂行しなければなりません. ひとつは, 特定の遊びの「企画」（特定の行動パターンによって進められる相互行為）で遊ぶこと. もうひとつは, どんな「企画」であれ, 遊びそのものを維持することです. 相互行為をしているイヌは, 個体毎に特定の遊びの企画への好みをもっているかもしれません. それは, 実際に行われている遊びの企画と一致するかもしれませんが一致しないかもしれません. したがって, 相手を自分の好みの企画に誘導し, 同時に, 相手の指し示す異なる企画を尊重することが課題となります. もし一方が相手と合致するような企画を始めたなら（「提案」したなら), 遊びのやりとりは広がって行くでしょう（例えば, イヌが走り出し人が追いかける）. しかし, そうでなければ, 自分の企画を進んで諦めるか, さもなければ, なんとかして相手を自分のしたい企画に誘い込まなければなりません (Mitchell and Thompson, 1991). イヌと人の遊びを観察すると, イヌも人も相手を自分の企画に誘うのに, 遊びを続けるのを拒絶してみたり, セルフハンディキャップをとって挑発してみたりすることがわかります. ただし, 相手の行動を真に操作するのは人だけです（発達の側面については, Koda, 2001 参照). 両方とも, 何であれ遊びを続けているという共通の目標を認識しているだけでなく, そのためには, 自分が目標を変えなければな

らないか，相手が目標を変えなければならないかだということも認識しているように思われます．Mitchell and Thompson（1991）は，遊びという活動は，意図に関係する語彙で説明できるものではないかと提案しました．つまり，ある企画を実施するという目標／意図をもち，相手の目標／意図を認識する，といった言い方で説明するのです．同様に Bekoff and Allen（1988）も，意図に関係する問題を研究するための自然な行動系を研究者に提供してくれるのが遊びだと論じています．敵対的な状況であれば，自分の意図を明らかにすることは不利になるでしょう．一方，共同的な相互行為では，他者の意図を想定する能力が有利なものとして選択されてきたかもしれません．つまり，イヌの他個体の行動に配慮する能力，さらには他個体の行動を意図に関連させて内的に表象する能力は，イヌ同士の遊びや人との遊びによって高められたかもしれません．

Rooney et al.（2000）は，イヌの社会的な物遊びを比較して，同じ個体であっても，イヌと遊ぶときよりも人と遊ぶときの方が，より競争的でなくなり，かつより双方向的に振る舞うことを見いだしました．人と遊ぶとき，イヌはロープやボールのような（遊びの中心にある）物をより頻繁に人に提供し，より早く所有を諦める傾向がありました．この違いから，彼らはイヌ同士の遊びは人との遊びとは異なる行動システムの制御下にあると論じました．彼らは，このアイディアを支持する知見として，Biben（1982）の，狩りを行う社会的な種はそうでない種よりも物遊びのときにより競争的ではない，という知見を引用しています．人と遊ぶときとイヌと遊ぶときのイヌの行動の違いは，イヌ同士が協力して狩りをしないことと家畜化の過程で人間と協力して狩りのできるイヌが選択されて来た可能性によって説明できるかもしれません（第8章8節も参照）．このモデルは，オオカミの協力して狩りをする能力を説明できてはいませんが，イヌが遊びを成立させるために用いている心的表象が，イヌ同士で遊ぶときと人と遊ぶときとで異なるかもしれないことを示唆しています．このことは，イヌと人との間で行われる遊びのタイプが，そのイヌと人の関係性に影響を与えているかもしれないという知見（Rooney and Bradshaw, 2003）によっても強調されるでしょう．

8.6 イヌの社会的学習

社会的学習は，同種の仲間を観察して情報を得る効果的な方法です．社会的学習が行われることの決定的な実験証拠は，経験不足の個体に熟練した者（デモンストレーター）の実演を観察する機会を与え，そのような経験のない個体に比べて上手くやれることを示すことです．種の生態にもよりますが，社会的学習は個体学習よりも有利であるということには，ほとんどの研究者が同意しています（Zentall, 2001, Laland, 2004）．反対に，その過程をコントロールする，根底にある認知メカニズムについてはいろいろと意見が分かれています（Whiten and Ham, 1992 を参照）．

イヌ科にはたくさんの社会的な種が含まれるにもかかわらず，野生下では，社会的学習に関して事実上何の実験的研究も行われてきませんでした（Ney, 1999）．飼育下のオオカミの逸話的証拠ならあります．例えば，Frank（1980）は，人間の行動を見て，オオカミが自分のケージの扉を開けることを学習できたと示唆しています．興味深いのは，この著者が，イヌにおけるこの能力を家畜化が弱めてしまったのではないかと述べていることです．この見解は，回避条件づけによる脚の屈曲を，イヌが観察によって早く学習したりしなかったという，以前のいくつかの否定的知見によって補強されました（Brodgen, 1942）しかし，イヌは人という異種（複雑な社会的学習の能力をもちます）と密接な関係をもっています．このことがイヌの社会的学習の能力を強めてきたということはありそうなことではないでしょうか．イヌは一生の大半を人の集団の近くやその中で過ごしており，もしイヌが人の行動から情報を取り出すことができるなら，そのような個体は他個体よりも有利になったでしょう．イヌの社会的学習に関しては，そのために用いられている表象も興味深い問題です．というのは，イヌは社会的学習のためにイヌ（同種）からも人（異種）からも情報を得ることが可能なはずだからです．

イヌがイヌから社会的学習できることを示すいくつかの証拠があります．例えば，Slabbert and Rosa（1997）は，3か月齢まで母イヌのもとに置

かれ，母親が麻薬を捜索する様子を観察する機会を与えられた警察犬の仔イヌは，後になって同じ仕事を学ぶ際，対照群の仔イヌよりも優れた成績を示すことを実証しました．また，仔イヌは仔イヌからも学ぶことができます．ひもで小さな荷車を引いている同腹の仔イヌを見たことのある個体は，後に同様の行動を行いやすいのです（Adler and Adler, 1977）．

実験により「平均的」な家庭犬は迂回路課題を解くことがあまり上手くないことがわかっています．だいたい5，6回の試行の後でやっとV字型のフェンスを迂回して目標物（食べ物かおもちゃ）を取りにいくことができるようになる程度です（第7章3節）．しかし，回り道をしている人間のデモンストレーターの実演を見た後だと，成績は改善され，2ないし3回の試行で迂回できるようになります（Pongrácz et al., 2001）．重要なのは，イヌが，それ以前に反対の経験をしていても，人からの情報に頼ることができた，ということです．ひとつの実験では，イヌは，V字の先端に近い場所にある開口部を抜けて食べ物／おもちゃのところへ行くことができました．その後で（開口部を閉じることで）この直接的経路を選ぶことを邪魔されると，大部分のイヌの成績は悪化し，何の経験もしていない経験不足のイヌよりも成績が落ちました．これによって，直接的経路という以前の経験が，別の解決策を工夫する能力に強い妨害作用を及ぼしていることが示されました．しかし，そういう経験の後に人の実演を見る機会が与えられると，イヌはこのような心理的偏向（バイアス）を克服することができて，すぐに回り道の習慣を身につけました（Pongrácz et al., 2003）．

同様に，人が実演するのを目にすれば，イヌはすぐに箱に取りつけられたハンドルを操作することを学びます（Kubinyi et al., 2003a）．ハンドルを左か右の方へ押すと，箱の反対の側へボールが出てくるようになっています．人がハンドルを操作するのを観察していたイヌは，実験者が箱のてっぺんに手を触れるのを見たイヌや，箱の近くで実験者と遊んだイヌに比べて，ハンドルを押す（鼻で）傾向を強く示しました．重要なのは，実演によってボールが転がり出てこなかった（結果として遊びにつながらなかった）場合にも，イヌはハンドルに触れたがるということです．これは，成果が明らかでなくても，イヌが人の行動に従う顕著な傾向をもっていることを示しており，このことは，イヌが知りたがりの癖を発達させる傾向を説明してくれるかもしれません（以下も参照）．

社会的学習に関して，興味深い側面がさらに2つあります．イヌが自分の置かれた状況に対して何の経験ももっていないときには，彼らの行動はデモンストレーターの行動に大きく左右されます．迂回路課題においてフェンスの周りを歩いて多少の経験をもっており，その上で人の実演を観察したイヌは，すぐに迂回路を学習しましたが，実験者が実際に実演した迂回路の方向（左から行くか右から行くか）には従いませんでした．これとは反対に，この課題に関して何も経験していない経験不足のイヌは，人が歩いたのと同じ方向を優先的に選びました（Pongrácz et al., 2003）．人の行動をコピーするこのような選好は，他の状況においても観察されました．たとえ外的な動因が見当たらない場合にも，人の実演を見たイヌは，箱のハンドルを操作しようとする傾向を見せました（Kubinyi et al., 2003a）．

最近の研究で，イヌは，人間の行為を見て，自分の行為レパートリーの中から機能的に類似した行為を選択できることが分かってきました．イヌにおけるこのような能力を示すために，私たちは，類人猿（Custance et al., 1995, Call, 2001）やイルカ（Herman, 2002）の模倣能力を示すために用いられてきた「Do as I do!」という手続きをイヌに適用してみました（Topál et al., 2006b）．熟練した介助犬（障がいをもつ飼い主を補助するためにトレーニングされていました）をトレーニングし，「Do it!」というコマンドで，実験者が示す行為に似た行動をするよう教えました（Topál et al., 2006b）．何が似た行為であるかは，あらかじめ実験者が決めておき，それをするように教えました．真似するように教えた行為は，体軸を中心に回転する，声を出す（吠える），その場で飛び上がる，水平な棒を飛び越す，物を容器に入れる，物を飼い主かその両親に持っていく，棒を床に押し付けるなどです．重要なことは，それぞれの行為をデモンストレーターがしてみせる文脈は常に同じになるようにし，イヌが上記の正解となるどの行為でも行え

るように準備してあったことです（訳註：物や棒などはいつも利用できるようになっていました）．したがって，このイヌが正解するには，デモンストレーターの行為に対応した類似行為を選ぶ自分自身の判断能力に頼るしかありません．1か月のトレーニングの後，このイヌは非常に上手く正解の行為を行うようになりました．クレバーハンス効果を除外するため，トレーニングしたのとは別の人でもテストしましたが，やはり上手にやってのけました（このとき，報酬は与えませんでした）．さらに次の実験で，このイヌに，トレーニングした行為ではない新しい行為，ただし介助犬としてトレーニングされた行為レパートリーに含まれる行為（例えば，ドアを開ける）を人がやって見せて，真似するように命令してみました．その結果，新しい行動に対してもトレーニングで学習したルールを適用できたのです．つまり，デモンストレーターが示した行為に非常によく似た行為を選ぶことができたのです．

イヌが異種グループ内で他者を観察して学習する際，どのような行動モデルを用いているのでしょう．上記のような実験手続きは，それを理解するのに特に有用だと思われます．解剖学的な違いのため，イヌと人の動作の構成は部分的にしか重なりません．例えば，物を取るために私たちは手を使いますが，イヌは前脚か口のどちらかを使います．同種の仲間を観察するときは，その行為を種に特有の身体的表現として理解できますが，これは人間を観察するときには部分的にしか役に立ちません．人，あるいはイヌが実演する動作に対する振る舞いを比較すれば，この点に関していくらかの手がかりが得られるかもしれません（コラム8.6）．

他者の行動を自分の行動のモデルとして利用する傾向は，特に意味のないような条件でも見ることができます．このことは，イヌの習慣的行動の発達を説明するかもしれません．Kubinyi et al. (2003a) は，イヌが新奇で，無意味な行動を自発的に真似するようになるかを調べました．彼らは，イヌの飼い主にイヌの散歩から家に戻った後のルートを変えてくれるように頼みました．最短ルートを通って家のドアに近づく代わりに，イヌのリードをはずしてから，ドアから離れる方向に小さく円を描くように歩いてもらったのです．最初，ほとんどのイヌは飼い主の後に付いて歩くか，玄関のドアの前で飼い主が戻ってくるのを待っているかのどちらかでした．しかし，180回こうした散歩を行った（3～6か月）後では，半数のイヌが，飼い主の横を歩くどころか飼い主を追い越して先に円を回りきってしまうようになりました．1匹のイヌなどは，飼い主が遠回りを止めてしまってからも，さらに2, 3か月間も遠回りコースを走る習慣を維持しました．この結果は，一定の経験の後では，イヌは人の行動についての予測を形成することを示唆しています．イヌが他者の行為を先取りでき，意味のない習慣でも採用できることで，人との同調した行動が現れやすくなるでしょう (Kubinyi et al., 2003a)．社会的相互行為のレベルでは，このような予測は二者の間の対立を減少させ，効果的な協力の発達を促すメカニズムとも解釈できるでしょう．

8.7　社会的影響

模倣のプロセスに関する最近の理論では，社会的影響を社会的学習と区別して考えることが好まれますが (Whiten and Ham, 1992)，以前の文献ではそうではありませんでした．多くの場合，社会的影響に学習は含まれず，結果として起こる行動の類似は，集団内にいることによる動機の変化といった，他のプロセスによるものです．例えばCompton and Scott (1971) は，仔イヌたちがいっしょにいるとより多くディストレスコール（訳註：母親から引き離されたときに出す鳴き声）を発し，より多く食べるということに気づきました．社会的状況で食べ物の消費量が増えることは満腹の後でも見られました (Ross and Ross, 1949)．社会的動物に見られる類似の並行行為を説明するために，Scott (1945) は，多くの点で社会的影響と同義であるように思われる**相互模倣行動**という言葉を導入しました．しかし同時にScottは，相互模倣行動は単なる全体的な促進効果ではなく，イヌが相互に行動を相手に合わせた結果である，という具体的な仮説を提示しました．そのような効果を明らかにするために，彼はイヌにランニングを行わせて，褒美に食べ物を与えました (Vogel et al., 1950)．1匹だけで走るイヌは2匹でひと組になって走る

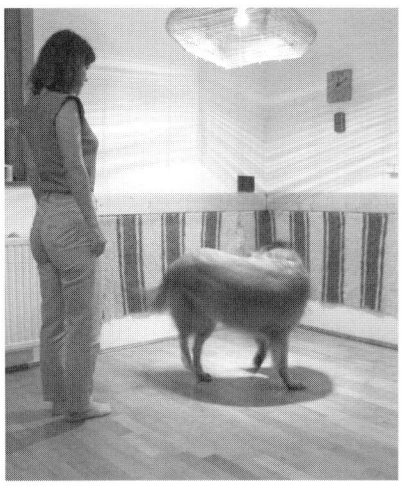

図 8.6 イヌは，人のデモンストレーター（実演者）が示した動作にもとづいて，機能的に類似した動作を行うことを学習することができる．まず飼い主／実験者がある動作をやってみせてから，「Do as I do（私の真似をして）！」と命令する．(a) ディノというイヌが「くるっと回る」という行為を実行している．この行為は彼がトレーニングで教えられた行動のひとつである．(b-c) フィリップは新しい行為（ソファーの上の靴下を引っ張る，脚をボールの上に載せる）を見せられ，それを真似している．（Topál *et al* 2006b も参照）

コラム 8.6　社会的学習：何が学ばれるのか？

　社会的学習の最も興味をそそる問題のひとつは，観察者がどのような種類の新しい情報を得ているかということです．以前は，動物はその行動の構成要素を「模倣」によって学ぶのだと考えられていましたが，行動の運動的側面について学習することは稀で，ほとんどの場合観察者は，行動パターンと周囲の状況との間にある一定の関係について学習するのだということが明らかになりました（Whiten and Ham, 1992）．重要なのは，観察の効果は観察者が実際に経験していることによる，ということです．

　今までのところ，よく調べられているのは人のデモンストレーターからの観察学習ですが，イヌは他のイヌの行動からも学習することができます（Pongrácz et al 2003）．人が実演する場合には興味深い問題が生じます．というのは，行動を構成する多くの動作が2つの種の間で違っているからです．Odendaal (1996) は，穴を掘る人間（庭師）を見る事でイヌの穴掘り行為が促されるかもしれないと述べています．しかし，取るに足らないことに思えるかもしれませんが，人の行動がイヌの側の類似行為を引き起こしたのかどうかは明らかでないのです．道具（鍬）を使って土を動かしながら立っている人間には，穴を掘っているイヌに似た視覚的特徴はほとんどありません．ですから，新鮮な土の匂いによって，あるいは単に動かされる土を見ることによって，イヌの穴掘り行動が促されているのかもしれません．最後につけ加えれば，イヌは鍬を人間の腕の延長と見なして，土と鍬との接触を，自分の前脚や足と土による同様の動作と関係づけているのかもしれません．重要なのは，社会的学習の理論家は，これらの可能性を説明するのに，それぞれ異なる学習メカニズムを求めるだろうということです．

　類似の問題は，人が手でハンドルを操作しているのを見ているイヌの場合でも生じます（Kubinyi et al 2003b）．この動作は明らかにイヌの注意をハンドルに引きつけますが，イヌは前脚（それはヒトの手の解剖学的な対応物です）ではなく鼻面を使ってハンドルを動かします．これは，イヌはそのような状況（小さな物体を押す状況）では，一般に鼻面を使うことを好むからか，あるいは，習慣的に，人が手で行う動作を真似するには自分たちは鼻面を使うのが最善だと学んでいるかのどちらかです．

　最近の実験（Bánhegyi 2005）によって，デモンストレーターの行動が，イヌがどの行為を選ぶかに影響を与えうることが示されています．実験では，イヌに，実験者が不透明な筒の一方の端を押し下げるかひもを引っ張るかして中のボールを取り出しているのを見せました（c）．対照実験として用意した何も見せなかったイヌは，後脚で立ち上がって筒を押し下げることを好みました．驚くべきことではありませんが，筒を押す行動を目撃したイヌは，筒の中に隠れたボールを取り出すために，似た行為を選びました．しかし，ヒトのデモンストレーターがひもを引っ張るのを見せたときには，その押す行為の頻度は下がったのです（そして，引っ張る行為の頻度が増えました）（d）．

(a)

効果的なハンドルの利用

(b)

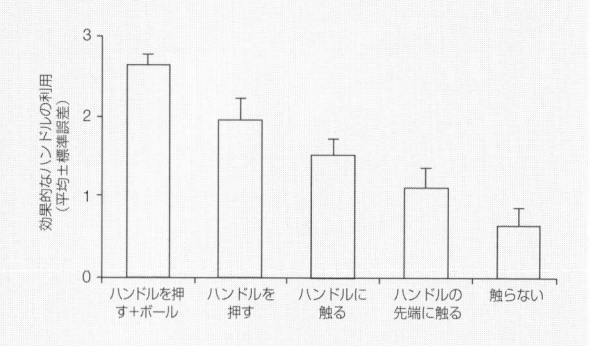

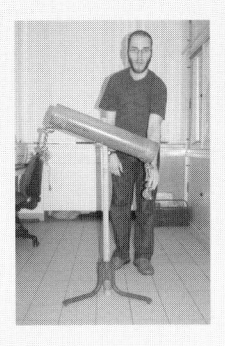

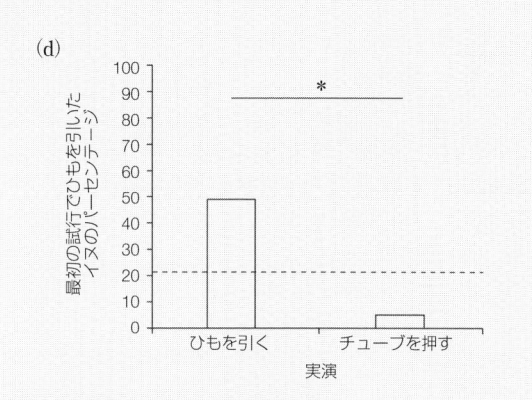

(a) 実験者の実演の後，イヌがハンドルを操作しようとしている（写真：Enikö Kubinyi）．(b) 3 回の試行の間に効果的にハンドルを押す動作が行われた平均値．1 回の試行でイヌがハンドルを使ってボールを手に入れれば 1 点が与えられた（最高得点＝3）．「ハンドルを押す＋ボール」（実演者がハンドルを押し，ボールが箱から出てくる）条件では箱からボールが出て，そのあと短い時間遊びが行われた．他の条件ではどの場合にも（対照実験＝触らない，を除いて），実演者は箱に触れたが，ボールは出てこなかった（詳しくは Kubinyi et al. 2003b を参照）．(c) ひもが片方に引き下げられると，チューブからボールが出てくる（左）．次にイヌはボールを回収するにちがいない．(d) 実演を行わない場合，ひもを引く動作を使ったのは 22 ％のイヌだけだった（横線＝チャンスレベル）．ひもを引く実演の後では，50 ％のイヌがひもを引っ張った．しかし，別の動作（例えば，チューブの一方の端を手で押し下げる）示されると，ひもを引くイヌの数が少なくなった（8 ％）．どちらの数値もベースラインの成績とは異なり，また互い同士も異なっている（＊＝有意差があることを示す）（Bánhegyi 2005 にもとづく）．

イヌよりもゆっくり走ることがわかりました．しかしまた，組になって走るときには，より速いイヌは速度を落とし，より遅いイヌは速度を上げるという証拠もいくつか見つかりました．これらの知見は，いっしょに走るために，個々のパートナーが自分の走る速度を相手に合わせているという考えを裏づけていると論じられました．このように互いを模倣することは，狩りやその他の協調的行動（盲導犬が盲人を誘導するときなど）時に確かにとても役に立つでしょう．そのような場合には，それぞれの個体が常に相手のスピードや動きを考慮に入れておく必要があるのです．

8.8 協調／協力

ある種の目標は，グループ内の他のメンバーと相互行為することによってのみ達成できます．例えば 1 個体では狩ることのできないような大きな獲物の狩りがそうですし，一緒に「遊びたい」（上述）といったもっと一般的な目標もありえます．どちらの場合も相互行為している動物たちは，目標達成のため，他個体の行動に注意を払い，自分の行為を選ぶのに，その相手の行動を考慮に入れなければなりません．この意味で，ある活動を共同で行うことは諸行為の結合の構築につながると言うことができます．

限られた証拠しかないにもかかわらず，一般書では，しばしばオオカミは複雑で協力的な狩りができるとされています．このトピックスに関する最近の短い総説はこの通念にいくらか疑問を投げかけています．多数のオオカミの専門家に，オオカミの複雑な協調的な狩り行動について尋ねた Piterson and Ciucci (2003) によって示された像は，著しい意見の不一致を伴った不明瞭なものです．ほとんどの専門家は，オオカミにおける複雑な協調的狩猟を，個々の追跡の単純な集まりと解釈する傾向があります．このことは，複雑な相互行為が時折起こりうることを否定するものではありません．しかし，それらは，特定の環境条件の結果としてたまたま生じたものとして説明しうるもので，群のメンバーが同じ計画を共有された結果ではないかもしれません．(Peters, 1978)．たいていの場合オオカミは，協調的行動を行ったり学んだりするのに十分なほどの時間を群れの中で仲間といっしょに過ごすことはないという意見がありま

す．これは，群れを創始したつがい（ペア）には当てはまらないかもしれません．そういうペアは，多くの年月を共に過ごすことによって，そのような技能を発達させた可能性があるからです（Mech, 1995 など）．

初期の議論は，オオカミの複雑な協調的行為に携わる能力を前提とし，それを，後に家畜化されたイヌにおいて利用されるようになった重要な特徴のひとつと考えていました．イヌは人と一緒に狩りをすることができますし，羊の群れをまとめる手伝いができます．その能力は，オオカミにおいてすでに進化していた協力行動に由来するのだと考えられてきたのです．

人類は何千年もの昔から，当たり前のように，イヌを自分たちの作業に協力させてきました．にもかかわらず，この能力についてほんのわずかなことしかわかっていないのは興味深いことです．イヌはしばしば，人の行動と部分的に異なる役割を果たす場合に，うまく利用されてきました．それは例えば，家畜の群れをまとめること，闘ったり守ったりすること，あるいは引っ張ったり運んだりすること，といった「仕事」です．ずっと最近になってからは，目が見えない人たちの案内役として，また，身体に障がいのある人たちを助けるために使われてきました．最後に，イヌは，人に楽しみを与えたり運動をさせるために考え出された課題（例えばアジリティ競技やドッグダンス）においてもパートナーの役割を果たしています．このような課題をこなすには何らかのトレーニングを行うことが決定的な意味をもっているため，多くの人が，イヌが見せる人との協力行動は単純な連合学習の原理で説明できる行動以上のものではないと見なしています（しかし，Johnston, 1997 も参照）．この見方は，野犬では協力的な行動が観察されないということによっても支持されます（Boitani and Ciucci, 1995）．学習の役割を否定するものではありません．しかし，イヌの協調的な能力は，人の集団内での選択圧によって強められてきたことも考えられます．人の集団では協力行動が重要な役割を果たしていることを考えれば，人とやりとりする機会にだけ現れるような協調的能力に，選択が働いた可能性もあり得るでしょう．

目の見えない人たちと盲導犬との相互行為は，異種間の協力行動の行動モデルとして使われてきました（Naderi et al., 2001）．盲導犬と人の経験豊富なペアが障害物のあるコースを初めて歩くときの様子が観察され，イヌと人によって開始された行為の比率が調べられました．この比率は，ペア毎にばらつきはありましたが，平均としてみれば，ほぼ半々（0.5）でした．イヌであれ人であれ，複数の行為のイニシアティブを連続してとることはほとんどなく，たいていは，1つの行為を先導した後は，次の行動の主導権を放棄しました．これは，協力行動におけるリーダーの役割が柔軟に決定されることを示唆しています．重要なのは，それぞれのパートナーが課題の中で異なった役割を担っていることです．なぜなら，盲人はどこへ向かって歩くべきかを知っているかもしれませんが，実際の環境について視覚的情報をもっているのはイヌの方です．そのため，異なる種類の行為をとる必要があるので，リーダーの役割が交代するのです．しかしパートナーのそれぞれは，自分が主導権を取るか，相手に主導権を取らせるか，自分自身で決めなければなりません．多くの協力行動を行う動物で，互いに類似の行為が行われる（**並行的協調行為**）のとは対照的に，イヌが関わっている協力的行為は，相補性に基礎を置いているのです．このような協力的相互行為における相補性は，人間同士の行為の結合を特徴づけている本質であり，人類の行動の進化において重要な役割を果たしてきたものである，と Reynolds（1993）は論じています．

8.9 社会的力量

近年，複雑な社会行動の根底にある心的プロセスの認知的側面について多くの論争が交わされています．このような議論で問題なのは，擬人化への批判者（例えば Heyes, 1993）が彼らの敵対者たちを強いて行動を機械論的に説明させることに成功し，そのせいで，社会的相互行為において使用される行動技能についてどんなにわずかなことしかわかっていないかということから学界の注意がそらされてしまったことです．最近の2, 3の論文にはこのような感じ方が反映されているようで，認知基盤の機械論的詳細に手をつける前に，彼らの社会的相互行為自体をより詳細に理解すること

が主張されています．例えば Barrett and Henzi (2005) は，社会行動の限られた面（例えば，騙しなど）にばかり注目せず，研究者はもっと広い視野をもち，動物たちが社会的ネットワークの中を進む手段として用いている多くの別の方法（行動上の戦術）に探究の目を向けるべきだと論じています．社会行動が自然選択の影響化で進化してきたとすれば，さまざまな種類の社会的技能を示す能力は種によって違っているはずです (Johnston, 1997 も参照)．

Barrett and Henzi (2005) はその評論の中で**社会的便法 (social expediecnce)** という言葉を用い，それを「差し迫った問題を解決するため，必要などんな戦術でも選択する」能力と定義しています．この考えを押し進め，私たちは**社会的力量 (social competence)** という言葉を使って，ある種を特徴づける社会的技能の全体を指してもいいでしょう．行動レベルで言えば，集団の仲間との相互行為において，組織されればひとつの機能的複合体を形成するような互いに異なる多様な諸行為を見いだすことができます．この意味では，社会的力量に対応するそのような諸行為の機能的まとまりを，一定の「ツールセット」と見なすことができます（Emery and Clayton, 2004 も参照）（コラム8.7）．

オオカミとイヌの社会的力量に違いがあることは，これらの種のメンバーと生活を共にしてみれば誰でも経験することができます．もう少し真面目に言えば，オオカミには無理でも，イヌとなら，人は平和的に共存できます．これはイヌの社会的力量が人の社会的力量により似ているためだというのが私たちの基本的な考え方です．このことは，イヌが，オオカミの社会的なツールセットとは部分的にしか重ならないツールセットを進化させ，多くの特徴を私たち人間と共有しているということを意味します．社会的力量の違いは，新しいタイプの行動（や能力）の「発明」によって，あるいは，この方がありそうなことですが，さまざまな社会的状況においてさまざまな方法で行動を応用することによってもたらされたのかもしれません．吠え声の使用や，相互交渉している人間が使ったり指し示したりした物に対して選好を示す能力（前述）は，前者の実例になっているように思われます．遊びは後者の一例かもしれません．

私たちがイヌの社会的力量についてまだほとんど理解できていないことを，3つの例で見てみましょう．またこれらの例は，行動の機能が類似しているからといって行動制御メカニズムも類似している必要はない，ということも示してくれます．イヌは，飼い主が他のイヌと親しくやり取りしているのを邪魔しようとして，「嫉妬 (jealousy)」と表現されるような行動をとります．そのようなイヌは，不満行動（例えば，吠え）を示し，相互行為の方向を向け直そうとし（自分と飼い主のやり取りを始めようとし），敵対的な行動（他犬への攻撃）をとります．このような「嫉妬」は，自分が好む仲間との接触を維持するための重要な行動ツールです．犬のこのような行動はまだ研究されていませんが，私たちはこのような行動を人との相互行為をしているオオカミで多く観察しています．しかし，イヌの「嫉妬」が人の「嫉妬」と同じメカニズムで制御されているというのは，想像力豊かな単なる仮説に過ぎません．

同様に「罪責行動 (guilty behaviour)」についてもほとんど何もわかっていませんが，こちらの場合はおそらく状況が異なります．人の場合には，罪とは，社会的なルールに背いてしまったという理解を反映したものです．何か間違ったことをした後に，イヌが「後ろめたそうに」行動する様子がしばしば観察されていますが（例えば Lorenz, 1954），これが，不安や何らかの罰を受けるという予想を反映しているだけなのか，あるいは，何かのルールが破られたことをイヌが理解しているのかどうかははっきりしません．ある研究では，自分と飼い主のどちらが居間を散らかしたかに関わりなく，イヌ（ハスキー）が後ろめたそうに行動することがわかったため (Vollmer, 1977)，De Waal (1996) は前者の解釈を支持しています．しかし，誰がやったかということに対するこのような鈍感さは，イヌが2つの状況を区別できないことを決定的に明らかにしているわけではありません．社会的ルールを取り入れるイヌの能力は，もし彼らが自分の実際の行動と取りいれた社会的ルールとの間の矛盾を認識するなら，罪責行動を出現させる背景になります．にもかかわらず，イヌの罪責行動と人の罪責行動に共通の特徴があるかどう

か，陪審員による決定はまだ下されていません．

人の行動のもうひとつの興味深い特徴は，しばしば，入念な練習によってより良くやり遂げること，と説明される「習熟（expertise）」という概念です．Helson (2005) は，イヌは習熟のすべての基準を満たしていると主張し，それは，彼らがトレーニングに参加するという事実だけでなく，多くの個体がそれを拒否することによっても明らかだと主張しています．さらに，研究者たちは遊びと練習が関係している，つまり，遊びは一定の行動的技能を磨くための進化上の発明かもしれない，と考えています (Bekoff and Byers, 1981)．つまり，遊びに対するイヌの嗜好が増して頻繁に人と遊べば，そのことが，遊びに参加するイヌの専門技能の発達をもたらすかもしれません．この場合もやはり，イヌのそのような習熟が（人の場合のように）内的に動機づけられたものなのか，あるいは，動機づけのためにさまざまな手段を用いる人間によって外的に強いられたものにすぎないのかは明確ではありません．

社会的状況の大多数は非常に複雑です．そのため，人に似た社会的力量を示す生き物に対して，私たちは，自動的／機械的反応のセットではなく，よく調整された行動（「敏感」な行動）を期待します．つまり，そういう動物は，社会的状況の変化に対する敏感な感受性を示すはずと期待するのです．例えば，人とイヌのコミュニケーション的相互行為で，イヌがある物を取ってくるように命令される場合（「ボールを取ってこい！」）を想像してみてください．今度は同じ状況で，人をスピーカーに置き替えた場合を想像してみてください．社会的力量に関して，イヌに（あるいは子どもに）何を期待すべきでしょうか．「正しい」反応は，取ってくることでしょうか，それとも取ってこないことでしょうか．人はしばしば本来的に，自分たちなら同じことをすると思うので，イヌが命令を実行するはずだと考えます．しかし実際のところ，これは間違っているでしょう．なぜなら，イヌの（あるいは子どもの）観点から見れば，状況はまったく異なっているからです．スピーカーの声は耳慣れないもので（スピーカーは人の声を忠実に再現しません），同じ音源から発せられるものではなく（床に置かれたスピーカーからです），その上，そこにはボールを渡すべき相手が誰もいないのです．このような（あるは他の）違いがあれば，「正常な」反応は命令に従わないことでしょう！　自然な状況でイヌがそのような命令を受け取るとき，人はたいていイヌに向かって言葉をかけ（顔の手がかりが，人が実際にイヌを見ていることを伝えます），多くの場合行動の内容に先行して注意を引く信号が送られ（例えば，イヌの名前など），人は行動が行われるはずの視覚空間の方を向いています．イヌがためらうようであれば，人はしばしば命令を繰り返し，あるいは，他に励ましの言葉をかけます．ですから，こういう刺激がすべて突然取り去られた場合，そのように豊富な行動に彩られた社会的状況で人と相互交渉することに慣れているイヌがうまく振る舞えないのは当然のことなのです．反対に，「過度にトレーニングされた」イヌは，（人と同様）盲目的な行動を見せ，自動的に振る舞っている印象を与えるでしょう．

最近のいくつかの研究によって，コミュニケーション状況のそのような変化に対するイヌの敏感さを示すデータが得られています．例えばPongrácz et al. (2003) は，相互交渉を行う人物の姿をスクリーンに映し出して，人が発する視覚的信号と言語的信号に対するイヌの反応を調べました．主に視覚的信号（指差し）が使われる課題では，イヌは確実に良い成績を収めました．しかし言葉で命令すると，飼い主が部屋の中にいるのではなく映像として壁に映っているときには（飼い主は実験室から送られてくる映像でイヌを見ることができました），命令に従う程度が少なくなりました．その控えめな反応も，映像を使わずスピーカーだけで命令を伝えると，さらに減少しました．Fukuzawa et al. (2005) も，人がサングラスをかけたり，座ったり，あるいはイヌと人の距離が遠くなったりすると，イヌの命令遂行が減少することを発見しました．このような実験は，社会的相互交渉の中でイヌが注意を払う重要な側面が，人間同士の相互交渉において重要な役割を果たしているものとは違っているかもしれないことを指摘してくれるため，非常に重要です．とはいえ，まだ，そのような研究が必要という段階にはないのかもしれません．今のところ，人の新生児や幼児の行動について，イヌと比較できるような研究はない

コラム8.7　社会的力量の一例：教育仮説

　教育的な知識の移転は，認知心理学で言う，教える側と教わる側の相互行為のことで，次のように定義されます．教える側が知識を明確に表現してみせること，そして教わる側がそれを自らの知識内容に関連づけて解釈すること（Gergely and Csibra, 2006）．教育は，人に特異的な行動とされ，我々の複雑な認知能力（例えば言語）に先立って，独立に進化した適応と見なされています．人に教え／教えられる能力のあることは，人の親が，なぜ赤ちゃんの認知能力を超えるような複雑な情報を効果的に伝達できるのかを説明します（Gergely and Csibra, 2006）．

　私たちは，この教育という仮説がイヌと人の間の相互行為を説明するのに有用ではないかと考えています．イヌと人の教育を説明するモデルを構成する重要なコンポーネントは次の3つです．

明示（Ostension）：これからコミュニケーションが始まることを示すためのコミュニケーションのことです．イヌは人とアイコンタクトを好んで行います．また，イヌは，人のコミュニケーションをしようという意図を示す手がかり（アイコンタクトや直接的な語りかけ）を認知できることが示されています（Pongrácz et al., 2004）．

参照（Reference）：相手が出す方向性のある手がかり（指差し，凝視）を追い，それが参照的（対象／主体を指し示す）手がかりであることを確かめようとする意志，と定義できます．イヌは，人とのコミュニケーションにおいて，人の目線の移動を利用して，その人が関心を向けている対象が何かを上手に判断できます（Pongrácz et al., 2004）．

関連性（Relevance）：与えられた情報は（新奇であり，かつ）関連があり，それ以上の理解は必要ないという，教わる側の「期待」のことです．イヌがしばしば人の行動に「盲目的」に従うのは，このためであると解釈できるでしょう．例えば，二者択一課題でイヌは人の出す手がかりに従って，誘因物のない方の場所を繰り返し選ぶのです（Szetei et al., 2003）．

　学習という状況では，人はアイコンタクトをとってイヌの名前を呼び（明示の手がかり），イヌの方を向いてこれから操作する対象物の方へ目線を移動させたり手で指し示したりし（参照の手がかり），同時に音声（「ほら，見て！」など）で注意を引きつけます．これらのことが，イヌから，人がやってみせている行為に合致する行動を引き出し，それを促進しているのだと考えられます．このような場合イヌは，このような状況で，まるでそうするように押しつけられたかのように，人間の実演者（指導者）から期待されている行為にぴったり合った反応をするのです．

視線を合わせて同期した運動を行うことによって，ドッグダンスのような複雑な協調的作業に不可欠な共同注意の基盤がつくられる．

からです．

8.10 将来のための結論

家畜化によって，イヌの社会的行動には，オオカミとの大きな違いがもたらされました．そのような社会的力量の大部分は人と生活するときに顕在化しますが，環境的影響だけではイヌの行動の違いを説明できないという証拠もあります．野良犬や野犬の社会的行動は，イヌが，多様な社会的環境に適合する非常に可塑性のある社会的表現型をもっていることを示唆しています．つまり，私たちが共に暮らすイヌに見られる行動は，家畜化の過程で起こった遺伝的変化と，それが顕在化する社会的環境の両方に依存しているのです．

イヌと人の相互交渉についてもっと詳しいことがわかるまでは，イヌに人とうまくやっていく社会的力量があるという考え方は仮説にとどまります．にもかかわらず，コミュニケーション的相互行為や学習状況での行動的手がかりに対する敏感さや愛着など，そのようなツールセットの潜在的要素が数多く存在することが明らかになっています．

参考文献

Tomasello and Call (1997) と Gomez (2004) は霊長類の社会認知に関する広範囲にわたる総説です．それらの研究は，多くの面で，イヌにおける類似の試みのモデルになるでしょう．Cheney and Seyfarth (1990) にも類似のまとめがあります．

第9章

行動の発達

9.1 はじめに

羊飼いやハンターたちによって，イヌの行動の発達についていくらかの理解が得られていなかったとしたら，イヌを品種改良したりトレーニングしたりすることはできなかったでしょう．私たちは，自分たちの仕事を手伝う熟練した四本脚の仲間をつくり出すために，さまざまな方法や手順を考え出してきました．それらの中には，発達に関する生物学にきちんともとづくものもある一方で，なんの根拠もないだろうというものもありました（今でもあります）．

イヌの発達についての最初の大規模な研究のひとつは Menzel (1936) によって出版されたもので，1000頭以上の仔イヌについて16年以上かけて集められた行動観察が報告されました．この研究では定量的分析は行われていませんでしたが，その後多くの研究者たちがかかりきりになるイヌの行動の発達に関する主な問題のほとんどが取り上げられていました．Menzel (1936) はイヌの発達をいくつかの時期や段階に分けることができると考えました．この下位区分は，後に Scott and Fuller (1965) が記述したものとほぼ一致しています．興味深いのは，どちらの著作もイヌと人間の発達時期に類似点があると示唆していることです．ただし，現在の観点からみれば，それらの類似関係はいくらかこじつけのように思われます．Menzel (1936) は，子どもの発達における環境の重要性も強調しました．彼は仔イヌが人間に関心を抱くようになる様子を詳しく記述し，また仔イヌが大きくなるにつれ見慣れない他者に対して警戒的になることも指摘しました．多くの証拠は挙げていませんが，仔イヌのときの観察にもとづいて成犬になったときの行動を予想できると論じました．この考えが妥当かどうかは，イヌの行動に関する最も解決の難しい問題のひとつになっています（コラム 9.5 を参照）．

発達の時期に関するこのような記述や一部の動物行動学者の手になる他の初期の著作を読むと，それらの著者たちは，仔イヌの行動が比較的強力に遺伝によって決定されると考えていたような印象を受けます．当然のことながら，そのような考えが示唆されたことによって激しい議論が起こりました．Bateson (1981) は，Scott を，彼の「臨界期」についての理論がそのような内因性の規則のみにもとづいていると言って批判しました (Scott, 1992 からの引用)．Scott とその共著者たちの原論文を注意深く読めば，この批判が彼らの研究を誤って解釈していることは明らかなのですが，もとのテキスト（例えば Scott and Fuller, 1965）にみられる行動の発達の図式的記述には確かにそういう解釈を許す可能性があります．実際，大衆文学や品種改良関係の文献では Scott の業績が Bateson 流に解釈され，これが現在にいたるまで仔イヌを社会化する（そして同腹の兄弟姉妹と引き離す）方法を決めているのです．

9.2 発達「期」とは何か？

多くの場合，個体の発達は，卵の受精から成体期にいたる一連の出来事として記述されます．おそらくこの考え方は解剖学から生まれたものでしょう．そこでは，胚の発達段階を形態的特性の変化と関連づけることができます．これらの発生上の変化は環境の影響（例えば気温）と無関係ではありませんが，個体発生はうまく調整された遺伝的制御下にあるようです．これに対して動物行動学の文献では，常に，発達は遺伝的要素と環境による影響の相互作用として描かれます（**後成説**）（例えば Caro and Bateson, 1986）．ですから，行動のような比較的複雑な体系に固定的な発達時期の考え方を適用することには問題があります．イヌ

の場合，まさにそうです．イヌでは，仔イヌや成犬の行動を発達段階の違いから説明することが長い間の習慣になっているからです．

発達期を論じるには，機能的枠組みか機構的枠組みのどちらかが用いられます．**機能的アプローチ**では，発達期の動物を，その時点での環境に対する生命のひとつの適応形態であると捉えます（Coppinger and Smith, 1990）．ですから，イヌの発達は，個体が暮らす物理的・生態的・社会的環境の変化という観点から解釈することができます．このような環境は，**イヌ属**の場合のようにこどもが母親以外の集団のメンバーと交わることができる社会的な種では，特に複雑なものになる可能性があります．こどもの行動を発達環境との関連で調査すれば，適応の重要な側面が明らかになるかもしれません．しかし，関連する発達環境や主要な生態学的変数についてほとんど何もわかっていないとすれば，そういうアプローチは問題の多いものになるでしょう．これからみていくように，想定上のイヌの発達期を「説明」するために，オオカミの発達環境がしばしば用いられます．しかしながらこの点に関するたいしたデータがない状態では，このような説明は可能性のあるお話でしかありません．

2つ目の可能性は，発達を，知覚や行動システムに関わる能力がしだいに増大していく過程と捉えることです．このような**機構的アプローチ**では，どのようにいろいろな知覚能力が出現し向上していくのか，あるいは，いつどのような速さで，生理学的メカニズムや行動メカニズムの働きが成体のそれに収斂していくのかを調べます．しばしばそういう調査では，初期の能力によって後の能力がある程度予想できると想定されます．

ある発達上の変化や時期を示すために最もよく用いられるのは，新しい特徴の出現です．しかし，発達を単純に，出来事の連鎖とみなすのは間違いです．認識しておかなくてはならないのは，若い動物における発達が，異なる組織化レベルで並行して生じる多くの変化を含んでいるということです．これらの変化の多くは，単に順番に起こるというよりも，有機的組織化のさまざまなレベルで条件に応じて起こるのです．多くの場合，行動レベルの出来事は先行する別の（例えば神経の）レベルでの出来事の完了を前提としています．ですからFox (1965) は，神経的発達の時期が関連行動の時期に先行するのだと主張しました．発達中の神経系が一定の成熟点に達した場合にのみ一定の行動能力が発現することを示唆しました（コラム9.1）．これは，発達期に現れる知覚と行動の能力の関係に最も明らかにみてとることができます．仔イヌの目は生後およそ10〜14日で開きますが，成犬の視覚能力に達するまでには長い時間（数週間）がかかります．これは，神経系が視覚情報を処理する準備が整っていないという理由からだけでなく，目が十分に機能するには，広く環境に触

コラム 9.1 発達における並行する諸段階

発達は，多くの並行するプロセスで構成されており，それらはさまざまな生物学的組織化のさまざまなレベルにみられます．これらのプロセスをある基準の時間軸に沿って並べれば，それぞれの始まりと終わりがすべてのレベルで一致しているわけではないことがわかります．あるレベルでの変化は，別のレベルでの先行する変化によって左右されます．例えば，動物のはっきりした行動能力の変化には，反射が現れたり消えたりする形での神経的成熟が先行するようです（Fox, 1965）．脳の発達における重要な変化は，脳の発達が減速する生後1か月頃に起こります（Fox, 1965；Arant and Gooch, 1982）．

今のところデータはないにせよ，イヌの発達をオオカミの発達の一般的枠組みに当てはめてみることは，進化的に何が選択されてきたのかを特定するのに役立つかもしれません．同種個体の刺激を嗅覚的に学習する感受期は，オオカミの新生仔期にはありますが，イヌにはないかもしれません．イヌにおける感受期の延長は，おそらく選択の結果だと思われます．

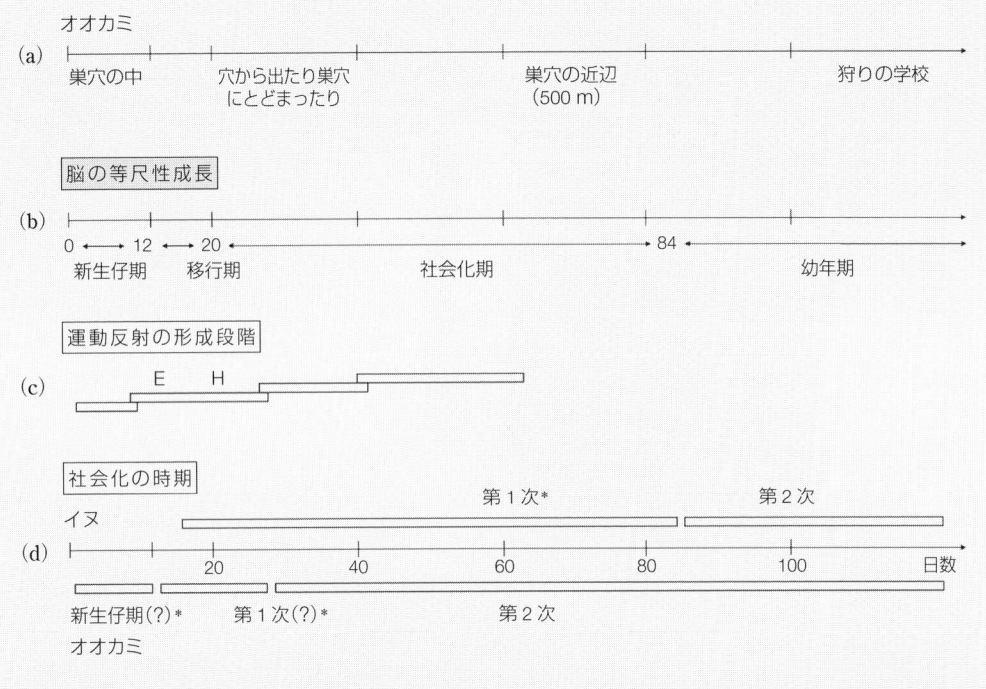

(a) オオカミ
　　巣穴の中　　穴から出たり巣穴　　巣穴の近辺　　　　　　狩りの学校
　　　　　　　にとどまったり　　　（500 m）

脳の等尺性成長
(b)
　　0　12　20　　　　　　　　　　　　　84
　　新生仔期　移行期　　社会化期　　　　　　幼年期

運動反射の形成段階
(c)　　　E　H

社会化の時期
　　　　　　　　　　　第1次*　　　　　　　第2次
　　イヌ
(d)　　　　20　　40　　60　　80　　100　　日数
　　新生仔期(?)*　第1次(?)*　　第2次
　　オオカミ

(a) 発達期のオオカミの物理的・社会的環境の変化（Mech, 1970 と Packard, 2003 による）．(b) Scott and Fuller (1965) の4段階モデル．(c) 仔イヌの神経発達の変化．Fox (1965) は，反射運動の出現と停止にもとづき，運動協調の発達段階として区別可能な4段階を認めた．(d) オオカミとイヌについて記載されているもしくは仮定される感受期．おそらくイヌにおいては，これらの時期の構造や関係が家畜化によって変化したものと思われる（日数は目安にとどまる）．(E：目が開く，H：外耳道が開く，＊：感受期).

れることによってのみ獲得できる大量の視覚経験が必要だからです．

　発達をいくつかの時期に分けることには概念的利点があるとはいえ，内的事象と外的事象の相互作用は複雑な性質をもっているため，他にもいくつかのモデルが考え出されました．Chalmers (1987) は，行動の発達を定式化するのに，内的にも外的にも誘導されうる発達の指示規則と停止規則という用語を用いました．**指示規則**はどのように行動が出現し，その頻度が増加するかを記述するもので，**停止規則**は発達中にある行動が現れる時期の終わりを表します．この枠組みを用いれば，吸乳や遊びのけんかや遊びのマウンティングといった行動パターンを支配しているのが内的，外的要因のどちらなのか，あるいは両方なのかや，後の行動にそれらがみられるかどうかが内的影響（例えば成熟）や外的影響（例えば母親の行動）によって左右されるのかどうかを調べることができるかもしれません．Caro and Bateson (1986) は，行動の発達に影響を及ぼす出来事のタイプをまとめることが有益であることを発見しました．この見方では，水路づけ，促進，維持，許可，初期化の効果が区別されています（コラム 9.2）．

　これらのモデルは，行動の発達において軽視されがちな問題に注意をひくうえでも役に立ちます．第1に，発達上の2つの出来事の間に条件的関連性があるときには，最初の出来事が遅れれば，これに依存する後続の出来事も遅れると想定できます．つまり，一部のイヌで目が開くのが遅れれば，それらのイヌが視覚能力を獲得するのも遅くなるだろうと想定できるでしょう．第2に，そういうタイミングの違いに（犬種の場合のような）遺伝的背景があるように思われるならば，犬種を比較するときにもそういう違いを考慮する必要があります（コラム 9.3）．つまり，犬種の比較では常に同じ絶対的時間尺度を用いるのではなく，おそらく，特定の内的・環境的出来事との関連において比較を行うべきでしょう．第3に，多くの場合，発

コラム 9.2　環境が発達に及ぼす影響の役割

環境の効果は，さまざまな行動パターンにさまざまな影響を及ぼしうると考えられます．一般的な概観を提供しつつ，Caro and Bateson (1986) は，イヌに適用すれば有益であるように思われる単純な図式を提示しました．

水路づけ効果によって，個体間の差異は小さくなります．多様な環境条件のもとで各個体が必要な能力を獲得できることを保証しているのは，しばしば緩衝装置とみなされるこの効果によってです．同種個体からさまざまな期間隔離していた場合でも，若いオオカミが標準的な社会行動を発達させることをMacDonald and Ginsburg (1981) が見いだしています．促進的事象（A）は一定の行動パターンを早期に出現させます．仔イヌの狩りの技能は個体単独でも習得されるものですが，狩りを観察する学習機会を与えると，技能の出現が促進されます (Slabbert and Odendaal, 1999)．維持的事象（A）とは，行動を**維持する**ために必要とされる一定の環境的刺激（A）のことです．イヌに特有な例を挙げれば，排尿を促すために生後3〜4週間は母親が性器を舐める必要があります．誘発的事象は，特定の行動発達を**誘発する**環境影響のことです．オオカミは，新生仔期に人間と接触すること（A）によって，人間と緊密な社会関係の形成（B）が可能になります．

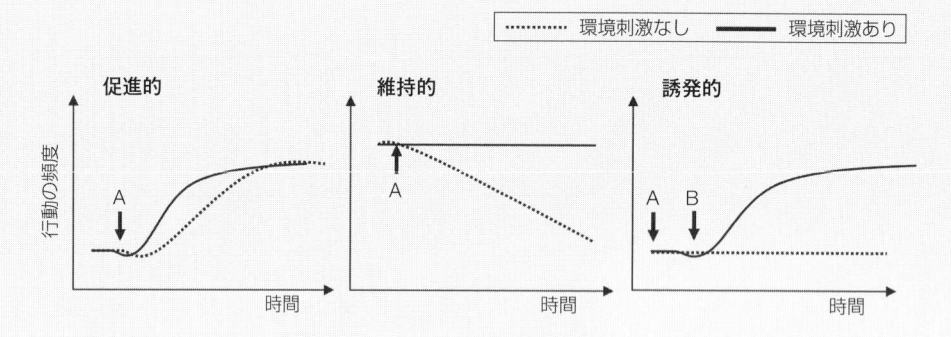

発達期の生物に対する環境の影響を論じるための図式的枠組み（Caro and Bateson, 1986 を改変）．

コラム 9.3　イヌの発達の比較

イヌの行動の発達を犬種間，あるいはオオカミとの間で比較した研究はほんのわずかしかありません．Feddersen-Petersen (2001a) は，さまざまな犬種（ハスキー，ジャーマン・シェパード，ラブラドール・レトリバー，ジャイアント・プードル）とオオカミの発達を生後12週間にわたって観察しました．彼女は，さまざまな行為（定位，慰安，移動など）に属する特定の行動が最初に出現するのはいつかを観察しました．小さなサンプル数にもとづくものですが，これらの観察を用いていくつか一般的な見解や仮説を導くことができます（コラム 5.6 も参照）．

● 行動が初めて現れる時期については変動がありそうです．この分析からは同じ犬種の個体差についてのデータは得られていませんが，発達の早い犬種と遅い犬種の間では多くの場合1週間の違いがみられることが目を引きます．

● さまざまな行動パターンの全体にわたり，各犬種とオオカミの順序はほぼ同じです．ハスキーが最も早い発達を示し，ジャイアント・プードルとラブラドール・レトリバーの発達が最も遅いようです．しかし，いくつかの行動パターンにおいては多少の変動もあります．ジャーマン・シェパード

の発達速度は回避反応の場合を除けばオオカミと非常によく似ています．オオカミと形態が似ているからといって，必ずしもすべての行動が似ているわけではないようです．

● Feddersen-Petersen のデータには，イヌに幼形成熟（発達の遅延）のパターンがみられるという考えを支持するものはほとんどみられません．もしそうだとすれば，オオカミが最も速いペースで発達するはずだからです．興味深いのは，ハスキーでは多くの行動パターンがオオカミよりもずっと早く現れることです（**前発現**）．これは，優れた疾走能力が人為的に選択されたことの反映ではないかと論じられています．もし他の「疾走する」イヌ（例えばハウンド類）にも同じように発達の早期化がみられるとすれば，この仮説が裏づけられることになるでしょう．

● 発達において犬種特有の事象があるという知見は，イヌの発達に時間と無関係な一般的パターンがあると結論づけることに警告を発しています．行動が発達する時点を犬種間で比較すれば，それらの発達の相対的タイミングを調べることができます．また，この知見は，6 週齢および（あるいは）8 週齢という仔イヌをテストする通常のタイミングがすべての犬種に妥当なものではないことを示唆しています．ですから，仔イヌのテストは問題になっている犬種に適合させる必要があります（コラム 9.5）．

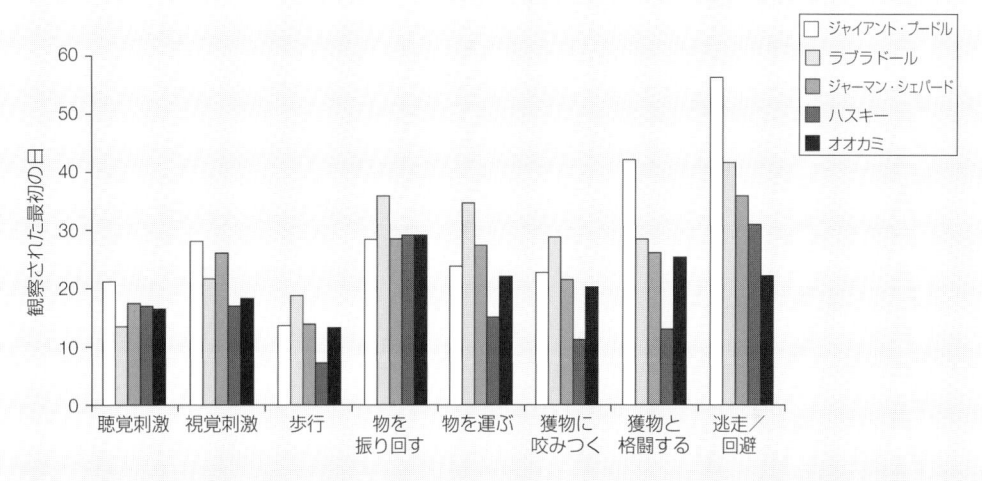

オオカミと同等の大きさの多様な犬種においてさまざまな行動パターンが現れた最初の日．棒グラフ中のオオカミの数値より低い値はオオカミより早い出現（前発現：predisplacement）を，高い値は遅い出現（後発現：postdisplacement）を示している（Feddersen-Petersen, 2001a のデータにもとづく）．

達時期が始まる時点は終わる時点よりも容易に決定することができます．これに対する説明として，発達時期の終了の方が特定の環境に依存する度合いが大きいかもしれないということが考えられます．あるいは，個体ベースで発達の時間窓を広げるような，別の，あるいは補足的な発達のメカニズムがあることも考えられます．

9.3 イヌの発達期の再考

イヌの発達に関する Scott and Fuller (1965) の考えは，世界中でイヌの育て方や飼い方に重大な影響を及ぼしました．イヌの行動のこのような方面に関してこれまで出版されたあらゆるテキストは，彼らの 4 段階モデルにもとづいています．オオカミを調査する研究者でさえ，イヌの発達段階に言及しています（例えば Mech, 1970；Packard, 2003）．このことが特に興味深いのは，イヌの発達は進化的な選択によって大きな影響を受けたことがよく知られているからです．ですから，イヌの行動の発達がオオカミに観察されるものと一致すると考える理由はほとんどありません．反対に，イヌの発達は，彼らの祖先にみられる発達とは異

なっていると考えるべきです．このことは，仔イヌの発達だけでなく，仔イヌが成長する発達期の環境についても当てはまります．

この節ではScott and Fullerの考え出した枠組みを再現し，オオカミの発達環境（生態的・社会的）をもとにして考えられる機能的説明を確認することにします．しかし，この分野での研究は不足しているため，そのような並行関係には常に疑問の余地があることを指摘しておかなければなりません．Scott and Fullerのモデルで用いられたデータは主にビーグルの発達にもとづいており，この犬種がイヌの代表として適切なのか，オオカミと比較して有益な結果が得られるのか，疑問に思う向きもあるかもしれません．

9.3.1 新生仔期（0～12日）

オオカミの仔はこの時期を巣穴の暗闇の中で過ごしますが，この巣穴は彼らの誕生の数週間前に母親が掘ったものです（Packard, 2003）．巣穴は通常地表から2～3mあり，だいたいにおいて安定した物理的環境を提供しています．このため，仔イヌの適切な体温調節の発達が遅れても不利な影響が及ばないようになっています．仔イヌが環境を知覚するのは触覚と嗅覚の刺激に限られています．この時期，仔イヌが身体的に相互に触れ合うのはもっぱら母イヌや兄弟姉妹であり，そこから，口の周りへの触覚刺激（吸乳）や体への触覚刺激（巣穴内の場所や乳首をめぐる仔イヌ同士の「レスリング」，仔イヌの体をきれいにするためや排せつを促すために母イヌが体を舐めることなど）を受け取ります．同時に，種固有の匂いを学習することによって嗅覚刺激を受け取ります．重要なのは，母イヌはオスから食物をもらうため，めったに巣穴を離れないということです．

人が関係することで生じる選択が，2つの点でこのシステムに干渉しました．多くの場合，イヌには人工の巣穴が与えられます．これによって仔イヌの発達環境は変化しました．ふつうそういう「巣穴」は明るく開放的なので，新生仔期に仔イヌが他の（社会的）刺激にさらされる機会が生じます．また，人が母イヌに食物を与えることによって，子育ての際のオスの通常の貢献も不必要になりました．オスが「良い」食物を供給することに対する進化的な選択が働かなくなったため，イヌの父親的行動は著しく減少しました．野犬の行動観察からは，イヌにおける種固有の繁殖行動が，人の干渉のために多くの面で損なわれたことがわかっています．野犬のメスは群れから離れて子どもを育てます（Daniels and Bekoff, 1989）．また，Boitani and Ciucci (1995) によると，母イヌが仔イヌのためにふさわしいねぐらを選ぶことができず，（雄イヌが食物を運んできてくれないので）食物を探すために頻繁に子どもを置き去りにすることが野犬の仔イヌの高い死亡率の主な理由のひとつになっています．興味深いことに，人が世話をする場合でさえ，母イヌは非常に早い段階で仔イヌと過ごす時間を減らしてしまいます（Malm and Jensen, 1997）．

9.3.2 移行期（13～21日）

この時期，仔オオカミは引き続き巣穴の中で主に母親や兄弟姉妹とともに過ごします．運動能力がゆっくりと発達し，探索行動は地下の手近な領域に限られています．この時期の特徴は知覚能力の増大です．目が開くことから始まって，最後には外耳道が開きます．

興味深いのは，互いに独立していると思われる目が開く時期と外耳道が開く時期には，少なくとも犬種レベルで大きなばらつきがあるということです．Scott and Fuller (1965) によると，コッカー・スパニエルは14日目までに目が開きますが，同じ日齢のフォックステリアで目が開くのは11％だけです．これに対して，聴覚では逆のパターンがみられます．今度はコッカー・スパニエルの方が少し遅れるようで，この段階で突然の物音に対する驚きの反応（何らかの聴覚機能の最初の兆候）を示す仔イヌは61％ですが，テリアではほとんどすべての仔イヌが驚きの反応を示します．つまり，指標になる日数として目や耳の機能を用いるならば，この移行期の長さはいくつかの犬種間で異なることになります．フォックステリアではほんの数日間ですが，コッカー・スパニエルでは1週間よりもずっと長く続くのです．コッカー・スパニエルで遅れがみられるのは彼らの耳が垂れているせいかもしれません．彼らが聞くことを「学習する」ためには，より多くの時間を必要とする

かもしれないからです．

新生仔期の行動パターンが減少するのと並行して，母イヌと仔イヌの間で刺激を直接与える行為が減少し，尻尾を振るといった，特定のコミュニケーション信号を送るための運動能力が現れます．環境の肯定的あるいは否定的側面を繰り返し経験し，その経験に従って行動を変化させる能力を，仔イヌはゆっくりと獲得していきます．Scott and Fuller (1965) は，およそ15日齢で仔イヌに食物に対するオペラント反応が現れ，数日遅れて嫌悪刺激に対する同様の運動学習を示すという証拠を示しています．

9.3.3 社会化期（22～84日）

野生のオオカミの観察によると，仔オオカミはおよそ3週齢で巣穴から出てきます（Mech, 1970；Packard, 2003）．これは子どもの発達環境における大きな変化です．というのは，いまや仔オオカミは視覚や聴覚を含むさまざまな種類の新しい知覚刺激にさらされ，同じ年齢の兄弟姉妹と年上の仔オオカミの両方を含む社会集団のメンバーとの相互行為などによって，運動能力を高める機会を手に入れるからです．この社会化期は，社会環境について学ぶための感受期（後述）と一致しています．

自分たちの仲間や社会的な相互行為のやり方に関する学習の役割は，隔離実験によって調査されました（Fox, 1971；Ginsburg, 1975；MacDonald and Ginsburg, 1981）．この研究によって，知覚と参照のシステムは，行為システムとは異なる種類のコントロールを受けていることが明らかにされました．行為システムの制御には何らかの遺伝的要素が主要な役割を果たしているため，イヌやオオカミはたいして経験を積まなくても複雑な運動性行為（例えばコミュニケーション信号など）を示すことができます（McLeod, 1996；McLeod and Fentress, 1997）．一方，誰が社会的な仲間であるのかといった認識や他個体の示す信号行動への反応は経験によります．ネコといっしょに育てられたイヌは（Fox, 1971），他のイヌ（あるいは，自分の鏡像）を同種の仲間として受け入れるのにいくらかの経験を必要としましたし，特定の社会信号の背後にある動機づけを認識して自分の側で適切な行為を選択することを学ぶ期間を経る必要がありました（Ginsburg, 1975 も参照）．例えば，正常なパターンの服従行動を示すのにそういう経験が必要です．この現象の背後にあるメカニズムの詳細は明らかになっていませんが（そして，研究も行われていませんが），仔イヌはこの時期までに複雑な視覚的・聴覚的手がかりを効果的に処理することのできる知覚システムを発達させているのだと考えられます．社会的な相互行為も彼らが運動をコントロールする方法を学ぶのに役立ちます．例えば，仔イヌは社会的状況の中で，柔軟に，かつ相手にあまり痛みを与えないように咬みつくための運動技能（咬みつきの抑制）を習得します．

オオカミの仔はこの時期を巣穴の周辺や近くで過ごしますが，場合によっては他の巣穴へ移されることもあり，その後はランデブーサイトでほとんどの時間を過ごします．これは彼らが物理的環境の変化に慣れねばならないことを意味しているのですが，その変化は社会的環境が一定していることによって和らげられます．最初の3週間は巣穴が世界の中心として物理的に固定された場所を提供していましたが，いまや仔オオカミは家族によって示されるより動的な点を自分の活動の中心とすることを学びます．

オオカミの仔はおよそ8～10週齢で乳離れし（Mech, 1970；Packard et al., 1992），その後はしだいに両親や年上の兄弟姉妹が持って来る食物に依存する度合いが高まっていきます．重要なのは，特に最初の頃には，仔オオカミは他の個体に積極的に食べ物をねだることで自分の分け前を手に入れなければならないということです．口角を舐めるとおとなは反射的に食物を吐き戻します．こどもはすぐに，他の個体が胃の中に入れて持ち帰った食べ物を利用することを覚え，吐き戻しを誘う行為が減るのは，狩りがうまくいって年上のオオカミたちが手つかずの肉を持ち帰る場合だけです．これによって仔オオカミには，他個体と食べ物を分け合ったり，食べ物をめぐって競争したりする経験，そして社会的上下関係が生まれる状況，が提供されることになります．Packard et al. (1992) は，オオカミのおとなとこどもの間には食べ物に関連する攻撃行動が比較的少ないことを発見しました．これはおそらく，母親がこどもの興味を母

乳からその代わりになる他の食料源（吐き戻された食べ物や狩りの後で持ち帰られた食べ物）へ向け替えることができたためだと思われます．重要なのは，これらの相互行為が，仔オオカミが学習する社会的環境を提供していることです．

イヌの場合，状況はもっと複雑です．野犬であれば父親その他手助けする個体がいないせいでメスの負担が増え，その結果，仔イヌの間により多くの競争が生まれるかもしれません．人間と暮らしているイヌでは，メスが授乳回数を減らせば（そして，吐き戻しをしない可能性があれば）人間が追加の食料源を与えますが，この状況には本来の社会的要素はほとんどありません．社会化を行う過程では，こういう場合に世話する人間と仔イヌが常に相互交渉することが重要であることがわかるかもしれません．

研究者は第1次社会化期と第2次社会化期を区別しています．しかしたいていの場合，これらの用語の正確な意味ははっきりしていません．Scott and Fuller (1965) は，関連するメカニズムの違いにもとづいて，それらを区別をしました（Freedman et al., 1961 も参照）．彼らは，短期間の経験で急速に学習効果があがる「刷り込み様」感受期（後述）に第1次社会化が起こり，その学習過程は外的刺激（例えば食物）によって部分的にしか左右されないと論じました．彼らの言う第2次社会化期は，はっきりとは述べられていませんが，さまざまな種類の連合学習にもとづく過程を指しています．この第2次社会化は，「野生の」動物が人間に慣れてさまざまな種類の学習を経験する飼いならしに似ています．ですから Scott and Fuller (1965) の枠組みでは，同種個体（イヌ）や人を社会化期のイヌと接触させれば，どちらによっても第1次社会化が生じることになります．これに対して Lindsay (2001) は，対象が同種の個体か人間かにもとづいて第1次社会化と第2次社会化を区別していますが，これには問題があるようです．この見方によれば，生まれついた社会集団の中で3〜5週の間に第1次社会化が起こり，これに続いて，乳離れ後にイヌが家族の他のメンバーから引き離されてから人間に対する第2次社会化が起こります．

注意すべきは，この時期であれば仔イヌを，サルやネコやウサギといったさまざまな他種に対しても社会化できるということです（Cairns and Werboff, 1967；Fox, 1971）．この能力は家畜を守るイヌを育てるときにも利用されています．そういったイヌには，やがて守ることになる家畜との社会的接触経験が広く与えられます（Coppinger and Coppinger, 2001）．こういったことはどれも，種の認識に対する遺伝的影響は，仮にあるとしてもごく小さなものであるという考えを裏づけていますが，この問題にもっと確実に答えるための決定的な実験は行われていません．

この時期のもうひとつの重要な変化は，仔イヌ間にしだいに上下関係が現れてくることです．Scott and Fuller (1965) は，犬種による違いは大きいものの，11週齢までに完全な優劣関係の現れる割合が急激に増加することを報告しています．残念なことに，オオカミとイヌに関して，初期の社会的な関係や経験がその後の社会集団における役割や地位に関わる行動にどのような影響を及ぼすかを調べたデータはほとんどありません．Fox (1972, 1975) は，オオカミの場合には，遺伝的要素（「気質」）と社会的経験の両方が後に優劣関係における地位を決めることを示唆しました．社会化期のオオカミ（MacDonald, 1987）やイヌ（Wright, 1980）においては社会的地位が比較的安定していることが観察されましたが，これは，優位個体（「ほとんど」勝つ）と劣位個体（「ほとんど」負ける）という単純な分類を用いた場合にだけ当てはまりました．この場合でも，2つの範疇の間を行き来する個体がみられました．

9.3.4　幼年期（12週〜6か月以降）

これは発達期の中で最も長く最も多様な時期ですが，イヌの発達の研究ではほとんど注意が払われてきませんでした．たいていの論者は，単純化のため，性的に成熟するまでこの時期が続くと暗黙裏に仮定しています（ただし，Scott and Fuller は6か月齢でこの時期が終わると述べています．しかし，理由は明らかにされていません）．

オオカミの仔は16週齢を過ぎると狩りのための移動について行くようになります．これに続く時期が「狩りの学校 (hunting school)」で過ごす時期とされ，そこで知覚と運動の両方の能力が高まるのだとされています（Packard, 2003）．このよ

うな遠出は，こどもが狩りの技能を高める機会になります．またこどもは，集団での狩りを通じて，仲間と互いに意思を疎通したり動きを調和させたりすることを練習します．行動という観点から言えば，この幼年期は，オオカミが自分の生まれ育った集団を去るときに終わるとみなすのが最もよいと思われますが，それは9か月齢から3歳までの間にあってバラバラです（Gese and Mech, 1991）．ほとんどのオオカミは性的に成熟する前，2歳以前で群れを離れるため，うまく自分の群れをつくろうとすれば（あるいは，場合によってはうまく別の群れに加わるために），さまざまな新しい行動を身につける必要があります．つまり，オオカミは，第1次社会化期が過ぎても新しい社会的関係を築く能力をいくらかもち続けています．これが，家族から引き離された仔イヌの発達にみられる第2次社会化の生物学的基盤になっているというのはありそうなことです．

　イヌの発達を論じるとき，たいてい幼年期は除外されます．これはおそらく，それを概観し説明することが難しいためと思われます．しかし，次の点に気をつけておくことは重要でしょう．仔オオカミには，この時期，豊富な社会的経験を積む機会がありますが，イヌの場合にはそうではないということです．仔イヌは兄弟姉妹や母親から引き離された後，ほとんどの時間をひとりで過ごします．この部分的な社会的孤立は，後の生活に重大な影響を及ぼすかもしれません．このことは，「都会のイヌ」にとっての仔イヌ仲間の重要性を強調するものです．進化的選択の結果だと思われますが，イヌはオオカミよりも早い時期に，犬種に応じてたいていは9〜18か月齢の間に性的成熟を迎えます．イヌの場合，性的成熟の始まる時期は行動の成熟と無関係なようです．つまり，多くの犬種では，完全に成犬らしい行動は，オオカミの性的成熟の時期と同じ2歳齢になるまでみられませんが，そのずっと以前に繁殖の準備はできていることになります．

9.4 発達における感受期

　イヌの発達の研究は他の種における類似の研究によって大きな影響を受けており，「臨界期」や「刷り込み」といった概念の確立が，研究者がイヌについての観察結果を解釈する方法に影響を及ぼしてきたことを忘れてはなりません．これらの概念に従って，Scott and Fuller (1965) は社会化の「臨界期」を記載し，それは発達の中で厳密に定義される時期であり，将来の社会化の対象に対する経験が必須な時期としました．そういう経験が不足すれば，自然な行動に著しい悪影響が出るでしょう．Scott and Fuller は一連の実験を行って，イヌの「臨界期」はおよそ3〜12週齢であると論じました．つまりこれが社会化期に相当します．重要なのは，Lorenz (1981) らが初めて「臨界期」という概念を導入して以来，また Scott and Fuller の研究以来，「臨界期」についての理解がいくらか変化してきたということです．第1に，**感受期**という用語の方が適切ではないかと示唆されてきました．これは，問題とされる時間的境界に最初に想定されたよりも多くのばらつきがあるためです．第2に，これまで調査された多くのケース（例えば歌学習や親への刷り込み）で，それらの生物には特定の刺激に対する種固有の選好性がみられます（前発現がみられることを示しています）．この選好性は，そういう刺激に対しては短い接触ですばやく学習が行われることから明らかになります．このような好まれる刺激（あるいは自然な対象それ自体）を経験することには，人為的刺激への初期の接触を「上書き」する力があります（Bolhuis, 1991）．他の種におけるこのような知見に沿って，オオカミとイヌにおける感受期の始まりと終わり，また学習過程の特異性について現在わかっていることをまとめてみることにしましょう．

　入手できる証拠が示唆するところでは，社会化に対するオオカミの感受期はイヌよりもずっと短いようです．Zimen (1987) の報告した観察は，早い段階（3週齢まで）で人と接触することと社会化の効果の間の密接な関係を示しています．この時期以前に社会化を始めた場合であれば，人はオオカミとの親密な関係を築くことができるでしょう．これ以後にもオオカミを社会化することはできるでしょうが，その場合，比較的早い段階で人と距離をおくような行動をみせるようになります．オオカミをオオカミの兄弟姉妹と人の両方といっしょに育てた場合にも，同じような結果が得られ

ました（Frank and Frank, 1982；ただし Fentress, 1967 も参照）．これらの観察と整合するような観察は野生タイプの（選択されていない）キツネの実験でも得られています．感受期の終わりと通常みなされる（後述，および第 5 章 6 節を参照）5 週齢の頃に新奇な環境に置かれると，キツネは不安行動を示しました（Belyaev et al., 1985）．

興味深いのは，オオカミでは新生仔期にも感受期がある（あるいは 1 つの感受期が生後すぐに始まる）ことを示す間接的証拠がいくらかあることです．このことが感受期を 2 つに分ける理由になるかもしれません．というのは，この感受期は嗅覚刺激だけにもとづいています．これに続く時期には仔イヌは主に（あるいは加えて）視覚情報と聴覚情報を得るようになるからです．これまでのところ新生仔期の感受期の存在を示す決定的な証拠はないのですが，オオカミを人間に対して社会化できるのは，目が開く前に同種の個体のすべてから引き離して集中的に人と接触させた場合のみであるということは広く知られています（Klinghammer and Goodman, 1987）．この新生仔期の役割は明らかになってはいませんが，オオカミはこの時期に，後に社会化過程の主要な目標となる刺激を識別することを学習するのかもしれません．ですから，オオカミの場合には，初期の経験が後の発達的出来事をコントロールしているようにみえるのでしょう．

重要なのは，このような初期の段階における学習は何らかの前発現に依存しているらしく，刺激特異的な特徴を示すことです．たとえ非常に早い時期（ただし 11 ～ 12 日齢以後）に人と接触させた場合でも，オオカミは同種の個体やイヌに対して強い選好性を示します（Frank and Frank, 1982）．初期に人に接触させることによってある程度この傾向を弱めることはできますが，その場合でも，完全に逆転させることはできません．生後 4 ～ 6 日の間に人に対して社会化されたオオカミの仔は，イヌがいるところでは，世話係の人に対する選好性を示しませんでした（Gácsi et al., 2005）．重要なことは，同じようなやり方で社会化されたイヌであれば，人の代わりにイヌを選択する機会を与えられた場合でも，人の方へ選好性を示すということです（図 9.1）．

このように，初期の接触があれば，オオカミと人間の間に社会的関係を構築することが可能ですが，同種個体による刺激と異種個体による刺激の間には競合関係がみられるようです．人からの刺激は他の刺激を排除した場合にのみ効果があり，その効果は同種個体刺激との接触によって無効化される可能性があります．

Scott の研究室で行われた広範な研究が明らかにしたのは，イヌの社会化期がオオカミに比べて延長されていることです．イヌは 8 ～ 14 週齢になっても社会化することができます（Freedman et al., 1961）（コラム 9.4）．このような期間の延長はおそらく進化的選択の結果だと思われます．というのは，「（人に）馴れやすい」行動が選択されたキツネにおいて同様の影響が観察されたからです（第 5 章 6 節も参照）．およそ 10 週齢の時点における不安の出現が感受期の終わりを示すと考えるなら，キツネの場合には，およそ 40 年間の選択によって感受期の長さが 2 倍になったことになります（Belyaev et al., 1985）．

これらの結果から，9 ～ 14 週齢以前に人からの刺激を与えなければ，イヌの社会化はできないことがわかります．しかし，データが示しているのは，たとえ短い間でも人に接触させればこの影響が弱まり，イヌは初期の社会的経験を人一般に汎化できるということです．つまり，人間との社会的関係の構築に関しては，比較的長い感受期があるのかもしれません．ただし，犬種の選び方がこの結果にどのような影響を及ぼすかについてはわかっていません．犬種によっては感受期の長さが違っているかもしれません．

はっきりわかっていませんが，オオカミの社会化についてさらに興味深い側面は，比較的短い接触によって学習が生じるということです．イヌの場合には，1 日に数分間の社会的接触によって，あるいは，実験者が能動的に働きかけることなく 2 日の間に数分だけ仔イヌを見つめた場合でさえ，人に対して社会化することができるという実験的証拠があります（Scott and Fuller, 1965）．残念なことに，この過程の対象特異性，あるいは遺伝的影響の果たす役割についてはほとんど明らかになっていません．人とイヌという刺激に同じ「量」だけ接触させた場合に，一方の種への選好性がイ

(a) (b)

(c) 世話係（人）対 成犬または実験者（人）に対する選好性

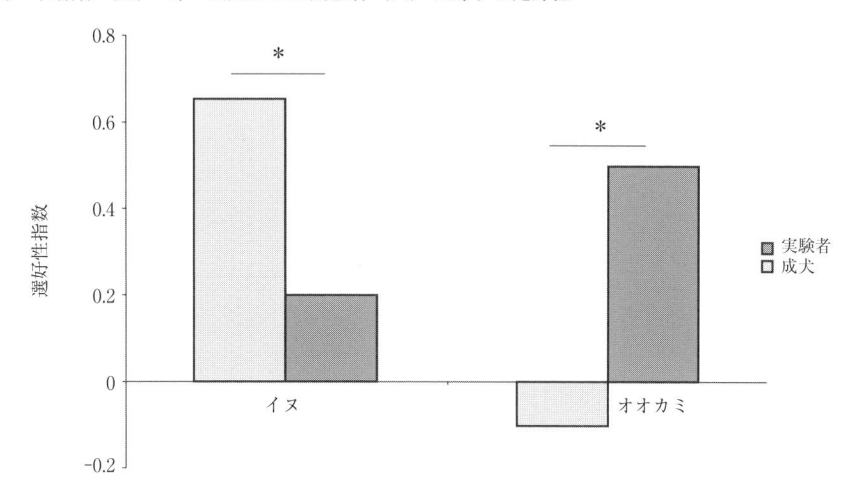

図9.1 社会化されたオオカミとイヌにおける人に対する選好性．5週齢の社会化された仔オオカミと仔イヌに社会的選好性テストを行った．この実験では，被験個体は世話係の人とイヌ，あるいは世話係の人と別の人の間でどちらかを選択しなければならない．(a) イヌは多くの場合，イヌより人を選ぶ．(b) オオカミは他の人よりも飼い主を選ぶ．(c) 選好指数が大きいほど世話をする人間への引きつけられ方が大きい．仔イヌは成犬よりも世話係の人の方と多くの時間を過ごしたが，世話係に対抗する社会的刺激が他の人（実験者）の場合には，選好性がみられなくなった．仔オオカミの場合には結果は逆になった（Gácsi et al., 2005）．選好性指数の計算法は以下の通り：（世話係と過ごした相対継続時間−他の刺激と過ごした相対継続時間）／（世話係と過ごした相対継続時間＋他の刺激と過ごした相対継続時間）．有意差はアスタリスクで示している（*, $p < 0.05$）．

ヌに生じるのかどうか，それを明らかにする実験は行われていません．仮に人間を好むような遺伝的変化がイヌに起こっていたとしても，それは特に驚くべきことではないでしょう．

他個体との相互行為の結果として，仔イヌは群れの一員になるだけでなく，群れの他個体との間に個別の関係を築きます．これは，仔イヌが集団をなじみのある個体の集まりというだけでなく，特定の個体たちで構成された社会単位とみなしていることを意味します．集団における階層の発達はある種のカテゴリー化能力を前提とします．興味深いのは，5週齢の仔オオカミは知らない人よりも世話をしてくれる人の方を好む（Gácsi et al., 2005）のに対し，仔イヌにはそのような選好性がみられなかったということです（図9.1 を参照）．これはこの年齢の仔イヌに人間を区別する能力がなかったことを意味するとは限りません．

通常，新しい刺激に対する回避（「恐れ」）の増大は感受期の終わりを示していると考えられています．なぜなら，実際問題として，それによって個体が新しい経験を獲得することが制限されるからです．機能的にみれば，このような行動の変化は仔イヌを集団内にとどめることに重要な役割を果たしているかもしれません．一方，機構モデルでは，感受期の終わりについて多くの問題が解決されないままになっています．Scott and Fuller の

コラム9.4　イヌの発達において人間に対する社会化の「最適」期はあるのか？

しばしば引用されるイヌの「刷り込み」を扱った研究（Freedman et al., 1961；Scott and Fuller, 1965）では，イヌは3～12週齢に発達における感受期を迎えると主張されています．この研究ではコッカー・スパニエル（18頭）とビーグル（16頭）を人間から隔離して，さまざまな時期に1週間だけ人に対する社会化を経験させました（下表を参照）．仲間のもとに戻した後，14～16週齢のときに再びすべてのイヌを人間に接触させました．2種類の測定を，2つの異なる時期に行いました．つまり，2つの社会化期間それぞれの初めと終わりに，人と相互行為しているイヌの様子を観察し，人に対する関心と回避を，仔イヌの行動を得点化することによって測定しました．

● **人間との最初の出会いの時における関心と回避**（社会化I，グラフ(a)参照）：初期（3～4週齢）の行動については，仔イヌの運動能力が限定的であるため評価が難しいと指摘されています．つまり，ハンドラーに対する関心の増加は単に歩行能力の向上を反映しているだけかもしれません．5週目の仔イヌは，生まれて初めて人間に出会うと高いレベルの関心を示し，ほとんど回避行動をみせません．7週あるいは9週にテストされた仔イヌでは関心の減少がみられます．同時に，回避行動は逆の変化をみせます（B）．この得点システムでの評価では，回避行動が増加する速度よりも関心が減少していく速度の方が速いようです（対照群のイヌは社会化を経験していないイヌです）．

● **社会化（社会化I）の終わりにおける関心と回避**：どのイヌにとっても社会化の期間は1週間で十分なようであり，すべてのイヌの回避得点が低レベルになります（E）．残念ながら関心得点は報告されていませんが，だいたいにおいて高得点が予想されるでしょう．

● **人間からの隔離**：社会化期間の後，イヌは仲間のもとに戻されました．それぞれのグループによって社会化経験から最終テストまでの期間が違うことに注意が必要です．5週目に社会化された仔イヌが，人から離され仲間とともに過ごしたのは8週間ですが，9週齢で社会化された仔イヌは4週間だけです．

● **14週と16週における人への関心**（社会化II，表およびグラフ(b)参照）：非常に早く社会化された仔イヌと人間にいっさい接触しなかった対照群のイヌは，人間に対してほとんど関心を示しませんでした．他のすべてのグループは人に対する高いレベルの関心を示しました．非常に早く社会化した仔イヌのグループも，さらに2週間人間との社会化を経験すると，人への関心が他のグループのイヌとほぼ同じレベルまで回復しました．このことは，非常に早い時期の刺激がイヌにとって重要で特別な役割を果たしていることを示唆しています．一方，対照群のイヌが人間に大きな関心を示すことは一度もありませんでした．このグループから任意に選び出した1頭のイヌは，さらに3か月間の接触の後でも許容レベルまで社会化することはできませんでした．

表　「野犬」実験の概要（Scott and Fuller (1965), Freedman et al. (1961) にもとづく）

同腹個体からの隔離時期（週）	社会化I（週）	社会化I後の同腹個体との生活期間（週）	社会化II（第14週から第16週までの間）
第2	第3	11	2
第3	第4	10	2
第5	第6	8	2
第7	第8	6	2
第9	第10	4	2
第14（対照群のイヌ）	—	—	2

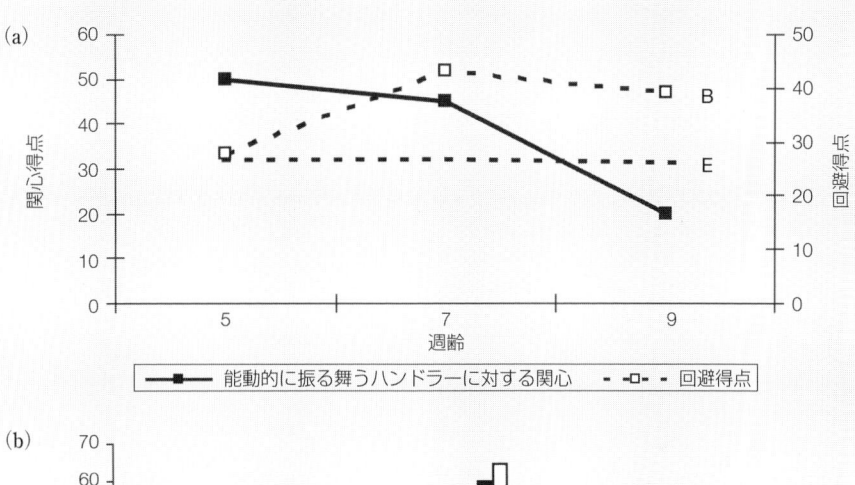

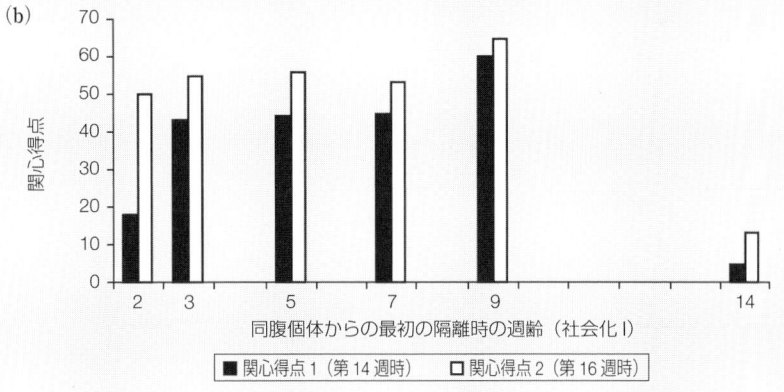

(a) 最初の社会化（社会化 I）期における 5～9 週齢の仔イヌの関心得点と回避得点（Scott and Fuller, 1965 にもとづく）（B＝最初の回避得点，E＝最後の回避得点）．(b) 14～16 週齢時の 2 回目の社会化（社会化 II）期の初めと終わりにおける関心得点（Freedman *et al*., 1961 にもとづく）．(c) 2～3 週齢で社会化を開始すると，イヌはだいたいにおいて受動的な人間に関心を示す．

第9章 行動の発達

モデルでは，回避の出現は決められた内的過程（成熟）の結果だとされています．彼らの主張は，一般にイヌは14週齢までに人間と接触した経験がなければ，人間に対して非常に顕著な回避を示すという知見にもとづいています．しかし，新しい刺激を回避するのは学習過程の結果かもしれません．仔イヌが学習するのは自分が接触したものについてであるということを忘れてはなりません．人間との接触経験のない仔イヌの場合は，人は彼らの社会環境の一部ではないと学習し，人に対処するための表象（参照システム，第1章8節を参照）を発達させないのでしょう．このような考え方は，最初の参照構造が確立され，そのシステムが保存することのできる最大量の情報が集められたときに感受期が終了すると想定するモデルと一致します．この機構によって，仔イヌは知っているものと知らないものをはっきりと区別し，後者より前者を好む選好性を示すことができるようになります．このモデルにおいて，回避とは感受期における経験の欠如の間接的結果ということになります．

以上みてきたように，選択による感受期の延長ということは興味深い問題を提起しています．最節約的な観点から考えれば，選択が成熟を遅らせるように作用し，その結果として回避行動の現れが遅くなったと考えられます．しかし，別の考え方としては，選択は参照構造が確立されるスピードに影響を及ぼし，それによって参照構造をつくるための探査活動が維持され続けることになったのかもしれません．参照構造の完成の遅れは，システムの柔軟性の増大を意味します．これは，複雑さが増大した社会環境に対処する必要のある参照システムにとって，有益なことです．実際，イヌにとっての社会は，2つの種のメンバーによって構成されることで複雑さを増しています．今後イヌやオオカミ，あるいはキツネを用いた比較研究が行われれば，この2つの考え方のどちらがよりありそうであるかを明らかにできるかもしれません．

極端な回避の出現がみられるのは人間との接触経験がまったくない仔イヌだけだということを強調しておく必要があります．イヌのそういう警戒心のレベルを下げるには，ほんのわずかな量人間に接触するだけで十分であり（Stanley and Elliot, 1962），そういうイヌは感受期が「公式に」終わりを迎えた後でも，なじみのない人間と社会的に関わり，その関係を維持する能力をもち続けます．

主に実際的な理由から，Scott and Fuller (1965)は社会化の「最適期」という概念も導入しました．それによると，6週と8週の間に，あるいはその後1～2週間の間にイヌを社会化すれば，「最良の」結果を達成することができます（Scott, 1986）．彼らのアドバイスでは，仔イヌが「正常な」社会的行動を発達させるためには，同種個体と異種個体の両方と社会的に接触する必要があることも考慮されています．彼らは，社会化期が終わる前に（あるいは，その中間頃の方がずっと望ましいのですが）新しい人間環境を仔イヌに経験させるべきであり，しかしまた仔イヌは，同種個体との接触経験を得るために，生まれた集団の中でも十分な時間を過ごさなければならないと述べています．Scott and Fullerは十分に用心深く，遺伝的要因と環境的要因の両方によって発達時期にはばらつきがあるかもしれないことを何度も指摘していたのですが，彼らが「最適期」を確定しようと努めた結果，仔イヌは8週目，あるいはもっと早い時期に生まれた家族から引き離す必要があるという一般的理解が生じることになってしまいました．しかし，そういう固定的なやり方は，発達速度の緩やかな多くの犬種にとっては有利にはなりません．さらに，今のところ，社会化が特定個人に対する現象だという証拠もありません．ほとんどの知見が示しているのは，一人の人に対する社会化に一般的な効果があるということ，つまり，社会化期に数人と接触しさえすれば，そういうイヌの大部分は後になっても比較的容易に他の人に対しても社会化できるということです．とはいえ，ブリーダーとして賢明なやり方は，仔イヌをさまざまな人々，子どもや，多様な外見の人たちに接触させておくことでしょう．仔イヌの譲渡という観点に限ってみれば，仔イヌを，生まれた家族から急いで引き離す必要はまったくありません．新しい飼い主が社会的に豊かな家庭環境を提供できない場合には特にそうです．

9.5 関心と愛着

古い文献では，これら 2 つの語が互換的に用いられているのは残念なことです（例えば Scott and Fuller, 1965；Scott, 1992）．現在の用法では，関心（あるいは親和（affiliation））と愛着は行動の同じ側面を指すものではありません．**関心(attraction)** は，何らかの形である種の刺激を別の刺激より好むことと定義できるでしょう．これに対して**愛着(attachment)** は，機能レベルで組織化された行動の特徴であり，特別な条件下で現れる特質であり，知覚と参照と行為のシステム間の複雑な相互作用を含みます（第 1 章 8 節）．さらに，多くの場合愛着は，特定の個体間関係を表しています．

Bowlby (1972) は人間における愛着を「他個体との近接状態を求め，維持すること」と定義しました．機能面から論じれば，愛着の対象（例えば母親）の近くに居続けることは，それによっていろいろな支援（例えば食物，捕食動物からの保護など）が得られますから，幼い個体が生き残ることに役立ちます（Gubernick, 1981；Bowlby, 1972 を参照）．ですから，こどもが動けるようになって親から離れてしまう危険性があるときには，特に愛着の役割が重要になります．このため成熟の早い種では愛着がより重要な意味をもち，こどもの運動技能が増すにつれてその重要性が高まります．つまり，愛着という考えは 2 個体の間に生じる特別な形の社会関係にもとづいています．多くの場合，観察データから愛着関係の証拠が得られることはほとんどありませんが，これは適当な状況が稀にしか起こらないからです．ですから，その動物が動くことができて，かつ，環境中の刺激や物体を回避したり，そこに接近したりするのに必要な運動技能を備えているならば，ほとんどの場合，愛着は実験室で確認することができます（第 8 章 2 節）．つまり，愛着と呼ぶことができる関係は，被験個体がその対象を認識できて（**個体の識別**），探索時や危険に遭遇したときに，その対象を社会的環境の中心とみなすことを好み（**安全基地効果**），かつ，その対象とのつらい隔離の後で再び出会ったときに特別な行動の変化（**あいさつおよびくつろぎ行動**）を示すようなものです．これらの基準を実験的にテストするために，ほとんどの研究では，推測される愛着対象と同じカテゴリーに属している何らかの対照（**見慣れない個体**）が用いられます．

社会関係を扱った古い文献を再評価してみると，愛着として記述されている現象の多くが実際に愛着を表しているわけではなく，遺伝的影響による好みや学習の効果の両方あるいはいずれかにもとづく関心や親和の事例であることがわかります．ハンドラーと仔イヌの社会的親和関係を扱った発達研究を詳しく吟味すると，社会化期が終わるまでは仔イヌと特定の個人との間に愛着関係が築かれることはなく，同じように他のイヌ（例えば母イヌ）に対する個別的社会関係も現れないことがわかります．具体的な実験報告はないものの，Pettijohn et al. (1977) は，異種個体との接触経験がほとんどない場合にも（例えば，ケージの清掃係とだけ接触），仔イヌのストレスを軽減するには母イヌよりも人の方が効果的であることを発見しました．ですから，この年齢のイヌは，厳密に個別的な関係を築くことなしに，何らかの社会的対象に引きつけられるようです．これはイヌが母イヌや兄弟姉妹を見分けられないということではありませんし，それについては実験的証拠があります（Hepper, 1994，第 6 章 5 節 4 項を参照）．このことは，危険でストレスの多い状況を切り抜ける必要に直面した幼い仔イヌは，行動を向ける対象を選ばないということを示しているにすぎません．おそらく幼い仔イヌの場合には，集団のあらゆるメンバー，あるいは集団全体が保護を与えてくれるため，特定の個体に助けてもらう必要がないのだと思われます．

最近の実験によって，4 か月齢の仔イヌは飼い主との間に愛着関係を築くものの（Topál et al., 2005a），同じ月齢のオオカミはそうではない（図 8.2）ことが明らかになっています．機能的観点から言えば，オオカミの仔は群れのすべてのメンバーから同じように保護してもらうため，個別的愛着は必要ないのかもしれません．このような違いは，イヌにみられるような早い段階での愛着が選択の結果であることを示唆しています．

Scott (1962) も社会的愛着が生涯にわたって形成される可能性があると指摘しましたが，おそらくそこで言及されているのは親和的行動だったのではないかと思われます．しかし，イヌの場合，

おそらくこの主張は正しいでしょう．なぜならイヌは後の生涯において，また多くの人間との間に愛着関係を築く能力をもち続けるからです（Gácsi et al., 2001）．そのような柔軟性は，後の生涯において別の人間のグループに加わったり，さまざまなグループに属する人々と複雑な関係のネットワークを築いたりすることができるという点で，イヌにとって有利なのかもしれません．

9.6 初期の経験とその行動への影響

初期の経験がイヌの行動に及ぼす影響には，近年の研究ではほとんど注意が払われていません．これは残念な状況です．この問題に対して Scott and Fuller (1965) が多くの知見を提供してくれているとはいえ，彼らのアプローチは1つの方法論にすぎないのです．彼ら自身が認めているように，管理された条件のもとで多数の個体を育てるという彼らのやり方では，イヌたちの経験が限定的になるせいもあって，「その能力を最大限まで発達させられなかった」（Scott and Fuller, 1965, 86ページ）のです．つまり，彼らの実験においてイヌに与えられた特定の初期の経験は，すべて比較的貧弱な環境での生活に追加されたものであり，もっと広い経験が与えられれば，イヌの能力はさらに改善された可能性があります．

最近の研究で用いられるイヌは，日常的環境の一部あるいは大部分を人と共有する「自然な」イヌです．そういうイヌたちは（制御された刺激条件下にないので）個体によってある種の刺激を受けてなかったり，あるいは過剰に受け取ったりしているかもしれません．この状況は，経験と行動の相関関係を探る機会と捉えることができます．遡及（過去のある時点まで遡ること）的研究では，これらのイヌの初期の生育環境を飼い主へのアンケート調査（質問紙法）によって再現し，後の行動に影響を及ぼす要因を分離しようとします．Serpell and Jagoe (1995) はこの方法を用いて，多くの異なる要因が後の行動に影響を及ぼしている可能性があることを発見しました．例えば，イヌに「優位性攻撃」があると報告する飼い主が多かったのは，ペットショップで購入されたイヌや14か月齢以前に病気にかかったイヌの場合でした．このことは，社会化期における社会的経験の不足によって，公然と敵対的態度をとる動物がつくりだされることを示しています．ただし，こういう研究は発達期に想定される危険因子をみつけだして初期の影響についての仮説を提供するには役立ちますが，行動の原因を説明するものではないことは覚えておく必要があります．

より実験的な研究では，初期環境と特定の行動テストにおける後の成績との対応関係をみつけることが目標にされます（例えば Fuchs et al., 2005）．あるいは，初期の発達環境に積極的に働きかけ，後の時点で現れる影響を探ることが企てられます．こういった研究は特に実用的な意味で興味深いものです．なぜなら，早い時期の広い経験が，そのイヌが後のトレーニングでうまくやる能力を養うのに役立つと思われるからです．Pfaffenberg et al. (1976) は，乳離れしてすぐにホストファミリーに引き渡され，社会化期に犬舎で長い時間を過ごさなかった盲導犬の方がトレーニングに合格しやすいことを発見しました．つまり，社会経験の欠如は，後のトレーニングに支障をきたすのです．イヌの発達環境を豊かにする工夫によってトレーニングの成績が改善されたり，環境に対するイヌの態度が変わったりするのかどうかについては，ほとんどわかっていません．Seksel et al. (1999) は，6～16週齢の仔イヌたちに短時間の異なる経験をさせて，社会化経験に変化をもたせました．一部のイヌにはハンドリングと初期のトレーニングの両方を行い，他のグループにはその片方だけを行い，何も行わないイヌが対照群として用いられました．テストでは，イヌに対してさまざまな環境刺激とトレーニング課題が与えられました．しかし，初期のハンドリングやトレーニングによる大きな影響はみられませんでした．この知見は，イヌが家庭環境の中で受け取る社会的・環境的刺激全体に比べ，そういう社会化経験が及ぼす影響は比較的小さいということによって説明することができます．

有益な影響を及ぼすことのできるもっと特別の経験もあります．6～12週齢のときに母親が，隠された麻薬の袋を探して持って来るのを観察したジャーマン・シェパードの仔イヌは，後に6か月齢になってからのトレーニングでより素早い反応をみせました（Slabbert and Rasa, 1997）．このこ

とは，技能を身につけた同種の個体と早い時期に接触させることが，いろいろな作業のトレーニングに役立つかもしれないことを示唆しています．

9.7　行動の予測：「パピーテスト」

仔イヌの将来の行動を予測することには実用的な応用価値があります．ブリーダーが将来の飼い主に，希望に合った仔イヌを紹介するのに役立ちます．あるいは，次に繁殖させる仔イヌを選んで，トレーナーが「才能の乏しい」個体にトレーニングを行う手間を省けるようにするのにも役立ちます．よくトレーニングされた作業犬になるために必要な能力を予測できれば，費用や労力（そして感情）の節約になるかもしれません．適性のある候補個体だけを確実にトレーニングプログラムに登録することができるからです．予測力のあるパピーテストの開発はイヌの研究の聖杯のひとつとなりました．しかし，この種の文献を概観するとさまざまな結果が混じり合っていることがわかります．テストが将来の作業やトレーニングへの反応の予測に成功しているかどうかについて多くの報告が行われていますが（例えばScott and Bielfelt, 1976），否定的な報告の方が多数です．問題の多くは，発達をあまりに単純に捉えすぎていることから生じています（コラム9.5）．予測を検証するときに主に関心が払われるのは，遺伝的影響が比較的強い行動の側面です．つまり，環境による攪乱に影響されない行動の側面です．しかし，初期環境が行動に及ぼす影響には，その後では修正ができないような長く続く変化を引き起こすほど強力なものもあります．とはいえ，どちらのケースでも，動物の将来の能力を決定する要因は予測テストの前に生じていると仮定することができます．であれば，その後の環境がどのように変わっても，テストした行動は影響されないと考えられます．しかし，たとえそうであっても，行動の成熟が，テストの予測性と相互作用する可能性があります．成熟は遺伝によって強力に制御されていますが，「突如」現れる変化もある一方で，徐々にしか現れない変化もあるのです．ですから，テストは成熟がほぼ終わった頃に行わねばなりません．しかし，大部分の行動パターンについて成熟が終わるタイミングは明らかになっておらず，システムが異なればタイミングも違うかもしれないのです．

忘れてはならないことは，（犬種をつくるための）選択的繁殖が発達の構造に影響を及ぼし，成熟の速度だけでなく，発達期の長さや行動の出現順序も変化させうることです．さらに，犬種と環境の相互作用の問題もあります．例えば，犬種によって人とのやり取りに対する感度が異なります（Freedman, 1958）．発達についての比較研究ではこれらの要因が重大な意味をもつかもしれません．絶対尺度（生後日数）を用いることによって誤った知見に導かれる可能性があるからです（コラム9.3を参照）．

仔イヌの行動から将来の行動を予測するという問題に対するアプローチとして，特定の年齢で一連のテスト（テストバッテリー）を行うという方法があります．通常は特定の日に一連のテストが行われます．これは効率的で時間の節約になると思われます．しかし，そのようなやり方は行動の発達についての観察結果と矛盾します．多くの行動システムが同調して成熟するわけではないことが示唆されているからです．そういうわけで，仔イヌの社会性，持来（物を持って来る）能力，新しいもの嫌い，積極性をおよそ8週齢でテストしても作業適性を予測することはできませんでした（Wilsson and Sundgren, 1998）．一方，単独のテストで持来行動（8週目と12週目）や驚く行動（12週目と16週目）を調べた場合には，警察犬になるための適性をうまく予測することができました（Slabbert and Odendaal, 1999）．仔イヌの行動と成犬の行動の間の複雑な関係は，イヌの不安行動の予測を試みた研究でも現れました（Goddard and Beilharz, 1984）．イヌの不安反応は発達期の間に変化するのです．12週齢までの仔イヌは不安な状況で活動性を低下させます．しかし成犬は，同様の状況で消極的になることもあればあからさまに積極的になることもありました．ですから，初期の不安反応を測定しても，後の行動をうまく予測することはできないことになります．これらの個別の結果は，それだけで決定的な意味をもつわけではありません．しかし，そこから考えるに，「適切な」時期になんらかのテストを行えば予測力の高いテストになる，ということはありそうに思

コラム9.5　行動の発達とパピーテストの問題点

イヌの観察にもとづいて成犬の行動を予測できると信じられているせいで、パピーテストがますます流行しています。ここでは、そういうテストのかかえる問題点を明らかにするための理論的枠組みを示します。

本文で論じたように、知覚能力（P）と運動能力（M）は連続的に出現し、発達期の生物はさまざまな出来事（E）を経験します。どんなパピーテストも仔イヌが特定の刺激を知覚する能力と特定の行動パターンを示す能力の両方を基盤にしていますが、そのどちらも経験によって左右されます。通常、パピーテストは2回ないし3回行われ（点線の四角）、イヌは一連のさまざまなテスト（テストバッテリー）を受けることになります。

図のテスト1では出来事3（E3）の影響はまったく測定されないでしょうし、仔イヌの行動は出現する知覚能力2（P2：点線）が出来事2（E2）との関連で先になるか後になるか（P2'）によって左右されるでしょう。テスト2では発達の早い仔イヌ（知覚能力3，P3：実線）は発達の遅い仔イヌに比べてE3を評価する経験をより多くもつでしょうし、テスト1とテスト2における知覚能力の違いがこれらのテストでみられる行動の間の関係にどのような影響を及ぼすかも不明です。運動能力にも同様の論理を適用することができるでしょう。これらにもとづいて、次のような考察を根本におけば、役に立つパピーテストを開発することができるかもしれません（犬種によってタイミングが異なる可能性に注意する必要があります）。

- **行動の記載**：長期間にわたる観察を行って、知覚能力と運動能力の発達を記載する必要があります。特に、それら能力の最初の出現、発達速度、安定性に関する観察データが必要です。
- **テストの設計**：関心のある行動特徴に応じて、イヌの特定の能力を明らかにすると考えられるさまざまな行動テストを試み、さらに、翌日に再テストする必要があります。
- **テストバッテリー**：上に記した2つの措置を前提に、複数テストを組み合わせたテストバッテリーを、発達期全体を通して使用し、テストする最適な時期を決めなければなりません。

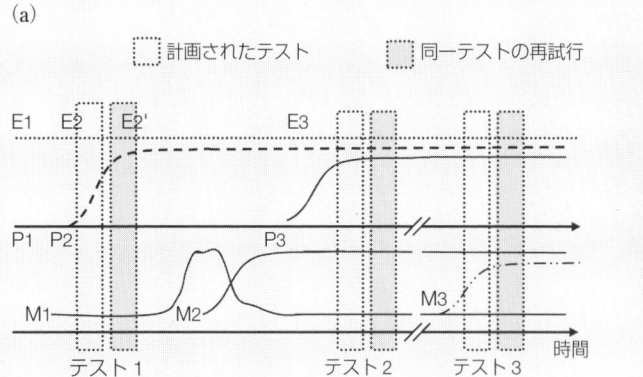

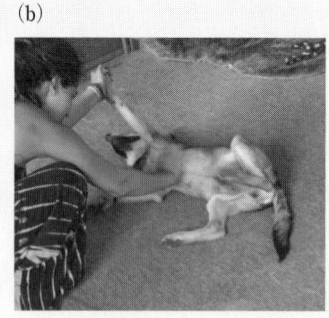

(a) 行動の発達とパピーテストのタイミングの仮説的図式。(b) 通常パピーテストには優位性テストが含まれる。これまでのところ、このテスト中の行動に予測性があるとは証明されていない。テストは単純にみえるが（実験者がイヌを仰向けにする）、統一された公式のやり方があるわけではない。

われます．

　もうひとつ重要なのは，予測のための変数をどう決めるかです．多くの研究は特定の年齢で行ったテストで測定した単独の行動変数にもとづいていますが，「複合的な値」を測定する研究もあります．後者の場合には，研究者は同じ特性（もちろん必ずしもそうとは限りませんが）を測定すると思われる複数の変数を組み合わせて用います．例えば，不安行動を予測するために Goddard and Beiharz (1986) は，積極性得点（9 週時），持来得点（9 週時），不安に関連するさまざまな得点（8 週時における笛の音に対する反応，あるいは 12 週時における歩行中の物体の回避）からなる「パピーテストの指標」を定めました．実用的観点から言えば，高い予測力をもつことが明らかな測定法であればどんなものでも問題を有効に解決することができます．しかし，それによって仔イヌの行動と成犬の行動の発達的関係について理解が深まることはありません．ひとつには，そういう行動変数のうちのいくつかのものの予測値は，行動変数が確認された生育環境にのみ適用されるかもしれないからです．

　予想されるように，年齢が進むにつれパピーテストの予測値は高まっていきます．盲導犬の不安 (Goddard and Beilharz, 1986) や警察犬の攻撃行動 (Slabbert and Odendaal, 1999) の測定の場合にはそうでした．残念なことに，予測できるのは遅い時期であることが多く，予測できたときにはイヌはすでにトレーニングプログラムに参加してしまっています．何らかの行動特性を選んで，あるいは排除して繁殖させることを目指す場合にも，成犬の行動の予測が遅れることが問題になります．比較的予測可能であるにもかかわらず，Goddard and Beilharz (1986) は彼らの「パピー指標」にもとづいて不安を排除する選択を行うことを推奨していません．というのも，この特性に内在する遺伝的要素が不確定なためです．

　とはいえ，実践的観点から，パピーテストを行うことには利点がないわけではありません．テストでは仔イヌをさまざまな物理的・社会的経験に触れさせるので，個々のイヌの発達状況について貴重な情報が得られます．もし仔イヌが期待通りに行動しなければ，その行動を改善するために矯正措置をとることができるでしょう．ですから，テストの予測力の有無にかかわらず，定期的に「テスト」を行って仔イヌを将来の環境の特徴に触れさせることは，成犬での行動の改善につながるでしょう．

9.8　将来のための結論

　発達期とは，生物の遺伝的潜在能力が与えられた環境の中で花開いていく後成的過程だと捉えられるべきです．つまり，発達期のイヌは環境が与える刺激をただ受動的に経験するだけではありません．生物は，成長期に特定の種類の刺激を実際に「期待する」ようにつくられているのです．

　残念なことに，イヌの発達に関する研究の大半は 30 年以上前に公にされたものであり，かなりの数の研究があるにもかかわらず，多くの問題が未解決のままになっています．オオカミとイヌの両者に関して，またさまざまな犬種についての比較データが不足しています．比較研究を行うことによって，選択や人為的繁殖がどのようにイヌの発達のパターンを変化させ，そしてどのようにイヌの行動に影響を与えるかについての理解を広げることができるでしょう．

　初期の刺激と発達における感受期の関わりについてはほとんど何もわかっていません．そういう研究によって，種に特有の違いだけでなく，異なる刺激タイプ（嗅覚，視覚，聴覚刺激など）の発達における役割も明らかにすることができるかもしれません．これに関して重要かもしれないのは，オオカミとイヌでは親和的関係の発達に関わる刺激が変化したということです．オオカミの場合，親和的関係は初期の嗅覚刺激に依存するようにみえますが，イヌの場合は，視覚的手がかりも利用して人間への好みを発達させているようにみえます．

参考文献

Serpell and Jagoe (1995) はイヌの発達について詳しい総説です．Lindsay (2001) と Coppinger and Coppinger (2001) は，遺伝子と環境の相互作用の複雑さについてさまざまな見方を提供してくれています．

第10章

気質とパーソナリティ

10.1 はじめに

個体差というのはけっして無秩序なものではありません．個体の行動は，他の表現型と同じように，遺伝子と環境の相互作用の結果なのですが，個体同士の行動を比べてみると，他の個体と比べてお互いにより似ている個体同士のいることがわかります．そのような類似をみてとることができるのは，個々の個体が複数の状況で一貫した行動を示し，そのようなやり方が限られているからでしょう．例えば，見たことのない何かが道を渡っているのを見たとき，あるイヌはそれを見つめ，追いかけ，近づいていくかもしれません．もしこのイヌがさまざまな見たことのないものに対し（もしくはよく知っているものにさえ），何度も同様の行動パターンを示すとしたら，私たちは，そのイヌを「好奇心が強い」と特徴づけるかもしれません．しかし，他にどんな行動が考えられたでしょう．2つの可能性があります．つまり，何の興味も示さないで同じコースを歩き続けるか，あるいは，立ち止まったり進路を変えたりしてそのものから離れるような行動です．前者のパターンを示すイヌは「無関心」と記述されるでしょうし，後者の行動を示すイヌは「怖がり」と特徴づけられるでしょう．多くの場合，このような分類的記述は行動のタイプを示すものとされ，そういう分類に用いられる尺度（例えば，遭遇後のある時点におけるイヌと対象との距離）が**特性**（traits）と呼ばれます．そのような個体に焦点を合わせた種類の行動の記述は，従来のアプローチと区別して，**パーソナリティタイプ**（personality types）や**パーソナリティ特性**（personality traits）という表現を使うのがよいように思われます（パーソナリティ特性は，行動特性（behavioural traits）とは違います．パーソナリティ特性はふつう，より派生的な特徴です．つまり，それは2つ以上の行動特性から，その「重み付けされた」寄与にもとづいて抽出されるものです（例えばJones and Gosling, 2005を参照）．残念なことに，現在の研究では「パーソナリティ」という用語について大きな混乱がみられます．これは，ひとつには動物行動学者や動物心理学者が，擬人化の誹りを受けるのを恐れているためです．その結果，行動シンドローム，行動タイプ，行動スタイル，対処スタイル，情動傾向，気質，といった同義語が氾濫することになりました．イヌの動物行動学では，主に**気質**（temperament）と**パーソナリティ**という2つの同義語に出合いますが，困ったことに，多くの著者によってこれらの語は取り換え可能な使い方をされています．最近では動物行動学以外にも多くの総説がイヌのパーソナリティという話題に触れています．それらは行動遺伝学（Ruefenacht et al., 2002），比較心理学（Jones and Gosling, 2005など），あるいは実際的応用（Taylor and Mills, 2006；Diederich and Giffroy, 2006）と，観点はさまざまです（コラム10.1）．

ここでは機能的擬人化の観点を採用して，人間と動物のパーソナリティの機能の類似性を示してみます（Carere and Eens, 2005）．この観点からは，パーソナリティとは，選択の影響を受け，何らかの適応メカニズムによって生じる一連の行動特性と定義されます．「パーソナリティ」という一般的用語が，「気質」よりも好まれるのには，おそらく2つの理由があるでしょう．ひとつは，人間についての論文では，成人を描写するのに「パーソナリティ」が使われる傾向にあります．これに対し，「気質」は発育中の人間の記述で好まれます．2つ目は，もし適応度の結果が重要であるならば，ほぼ安定したおとなの行動パターンこそが一番重要だからです．パーソナリティは遺伝的影響と環境的影響の両方による産物なので，生まれてから成

コラム 10.1　Pavlov とイヌ

　Pavlov は連合学習の実験パラダイムの開発者としてよく引き合いに出されますが，もしかしたらパーソナリティに関する研究に対する彼の貢献は同じくらい重要だったかもしれません．彼とその共同研究者たちは非常に早くから，トレーニング中に多くのイヌが特殊な，しかし一貫した行動を示すことに気づきました．重要なのは Pavlov が，学習過程で観察されるパラメーター（例えば，基準値に達するまでの試行数，消去に必要な試行数など）だけにもとづいてカテゴリー分けしたのではなく，実験前と実験中のイヌの行動全体も観察していたということです．イヌは，脳の神経的属性（「神経システムのタイプ」）を反映していると想定された3つ（あるいは4つ）のカテゴリーに分類されました（Teplov, 1964；Strelau, 1997）．このカテゴリー分けは，4つの気質を設定したヒポクラテスとガレノスの類型論にいくらか似ており，したがって個体を1つのカテゴリーに割り当てるという問題をもっています．しかし，当時のイヌのトレーナーの間で非常に有名になりました（また，今日に至るまでしばしば言及されることがあります）．Pavlov が目指したのはこの分類をできるだけ客観的なものにすること，つまり，イヌを欲求的あるいは嫌悪的な状況での条件づけにどのように反応したかの客観的な観察にもとづいて分類すること，でした．Teplov (1964) の総説では，それらの「タイプ」との関連で主に次のような諸特徴（charactor）が言及されています．

- **気が弱いタイプ（憂鬱質）**：神経質で傷つきやすい（キャンキャン吠える），体を押さえつけるともがく，憶病で内気．抑制過程が極度に優勢．
- **気が強く不安定なタイプ（胆汁質）**：活動的で精力的，攻撃的になりがち．興奮過程が中程度に優勢．
- **気が強く安定し活動性の低いタイプ（粘液質）**：静かで落ち着きがあり，控えめ．抑制過程が中程度に優勢．
- **気が強く安定し活動性の高いタイプ（多血質）**：活動的で新しい刺激に反応しやすく，単調な環境では眠そうにしている．興奮過程が極度に優勢．

　その後 Pavlov の業績の大半にはほとんど注意が払われることがなく（ただし Scott and Fuller, 1965 にはわずかに言及がみられます），パーソナリティ研究では帰納的方法が支配的になりました（例えば Cattel et al., 1973）．その一方で，作業犬の選抜にイヌのパーソナリティ（あるいは気質）を利用することは長年の習慣となっています（例えば Humphrey, 1934；Pfaffenberg et al., 1976；Goddard and Beilharz, 1986）．

　興味深いことに，Sheppard and Mills (2002) はアンケートのデータから，Pavlov の体系の2つの主要タイプ（「気が弱い」と「気が強い」）におおむね対応するイヌの2元的分類基準（「消極的行動活性（negative activation）」と「積極的行動活性（positive activation）」）を得ています．

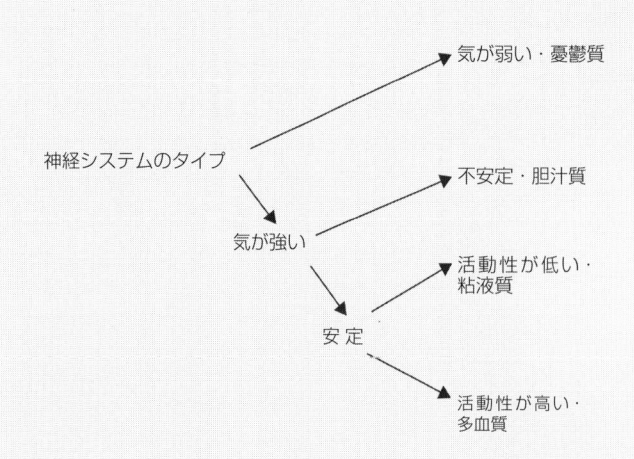

Pavlov の類型論は最初はイヌのために開発され，後に人に適用された．しかし，Pavlov は明らかに，ヒポクラテスとガレノスによる古典的な人間の類型論にも従おうとしている．（Strelau, 1997 を改変）

熟するまでの間にいくつもの大きな変化を被ることが予想されます．この過程には複雑なパターンの遺伝活性と環境刺激が関わっていますが，個体が成熟するにつれてそのどちらの影響も減少すると考えられます．もちろんこのことは，成熟後のパーソナリティがほとんど変化しないという意味ではありません．ただ，環境効果は個体の成熟後よりもその前にとりわけ大きな影響を与えると予想されるのです．これはまた，遺伝がパーソナリティに及ぼす影響を観察するには発達の初期の方が適しているということも意味しています．

じつは，「パーソナリティ」と「気質」という紛らわしい同義語の使用は，便利な二分法（dichotomy）に変えることができます．気質は，成熟にいたる以前の発達の初期段階（例えばイヌの場合なら新生仔期，移行期，社会化期；第9章を参照）にみられる特性を表すのに使えるでしょう．この区別は Goldsmith et al. (1987) にも採用されており，彼らは気質を，遺伝によって初期に現れる傾向で，生涯にわたって持続してパーソナリティの基礎となるものとし，パーソナリティと区別しています．さらに加えて，注意しておきたいのは，研究者たちには，ある特性がより一般的に広く適用できる場合は（例えば「衝動性」，「大胆さ」「活発さ」）気質と呼び，特徴がより特殊な状況に限定されるようであれば（例えば「社交性」，「攻撃性」）パーソナリティと呼ぶ傾向があることです．この点に関しては，動物は成長するにつれてますます多くの環境の中で行為を表す必要が生じ，その結果，行動のパターンがより明確になるのだと考えられるかもしれません．例えば，社会的環境への参加は徐々に進む過程ですが，それと並行して社会性に関わるパーソナリティ特性も発達していくのだと考えられるでしょう．気質は，ある特性に関する遺伝的構成と強く関連するのに対し，パーソナリティは実現された表現型であり，遺伝と環境の長期間にわたる相互作用の産物であるというように．そういうわけで私たちは，Jones and Gosling (2005) の使用した定義を採用します．つまり，パーソナリティとはおとなの特徴であり，その感じ方・考え方・行動の仕方における一貫したパターンを記述し説明するものであるという定義です．

10.2 パーソナリティに対する記載的アプローチ

イヌのパーソナリティに関する最近の総説（Jones and Gosling, 2005）では，さまざまな研究上の目的が設定されています．例えば，発達期に現れる行動の予測，問題行動を予期したり個体に適したトレーニング法を予測したりするための行動特性の記載，また，望ましい表現型に対する人為選択などです．しかし，最近の総説のほとんどが，理論的・方法論的問題への理解が不足すればこういった目的の達成は難しいだろうと結論づけています．

定義上，パーソナリティをもつことができるのは個体だけです．その意味では，専門家の報告にもとづいて犬種の「パーソナリティのプロフィール」を記載しようという試みは，たとえ抽出された特性の一部が概念レベルで一致するとしても（例えば Draper, 1995；Bradshaw and Goodwin, 1998），妥当な方法ではありません．詳しい解析が明らかにしているように，そういった犬種プロフィールは，比較個体群が異なっていたり，異なる選択環境にさらされていたりすることで，非常に違ったものになる可能性もあるのです（後述，Svartberg, 2005）．

10.2.1 「知る」こと，観察すること，テストすること

人間のパーソナリティテストの多くは，たいていある特定の状況での判断を求める質問のリストから構成されています．そういう自己申告は非常に主観的であるように思えるかもしれませんが，長年にわたる研究の結果，それらの質問に対する答えと関連する行動特性との間に，実際にある程度以上の（統計的に有意な）関係のあることがわかってきています（例えば Gosling, 2001）．この方法の実用上の利点から，研究者たちはイヌに対しても，同じ質問を用いるようになりました．しかし，この場合，データ収集にイヌ自身は決して参加しません．一連の状況におけるイヌの行動について答えるのは，飼い主，そのイヌ個体をよく知る人，もしくはイヌの専門家なのです．

より動物行動学的な方法としては，自然な日常

生活の諸状況の中でイヌの行動を観察したり，特定の行動テストをつくって行動の特別な側面を明らかにしたりする方法があります．自然な状況での観察は非常に複雑になりがちで，長い時間がかかり，標準化が困難です．ですから研究者は，パーソナリティ特性の生の素材を提供できるような行動特性を記載するために，**テストバッテリー**（一連のテスト）を開発することを好みます．もちろんパーソナリティの「全体」を記述するには，そういうテストバッテリーにおいて，パーソナリティのさまざまな側面が明らかになるような多様な状況がシミュレートされていなければなりません．さらにテストバッテリーでは，特定の行動パターンを出現させるために，イヌに新しい（ときには極端な）刺激（銃声など）を与えることが好まれます．しかし，この2つの要因のためにさまざまな複雑な事態が生じます．まず第1に，テストバッテリーの時間を無制限に延長するわけにはいきません．長期間にわたってイヌが同じように反応するとは期待できないからです．そのためテストバッテリーに含まれる「状況」（テスト単位）の数が制限され，それによって今度は示される行動の幅が決まってしまいます．その場合にもテストバッテリーを実施する間に被験個体の内面状態が変化する可能性を排除することはできず，その変化が行動に影響を及ぼすかもしれません．ですから，その可能性の調査が行われていない現状では，テスト単位のひとつひとつを厳密な意味で独立した評価尺度とみなすことはできません．さらに，行動の個体内での一貫性を明らかにするために，テストバッテリーにおいていくつかのテスト単位（あるいは状況）が繰り返し用いられることがあります．しかし，慣れや過敏化による何らかの繰り越し効果が行動に影響を及ぼす可能性があるため，そういうやり方には問題があるかもしれません．例えば，イヌの気質評価（DMA）テスト（Svartberg and Forkman, 2002）には2つの「遊び」のテスト単位が含まれ，ひとつはテストバッテリーの2番目に，もうひとつは9番目に行われます．2つのテスト単位の遊び行動の間には相関関係がみられますが，2回目の遊びの単位の前にイヌはさまざまな刺激（金属質の音や「ゴースト（訳註：白い布を被っておばけの格好をした人）」）にさらさ

れています．サンプル数が多ければそういう介入の遊び行動への影響はないようにみえるかもしれませんが，一般的に言えば，2回目の遊びに影響を及ぼすような隠れた要因は他にも多数存在するかもしれません．Netto and Planta (1997) は攻撃的行動のテストの際にイヌに一連のテスト単位を受けさせましたが，これはおよそ45分間続き，イヌの攻撃的行動を引き出す可能性のあるさまざまな状況を含むものでした．細かく考え抜かれたテストシステムを適用することで非常にうまく高い基準妥当性を達成することができました（テストによって咬みつき経歴のあるイヌを非常にうまく見破ることができました．後述）．しかし，テストによってそういう行動に対するイヌの過敏化が生じた可能性もあるようにも思われましたし（テストの終わりの方ではイヌはより攻撃的になりました），そのように長い時間イヌをストレスの多い状況におくことは福祉の観点からも問題があるかもしれません．

実施の観点から言えば，複雑さは増すかもしれませんが，テストバッテリーを実施するにあたり，1回のテストではいくつかのパーソナリティ特性の調査だけを行い，あまり時間をおかず，パーソナリティの変化が予想されないうちに次のテストを行う方がより有効でしょう．

10.2.2 行動の記載：評価とコーディング

イヌがテストに参加しない場合には，研究者は飼い主の評価に頼らなければなりません．そういう評価は人間の特性のレイティング（例えば「活動的」，「心配性」，Gosling and Bonnenburg, 1998）やパーソナリティの一覧（イヌの場合に意味をもつように「翻訳された」諸々の項目，Gosling *et al.*, 2003）にもとづいていたり，あるいは自然な生活状況から導き出された質問リスト（例えばSerpell and Hsu, 2001；Sheppard and Mills, 2002）にもとづいていたりします．

飼い主の報告をもとにしてイヌの行動特性を探るアンケート調査（質問紙法）による研究が多数行われ，この方法の信頼性と有効性が，ある程度明らかになっています．信頼性をテストするために，人間のパーソナリティの一覧を用いて飼い主にイヌと自分自身を評価してもらい，友人たちに

も対象になっている人物とイヌを評価してもらいました（Gosling et al., 2003）．このアンケート調査の結果から，観察者が異なっても同じ個体に対しては似たような報告をすること（観察者間の信頼性），また，単一の特性については，異なる状況に関して質問した場合でも同じ観察者の判断が一貫していること(内的一貫性)がわかりました．別のアンケート調査（Sheppard and Mills, 2002）では，6か月後に同じ質問を行っても同じ観察者の判断は一貫していることがわかりました（観察者内の信頼性）．アンケート調査にもとづく研究方法には，飼い主は偏見をもたずに質問に答えているのか（例えば問題行動の場合）（Sheppard and Mills, 2002）という問題や，使用する質問項目をひとつひとつテストする必要はないのかといったいくつかの疑問点はありますが，信頼性は達成できているように思われます．

アンケート調査の妥当性を担保するための重要な方法のひとつは，調査している特性と関連する外的な基準を探すことです．Gosling et al. (2003)は，飼い主と以前飼い主が評価したイヌとの相互行為を観察して判定するよう，関係のない人たちに依頼しました．この判定者のイヌに対する評価と飼い主の評価にはかなりの一致がみられました．同じようにSvartberg (2005)の報告では，C-BARQアンケート（Serpell and Hsu, 2001）における飼い主の評価と，その1～2年前に行ったDMAテストで観察された行動の間にも関連が見いだされました．

パーソナリティに対する動物行動学的アプローチでは，観察的状況やテストバッテリーにおいて行動を直接に測定することが好まれます．これにはたいてい2つの異なる方法が用いられます．観察者は何らかの尺度に従って行動をレイティングするか（アンケート調査による評価と同様に），あるいは行動を，頻度，継続時間，潜時などを測定できるような要素に分解して詳細なエソグラムをつくるかします（第2章）．ほとんどの場合，行動のコーディングは専門家によって行われると考えられるので，観察者間と観察者内の高い信頼性が期待できます．しかし実際は（例えば作業現場での試行やDMAテストにおいて）数人の判定者が長期間にわたって（多くのサンプルを手に入れ

るために）行動の観察を行っても，そういう信頼性が達成されなかったり報告されなかったりすることがしばしばあります（例えばSvartberg and Forkman, 2002；Strandberg et al., 2005）．これはひとつには，そういう評価の多くがデータが収集されてから何年もたって行われるからです．しかし，将来は，ビデオテープによってテストが記録され，訓練された観察者の小さなグループによって行動のコーディングがなされるようになるでしょう．

行動テストの場合には，テスト－再テストの信頼性の問題が長い間なおざりにされてきました．もっとも，現在では，例えばDMAテストの信頼性が，2～3か月間以上にわたり続くという証拠があります（Svartberg et al., 2005）．重要なのは，2つのテスト間での攻撃性の低下は慣れを示唆しているのに対して，好奇心や怖いもの知らずの得点の上昇は繰り返されるテスト状況に対する過敏化を示しているということです（Ruefenacht et al., 2002も参照）．行動テストの結果の妥当性は，すでに妥当性が確かめられているアンケート調査で得られた行動特性や，それらから抽出されたパーソナリティ特性（前述）の両方から確認できるかもしれません．また，行動テストによって，年齢や性別といった，行動の違いを予測できる他の独立変数（測定値）を探すことが考えられますが，これはアンケート調査にもとづく研究にも言えることです．

10.2.3 パーソナリティの構造

行動を評価するにせよコーディングするにせよ，基本的には同じ統計的方法（因子分析）を用いて依存する変数の数を減らし，少数の独立した抽出特性（**因子**）によってもとの変数にみられる変動をできるだけ多く説明できるようにします．実際上は，これらの因子が，それと結びついた（**寄与**している）行動変数が何かによって，あるパーソナリティ特性として記載されることになります．さらに，これらの因子の数や因子間の関係は，使用される変数の数，それらの変数の性質，また変数間の相関関係によって大きく変化します．重要なのは，これらの抽出因子に何か意味がある，つまり，それらの因子が機能的に意味のあるパーソ

ナリティ特性を表していると仮定する**アプリオリ**（先験的）な根拠は何もないということです．

　機能的に異なる状況（例えば脅威を感じさせる刺激に対する反応と，見慣れない人間に対する反応）や機能的に類似した状況（よく知っている人との遊びと見慣れない人との遊び）を，それぞれ2つ以下しか含んでいないテストバッテリーでは，ただひとつの因子しか明らかにできないでしょう．これによって，アンケート調査が好まれる理由（または行動テストの限界）を説明できます．つまり，適切な質問セット（また，それに応じた多数の個体）を用いれば，パーソナリティの多くの面を明らかにすることができるでしょう．多くの異なる変数を分析すれば抽出された変数の背後にある複雑な構造が明らかになると思われるからです．

　しかし，このように異なる方法によって導き出されたパーソナリティの記述が提示されれば，問題が生じる可能性があるのは明らかでしょう．違いの原因のひとつは，アンケートにもとづく方法では観察者の心の中で評価が「生まれる」ということです．次のような場合を考えてみてください．飼い主は，5段階の尺度（「得点1＝いいえ」から「得点5＝はい」まで）を用いて，彼の飼っているイヌが掃除機を怖がっている可能性があるかどうかを答えなければなりません．飼い主は，記憶にある中でイヌと掃除機（それだけでなく，おそらく同じようにイヌを怖がらせる他の刺激）が関わっているあらゆる状況を結びつけて，そういう特性について「知的」に推測するかもしれません．これはまさに「（人の）心による因子分析」であり，おそらく種に固有な（「人間的な」）主観的要素の影響を受けずにはすまされないでしょう．さらに，特性に関する多くの質問への答えは，状況を人間の視点から見たものになります．ですから，今の場合では，イヌは「掃除機を恐れていない」とされるかもしれませんが，それはイヌの視点からみて真実ではないかもしれませんし，真実かもしれません．これは，行動テストによる評価と著しく異なっています．行動テストではあらゆる大きさや色の，音もさまざまであったりする掃除機を使って実際にイヌをテストし，観察者がイヌの「回避行動」（尺度にもとづく），接近するまでの時間，注視時間などに注目し，記録します．この違

いのため，アンケート調査によって抽出されたパーソナリティ特性の方が明確でなじみ深く見えるという結果になるわけですが，これはひとつには，後者では人の心でイヌの行動が評価されているからです．

　これに対して，行動観察にもとづくパーソナリティ特性は単純に私たち自身のパーソナリティ構造に投影することができないため，解釈がより困難になるかもしれません．行動にもとづくパーソナリティよりアンケートにもとづくイヌのパーソナリティ構造の方が（同様の方法で得られた）人のパーソナリティ構造（Gosling et al., 2003）に似ているという観察結果は，これを裏づけているように思われます（例えばSvartberg and Forkman, 2002）．もちろん，例えば「攻撃性」のように，それと等価な特性が，どちらのパーソナリティ構造にもみられる場合もあるでしょう．しかし，一連のDMAテストで得られた5つの因子（遊び好き，好奇心／怖いもの知らず，追いかけやすさ，社交性，攻撃性；Svartberg and Forkman, 2002）と等価なものを，Jones and Gosling (2005)による行動観察結果のメタ分析に示された7つのパーソナリティ特性（反応性，怖がりやすさ，活発さ，社交性，トレーニングへの応答性，服従性，攻撃性）の中にみつけだすのは容易なことではありません．

　どちらの方法も信頼できる妥当なパーソナリティの尺度を提供しているのだとすれば，それらが，その根底にある生物学的機構，遺伝的要素や神経生理学的制御などと，どのように関わっているかが問われるかもしれません．この場合も，人についての文献に両方のケースの例がみられます．つまり，行動観察から導き出された特性とアンケート調査から導き出された特性のどちらについても，遺伝的組み合わせとの関連が明らかにされました．しかし，これは人という種内での話であり，イヌには当てはまらないか，あるいは特別な状況においてのみ当てはまるかもしれません．

10.3　パーソナリティへの機能的アプローチ

　理論的観点から言えば，どのような状況におかれても個体は最適なやり方で行動すべきなのですが，これはパーソナリティという考え方と矛盾するように思われます（Sih et al., 2004）．ですから，

パーソナリティが存在することを説明するためには，このうえなく状況に依存した柔軟性を示すシステムと違って，パーソナリティという形で行動を組織化することが適応的である（Dingemanse and Réale, 2005）ことを示すことができなければなりません．これまでのところパーソナリティのタイプによって生存率に違いがあるかどうかという問題に関心が払われることはなかったため，イヌのパーソナリティを扱った文献でそういう問題が取り上げられることはめったにありませんでした．しかし，オオカミからイヌへの進化的推移を理解することへの関心が高まるにつれて，この状況に変化が現れるかもしれません．

　Sih et al. (2004) は，非常に変動の大きい環境では柔軟性の低さが，言い換えれば，環境がさまざまに変化しても比較的安定している特性が，自然選択によって選ばれる可能性があると論じました．なぜなら，柔軟性が高いと誤りが生じやすいからです．常に最適な行動をとるのに十分な情報を集める機会がわずかしかないような場合には特に誤りが生じやすいのです．ある種では「大胆さ」という特性がみられ，それはしばしば食料探索だけでなく新しいなわばりの探索にも関係します．大胆さは，ある個体群の生息環境が変動の大きい環境だから，自然選択によってその種に広まっているのかもしれません．そのような環境では，その時々の状況に合わせて臨機応変に行動を調整するよりも，「常に」大胆である方が利益の大きい可能性があるからです．同様に，環境が異なれば別のタイプの大胆さが選択されることもあり，一方で，あるパーソナリティタイプの進化上の成功が，その個体群に含まれる他のパーソナリティタイプの個体の頻度に依存したり，時間とともに変化したりすることもあるでしょう（Dingemanse and Réale, 2005）．

　Fox (1972) の観察によると，オオカミの仔にはコヨーテやキツネよりも大きな行動のばらつきがみられました．Fox はこれを説明するのに，より複雑なオオカミの社会システムでは，集団内で一定の役割を果たすのに適したさまざまな行動傾向をもつ個体が選択されるのだと仮定しました．この考えからは，社会が複雑になるにつれてより洗練されたパーソナリティ特性が選択されるようになり，それによってパーソナリティタイプがより細かく分類されるようになるという仮説が導かれます．この仮説で，（社会的環境を含めて）単純な環境で生息する生物は，パーソナリティ特性の構造もまたより単純であるという表面的な観察も説明できるでしょう．

　パーソナリティ特性が，非常にしばしば行動の異なる機能単位にまで影響を及ぼすことを多くの研究者が指摘しています．例えば，新しい環境をより大胆に探索する個体は，しばしばより攻撃的でもあります．そういう意味で Svartberg (2002) は，DMA テストで見いだされる社交性，遊び好き，好奇心，追いかけやすさといったパーソナリティ特性にみられるさまざまな表現型変異の大部分を，大胆さ－用心深さ（boldness-shyness）の軸によって説明できると主張しました．これは，好奇心が強い（大胆な）個体ほど社交的（このパーソナリティ特性は見慣れない人間に対する反応という面で測定されたことが重要です）で遊び好き（見慣れない人に対して）である可能性も高いことを意味しています．これを簡単に説明すれば，これらの特性の根底にある生物学的構造が重複しているということかもしれません．これは部分的には，限られた数の遺伝子が多数の表現型に影響を及ぼす（多面発現）からかもしれません．つまり，大胆さを決定するのは，個体が場所を探索するのか見慣れない人を探るのか，といった特定の状況と無関係に行動を制御する，共通の遺伝的因子や神経内分泌系因子だということです．しかしまた，パーソナリティ特性間のそのような相関関係は，必ずしも確定的なものではないようです．例えば，多くの種で大胆さが攻撃的傾向に影響を及ぼしているように思われますが，イヌにはそういう関係はみられません．Svartberg (2002) の記述したパーソナリティ構造によると，より大胆な個体が必ずしもより攻撃的なわけではありませんでした．このことは，選択によって特定の環境におけるパーソナリティ因子間の関係が変化しうることを意味します．

　そこで，家畜化過程がイヌのパーソナリティ構造にどのように影響したかという設問をたてることができます．重要なのは，これまでのところオオカミのパーソナリティモデルが提出されたこと

はなく，オオカミのパーソナリティについての議論は，権利を主張する傾向（優位性傾向）が遺伝的特性がどうか，という単一の問題に限られているということです（Packard, 2003；ただしMacDonald, 1987 を参照）．

ひとつの仮説として次のようなことが考えられます．つまり，イヌの起源となるオオカミが人の暮らす環境で暮らすようになったため，選択圧がパーソナリティ特性に影響を及ぼす際にもとのオオカミ個体群とは別の平均値が選択され，表現型の頻度分布が変化したという仮説です．例えば，住んでいる場所を離れる必要があまりなくなったため，大胆さを排除する選択が働いたかもしれません（新しい地域に分散する傾向は，多くの場合，大胆さと結びつきます）．さらに，オオカミの集団にはみられなかった新しいパーソナリティのタイプが出現したかもしれません（例えば，極端に低いレベルの大胆さ）．この考え方は，大胆さ－用心深さというパーソナリティがオオカミから受け継がれた特性のひとつであるという Svartberg (2002) やその他の研究者の主張に沿うものでもあります．彼らの研究における別の知見に，イヌにおいては，大胆さ－用心深さの特性と攻撃的特性が無関係だという知見がありますが，ここからさらに興味深い仮説を引き出すことができます．つまり，必ずしも大胆さの少ない個体の選択によって集団全体の攻撃的行動のレベルが低下したわけではなく（逆もまた同様です），攻撃的行動に対する選択（どちらの方向へも）は，大胆さ－用心深さというパーソナリティ特性に反映される行動に影響を及ぼすことなく，より一般的に達成されるという仮説です．興味深いことに Fox (1972) は，オオカミの仔では大胆さ（獲物の殺害と探索行動）と優位性との間に関係がみられることを指摘しています．

MacDonald (1987) は幼い（1～7 か月齢）オオカミを観察して，物体への恐れ（大胆さと逆の兆候）が人間に対する行動（関心）と関わりがないように見えることに注目しました．このことは，人を好むことに対する選択と一般的な大胆さや怖がりやすさとは（少なくとも部分的には）無関係かもしれないという重要な可能性を提起しています（Ginsburg and Hiestand, 1992 も参照）．しかし，イヌの場合，大胆さ－用心深さというパーソナリティ特性が社交性（見慣れない人間への関心，前述）と結びついているようにみえることに注意する必要があります．これはオオカミの仔で得られた知見とは矛盾するように思われます．

前述のどちらの場合でも（大胆さ×攻撃性，大胆さ×社交性），それらの独立性の性質と程度は研究すべき領域として残されています．しかしながら，これらの疑問に対し，大胆さ・社交性・遊びについて行われたオオカミとイヌの比較テストによって，部分的な答えを出すことができます．人に対して社会化した少数のオオカミとイヌを比べたところ，新奇なものに対する反応には違いはみられませんでしたが，オオカミの方が（よく知っているハンドラーに対して）より攻撃的であり，人に対してより従順ではありませんでした（実験者に触れられたとき，より多くもがきました）（Györi et al., 2009）（図 10.1）．これもまた，オオツノヒツジのような多くの種でみられる，従順な（docile）個体はたいていの場合大胆ではないという知見と矛盾しているようです（Dingemanse and Réale, 2005）．

最近，Hare and Tomasello (2005) は，家畜化が特に「恐怖」と「攻撃」の情動に関わるパーソナリティ特性に影響を及ぼしたかもしれないと論じました．彼らの「**情動反応性**」仮説によると，家畜化は，イヌが人が暮らす環境で生き残るチャンスが増加するように，特定のパーソナリティ特性に影響を及ぼしたとされます．このような考え方はキツネの選択実験によっても裏づけられていますが（第 5 章 6 節を参照），そういう選択がキツネのパーソナリティ特性にどのように影響を及ぼしたかについてのデータはありません．「情動反応性」仮説はオオカミからイヌへの行動の変化を説明する有望な可能性のひとつではありますが，オオカミとイヌの両者にみられるさまざまなパーソナリティ特性間の関係をもっとよく理解するには，多くの研究が必要です．

一連の DMA テストにおけるさまざまな犬種の比較も，イヌのパーソナリティ特性には人の環境で暮らすことでかかる選択圧が影響を与えているという考えを支持します（Svartberg and Forkman, 2002；Svartberg, 2006）．伝統的な犬種グループ（FCI のグループ分けにもとづく）を比較してみたところ広い類似性が見いだされました（コラム

10.2).ほとんどのグループは似たようなパーソナリティ特性の構造を示しました.しかし,例外もありました(例えば社交性と遊び好きの特性は,「レトリバー,ウォータードッグ,フラッシングドッグ」では区別がつきませんでした).関連研究では,異なるイヌのグループ(牧羊犬,作業犬,銃猟犬,テリア)間で4つのパーソナリティ特性(遊び好き,好奇心/怖いもの知らず,社交性,攻撃性)の(標準化された)値に違いはみられませんでした.民間の知識では,しばしばこれらのグループのイヌにはそういう特性に違いがみられると主張されているため,この結果は多少驚くべきものでした.しかし,これらの犬種をまとめて多変量解析法(クラスター分析)で分析すると,さまざまなパーソナリティ特性において多様な違いを示す興味深い4つのグループが導き出されました.Svartberg (2006) は,このクラスター分析において得られた犬種のグルーピングがそれらの犬種の現在の用途に関連しており,その新しい役割に対する最近の選択の影響を反映しているという証拠を示し,その結果を説明しました.つまり,犬種のもともとの(機能的)カテゴリー分けは主に形態的類似に関わるものであり,現在ではそれらの犬種の多くが異なる役割を果たしているため,もとのカテゴライズが行動特性と無関係になったのです.例えば,ベルジアン・マリノアのような牧羊犬は,現在では警察犬や国境警備犬として使われています.Svartberg (2006) は,イヌ(犬種)は人為生成的環境において特定の選択を受け続けており(例えば作業犬,牧羊犬,コンパニオンドッグとして),この選択は犬種の形態的特性や歴史的側面と無関係に行われる可能性があると論じました.それが本当なら,そういう選択の影響が多様であるにもかかわらず,(すべてではないとして

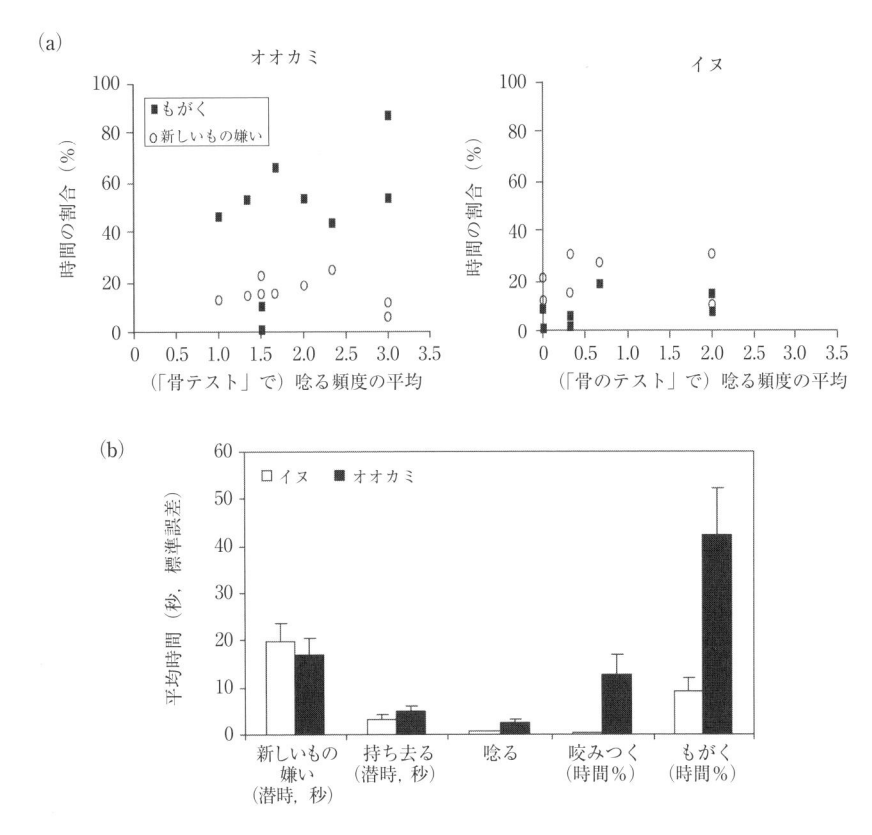

図10.1 (a) オオカミの仔(左)と仔イヌ(右)の少数のサンプルでは,攻撃性(骨テストでの唸り)や(実験者によって手で)動きを制限された時の従順さ/もがきの測定値と,新しい物体に近づくまでの時間によって測定された新しいもの嫌いの性質との間に明らかな関係はみられないようである.(b) 人との相互行為のとき,仔イヌよりもオオカミの仔の方がより多くもがき,より多く咬みつき,より多くうなる.新しいもの嫌いの性質と骨を持ち去るまでの時間については違いがみられなかった.＊:有意差 $p < 0.05$(詳細については Györi et al., 2009 を参照).

コラム 10.2 イヌのパーソナリティ調査の事例研究：
Dog Mentality Assessment Test（DMAテスト）

　最近，Svartbergらによって行われたイヌのパーソナリティについての一連の研究結果が発表されました（本文参照）．彼らは1997年から，スウェーデンのイヌにDog Mentality Assessment Test（DMAテスト）を行ってきました．このデータセットにはさまざまな犬種を含む1万頭以上の個体の結果が含まれています．重要なのは，このテストがイヌのパーソナリティを調べるためではなく，作業犬の育成基準を改善するためにつくられたということです（Svartberg and Forkman, 2002）．こういう大量の

データセットの利用には利点と欠点の両方があります．個体数が多ければ，小さな影響についての詳しい統計的分析，多変量分析の利用，定量的遺伝子分析などが可能になります．しかし，テスト（および観察）が年，季節，そして評定者（イヌを評定するために訓練されているとはいえ）の影響を受けることが明らかになっています（Saetre et al., 2006）．彼らの調査の場合，それらの影響は，膨大なデータセットにおけるランダム変動（「ノイズ」）になる可能性が極めて高いように思われます．このことはイ

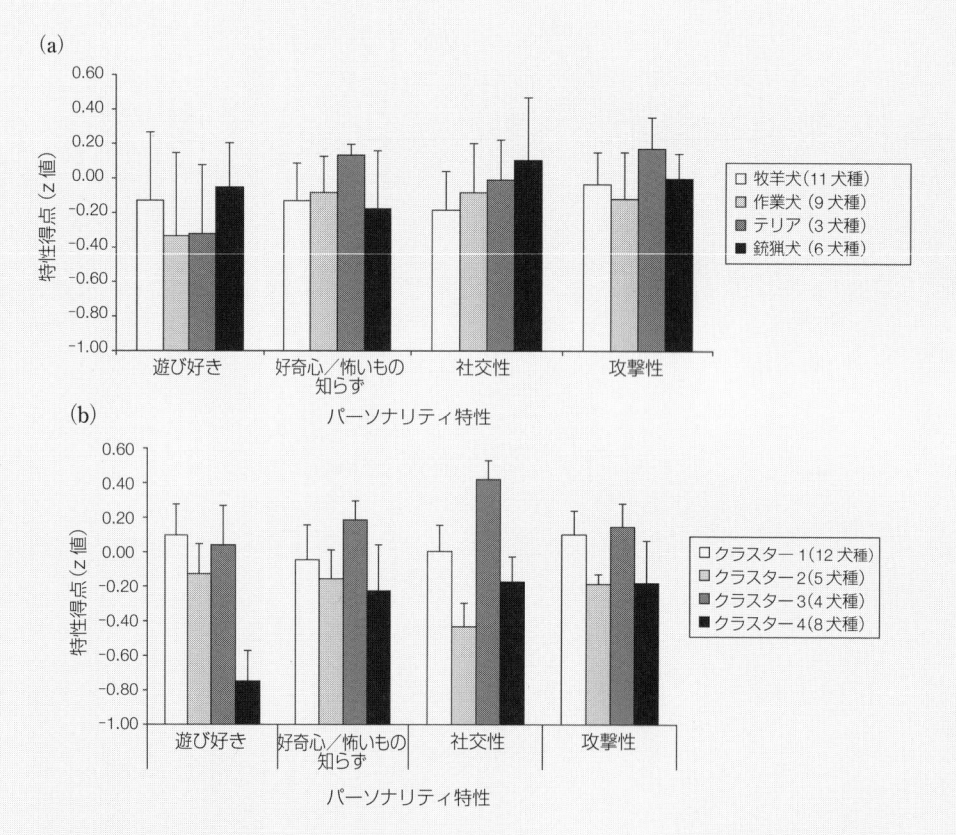

(a) 犬種の分類（牧羊犬，作業犬，テリア，銃猟犬）によるパーソナリティ特性の違いはみられない（29犬種，2426頭のイヌにもとづく）．(b) 同じ29犬種をクラスター分析すると別の分類（クラスター1〜4）が導き出されるが，そこにはパーソナリティ特性のより多様なパターンがみられる．同じクラスターに属する犬種は，パーソナリティ特性の類似を導く似たような選択環境にさらされたものと思われる．別の国で同様の分析を行えば犬種の分布が違う形になったかもしれない（クラスター1：オーストラリアンケルピー，ベルジアン・タービュレン，ロットワイラー，ゴールデン・レトリバーなど，クラスター2：ブリアード，プードル，ベルジアングローネンダールなど，クラスター3：ボクサー，ラブラドール・レトリバーなど，クラスター4：ラフ・コリー，レオンベルガー，ピンシャー，イングリッシュ・スプリンガー・スパニエルなど）．特性得点（平均値と標準偏差）は比較のために標準化されている（Svartberg, 2006を改変）．

ヌのパーソナリティテストの重要な問題点を示しています．

テストバッテリーは以下の10種類の下位テストからなり，これらはすべて飼い主／ハンドラーのいるところで行われます．(1) なじみのない人との社会的接触，(2) (1) の人との遊び，(3) 物の追跡，(4) 受容的態度，(5)「奇妙な動きをする」人との遊び，(6) 人間に似たダミーの突然の出現，(7) 突然の金属質の音，(8)「ゴースト」の突然の出現，(9) なじみのない人との遊び，(10) 銃声．

テストの有用性を高めるには，次のようなことが必要でしょう．下位テストの独立性の確認，イヌの行動の記録ビデオの詳しい分析，スウェーデン以外の国で同様の犬種にテストを適用してみること，遺伝的・生理的変数についての追加データの収集．

多変量解析（因子分析）によって明らかになったのは，全体的にみて5つのパーソナリティ特性（遊び好き，好奇心／怖いもの知らず，追いかけやすさ，社交性，攻撃性）でした（詳しくは本文およびSvartberg and Forkman, 2002を参照）．

も）ほとんどの犬種が，人為生成的環境において期待される多くの役割を果たせるだけの遺伝的能力を保持していることになるでしょう．しかし，Svartbergが見いだしたパターン（犬種グループ）は，検疫法によって長い間ヨーロッパのほとんどのイヌの集団から隔離されていたスウェーデンのイヌの集団の特殊性，また，特定の役割のためにある犬種や別の犬種を用いるスウェーデン人独特の考え方，のいずれかあるいは双方によって生じた可能性に注意する必要があります．さらに，作業用の犬種は他の犬種とは異なる環境で育てられるかもしれません（この調査ではそれはコントロールされていません）．ですから，影響は遺伝的なものではなく環境的なものであるかもしれず，最終的結論を引き出すには，その影響を実験によって分離する必要があります．

オオカミの環境と人の環境の間に大きな違いがあると仮定するなら，選択によって新しいパーソナリティ特性が出現した可能性が考えられるでしょう．追いかけることを好む傾向という特性が，人とは異なるイヌ科動物に特有な特性であるように，イヌ特有のパーソナリティ特性が出現し，それがイヌの社会的力量を促進させたかもしれません（第8章9節を参照）．そのような候補のひとつは「人と遊ぶこと」かもしれません．人との遊びには同種間での遊びとの関連はみられず（Svartberg, 2005），協力傾向などイヌと人間の関係の特別な側面に関わりがあるように思われます（Rooney *et al.*, 2001；Naderi *et al.*, 2001）．たい

ていの場合イヌのパーソナリティテストでは協調性を調べることはありません（ただし猟犬についてはそういう特性を調べます．例えばBrenoe *et al.*, 2002）．しかし協調性がパーソナリティ構造に新たな特性をもたらすかもしれません．というのは，イヌの協調性には個体差があり，なかにはより独立心の強い個体もいるからです（例えばSzetei *et al.*, 2003）．もしそれが本当なら，パーソナリティの進化に選択環境が及ぼす影響に関する一般的議論においても重要なテーマになります．

10.4 機構的アプローチ

パーソナリティへの機構的アプローチでは，遺伝的・生理学的過程が，特定のパーソナリティ特性をどのように制御あるいは反映しているのか，また，特定のパーソナリティタイプが決定されるエピジェネティックな過程において，遺伝要因と環境要因がどのように相互作用するのか，に関心が向けられます．残念なことにイヌの場合，特にパーソナリティ特性の研究では，そのような研究はあまり行われていません．

10.4.1 遺伝学からの理解

DMAテストを実施したイヌの多数のサンプルによって，遺伝がパーソナリティ特性に及ぼす定量的影響を探る可能性が生まれました（Saetre *et al.*, 2006）．2つの犬種（ジャーマン・シェパードとロットワイラー）の調査が並行して行われ，これらの犬種の遺伝パターンが非常によく似ている

ことがわかり，大胆さ−用心深さという特性に関連する共通の遺伝要因のあることが明らかになりました．この特性の遺伝率は個々の行動特性の遺伝率よりもはるかに高く，このような特性を選択していくことが可能であることを示唆するものです．同時に少数の行動特性のみにもとづいて選択を行うことに注意を促すものでもあります．

　定量的研究は遺伝的分散を確認するために重要であり（Goddard and Beilharz, 1984, 1985；Wilsson and Sundgren, 1998, 1998；Ruefenacht et al., 2002；van den Berg et al., 2003 を参照）．潜在的遺伝子数を推定するのに役立つかもしれませんが，パーソナリティ特性に影響を及ぼす特定の遺伝子を指摘することはできません．分子遺伝学的方法はより広い有用性があり，遺伝と特性の結びつきを2つの異なる方法でモデル化する可能性を提供します．ひとつのモデルは，単独では比較的影響力の小さい遺伝子が多数集まって（**量的形質遺伝子座**；QTL）パーソナリティ特性をコントロールしていると仮定します（例えばFlint et al., 1995）．研究者は核DNAの多型遺伝子マーカーを利用して，それらのマーカーが染色体上の一定の位置に見られることと特定の表現型形質との関連を探ります．これまでのところ，この方法を用いて遺伝子座と行動特性の関連が調査されたことはありませんが，Chase et al. (2002) はこの方法によってQTLが支配している骨格の特徴を分析しました．原則的にはQTL法を行動に適用することができるかもしれませんが，行動特性は骨格の特徴よりもずっと多様で，記録により困難な可能性があり，多くの遺伝子マーカーが必要になります．さらに，遺伝子座と形質の間に有意な関連がみられれば，次にはそこにあるはずの遺伝子を探さなければなりませんが，これは多くの落とし穴を伴う非常に複雑な作業です（例えばNadeau & Frankel, 2000）．

　もうひとつの遺伝的モデルは，仮説的色合いがより強いものです．このモデルでは，主要な影響を及ぼす遺伝子によって表現型形質がある程度決定されると仮定します．そのような**候補遺伝子**の機能は，神経行動学的あるいは行動遺伝学的研究にもとづいて予測されます．これらの研究では，特定のホルモンや伝達物質のレベルの変化がパーソナリティ特性に（直接的にしろ間接的にしろ）影響を及ぼすことが示されています．この種の分析では，表現型形質の多様性が対立遺伝子の多型性によってある程度説明できると仮定されています．このことが意味するのは，形質の発現が個体の対立遺伝子の構成によって決定されるということです．というのは，ある種の対立遺伝子の存在が，形質を特定の強さになりやすくするからです．近年，人間の研究ではこのようなアプローチの人気が高まっており，例えば，ドーパミン受容体の特定の対立遺伝子（*DRD4*）は新奇追求傾向や多動性と関連しているようです（Castellanos and Tannock, 2002）．しかし，この種の分析にも問題がないわけではありません．まず第1に，仮定の自明性が不十分です．多型的対立遺伝子の存在によって，実際に，何らかの測定可能な生物学的相違が引き起こされること（例えば，受容体の親和性や脳における受容体の分布が変化するといったような）が，独立した方法によって示される必要があります．第2に，肯定的結果が出ても，それが間違っている可能性が大いにあります．例えば，ある犬種（それは，ひと組の対立遺伝子によって特徴づけられます）と別の犬種で，候補遺伝子に関連する表現型形質に違いがみられても，影響があるという証拠にはなりません．背景にある犬種特有な別の遺伝的影響によって説明できるかもしれないからです．ですから，こういう分析を行うにはひとつの犬種だけを扱い，十分に調査されている個体群から選んだ近親関係にないイヌを用いる必要があります（ただし，候補遺伝子の影響を家系図にもとづいて分析する方法もあります）（コラム10.3）．

10.4.2　パーソナリティ特性に生理学的に相関するもの

　パーソナリティ特性と神経生物学的変数や神経内分泌学的変数との相関については，ずっと関心がもたれてきました．これは部分的には，人間と動物モデルに類似点があれば，これらの特性の起源が相同であることを支持すると信じられているからです．残念なことに，この領域では組織的研究がほとんど行われていません．大部分の研究では，攻撃性（「優位性傾向」）や怖がりやすさ（「ストレス傾向」）といった単一の特性が対象になっ

ています．どちらの特性についても，イヌは，人間やサルやラットを含む他の哺乳類で得られた大まかな構図に当てはまります．

ハンドラーによってストレス傾向が強いとみなされたイヌ（Vincent and Mitchell, 1996）は，より敏感でないイヌよりも高いレベルの血圧と心拍数を示しました．普通よりおびえやすく新しい状況への適応に困難がみられる場合にストレス傾向が強いと記述されました．これは，唐突で新しい刺激を伴うストレスの多い状況ではイヌの心拍数が増加するという知見と一致します（例えば Beerda et al., 1997）．このような関係は，相関的尺度として血中コルチゾール濃度の変化を用いた場合ははっきりしませんでした（コラム 10.4）．パーソナリティ特性との関連はみられませんでしたし，コルチゾール濃度の上昇はより特異的なように思われました．さまざまな刺激（物音，電気ショックなど）によってコルチゾール濃度が上昇することはなかった（Beerda et al., 1997）のに対して，疑似的に雷雨を再現するとコルチゾール濃度は2倍になりました（Dreschel et al., 2005）．さらに，同種の仲間から引き離されて孤立状態で放置されたイヌにもコルチゾール濃度の上昇という反応がみられました．興味深いのは，孤立したイヌにイヌではなく人が仲間として加わると，そのように上昇したコルチゾール濃度を低下させるのに効果があったということです（Tuber et al., 1996；Coppola et al., 2006）．人間の存在や愛撫／グルーミングに同様の特別な「鎮静」（心拍数レベルを引き下げる）効果があることは他の研究でも観察されています（Kostraczyk and Fonberg, 1982；McGreevy et al., 2005）．

攻撃性の場合には，コルチゾールのような生理学的相関物と行動との関係はよりいっそう複雑で

コラム 10.3　人間に似ている？　候補遺伝子の分析：イヌの DRD4 遺伝子

脳のさまざまな場所に発現するある種のドーパミン受容体遺伝子（DRD4）は，対立遺伝子の違いが人間の行動特性やパーソナリティ特性のパターンの違いに関連しているのではないかと考えられた際，最初の候補遺伝子のひとつに入っていたものでした．そのような関連には活動性や注意力，新奇追求傾向，また，多動性や注意欠陥などの行動異常が含まれます（Reif and Lesch, 2003）．

重要なのは，日本の研究者たちによって，イヌにおいても同じ受容体遺伝子の似たような多型が明らかにされたことでした（Ito et al., 2004）．彼らは同時に，さまざまな犬種におけるそれら対立遺伝子の分布についてのデータも提供しました．犬種ごとに最もよくみられる対立遺伝子の分布に興味深いパターンがみられます．日本の犬種（秋田犬，北海道犬，柴犬）には，対立遺伝子のセットがヨーロッパの犬種と異なるという特徴があるのです．ヨーロッパの犬種のほとんどは同じ2つの型の6つ（あるいはさらに多く）の対立遺伝子をもっていることが知られています．例外のひとつはウェストハイランドテリアで，この犬種では，1つの対立遺伝子が日本の犬種と共通しています．多くの場合アジアの犬種とみなされるハスキーにも同じパターンがはっきり現れています．ジャーマン・シェパードの場合，日本とハンガリーで集められたサンプルが似たような対立遺伝子頻度を示しているのも興味深いことです（コラム 10.3 の表）．

Vas et al. (2007) は，もともとは人間の子どもの活動性や衝動性の特性を両親の報告にもとづいて評価するためのアンケートをもとにして，イヌを飼い主への質問によって評価する有効な方法を開発しました．このアンケートを警察犬（雄のジャーマン・シェパード）の集団に使用すると，対立遺伝子変異のひとつ（DRD4-435）がホモ接合しているイヌは，ヘテロ接合のイヌやもうひとつの対立遺伝子（DRD4-447a）がホモ接合しているイヌに比べて活動性が低下することがわかりました．この知見からは，人間の場合と同様に，このドーパミン受容体がイヌのパーソナリティにおける活動性のレベルと他の側面，あるいはそのいずれかに影響を及ぼす役割を果たしている可能性のあることがわかります（Héjjas et al., 2007）．

（次ページに続く）

コラム 10.3 続き

表 さまざまな犬種における *DRD4* 対立遺伝子の分布．データはすべて日本にいる個体から収集された．データは Ito *et al.* (2004) によるが，ここに示した犬種は少数のサンプルにとどまる．ジャーマン・シェパードとベルジアン・シェパードについては，ハンガリーのより多くのサンプルでも同様のデータが収集された (Héjjas *et al.*, 2007#).

犬種	遺伝子型が特定された個体の数	対立遺伝子のタイプ（よく現れる6タイプのみ）						みつかった対立遺伝子の総数
		435	*447a*	*447b*	*486*	*498*	*549*	
秋田犬	19	0.00	0.08	0.55	0.13	0.21	0.03	5
北海道犬	37	0.05	0.01	0.19	0.00	0.45	0.30	5
柴犬	192	0.01	0.10	0.53	0.05	0.05	0.26	7
ビーグル	142	0.61	0.35	0.04	0.00	0.00	0.00	5
ジャーマン・シェパード	25	0.58	0.36	0.02	0.00	0.04	0.00	4
ジャーマン・シェパード (#)	294	0.64	0.35	0.02	0.00	0.00	0.00	4
ベルジアン・シェパード (#)	341	0.45	0.55	0.00	0.00	0.00	0.00	3
ゴールデン・レトリバー	174	0.74	0.23	0.03	0.00	0.00	0.00	3
ラブラドール・レトリバー	134	0.25	0.72	0.03	0.00	0.00	0.00	3
シェットランド・シープドッグ	107	0.16	0.81	0.00	0.00	0.00	0.00	5
シベリアン・ハスキー	47	0.01	0.33	0.13	0.01	0.51	0.01	6
ウェスト・ハイランド・ホワイト・テリア	35	0.00	0.43	0.03	0.00	0.54	0.00	3
ヨークシャー・テリア	49	0.39	0.49	0.06	0.02	0.01	0.00	6

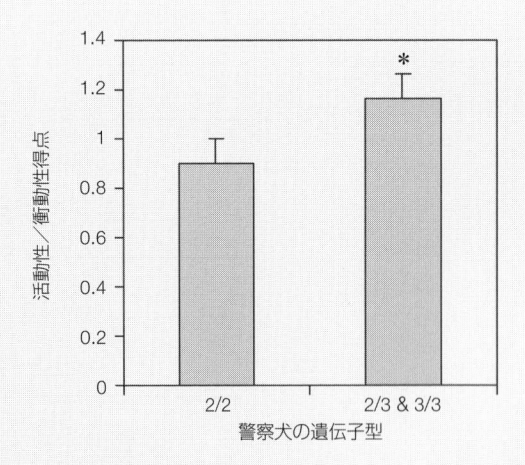

ジャーマン・シェパードの警察犬 (N=72) のハンドラーは，それぞれのイヌの対立遺伝子の構成に対応して異なるレベルの活動性を報告した（435：「短い対立遺伝子」— 2, 447：「長い対立遺伝子」— 3）．全体として，短い 435 対立遺伝子（2）がホモ接合しているイヌは活動性が低い（イヌの ADHD 評価尺度における「活動性・衝動性」特性について得られた平均得点）(Héjjas *et al.*, 2007 のデータにもとづく) (*: $p < 0.05$).

す．自由に暮らすオオカミの群れの優位性の研究では，高い順位の個体は低い順位の個体に比べてコルチゾール濃度が高くなっていました（Sands and Creel, 2004）．しかし，この研究も他の似たような観察的研究も，個体がトップの地位に上がるのにどういう種類の特性の発現が役に立つのかを明らかにしてはくれません．攻撃性の高さが高い順位に達するための必要条件だと思われることが多いのですが，この考えを裏づける観察のほとんどは若いオオカミか捕獲されたオオカミについてのものです．自然状態では，オオカミは生まれた群れから離れるのですから，飼育状態の観察は誤った答えを導きかねません（McLeod et al., 1995）．さらに，そういう観察的事例では，地位を反映しているかもしれない基礎ホルモン濃度と現に進行中の敵対的交渉の結果かもしれない実際のコルチゾール濃度を区別するのは困難です．

最近，「威嚇テスト」（Vas et al., 2005；図 8.3）の改良版を用いて，警察犬（雄のジャーマン・シェパード）の人に向けられた攻撃とコルチゾール濃度の変化の関係が調査されました（Horváth et al., 2007）．どのイヌのコルチゾール濃度も人に威嚇されるとおおむね上昇しましたが，これらのイヌたちは多変量解析によって大胆（反撃傾向を示す），

コラム 10.4　パーソナリティの遺伝的・生理学的側面

現代的手法を用いれば，行動を記録すると同時に遺伝的・生理学的データを収集して，イヌのパーソナリティ特性に対する神経生物学的・神経内分泌的コントロールを理解することができるかもしれません．携帯式機器を用いれば，非侵襲的測定に心拍数を測定し，イヌの生理学的状態を記述することができます．この方法はイヌの体の動きを敏感に反映してしまうのですが，同時に外的刺激に対するイヌの反応も確実に捉えることができます（例えば Beerda et al., 1997；Palestrini et al., 2005；Maros et al., 2007）．

これまでのところ，急性のストレスに対するコルチゾール濃度はたいてい血液サンプルから測定されていました．唾液のコルチゾールは血中濃度と相関関係にあるため（Beerda et al., 1997），刺激を与える前後に少量の唾液を採取すれば，非侵襲的方法でサンプルを集めることができます（例えば Dreschel et al., 2005；Horváth et al., 2007）．

同様に，綿棒を使ってイヌの口の粘膜にある口腔上皮細胞から DNA サンプルを集めることもできます．そういう DNA サンプルがあれば，何百もの遺伝子多型を特定することができます（Héjjas et al., 2007；Overall et al., 2006 も参照）．

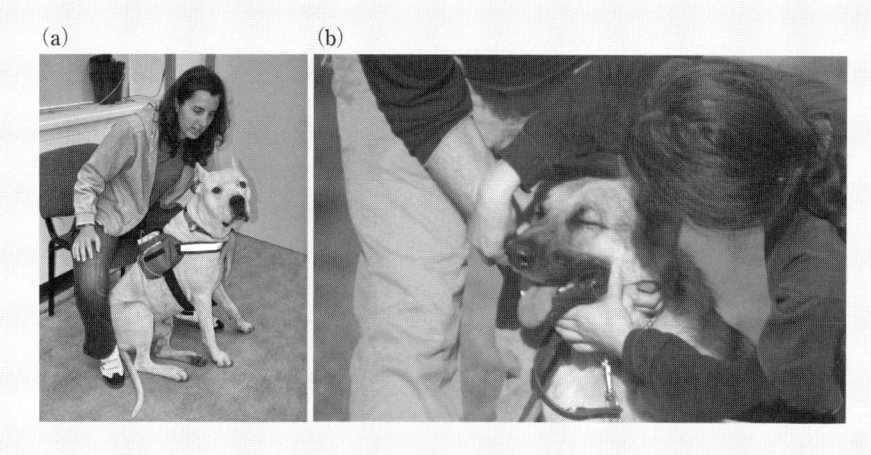

(a) イヌに携帯式装置を装着させて，外的刺激に応じて生じる心拍数の変化を測定する．(b) 唾液あるいは DNA サンプルの採取は数秒で終わり，イヌにとって不快かもしれないが痛くはない．

用心深い（服従傾向を示す），アンビバレント（受動性と転位行動の両方を示す）のいずれかに分類されました．これら3つのグループのテスト前のコルチゾール濃度に違いはありませんでしたが，威嚇がコルチゾール濃度の上昇に及ぼす影響はアンビバレントなグループで最も顕著に現れました．このことは，状況を解決するのに何らかの方策（攻撃あるいは退却）を用いた他のイヌと違って，威嚇する人間に対してどのように反応するかに悩むアンビバレントなイヌに，最も大きなストレスが加わったことを示しています．

10.5 今後のための結論

イヌのパーソナリティ研究はイヌの行動研究における最も古くからのテーマのひとつですが，今やっと私たちは，現代的なイヌのパーソナリティモデルを多様な方法を用いて構築できるところにやってきました．重要なのはそのためのデータを得るには個体を単位とすべきだということです．また，パーソナリティ特性のモデルをつくるのにコントロールされたテスト条件下で記録された行動特性を利用する方がなぜ望ましいかについてはまだ議論があります．

重要なテーマのひとつは，若い個体の初期の気質特性に重点をおいてイヌとオオカミのパーソナリティを比較する定量的分析であるかもしれません．すべての犬種は同じ全体的なパーソナリティ構造を共有しているようにみえます．しかし同時に，どの犬種も，全体の構造を変化させることなく，パーソナリティ特性の特定の側面に選択をかけるかもしれない人為生成的環境に対応できる遺伝的多様性をもっているようにみえます．

さまざまな現代的手法により，パーソナリティ特性に対する遺伝的・神経内分泌的な制御を発見できる可能性が生まれています．これらの方法によって人とイヌのパーソナリティの類似点がさらに明らかになるかもしれません．なぜなら，そういう分析が行動の収斂（相同性）だけでなく，根底にある機構の類似を明らかにするかもしれないからです．そのような研究は，多様な作業のそれぞれに対してふさわしい個体を選んだり，問題行動の潜在的原因を特定したりするためにも重要かもしれません（Overall, 2000）．

参考文献

Pavlovの業績は歴史的興味という点からだけでなく，以後の研究の進歩を評価するためにも重要です．最近の総説は，イヌの気質とパーソナリティという主題について，心理学理論（Jones and Gosling, 2005）から方法論（Taylor and Mills, 2006）を経て多くの実用的観点（Diederich and Giffroy, 2006）にいたるまで，網羅的に取り扱っています．Carere and Eens (2005) が編集した最近の総説では動物行動学的視点が提供されています．

第11章
あとがき：21世紀の科学へ向けて

11.1 比較が必要！

この本の目的をまとめる必要があるすれば、それは私たちの興味を、イヌの比較行動生物学に向け直す、ということです。そういう研究の基礎はScott and Fuller (1965) によって非常にはっきり築かれたのですが、残念なことにその初期の努力の後を継ぐ研究がありませんでした。彼らの著作は40年以上たってから復刊されましたが、その時点でさえこのテーマに新しい知識を加えていると考えられるような実験的研究はほとんどなかったのです。しかし、近年重要な変化が起こっており、今では将来的にこの分野が大きく変わっていくだろうと大いに期待することができます。

11.2 自然なモデル

特に、集団遺伝学的な観点との関連で、Scott and Fullerは、イヌの個体群を人の個体群のモデルとして考えることができるのではないかと示唆しましたが、この考えは彼らの実験デザインや遺伝学的研究には反映されませんでした。このアプローチの再導入が、最近になって行動の研究で行われました。第1に、それらの研究者たちはイヌと人の行動が似ていることに注目し、そして、イヌと人が同じ環境を共有していることを強調し、それだけでなく、そういう自然なイヌたちを用いた実験的な研究を行いました（例えばMiklósi et al., 2004；Hare and Tomasello, 2005）。このような研究はイヌと人の行動を直接に比較する可能性を提供するものでしたし、研究室で飼われているイヌたちを用いて研究を行ったScott and Fullerの方法とは異なるものでした。第2に、イヌと人の行動の収斂、両者の生息環境の類似、そしてそれらの環境的な影響のため、イヌは人の行動異常のモデルとして役に立つ研究対象になりえます（Fox, 1965；Overall, 2000）。実験条件下で考えられるモデルは、きちんとコントロールされてはいますが、「現実の状況」で何が起こるかについてはあまりよい予測をしません。それに比べると自然な行動のモデルは、より現実的な状況における仮説検証のための現実的な基盤を提供すると考えられます。

11.3 進化するイヌ

イヌを自然なモデルとみなす考えを支持するもうひとつの根拠は、イヌは人為生成的環境で成功をおさめるために、新しい行動を進化させなければならなかっただろうと考えられることです。Scott and Fuller (1965) はしばしばこの考え方を提示しましたが、彼らの実施した実験プログラムでは人とイヌの行動的相互作用という側面が考慮されていませんでしたし、イヌとオオカミの比較はまだ非常に大まかで、一般的なレベルのものでした。

今日、行動レベルにおいて収斂過程がイヌを人為生成的環境にふさわしいものに変えたという点だけでなく、イヌと人間の行動が実際いくつかの重要な特徴を共有しているという点についても、ほとんどの研究者の間で意見が一致しています。これは、進化的観点から言えば、人が（いまのチンパンジーに代表されるような）共通の祖先から分岐してくる過程での変化は、イヌの家畜化の過程で起こった変化と平行関係にあるということを意味しています。重要なのは、この2つの過程が同じタイムスケールで起こったわけではないということです。ホモ・サピエンスとチンパンジーが最後に祖先を共有していたのはおよそ600万年前のことですが、イヌとオオカミが分岐したのは2万5000～5万年前でした。つまり、この2つのプロセスについて、その傾向の比較はできますが、その結果をそのまま比較することはできません。ま

た，ヒト科の選択圧となる環境はイヌのそれとはいくぶん異なるものの，進化した行動パターンには，機能的な面で多くの一致する要素がみられたということも考えられます．このような収斂進化を重視し，人の進化との類似性を主張するために，イヌの行動のそのような側面を「**イヌの行動の収斂的複合体**」（convergent dog behaviour complex）と呼ぶことができるかもしれません（Tópal et al., 2007）（図11.1）．この方向の研究が暗示するのは，イヌとオオカミの違いを理解することは，初期のヒト科の種が，それが分岐してきた共通祖先とどのように違っていたかを理解する助けになるはずだということです（Hare and Tomasello, 2005）．

イヌと人の進化の興味深い違いのひとつは，人の共通の祖先が東アフリカのどこかの比較的限られた場所に暮らしていたのに対して，イヌの祖先は非常に成功をおさめた種で，世界の半分に分布していたということです．オオカミに関しては，イヌ科の進化史の中でも，非常に適応力のある種であることがわかっています．彼らは人間が北半球に移住した頃，まさにそこでの最上位捕食者になろうとしていたところでした．これは，オオカミには新しい生態的ニッチに進出する遺伝的潜在能力があったということを示しており，それゆえオオカミは，家畜化への大きな可能性を秘めた種だったという仮説をたてられるかもしれません．しかし，他のイヌ属の種も，その行動は全体としてよく似ていますから，歴史的状況が違っていればそれらの種も家畜化されたかもしれず，その可能性が現時点で排除されているわけではありません．

現在の遺伝学でイヌ属を比較する場合，系統学的な関係だけでなく，遺伝子の機能における類似点や相違点にもとづいた比較も可能です．人とチンパンジーのゲノムでなされていることと同じように，オオカミ，イヌ，コヨーテ，ジャッカルなどのゲノムを比較すれば，これらの間に決定的な違いが本当にみつかるかもしれません．

人の影響を受けながら，イヌは，オオカミよりもはるかに大きな多様性を進化させました．人の生息環境の多様さのおかげで，「未開の地」では生き残れなかったはずの遺伝子型が生き残るようになりました．現代のイヌ（犬種）には，何百万年にもわたるイヌ科の繁栄に貢献したと思われる多様な表現型形質のモザイク様進化がみてとれます．Scott and Fuller (1965) は，オオカミの表現型は，イヌのいろいろな品種に断片的に現れている

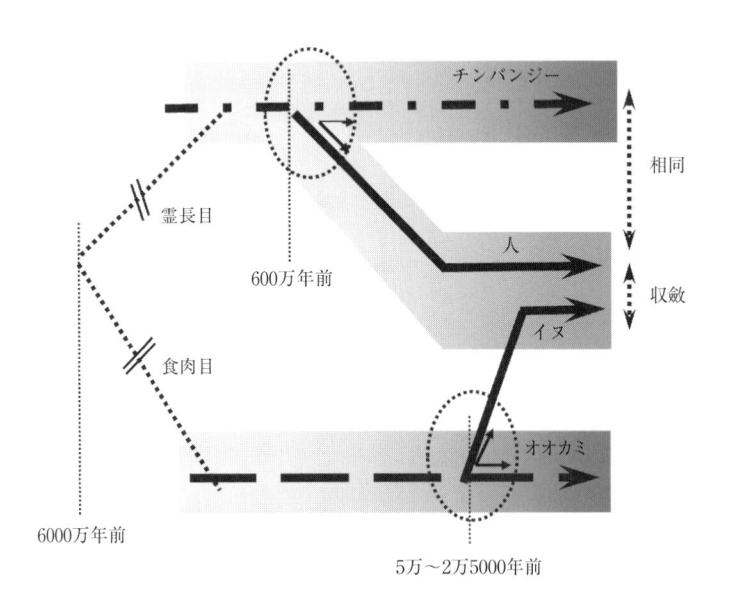

図11.1 ヒト科とイヌ科の進化関係図．多くの社会的行動能力に関して，同じ人為生成的ニッチに暮らすイヌと人の間には収斂的な関係がみられる．イヌの家畜化の過程で起こった行動の変化は，現生のチンパンジーと人がその共通の祖先から分岐したときに起こった行動の変化と対応するようである．

ようにみえるとも言っています．しかしながらこの進化では，「スーパーオオカミ」は生まれませんでした．逆に，自然条件下において，その祖先がいなかった地域（例えばオーストラリア）を除いて，イヌはオオカミの競合相手として肩を並べるほどにはなれませんでした．

人の生活環境との関わりで言えば，比較実験によって，イヌには大きな行動の（表現型の）可塑性が備わっていることも明らかになっていて，これは人間の場合と似ています．つまり，イヌの方がオオカミよりも，さまざまな環境においてより多様な行動パターンを示すということです．この種の個体群レベルでの表現型の可塑性は，可能な表現型の範囲（反応基準）の反映なのですが，単にあるひとつの遺伝子型が環境と相互作用してさまざまな表現型を生み出すことと混同してはなりません．イヌは種として，同じ人為生成的環境に置かれたオオカミよりも可塑的だと言えるでしょう．どのような選択によってそういう表現型の可塑性が増大したのかを理解し，そのような特徴の根底にある遺伝的基盤を理解するのは興味深いことでしょう．これらのテーマに関わるどんな情報も人間の進化を解明するのに役立つ可能性があります．

オオカミとイヌについての最近の遺伝学的研究は，現在の遺伝的多様性が予測より大きいことを指摘しましたが，このような状況はオオカミの絶滅やイヌの閉鎖的繁殖によってすぐに変わってしまうかもしれません．オオカミの小さな集団でも，400以上あるイヌの犬種でも，それらの種にみられた遺伝的多様性を維持することはできません．今日のイヌは，その表現型のごくちっぽけな側面，つまり形態を無責任に弄ぶといった危険な「ゲーム」の対象にされています．これによって2つの重大な問題が生じます．ブリーダーは諸々の要求を満たすために近親交配を行うよう求められており，その結果，遺伝的に同型の集団が生まれ，行動が選択されないために犬種特有の特性が失われることになります．つまり，いくつもの遺伝子型が失われ，遺伝的多様性が少なくなるのです．こういう傾向はイヌの進化にとって何も益はありません．McGreevy and Nicholas (1999) は，イヌの幸福を高めるだけでなくイヌの遺伝的多様性を維持することを目指した多くの提案を行いました．例えば彼らは，犬種を「閉じた」集団と考えるべきではなく，他の犬種のイヌと交配させるべきだと主張しました．ファラオ・ハウンドの例は，利用することのできる犬種をうまく「混ぜ合わせ」ればどんな形態やタイプの犬でも生み出せることを示しています．驚くべきことかもしれませんが，猟犬の犬種をいっさい用いずに，数世代の内に「ラブラドール・レトリバーもどき」をつくり出せる可能性があるのです．最近の異犬種間交配の流行（例えばラブラドゥードル）も，そうやって生まれた個体に次の繁殖をさせるのでなければ，問題の解決にはなりません．もちろん，雑種犬の存在は遺伝的多様性の維持にいくらか希望をもたせてくれます．しかし，雑種犬について個体群レベルでわかっていることはほんのわずかにすぎません．さまざまな犬種の遺伝的多様性を野生化したイヌのさまざまな個体群と比較する研究が必要です．極端な場合，いろいろな個体群で生まれたオオカミを家畜化することも考えられるかもしれません．これはキツネにおいてある程度実際に行われたことです．そういう実験には何年もかかるでしょうが，貴重な科学的洞察が得られるだけでなく，イヌの遺伝的多様性を高めることにも役立つかもしれません．

11.4 行動のモデル化

機能的擬人化にもとづけば，注目すべきは，イヌが人との相互交渉において高い社会的力量（social competence）を示すことです．このような力量は，人との社会的な接触を徹底的に行って育てられたオオカミにもみられないものなので，選択による進化の産物であることは間違いありません．メカニズムのレベルでは，私たちは遺伝的制御の変化がイヌの行動複合体の収斂をどのように導いたのかをもっとよく知る必要があります．互いに排他的ではない行動モデルが3つの変化について論じています．どのモデルも，イヌはオオカミよりも環境からの刺激に対して，多くの点でより敏感に反応するような，広がりのある行動システムを獲得していると想定しています．第1のモデル（Frank, 1980）では，イヌはある統合的な情報処理システムをもっていて，そのために学習に

おける制限が少なく，刺激と行動の間で連合を構成しやすいのだと考えます．第2のモデルは，選択は「攻撃」と「恐怖」という情動面に影響したと考えます（Hare and Tomasello, 2005）．そして第3のモデルでは，（例えば人の顔を注視するというような）ある特定の行動形質が直接選択されて来たのだろうと論じます（Miklosi et al., 2003）．

イヌの行動の洗練されたモデルをつくるには，体系的に収集された多くのデータが必要です．しかし，比較研究の実験デザインが良くないため，データ収集がうまくいかないことがよくあります．多くの場合，研究者（そして一般の人々）は同じ犬種に属するイヌの外見が似ていることに騙されてしまい，同一犬種内の類似性は遺伝的および環境条件の類似性の反映であると信じてしまいがちです．しかしながら，同一犬種の2個体が外見上よく似ているからといって，それらが他のすべての点でもよく似ていると考えていい理由にはなりません．多くの研究者はわかっているのですが，それでも実際には，犬種差（つまり遺伝的な相違）を調べるときに，観察結果に影響しそうな環境要因（と犬種特異的ではない遺伝的な要因）の違いを考慮しなかったりしてこの間違いを犯すのです．（人と同じく）イヌの研究の場合，対象とするのは自然にいる集団で，実験動物として飼育されている集団ではありません．ですから，適切なサンプリングと実験条件のコントロールが非常に重要です．そして問題を解決するには，結局のところ，大規模な比較研究をするしかないのです．

社会的な認知行動を研究する場合，相互交渉をしている個体にみられる単純な動作に注目する分散型アプローチ（Johnson, 2001）が有効かもしれません．このアプローチでは，社会的な認知構造は，個体とその社会的環境との相互作用の結果として現れるということが強調されます．私たちは，現在のところ，人とイヌの相互交渉や自然な状態でのイヌ同士の相互交渉について，まだほとんど知りません．「個体発生的儀式化」の過程を調べれば問題の解明に非常に役立つかもしれませんし，そういう研究へ踏み出すためにイヌと人の遊びにおけるプレイシグナルの多様性を調べることも考えられます（例えば Mitchell and Thompson, 1991；Rooney et al., 2001）．同様に，何かの能力を測定するテストの場合には，テスト中の他の行動を記録することによって，測定結果を補足する必要があるでしょう．例えば，指差しの身振りを使った二者択一課題でイヌをテストする場合には，その結果だけではなく，そのときに示したすべての行動について記述することが賢明です．

分散型アプローチでは，イヌと人との相互交渉について，個体の発達という観点からみることがどうしても必要になってきます．人がイヌの認知的発達に及ぼす影響については非常にわずかなことしかわかっていません．これは，イヌの学習の分野で特に顕著です．実践的なイヌのトレーニング方法については膨大な文献がありますが（例えば Lindsay, 2001），この分野はあまり研究者の興味をひいてきませんでした．多くの場合，イヌのトレーニングというのは，一定の信号が出されたときにイヌがいろいろなことを行うようにする単純で機械的な方法だとみなされています．興味深いのは，人間の親（また，保育士や教師）が幼児や子どもに何かを教えるときには「トレーニング」という言葉を使うのを避けるということです．その理由は，彼らもまた，そのような「トレーニング」は双方向的なやりとり（相互行為）の状況で行われるべきであり，（「宿題をやったらチョコレートをあげる！」のような）条件づけ規則の機械的適用にもとづくものであってはならないと感じているからです．人の子どもの場合にもイヌの場合にも，そういうトレーニングは，できれば日々のやりとり（相互行為）の一部として行われるべきであり，人にもイヌにも通用する豊富な社会的ツールセットにもとづいているべきです．人間の子どもの場合と同様，うまくいくかどうかはやりとりの相手次第であり，イヌの遺伝的要因や人の社会的技能も関わってくるでしょう．今のところ，さまざまなトレーニング方法がイヌの認知能力にどう影響するのかについてはほとんどわかっていません．

イヌの発達のメカニズムの研究においても何らかの進展がなければなりません．そのようなプログラムはすべてイヌのブリーダーの協力なしには成り立たないものですが，そういう情報は，最終的には，イヌが最も適切に育つ環境をつくるときの助けになるでしょう．周産期における嗅覚的手

がかりの学習の研究（Wells and Hepper, 2006）はそのようなアプローチのひとつですが，初期の段階でさまざまな刺激を与えるといった同様の研究も，成犬の行動的（また認知的）能力に対して初期の経験が果たす役割を明らかにすることができるかもしれません．また，発達初期における違いが，イヌとオオカミの違いを理解する助けになるかもしれません．イヌとオオカミでの，特に種特異的な嗅覚刺激への感受性の違いがスタートとなって，人間のいる環境でこの両種の発達が違ってくるということはありそうなことです．

　新しい遺伝学的ツールによって，イヌの行動の遺伝学的研究に新しい地平が開かれています．そのような研究は役に立つ多くの情報を提供してくれる可能性があります．というのは，自然なイヌの集団にみられる表現型の多様性は，人間にみられる表現型の多様性に相当するはずだからです．そのためには，イヌを実験室内の設定条件下に置くのではなく，自然な条件の下で，行動と遺伝子の関係が十分にわかるような方法を開発しなければなりません．性格特性に関する同様の研究も必要です．

11.5　倫理的意味合いと研究者の使命

　私たちも含めて研究者は，「イヌを使った実験」について語るのはあまり得策ではないとわかっています．なぜなら，たいていのイヌの飼い主にとって「実験」という言葉は否定的な響きをもっているからです．実験という言葉が普通に表しているのは研究者がコントロールされた条件下で観察を行うということですが，たいていの人々は，動物実験は痛みを伴い，被験動物を苦しめ，動物を死に至らしめることもしばしばあると考えています（無理もありませんが）．幸いなことに，私たちが提案する実験はそのようなものではありません．たいていの実験では，それがイヌの生活の一部になるように計画されますし，その実験がイヌ（とその飼い主）に，新しい楽しい経験となることもよくあるのです．

　ですから，イヌの研究は人の子どもの研究とよく似ていることがわかるでしょう．単純にいえば，子どもを対象にした場合に受容できる倫理的な基準はすべて，イヌの場合にも適用できると考えていいわけで，それ以上ではありません．イヌの研究者は，この簡単なガイドラインに従って科学的な側面を強化していきますが，不必要に命を奪ってまで新知見を得ようとはしません．研究者は，対象に有害あるいは有害かもしれない方法を用いるかわりに，代替となる非侵襲的な方法をとるようにするべきです．今のところ複雑な方法論的問題をすべて解決することはできませんが，イヌの研究がそういう技術を開発する原動力になるかもしれません．

11.6　イヌゲノムと　　　バイオインフォマティクス

　遺伝学では，情報を共有し公開するという長い伝統があります．イヌの疾患に関わる遺伝子の特定やイヌのゲノムの公開によって，イヌの研究者の世界でも情報交換の革命が波及してきています．そういう情報を検索しようとする研究者や専門家が使えるデータベースがいろいろできているのです．表現型についても同じようなデータベースがあれば便利でしょう．例えば，研究発表された骨格をデジタル化して使えるようにしようという動きがあります．イヌの研究はまだ揺籃期ですから，今がその方向へ向かう適切な時期でしょう．イヌの行動という表現型なら，短いビデオ映像を単位とすればいいかもしれません．行動を解析するソフトなら，映像の1コマずつに注釈を入れられますから，見るひとは，行動といっしょにその説明を見ることができます．そのためにはまず，行動をどうやって記載するかという議論をしなければなりませんが，最終的に研究者は，そのような表現型のデータベースの作成に協力するすべての人々が利用できるようなシステムを考え出すことでしょう．

　他にも，ロボットテクノロジーとの関係を深めるのもいいかもしれません．おそらくロボット犬のアイボは犬の反応を単純化しすぎているかもしれませんが（Kuvinyi et al., 2004），こういうロボットをつくってテストすることで，行動の組織化についての重要な洞察が得られます．また，こういうロボットがあると，実際に生きているイヌとどう接したらいいのかを人々に教えることにも役立つかもしれません．

11.7 手に「手」をとって

　現在のところ，イヌの未来と人の未来は固く結びついているようにみえます．データはありませんが，人口の急増とともに，イヌの個体数も激増しています．非常に大雑把な推定では，イヌの個体数は5億頭から10億頭の間です．イヌのためにある産業は，獣医療やドッグフード生産も含めて，人の経済の大きな部分を占めています．人と環境を共有するというのは，社会的な接触だけでなく，人もイヌも同じように，大気汚染などの悪い環境にさらされるということを意味します．ですから，人とイヌが同じ病気にかかることが多いといっても不思議ではありませんし，そういう病気はガンや眼の遺伝病だけでなく，ある種の精神疾患も含まれます．高齢化の影響は人間とイヌの集団の両方に現れています．

　同様に，社会的接触の減少や非常に個人主義的な生活様式など，私たちの生活にみられる最近の変化は，人間関係だけでなくイヌと私たちの関係にも影響を及ぼしています．動物が「自然」な状態で一生を送れるようにしてやるべきだと言われているにもかかわらず，人の社会の中で多くのイヌはほとんどの時間をひとりきりで過ごしたり，あるいはリードにつながれて過ごしたりしており，自然な生活を送ることができなくなっています．大人に時間がなくて子どもに社会的に豊かな環境を用意できない家庭では，イヌにもそういう経験が不足することでしょう．

　そういう意味では，イヌの動物行動学を研究する者の仕事は教師や児童心理学者の仕事と同じです．つまり，利用できるあらゆる手段を用いて，現代社会の中で人間が家庭生活を維持していけるよう指導するのですが，この家庭生活は私たちの子どもにも，また私たちの最良の友にも，適切な社会環境を用意するために常に不可欠なものなのです．

参考文献

Abler, W. (1997). Gene, language, number: The particulate principle in nature. *Evolutionary Theory,* 11, 237–248.

Adams, G.J. and Johnson, K.G. (1995). Guard dogs: sleep, work and the behavioural responses to people and other stimuli. *Applied Animal Behaviour Science,* 46, 103–115.

Adler, L.L. and Adler, H.E. (1977). Ontogeny of observational learning in the dog (*Canis familiaris*). *Developmental Psychobiology,* 10, 267–271.

Agnetta, B., Hare, B., and Tomasello, M. (2000). Cues to food locations that domestic dogs (*Canis familiaris*) of different ages do and do not use. *Animal Cognition,* 3, 107–112.

Ainsworth, M.D.S. (1969). Object relations, dependency and attachment: a theoretical review of the infant-mother relationship. *Child Development,* 40, 969–1025.

Albert, A. and Bulcroft, K. (1987). Pets and urban life. *Anthrozoös,* 1, 9–23.

Albert, A. and Bulcroft, K. (1988). Pets, families, and the life course. *Journal of Marriage and the Family,* 50, 543–552.

Albrerch, P., Gould, S.J. Oster, G.F., and Wake, D.B. (1979). Size and shape in ontogeny and phyilogeny. *Paleobiology,* 5, 296–317.

Allen, K.M., Blascovich, J., Tomaka, J., and Kelsey, R.M. (1991). Presence of human friends and pet dogs as moderators of automatic responses to stress in women. *Journal of Personality and Social Psychology,* 61, 582–589.

Anderson, J.R., Sallaberry, P., and Barbier, H. (1995). Use of experimenter-given cues during object choice tasks by capuchin monkeys. *Animal Behaviour,* 49, 201–208.

Arant, B.S. and Gooch, W.M. (1982). Developmental changes in the mongrel canine brain during postnatal life. *Human Development,* 7, 179–194

Arkow, P.S. and Dow, S. (1984). Ties that do not bind: a study of human-animal bonds that fail. In: Anderson, R.K., Hart, B.L., and Hart, L.A., eds. *The pet connection: Its influence on our health and quality of life,* pp. 348–354. University of Minneapolis Press, Minneapolis.

Baerends, G.P. (1976). The functional organization of behaviour. *Animal Behaviour,* 24, 726–738.

Baker, P.J., Robertson, C.P.J., Funk, S.M., and Harris, S. (1998). Potential fitness benefits of group living in the red fox, *Vulpes vulpes. Animal Behaviour,* 56, 1411–1424.

Baldwin, D.A. and Baird, J.A. (2001). Discerning intentions in dynamic human action. *Trends in Cognitive Sciences,* 5, 171–178.

Bánhegyi, P. (2005). *Rank-order dependent social learning in detour and manipulation tasks in dogs.* (In Hungarian). Dissertation for the fulfilment of MSc in Zoology, Szent István University, Budapest.

Banks, M.R. and Banks, W.A. (2005). The effects of group and individual animal assisted therapy on loneliness in residents of long-term care facilities. *Anthrozoös,* 18, 358–378.

Baranyiova, E., Holub, A., Tyrlik, M., Janackova, B., and Ernstova, M. (2005). The influence of urbanization on the behaviour of dogs in the Czech Republic. *Acta Veterinaria Brno,* 74, 401–409.

Bardeleben, C., Moore, R.L., and Wayne, R.K. (2005). Isolation and molecular evolution of the selenocysteine tRNA (Cf TRSP) and RNase PRNA (Cf RPPH1) genes in the dog family Canidae. *Molecular Biology and Evolution,* 22, 347–359.

Barrett, L. and Henzi, P. (2005). The social nature of primate cognition. *Proceedings of the Royal Society of London Series B,* 272, 1865–1875.

Bartosiewicz, L. (1994). Late Neolithic dog exploitation: chronology and function. *Acta Archeologica Academiae Scientiarum Hungaricae,* 46, 59–71.

Bartosiewicz, L. (2000). Metric variability in Roman period dogs in Pannonia provinvia and the Barbaricum, Hungary. In: Crockford, S.J. ed. *Dogs through time: an archaeological perspective,* pp. 181–192. Archeopress, London.

Bateson, P. (1981) Control of sensitivity to the environment during development. In: Immelmann, K., Barlow, G.W., Petrinovich, L., and Main, M., eds. *Behavioral development: The Bielefeld Interdisciplinary Project,* pp. 432–453. Cambridge University Press, Cambridge.

Bateson, P.J.B. and Horn, G. (1994). Imprinting and recognition memory: a neural net model. *Animal Behaviour*, 48, 695–715.

Beaver, B.V. (2001). A community approach to dog bite prevention. *Journal of the American Veterinary Medical Association*, 218, 1732–1749.

Beck, A.M. (1973). *The ecology of stray dogs.* York Press, Baltimore, MD.

Becker, F.R., King, J.E., and Markee, J.E. (1962). Olfactory studies on olfactory discrimination in dogs: II. Discriminatory behaviour in a free environment. *Journal of Comparative Physiological Psychology*, 5, 773–780.

Beerda, B., Schilder, M.B.H., Van Hooff, J.A., and De Vries, H.W. (1997). Manifestation of chronic and acute stress in dogs. *Applied Animal Behaviour Science*, 52, 307–319.

Bekoff, M. (1974). Social play and soliciting by infant canids. *American Zoologist*, 14, 323–340.

Bekoff, M. (1977). Social communication in Canids: evidence for the evolution of stereotyped mammalian display. *Science*, 197, 1097–1099.

Bekoff, M. (1995a). Play signals as punctuation: the structure of social play in canids. *Behaviour*, 132, 419–429.

Bekoff, M. (1995b). Cognitive ethology and the explanation of nonhuman animal behavior. In: Roitblat, H.L. and Meyer, J.A., eds. *Comparative approaches to cognitive science*, pp. 119–150. MIT Press, Cambridge, MA.

Bekoff, M. (1996). Cognitive ethology, vigilance, information gathering, and representation: who might know what and why? *Behavioural Processes*, 35, 225–237.

Bekoff, M. (2000). Naturalizing the bonds between people and dogs. *Anthrozoös*, 13, 11–12.

Bekoff, M. (2001). Observations of scent-marking and discriminating self from other by a domestic dog (*Canis familiaris*): tales of displaced yellow snow. *Behavioural Processes*, 55, 75–79.

Bekoff, M. and Allen, C. (1998). Intentional communication and social play: how and why animals negotiate and agree to play. In: Bekoff, M., Byers, J.A., eds. *Animal play: evolutionary, comparative, and ecological perspectives*, pp. 97–114. Cambridge University Press, Cambridge.

Bekoff, M. and Byers, J.A. (1981). A critical reanalysis of the ontogeny of mammalian social and locomotor play. An ethological hornet's nest. In: Immelman, K., Barlow, G.W. Petrinovich, L., and Main, M., eds. *Behavioural development, The Bielefeld Interdisciplinary Project*, pp. 296–337. Cambridge University Press, New York.

Bekoff, M. and Jamieson, D. (1991). Reflective ethology, applied philosophy, and the moral status of animals. *Perspectives in Ethology*, 9, 1–47.

Bekoff, M. and Meaney, C.A. (1997). Interactions among dogs, people, and the environment in Boulder, Colorado: a case study. *Anthrozoös*, 10, 23–29.

Belyaev, D.K. (1979). Destabilizing selection as a factor in domestication. *Journal of Heredity*, 70, 301–308.

Belyaev, D.K. Plyusnina, I.Z., and Trut, L.N. (1985). Domestication in the silver fox (*Vulpes fulvus*): changes in physiological boundaries of the sensitive period of primary socialization. *Applied Animal Behaviour Science*, 13, 359–370.

Benecke, N. (1992). Archäolzoologische Studien zur Entwicklung der Haustierhaltung. Akademie Verlag, Berlin.

Bering, J.M. (2004). A critical review of the 'enculturation hypothesis': the effects of human rearing on great ape social cognition. *Animal Cognition*, 7, 201–213.

Beritashvili, J.S. (1965). *Neural mechanisms of higher vertebrate behaviour.* J. &A. Churchill, London.

Bernstein, P.L., Friedmann, E., and Malaspina, A. (2000). Animal-assisted therapy enhances resident social interaction and initiation in long-term care facilities. *Anthrozoös*, 13, 213–224.

Biben, M. (1982). Object play and social treatment of prey in bush dogs and crab-eating foxes. *Behaviour*, 79, 201–211.

Bitterman, M. E. 1965. Phyletic differences in learning. *American Psychology*, 20, 396–410.

Björnerfeldt, S., Webster, M., and Vila, C. (2006). Relaxation of selective constraint on dog mitochondrial DNA following domestication. *Genome Research*, 16, 990–993.

Bleicher, N. (1963). Physical and behavioural analysis of dog vocalisations. *American Journal of Veterinary Research*, 24, 415–427.

Bloom, P. (2004). Can a dog learn a word? *Science*, 304, 1605–1606.

Blough, D.S. and Blough, P.M. (1977). Animal psychophysics. In: Honig, W.K. and Staddon, J.E.R., eds. *Handbook of operant behavior.* Prentice-Hall, Englewood Cliffs, NJ.

Blumberg, M.S. and Wasserman, E.A. (1995). Animal mind and the argument from design. *American Psychologist*, 50, 133–144.

Boehm, T. and Zufall, F. (2006). MHC peptides and the sensory evaluation of genotype. *Trends in Neurosciences*, 29, 100–107.

Boitani, L. (1982). Wolf management in intensively used areas of Italy. In: Harrington, F.H. and Paquet, P.C., eds. *Wolves of the world: perspectives of behavior, ecology and conservation,* pp. 158–172. Noyes Publications, Park Ridge, NJ.

Boitani, L. (1983). Wolf and dog competition in Italy. *Acta Zoologica Fennica,* 174, 259–264.

Boitani, L. (2003). Wolf conservation and recovery. In: Mech, D. and Boitani, L., eds. *Wolves: Behaviour, ecology and conservation,* pp. 317–340. University of Chicago Press, Chicago.

Boitani, L. and Ciucci, P. (1995). Compative social ecology of feral dogs and wolves. *Ethology, Ecology and Evolution,* 7, 49–72.

Boitani, L., Franscisci, P., Ciucci, P., and Andreoli, G. (1995). Population biology and ecology of feral dogs in central Italy. In: Serpell, J., ed. *The domestic dog: its evolution, behaviour and interactions with people,* pp. 217–244. Cambridge University Press, Cambridge.

Bökönyi, S. (1974). The dog. In: Bökönyi, S., ed. *History of domesticated mammals in central and eastern Europe,* pp. 313–333, Akadémiai Kiadó, Budapest.

Bolhuis, J.J. (1991). Mechanisms of avian imprinting. A review. *Biological Review,* 66, 303–345.

Bolk, L. (1926). *Das Problem der Menschenwerdung.* Gustav Fischer, Jena.

Bolwig, N. (1962). Facial expression in primates with remarks on a parallel development in certain carnivores. *Behaviour,* 22, 167–191.

Bonas, S., McNicholas, J., and Collis, G.M. (2000). Pets in the network of family relationships: an empirical study. In: Podberscek, A.L., Paul, E.S., and Serpell, J.A., eds. *Companion animals & us: exploring the relationships between people and pets,* pp. 209–236. Cambridge University Press, Cambridge.

Bowlby, J. (1972). *Attachment.* Penguin, London.

Boyd, C.M. Fotheringham, B., Litchfield, C., McBryde, I., Metzer, J.C. Scanlon, P. *et al.* (2004). Fear of dogs in a community sample. *Anthrozoös,* 17, 146–166.

Bradshaw, J.W.S. and Goodwin, D. (1998). Determination of behavioural traits of pure-bred dogs using factor analysis and cluster analysis: a comparison of studies in the USA and UK. *Research in Veterinary Science,* 66, 73–76.

Bradshaw, J.W.S. and Lea, A.M. (1993). Dyadic interactions between domestic dogs during exercise. *Anthrozoös,* 5, 234–253.

Bradshaw, J.W.S. and Nott, H.M.R. (1995). Social communication and behaviour of companion dogs. In: Serpell, J. ed. *The domestic dog,* pp. 116–130, Cambridge University Press, Cambridge.

Bräuer J., Call, J., and Tomasello, M. (2004). Visual perspective taking in dogs (*Canis familiaris*) in the presence of barriers. *Applied Animal Behaviour Science,* 88, 299–317.

Brenoe, Ú.T., Larsgard, A.G., Johannessen, K.R., and Uldal, S.H. (2002). Estimates of genetic parameters for hunting performance in three breeds of gun hunting dogs in Norway. *Applied Animal Behavioral Science,* 77, 209–215.

Brewer, D., Clark, T., and Phillips, A. (2001). *Dogs in antiquity: Anubis to Cerberus The origin of the domestic dog.* Aris & Phillips, Oxford.

Brodgen, W.J. (1942). Imitation and social facilitation in the social conditioning of forelimb flexion in dogs. *American Journal of Psychology,* 55, 72–83.

Bryant, B.K. (1990). The richness of the child-pet relationship: a consideration of both benefits and costs of pets to children. *Anthrozoös,* 3, 253–261.

Burghardt, G.M. (1985). Animal awareness. Current perceptions and historical perspective. *American Psychologist,* 40, 905–919.

Burghardt, G.M. and Gittleman, J.L. (1990). Comparative behaviour and phylogenetic analyses: new wine, old bottles. In: Bekoff, M. and Jamieson, D., eds. *Interpretation and explanation in the study of animal behaviour,* pp. 192–225. Westview Press, Boulder, CO.

Butler, J.R.A., du Toit, J.T., and Bingham, J. (2004). Free-ranging domestic dogs (*Canis familiaris*) as predators and prey in rural Zimbabwe: threats of competition and disease to large wild carnivores. *Biological Conservation,* 115, 369–378.

Buytendijk, F.J.J. (1935). *The mind of a dog,* translated by Lillian. A. Clare. Allen & Unwin, London.

Buytendijk, F.J.J. and Fischel, W. (1936). Über die reaktionen des hundes auf menschliche wörter. *Archives de Physiologie,* 19, 1–19.

Byrne, R.W. (1995). *The thinking ape. The evolution of intelligence.* Oxford University Press, Oxford.

Cain, A.O. (1985). Pet as family members. In: Sussman, A., ed. *Pets and the family,* pp. 5–10. Haworth Press, New York.

Cairns, R.B. and Werboff, J. (1967). Behavior development in the dog: an interspecific analysis. *Science,* 158, 1070–1072.

Call, J. (2001). Chimpanzee social cognition. *Trends in Cognitive Sciences,* 5, 388–393.

Call, J. (2004). Inferences about the location of food in the great apes (*Pan paniscus, Pan troglodytes, Gorilla gorilla,* and *Pongo pygmeus*). *Journal of Comparative Psychology,* 118, 232–241.

Call, J., Bräuer, J., Kaminski, J., and Tomasello, M. (2003). Domestic dogs (*Canis familiaris*) are sensitive to attentional state of humans. *Journal of Comparative Psychology,* 117, 257–263.

Cameron-Beaumont, C., Lowe, S.E., and Bradshaw, J.W.S. (2002). Evidence suggesting preadaptation to domestication throughout the small Felidae. *Biological Journal of the Linnean Society,* 75, 361–366.

Candland, D. K. (1993). *Feral children and clever animals.* Oxford University Press, New York.

Carbone, C., Mace, G.M., Roberts, S.C., and Macdonald, D.W. (1999). Energetic constraints on the diet of terrestrial carnivores. *Nature,* 402, 286–287.

Carere, C. and Eens, M. (2005). Unravelling animal personalities: how and why individual consistently differ. *Behaviour,* 1149–1287.

Caro, T.M. and Bateson, P. (1986). Organisation and ontogeny of alternative tactics. *Animal Behaviour,* 34, 1483–1499.

Casinos, A., Bou, J., Castiella, M.J., and Viladiu, C. (1986) On the allometry of long bones in dogs *(Canis familiaris). Journal of Morphology,* 190, 73–79.

Castellanos, F.X. and Tannock, R. (2002). Neuroscience of attention-deficit/hyperactivity disorder: the search for endophenotypes. *Nature Reviews. Neuroscience,* 3, 617–628.

Cattel, R.B., Bolz, C.R., and Korth, B. (1973). Behavioral types in purebred dogs objectively determined by taxonome. *Behavior Genetics,* 3, 205–216.

Cavalli-Sforza, L.L. and Feldman, M.W. (2003). The application of molecular genetic approaches to the study of human evolution. *Nature Genetics,* 33, Suppl., 266–275.

Cenami Spada, E. (1996). Amorphism, mechanomorphism, and anthropomorphism. In: Mitchell, R.W. Thompson, N.S., and Miles, H.L., eds. *Anthromorphism, anecdotes and animals,* pp. 254–276. State University of New York Press, New York.

Chaix, L. (2000). A preboreal dog from the northern Alps (Savoie, France). In: Crockford, S.J. ed. *Dogs through time: an archaeological perspective,* pp. 49–59. British Archaeological Reports International Series 889, Oxford.

Chalmers, N.R. (1987). Developmental pathways in behaviour. *Animal Behaviour,* 35, 659–674.

Chapuis, N. and Varlet, C. (1987). Short cuts by dogs in natural surroundings. *Quarterly Journal of Experimental Psychology,* 39B, 49–64.

Chapuis, N., Thinus-Blanc, C., and Poucet, B. (1983). Dissociation of mechanisms involved in dogs' oriented displacements. *Quarterly Journal of Experimental Psychology,* 35B, 213–219.

Chase, K., Carrier, D.R., Adler, F.R. *et al.* (2002). Genetic basis for systems of skeletal quantitative traits: principal component analysis of the canid skeleton. *Proceedings of the National Academy of Science of the USA,* 99, 9930–9935.

Cheney, D. and Seyfarth, R. (1990). *How monkeys see the world: inside the mind of another species.* University of Chicago Press, Chicago.

Chisholm, K., Carter, M., Ames, E., and Morison, S. (1995). Attachment security and indiscriminately friendly behavior in children adopted from Romanian orphanages. *Development and Psychopathology,* 7, 283–294

Ciucci, P., Boitani, L., Lucchini, V., and Randi, E. (2003). Dew claw on wolves as an indication of hybridization with dogs. *Canadian Journal of Zoology,* 81, 2077–2081.

Clark, A.B. and Ehlinger, T.J. (1987). Pattern and adaptation in individual differences. In: Bateson, P.P.G. and Klopfer, P.H.P., eds. *Perspectives in Ethology* vol. 7, pp.1–47. Plenum Press, New York.

Clark, G. (1997) Osteology of the Kuri Maori: the prehistoric dog of New Zealand. *Journal of Archaeological Science,* 24, 113–126.

Clark, M.M. and Galef, B.G. (1980). Effects of rearing environment on adrenal weights, sexual development and behaviour in Gerbils: An examination of Richter's domestication hypothesis. *Journal of Comparative and Physiological Psychology,* 94, 857–863.

Clark, T. (2001). The dogs of the ancient Near East. In: Brewer, D., Clark, T., and Phillips, A., eds. *Dogs in antiquity,* pp. 49–80. Aris & Phillips, Oxford.

Clutton-Brock, J. (1984). Dog. In: Mason, I.L. ed. *Evolution of domesticated animals,* pp. 198–210. Longman, London.

Clutton-Brock, J. (1995). Origin of the dog: domestication and early history. In: Serpell, J., ed. *The domestic dog: its evolution, behaviour and interactions with people,* pp.7–20. Cambridge University Press, Cambridge.

Clutton-Brock, J. and Hammond, N. (1994). Hot dogs: comestible canids in preclassic Maya culture at Cuello, Belize. *Journal of Archaeological Science,* 21, 819–826.

Clutton-Brock, J. and Noe-Nygaard, N. (1990). New osteological and C-isotope evidence on Mesolithic dogs: companions to hunters and fishers at Star Carr, Seamer Carr and Kongemose. *Journal of Archaeological Science,* 17, 643–53.

Cohen, J.A. and Fox, M.W. (1976). Vocalization in wild canids and possible effects of domestication. *Behavioral Processes,* 1, 77–92.

Cohen, S. (1994). *The intelligence of dogs. Canine consciousness and capabilities.* Free Press, New York.

Cohen, S. (2005). *How dogs think. Understanding the canine mind.* Pocket Books, London.

Coile, D.C. Pollitz, C.H., and Smith, J.C. (1989). Behavioral determination of critical flicker fusion in dogs. *Physiology and Behavior,* 45, 1087–1092.

Collier, S. (2006). Breed-specific legislation and the pit bull terrier: are the laws justified? *Journal of Veterinary Behaviour Clinical Applications and Research*, 1, 17–22.

Collis, G.M. (1995). Health benefits of pet ownership: attachment vs. psychological support. In: *Animals, health and quality of life,* p. 7. VIIth International Conference on Human Animal Interactions.

Colombo, M. and D'Amato, M.R. (1986). A comparison of visual and auditory short-term memory in monkeys (*Cebus apella*). *Quarterly Journal of Experimental Psychology*, 38, 425–448.

Compton, J.M. and Scott, J.P. (1971). Allomimetic behaviour system: Distress vocalization and social facilitation of feeding in Telomian dogs. *Journal of Psychology*, 78, 165–179.

Cooper, J.J., Ashton, C., Bishop, S., West, R., Mills, D.S., and Young, R.J. (2003). Clever hounds: social cognition in the domestic dog (*Canis familiaris*). *Applied Animal Behaviour Science*, 81, 229–244.

Coppinger, R.P. and Coppinger, L. (2001). *Dogs: a new understanding of canine origin, behavior and evolution*. University of Chicago Press, Chicago.

Coppinger, R. and Schneider, R. (1995). Evolution of working dogs. In: Serpell, J., ed. *The domestic dog*, pp. 22–47. Cambridge University Press, Cambridge.

Coppinger, R.P. and Smith, K.C. (1990). A model for understanding the evolution of mammalian behaviour. In: Genoways, H.H., ed. *Current mammalogy*, pp. 335–374. Plenum Press, New York.

Coppinger, R., Glendinning, J., Torop, E., Matthay, C., Sutherland, M., and Smith, C. (1987). Degree of behavioral neoteny differentiates canid polymorphs. *Ethology*, 75, 89–108.

Coppola, C.L., Grandin, T., and Enns, R.M. (2006). Human interaction and cortisol: can human contact reduce stress for shelter dogs? *Physiology and Behavior*, 87, 537–541.

Corbett, L.K. (1988). Social dynamics of a captive dingo pack: population regulation by dominant female infanticide. *Ethology*, 78, 177–198.

Corbett, L.K. (1995). *The dingo in Australia and Asia*. Comstock/Cornell University Press, Ithaca, NY.

Corbett, L.K. and Newsome, A. (1975). Dingo society and its maintenance: a preliminary analysis: In: Fox, W.M., ed. *The wild canids: Their systematics, behavioural ecology and evolution*, pp 369–379. Van Nostrand Reinhold, New York.

Covert, A.M., Whiren, A.P., Keith, J., and Nelson, C. (1985). Pets, early adolescents, and families. In: Sussman, M., ed. *Pets and the family*, pp. 95–107. Haworth Press, Binghampton, NY.

Cox, R.P. (1993). The human/animal bond as a correlate of family functioning. *Clinical Nursing Research*, 2, 224–231.

Cracknell, N.R., Mills, D.S., and Kaulfuss, P. (2008) Can stimulus enhancement explain the apparent success of the model-rival technique in the domestic dog (*Canis familiaris*)? *Animal Cognition* (in press).

Crawford, E.K., Worsham, N.L., and Swinehart, E.R. (2006). Benefits derived from companion animals, and the use of the term 'attachment'. *Anthrozoos*, 19, 98–112.

Crockford, S.J. (ed.) (2000). *Dogs through time: an archaeological perspective*. British Archaeological Reports International Series 889, Oxford.

Crockford, S.J. (2006). *Rhythms of life*. Trafford Publishing, Victoria, Canada.

Csányi, V. (1988). Contribution of the genetical and neural memory to animal intelligence. In: Jerison, H. and Jerison, I., eds. *Intelligence and evolutionary biology*, pp. 299–318. Springer-Verlag, Berlin.

Csányi, V. (1989). *Evolutionary systems and society: a general theory*. Duke University Press, Durham, NC.

Csányi, V. (1993). How genetics and learning make a fish an individual: a case study on the paradise fish. In: Bateson, P.P.G, Klopfer, P.H. and Thompson, N.S., ed. *Perspectives in Ethology, Behaviour and Evolution*, pp. 1–52. Plenum Press, New York.

Csányi, V. (2000). The 'human behaviour complex' and the compulsion of communication: key factors in human evolution. *Semiotica*, 128, 45–60.

Csányi, V. (2005). *If dogs could talk*. North Point Press, New York.

Custance, D.M. Whiten, A., and Bard, K.A. (1995). Can young chimpanzee (*Pan troglodytes*) imitate arbitrary actions? Hayes & Hayes (1952) revisited. *Behaviour*, 132, 837–857.

Cutt, H., Giles-Cortia, B., Knuimana, M., and Burkeb, V. (2007). Dog ownership, health and physical activity: A critical review of the literature. *Health and Place*, 13, 261–272.

Dalziel, D.J., Uthman, B.M., Mcgorray, S.P., and Reep, R.L. (2003). Seizure-alert dogs: a review and preliminary study. *Seizure*, 12, 115–120.

Daniels, T.J. and Bekoff, M. (1989). Feralization: the making of wild domestic animals. *Behavioural Processes*, 19, 79–94.

Darimont, C.T., Reimchen, T.E., and Paquet, P.C. (2003). Foraging behaviour by gray wolves on salmon streams in coastal British Columbia. *Canadian Journal of Zoology*, 81, 349–353.

Darwin, C. (1872). The expressions of the emotions in man and animals. John Murray. London.

Davis, S.J.M,. and Valla, F.R. (1978). Evidence for domestication of the dog 12,000 years ago in the Natufian of Israel. *Nature,* 276, 608–610.

Dawkins, R. (1986). *The blind watchmaker.* Longman, London.

Dayan, T. and Galili, E. (2000). A preliminary look at some new domesticated dogs from submerged Neolithic sites off the Carmel coast. In: Crockford, S.J., ed. *Dogs through time: an archaeological perspective*, pp. 29–33. British Archaeological Reports International Series 889, Oxford.

De Palma, C., Viggiano, E., Barillari, E. et al. (2005). Evaluating the temperament in shelter dogs. *Behaviour,* 142, 1307–1328.

de Waal, F.B.M. (1989). *Peacemaking among primates.* Harvard University Press, Cambridge.

de Waal, F.B.M. (1991). Complementary methods and convergent evidence in the study of primate social cognition. *Behaviour,* 118, 297–320.

de Waal, F.B.M. (1996). *Good natured. The origins of right and wrong in humans and other animals.* Harvard University Press, Cambridge, MA.

Derix, R., Van Hoof, J., DeVries, H., and Wensing, J. (1993). Male and female mating competition in wolves: female suppression vs. male intervention. *Behaviour,* 127, 141–174.

Devenport, L.D. and Devenport, J.A. (1990). The laboratory animal dilemma: A solution in the backyards. *Psychological Science,* 1, 215–216.

Diederich, C. and Giffroy, J.M. (2006). Behavioural testing in dogs: A review of methodology in search for standardisation. *Applied Animal Behaviour Science,* 97, 51–72.

Dingemanse, N.J. and Réale, D. (2005). Natural selection and animal personality. *Behaviour,* 142, 1159–1185.

Doogan, S. and Thomas, G.V. (1992). Origins of fear of dogs in adults and children: the role of conditioning processes and prior familiarity with dogs. *Behaviour Research and Therapy,* 30, 387–394.

Doré, Y.F. and Goulet, S. (1998). The comparative analysis of object knowledge. In: Langer, J. and Killen, M., eds. *Piaget, evolution and development,* pp. 55–72. NJ. Lawrence Erlbaum Associates, Mahwah, NJ.

Doty, R.L. and Dunbar, I.F. (1974). Attraction of beagles to conspecific urine, vaginal and anal sac secretion odours. *Physiology and Behavior,* 12, 825–833.

Draper, T.W. (1995). Canine analogs of human personality factors. *Journal of General Psychology,* 122, 241–252.

Dreschel, N.A., Douglas, A., and Granger, D.A. (2005). Physiological and behavioral reactivity to stress in thunderstorm-phobic dogs and their caregivers. *Applied Animal Behaviour Science,* 95, 153–168.

Dumas, C. and Paré, D.D. (2006). Strategy planning in dogs (*Canis familiaris*) in a progressive elimination task. *Behavioural Processes,* 73, 22–28.

Dunbar, I.F. (1977). Olfactory preferences in dogs: the response of male and female beagles to conspecific odors. *Behavioral Biology,* 20, 471–481.

Dunbar, I.F., Buehler, M., and Beach, F.A. (1980). Developmental and activational effects of sex hormones on the attractiveness of dogs' urine. *Physiology and Behavior,* 24, 201–204.

Dyer, F.C. (1998). Spatial cognition: lesson from central-place foraging insects. In: Balda, R.P., Pepperberg, I.M., and Kamil, A.C., eds. *Animal cognition in nature,* pp. 119–155. Academic Press, San Diego, CA.

Eckstein, G. (1949). Concerning a dog's word comprehension. *Science,* 13, 109.

Edenburg, N., Hart, H., and Bouw, J. (1994). Motives for acquiring companion animals. *Journal of Economic Psychology,* 15, 191–206.

Edinger, L. (1915). Zur Methodik in der Tierpsychologie *Zeitschrift für Physiologie,* 70. 101–124.

Edney, A. (1993). Dogs and human epilepsy. *The Veterinary Record.* 132, 337–8

Egenvall, A., Hedhammar, Å., Bonnett, B.N., and Olson, P. (1999). Survey of the Swedish dog population. Age, sex, breed, location and enrolment in animal insurance. *Acta Veterinaria Scandinavica,* 40, 231–240.

Egenvall, A., Bonnett, B.N., Olsson, P., and Hedhammar, A. (2000). Gender, age, breed and distribution of morbidity and mortality in insured dogs in Sweden during 1995 and 1996. *Veterinary Record,* 29, 519–525.

Elliot, O. and Scott, J.P. (1961). The development of emotional distress reactions to separation, in pups. *Journal of Genetic Psychology,* 99, 3–22.

Emery, N.J. and Clayton, N.S. (2004). The mentality of crows: convergent evolution of intelligence in corvids and apes. *Science,* 306, 1903–1907.

Erdő hegyi, Á., Topál, J., Virányi, Z., & Miklósi, Á. (2007). Dog-logic: inferential reasoning in a two-way choice task and its restricted use. Animal Behaviour, 74, 725–737.

Fabrigoule, C. (1987). Study of cognitive processes used by dogs in spatial tasks. In: Ellen, P. and Thinus-Blanc, C., eds. *Cognitive processes and spatial orientation in animal and man,* pp. 114–123. Aix-en-Provence, France.

Feddersen-Petersen, D. (1991) The ontogeny of social play and agonistic behaviour in selected canid species. *Bonner zoologische Beiträge,* 42, 97–114.

Feddersen-Petersen, D. (2000). Vocalisation of European wolves (*Canis lupus*) and various dog breeds (*Canis l. familiaris*). *Archives für Tierzucht, Dummerstorf,* 43, 387–397.

Feddersen-Petersen, D. (2001a). Zur Biologie der Aggression des Hundes. *Deutsche Tierärztliche Wochenschrift,* 108, 94–101.

Feddersen-Petersen, D. (2001b). *Hunde und ihre Menschen.* Kosmos Verlag, Stuttgart.

Feddersen-Petersen, D. (2004). *Hundepsychologie. Sozialverhalten und Wesen. Emotionen und Individualität.* Kosmos Verlag, Stuttgart.

Fentress, J.C. (1967). Observations on the behavioral development of a hand-reared male timber wolf. *American Zoologist,* 7, 339–351.

Fentress, J. (1976). Dynamic boundaries of patterned behaviour: Interaction and self-organisation. In: Bateson, P.P.G. and Hinde, R.A., eds. *Growing points in ethology,* pp. 135–169. Cambridge University Press, Cambridge.

Fentress, J. (1993). The covalent animal. In: Davis, H. and Balfour, D., eds. *The inevitable bond,* pp. 44–72. Cambridge University Press, Cambridge.

Fentress, J.C. and Gadbois, S. (2001). The development of action sequences. In: Blass, E.M., ed. *Handbooks of behavioral neurobiology,* Volume 13: *Developmental psychobiology, developmental neurobiology and behavioral ecology: mechanisms and early principles.* Kluwer Academic Publishers, New York.

Fentress, J.C. and Ryon, J. (1982). A long-term study of distributed pup feeding in captive wolves. In: Harrington, F.H. and Paquet, P.C., eds. *Wolves of the world: perspectives of behavior, ecology and conservation,* pp. 238–261. Noyes Publications, Park Ridge, NJ.

Fentress, J.C., Ryon, J., McLeod, P.J. and Havkin, G.Z. (1987). A multidimensional approach to agonistic behavior in wolves. In: Frank, H., ed. *Man and wolf: advances, issues, and problems in captive wolf research,* pp. 253–275. Junk Publishers, Dordrecht.

Finlayson, C. (2005). Biogeography and evolution of the genus homo. *Trends in Ecology and Evolution,* 20, 457–463.

Fischel, W. (1933). Das Verhalten von Hunden bei doppelter Handlungsmöglichkeit. *Zeitschrift für Physiologie,* 19, 170–182.

Fischel, W. (1941). Tierpsychologie und Hundeforschung. *Zeitschrift für Hundeforschung,* 17, 1–71.

Fiset, S., Gagnon, S., and Beaulieu, C. (2000). Spatial encoding of hidden objects in dogs (*Canis familiaris*). *Journal of Comparative Psychology,* 114, 315–324.

Fiset, S., Beaulieu, C., and Landry, F. (2003). Duration of dog's (*Canis familiaris*) working memory in search for disappearing objects. *Animal Cognition,* 6, 1–10.

Fiset, S., Landry, F., and Ouellette, M. (2006). Egocentric search for disappearing objects in domestic dogs: evidence for a geometric hypothesis of direction. *Animal Cognition,* 9, 1–12.

Fisher, J.A. (1990). The myth of anthropomorphism. In: Bekoff, M. and Jamieson, D., ed. *Interpretation and explanation in the study of animal behaviour,* pp. 96–225. Westview Press, Boulder, CO.

Fisher, P.M. (1983). On pigs and dogs: Pets as produce in three societies. In Katcher, A.H. and Beck, A.M., eds., *New perspectives on our lives with companion animals,* pp. 132–137. University of Pennsylvania Press, Philadelphia.

Fitch, W.M. (2000). Homology. A personal view on some of the problems. *Trends in Genetics,* 16, 227–231.

Flint, J., Corley, R., DeFries, J.C., Fulker, D.W., Gray, J.A., and Miller, S. (1995). A simple genetic basis for a complex psychological trait in laboratory mice. *Science,* 269, 1432–1435.

Fondon, J.W. and Garner, H.R. (2004). Molecular origins of rapid and continuous morphological evolution. *Proceedings of the National Academy of Sciences of the USA,* 28, 18058–18063.

Fox, M.W. (1965). *Canine behaviour.* C.C. Thomas, Springfield, IL.

Fox, M.W. (1970). A comparative study of the development of facial expressions in canids; wolf, coyote and foxes. *Behaviour,* 36, 49–73.

Fox, M.W. (1971). Behavioral effects of rearing dogs with cats during the 'critical period of socialization'. *Behaviour,* 35, 273–280.

Fox, M.W. (1972). Socio-ecological implications of individual differences in wolf litters: A developmental perspective. *Behaviour,* 41, 298–313.

Fox, M.W. (1975). *The wild canids: Their systematics, behavioural ecology and evolution.* Van Nostrand Reinhold, New York.

Fox, M.W. (1978). *The dog: its domestication and behavior.* Garland STPM Press, New York.

Fox, M.W. (1990). Sympathy, empathy, and understanding animal feelingsmdashand feelings for animals In: Bekoff, M. and Jamieson, D., eds. *Interpretation and explanation in the study of animal behaviour,* pp. 420–434. Westview Press, Boulder, CO.

Frank, H. (1980). Evolution of canine information processing under conditions of natural and artificial selection. *Zeitschrift für Tierpsychologie,* 59, 389–399.

Frank, H. and Frank, M.G. (1982). On the effects of domestication on canine social development and behaviour. *Applied Animal Ethology,* 8, 507–525.

Frank, M.G. and Frank, H. (1988). Food reinforcement versus social reinforcement in timber wolf pups. *Bulletin of the Psychonomic Society,* 26, 467–468.

Frederickson, E. (1952). Perceptual homeostasis and distress vocalization in the puppy. *Journal of Personality,* 20, 472–477.

Freedman, D.G. (1958). Constitutional and environmental interactions in rearing of four breeds of dogs. *Science,* 127, 585–586.

Freedman, D.G., King, J.A., and Elliot, O. (1961). Critical period in the social development of dogs. *Science,* 133, 1016–1017.

Friedmann, E. (1995). The role of pets in enhancing human well-being: physiological effects. In: Robinson, I., ed. *The Waltham book of human–animal interaction: benefits and responsibilities of pet ownership,* pp. 33–53. Pergamon, London.

Friedmann, E., Katcher, A.H., Thomas, S.A., and Lynch, J.J. (1980). Animal companions and one-year survival of patients after discharge from a coronary care unit. *Public Health Reports,* 95, 307–312.

Fuchs, T., Gaillard, C., Gebhardt-Henrich, S., Ruefenacht, S., and Steiger, A. (2005). External factors and reproducibility of the behaviour test in German shepherd dogs in Switzerland. *Applied Animal Behaviour Science,* 94, 287–301.

Fukuzawa, M., Mills, D.S., and Cooper, J.J. (2005). More than just a word: non-semantic command variables affect obedience in the domestic dog (*Canis familiaris*). *Applied Animal Behaviour Science,* 91, 129–141.

Fuller, T.K. Mech, L.D., and Cochrane, J.F. (2003). Wolf population dynamics. In: Mech, D. and Boitani, L., eds. *Wolves: behaviour, ecology and conservation,* pp. 161–191. University of Chicago Press, Chicago.

Furman, W. and Burhmester, D. (1985). Children's perceptions of the personal relationships in their social networks. *Developmental Psychology,* 21, 116–1024.

Furton, K.G. and Myers, L.J. (2001). The scientific foundation and efficacy of the use of canines and chemical detectors for explosives. *Talanta,* 43, 487–500.

Gácsi, M. (2003). The ethological study of attachment behaviour of dogs toward their owner. (In Hungarian). PhD dissertation. Eötvös Loránd University, Budapest.

Gácsi, M., Topál, J., Miklósi, Á., Dóka, A. and Csányi, V. (2001). Attachment behaviour of adult dogs (*Canis familiaris*) living at rescue centres: forming new bonds. *Journal of Comparative Psychology,* 115, 423–431.

Gácsi, M., Miklósi, Á., Varga, O., Topál, J., and Csányi, V. (2004). Are readers of our face readers of our minds? Dogs (*Canis familiaris*) show situation-dependent recognition of human's attention. *Animal Cognition,* 7, 144–153.

Gácsi, M., Győri, B., Miklósi, Á., et al. (2005). Species-specific differences and similarities in the behavior of hand raised dog and wolf pups in social situations with humans. *Developmental Psychobiology,* 47, 111–122.

Gácsi, M., Kara, E., Belényi, B., Topál, J., and Miklósi, A. (2007). Effects of selection for cooperation and attention? New perspectives on evaluating dogs' performance in human pointing tests (submitted).

Gadbois, S. (2002). The socioendocrinolgy of aggression-mediated stress in timber wolves (*Canis lupus*). PhD dissertation, Dalhousie University, Halifax, NS.

Gagnon, S. and Doré, F.Y. (1992). Search behavior in various breeds of adult dogs (*Canis familiaris*): object permanence and olfactory cues. *Journal of Comparative Psychology,* 106, 58–68.

Gagnon, S. and Doré, F.Y. (1993). Search behavior of dogs (*Canis familiaris*) in invisible displacement problems. *Animal Learning and Behavior,* 21, 246–254.

Gagnon, S. and Doré, F.Y. (1994). Cross-sectional study of object permanence in domestic pups (*Canis familiaris*). *Journal of Comparative Psychology,* 108, 220–232.

Galik, A. (2000). Dog remains from the late Hallstatt period of the chimney cave Durezza, near Villach (Carinthia, Austria). In: Crockford, S.J., ed. *Dogs through time: an archaeological perspective,* pp. 129–137. British Archaeological Reports International Series 889, Oxford

Gallistel, C.R. (1990). *The organization of learning.* MIT Press, Cambridge, MA.

Garcia, J. and Koelling, R.A. (1966). Relation of cue to consequence in avoidance learning. *Psychonomic Science,* 5, 123–124.

Gazit, I. and Terkel, J. (2003). Domination of olfaction over vision in explosives detection by dogs. *Applied Animal Behaviour Science,* 82, 65–73.

Gazit, I., Goldblatt, A., and Terkel, J. (2005). The role of context specificity in learning: The effects of training context on explosives detection in dogs. *Animal Cognition,* 8, 143–150.

Gergely, G. and Csibra, G. (2006). Sylvia's recipe: The role of imitation and pedagogy in the transmission of human culture. In Enfield, N.J. and Levinson, S.C., eds., *Roots of human sociality: culture, cognition, and human interaction,* pp. 229–255. Berg Publishers, Oxford.

Gese, E.M. and Mech, L.D. (1991). The dispersal of wolves (*Canis lupus*) in northeastern Minnesota, 1969–1989. *Canadian Journal of Zoology,* 69, 2946–2955.

Ginsberg, J.R. and Macdonald, D.W. (1990). *Foxes, wolves, jackals and dogs. An action plan for the conservation of canids.* IUCN World Conservation Union, Gland.

Ginsburg, B.E. (1975). Non-verbal communication· The effect of affect on individual and group behaviour. In: Pliner, P., Krames, L. and Alloway, T., eds. *Non-verbal communication of aggression,* pp. 161–173. Plenum Press, New York.

Ginsburg, B.E. (1987). The wolf pack as a socio-genetic unit. In: Frank, H., ed. *Man and wolf: Advances, issues and problems in captive wolf research,* pp. 401–413. Dr W. Junk Publishers, Dordrecht.

Ginsburg, B.E. and Hiestand, L. (1992). Humanity's 'best friend': the origins of our inevitable bond with dogs. In: Davis, H. and Balfour, D., eds. *The inevitable bond,* pp. 93–108. Cambridge University Press, Cambridge.

Gittleman, J.L. (1986). Carnivore life history patterns: allometric, phylogenic, and ecological associations. *American Naturalist,* 127, 744–771.

Goddard, M.E. and Beilharz, R.G. (1984). A factor analysis of fearfulness in potential guide dogs. *Applied Animal Behaviour Science,* 12, 253–265.

Goddard, M.E. and Beilharz, R.G. (1985). Individual variation in agonistic behaviour in dogs. *Animal Behaviour,* 33, 1338–1342.

Goddard, M.E. and Beilharz, R.G. (1986). Early prediction of adult in potential guide dogs. *Applied Animal Behaviour Science,* 15, 247–260.

Goldsmith, H., Buss, A., Plomin, R. *et al.* (1987). Roundtable: what is temperament? Four approaches. *Child Development,* 58, 505–529.

Gomez, J.C. (1996) Nonhuman primate theories of (nonhuman primate) minds: some issues concerning the origins of mindreading. In: Carruthers, P. and Smith, P.K., eds. *Theories of theories of mind,* pp. 330–343. Cambridge University Press, Cambridge.

Gomez, J.C. (2004). *Apes, monkeys, children and the growth of the mind.* Harvard University Press, Cambridge, MA.

Gomez, J.C. (2005). Species comparative studies and cognitive development. *Trends in Cognitive Sciences,* 9, 118–125.

Goodwin, M., Gooding, K.M. and Regnier, F (1979). Sex pheromone in the dog. *Science,* 203, 559–61.

Goodwin, D., Bradshaw, J.W.S., and Wickens, S.M. (1997). Paedomorphosis affects visual signals of domestic dogs. *Animal Behaviour,* 53, 297–304.

Goring-Morris, A.N. and Belfer-Cohen A. (1998). The articulation of cultural processes and Late Quaternary environmental changes in CisJordan. *Paleorient,* 23, 71–93.

Gosling, S.D. (2001). From mice to men: what can we learn about personality from animal research? *Psychological Bulletin,* 127, 45–86.

Gosling, S.D. and Bonnenburg, A.V. (1998). An integrative approach to personality research in anthrozoology: ratings of six species of pets and their owners. *Anthrozoös,* 11, 148–156.

Gosling, S.D., Kwan, V.S.Y., and John, O.P. (2003). A dog's got personality: A cross-species comparative approach to evaluating personality judgments. *Journal of Personality and Social Psychology,* 85, 1161–1169.

Gould, S.J. and Lewontin, R.C. (1979). The sprandels of San Marco and the Panglossian paradigm: a critique of the adaptationist programme. *Proceedings of the Royal Society of London B,* 205, 581–598.

Gould, S.J. and Vbra, E.S. (1982). Exaptation—a missing term in the science of form. *Paleobiology,* 8, 4–15.

Graham, L., Wells, D.L., and Hepper, P.G. (2005). The influence of olfactory stimulation on the behaviour of dogs housed in a rescue shelter. *Applied Animal Behaviour Science,* 91, 143–153.

Grayson, D.K. (1988). *Danger Cave, Last Supper Cave and Hanging Rock Shelter: the faunas.* Anthropological papers of the American Museum of Natural History 66.

Griffin, D. (1976). *The question of animal awareness.* Rockefeller University Press, New York.

Griffin, D.R. (1984). *Animal minds.* University of Chicago Press. Chicago.

Gromko, M.H., Briot, A., Jensen, S.C and Fukui, H.H. (1991). Selection on copulation duration in *Drosophila melanogaster*: Predictability of direct response versus unpredictability of correlated response. *Evolution,* 45, 69–81.

Grzimek, B. (1941). Über einen zahlenverbellenden Artistenhund. *Zeitschrift für Tierpsychologie,* 4, 306–310.

Grzimek, B. (1942). Weitere Vergleichsversuche mit Wolf und Hund. *Zeitschrift für vergleichende Physiologie,* 5, 59–73.

Gubernick, D.J. (1981). Parent and infant attachment in mammals. In: Gubernick, D.J. and Klopfer, P.H., eds. *Parental care in mammals,* pp. 243–300. Plenum Press, London.

Guy, N.C., Luescher, U.A., Dohoo, S.E. *et al.* (2001a). A case series of biting dogs: characteristics of the dogs, their behaviour, and their victims. *Applied Animal Behaviour Science,* 74, 43–57.

Guy, N.C., Luescher, U.A., Dohoo, S.E. *et al.* (2001b). Risk factor for dog bites to owner in a general veterinary caseload. *Applied Animal Behaviour Science,* 74, 29–42.

Guy, N.C., Luescher, U.A., Dohoo, S.E. *et al.* (2001c). Demographic and aggressive characteristics of dogs in a general veterinary caseload. *Applied Animal Behaviour Science,* 74, 15–28.

Győri, B., Gácsi, M., Kubinyi, E., Virányi., Zs, Topál, J., and Miklósi, Á. (2008). Comparative investigation of early behavioural traits in hand-reared wolves and differently socialized dogs. Submitted to *Ethology.*

Hall, E.R. and Kelson, K.R. (1959). *The mammals of North America,* Vol II. Ronald Press, New York.

Handley, B.M. (2000) Preliminary results in determining dog types from prehistoric sites in the northeastern United States. In: Crockford, S.J., ed. *Dogs through time: an archaeological perspective,* pp. 205–217. Archeopress, London.

Harcourt, R.A. (1974). The dog in prehistoric and early historic Britain. *Journal of Archaeological Science,* 1, 151–175.

Hare, B. and Tomasello, M. (1999). Domestic dogs (*Canis familiaris*) use human and conspecific social cues to locate hidden food. *Journal of Comparative Psychology,* 113, 1-5.

Hare, B. and Tomasello, M. (2005). Human-like social skills in dogs? *Trends in Cognitive Sciences,* 9, 405–454.

Hare, B. and Tomasello, M. (2006) Behaviour genetics of dog cognition: Human-like social skills in dogs are heritable and derived. In: Ostrander, E.A., Giger, U., Lindblahd, K. (eds), *The Dog and its Genome,* pp. 497–515. Cold Spring Harbor Press: Woodbury, New York.

Hare, B., Call, J and Tomasello, M. (1998). Communication of food location between human and dog (*Canis familiaris*). *Evolution of Communication,* 2, 137-159.

Hare, B., Brown, M., Williamson, C., and Tomasello, M. (2002). The domestication of social cognition in dogs. *Science,* 298, 1634–1636.

Hare, B., Plyusnina, I., Ignacio, N. et al. (2005). Social cognitive evolution in captive foxes is a correlated by-product of experimental domestication. *Current Biology,* 15, 226–230.

Harrington, F.H. and Asa, C.S. (2003). Wolf communication. In: Mech, D. and Boitani, L., eds. *Wolves: behaviour. ecology and conservation,* pp. 66–103. University of Chicago Press, Chicago.

Harrington, F.H. and Mech, L.D. (1978). Wolf vocalisation. In: Hall, R.L. and Sharp, H.S., eds. *Wolf and man. evolution in parallel,* pp. 109–133. Academic Press, New York.

Harrington, F.H. and Paquet, P.C. (1982). *Wolves of the world.* Noyes Publications, Park Ridge, NJ.

Hart, B.L. and Miller, M.F. (1985). Behavioral breed profiles: A quantitative approach. *Journal of the American Veterinary Medical Association,* 168, 11175–1180.

Hart, L.A. (1995). Dogs as human companions: a review of the relationship. In: Serpell, J., ed. *The domestic dog,* pp. 161–178. Cambridge University Press, Cambridge.

Hauser, M.D. (1996) *The evolution of communication.* MIT Press, Cambridge, MA.

Hauser, M.D. (2000). A primate dictionary? Decoding the function and meaning of another species vocalizations. *Cognitive Science,* 24, 445–475.

Hayes, R.D., Bear, A.M. and Larsen, D.G. (1991). Population dynamics and prey relationships of an exploited and recovering wolf population in the southern Yukon. Yukon Fish and Wildlife Branch Final Report. TR-91-1.

Healy, S. (1998). *Spatial representation in animals.* Oxford University Press. New York.

Heffner, H.E. (1983). Hearing in large and small dogs: absolute thresholds and size of the tympanic membrane. *Behavioral Neuroscience,* 97, 310–318.

Heffner, H.E. (1998). Auditory awareness. *Applied Animal Behaviour Science,* 57, 259–268.

Heffner, H.E. and Heffner, R.S. (2003). Audition. In: Davis, S., ed. *Handbook of research methods in experimental psychology,* pp. 413–440. Blackwell, Oxford.

Heffner, R.S., Koay, G., and Heffner, H.E. (2001). Sound localization in a new-world frugivorous bat, *Artibeus jamaicensis*: acuity, use of binaural cues, and relationship to vision. *Journal of the Acoustical Society of America,* 109, 412–421.

Heimburger, N. (1962). Beobachtungen an handaufgezogenen Wildcaniden (Wölfin und Schakalin) und Versuche über ihre Gedächtnisleistungen. *Zeitschrift für Tierpsychologie,* 18, 265–284.

Héjjas, K., Vas, J., Topál, J. et al. (2007). Association of the dopamine D4 receptor gene polymorphism and the 'activity-impulsivity' endophenotype in dogs. *Animal Genetics.* (in press).

Helson, W.S. (2005). Animal expertise, conscious or not. *Animal Cognition,* 8, 67–74.

Hemmer, H. (1990). *Domestication: The decline of environmental appreciation.* Cambridge University Press, Cambridge.

Hennessy, W.M., Davis, H.M., Williams, M.T., *et al* (1997). Plasma cortisol levels of dogs at a county animal shelter. *Physiology and Behavior,* 62, 485–490.

Hennessy, M.B., Williams, M.T., Miller, D.D., *et al* (1998). Influence of male and female petters on plasma cortisol and behaviour: can human interaction reduce the stress of dogs in a public animal shelter? *Applied Animal Behaviour Science,* 61, 63–77.

Henshaw, R.E. (1982). Can the wolf be returned to New York? In: Harrington, F.H. and Paquet, P.C., eds.. *Wolves of the world: perspectives of behavior, ecology and conservation,* pp. 395–422. Noyes Publications, Park Ridge, NJ.

Hepper, P.G. (1988). The discrimination of human odour by the dog. *Perception,* 17, 549–554.

Hepper, P.G. (1994). Long-term retention of kinship recognition established during infancy in the domestic dog. *Behavioral Processes,* 33, 3–14.

Hepper, P.G. and Wells, D.L. (2005). How many footsteps do dogs need to determine the direction of an odour trail? *Chemical Senses,* 30, 291–298.

Herman, L.M. (2002). Vocal, social and self-imitation by bottlenosed dolphins. In: Dautenhahn, K. and Nehaniv, C.L., eds. *Imitation in animals and artifacts,* pp. 63–108. MIT Press, Cambridge, MA.

Herre, W. and Röhrs, M. (1990). *Haustiere—zoologisch gesehen.* Gustav Fischer, Stuttgart.

Heyes, C.M. (1993). Anecdotes, training, trapping and triangulating. *Animal Behaviour,* 46, 177–188.

Heyes, C. (2000). Evolutionary psychology in the round. In: Heyes, C. and Ludwig, H., eds. *The evolution of cognition,* pp. 3–22. MIT Press, Cambridge, MA.

Hirsch-Pasek, K. and Treiman, R. (1981). Doggerel: motherese in a new context. *Journal of Child Language,* 9, 229–237.

Ho, S.Y.W. and Larson, G. (2005). Molecular clocks: when times are a-changin'. *Trends in Genetics,* 22, 79–83.

Holland, p.c. (1990). Forms of memory in pavlovian conditioning. In: McGaugh, J.L., Weinberger, N.M., and Lynch, G., eds. *Brain organization and memory: cells, systems, and circuits,* pp. 78–105. Oxford Science Publications, Oxford.

Hood, B. (1995). Gravity rules for 2–4 olds? *Cognitive Development,* 10, 577–598.

Hood, B.M., Hauser, M.D., Anderson, L. and Santos, L.R. (1999). Gravity biases in a non-human primate? *Developmental Sciences,* 2, 35–41.

Horisberger, U., Stark, K.D.C., Rüfenacht, J.C., Pillonel, C. and Steiger, A. (2004). The epidemiology of dog bite injuries in Switzerland-characteristics of victims, biting dogs and circumstances. *Anthrozoös,* 17, 320–339.

Horváth, Zs., Igyártó, B.Z., Magyar, A. and Miklósi, Á (2007). Three different coping styles in police dogs exposed to a short-term challenge. *Hormones and Behavior* (in press).

Houpt, K.A. (2006) Terminology think tank: Terminology of aggressive behavior. *Journal of Veterinary Behaviour: Clinical Applications and Research,* 1, 39–41.

Hsu, Y. and Serpell, J.A. (2003). Development and validation of a questionnaire for measuring behavior and temperament trait in pet dogs. *Journal of the American Veterinary Medical Association,* 223, 1293–1300.

Hubel, D.H. and Wiesel, T.N. (1998). Early exploration of the visual cortex. *Neuron,* 20, 401–412.

Hulse, S.H. Flower, H., and Honig, W.K. (1978). *Cognitive processes in animal behavior.* Lawrence Erlbaum Associates, Hillsdale, NJ.

Humphrey, E.S. (1934). 'Mental tests' for shepherd dogs. *Journal of Heredity,* 25, 129–135.

Irion, D.N., Schaffer, A.L., Famula, T.R., Eggleston, M.L., Hughes, S.S., and Pedersen, N.C. (2003). Analysis of genetic variation in 28 dog breed populations with 100 microsatellite markers. *Journal of Heredity,* 94, 81–87.

Ishiguro, N., Okumura, N., Matsui, A., and Shigehara, N. (2000). Molecular genetic analysis of ancient Japanese dogs. In: Crockford, S.J., ed. *Dogs through time: an archaeological perspective,* pp. 287–292. British Archaeological Reports International Series 889, Oxford.

Ito, H., Nara, H., Inouye-Mrayama, M. *et al.* (2004) Allele frequency distribution of the canine dopamine receptor D4 gene exon III and I in 23 breeds. *Journal of Veterinary Medical Science,* 66, 815–820.

Jagoe, A. and Serpell, J. (1996). Owner characteristics and interactions and the prevalence of canine behaviour problems. *Applied Animal Behaviour Science,* 47, 31–42.

Jedrzejewski, W., Jedrzejewska, B., Okarma, H., Schmidt, K., Zub, K., and Musiani, M. (2000). Prey selection and predarion by wolves in Białowieża primeval forest, Poland. *Journal of Mammalogy,* 81, 197–212.

Jedrzejewski, W., Schmidt, H., Theuerkauf, J. *et al.* (2002). Kill rates and predation by wolves on ungulate populations in Białowieża primeval forest (Poland). *Ecology,* 83, 1341–1356.

Jenkins, H.M., Barrera, F.J., Ireland, C., and Woodside, B. (1978). Signal centred action patterns of dogs in appetitive classical conditioning. *Learning and Motivation,* 9, 272–296.

Jhala, Y.V. and Giles, R.H. (1991). The status and conservation of the wolf in Gujarat and Rajasthan, India. *Conservation Biology,* 5, 476–483.

Johnson, C.M. (2001). Distributed primate cognition: a. review. *Animal Cognition,* 4, 167–183.

Johnson, H.M. (1912). The talking dog. *Science,* 35, 749–751.

Johnston, B. (1997). Harnessing thought. Guide dog—a thinking animal with a skilful mind. Queen Anne Press, London.

Jolicoeur, P. (1959). Multivariate geographic variation in the wolf, *Canis lupus* L. *Evolution,* 13, 283–299.

Jones, A.C. and Gosling, S.D. (2005). Temperament and personality in dogs (*Canis familiaris*): a review and evaluation of past research. *Applied Animal Behaviour Science,* 95, 1–53.

Jordan, P.A. Shelton, P.C., and Allen, D.L. (1967). Numbers, turnover, and social structure of the Isle Royale wolf population. *American Zoologist,* 7, 233–252.

Kamil, A.C. (1988). A synthetic approach to the study of animal intelligence. In: Leger, D.W., ed. *Comparative study in modern psychology,* pp. 230–257. Nebraska Symposium On Motivation, vol. 35, University of Nebraska Press, Lincoln, Ne.

Kamil, A.C. (1998). On the proper definition of cognitive ethology. In: Balda, R.P. Pepperberg, I.M., and Kamil, A.C., eds. *Animal cognition in nature,* pp. 1–29. Academic Press, San Diego, CA.

Kaminski, J., Call, J., and Tomasello, M. (2004). Body orientation and face orientation: two factors controlling apes' begging behaviour from humans. *Animal Cognition,* 7, 216–224.

Katcher, A.H. and Beck, A.M. (1983). *New perspective on our lives with companion animals.* University of Pennsylvania Press, Philadelphia, PA.

Kazdin, A.E. (1982). *Single-case research designs.* Oxford University Press, Oxford.

Kemencei, Z. (2007). *The development of comprehension of human gestural signals in cats.* (In Hungarian). Dissertation for the fulfilment of MSc in Zoology. Szent István University, Budapest.

Kerepesi, A., Jonsson, G.K., Miklósi, Á., Topál, J., Csányi, V., and Magnusson, M.S. (2005). Detection of temporal patterns in dog-human interaction. *Behavioural Processes,* 70, 69–79.

Kim, K.S., Tanabe, Y., Park, C., and Kha, J.H. (2001). Genetic variability in east Asian dogs using microsatellite loci analysis. *Journal of Heredity,* 92, 398–403.

Kleiber, M (1961). *The fire of life.* John Wiley and Sons, New York.

Kleiman, D.G. and Eisenberg, J.F. (1973). Comparisons of canid and felid social systems from an evolutionary perspecive. *Animal Behaviour,* 21, 637–659.

Klingenberg, C.P. (1998). Heterochrony and allometry: the analysis of evolutionary change in ontogeny. *Biological Reviews,* 73, 79–123.

Klinghammer, E. and Goodman, P.A. (1987). Socialization and management of wolves in captivity. In: Frank, H., ed. *Man and wolf,* pp. 31–61. Junk Publishers, Dordrecht.

Koch, S.A. and Rubin, L.F. (1972). Distribution of cones in retina of the normal dog. *American Journal of Veterinary Research,* 33, 361–363.

Koda, N. (2001). Development of play behaviour between potential guide dogs for the blind and human raisers. *Behavior* 53, 41–46.

Köhler, O. (1917). *Intelligenzprüfungen an Menschenaffen.* Springer, Berlin (translated as: *The mentality of apes,* Routledge and Kegan Paul, London, 1925).

Koler-Matznick, J. (2002). The origin of the dog revisited. *Anthrozoös,* 15, 98–118.

Koler-Matznick, J., Brisbin, I.L., and McIntyre, J.K. (2000). The New Guinea singing dog: a living primitive dog. In: Crockford, S.J., ed. *Dogs through time: an archaeological perspective,* pp. 239–247. Archeopress, London.

Koler-Matznick, J., Brisbin, I.L. Feinstein, M., and Bulmer, S. (2003). An updated description of the New Guinea singing dog (*Canis hallstromi*, Troughton 1957). *Journal of Zoology,* 261, 109–118.

Kopp, B.F., Burbidge, M., Byun, A., and Rink, U. (2000). In: Crockford, S.J., ed. *Dogs through time: an archaeological perspective,* pp. 271–286. British Archaeological Reports International Series 889, Oxford.

Koskinen, M.T. and Bredbacka, P. (2000). Assessment of the population structure of five Finnish dog breeds with microsatellites. *Animal Genetics,* 31, 310–317.

Kostraczyk, E. and Fonberg, E. (1982). Heart-rate mechansims in instrumental conditioning reinforced by petting dogs. *Physiology and Behavior,* 28, 27–30.

Kotrschal, K., Bromundt, V., and Föger, B. (2004). *Faktor Hund.* Czernin Verlag, Wien.

Kowalska, D.M., Kusmierek, P., Kosmal, A., and Mishkin, M. (2001). Neither perirhinal/entorhical nor hippocampal lesions impair short-term auditory recognition memory in dogs. *Neuroscience,* 104, 965–978.

Kreeger, T.J. (2003). The internal wolf: physiology, pathology, and pharmacology. In: Mech, D. and Boitani, L., eds. *Wolves: behaviour. ecology and conservation,* pp. 317–340. University of Chicago Press, Chicago.

Krestel, D., Passe, D., Smith, J.C., and Jonsson, L. (1984). Behavioral determination of olfactory thresholds to amylacetate in dogs. *Neuroscience and Biobehavioral Reviews,* 8, 169–174.

Kruska, D. (1988). Mammalian domestication and its effect on brain structure and behaviour. *NATO ASI Series on Intelligence and Evolutionary Biology,* G17, 211–249.

Kruska, D.C.T. (2005). On the evolutionary significance of encephalization in some eutherian mammals: effects of adaptive radiation, domestication and feralization. *Brain, Behaviour and Evolution,* 65, 73–108.

Kubinyi, E., Virányi, Zs, and Miklósi, Á. (2007). Comparative social cognition: From wolf and dog to humans. *Comparative Cognition and Behavior Reviews,* 2, 26–46. Retrieved from http.psych.queensu.ca/ccbr/index.html

Kubinyi, E., Miklósi, Á., Topál, J., and Csányi, V. (2003a). Social anticipation in dogs: a new form of social influence. *Animal Cognition,* 6, 57–64.

Kubinyi, E., Topál, J., Miklósi, Á., and Csányi, V. (2003b). The effect of human demonstrator on the acquisition of a manipulative task. *Journal of Comparative Psychology,* 117, 156–165.

Kubinyi, E., Miklósi, Á., Kaplan, F., Gácsi, M., Topál, J., and Csányi, V. (2004). Can a dog tell the difference? Dogs encounter AIBO, an animal-like robot in a neutral and in a feeding situation. *Behavioural Processes,* 65, 231–239.

Kukekova, A.V., Acland, G.M., Oskina, I.N. *et al.* (2005). The genetics of domesticated behaviour in canids: What can dogs and silver foxes tell us about each other? In: Ostrander, E.A., Giger, U., and Lindbladh, K., eds. *The dog and its genome,* pp. 515–538. Cold Spring Harbour Press, Woodbury, NY.

Kurtén, B. (1968). *Pleistocene mammals of Europe.* Aldine Press, Chicago.

Kurtén, B. and Anderson, E. (1980). *Pleistocene mammals of North America.* Columbia University Press, New York.

Lakatos, G., Soproni, K., Dóka, A., and Miklósi, Á. (2008). A comparative approach to dogs' (*Canis familiaris*) and human infants' understanding of various forms of pointing gestures. *Animal Cognition* (in press).

Laland, K.N. (2004). Social learning strategies. *Learning and Behaviour,* 32, 4–14.

Laska, M., Wieser, A., Bautista, R.M.R., Teresa, L., and Salazar, H. (2004). Olfactory sensitivity for carboxylic acids in spider monkeys and pigtail macaques. *Chemical Senses,* 29, 101–109.

Lawicka, W. (1969). Differing effectiveness of auditory quality and location cues in two forms of differentiation learning. *Acta Biologica,* 29, 83–92.

Lawrence, B. and Reed, C.A. (1983). The dogs of Jarmo. In: Braidwood, L.S. *et al.,* eds. *Prehistoric archeology along the Zargos flanks,* pp. 485–494. Oriental Insitute of the University of Chicago, Chicago.

Le Boeuf, B.J. (1967). Interindividual association in dogs. *Behaviour,* 29, 268–295.

Lehman, N.E., Eisenhawer, E.A., Hansen, K. *et al.* (1991). Introgression of coyote mitochondrial DNA into sympatric North American gray wolf populations. *Evolution,* 45, 104–119.

Lehman, N.E., Clarkson, E.P., Mech, L.D., Meier, T.J., and Wayne, R.W. (1992). A study of the genetic relationship within and among wolf packs using DNA fingerprinting and mitochondrial DNA. *Behavioral Ecology and Sociobiology,* 30, 83–94.

Lehner, P.N. (1996). *Handbook of ethological methods.* Cambridge University Press, Cambridge.

Leonard, J.A., Wayne, R.K. Wheeler, J., Valadez, R., Guillén, S., and Vilá, C. (2002). Ancient DNA evidence for Old World origin of New World Dogs. *Science,* 298, 1613–1616.

Leonard, J.A., Vilá, C., and Wayne, R.K. (2005). Legacy lost: genetic variability and population size of extirpated US grey wolves (*Canis lupus*). *Molecular Ecology,* 14, 9–17.

Levinson, B.M. (1969). *Pet-oriented child psychotherapy.* C.C. Thomas, Springfield, IL.

Lichtenstein, P.E. (1950). Studies of anxiety: the production of a feeding inhibition in dogs. *Journal of Comparative and Physiological Psychology,* 43, 16–29.

Lim, K., Fisher, M., and Burns-Cox, C.J. (1992). Type 1 diabetics and their pets. *Diabetic Medicine,* 9, S3–S4.

Lindberg, J., Björnerfeldt, S., Saetre, P. *et al.* (2005). Supplemental data: selection for tameness has changed brain gene expression in silver foxes. *Current Biology,* 15, 915–916.

Lindblad-Toh, K., Wade, C.M., Mikkelsen, T.S. *et al.* (2005). Genom sequence, comparative analysis and haplotype structure of the domestic dog. *Nature,* 438, 803–819.

Lindsay, S.R. (2001). *Vol 1. Adaptation and learning. Handbook of applied dog behaviour and training,* Iowa State University Press, Ames, IA.

Lindsay, S. (2005). *Handbook of applied dog behavior and training* procedures and protocols. Blackwell, Oxford.

Line, S. and Voith, V. (1986). Dominance aggression of dogs towards people: behavior profile and response to treatment. *Applied Animal Behaviour Science,* 16, 77–83.

Lockwood, R. (1979). Dominance in wolves: useful construct or bad habit. In: Klinghammer, E., ed. *The behavior and ecology of wolves,* pp. 225–243. Garland STPM Press, New York.

Lorenz, K. (1950). The comparative method in studying innate behaviour patterns. *Symposia of the Society for Experimental Biology,* 4, 221–268.

Lorenz, K. (1954). *Man meets dog.* Houghton Mifflin, Boston.

Lorenz, K. (1969) The innate basis of learning. In: Pribram, K., ed. *On the biology of learning,* pp. 13–93. Harcourt, Brace and World, New York.

Lorenz, K. (1974). Analogy as a source of knowledge. *Science,* 185, 229–234.

Lorenz, K. (1981). *The foundations of ethology.* Springer-Verlag, Wien.

Lubbock, H. (1888). *The senses, instincts and intelligence of animals.* Kegan Paul & Co., London.

Macdonald, D.W. (1983). The ecology of carnivore social behaviour. *Nature,* 301, 379–384.

Macdonald, D.W. and Carr, G.M. (1995). Variation in dog society: between resource dispersion and social influx. In: Serpell, J., ed. *The domestic dog,* pp. 199–216.Cambridge University Press,Cambridge.

Macdonald, D.W. and Sillero-Zubiri, C. (2003). *The biology and conservation of wild canids.* Oxford University Press, Oxford.

MacDonald, K. (1987). Development and stability of personality characteristics in pre-pubertal wolves: implications for pack organisation and behaviour. In: Frank, H., ed. *Man and wolf: advances, issues, and problems in captive wolf research,* pp. 293–312. Junk Publishers, Dordrecht.

MacDonald, K.B. and Ginsburg, B.E. (1981). Induction of normal prepubertal behaviour in wolves with restricted rearing. *Behavioural and Neural Biology,* 33, 133–162.

Mader, B., Hart, L.A., and Bergin, B. (1989). Social acknowledgements for children with disabilities: effects of service dogs. *Child Development,* 60, 1529–1534.

Magnusson, M.S. (2000). Discovering hidden time patterns in behaviour: T-patterns and their detection. *Behavior Research Methods, Instruments and Computers,* 32, 93–110.

Malm, K. and Jensen, P. (1997). Weaning and parent-offspring conflict in the domestic dog. *Ethology,* 103, 653–664.

Manaserian, N.H. and Antonian, L. (2000). Dogs of Armenia. In: Crockford, S.J., ed. *Dogs through time: an archaeological perspective,* pp.181–192. British Archaeological Reports International Series 889, Oxford.

Mandairon, N., Stack, C., Kiselycznyk, C., and Linster, C. (2006). Broad activation of the olfactory bulb produces long-lasting changes in odor perception. *Proceedings of the National Academy of Sciences of the USA,* 103, 13543–13548.

Maragliano, L., Ciccone, G., Fantini, C., Petrangeli, C., Saporito, G., and Natoli, E. (2006). Biting dogs in Rome (Italy). (manuscript)

Maros, K., Dóka, A., and Miklósi, Á. (2007). Behavioural correlation of heart rate changes in family dogs. *Applied Animal Behaviour Science* (in press)

Marston, L.C. and Bennett, P.C. (2003). Reforging the bond—towards successful canine adoption. *Applied Animal Behaviour Science,* 83, 227–245.

Marston, L.C., Bennett, P.C. and Coleman, G.J. (2004). What happens to shelter dogs? An analysis of data for 1 year from three Australian shelters. *Journal of Applied Animal Behaviour Welfare Science,* 7, 27–47.

Marston, L.C., Bennett, P.C., and Coleman, G.J. (2005a). Factors affecting the formation of a canine-human bond. *IWDBA Conference Proceedings,* 132–138.

Marston, L.C, Bennett, P.C. and Coleman, G.J. (2005b). What happens to shelter dogs? Part 2. Comparing three Melbourne welfare shelters for nonhuman animals. *Journal of Applied Animal Behaviour Welfare Science,* 8, 25–45.

Martin, P. and Bateson, P. (1986). *Measuring behaviour.* Cambridge University Press, Cambridge.

Matas, L., Arend, R.A., and Sroufe, L.A. (1978). Continuity of adaptation in second year: The relationship between quality of attachment and later competence. *Child Development,* 49, 547–556.

Mayr, E. (1963). *Animal species and evolution.* Harvard University Press, Cambridge, MA.

Mayr, E. (1974). Behaviour programs and evolutionary strategies. *American Science,* 62, 650–659.

Mazzorin, J. and Tagliacozzo, A. (2000). Morphological and osteological changes in the dog from the Neolithic to the roman period in Italy. In: Crockford, S.J., ed. *Dogs through time: an archaeological perspective,* pp. 141–161. British Archaeological Reports International Series 889, Oxford.

McBride, A. (1995). The human-dog relationship. In: Robinson, I., ed. *The Waltham book of human–animal interactions.* pp. 99–112. Pergamon, Oxford.

McConnell, P.B. (1990). Acoustic structure and receiver response in domestic dogs, *Canis familiaris*. *Animal Behaviour,* 39, 897–904.

McConnell, P.B. and Baylis, J.R. (1985). Interspecific communication in cooperative herding: Acoustic and visual signals from shepherds and herding dogs. *Zeitschrift für Tierpsychologie,* 67, 302–328.

McGreevy, P.D. and Nicholas, F.W. (1999). Some practical solutions to welfare problems in dog breeding. *Animal Welfare,* 8, 329–341.

McGreevy, P.D. Grassi, T.D., and Harman, A.M. (2004). A strong correlation exists between the distribution of retinal ganglion cells and nose length in the dog. *Brain, Behavior and Evolution,* 63, 13–22.

McGreevy, P.D., Righetti, J., and Thomson, C. (2005). The reinforcing value of physical contact and the effect of grooming in different anatomic areas. *Anthrozoös,* 18, 236–244.

McKinley, J. and Sambrook, T.D. (2000). Use of human-given cues by domestic dogs (*Canis familiaris*) and horses (*Equus caballus*). *Animal Cognition,* 3, 13-22.

McKinley, S. and Young, R.J. (2003). The efficiacy of the model-rival method when compared with operant conditioning for training domestic dog to perform a retrievel task. *Applied Animal Behaviour Science,* 81, 357–365.

McLeod, P.J. (1996). Developmental changes in associations among timber wolf *(Canis lupus)* postures. *Behavioural Processes,* 38, 105–118.

McLeod, P.J. and Fentress, J.C. (1997). Developmental changes in the sequential behavior of interacting timber wolf pups. *Behavioural Processes,* 39, 117–136.

McLeod, P.J., Moger, W.H., Ryon, J., Gadbois, S., and Fentress, J.C. (1995). The relation between urinary cortisol levels and social behaviour in captive timber wolves. *Canadian Journal of Zoology,* 74, 209–216.

McPhail, E.M. and Bolhuis, J.J. (2001). The evolution of intelligence: adaptive specialisation versus general process. *Biological Reviews,* 76, 341–364.

Mech, L.D. (1966). Hunting behaviour of timber wolves in Minnesota. *Journal of Mammalogy,* 47, 347–348.

Mech, L.D. (1970). *The wolf: The ecology and behaviour of an endangered species.* Natural History Press, New York.

Mech, L.D. (1995). A ten year history of the demography and productivity of an arctic wolf pack. *Arctic,* 48, 329–332.

Mech, L.D. (1999) Alpha status, dominance, and division of labor in wolf packs. *Canadian Journal of Zoology,* 77, 1196–1203.

Mech, L.D. and Boitani, L. (2003). Wolf social ecology. In: Mech, D. and Boitani, L., eds. *Wolves: behavior, ecology and conservation,* pp. 1–34. University of Chicago Press, Chicago.

Mech, L.D. and Peterson, R.O. (2003). The wolf as a carnivore. In: Mech, D. and Boitani, L., eds. *Wolves: behavior, ecology and conservation,* pp.104–130. University of Chicago Press, Chicago.

Mech, L.D., Adams, L.G., Burch, J.W., and Dale, B.W. (1998). *The wolves of Denali.* University of Minnesota Press, Minneapolis, MN.

Mech, L.D., Wolf, P.C., and Packard, J.M. (1999). Regurgitative food transfer among wild wolves. *Canadian Journal of Zoology,* 77, 1–4.

Medjo, D.C. and Mech, L.D. (1976). Reproductive activity in nine- and ten-month-old wolves. *Journal of Mammalogy,* 57, 406–408.

Megitt, M.J. (1965). The association between Australian Aborigines and Dingoes. In: Leeds, A. and Vayda, A.P., eds. *Man, culture and animals,* pp. 7–26. AAAS Publications, Washington, DC.

Meisterfeld, C.W. and Pecci, E. (2000). *Dog and human behavior: amazing parallels, similarities.* M R K Publishing, Petaluma, CA.

Mekosh-Rosenbaum, V., Carr, W.J., Goodwin, J.L., Thomas, P.L., D'Ver, A., and Wysocki, C.J. (1994). Age-dependent responses to chemosensory cues mediating kin recognition in dogs *(Canis familiaris). Physiology & Behavior,* 55, 495–499.

Menault, E. (1869). *The intelligence of animals.* Cassel, Petter & Galpin, London.

Mendelsohn, H. (1982). Wolves of Israel. In: Harrington, F.H. and Paquet, P.C., eds. *Wolves of the world: perspectives of behavior, ecology and conservation,* pp 173–195. Noyes Publications, Park Ridge, NJ.

Menzel, R. (1936) Welpe und Umwelt. *Zeitschrift für Hundeforschung,* 3, 1–72.

Mertens, P.A. and Unshelm, J. (1996). Effects of group and individual housing on the behaviour of kennelled dogs in animal shelters. *Anthrozoös,* 9, 40–51.

Miklósi, Á. and Soproni, K. (2006). A comparative analysis of the animals' understanding of the human pointing gesture. *Animal Cognition,* 9, 81–94.

Miklósi, Á., Polgárdi, R., Topál, J., and Csányi, V. (1998). Use of experimenter-given cues in dogs. *Animal Cognition,* 1, 113–121.

Miklósi, Á., Polgárdi, R., Topál, J., and Csányi, V. (2000). Intentional behaviour in dog-human communication: An experimental analysis of 'showing' behaviour in the dog. *Animal Cognition,* 3, 159–166.

Miklósi, Á., Kubinyi, E., Topál, J., Gácsi, M., Virányi, Zs., and Csányi, V. (2003). A simple reason for a big difference: wolves do not look back at humans but dogs do. *Current Biology,* 13, 763–766.

Miklósi, Á., Topál, J., and Csányi, V. (2004). Comparative social cognition: What can dogs teach us? *Animal Behaviour,* 67, 995–1004.

Miklósi, Á., Topál, J., and Csányi, V. (2007). Big thoughts in small brains? Dogs as model for understanding human social cognition. *NeuroReport,* 18, 467–471.

Milgram, N.W., Adams, B., Callahan, H. *et al.* (1999). Landmark discrimination learning in the dog. *Learning and Memory,* 6, 54–61.

Milgram, N.W., Head, E., Muggenburg, B. *et al.* (2002). Landmark discrimination learning in the dog: effects of age, an antioxidant fortified food, and cognitive strategy. *Neuroscience and Behavioral Reviews,* 26, 679–695.

Miller, M. and Lago, D. (1990). Observed pet-owner in-home interactions: species differences and association with the pet relationship scale. *Anthrozoös,* 4, 49–54.

Miller, P.E. and Murphy, C.J. (1995). Vision in dogs. *Journal of the American Veterinary Medical Association,* 207, 1623–1634.

Millot, J.L., Filiatre, J.C., Eckerlin, A., Gagnon, A.C., and Montagner, H. (1987). Olfactory cues in the relation between children and their pets. *Applied Animal Behaviour Science,* 17, 189–195.

Mills, D.S. (2005). What's in a word? A review of the attributes of a command affecting the performance of pet dogs. *Anthrozoös,* 18, 208–221.

Mills, D.S., Ramos, D., Estelles, M.G., and Hargrave, C. (2006). A triple blind placebo-controlled investigation into the assessment of the effect of dog appeasing pheromone (DAP) on anxiety related behaviour of problem dogs in the veterinary clinic. *Applied Animal Behaviour Science,* 98, 114–126.

Mitchell, R.W. (2001). Americans' talk to dogs: similarities and differences with talk to infants. *Research on Language and Social Interactions,* 34, 183–210.

Mitchell, R.W. and Hamm, M. (1997). The interpretation of animal psychology: anthropomorphism or behavior reading? *Behaviour,* 134, 173–204.

Mitchell, R.W. and Thompson, N.S. (1991). Projects, routines and enticements in dog-human play. In: Bateson, P.P.G. and Klopfer, R.H., eds. *Perspectives in ethology,* Vol. 9, pp. 189–216. Plenum Press, New York.

Molnár, Cs. (2007). (In Hungarian). PhD Dissertation. EÖtvÖs University, Budapest.

Molnár, Cs., Pongrácz, P., Dóka, A., and Miklósi, Á. (2006). Can humans discriminate dogs individually by acoustic parameters of barks? *Behavioral Processes,* 73, 76–83.

Molnár, Cs., Kaplan, F., Roy, P., Pachet, F., Pongrácz, P., and Miklósi, Á. (2008). A machine learning approach to the classification of dog (*Canis familiaris*) barks. *Animal Cognition* (in press).

Morey, D.F. (1992). Size, shape and development in the evolution of the domestic dog. *Journal of Archaeological Science,* 19, 181–204.

Morey, D.F. (2006). Burying key evidence: the social bond between dogs and people. *Journal of Archaeological Science,* 33, 158–175.

Morey, D.F. and Aaris-Sorensen, K. (2002). Paleoeskimo dogs of the eastern Arctic. *Arctic,* 55, 44–56.

Morgan, C.L. (1903). *An introduction to comparative psychology.* Walter Scott, London.

Morton, E. (1977). On the occurrence and significance of motivation-structural rules in some bird and mammal sounds. *American Naturalist,* 111, 855–869.

Murie, A. (1944). *The wolves of Mount McKinley.* US National Park Service Fauna Series No. 5.

Musil, R. (2000). Evidence for the domestication of wolves in central European Magdalenian sites. In: Crockford, S.J., ed. *Dogs through time: an archaeological perspective,* pp. 21–28. British Archaeological Reports International Series 889, Oxford.

Nadeau, J.H. and Frankel, W.N. (2000). The roads from phenotypic variation to gene discovery: mutagenesis versus QTLs. *Nature Genetics,* 25, 381–384.

Naderi, Sz., Csányi, V., Dóka, A., and Miklósi, Á. (2001). Cooperative interactions between blind persons and their dog. *Applied Animal Behaviour Science,* 74, 59–80.

Nagel, T. (1974). What is it like to be a bat? *Philosophical Review,* 4, 435–450.

Neff, M.W., Robertson, K.R., Wong, A.K. et al. (2004). Breed distribution and history of canine mdr1-1delta, a pharmacogenetic mutation that marks the emergence of breeds from the collie lineage. *Proceedings of the National Academy of Sciences of the USA,* 101, 11725–11730.

Nelson, G.S. (1990). Human behaviour and the epidemiology of helminth infections. In: Barnard, C.J. and Behnke, J.M., eds. *Parasitism and host behaviour,* pp. 234–263. Taylor & Francis, London.

Netto, W.J. and Planta, D.J.U. (1997). Behavioural testing for aggression in the domestic dog. *Applied Animal Behaviour Science,* 52, 243–263.

Neuhaus, W. and Regenfuss, E. (1967). Über die Sehschärfe des Haushundes bei verschiedenen Helligkeiten. *Zeitschrift für Vergleichende Physiologie,* 57, 137–146.

Ney, J.A.J. (1999). Social learning in canids: an ecological perspective. In: Box, H.O. and Gibson, K.R., eds. *Mammalian social learning,* pp. 259–277. Cambridge University Press, Cambridge.

Nobis, G. (1979). Der älteste Haushund lebte vor 14.000 Jahren. *Umschau,* 19, 610.

Normando, S., Stefanini, C., Meers, L., Adamelli, S., Coultis, D., and Bono, G. (2006). Some factors influencing adoption of sheltered dogs. *Anthrozoös,* 19, 211–225.

Notari, L. and Goodwin, D. (2006). A survey of behavioural characteristics of pure-bred dogs in Italy. *Applied Animal Behaviour Science,* 30, 1–13.

Nowak, R.M. (2003). Wolf evolution and taxonomy. In: Mech, D. and Boitani, L., eds. *Wolves: behavior, ecology and conservation,* pp. 239–258. University of Chicago Press, Chicago.

Nunez, E.A., Becker, D.V., Furth, E.D., Belshaw, B.E., and Scott, J.P. (1970). Breed differences and similarities in thyroid function in purebred dogs. *American Journal of Physiology,* 218, 1337–1341.

Odendaal, J.S.J. (1996). An ethological approach to the problem of dogs digging holes. *Applied Animal Behaviour Science,* 52, 299–305.

Okarma, H. (1995). The tropic ecology of wolves and their predatory role in ungulate communities of forest ecosystems in Europe. *Acta Theriologica,* 40, 335–386.

Okarma, H. and Buchalczyk, T. (1993). Craniometrical characteristics of wolves *Canis lupus* in Poland. *Acta Theriologica,* 38, 253–262.

Okarma, H., Jędrzejewski, W., Schmidt, K., Śnieżko, S., Bunevich, A.N. and Jędrzejewska, B. (1998). Home ranges of wolves in Białowieża Primeval Forest, Poland, compared with other Eurasian populations. *Journal of Mammalogy,* 79, 842–85

Olsen, S.J. (1985). The fossil ancestry of *Canis.* In: Olsen, S.J., ed. *Origins of the domestic dog: the fossil record,* pp. 1–29. University of Arizona Press, Tucson, AZ.

Olsen, S.J. and Olsen, J.W. (1977). The Chinese wolf, ancestor of New World dogs. *Science,* 3, 533–535.

Olsen, S.L. (2001). The secular and sacred roles of dogs at Botai, North Kazakhstan. In: Crockford, S.J., ed. *Dogs through time: an archaeological perspective,* pp.71–92. British Archaeology Reports International Series 889, Oxford.

Orihel, J.S., Ledger, R.A., and Fraser, D. (2005). A survey and management of inter-dog aggression. *Anthrozoös,* 18, 273–287.

Osadchuk, L.V. (1992a). Endocrine gonadal function in silver fox under domestication. *Scientifur,* 16, 116–121.

Osadchuk, L.V. (1992b). Some peculiarities in reproduction in silver fox males under domestication. *Scientifur,* 16, 285–288.

Osadchuk, L.V. (1999). Testosterone, estradiol and cortisol responses to sexual stimulation wit reference to mating activity in domesticated silver fox males. *Scientifur,* 23, 215–220.

Osthaus, B., Slater, A.M., and Lea, S.E.G. (2003). Can dogs defy gravity? A comparison with the human infant and a non-human primate. *Developmental Science,* 6, 489–497.

Osthaus, B., Lea, S.E.G., and Slater, A.M. (2005). Dogs (*Canis lupus familiaris*) fail to show understanding of means end connections in a string pulling task. *Animal Cognition,* 8, 37–47.

Ostrander, E.A. and Wayne, R.K. (2005). The canine genome. *Genome Research,* 15, 1706–1716.

Overall, K. (2000). Natural animal models of human psychiatric conditions: Assessment of mechanism and validity. *Progress in Neuropsychopharmacology Biology Psychiatry,* 24, 727–776.

Overall, K.L. and Love, M. (2001). Dog bites to humans-mdashdemography, epidemiology, injury, and risk. *Journal of the American Veterinary Medical Association,* 218, 1923–1934.

Overall, K.L., Hamilton, S.P., and Chang, M.L. (2006). Understanding the genetic basis of canine anxiety: phenotyping dogs for behavioural, neurochemical and genetic assessment. *Journal of Veterinary Behavior Clinical application and Research,* 1, 124–141.

Packard, J.M. (2003). Wolf behaviour: reproductive, social and intelligent. In: Mech, D. and Boitani, L., eds. *Wolves: behavior, ecology and conservation,* pp. 35–65. University of Chicago Press, Chicago.

Packard, J.M. and Mech, L.D. (1980). Population regulation in wolves. In: Cohen, M.N., Malpass, R.S., and Klein, H.G., eds. *Biosocial mechanisms of population regulation,* pp 135–150. Yale University Press, New Haven, CT.

Packard, J.M. Seal, U.S., Mech, L.D., and Plotka, E.D. (1985). Causes of reproductive failure in two family groups of wolves (*Canis lupus*). *Zeitschrift für Tierpsychologie,* 68, 24–40.

Packard, J.M., Mech, L.D., and Ream, R.R. (1992). Weaning in an arctic wolf pack: behavioral mechanisms. *Canadian Journal of Zoology,* 70, 1269–1275.

Pageat, P. and Gaultier, E. (2003). Current research in canine and feline pheromones. *Veterinary Clinic of North America (Small Animal Practice),* 33, 187–211.

Pal, S.K. (2003). Reproductive behaviour of free-ranging rural dogs (*Canis familiaris*) in relation to mating strategy, season and litter production. *Acta Theriologica,* 48, 271–281.

Pal, S.K. (2004). Parental care in free-ranging dogs, *Canis familiaris. Applied Animal Behaviour Science,* 90, 31–47.

Pal, S.K., Ghosh, B., and Roy, S. (1998). Agonistic behaviour of free-ranging dogs (*Canis familiaris*) in relation to season, sex, and age. *Applied Animal Behaviour Science,* 59, 331–348.

Palestrini, C., Prato-Provide, E., Spiezio, C., and Verga, M. (2005). Heart rate and behavioural responses of dogs in the Ainsworth's strange situation: a pilot study. *Applied Animal Behaviour Science,* 94, 75–88.

Paquet, P.C. and Harrington, F.H. (1982). *Wolves of the world: perspectives of behavior, ecology and conservation.* Noyes Publications, Park Ridge, NJ.

Parker, G.A. (1974). Assessment strategy and the evolution of animal conflicts. *Journal of Theoretical Biology,* 47, 223–243

Parker, H.G. and Ostrander, E.A. (2005). Canine genomics and genetics: running with the pack. PLoS *Genetics,* 1, 507–513.

Parker, H.G., Kim, L.V., Sutter, N.B. *et al.* (2004). Genetic structure of the purebred domestic dog. *Science,* 304, 1160–1164.

Parthasarathy, V. and Crowell-Davis, S.L. (2006). Relationship between attachment to owners and separation anxiety in pet dogs (*Canis lupus familiaris*) *Journal of Veterinary Behavior: Clinical Applications and Research,* 1, 109–120.

Patronek, G.J. and Glickman, L.T. (1994). Development of a model for estimating the size and dynamics of the pet dog population. *Anthrozoös,* 7, 25–42.

Patronek, G.J. and Rowan, A.N. (1995). Determining dog and cat number and population dynamics. *Anthrozoös,* 8, 199–205.

Pavlov, I.P. (1927). *Lectures on conditioned reflexes.* Oxford University Press, Oxford.

Pavlov, I.P. (1934). An attempt at physiological interpretation of obsessional neurosis and paranoia. *Journal of Mental Science,* 80, 187–197.

Paxton, D.W. (2000). A case for a naturalistic perspective. *Anthrozoös,* 13, 5–8.

Pederson, S. (1982). Geographic variation in Alaskan wolves in Carbyn, L.N., ed. *Wolves in Alaska and Canada: their status, biology and management.* pp. 345–361. Canadian Wildlife Service Report Series Number 45, Canadian Wildlife Service, Ottawa.

Peichl, L. (1992). Morphological types of ganglion cells in the dog and wolf retina. *Journal of Comparative Neurology,* 324, 590–602.

Pepperberg, I.M. (1991). Learning to communicate: the effects of social interaction. In: Bateson, P.J.B. and Klopfer, P.H., eds. *Perspectives in ethology,* pp. 119–164 Plenum Press, New York.

Pepperberg, I.M. (1992). Social interaction as a condition for learning in avian species: a synthesis of the disciplines of ethology and psychology. In: Davis, H. and Balfour, D., eds. *The inevitable bond,* pp. 178–205. Cambridge University Press, Cambridge.

Peters, R. (1978). Communication, cognitive mapping and strategy in wolves and hominids. In: Hall, L. and Sharp, H.S., eds. *Wolf and man: evolution in parallel,* pp. 95–107. Academic Press, New York.

Peterson, R.O. and Ciucci, P. (2003). The wolf as a carnivore. In: Mech, D. and Boitani, L., eds. *Wolves: behavior, ecology and conservation,* pp. 104–130. University of Chicago Press, Chicago.

Peterson, R.O., Woolington, J.D., and Bailey, T.N. (1984). Wolves of the Kenai Peninsula, Alaska. *Wildlife Monographs,* 88, 1–52.

Peterson, R.O., Jacobs, A.K., Drummer, T.D., Mech, D.L., and Smith, D.W. (2002). Leadership behaviour in relation to dominance and reproductive status in grey wolves. *Canadian Journal of Zoology,* 80, 1405–1412.

Pettijohn, T.F., Wont, T.W., Ebert, P.D., and Scott, J.P. (1977). Alleviation of separation distress in 3 breeds of young dogs. *Developmental Psychobiology,* 10, 373–381.

Pfaffenberg, C.J., Scott, J.P., Fuller, J.L., Binsburg, B.E., and Bilfelt, S.W. (1976). *Guide dogs for the blind: their selection, development and training.* Elsevier, Amsterdam.

Pfungst, O. (1907). Das Pferd des Herr von Osten (der Kluge Hans), eine Beitrag zur experimentellen Tier- und Menschpsychologie. Barth, Leipzig.

Pfungst, O. (1912). Über 'sprechende' Hunde. In: Schumann, ed. *Bericht über den V. Kongress für experimentelle Psychologie,* pp. 241–245. Barth, Leipzig.

Pigliucci, M. (2005). Evolution of phenotypic plasticity: Where are we going now? *Trends in Ecology and Ecolution,* 20, 481–486.

Podberscek, A.L. (2006). Positive and negative aspects of our relationship with companion animals. *Veterinary Research Communications,* 30, 21–27.

Podberscek, A.L. (2007). Dogs and cats as food in Asia. In: Bekoff, M., ed. *The encyclopedia of human-animal interactions.* Greenwood Press, Westport, CT.

Podberscek, A.L. and Blackshaw, J.K. (1993). A survey of dog bites in Brisbane. *Australia. Australian Veterinary Practitioner,* 23, 178–183.

Podberscek, A.L. and Serpell, J.A. (1996). The English cocker spaniel: preliminary findings on aggressive behaviour. *Applied Animal Behaviour Science,* 47, 75–89.

Podberscek, A.L. and Serpell, J.A. (1997). Environmental influences on the expression of aggressive behaviour in English cocker spaniels. *Applied Animal Behaviour Science,* 52, 215–227.

Podberscek, A., Paul, E., and Serpell, J. (eds.) (2000). *Companion animals and us.* Cambridge. Cambridge University Press.

Pongrácz, P., Miklósi, Á., Kubinyi, E., Gurobi, K., Topál, J., and Csányi, V. (2001). Social learning in dogs: The effect of a human demonstrator on the performance of dogs (*Canis familiaris*) in a detour task. *Animal Behaviour,* 62, 1109–1117.

Pongrácz, P., Miklósi, Á., Dóka, A., and Csányi, V. (2003). Successful application of video-projected human images for signaling to dogs. *Ethology,* 109, 809–821.

Pongrácz, P., Miklósi, Á., Timár-Geng, K., and Csányi, V. (2004). Verbal attention getting as a key factors in social learning between dog (*Canis familiaris*) and human. *Journal of Comparative Psychology,* 118, 375–383.

Pongrácz, P., Miklósi, Á., Molnár, Cs., and Csányi, V. (2005). Human listeners are able to classify dog barks recorded in different situations. *Journal of Comparative Psychology,* 119, 136–144.

Poresky, R. H., Hendrix, C., Mosier, J. E., and Samuelson, M. L. (1987). The companion animal bonding scale: Internal reliability and construct validity. *Psychological Reports,* 60, 743–746.

Povinelli, D.J. (2000). *Folk physics for apes.* Oxford University Press, Oxford.

Povinelli, D.J. and Vonk, J. (2003). Chimpanzee minds: Suspiciously human? *Trends in Cognitive Science,* 7, 157–160.

Povinelli, D.J., Nelson, K.E., and Boysen, S.T. (1990). Inferences about guessing and knowing by chimpanzees (*Pan troglodytes*). *Journal of Comparative Psychology,* 104, 203–210.

Prato-Previde, E., Custance, D.M. Spiezio, C., and Sabatini, F. (2003). Is the dog-human relationship an attachment bond? An observational study using Ainsworth's strange situation. *Behaviour,* 140, 225–254.

Pretterer, G., Bubna-Littitz, H., Windischbauer, G., Gabler, C., and Griebel, U. (2004). Brightness discrimination in the dog. *Journal of Vision,* 4, 241–249.

Price, E.O. (1984). Behavioral aspects of animal domestication. *Quarterly Review of Biology,* 59, 2–32.

Prothmann, A., Bienert, M., and Ettrich, C. (2006). Dogs in child psychotherapy: effects on state of mind. *Anthrozoös,* 19, 265–277.

Pullianen, E. (1965). Studies of wolf (*Canis lupus*) in Finland. *Annales Zoologica Fennica,* 2, 215–259.

Quignon, P., Kirkness, E., Cadieu, E. *et al.* (2003). Comparison of the canine and human olfactory receptor gene repertoires. *Genome Biology,* 4, 80–88.

Rabb, G.B., Woolpy, J.H., and Ginsburg, B.E. (1967). Social relationships in a group of captive wolves. *American Zoology,* 7, 305–312.

Radinsky, L.B. (1973). Evolution of the canid brain. *Brain, Behaviour, Evolution,* 7, 169–202.

Radovanovic, I. (1999). 'Neither person nor beast': dogs in the burial practice of the Iron Gates Mesolithic. *Documenta Praehistorica,* 26, 71–87.

Rajecki, D.W., Lamb, M.E., and Obmascher, P. (1978). Toward a general theory of infantile attachment: a comparative review of aspects of the social bond. *Behavioral and Brain Sciences,* 3, 417–464.

Randi, E. and Lucchini, V. (2002). Detecting rare introgression of domestic dog genes into wild wolf (*Canis lupus*) populations by Bayesian admixture analysis of microsatelitte variation. *Conservation Genetics,* 3, 31–45.

Randi, E., Lucchini, V., and Fransisci, F. (1993). Allozyme variability in the Italian wolf (*Canis lupus*) population. *Heredity,* 71, 516–522.

Randi, E., Lucchini, V., Christensen, M.F. *et al.* (2000). Mitochondrial DNA variability in Italian and east European wolves: detecting the consequences of small population size and hybridization. *Conservation Biology,* 14, 464–473.

Range, F., Aust, U., Steurer, M., *et al.* (2008). Visual categorization of natural stimuli by domestic dogs. *Animal Cognition.* (in press).

Rasmussen, J.L. and Rajecki, D.W. (1995). Differences and similarities in humans' perceptions of the thinking and feeling of a dog and a boy. *Society and Animals,* 3, 117–137.

Reif, A. and Lesch, K.-P. (2003). Toward a molecular architecture of personality. *Behavioural Brain Research,* 139, 1–20

Reynolds, P.C. (1993). The complementation theory of language and tool use. In: Gibson, K.R. and Ingold, T., eds. *Tool Use, language and cognition in human evolution.* Cambridge University Press, Cambridge.

Reznick, D.N. and Ghalambor, C.K. (2001). The population ecology of contemporary adaptations: what empirical studies reveal about the conditions that promote adaptive evolution. *Genetica,* 112, 183–198.

Richter, C. (1959). Rats, man and the welfare state. *American Psychologist,* 14, 18–28.

Riedel, J., Buttelmann, D., Call, J., and Tomasello, M. (2006). Domestic dogs (*Canis familiaris*) use a physical marker to locate hidden food. *Animal Cognition,* 9, 27–35.

Riegger, M.H. and Guntzelman, J. (1990). Prevention and amelioration of stress and consequences of interaction between children and dogs. *Journal of the American Veterinary Medical Association,* 196, 1781–1785.

Ristau, C.A. (1991). Aspects of the cognitive ethology of an injury-feigning bird, the piping plover. In Ristau, C.A., ed. *Cognitive ethology,* pp. 91–126. Lawrence Erlbaum Associates, Hillsdale, NJ.

Robinson, I. (1995). *The Waltham book of human–animal interaction: benefits and responsibilities of pet ownership*, Pergamon, Oxford.

Rockman, M.V., Hahn, M.W., Soranzo, N., Zimprich, F., Goldstein, D.B., and Wray, G.A. (2005). Ancient and recent positive selection transformed opioid *cis*-regulation in humans. *PLoS Biology,* 3, 2208–2219.

Roitblat, H.L. Bever, T.G., and Terrace, H.S. (1984). *Animal cognition.* Lawrence Erlbaum Associates, Hillsdale, NJ.

Romanes, G.J. (1882a). Foxes, wolves, jackals, etc. In: Romanes, G.J., ed. *Animal intelligence,* pp. 426–436. Trench & Co., London.

Romanes, G.J. (1882b). Monkeys, apes, and baboons. In: Romanes, G.J., ed. *Animal intelligence,* pp. 471–498. Trench & Co., London.

Rooney, N.J. and Bradshaw, J.W.S. (2003). Links between play and dominance and attachement dimensions of dog-human relationships. *Journal of Applied Animal Welfare Science,* 6, 67–94.

Rooney, N.J., Bradshaw, J.W.S., and Robinson, I.H. (2000). A comparison of dog-dog and dog-human play behaviour. *Applied Animal Behaviour Science,* 235–248.

Rooney, N.J., Bradshaw, J.W.S., and Robinson, I.H. (2001). Do dogs respond to play signals given by humans? *Animal Behaviour,* 61, 715–722.

Ross, S and Ross, J.G. (1949). Social facilitation of feeding behaviour in dogs: I. Group and solitary feeding. *Journal of Genetic Psychology,* 74, 97–108.

Ross, S., Scott, J.P., Cherner, M., and Denenberg, V.H. (1960). Effects of restraint and isolation on yelping in pups. *Animal Behaviour,* 8, 1–5.

Roy, M.S., Geffen, E., Smith, D., Ostrander, E.A., and Wayne, R.K. (1994). Patterns of discrimination and hybridisation in North American wolflike Canids, revealed by analysis of microsatellite loci. *Molecular Biology and Evolution,* 11, 533–570.

Ruefenacht, S., Gebhardt-Henrich, S., Miyake, T., and Gaillard, C. (2002). A behavior test on German shepherd dogs: heritability of seven different traits. *Applied Animal Behavior Science,* 79, 113–132.

Sablin, M.V. and Khlopachev, A.A. (2002). The earliest Ice Age dogs: evidence from Eliseevichi. *Current Anthropology,* 43, 795–799.

Saetre, P., Lindberg, J., Leonard, J.A. *et al.* (2004). From wild wolf to domestic dog: gene expression changes in the brain. *Molecular Brain Research,* 126, 198–206

Saetre, P., Strandberg, E., Sundgren, P., Pettersson, E.U., Jazin, E., and Bergström, T.F. (2006). The genetic contribution to canine personality. *Genes, Brain, Behaviour,* 5, 240–248.

Salmon, P.W. and Salmon, I.M. (1983). Who owns who? Psychological research into the human-pet bond in Australia. In: Kachter, A.H. and Beck, A.M., eds. *New perspective on our lives with companion animals,* pp. 244–265. University of Pennsylvania Press, Philadelphia, PA.

Salzinger, K. and Waller, M.B. (1962). The operant control of vocalization in the dog. *Journal of the Experimental Analysis of Behavior,* 5, 383–389.

Sands, J. and Creel, S. (2004). Social dominance, aggression and faecal glucocorticoid levels in a wold population of wolves, *Canis lupus. Animal Behaviour,* 67, 387–396.

Sarris, E.G. (1937). Die individuellen Unterschiede bei Hunden. *Zeitschrift für angewandte Psychologie und Charakterkunde,* 52, 257–309.

Savage-Rumbaugh, E.S. and Lewin, R. (1994). *Kanzi, the ape at the brink of the human mind.* John Wiley & Sons, New York.

Savage-Rumbaugh, E., Murphy, J., Sevcik, R.A., Brakke, K.E., Williams, S.L., and Rumbaugh, D.M. (1993). Language comprehension in ape and child. *Monographs of the Society for Research in Child Development,* 58, 1–221.

Savishinsky, J.S. (1983). Pet ideas: The domestication of animals, human behavior and human emotions. In: Katcher, A.H. and Beck, A.M., eds. *New perspectives on our lives with companion animals,* pp 112–131. University of Pennsylvania Press, Philadelphia, PA.

Savolainen, P. (2006). mtDNA studies of the origin of dogs. In: Ostrander, E.A. Giger, U., and Lindbladh, K., eds. *The dog and its genome,* pp. 119–140. Cold Spring Harbor Laboratory Press, New York.

Savolainen, P., Zhang, Y., Luo, J., Lundeberg, J., and Leitner, T. (2002). Genetic evidence for an east Asian origin of domestic dogs. *Science,* 298, 1610–1613.

Savolainen, P., Leitner, T., Wilton, A., Matisoo-Smith, E., and Lundeberg, J. (2004). A detailed picture of the origin of the Australian dingo, obtained from the study of mitochondrial DNA. *Proceedings of the National Academy of Sciences of the USA,* 17, 12387–12390.

Schaller, G.B. and Lowther, G.R. (1969). The relevance of carnovore behaviour to the study of early hominids. *Southwestern Journal of Anthropology,* 25, 307–341.

Schassburger, R.M. (1993). *Vocal communication in the timber wolf,* Canis lupus, Linnaeus. Advances in Ethology, No. 30. Paul Parey, Berlin.

Schenkel, R. (1947). Ausdrucks-Studien an Wölfen. *Behaviour,* 81–129.

Schenkel, R. (1967). Submission: Its features and function in the wolf and dog. *American Zoologist,* 7, 319–329.

Schleidt, W.M. (1973). Tonic communication: continual effects of discrete signs in animal communication systems. *Journal of Theoretical Biology,* 42, 359–386.

Schleidt, W.M. and Shalter, M.D. (2003). Co-evolution of humans and canids. *Evolution and Cognition,* 9, 57–72.

Schmidt, P.A. and Mech, L.D. (1997). Wolf pack size and food acquisition. *American Naturalist,* 150, 513–517.

Schneirla, T. (1959). An evolutionary and developmental theory of biphasic processes underlying approach and withdrawal. In: Jones, M., ed. *Nebraska Symposium on Motivation,* University of Nebraska Press, Lincoln, NE.

Schoon, G.A.A. (1996). Scent identification lineups by dogs (*Canis familiaris*): experimental design and forensic application. *Applied Animal Behaviour,* 49, 257–267.

Schoon, G.A.A. (1997). The performance of dogs in identifying humans by scent. PhD disseration, Rijksuniveristeit Leiden.

Schoon, G.A.A. (2004). The effect of the ageing of crime scene objects on the results of scent identification lineups using trained dogs. *Forensic Science International,* 147, 43–47.

Schotté, C.S. and Ginsburg, B.E. (1987). The wolf pack as a socio-genetic unit. In: Frank, H., ed. *Man and wolf,* pp. 401–413. Junk Publishers, Dordrecht.

Schwab, C., and Huber, L. (2006). Obey or not obey? Dogs (*Canis familiaris*) behave differently in response to attentional states of their owners. *Journal of Comparative Psychology,* 120, 169–175.

Schwarz, M. (2000). The form and meaning of Maya and Mississippian dog representations. In: Crockford, S.J., ed. *Dogs through time: an archaeological perspective,* pp. 271–285. British Archaeological Reports International Studies 889, Oxford.

Scott, J.P. (1945). Social behaviour, organisation and leadership in a small flock of domestic sheep. *Comparative Psychology Monograph,* 18, 1–29.

Scott, J.P. (1962). Critical periods in behaviour development. *Science,* 138, 949–958.

Scott, J.P. (1986). Critical periods in organisational processes. In: Falkner, F. and Tanner, J.M., eds. *Human growth,* pp. 181–196. Plenum Press, New York.

Scott, J.P. (1992). The phenomenon of attachment in human-nonhuman relationships. In: Davis, H. and Balfour, D., eds. *The inevitable bond,* pp. 72–92. Cambridge University Press, Cambridge.

Scott, J.P. and Bielfelt, S.W. (1976). Analysis of the puppy testing program. In: Pfaffenberger, C.J. et al., eds. *Guide dogs for the blind: their selection, development and training,* pp. 39–75. Elsevier, Amsterdam.

Scott, J.P. and Fuller, J.L. (1965). *Genetics and the social behaviour of the dog.* University of Chicago Press, Chicago.

Seddon, J.M. and Ellegren, H. (2002). MHC Class II genes in European wolves: A comparison with dogs. *Immunogenetics,* 54, 490–500.

Séguinot, V., Cattet, J., and Benhamou, S. (1998). Path integration in dogs. *Animal Behaviour,* 55, 787–797.

Seksel, K., Mazurski, E.J., and Taylor, A. (1999). Puppy socialisation programs: short and long term behavioural effects. *Applied Animal Behaviour Science,* 62, 335–349.

Seligman, M.E.P., Maier, S.F., and Geer, J.H. (1965). Alleviation of learned helplessness in the dog. *Journal of Abnormal Psychology,* 73, 256–262.

Senay, E.C. (1966). Toward an animal model of depression: a study of separation behaviour in dogs. *Journal of Psychiatric Research,* 47, 65–71.

Serpell, J. (1996). Evidence for association between pet behaviour and owner attachment levels. *Applied Animal Behaviour Science,* 47, 49–60.

Serpell, J. (ed.) (1995). *The domestic dog. Its evolution: behaviour, and interactions with people.* Cambridge University Press, Cambridge.

Serpell, J. and Jagoe, J.A. (1995). Early experience and the development of behavior. In: Serpell, J. ed. *The domestic dog, its evolution, behavior, and interactions with people,* pp. 79–175. Cambridge University Press, Cambridge.

Serpell, J. and Hsu, Y. (2001). Development and validation of a novel method for evaluating behaviour and temperament in guidedogs. *Applied Animal Behaviour Science,* 72, 347–364.

Serpell, J.A. and Hsu, Y. (2005). Effects of breed, sex and neuter status on trainability in dogs. *Anthrozoös,* 18, 196–207.

Sharma, D.K., Maldonado, J.E., Jhala, Y.V., and Fleischer, R.C. (2003). Ancient wolf lineages in India. *Proceeding of the Royal Society, Biology Letters,* 271, S1–S4.

Sharp, H.S. (1978). Comparative ethnology of the wolf and chipewyan. In: Hall, R.L. and Sharp, H.S., eds. *Wolf and man: evolution in parallel,* pp. 55–79. Academic Press, New York.

Sheldon, J.W. (1988). *Wild dogs: the natural history of the nondomestic Canidae.* Academic Press, San Diego, CA.

Sheppard, G. and Mills, D.S. (2002). The development of a psychometric scale for the evaluation of the emotional predispositions of pet dogs. *Journal of Comparative Psychology,* 15, 201–222.

Sheppard, G. and Mills, D.S. (2003). Evaluation of dog appeasing pheromone as a potential treatment for dogs fearful of fireworks. *Veterinary Record,* 152, 432–436.

Sherman, C.K., Reisner, I.R., Taliaferro, L.A., and Houpt, K.A. (1996). Characteristics, treatment and outcome of 99 cases of aggression between dogs. *Applied Animal Behavior Science,* 47, 91–108.

Shettleworth, S.J. (1972). Constraints on learning. *Advances in the Study of Behaviour,* 4, 1–68.

Shettleworth, S.J. (1998). *Cognition, evolution and behaviour.* Oxford University Press, Oxford.

Shigehara, N. and Hongo, H. (2000). Ancient remains of Jomon dogs from Neolithic sites in Japan. In: Crockford, S.J., ed. *Dogs through time: an archaeological perspective,* pp. 61–67. British Archaeological Reports International Studies 889, Oxford.

Sih, A., Bell, A.M., and Johnson, J.C. (2004). Behavioral syndromes: an ecological and evolutionary overview. *Trends in Ecology and Evolution,* 19, 372–378

Silk, J.B. (2002). Using the 'F'-word in primatology. *Behaviour,* 139, 421–446.

Slabbert, J.M. and Odendaal, J.S.J. (1999). Early prediction of adult police dog efficiency—longitudinal study. *Applied Animal Behaviour Science,* 64, 269–288.

Slabbert, J.M. and Rasa, O.A.E. (1997). Observational learning of an acquired maternal behaviour pattern by working dog pups: an alternative training method? *Applied Animal Behaviour,* 53, 309–316.

Slater, P.J.B. (1978). Data collection. In: Colgan, P.W., ed. *Quantitative ethology,* pp. 7–15. John Wiley & Sons, New York.

Smith, B.D. (1998). *The emergence of agriculture.* Scientific American Library, New York.

Sober, E.R. and Wilson, D.S. (1998). *Unto others: the evolution and psychology of unselfish behavior.* Harvard University Press, Cambridge, MA.

Solomon, R.L. and Wynne, L.C. (1953). Traumatic avoidance learning: acquisition in normal dogs. *Psychological Monographs: General and Applied,* 67, 1–19.

Solomon, R.L., Turner, L.H., and Lessac, M.S. (1968). Some effects of delay of punishment on resistance to temptation in dogs. In: Walters, R.H., Cheyne, J.A., and Banks, R.K., eds. *Punishment,* pp. 124-135. Penguin, London.

Soproni, K., Miklósi, Á., Topál, J., and Csányi, V. (2001). Comprehension of human communicative signs in pet dogs. *Journal of Comparative Psychology,* 115, 122–126.

Soproni, K., Miklósi, Á., Topál, J., and Csányi, V. (2002). Dogs' (*Canis familiaris*) responsiveness to human pointing gestures. *Journal of Comparative Psychology,* 116, 27–34.

Stahler, D.R. Smith, D.W., and Landis, R. (2002). The acceptance of a new breeding male into a wild wolf pack. *Canadian Journal of Zoology,* 80, 360–365.

Stanley, W.C. and Elliot, O. (1962). Differential human handling as reinforcing events and as treatments influencing later social behaviour in basenji puppies. *Psychological Reports,* 10, 775–788.

Steen, J.B. and Wilsson, E. (1990). How do dogs determine the direction of tracks? *Acta Physiologica Scandinavica,* 139, 531–534.

Steward, M. (1983). Loss of a pet—loss of a person: a comparative study of bereavement. In Katcher, A.H. and Beck, A.M., eds. *New perspectives on our lives with companion animals,* pp. 390–406. University of Pennsylvania Press. Philadelphia, PA.

Strandberg, E., Jacobsson, J., and Seatre, P. (2005). Direct genetic, maternal and litter effects on behaviour in German shepherd dogs in Sweden. *Livestock Production Science,* 93, 33–42.

Street, M. (1989). Jager und Schamen: Bedburg-Königshoven ein Wohnplatz am Niederrhein vor 10.000 Jahren. Römisch-Germanischen Zentralmuseums, Main.

Strelau, J. (1997). The contribution of Pavlov's typology of CNS properties to personality research. *European Psychologist,* 2, 125–138.

Studdert-Kennedy, M. (1998). The particulate origins of language generativity: From syllable to gesture. In Hurford, J., Studdert-Kennedy, M., and Knight, C., eds. *Approaches to the evolution of language: social and cognitive bases,* pp. 202–221. Cambridge University Press, Cambridge.

Sundqvist, A.K., Björnerfeldt, S., Leonard, J.A. et al. (2006). Unequal contribution of sexes in the origin of dog breeds. *Genetics,* 172, 1121–1128.

Svartberg, K. (2002). Shyness–boldness predicts performance in working dogs. *Applied Animal Behaviour Science,* 79, 157–174.

Svartberg, K. (2005). A comparison of behaviour in test and in everyday life: evidence of three consistent boldness-related personality traits in dogs. *Applied Animal Behaviour Science,* 91, 103–128.

Svartberg, K. (2006). Breed-typical behaviour in dogs—historical remnants or recent constructs? *Applied Animal Behaviour Science,* 96, 293–313.

Svartberg, K., Tapper, I., Temrin, H., Radesater, T., and Thorman, S. (2005). Consistency of personality traits in dogs. *Animal Behaviour,* 69, 283–291.

Szetei, V., Miklósi, Á., Topál, J., and Csányi, V. (2003). When dogs seem to loose their nose: an investigation on the use of visual and olfactory cues in communicative context between dog and owner. *Applied Animal Behavior Science,* 83, 141–152.

Tapp, P.D. Siwak, C.T. Estrada, J., Holowachuk, D., and Milgram, N.W. (2003). Effects of age on measures of complex working memory span in the beagle dog (*Canis familiaris*) using two versions of a spatial list learning paradigm. *Learning & Memory,* 10, 148–160.

Taylor, H., Williams, P., and Gray, D. (2004). Homelessness and dog ownership: an investigation into animal empathy, attachment, crime, drug use, health and public opinion. *Anthrozoös,* 17, 353–368.

Taylor, K.D. and Mills, D.S. (2006). The development and assessment of temperament tests for adult companion dogs. *Journal of Veterinary Behavior: Clinical Applications and Research,* 1, 94–108.

Tchernov, E. and Horwitz, L.K. (1991). Body size diminution under domestication: unconscious selection in primeval domesticates. *Journal of Anthropological Archaeology,* 10, 54–75.

Tchernov, E. and Valla, F.F. (1997). Two new dogs, and other Natufian dogs, from the southern Levant. *Journal of Archaeological Science,* 24, 65–95.

Tembrock, G. (1976). Canid vocalisation. *Behavior Processes,* 1, 57–75.

Templer, D.I., Salter, C.A., Dickery, S., Baldwin, R., and Veleber, D.M. (1981). The construction of a pet attitude scale. *Psychological Record,* 31, 343–348.

Teplov, B.M. (1964). Problems in the study of general types of higher nervous activity in man and animal. In: Gray, J.A., ed. *Pavlov's typology,* pp. 3–141. Pergamon Press, London.

Theberge, J.B. and Falls, J.B. (1967). Howling as a means of communication in timber wolves. *American Zoologist,* 7, 331–338.

Thesen, A., Steen, J.B. and Doving, K.B. (1993). Behaviour of dogs during olfactory tracking. *Journal of Experimental Biology,* 180, 247–251.

Thompson, P.C., Rose, K., and Kok, N.E. (1992) The behavioural ecology of dingoes in North-western Australia: V. Population dynamics and variation in the social system. *Wildlife Research,* 19, 565–584.

Thorndike, E.L. (1911). *Animal intelligence.* Macmillan, New York.

Timberlake, W. (1994). Behavior systems, associationism, and Pavlovian conditioning. *Psychonomic Bulletin and Review,* 1, 405–420.

Tinbergen, N. (1963). On aims and methods of ethology. *Zeitschrift für Tierpsychologie,* 20, 410–433.

Toates, F. (1998). The interaction of cognitive and stimulus-response processes in the control of behavior. *Neuroscience and Biobehavioral Reviews,* 22, 59–83.

Tomasello, T. and Call, J. (1997). *Primate cognition.* Oxford University Press, New York.

Topál, J., Miklósi, Á., and Csányi, V. (1997). Dog-human relationship affects problem solving behavior in the dog. *Anthrozoös,* 10, 214–224.

Topál, J., Miklósi, Á., Csányi, V., and Dóka, A. (1998). Attachment behavior in dogs (*Canis familiaris*): a new application of Ainsworth's (1969) strange situation test. *Journal of Comparative Psychology,* 112, 219–229.

Topál, J., Gácsi, M., Miklósi, Á., Virányi, Z., Kubinyi, E., and Csányi, V. (2005a). The effect of domestication and socialization on attachment to human: a comparative study on hand reared wolves and differently socialized dog pups. *Animal Behaviour,* 70, 1367–1375.

Topál, J., Kubinyi, E., Gácsi, M., et al. (2005b). Obeying Social Rules: A Comparative Study on Dogs and Humans. *Journal of Cultural and Evolutionary Psychology,* 3, 213–238.

Topal, J., Erdőhegyi, Á., Mányik, R., et al. (2006a). Mindreading in a dog: an adaptation of a primate 'mental attribution' study. *International Journal of Psychology and Psychological Therapy,* 6, 365–379.

Topal, J., Byrne, R.W., Miklósi, Á., et al. (2006b). Reproducing human actions and action sequences: "Do as I do!" in a dog. *Animal cognition,* 9, 355–367

Topál, J., Virányi, Zs., Erdőhegyi, Á., and Miklósi, Á. (2007). Dogs use inferential reasoning in a two-way choice task—only if they cannot choose on the basis of human-given cues. *Animal Behaviour,* in press.

Topal, J., Miklósi, Á., Gácsi, M., et al. (2008). Dog as a complementary model for understanding human social behaviour. Submitted to *Behavioural Brain Science.*

Triana, E. and Pasnak, R. (1981). Object permanence in cats and dogs. *Animal Learning and Behavior,* 9, 135–139.

Tripp, A.C. and Walker, J. (2003). The great chemical residue detection debate: dog versus machine. In: Harmon, R.S. Holloway, J.H. and Broach, J.T., eds. *Detection and remediation technologies for mines and minelike targets VIII,* pp. 983–990. Proceedings of SPIE, Orlando, FL.

Trut, L.N. (1980). The genetics and phenogenetics of domestic behaviour. In: Trut, L.N., ed. *Problems in general genetics,* pp. 123–137. MIR, Moscow.

Trut, L.N. (1999). Early canid domestication: the farm-fox experiment. *American Scientist,* 87, 160–168.

Trut, L.N. (2001). Experimental studies in early canid domestication. In: Ruvinsky, A. and Sampson, J., eds. *The genetics of the dog,* pp. 15–41. CABI Publishing, Wallingford.

Trut, L.N. Naumenko, E.V. and Belyaev, D.K. (1972). Change in the pituary-adrenal function of silver foxes during selection according to behaviour. *Genetika,* 8, 35–40.

Tuber, D.S., Henessy, M.B., Sanders, S., and Miller, J.A. (1996). Behavioral and glucocorticoid responses of adult domestic dogs (*Canis familiaris*) to companionship and social separation. *Journal of Comparative Psychology,* 110, 103–108.

Turnbull, P.F. and Reed, C.A. (1974). The fauna from the terminal Pleistocene of Palegawra Cave, a Zarzian occupation site in northeastern Iraq. *Fieldiana Anthropology,* 63, 81–146.

Uexküll, J. (1909). *Umwelt und Innerleben der Tiere.* Berlin.

Ujfalussy, D., Kulcsár, Zs., and Miklósi, Á. (2007). Numerical competence in dogs and wolves. Unpublished.

Valadez, R. (2000). Prehispanic dog types in middle America. In: Crockford, S.J., ed. *Dogs through time: an archaeological perspective,* pp. 210–222. British Archaeological Reports International Series 889, Oxford.

van den Berg, L., Schilder, M.B.H., and Knol, B.W. (2003). Behavior genetics of canine aggression: behavioural phenotyping of golden retrievers by means of an aggression test. *Behavior Genetics,* 33, 469–483.

Van Valkenburgh, B., Sacco, T., and Wang, X. (2003). Pack hunting in Miocene borophagine dogs: evidence from craniodental morphology and body size. In: Flynn, L., ed. *Vertebrate fossils and their context: contributions in honor of Richard H. Tedford,* pp. 147–162. Bulletin of the American Museum of Natural History, Tedford.

Vas, J., Topál, J., Gácsi, M., Miklósi, Á., and Csányi, V. (2005). A friend or an enemy? Dogs' reaction to an unfamiliar person showing behavioural cues of threat and friendliness at different times. *Applied Animal Behaviour Science,* 94, 99–115.

Vas, J., Topál, J., Pech, É., and Miklósi, Á. (2007). Measuring attention deficit and activity in dogs: a new application and validation of a human ADHD questionnaire. *Applied Animal Behaviour Science,* (in press)

Verginelli, F., Capelli, C., Coia, V. *et al.* (2005). Mitochondrial DNA from prehistoric canids highlights relationships between dogs and south-east European wolves. *Molecular Biology and Evolution,* 22, 2541–2551.

Vila, C., Savolainen, P., Maldonado, J.E. *et al.* (1997). Multiple and ancient origins of the domestic dog. *Science,* 276, 1687–1689.

Vila, C., Amorim, I.R. Leonard, J.A. *et al.* (1999). Mitochondrial DNA phylogeography and population history of the grey wolf *Canis lupus*. *Molecular Ecology,* 8, 2089–2103.

Vila, C., Walker, C., Sundqvist, A.K. *et al.* (2003). Combined use of maternal, paternal and bi-parental genetic markers for the identification of wolf–dog hybrids. *Heredity,* 90, 17–24.

Vila, C., Seddon, J.M., and Ellegren, H. (2005). Genes of domestic mammals augmented by backcrossing with wild ancestors. *Trends in Genetics,* 21, 214–218.

Vincent, I.C. and Mitchell, A.R. (1996). Relationship between blood pressure and stress-prone temperament in dogs. *Physiology and Behavior,* 60, 135–138.

Virányi, Z., Topál, J., Gácsi, M., Miklósi, Á., and Csányi, V. (2004). Dogs can recognize the focus of attention in humans. *Behavioural Processes,* 66, 161–172.

Virányi, Z., Topál, J., Miklósi, Á., and Csányi, V. (2006). A nonverbal test of knowledge attribution: a comparative study on dogs and children. *Animal Cognition,* 9, 13–26.

Virányi, Z., Gácsi, M., Kubinyi, E., Topál, J., Belényi, B., Ujfalussy, D., & Miklósi, Á. (2008). Comprehension of human pointing gestures in young human-reared wolves (Canis lupus) and dog (Canis familiaris). Animal cognition, 11, 373.

Vogel, H.H., Scott, J.P., and Marston, M.V. (1950). Social facilitation and allelomimetic behaviour in dogs. *Behaviour,* 2, 121–134.

Voith, V.L. Wright, J.C. and Danneman, P.J. (1992). Is there a relationship between canine behaviour problems and spoiling activities, anthropomorphism, and obedience training? *Applied Animal Behaviour Science,* 34, 263–272.

Vollmer, P.J. (1977). Do mischievous dogs reveal their 'guilt'? *Veterinary Medicine Small Animal Clinician,* 72, 1002–1005.

Vucetich, J.A., Peterson, R.O., and Waite, T.A. (2004). Raven scavenging favours group foraging in wolves. *Animal Behaviour,* 67, 1117–1126.

Wabakken, P., Sand, H., Liberg, O., and Bjarvall, A. (2001). The recovery, distribution and population dynamics of wolves on the Scandinavian peninsula, 1978–1998. *Canadian Journal of Zoology,* 79, 710–725.

Walker, D.B., Walker, J.C., Cavnar, P.J. *et al.* (2006). Naturalistic quantification of canine olfactory sensitivity. *Applied Animal Behaviour Science,* 97, 242–254.

Wang, X.R. Tedford, H., Valkenburgh, B.V., and Wayne, R.K. (2004). Ancestry: Evolutionary history, molecular systematics, and evolutionary ecology of Canidae. In: MacDonald, D.W. and Sillero-Zubiri, C., eds. *The biology and conservation of wild canids*, pp. 39–54. Oxford University Press, Oxford.

Ward, C. and Smuts, B. (2007). Quantity-based judgments in the domestic dog (*Canis lupus familiaris*). *Animal Cognition,* 10, 71–80.

Warden, C.J. and Warner, L.H. (1928). The sensory capacities and intelligence of dogs, with a report on the ability of the noted dog 'Fellow' to respond to verbal stimuli. *Quarterly Review of Biology,* 3, 1–28.

Watson, J.S., Gergely, G., Topál, J., Gácsi, M., Sárközi, Zs., and Csányi, V. (2001). Distinguishing logic versus association in the solution of an invisible displacement task by children and dogs: using negation of disjunction. *Journal of Comparative Psychology,* 115, 219–226.

Wayne, R.K. (1986a). Limb morphology of domestic and wild canids: the influence of development on morphologic change. *Journal of Morphology,* 187, 301–319.

Wayne, R.K. (1986b). Cranial morphology of domestic and wild canids: the influence of development on morphological change. *Evolution,* 40, 243–261.

Wayne, R.K. (1993). Molecular evolution of the dog family. *Trends in Genetics,* 9, 218–224.

Wayne, R.K. and Vila, C. (2001). Phylogeny and origin of the domestic dog In: Ruvinsky, A. and Sampson, J., eds. *The genetics of the dog,* pp. 1–14. CABI Publishing, Wallingford.

Wayne, R.K., Geffen, E., Girman, D.J., Koepfli, K.P., Lau, L.M., and Marshall, C. (1997). Molecular systematics of the Canidae. *Systematic Biology,* 4, 622–653.

Wells, D.L. (2004). The facilitation of social interactions by domestic dogs. *Anthrozoös,* 17, 340–352.

Wells, D.L. and Hepper, P.G. (1992). The behaviour of dogs in a rescue shelter. *Animal Welfare,* 1, 171–186.

Wells, D.L. and Hepper, P.G. (1998). A note on the influence of visual conspecific contact on the behaviour of sheltered dogs. *Applied Animal Behaviour Science,* 60, 83–88.

Wells, D.L. and Hepper, P.G. (2000). The influence of environmental change on the behaviour of sheltered dogs. *Applied Animal Behaviour Science,* 68, 151–162.

Wells, D.L. and Hepper, P.G. (2003). Directional tracking in the domestic dog, *Canis familiaris. Applied Animal Behaviour Science,* 84, 297–305.

Wells, D.L. and Hepper, P.G. (2006). Prenatal olfactory learning in the domestic dog. *Animal Behaviour,* 72, 681–686.

Wells, D.L. Graham, L., and Hepper, P.G. (2002). The influence of length of time in a rescue shelter on the behaviour of kennelled dogs. *Animal Welfare,* 11, 317–325.

West, R.E. and Young, R.J. (2002). Do domestic dogs show any evidence of being able to count? *Animal Cognition,* 5, 183–186.

West-Eberhard, M.J. (2003). *Developmental plasticity and evolution.* Oxford University Press, Oxford.

West-Eberhard, M.J. (2005). Developmental plasticity and the origin of species differences. *Proceedings of the National Academy of Sciences of the USA,* 102, 6543–6549.

Whiten, A. (2000). Chimpanzee cognition and the question of mental re-representation. In: Sperber , D., ed. *Metarepresentation: a multidisciplinary perspective,* pp. 139–167. Oxford University Press, Oxford.

Whiten, A. and Byrne, R.W. (1988). Tactical deception in primates. *Behavioral and Brain Sciences,* 11, 233–273.

Whiten, A. and Ham, R. (1992). On the nature and evolution of imitation in the animal kingdom: reappraisal of a century of research. In: Slater, P.J.B. *et al.,* eds. *Advances in the study of behaviour,* pp. 239–283. Academic Press, New York.

Wickler, W. (1976). The ethological analysis of attachment. Sociometric, motivational and sociophysiological aspects. *Zeitschrift für Tierpsychologie,* 42, 12–28.

Williams, M. and Johnston, J.M. (2002). Training and maintaining the performance of dogs (*Canis familiaris*) on an increasing number of odor discriminations in a controlled setting. *Applied Animal Behaviour,* Science 78, 55–65.

Wilson, C.C. (1991). The pet as an anxiolytic intervention. *Journal of Nervous and Mental Disease,* 179, 482–489.

Wilson, C.C. and Turner, D.C. (1998). *Companion animals in human health.* Sage, London.

Wilson, P.J. Grewal, S., Lawford, I.D. *et al.* (2000). DNA profiles of the eastern Canadian wolf and the red wolf provide evidence for a common evolutionary history independent of the gray wolf. *Canadian Journal of Zoology,* 78, 2156–2166.

Wilsson, E. and Sundgren, P.E. (1998). Behaviour test for eight-week old pups—heritabilities of tested behaviour traits and its correspondence to later behaviour. *Applied Animal Behaviour Science,* 58, 151–162.

Woodbury, C.B. (1943). The learning of stimulus patterns by dogs. *Journal of Comparative Psychology,* 35, 29–40.

Wright, J.C. (1980). The development of social structure during the primary socialization period in German shepherds. *Developmental Psychobiology,* 13, 17–24.

Wright, C.J. and Nesselrote, M.S. (1987). Classification of behavioural problems in dogs: distribution of age, breed, sex and reproductive status. *Applied Animal Behaviour Science,* 19, 169–178.

Wyrwicka, W. (1958). Studies on detour behaviour. *Behaviour,* 14, 240–264.

Yin, S. (2002). A new perspective on barking in dogs (*Canis familiaris*). *Journal of Comparative Psychology,* 116, 189–193.

Yohe, R.M. and Pavesic, M.G. (2000). Early domestic dogs from western Idaho, USA. In: Crockford, S.J., ed. *Dogs through time: an archaeological perspective,* pp. 93–104. British Archaeological International Reports Series 889, Oxford.

Young, A. and Bannasch, D. (2006). Morphological variation in the dog. In: Ostrander, E.A., Giger, U., and Lindbladh, K., eds. *The dog and its genome,* pp. 47–67. Cold Spring Harbor Laboratory Press, New York.

Young, C.A. (1991) Verbal commands as discriminative stimuli in domestic dogs (*Canis familiaris*). *Applied Animal Behaviour Science,* 32, 75–89.

Zentall, T.R. (2001). Imitation in animals: evidence, function, and mechanisms. *Cybernetics and Systems,* 32, 53–96

Zimen, E. (1982). A wolf pack sociogram. In: Harrington, F.H. and Paquet, P.C., eds. *Wolves of the world: perspectives of behavior, ecology and conservation,* pp. 282–322. Noyes Publications, Park Ridge, NJ.

Zimen, E. (1987). Ontogeny of approach and flight behavior towards humans in wolves, poodles and wolf-poodle hybrids. In: Frank, H., ed. *Man and wolf,* pp. 275–292. Junk Publishers, Dordrecht.

Zimen, E. (2000). Der Wolf: Verhalten. Ökologie und Mythos. Knesebeck, München.

用語索引

▶アルファベット

'A not B' エラー　167
C-BARQ アンケート　239
FCI　113, 242
SST →ストレンジ・シチュエーション・テスト
Tinbergen の4つの問い　vii, 1, 9, 16-17, 26, 47, 197
T-パターン　45
Y 染色体　113, 121

▶あ行

あいさつ　vii, 23, 87, 95, 153, 175, 177-181, 184, 229-230
愛着　7, 13, 17, 41, 49, 57-58, 67, 132, 175, 177-181, 214, 229-230
アイボ　150, 255
赤ちゃん型モデル　18, 175
赤ちゃん言葉
秋田犬　118
遊び　11, 30-31, 53, 57, 64, 167, 178, 180, 186, 190, 198, 200, 202-205, 209, 211-212, 217, 238, 240, 242, 245, 254
　　遊び好き　36, 133, 240-241, 243-245
　　遊びの「企画」　202-204
　　遊びの攻撃　183
　　社会遊び　202
　　物遊び　204
　　引っ張り合いの遊び　62
　　プレイシグナル　6, 202-203, 254
　　真似遊び　202
アルファ（個体／オス／メス）　87-89, 118
アンケート調査　36, 44, 46-47, 56-58, 62, 65-66, 175, 188, 230, 238-240
安全基地効果　178, 229
安定化選択　106, 142
アンドロゲン　138
アンビバレント　250
威嚇　42-43, 47, 140, 183-187, 249-250
威嚇テスト　249
移行期　71, 106, 217, 220, 237
意志（willingness）　30, 213
異時性　132-133, 135
イスラム教　53
一夫一妻　89, 121
一夫多妻　121
逸話的　iii, iv, 3, 30, 204
遺伝学　iv, 69, 73, 77-78, 81, 94-95, 101, 105, 113, 123-124, 126, 130, 139, 143, 186, 235, 245-246, 251-253, 255
意図（intention）　iv, 26, 47, 107, 181, 185, 188-189, 203-204, 213
田舎のイヌ　57
イヌゲノム　122, 143, 255
因子分析　178, 239-240, 245
ウィスコンシン汎用テスト　162
迂回路　165, 192, 205
　　迂回路課題／実験　36, 165-166, 172, 205
唸り　57, 60, 140, 183, 197, 243
運動感受性　150

エキノコックス　53
エストラジオール　141-142, 158
エストロゲン　138
エソグラム　9, 41, 95, 239
追いかけやすさ（chase-proneness）　240-241, 245
オオカミ型イヌ科動物　69, 71
オオカミ型モデル　17-18, 175
尾上腺　95-96
尾腺　96
恐れ（fear）　22, 63-66, 139, 141-142, 183, 199-200, 225, 235, 240, 242
　　→「恐怖」も参照
恐れやすさ　240, 246
オプシン　149
オペラント条件づけ　11

▶か行

介助犬　193, 205-206
外適応　14
外的妥当性　29
飼い主バイアス　44
解発刺激　5
回避　4, 21-22, 130, 136, 185, 204, 219, 225-229, 233, 240
下顎　16, 96-97, 108-109
核 DNA　73-74, 113, 246
隠された物体の記憶　167
学習理論　21, 28
隔離実験　221
過剰な愛着　180
家族　24, 27, 29, 37, 46, 49-50, 54, 56-58, 60, 62, 66-67, 75, 85-87, 89, 91, 175, 177, 181, 221-223, 228
可塑性／可塑的　74, 77, 79, 84, 95, 97, 116, 131-132, 143, 214, 253
家畜化　1, 13-14, 18, 26, 32-33, 53, 56, 58, 60, 69, 77-78, 81, 84, 90-94, 99-100, 102-109, 114-120, 122-125, 127, 129-132, 136-139, 142-143, 145, 174, 183, 197, 204, 210, 214, 217, 241-242, 251-253
活発さ　67, 237, 240
家庭犬　33, 41, 49, 52, 65, 166, 205
咬み殺す　184
咬みつき　42, 61, 63-64, 68, 183, 185-186, 203, 221, 238, 243
狩り／狩猟　16, 37, 51-53, 58, 75, 83-84, 90, 93, 100-103, 105, 108-110, 125, 129, 166, 184, 204, 209-210, 217-218, 221-223
狩りの学校　217, 222
ガルシア効果　21
癌（の探知）　154
感受期　140-142, 216-217, 221-226, 228, 233
関心　iv, v, 2, 8, 11, 32, 47, 49, 59-60, 105, 139, 140, 146, 150, 197, 202, 215, 226-227, 229, 231-232, 235, 241-242, 245-246
環世界　6
桿体細胞　148-149
関連性（relevance）　213
擬赤ちゃん主義　17, 176
　　→「赤ちゃん型モデル」も参照
擬オオカミ主義　17, 176

→「オオカミ型モデル」も参照
気が強い　236
気が弱い　236
「危険なイヌ」　60-61, 63
気質（temperature）　4, 24, 36-37, 100, 130-131, 139, 154-155, 222, 235-238, 250
気質型カテゴリー　4
気質評価　238
擬人化　16-17, 57, 62, 210, 235, 253
帰巣能力　164
基礎（安静）代謝　102
期待違反法　171
キツネ　16, 69, 71, 74-75, 136, 138-143, 182, 195-196, 224, 228, 241-242, 253
キツネの実験　139, 224
機能的擬人化　17, 235, 253
究極要因　13, 26
臼歯　71, 96, 108, 127
嗅上皮　145, 152
嗅力　153
教育仮説　213
凝視　42, 60, 185-186
強制　27, 60, 85-87, 89, 147
競争　25, 46, 60-62, 64, 75, 78, 83, 85, 92, 103, 124, 154, 204, 221-222
協調／協力（cooperation）　13, 16, 30, 37-38, 45, 108, 176, 180-181, 190, 193, 204, 206, 209-210, 213, 245, 254-255
　　協調性　245
　　協調的／協力的な狩り　16, 75, 83, 204, 209
強度　41
共食　75
恐怖／恐怖心（fear）　23-24, 34, 42, 64, 242, 254
→「恐れ」も参照
くつろぎ行動　229
繰り返し配列数多型　126
クリッカートレーニング　27
クレバーハンス効果　2, 40, 162, 193, 206
軍用犬　58
警察犬　59, 157, 162, 205, 231, 233, 243, 247-249
系統　29, 71, 117, 140-142
系統学　8, 14-16, 79, 105, 113-115, 119, 120-121, 123, 252
　　系統学的モデル　81, 105, 113-114
　　系統関係　69, 71, 73, 77, 122
　　系統樹　35, 72-74, 113, 115, 117
毛色　134-135, 137, 138
経路積分　164
ゲーム　139, 168-169, 192, 253
嫌悪刺激　221
犬種　9, 21, 25, 27, 35-39, 44, 47, 50, 55-56, 61-64, 76, 81, 94-96, 100, 105-107, 109-110, 113-122, 125-126, 129-130, 133-135, 138, 145, 151, 153, 182-187, 197-198, 202-203, 217-220, 222-224, 231-233, 237, 242-248, 250, 252-254
ケンネルクラブ　50, 54, 61, 113, 120
行為システム　24-25, 221, 229
好奇心　36, 131, 235, 239-241, 243-245
攻撃　5, 11, 16, 36-37, 41-42, 44, 46, 56, 58, 60-67, 85-89, 93-94, 130-131, 133, 136-140, 142-143, 181-189, 198-200, 211, 221, 230, 233, 238-247, 249-250, 254
　　遊びの攻撃　183
　　飼い主に向けられる攻撃　187
　　競争による攻撃　61
　　なわばり性攻撃　61
　　捕食性の攻撃　66, 183
　　優位性攻撃　61, 187, 230
　　抑制された攻撃　183
攻撃性　42, 44, 60, 62, 64, 66-67, 131, 137, 139, 142, 181, 184, 237, 239-240, 242-247, 249
考古学　50, 54, 73, 79, 101, 103, 105-110, 113-114, 119, 125, 129
考古動物学　iv, 105-106
甲状腺ホルモン　137-138
後成説　12, 21, 23, 215
行動主義　2
行動生態学　iv, ix, 1, 81
行動特性　130-131, 133, 138, 187, 233, 235, 237-239, 243, 246-247, 250
行動の収斂的複合体　252
行動連鎖　41, 45, 184
候補遺伝子　246-247
肛門嚢　157, 158
護衛犬　37
コーディング　41-42, 45, 152, 183, 238-239
小型犬　112, 129
仔殺し　89, 94
古生物学　71, 113, 120, 143
個体間距離　136
個体群　8, 18, 49-52, 54, 56, 58, 60, 65, 68-71, 74-75, 77-82, 84-86, 90-93, 95-96, 99-107, 109-112, 114-131, 136, 138-139, 143, 237, 241-242, 246, 251, 253
個体群動態　49-50, 56, 58
個体群モデル　52
「古代」犬種　121
個体発生的儀式化　95, 186, 203, 254
国境警備犬　58, 243
固定的動作パターン　24
後発現　132-133, 135, 219
鼓膜　151
コミュニケーション　8-11, 13-15, 33-34, 37, 40, 95, 132, 138, 181, 187-190, 192, 194-199, 201, 203, 212-214, 221
コミュニケーション（の定義）　188
コルチゾール　60, 67, 142-143, 180, 247, 249-250
怖いもの知らず（fearlessness）　131, 239-240, 243-245
怖がり／怖がりやすさ(fearful/fearfulness)　40, 42, 58, 235, 240, 242, 246
コンセプトモデル　24, 25
コントロールされた観察　30
コントロールされていない観察　30
コンパニオン　44, 59, 110, 175, 177, 243
コンパニオンドッグ　110, 243

▶さ行

罪責行動（guilty behaviour）　211
最節約　20, 74, 123, 228
最適期　228
再認　146
サイン刺激　146

作業犬　　37, 49, 58, 162, 231, 236, 243-244
サーチングイメーチ　→「探索像」を参照
参照（refer）　16, 188, 195-196, 213
　　　　参照システム　24-27, 221, 228-229
耳介　　148, 150
視覚線条　　134, 150
時間の計測　　174
時間分解能　　148, 150
至近要因　　13, 26
刺激置換説　　5
資源保持力　　62, 182
自己中心的定位　　161, 163
視床下部　　127
自然主義的観察　　40
自然な実験　　30
嫉妬　　211
視野　　viii, 69, 98, 147-148, 151, 189, 211
社会遊び　　202
社会化　　iv, 5, 6, 21, 23, 25-26, 33-35, 37-40, 43, 54, 58-59, 61-64, 66-67, 90-92, 97, 100, 131, 136, 140-142, 178-180, 187, 190, 195, 215, 217, 221-230, 237, 242
社会化期　　91, 140, 217, 221-224, 226, 228-230, 237
社会的影響　　59, 206
社会的学習　　20, 192, 204-206, 208
社会的促進効果　　55
社会的手がかり　　170
社会的便法（social expedience）　　211
社会的力量（social competence）　　13, 210-214, 245, 253
弱体化　　125
社交性　　57, 131, 237, 240-245
臭気追跡　　162
習熟（expertise）　　212
従順な（docile）　　47, 131, 242
自由生活犬（free-ranging dog）　　49, 54, 65, 67, 90, 106
柔軟性　　21, 83, 165, 186-187, 189, 199, 228, 230, 241
銃猟犬　　37, 243-244
収斂　　8, 13, 15-17, 77, 116, 118, 139, 175, 180, 216, 250-253
シュッツ　　198, 200
種の概念　　77-78
種の定義　　77
狩猟　　54, 59, 75, 101, 103, 105, 108-109, 209
順位　　86-88, 183-184, 188, 249
馴化実験　　151
瞬間遠位指示　　10, 196
小白鼠　　96, 108
上下関係　　18, 182, 203, 221-222
　　　　→「序列」「優劣関係」も参照
条件刺激　　5, 6, 20
条件づけ　　5, 7, 11, 188, 236, 254
条件反射　　3, 4, 7
情動（emotion）　　2, 24, 27, 59, 87, 88, 131, 175, 177, 198-200, 235, 242, 254
情動的確立操作　　27
情動反応性仮説　　242
障壁テスト　　33
上腕骨　　94-95, 135
触媒　　55, 58, 59
食料としてのイヌ　　107
触覚　　60, 159, 167, 220

鋤鼻器　　152
所有権ゾーン　　90
序列　　62, 86-87, 89-90, 93, 182
　　　　→「上下関係」「優劣関係」も参照
持来／物を持って来る（行動）　　34, 36, 47, 231
尻尾　　6, 22, 94-96, 108, 110-111, 136, 139, 185, 188, 221
視力　　148-150, 199
人為生成的　　ix, 25, 49, 102-103, 124-125, 127-128, 130-132, 135-138, 161, 167, 243, 245, 250-253
新奇追求傾向　　246-247
神経ペプチド　　127
信号　　6, 16, 18, 23-24, 26, 30, 33, 60, 61, 64, 95, 132, 141, 146, 151-152, 157, 181-190, 192-195, 197-203, 212, 221, 254
　　　　威嚇信号　　183, 184, 187
　　　　服従の信号　　23, 182-184, 188
　　　　敵対的信号　　184, 187-188
　　　　信号行動　　6, 60, 185
　　　　信号の進化　　181
　　　　信号の数　　183, 199, 182
　　　　正直な信号　　181
　　　　プレイシグナル　　6, 203, 254
新生仔期　　216-218, 220-221, 224, 237
心拍数　　59-60, 247, 249
信頼性　　41, 154, 238-239
心理学　　iii, iv, 1-2, 4-6, 8, 19, 39, 59, 171, 175, 188, 213, 235, 250, 256
心理主義　　19, 20, 26
心理プロセス　　11, 189
推測者−知者パラダイム　　192
錐体細胞　　148-150
数的能力　　171
スカベンジャー　→腐肉食（動物）を参照
ストレス　　23, 59-60, 64, 67, 82, 137-138, 158, 175, 177-178, 180-181, 206, 229, 238, 246-247, 249-250
ストレス傾向　　138, 246-247
ストレス耐性　　137-138
ストレンジ・シチュエーション・テスト（SST）　　iii, 177-180
刷り込み　　222-223, 226
生殖隔離　　77, 105, 107
性成熟　　33, 75
生態学的ニッチ　　11
成長因子受容体　　129
性的成熟　　223
「絶望的状況」の実験　　4
セラピードッグ　　59
セルフハンディキャップ　　203
前家畜化　　100, 106
漸進的消費課題　　166
前適応　　14
前頭葉　　127
前発現　　132-133, 140, 219, 223-224
相互模倣行動　　206
創始者効果　　91, 96, 113-114, 130
創始者個体群　　115, 122-124, 130-131
早熟　　132, 135
相同　　8, 13-17, 77, 116, 118, 139, 145, 246, 250, 252
素朴物理学　　169, 171, 173
橇犬　　37, 54, 121, 185

▶た行

第1次社会化期　222-223
体高　75-76, 107-112, 128
体サイズ　102, 106, 111, 127-128, 130, 147
大胆さ（boldness）　131, 237, 241-242, 246
大胆さ－用心深さ（boldness-shyness）　241-242, 246
大胆な　241
多遺伝子関与　137
第2次社会化期　222
代理親　75, 94
他者中心的定位　161
多動性　246-247
妥当性　8, 29, 45, 174, 238-239
タブートレーニング　22
タペタム　149
多面発現　137-138, 140, 241
多様化選択　106
探索像　146
探知犬　156-157
短頭　134, 138, 147, 150
短毛　129
遅延見本合わせ課題　146
知覚システム　24-25, 145, 221, 229
知覚的な錨　165
知能　7, 18, 21, 28, 32, 44, 47, 131, 139, 161, 213, 254
注意（attention）　7, 10, 24, 27, 134, 146, 163, 170, 184, 186, 190, 192, 202, 208-209, 212-213, 247
注視　55, 138, 184-186, 240, 254
超音波　148, 151
調節　54, 94, 125, 149, 220
長頭　134
長毛　126, 129
聴力図　151
貯食　169
鎮静フェロモン　158
追跡　42, 86, 126, 156, 162-163, 166-167, 173, 178, 184-186, 209, 245
痛覚　159
定位　100, 161, 163, 186, 194, 218
ディストレスコール　206
ディスプレイ　43, 137, 181-182
定性的記載　30
定量的記載　30
ディンゴ化　92
敵対的行動　42, 62, 89, 136, 182
テストステロン　141-143, 158
転位行動　250
てんかん（の探知）　155
電気の鼻　154
動機－構造規則　197-198, 200
動機づけ　32-33, 36, 40, 182, 192, 221
同義の突然変異　124
頭骨　76, 79-80, 96-97, 106-112, 126-128, 134-135, 145, 147
闘争　41-42, 181-182
逃走距離　131, 136
糖尿病（の探知）　154
動物学　iv, vii, 2, 71, 77, 82, 86, 105-106, 120
動物行動学的認知モデル（ethocognitive model）　24-26, 48, 189

遠吠え　89, 135, 151, 197
ドーパミン受容体　246-247
都会のイヌ　57, 223
特権　182, 187
トップダウン式モデル／モデリング　19-21, 26, 28
トレーニング　v, 4-7, 10-11, 22-23, 26-29, 32-34, 37, 41, 47, 58, 63, 67, 95, 146-147, 150-157, 162, 165, 168-169, 173-174, 179, 186-188, 193, 195, 198, 201, 205-207, 210, 212, 215, 230-231, 233, 236-237, 240, 254
トレーニングへの応答性　240

▶な行

内的妥当性　29
ナビゲーション　20, 161, 163-164
馴れやすい／馴れやすさ（tame/tameness）　16, 69, 125, 131, 136-137, 139-140, 142, 195, 224
なわばり　8, 54, 58, 61, 75, 79-82, 85, 87, 93, 103, 135, 163, 178, 182, 184, 187, 241
軟骨形成不全　129
二者択一　10, 15, 33-35, 37-38, 134, 171, 213, 254
二色型色覚　148
人間の最良の友　1, 176
認知行動学　2, 12
認知主義　20
認知地図　21, 163
認知能力　18, 21, 28, 32, 44, 131, 139, 213, 254
認知バイアス　146
ネコ　iv, 3, 16, 46, 58, 75, 139, 149, 196, 221-222
野良犬（stray dog）　25, 52, 91, 106, 109, 115, 198, 214

▶は行

パーソナリティー（personality）　4, 42, 44, 130-131, 235-247, 249-250
　　パーソナリティタイプ　235, 241, 245
　　パーソナリティテスト　42, 237, 245
　　パーソナリティ特性（traits）　44, 131, 235, 237-247, 249-250
　　パーソナリティモデル　241, 250
バイオインフォマティクス　255
排他律　170
吐き戻し　26, 90, 93, 153, 221-222
爆発物　154, 156-157
罰　5, 22-23, 211
発情期　141, 156-157
発情周期　92, 125, 141
発達　7, 12-14, 19-20, 26, 34-38, 42, 58-59, 65, 84, 86, 88, 91, 97, 100-101, 105, 116-117, 119, 126-127, 130-133, 135-137, 139-141, 143, 145, 167, 169, 171, 174, 178, 180-181, 186, 202-203, 205-206, 210, 212, 215-226, 228-233, 237, 254-255
発達期　167, 216-220, 222, 230-233, 237
発達の組み替え　135
パピーテスト　231
パブロフ型条件づけ　11
番犬　51, 58-59, 181
繁殖個体　85-87, 89-90
繁殖周期　139, 141
晩成化（peramorphosis）　132, 135

ハンドリング　　136, 178, 230
晩熟　　132
反応性　　240, 242
ビーコン　　162-163, 194, 195
比較心理学　　1-2, 4-6, 235
非同義的（機能的）突然変異　　124
ヒト属　　99
人と動物の関係学　　iv
表象（representation）　　3, 19-21, 24-27, 146, 161, 163, 167-168, 194, 204, 228
微粒子原理（の原則）　　189, 199, 203
不安定化選択　　142
フェロモン　　152, 157-158
福祉　　65-68, 238
服従　　5, 42, 86-87, 130-131, 182, 184, 188, 197, 221
服従性　　240
服従傾向　　250
服従の信号　　23, 184, 188
副腎　　137, 142
物体の永続性　　20, 39, 168
腐肉食　　75, 93, 100, 102-103, 124, 138, 143
フリーズ　　5
ブリーダー　　ix, 52, 68, 129, 228, 231, 253-254
プレイシグナル　　6, 202-203, 254
プレイバウ　　30, 183, 203
プロゲステロン　　141-143
文化化　　21, 24
分岐群　　12, 71, 73, 104, 115, 117-120, 123, 127, 129, 139
分子時計　　105, 113-114
分離不安　　180
平行進化　　13, 15-16, 71, 93
ペット犬　　37
ベルクマンの法則　　79-80
扁桃体　　127
弁別　　146, 149, 158, 197
防衛作業　　200
防衛的　　183
方向性選択　　106, 124, 129-130, 184
吠え　　2, 6, 11, 14, 41-42, 59, 66, 89, 95, 130, 135, 151, 154-155, 185, 188, 197-200, 202-203, 205, 211, 236
吠え声　　11, 14, 59, 95, 151, 188, 197-200, 211
牧畜　　51, 58-59, 101
牧羊犬　　10, 37, 126, 198, 201, 243-244
捕食行動　　61, 84, 133, 183-187
ボトムアップ式モデル／モデリング　　19-20, 26, 28
ボトルネック　　113, 122-123

▶ま行

マイクロサテライト　　120-121
真似　　31, 88, 202, 205-208
麻薬　　154, 156, 205, 230
ミトコンドリアDNA　　73-74, 79-81, 104, 113, 115-121, 123-124, 127, 129-130
無条件刺激　　5
群れ　　10, 34, 56, 73, 75, 79-90, 93-94, 102, 113, 123, 138, 163, 175, 180, 184, 187, 209-210, 220, 223, 225, 229, 249
　　群れからの分散　　75
　　群れからの離脱　　85

群れサイズ　　79-80, 83, 93
明示（ostension）　　183, 213
迷路テスト　　33
盲導犬　　176, 209-210, 230, 233
網膜中心窩　　150
モザイク進化　　143
モデル−ライバル法　　201
物遊び　　204
模倣　　3, 9, 24, 198, 205-206, 208-209
問題解決　　21, 40, 165, 181
問題行動　　v, 11, 30, 132, 237, 239, 250

▶や行

野犬（feral dog）　　11, 25-26, 30, 53, 77, 90-95, 98, 106, 112-113, 118, 198, 210, 214, 220, 222, 226
優位　　4, 42, 82, 86-87, 93
　　優位オス　　89
　　優位個体　　23, 82, 85-87, 90, 182, 187, 222
　　優位性　　87, 242
　　優位性傾向　　62, 242, 246, 249
　　優位性攻撃　　61, 187, 230
　　優位性テスト　　232
　　優位メス　　93-94
友人関係　　176
誘導　　27, 146, 203, 209, 217
優劣関係　　86, 89, 175-176, 222
　　→「上下関係」「序列」も参照
指差し　　10, 15, 33-35, 37, 39, 45, 134, 195-196, 212, 254
幼形化（neoteny）　　13, 127, 132-133, 135
幼形成熟（preodomorphosis）　　127, 132-133, 135, 219
様式的動作パターン（model action pattern）　　24
用心深さ（shyness）　　167, 241-242, 246
幼年期　　217, 222-223
抑制された攻撃　　183
予測制御期待　　27
欲求行動　　5

▶ら行

ランデブーサイト　　162, 180, 221
ランドマーク　　163
リーダー　　ix, 52, 68, 86-87, 93, 129, 175, 210, 228, 231, 253-254
両眼視野　　147-148
猟犬　　37-38, 47, 51, 54, 59, 110, 176, 184, 194, 243-245, 253
量的形質遺伝子座　　246
臨界期　　215, 223
レイティング　　42, 238-239
劣位　　23, 42, 82, 222
裂肉歯　　71, 108-109
連合主義　　20, 26
ロドプシン　　149
論理的推論　　170

▶わ

笑い　　95
わんちゃん言葉　　200

犬種・犬種グループ・イヌ科動物名索引

▶あ行

秋田犬　118, 122, 247-248
アビシニアジャッカル　70, 73, 75-76
アメリカアカオオカミ　70, 75
アラスカオオカミ　78
アラビアオオカミ　78, 113
イタリアオオカミ　78
イヌ亜科　70-72
イヌ科　iv, 8-9, 11-14, 16, 56, 69-76, 90, 93, 98-109, 114, 119-120, 123-125, 127, 137-138, 162, 174, 202, 204, 245, 252
イヌ属　8, 12, 15-17, 69-73, 75-77, 92, 96-97, 103, 127-128, 135, 139, 143, 174, 197, 216, 252
イングリッシュ・コッカー・スパニエル　50, 188
イングリッシュ・スプリンガー・スパニエル　50, 244
インドオオカミ　78, 81, 130
ウエスト・ハイランド・ホワイト・テリア　50, 248
ウォータードッグ　243
エウキオン属　71-72
エジプトオオカミ　78
エチオピアオオカミ　70
オオカミ　iv, 1-2, 8-9, 11-18, 21 23, 25-26, 28, 32-37, 39, 42-43, 51-53, 56, 69-121, 123-135, 137-138, 143, 145, 147, 150-151, 153, 159, 161, 163, 167, 169, 171-172, 174-176, 179-190, 194-197, 199, 202-204, 209-211, 216-225, 228-229, 233, 241-243, 245, 249-253, 255

▶か行

カスピオオカミ　78
カバリエ・キングチャールズ・スパニエル　50, 149
キツネ族（Vulpini）　71
キンイロジャッカル　70, 73, 75-76
グレート・デーン　50
グレート・ピレニーズ　126
グレートプレーンズオオカミ　78
グレー・ハウンド　110, 122
ケアン・テリア　122
ゴールデン・レトリバー　42, 50, 63, 120, 133, 244, 248
コヨーテ　8, 12-13, 16, 69-73, 75-77, 81, 103, 113-114, 124, 127, 202, 241, 252
コリー　39, 47, 120, 122, 126, 134, 201

▶さ行

サモエド犬　110
サルーキ　110
シー・ズー　50
視覚ハウンド　110
柴犬　110, 247, 248
ジャーマン・シェパード　7, 39, 50, 58, 62-64, 76, 94, 116, 120-122, 129, 133, 149, 152, 164, 183, 186, 201, 218-219, 230, 245, 247-249
ジャーマン・ワイヤードヘア・ポインター　50
ジャイアント・プードル　218-219
ジャッカル　8, 12-13, 16, 69-71, 73, 75-77, 99, 103, 124, 169, 202, 252
ショート・ノーズド・インディアン・ドッグ　111
シンリンオオカミ　78
スタッフォードシャー・ブル・テリア　50
セグロジャッカル　70, 75-76
セント・バーナード　126, 151

▶た行

ダイアウルフ　78-79
ダックスフンド　50, 129
チェコスロバキアン・ウルフ・ドッグ　115, 130
チャイニーズ・クレステッド・ドッグ　116-117
チュウゴクオオカミ　78, 81, 96
チワワ　50, 76, 151, 185
ツンドラオオカミ　78
ディンゴ　12-13, 51, 53, 91-95, 118-119, 128
テチチ　111
テッケル　50
テリア　3, 37, 50, 122, 126, 133-134, 183, 220, 243-244, 247-248
ドール　50, 55-56, 62-64, 69, 71, 73, 218-219, 244, 248, 253

▶な行

ニューギニアシンギングドッグ　95, 171
ノーフォーク・テリア　183
ノルウェジアン・エルクハウンド　130

▶は行

ハイイロオオカミ　73, 75-77
ハスキー　47, 118, 121-122, 133, 186, 211, 218-219, 247-248
バセット・ハウンド　47, 122
パリア犬　81, 110
ハンガリアン・ムーディ　198-199
ビーグル　22, 37, 50, 158, 202, 220, 226, 248
ピレニアン・マウンテン・ドッグ　126
ファラオドッグ　115
ファラオ・ハウンド　36, 116-117, 253
プードル　50, 133, 182, 202, 218-219, 244
ブル・テリア　50, 126, 133
ブル・マスチフ　122
フラッシングドッグ　243
ヘスペロキオン亜科　70-72
ベルジアン・シェパード　10, 43, 116, 185, 248
ベルジアン・ターピュレン　122, 193, 244
ベルジアン・マリノア　243
ポインター　50, 122, 145, 184, 186, 194
ボーダー・コリー　39, 47, 120, 122, 201
ボーダー・テリア　50
ボクサー　50, 244
北海道犬　247-248
ホッキョクオオカミ　78
ボロファグス亜科　70-72

▶ま行

マスチフ　*110, 116, 122*
メキシカン・ヘアレス・ドッグ　*112*
メキシコオオカミ　*78*
メソアメリカン・コモン・ドッグ　*109, 111*

▶や行

ヨークシャー・テリア　*50, 248*
ヨーロッパオオカミ　*78*
ヨコスジジャッカル　*70, 73, 75-76*

▶ら行

ラフ・コリー　*122*
ラブラドール・レトリバー　*50, 55-56, 62-63, 133, 186, 218-219, 244, 248, 253*
リカオン　*69, 71-73*
レトリバー　*37, 42, 50, 55-56, 62-64, 120, 133, 185-186, 218, 243-244, 248, 253*
レプトキオン属　*71, 72*
ロシアオオカミ　*78*
ロットワイラー　*50, 55-56, 58, 63-64, 244-245*

国・地域・民族・文化名索引

▶あ行

アフリカ　*70-73, 99, 101, 103-104, 109, 118, 252*
アフリカ北東部　*99*
アボリジニ　*51, 53, 92, 111*
アメリカ　*50-52, 57, 62, 65, 70-71, 79, 81, 83, 85, 89, 103-104, 108-109, 111, 116-118, 120, 130*
　　アメリカ合衆国　*109, 111*
　　アメリカ大陸　*71, 78, 109, 117*
　　北アメリカ　*70-73, 77-80, 83, 103, 105, 109, 128*
　　南北アメリカ　*77*
　　→「アメリカ大陸」も参照
　　中央アメリカ　*109, 111-112*
アラスカ　*78, 82, 84, 86, 117, 130, 138*
アルメニア　*110-111*
イギリス　*v, 50, 52, 58, 77, 108, 111-112, 126*
イスラエル　*84, 108-109*
イタリア　*66, 77-78, 84, 92, 111-112, 119, 122, 164*
イヌイット　*130*
イラク　*108*
インド　*53, 78, 80-81, 92, 104, 118, 129-130*
ウガンダ　*70*
ウクライナ　*77*
エジプト　*77-78, 109-110, 112, 115-116*
エストニア　*109, 113, 139*
エチオピア　*70, 73, 75-76*
オーストラリア　*51-52, 54, 92-93, 95, 103, 110, 117-118, 120, 244, 253*
オーストリア　*52, 54, 111*

▶か行

カザフスタン　*110*
北アメリカ　*70-73, 77-80, 83, 103, 105, 109, 128*
北ヨーロッパ　*107*
ケニヤ　*53*

▶さ行

サモエド　*110*
サルマティア人　*112*
小アジア　*77, 80, 108*
スイス　*52, 63, 96, 110-111*
スウェーデン　*50-52, 109, 244-245*

スペイン　*77, 112*
セルビア　*77, 109*
全北区　*77, 81, 99, 114*

▶た行

タンザニア　*70*
チベット　*80*
中央アメリカ　*109, 111-112*
中央ロシア　*77*
中国東部　*99*
デンマーク　*109*
ドイツ　*iii, 2, 6, 34, 50, 52, 107-111, 164*
トゥルカナ　*53*
ドーセット人　*111*
トルコ　*81, 108*

▶な行

南北アメリカ　*77*
西アジア　*84, 104, 115, 118*
日本　*ix, x, 107, 109-110, 118, 247-248*
ニューギニア　*92, 95, 118, 171*
ニュージーランド　*51*
ニューファンドランド　*126*
ネイティブアメリカン　*109, 121*

▶は行

バルト諸国　*77*
ハンガリー　*v, ix, 110, 112, 198, 247-248*
パンノニア　*112*
東アジア　*iii, 53, 101, 103-104, 115, 117-119*
ブリタニア　*112*
ブルガリア　*77*
ベーリング海峡　*71, 73, 103, 108, 117, 120*
ペンバ島　*53*
ポーランド　*77, 83-84*
ボリビア　*117*

▶ま行

マオリ　*51*
マヤ　*51, 111*

南アジア　*83, 103, 119*
メキシコ　*51, 70, 78, 80, 111-112, 116-117*
メソポタミア　*109-110*

▶や行

ユーラシア　*71-73, 78-80, 83, 114, 116-118*

ヨーロッパ　*8, 50-53, 70, 71, 73, 77-78, 80, 82-84, 92, 102-105, 107-112, 115, 118-121, 128, 130, 138, 245, 247*

▶ら行

ルーマニア　*77*
ローマ人　*112, 128*

監訳者紹介

監訳者

藪田慎司（やぶた　しんじ）

1965年生まれ．京都大学理学研究科後期博士課程修了．理学博士．専門は動物行動学．
現　帝京科学大学生命環境学部アニマルサイエンス学科准教授．

訳者

森　貴久（もり　よしひさ）

1964年生まれ．京都大学理学研究科後期博士課程修了．理学博士．専門は行動生態学．
現　帝京科学大学生命環境学部アニマルサイエンス学科教授．

川島美生（かわしま　みき）

1965年生まれ．京都大学理学研究科後期博士課程単位取得退学．専門は動物行動学．

中田みどり（なかた　みどり）

1976年生まれ．京都大学理学研究科修士課程修了．専門は動物生態学．

藪田慎司（別掲）

イヌの動物行動学　行動、進化、認知

2014年11月20日　第1版第1刷発行
2017年3月30日　第1版第2刷発行

　　　監訳者　藪田慎司
　　　訳　者　森　貴久・川島美生・中田みどり・藪田慎司
　　　発行者　橋本敏明
　　　発行所　東海大学出版部
　　　　　　　〒259-1292 神奈川県平塚市北金目4-1-1
　　　　　　　TEL 0463-58-7811　FAX 0463-58-7833
　　　　　　　URL http://www.press.tokai.ac.jp/
　　　　　　　振替　00100-5-46614
　　　印刷所　港北出版印刷株式会社
　　　製本所　誠製本株式会社

©Shinji YABUTA, 2014　　　　　　　　　　　ISBN978-4-486-01912-1
R〈日本複製権センター委託出版物〉
本書の全部または一部を無断で複写複製（コピー）することは，著作権法上の例外を除き，禁じられています．本書から複写複製する場合は日本複製権センターへご連絡の上，許諾を得てください．日本複製権センター（電話03-3401-2382）